DELIUS KLASING

Dr. Etzold
Diplom-Ingenieur für Fahrzeugtechnik

So wird's gemacht

pflegen – warten – reparieren

Band 76

Renault CLIO

Benziner
1,2 l/40 kW (55 PS) 4/96 – 8/98
1,2 l/40 kW (55 PS) 1/91 – 3/96
1,4 l/55 kW (75 PS) 1/91 – 8/98
1,8 l/65 kW (88 PS) 1/91 – 8/98
1,8 l/99 kW (135 PS) 5/91 – 9/95

Diesel
1,9 l/47 kW (64 PS) 3/91 – 8/98

Delius Klasing Verlag

Redaktion: Günter Skrobanek

Bibliografische Information der Deutschen Nationalbibliothek
Die Deutsche Nationalbibliothek verzeichnet diese Publikation in der Deutschen Nationalbibliografie; detaillierte bibliografische Daten sind im Internet über „http://dnb.d-nb.de" abrufbar.

7. Auflage / L6s
ISBN 978-3-7688-0739-5

Alle Angaben ohne Gewähr
Umschlaggestaltung: Ekkehard Schonart
Druck: Kunst- und Werbedruck, Bad Oeynhausen
Printed in Germany 2007

Delius Klasing Verlag, Siekerwall 21, D-33602 Bielefeld
Tel.: 0521/559-0, Fax: 0521/559-115
e-mail: info@delius-klasing.de
www.delius-klasing.de

Lieber Leser

obwohl die Automobile von Modellgeneration zu Modellgeneration technisch wesentlich aufwendiger und komplizierter werden, greifen von Jahr zu Jahr immer mehr Heimwerker zum »So wird's gemacht«-Handbuch. Die Erklärung dafür ist einfach: Weil die Technik des Automobils komplizierter geworden ist, kommt man selbst als Fachmann bei Wartungs- und Reparaturarbeiten am Fahrzeug ohne eine spezielle Anleitung nicht mehr aus.

Grundsätzlich muß sich der Heimwerker natürlich darüber im klaren sein, daß man mit Hilfe eines Handbuches nicht automatisch zum Kfz-Mechaniker wird. Auch deshalb sollte man nur solche Arbeiten durchführen, die man sich selbst zutraut. Das gilt insbesondere natürlich für jene Arbeiten, die die Verkehrssicherheit des Fahrzeugs beeinträchtigen können. Gerade in diesem Punkt sorgt das »So wird's gemacht«-Handbuch jedoch für praktizierte Verkehrssicherheit. Durch die exakte Beschreibung der erforderlichen Arbeitsschritte und den Hinweis, die Sicherheitsaspekte nicht außer acht zu lassen, wird der Heimwerker vor der Arbeit entsprechend sensibilisiert und fachlich richtig informiert. Auch wird darauf hingewiesen, im Zweifelsfall die Arbeit lieber einem Fachmann zu überlassen.

Vor jedem Arbeitsgang empfiehlt sich ein Blick in das vorliegende Buch. Dadurch werden Umfang und Schwierigkeitsgrad der Reparatur offenbar. Außerdem wird deutlich, welche Ersatz- oder Verschleißteile eingekauft werden müssen und ob unter Umständen die Arbeit nur mit Hilfe von Spezialwerkzeug durchgeführt werden kann.

Für die meisten Schraubverbindungen ist das Anzugsmoment angegeben. Bei Schraubverbindungen, die in jedem Fall mit einem Drehmomentschlüssel angezogen werden müssen (Zylinderkopf, Achsverbindungen usw.), ist der Wert **fett** gedruckt. Nach Möglichkeit sollte man generell jede Schraubverbindung mit einem Drehmomentschlüssel anziehen. Übrigens: Für viele Schraubverbindungen sind Innen- oder Außen-Torxschlüssel erforderlich.

Auch der fachkundige Hobbymonteur, der sein Fahrzeug selbst wartet und repariert, sollte bedenken, daß der Fachmann viel Erfahrung hat und durch die Weiterschulung und den ständigen Erfahrungsaustausch über den neuesten Technik-Stand verfügt. Mithin kann es für die Überwachung und Erhaltung der Betriebs- und Verkehrssicherheit des eigenen Fahrzeugs sinnvoll sein, in regelmäßigen Abständen eine Fachwerkstatt aufzusuchen.

Natürlich kann das vorliegende Buch nicht auf jede aktuelle, technische Frage eingehen. Dennoch hoffe ich, daß die getroffene Auswahl an Reparatur-, Wartungs- und Pflegehinweisen in den meisten Fällen die auftretenden Probleme zufriedenstellend löst.

Rüdiger Etzold

Inhaltsverzeichnis

Der Motor

Die wichtigsten Motordaten RENAULT CLIO

Motorbezeichnung	D7F	E7F	E7J	F3P	F7P	F8Q
Ausstattung	RN Campus	RL/Prima RN/RT	RN/RT BACCARA	RT BACCARA	16V	RL/RN
Motortyp	OHC	OHC	OHC	OHC	OHC	OHC
Herstellung von – bis	4. 96 – 8/98	1. 91 – 3. 96	1/91 – 8/98	1/91 –8/98	5. 91 – 95	3/91 – 8/98
Hubraum cm^3	1149	1171	1390	1794	1764	1870
Leistung kW bei 1/min PS bei 1/min	40/5250[3)] 55/5250[3)]	40/6000 55/6000	55/5750 75/5750	65/5750 88/5750	99/6500 135/6500	47/4500 64/4500
Drehmoment Nm bei 1/min	93/2500	83/3500	107/3500	142/2750	158/4250	118/2250
Bohrung ∅ mm	69	75,8	75,8	82,7	82	80
Hub mm	76,8	64,9	77	83,5	83,5	93
Verdichtung	9,65	8,8	9,5	9,7	10	21,5
Kraftstoff bleifrei ROZ	Super 95	Normal 91	Normal 91	Super 95	Super 95	Diesel
Einspritzanlage[1)]	Multi-Einspritzung	Mono-Einspritzung	Mono-Einspritzung	Multi-Einspritzung	Multi-Einspritzung	Rotodiesel bzw.Bosch
Zündanlage[2)]	IEZ plus	IEZ plus	IEZ plus	IEZ plus	IEZ plus	–
Zündfolge	1 –3 – 4 –2	1 –3 – 4 –2	1 –3 – 4 –2	1 –3 – 4 –2	1 –3 – 4 –2	1 –3 – 4 –2
Katalysator (geregelt)	ja	ja	ja	ja	ja	ungeregelt
Füllmengen Motoröl (mit Filter) l Kühlflüssigkei l	 4,0 5,0	 4,0 5,2	 4,0 5,2	 5,2 6,4	 4,3 7,0	 5,5 6,6

1) SPI = Einpunkt-Einspritzanlage (single-point-injection); MPI = Mehrpunkt-Einspritzanlage (multi-point-injection).
2) IEZ plus = Elektronische Zündung mit Kennfeldsteuerung und Klopfsensor.
3) Seit Modelljahr '98: 43 kW/60 PS, bei unveränderten Drehzahl- und Motordrehmomentwerten.

Motorbeschreibung

Der RENAULT CLIO wird von flüssigkeitsgekühlten 4-Zylinder-Reihenmotoren angetrieben. Das Triebwerk ist im Motorraum quer zur Fahrtrichtung eingebaut. Alle Motor-Versionen besitzen eine 5fach gelagerte Kurbelwelle in einem Motorblock aus Grauguß, während der Zylinderkopf aus Leichtmetall gefertigt ist. Die Vorteile des Leichtmetall-Zylinderkopfes liegen in der besseren Wärmeleitfähigkeit und dem geringeren spezifischen Gewicht gegenüber Grauguß. Alle CLIO-Motoren sind nach dem OHC-Prinzip gefertigt (OHC = Over-Head-Camshaft = Nockenwelle befindet sich oben im Zylinderkopf). Die Nockenwelle wird über einen Zahnriemen von der Kurbelwelle angetrieben.

Zum Einsatz kommen 3 unterschiedliche Motortypen:

E-Motor (1,2- und 1,4-l-Benzinmotoren)

Der E-Motor wird seit 1988 im CLIO unter der Bezeichnung »Energy-Motor« verwendet. Bei diesem Motor werden die V-förmig gegenüberliegenden Ein- und Auslaßventile über Kipphebel von der Nockenwelle betätigt. Der Zylinderkopf ist nach dem Querstrom-Prinzip konstruiert. Das heißt, frisches Kraftstoff-Luftgemisch wird auf der einen Seite angesaugt und verbranntes Gas auf der gegenüberliegenden Seite in den Abgaskrümmer ausgestoßen. Dadurch ist ein schneller Gaswechsel sichergestellt.

In den aus Grauguß bestehenden Motorblock sind die Kolbenlaufbuchsen eingelassen. Die Kühlflüssigkeit bewegt sich zwischen den Laufbuchsen, daher werden sie auch nasse Laufbuchsen genannt. Bei hohem Verschleiß oder Riefen an den Zylinderwänden können die Laufbuchsen ausgewechselt werden. Anschließend müssen dann allerdings neue Kolben eingebaut werden. Im unteren Teil des Motorblocks befindet sich die Kurbelwelle, die von den Kurbelwellenlagern abgestützt wird. Über Gleitlager sind die Pleuel, die die Verbindung zu den Kolben herstellen, mit der Kurbelwelle verbunden. Den unteren Abschluß des Motors bildet die Ölwanne, in der sich das für die Schmierung und Kühlung erforderliche Motoröl sammelt. Oben auf den Motorblock ist der Zylinderkopf aufgeschraubt.

Für die Motorschmierung sorgt eine Zahnradölpumpe, die im Zylinderblock integriert ist und über eine Rollenkette von der Kurbelwelle angetrieben wird. Das im Ölsumpf angesaugte Öl gelangt über Bohrungen und Leitungen zu den Lagern der Kurbel- und Nockenwelle sowie in die Zylinderlaufbahnen und zur Kipphebellagerung.

Die Kühlmittelpumpe sitzt direkt im Motorblock und wird durch den Zahnriemen angetrieben, der auch die Nockenwelle antreibt. Zu beachten ist, daß der Kühlmittelkreislauf ganzjährig mit einer Mischung aus Kühlerfrost- und Korrosionsschutzmittel sowie kalkarmem Wasser befüllt sein muß.

Der Zündverteiler der wartungsfreien, elektronischen Zündung ist am Zylinderkopf angeflanscht und wird von der Nockenwelle angetrieben.

F-Motor (1,8-l-Benzinmotoren und 1,9-l-Dieselmotor)

Der F-Motor wurde erstmals 1983 in verschiedene RENAULT-Modelle eingebaut. Der Motorblock besteht aus Grauguß, die Zylinderlaufbahnen sind Bestandteil des Motorblocks. Bei hohem Verschleiß oder Riefen in den Zylinderwänden können die Zylinder von einer Fachwerkstatt gehont, also ausgeschliffen werden. Anschließend müssen dann allerdings Kolben mit Übermaß eingebaut werden.

D-Motor

Der 1996 eingeführte 1,2-l-Motor mit dem Motorbuchstaben D unterscheidet sich von seinem Vorgänger (E) durch geringeren Verbrauch, verbessertes Kaltlaufverhalten sowie ein über den ganzen Drehzahlbereich erhöhtes Drehmoment. Der Motor besteht aus relativ wenigen Einzelteilen. Durch die kompakte Bauweise ist der Motor leichter als die anderen CLIO-Triebwerke. Die leichtere Konstruktion bewirkt zudem eine rasche Erwärmung der Maschine, vor allem im Kurzstreckenbetrieb. Dadurch ist der Katalysator frühzeitiger optimal wirksam und die Abgasemissionen werden reduziert.

Im Leichtmetall-Zylinderkopf befindet sich die Nockenwelle. Sie wird über einen Zahnriemen von der Kurbelwelle angetrieben. Die Nockenwelle betätigt über Tassenstößel die senkrecht hängenden Ein- und Auslaßventile. Das Ventilspiel wird an den Tassenstößeln durch Einlegen von Scheiben unterschiedlicher Stärke beziehungsweise beim D-Motor mit verstellbaren Gewindebolzen eingestellt.

Beim 99 kW/135 PS-Motor sind zwei obenliegende Nockenwellen für die Ein- und Auslaßventile zuständig. Für jeden Zylinder sind 4 Ventile vorhanden, je 2 Einlaß- und Auslaßventile. Die in V-Form angeordneten Ventile werden über Hydrostößel geöffnet. Da das Ventilspiel von den Hydrostößeln automatisch ausgeglichen wird, ist bei diesem Motor das Einstellen des Ventilspiels nicht erforderlich; der Ventiltrieb ist wartungsfrei. Die Auslaßventile sind mit Natrium gefüllt, dadurch erhöht sich deren Standfestigkeit.

Die in der Ölwanne angeordnete Ölpumpe wird durch eine Nebenwelle angetrieben. Der Antrieb der Nebenwelle erfolgt durch den Zahnriemen, der auch die Nockenwelle antreibt.

Die Kühlmittelpumpe ist im Motorblock integriert und wird von dem Keilriemen angetrieben, der auch den Generator antreibt.

Zündung und Einspritzanlage arbeiten vollelektronisch und sind bis auf Zündkerzen- und Filterwechsel wartungsfrei.

Motoridentifizierung

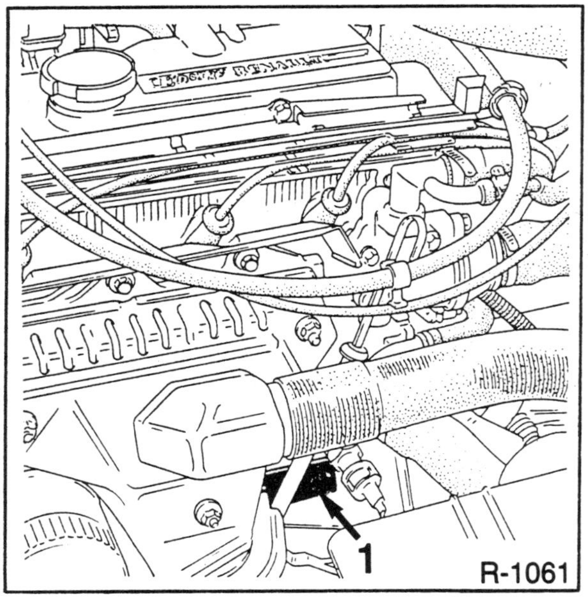

Zur Identifizierung des Motors ist an der Vorderseite, in der Nähe vom Ölmeßstab, ein rechteckiges Schild –1– angenietet.

In der oberen Zeile steht der Motortyp und in der unteren Zeile die Motor-Kennummer, gefolgt von der fortlaufenden Fabrikationsnummer des Motors.

Die Bezeichnung des Motortyps erfolgt durch eine Kombination von 2 Buchstaben und 1 Zahl, zum Beispiel: **E7J**.

Aufschlüsselung

1. Buchstabe **Motortyp**	2. Zahl **Zylinderkopftyp**	3. Buchstabe **Hubr. in cm³**
D ECON-Motor Graugußgehäuse Keine Laufbuchsen E Energy-Motor Nasse Laufbuchsen F Graugußgehäuse Keine Laufbuchsen	3 Ventile in Reihe nebeneinander, Einspritzanlage 7 Halbkugelförmige Brennräume, Einspritzanlage 8 Dieselmotor	C 901 - 975 E 1051 - 1125 F 1126 - 1200 J 1351 - 1425 M 1576 - 1650 N 1651 - 1750 P 1751 - 1850 Q 1851 - 1950

Motor mit Getriebe aus- und einbauen

Der Motor kann nicht ohne Getriebe ausgebaut werden; die Aggregate werden zusammen nach oben ausgebaut. Vor dem Motorausbau deshalb auch das Kapitel »Getriebe aus- und einbauen« durchlesen. Abgas- und Ansaugkrümmer sowie Einspritzanlage und Generator/Anlasser bleiben am Motor angebaut. Zum Ausbau der Motor-Getriebeeinheit wird ein Kran benötigt.

Da auch auf der Wagenunterseite einige Verbindungen gelöst werden müssen, werden vier Unterstellböcke sowie zum Aufbocken des Wagens ein Rangierheber benötigt. Vor der Montage im Motorraum sollten die Kotflügel mit Decken geschützt werden.

Je nach Baujahr und Ausstattung können die elektrischen Leitungen beziehungsweise Unterdruck- oder Kühlmittelschläuche unterschiedlich im Motorraum verlegt sein. Da im einzelnen nicht auf jede Variante eingegangen werden kann, empfiehlt es sich, die jeweilige Leitung mit Tesaband zu kennzeichnen, bevor sie abgezogen wird.

Elektrische Steckverbindungen sind in der Regel mit Metallklammern gesichert. Vor dem Lösen Klammern an den seitlichen Bügeln zusammendrücken.

Ausbau

- Batterie ausbauen, siehe Seite 216.
- Motorhaube ausbauen, siehe Seite 184.
- 1,8-/1,9-l-Motoren: Vorderen Stoßfänger ausbauen.

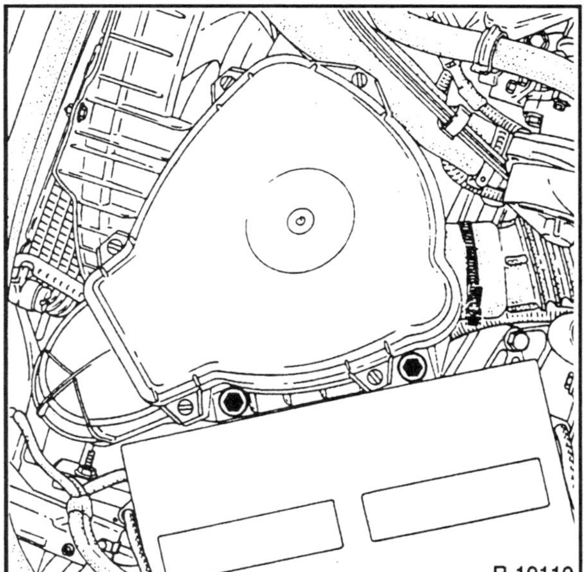
R-10110

- Luftansaugschlauch vom Luftfiltergehäuse abziehen. Luftfilter mit Halterung ausbauen. Die Abbildung zeigt den Luftfilter der 1,8-l-Benzinmotoren und des Dieselmotors.
- Kühlmittel ablassen und auffangen, dazu unteren Kühlmittelschlauch vom Kühler abziehen, siehe Seite 262.
- Kühler ausbauen.
- Kühlmittelschläuche der Innenraumheizung an der Motortrennwand zum Fahrgastraum abziehen, vorher Schlauchschellen öffnen.
- Sämtliche Kabel, die zum Motor führen, mit Tesaband kennzeichnen und abziehen.
- Motorkabelstrang am linken Radlauf abziehen.
- Masseband links oben am Kühlergrill abziehen.
- Unterdruckschlauch vom Saugrohr am Bremskraftverstärker abziehen. Quetschschelle mit einem Seitenschneider durchtrennen, beim Einbau durch Schraubschelle ersetzen.
- Gaszug der Einspritzanlage am Drosselklappenhebel aushängen. Steckraste nicht entfernen, siehe Seite 86.
- Kraftstoffleitungen hinten an der Einspritzanlage mit Tesaband kennzeichnen, damit sie beim Einbau nicht verwechselt werden. Kraftstoffvor- und Rücklaufleitung abziehen, vorher Schlauchklemmen lösen. Beim Abziehen Lappen unterlegen und eventuell auslaufenden Kraftstoff auffangen. Leitungen umgehend mit geeignetem Stopfen verschließen. Dazu saubere Schrauben mit gleichem Gewindedurchmesser in die Schläuche stecken.

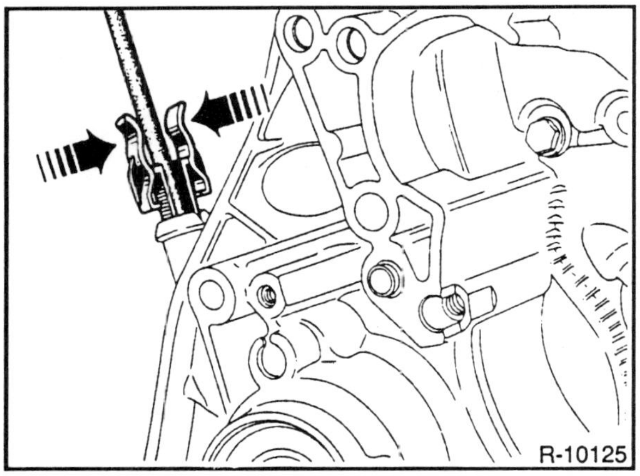

- Tachowelle am Getriebe abziehen. Dabei bei den 1,8- und 1,9-l-Motoren die Laschen zusammendrücken, siehe Abbildung. Tachowelle der 1,2-l- (bis 3/96) und 1,4-l-Motoren abziehen, siehe Seite 116.
- Kupplungsseilzug am Getriebe aushängen.
- Vorderradschrauben bei auf dem Boden stehendem Fahrzeug lösen.
- Vorderräder zur Radnabe mit Farbe kennzeichnen. Dadurch können die ausgewuchteten Räder wieder an gleicher Stelle montiert werden.
- Fahrzeug aufbocken.
- Getriebeöl ablassen, siehe Seite 237.
- Vorderes Abgasrohr am Abgaskrümmer und am Zwischenrohr abschrauben.

Linke Fahrzeugseite

- Linken Bremssattel ausbauen und mit Draht am Aufbau aufhängen, siehe Seite 156.

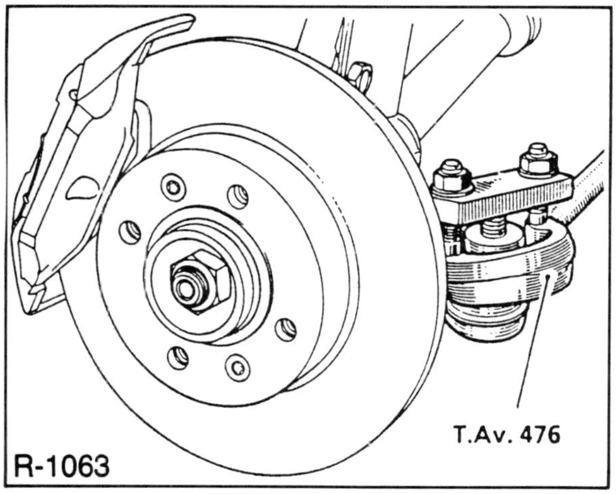

- Linke Spurstange am Achsschenkel mit handelsüblichem Spezialwerkzeug herausdrücken, siehe auch Seite 145.
- Die 3 Befestigungsschrauben der linken Gelenkwellenmanschette am Getriebe abschrauben.
- Schrauben der unteren Federbeinbefestigung und des unteren Kugelbolzens am Achsschenkel abschrauben.

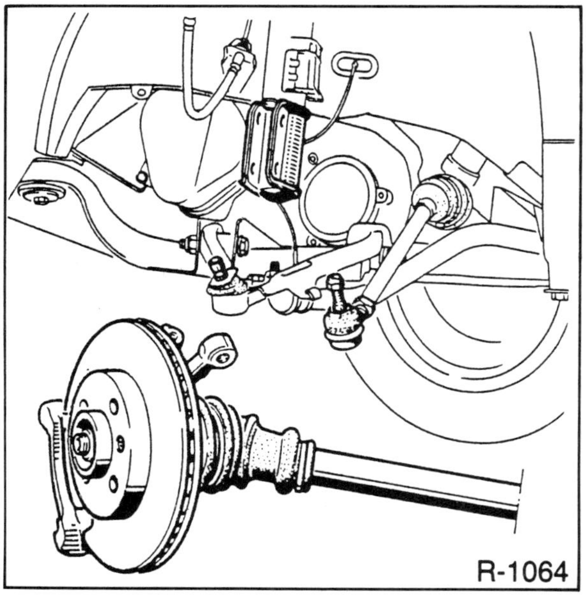

- Achsschenkel nach außen ziehen, dabei gleitet die Gelenkwelle aus dem Getriebe. Gelenke nicht zu stark anwinkeln. Gelenkmanschetten nicht beschädigen.

Rechte Fahrzeugseite

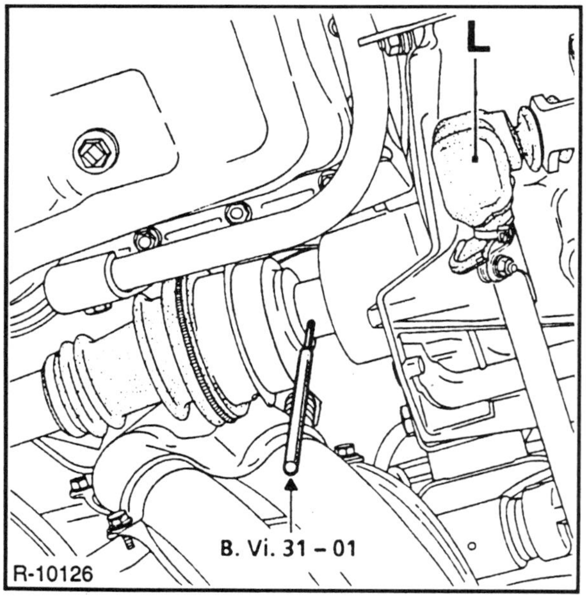

- Spannstift der rechten Antriebswelle mit Hilfe eines geeigneten Durchschlags heraustreiben.
- Manschette –L– zurückziehen und Schaltbetätigung am Getriebe abschrauben. Schaltstange zur Seite schwenken und mit Draht am Abgasrohr befestigen, nicht nach unten hängen lassen.

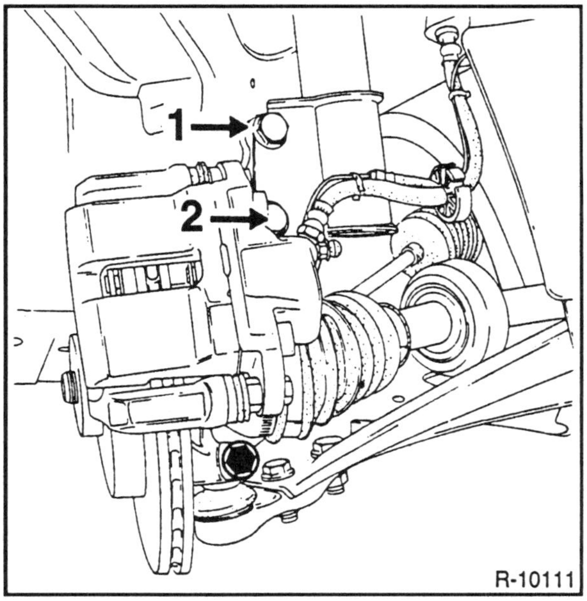

- Schrauben –1– und –2– der unteren Federbeinbefestigung lösen und Bolzen herausziehen.
- Achsschenkelträger nach außen schwenken, dabei trennt sich die Gelenkwelle vom Getriebe.

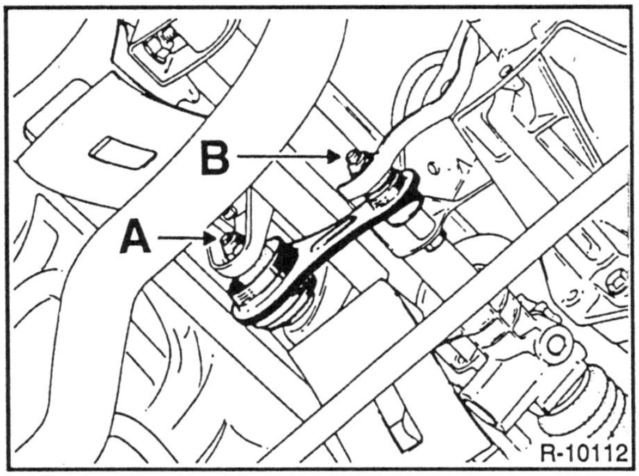

- Schraube –A– der Getriebestütze lösen, nicht abschrauben. Anschließend Schraube –B– abschrauben und die Strebe abnehmen.

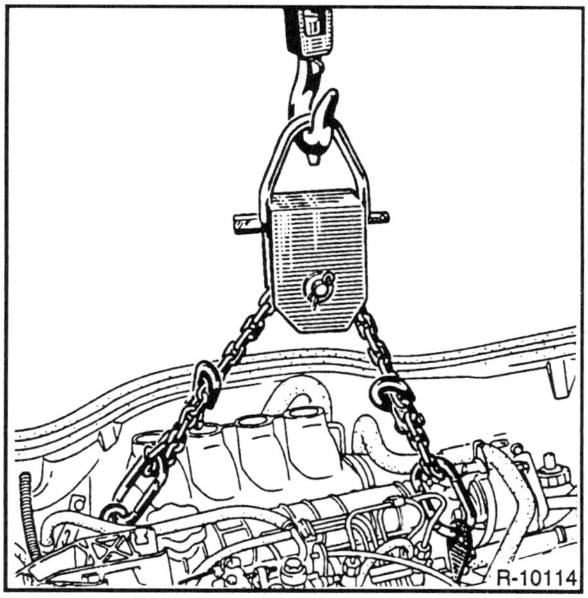

- Motor an den Haltelaschen anseilen und leicht vorspannen (anheben).
- Kunststoffabdeckung vom rechten Motorlager abschrauben. Zum Lösen der Schraube wird ein Schlüssel für Torxschrauben, Größe T30, benötigt.

1,2-l-Motor (bis 3/96), 1,4-l-Motor

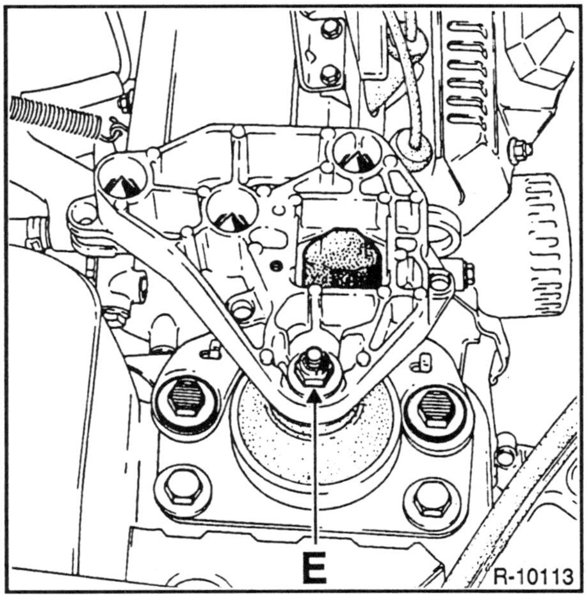

- Schraube –E– vom rechten Motorlager abschrauben.

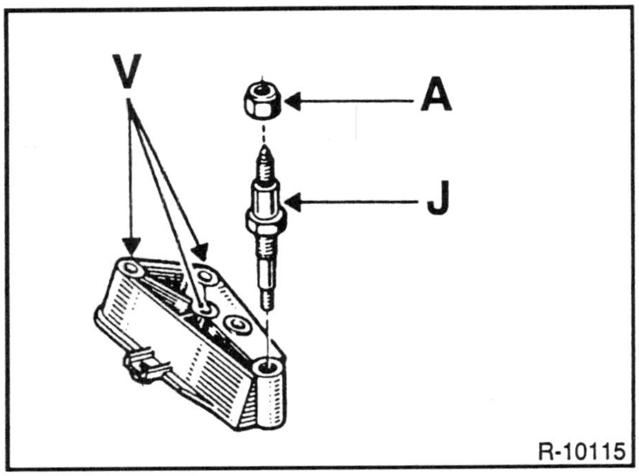

- Linkes Motor/Getriebelager in folgender Reihenfolge ausbauen: Zuerst Mutter –A– abschrauben. Mit einem Messingdorn den Bolzen –J– austreiben. 3 Schrauben –V– abschrauben.

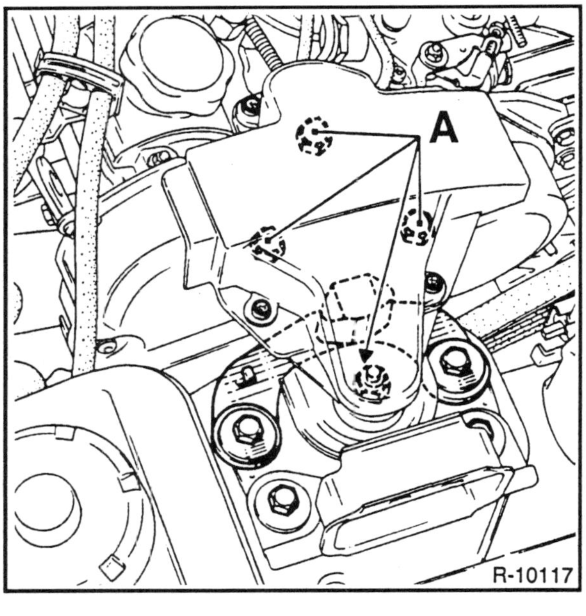

- 1,8-l-Benzinmotor, 1,9-l-Dieselmotor: Schrauben –A– am rechten Motorlager abschrauben.

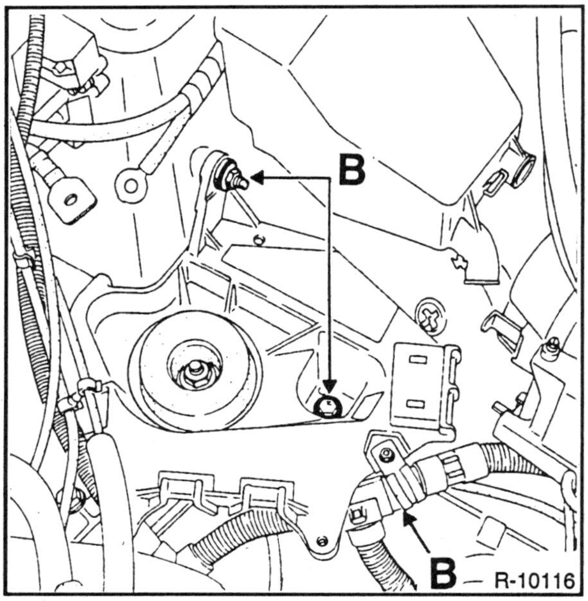

- 1,8-l-Motor: Schrauben –B– für hinteres Getriebelager lösen und Bolzen herausziehen.

Dieselmotor

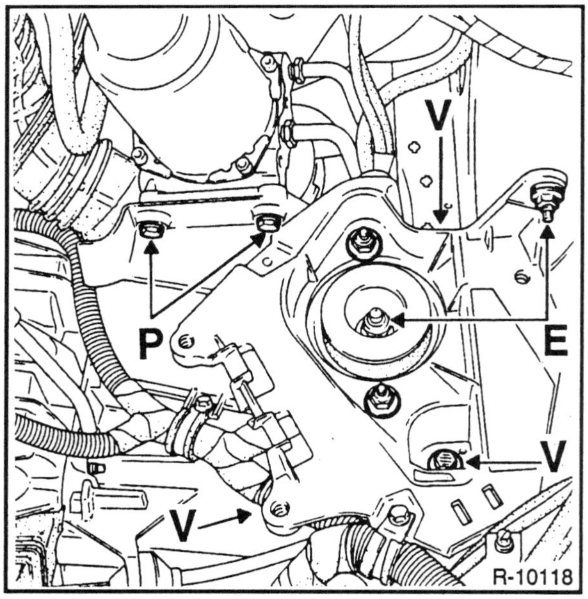

- Schrauben –P– abschrauben und Behälter der Lenkhilfe seitlich mit Draht am Aufbau aufhängen.
- 2 Muttern –E– abschrauben und Bolzen am hinteren Getriebelager mit einem Messingdorn austreiben.
- 3 Schrauben –V– abschrauben und Batteriehalterung herausnehmen.

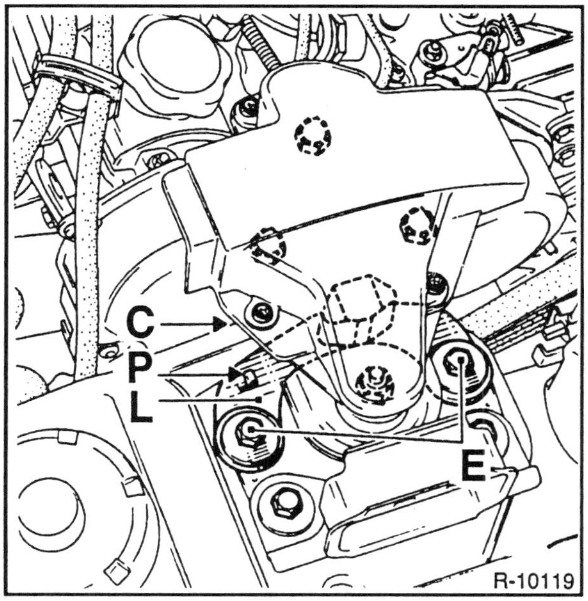

- Schwingungsbegrenzer –L– am Motorlager –C– ausbauen, dazu die Laschen –P– etwas verdrehen.
- Motor-Getriebeeinheit nach oben vorsichtig herausheben, dabei leicht nach rechts neigen (führen), damit der Aufbau nicht beschädigt wird.

Einbau

- Motorlager, Kühlmittel-, Öl- und Kraftstoffschläuche auf Porosität oder Risse prüfen, falls erforderlich erneuern.
- Wurden Motor/Getriebe getrennt, Kupplungs-Mitnehmerscheibe auf ausreichende Belagdicke sowie Belagzustand prüfen. Bei fortgeschrittenem Verschleiß beziehungsweise hoher Kilometerleistung Kupplung komplett austauschen. Falls das Kupplungsausrücklager beim Treten des Kupplungspedals Geräusche verursachte, Lager auswechseln.
- Kupplungsausrücklager und Verzahnung der Antriebswelle reinigen und dünn mit MoS_2-Fett schmieren.
- Prüfen, ob die beide Zentrierbolzen zur Zentrierung von Motor und Getriebe im Motorblock vorhanden sind, gegebenenfalls Paßhülsen einsetzen.
- Der Einbau erfolgt in umgekehrter Reihenfolge wie der Ausbau. Die Schrauben –Motor/Getriebe– müssen mit **45 Nm** für M-10-Schrauben und **55 Nm** für M-12-Schrauben festgezogen werden.
- Motor mit Getriebe vorsichtig in den Motorraum einführen. Beim Absenken darauf achten, daß der Motor sorgfältig geführt wird, um Beschädigungen am Aufbau zu vermeiden.
- Batteriehalterung einsetzen und Mutter am Stoßdämpferdom und untere Schraube der Batteriehalterung nur leicht anschrauben.
- 4 Schrauben der Batteriehalterung (am linken Längsträger sowie oben und unten) mit **20 Nm** anziehen.
- Wurden Motorlager gelöst, Motor/Getriebeaufhängung einrichten, siehe Seite 19.

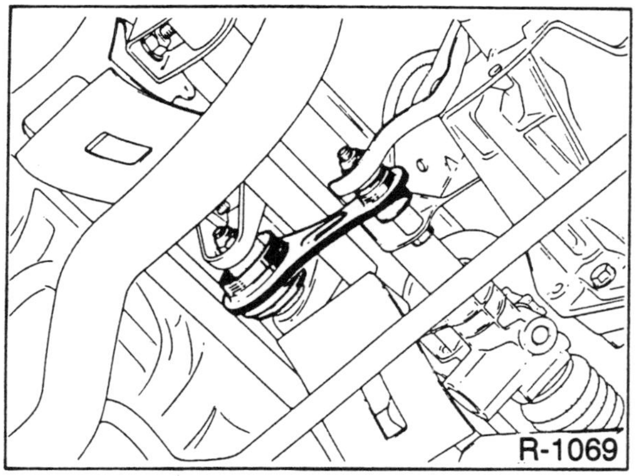

- Getriebestütze einsetzen, Schrauben noch nicht festziehen.
- Sämtliche Schrauben der Motor-/Getriebelagerung mit folgenden Drehmomenten anziehen:

Linke Fahrzeugseite:

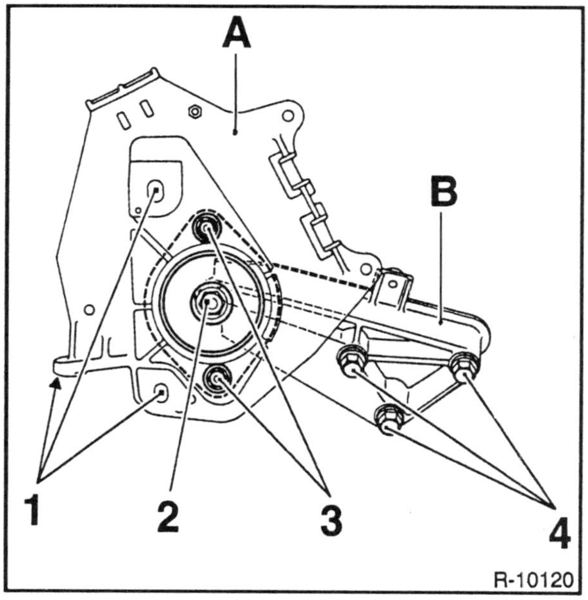

A – Batteriehalterung; B – Getriebehalterung

- Schrauben –1– mit **20 Nm**, Schraube –2– mit **75 Nm**, Schrauben –3– mit **35 Nm** und Schrauben –4– (am Getriebe) mit **55 Nm** anziehen.

Rechte Fahrzeugseite:

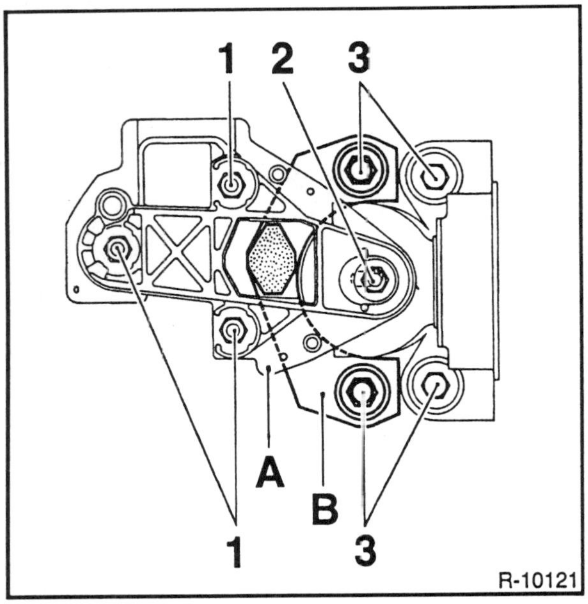

A – Motorhalterung; B – Anschlagbegrenzer

- Schrauben –1– mit **65 Nm**, Schraube –2– mit **45 Nm**, und Schrauben –3– mit **55 Nm** festziehen. Dabei darauf achten, daß der Puffer der Anschlagbegrenzung in der Mitte der Aussparung des Motorhalters sitzt.
- Beide Schrauben der Getriebestütze mit **65 Nm** festziehen.
- Falls abgebaut, Vorratsbehälter der Lenkhilfe mit 2 Schrauben am Halter befestigen.
- Tachowelle am Getriebe einstecken und mit Klammer sichern.
- Kupplungszug einhängen und einstellen, siehe Seite 110.
- Schaltbetätigung anschrauben, siehe Seite 120.

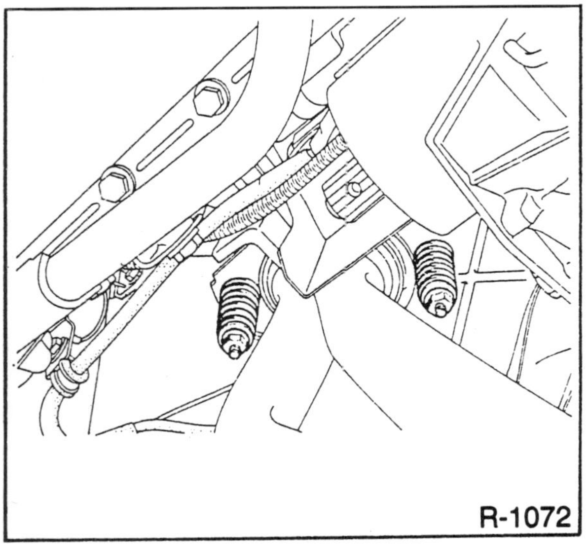

- Vorderes Abgasrohr mit Dichtung ansetzen und am Krümmer festschrauben. Muttern festziehen, bis größerer Widerstand spürbar wird, das heißt, Muttern liegen an den Distanzhülsen an. Die Federn sind dann automatisch richtig gespannt.
- Linke und rechte Gelenkwelle einbauen, siehe Seite 132.
- Bremssättel einbauen, siehe Seite 156.

Achtung: Bremspedal nach Einbau der Bremssättel mehrmals betätigen, damit die Bremsbeläge an der Bremsscheibe anliegen.

- Stoßfänger einbauen, siehe Seite 182.
- Rad anschrauben, dabei auf Markierung zur Radnabe achten. Fahrzeug ablassen und Radschrauben mit **90 Nm** über Kreuz festziehen.
- Unterdruckschlauch vom Saugrohr am Bremskraftverstärker aufschieben, mit Schraubschelle sichern.
- Gaszug anklemmen und einstellen, siehe Seite 86.
- Kraftstoffleitungen entsprechend den angebrachten Markierungen aufschrauben.
- Elektrische Leitungen an Einspritzanlage, Temperaturgeber, Öldruckschalter, Klopfsensor, Anlasser und Generator anschließen. Beim Dieselmotor die elektrische Pumpe der Lenkhilfe anschließen. Dabei darauf achten, daß der jeweilige Stecker einrastet und der Sicherungsbügel an der richtigen Stelle sitzt.
- Kühler einbauen, Kühlmittelschläuche anbringen und mit Schellen sichern.
- Kühlmittel auf Gefrierschutz prüfen und auffüllen, siehe Seite 262.

Dieselmotor:

- Kraftstoffvorlauf und Rücklauf an der Einspritzpumpe anschrauben. Dabei **Hohlschrauben nicht vertauschen,** da sie unterschiedliche Bohrungen besitzen. Die Schraube für die Rücklaufleitung ist mit »OUT« auf dem Sechskantkopf gekennzeichnet. Vertauschte Schrauben verursachen folgende Beanstandungen: Motorleistung unbefriedigend; nebelartige Rauchgase im Vollastbereich; Höchstdrehzahl wird nicht erreicht; Motor sägt im Leerlauf.
- Elektrische Leitungen an Absteller und Glühkerzen anklemmen.
- Förderbeginn der Einspritzpumpe überprüfen lassen (Werkstattarbeit).

- **Ölstand in Motor und Getriebe prüfen**, gegebenenfalls auffüllen.
- Luftfiltereinsatz und -gehäuse reinigen, gegebenenfalls Einsatz erneuern, siehe Seite 264.
- Luftfilter einbauen, siehe Seite 81.
- Falls vorhanden, Servolenkung befüllen und entlüften, siehe Seite 271.
- Massekabel (–) und Pluskabel an die Batterie anklemmen. Radio neu codieren, siehe Seite 242.
- Leerlaufdrehzahl und CO-Gehalt im Abgas prüfen (nicht einstellbar).
- Motor auf Betriebstemperatur bringen, Kühlmittelstand überprüfen und sämtliche Schlauchanschlüsse auf Dichtheit prüfen.

Motor und Getriebe einrichten

Motor und Getriebe sind links und rechts über 2 elastische Lager mit dem Fahrzeug verbunden. Zusätzlich ist hinten am Getriebe eine Stabilisierungsstrebe angebracht.

Das Einrichten der Motorlager ist nur erforderlich, wenn Motor und Getriebe ausgebaut und zusätzlich ein Motorlager gelöst wurde. Vor dem Lösen eines Motorlagers ist es daher sinnvoll, seine Position am Fahrzeug mit Farbe zu kennzeichnen, damit es in gleicher Lage wieder eingebaut wird. Wurden keine Markierungen angebracht oder werden Neuteile eingebaut, sind Motor/Getriebe folgendermaßen einzurichten:

- Motor/Getriebeeinheit in den Motorraum einsetzen.
- Batteriehalterung einsetzen und zuerst obere und untere Schraube handfest anziehen. Dann alle 4 Schrauben der Batteriehalterung mit **20 Nm** anziehen.
- Alle Schrauben der Motor/Getriebelager einsetzen, Schrauben leicht anschrauben, noch nicht festziehen.
- Getriebestütze einsetzen, noch nicht festziehen.

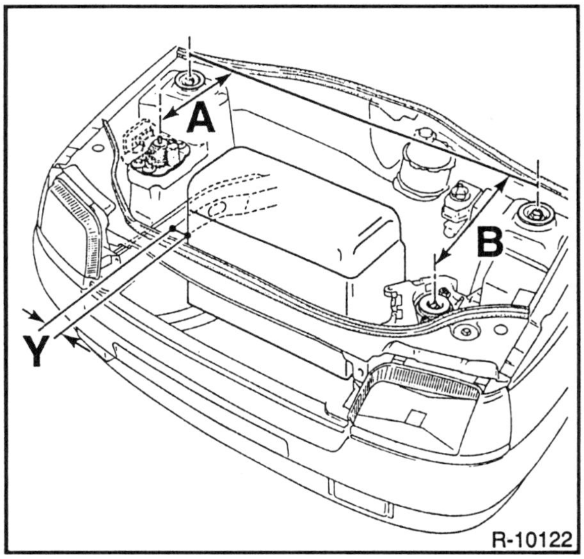

- Motor durch Verschieben ausrichten, bis beide Lagerungen die richtige Position einnehmen. Gemessen wird im rechten Winkel von der Geraden, welche die beiden Stoßdämpferachsen miteinander verbindet, bis zur Achse des Bolzens der Gummilager. **Einstellwerte:** Maß A = 197 ± 1 mm; Maß B = 151,5 ± 1 mm.

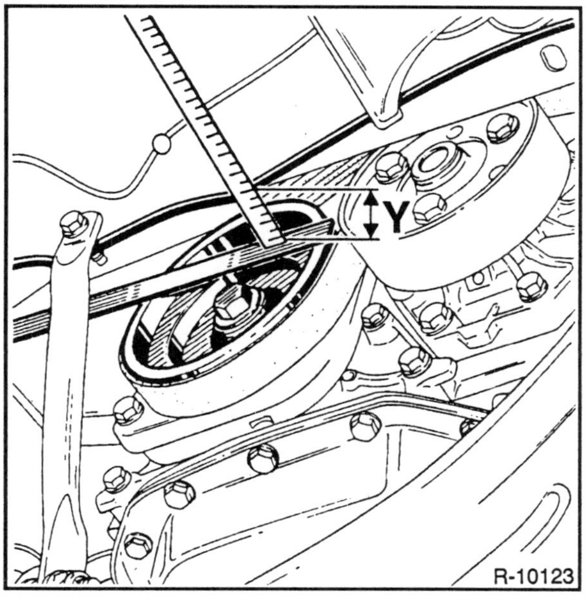

- Maß –Y– ermitteln und gegebenenfalls Motor seitlich verschieben. Gemessen wird der Abstand vom rechten Längsträger bis zur Kurbelwellen-Keilriemenscheibe. Bei der Messung die Dicke des eingelegten Lineals berücksichtigen, Maß Y gibt den tatsächlichen Abstand an. **Einstellwert Maß Y:** 1,2-/1,4-l-Motor: 48 mm; 1,8-l-Motor ohne Klimaanlage oder Lenkhilfe: 34,5 mm; 1,8-l-Motor mit Klimaanlage und/oder Lenkhilfe: 31 mm; Dieselmotor: 37 mm. **Achtung:** Einstellwert beim Modell 16V (135 PS): Y = 29 mm, hier das Maß vom Längsträger bis zum Zahnriemendeckel messen. Die Toleranz auf alle angegebenen Maße beträgt ± 1 mm.
- Schrauben und Muttern der Gummilager links und rechts mit dem richtigen Drehmoment anziehen, siehe Seite 17.
- Schrauben der hinteren Getriebestütze mit **65 Nm** festziehen.

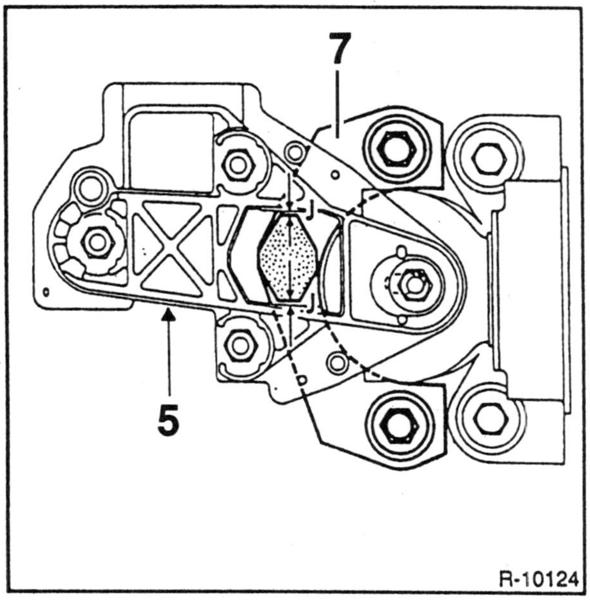

- Den Ausschlagbegrenzer –7– der rechten Motoraufhängung so zentrieren, daß in der Aussparung der Halteplatte

–5– an beiden Seiten das gleiche Maß –J– erzielt wird. Schrauben mit dem vorgeschriebenen Drehmoment anziehen, siehe Kapitel »Motor aus- und einbauen«.

- Maß –Y– nochmals kontrollieren, gegebenenfalls Einstellung wiederholen.

Zylinderkopf aus- und einbauen

Benzin- und Dieselmotoren bis 65 kW/88 PS

Zylinderkopf nur bei abgekühltem Motor ausbauen. Abgas- und Ansaugkrümmer bleiben angeschlossen. Ausführlich beschrieben wird der Ausbau am 1,2-/1,4-l-Motor (E-Motor), für die anderen Motor-Versionen werden spezielle Hinweise gegeben. Motortypenaufschlüsselung, siehe Seite 12.

Eine defekte Zylinderkopfdichtung ist an einem oder mehreren der folgenden Merkmale erkennbar:

- Leistungsverlust.
- Kühlflüssigkeitsverlust. Weiße Abgaswolken bei warmem Motor.
- Ölverlust.
- Kühlflüssigkeit im Motoröl, Ölstand nimmt nicht ab, sondern zu. Graue Farbe des Motoröls, Schaumbläschen am Peilstab, Öl dünnflüssig.
- Motoröl in der Kühlflüssigkeit.
- Kühlflüssigkeit sprudelt stark.
- Keine Kompression auf 2 benachbarten Zylindern.

Ausbau

- Batterie-Massekabel (–) abklemmen. **Achtung:** Dadurch wird aus dem Speicher des Radios der Code für die Diebstahlsicherung gelöscht. Die Batterie darf nur bei ausgeschalteter Zündung abgeklemmt werden, da sonst das Steuergerät der Einspritzanlage beschädigt wird. Vor dem Abklemmen sollten auch die Hinweise im Kapitel »Radio« bzw. »Batterie aus- und einbauen« durchgelesen werden.
- Motorhaube ausbauen, siehe Seite 184.
- Kühlmittel ablassen, siehe Seite 262.
- 1,2- und 1,4-l-Motor: Kühlmittel-Thermostat ausbauen, siehe Seite 61.
- Luftfilter ausbauen, siehe Seite 81.
- Zahnriemen ausbauen, siehe Seite 28.

Dieselmotor

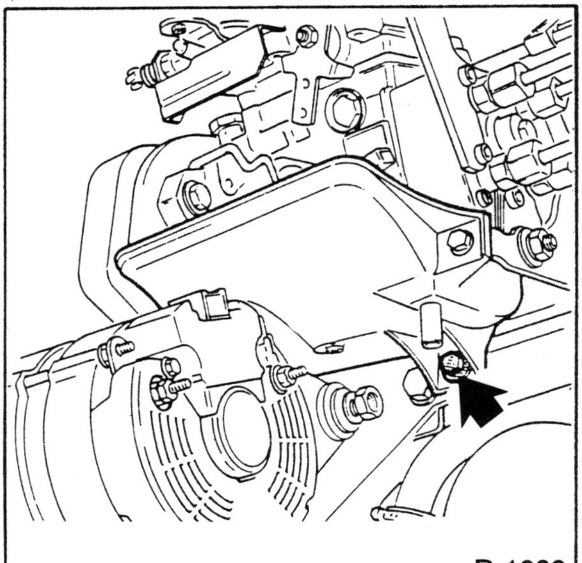
R-1080

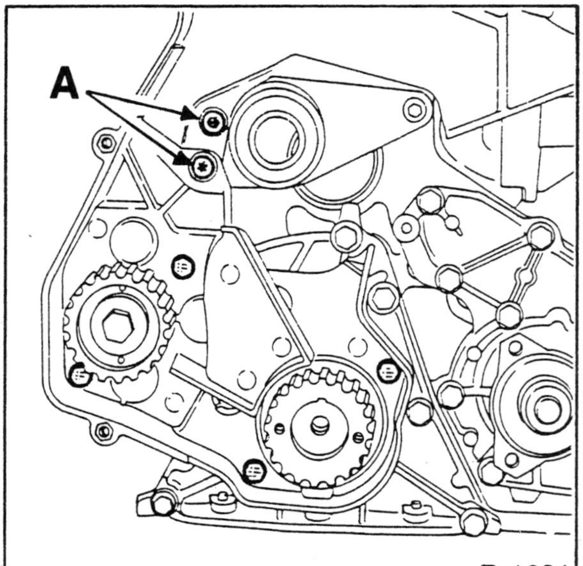

R-1081

- Untere Befestigungsschraube der Abdeckung des Generators –obere Abbildung–, sowie Schrauben –A– an der Zahnriemenseite abschrauben.
- Gaszug an der Einspritzpumpe aushängen, siehe Seite 89.
- Kühlmittelschlauch, sowie Motorentlüftung und Schlauch zum Luftfilter am Zylinderkopf abziehen. Falls vorhanden, Schlauchschellen vorher lösen.
- Anschlußkabel von den Glühkerzen abnehmen.
- Spannlasche des Generators ausbauen.

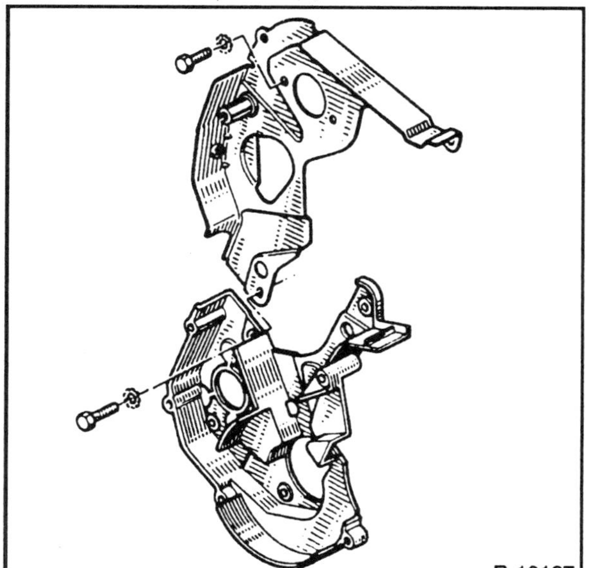

R-10127

- Hintere Zahnriemenabdeckung am Motorblock abschrauben.

- Vorderes Abgasrohr am Krümmer abschrauben, siehe Seite 102.
- Elektrische Leitungen zum Zylinderkopf mit Tesaband kennzeichnen und abziehen. Zum Beispiel: Leitung vom Temperaturfühler, Masseband am Zylinderkopf, Kabel zur Einspritzanlage, Klopfsensor.
- Kraftstoffleitungen an der Einspritzanlage abschrauben. Auslaufenden Kraftstoff mit Lappen auffangen, Leitungen gegen Verschmutzung schützen.
- Gaszug ausbauen, siehe Seite 86.
- Unterdruckschlauch vom Bremskraftverstärker am Ansaugrohr abziehen. Klemmschelle gegebenenfalls mit Seitenschneider durchschneiden und beim Einbau geeignete Schraubschelle verwenden.

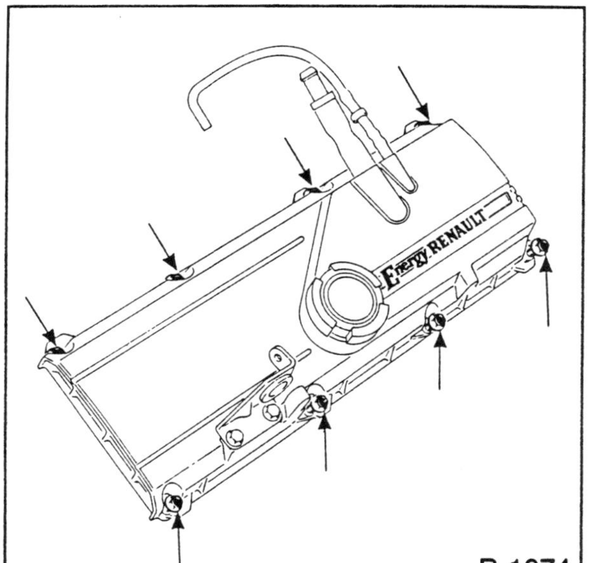

R-1074

- Zylinderkopfdeckel abschrauben. Die Abbildung zeigt den Deckel der 1,2-l- (bis 3/96) und 1,4-l-Motoren.

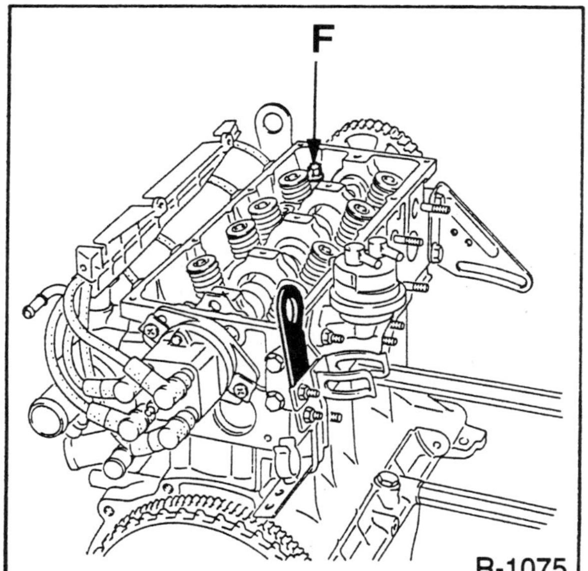

R-1075

- **1,2-l- (bis 3/96) und 1,4-l-Motor:** Alle Zylinderkopfschrauben gleichmäßig zuerst ½ Umdrehung lösen, dann ganz abschrauben. Die Schraube –F– nicht herausnehmen, sondern lediglich lösen. Für die Schrauben wird eine Torx-Stecknuß E 12 benötigt.
- Zylinderkopf lösen und leicht anheben. Beim 1,2-l- (bis 3/96) und 1,4-l-Motor wird der Zylinderkopf um die Schraube –F– herum nach außen geschwenkt.

R-1082

- Läßt sich der Zylinderkopf nicht abheben, Holzkeil ansetzen und mit Hammer vorsichtig nach oben schlagen.

Achtung: Zylinderkopf nach dem Ausbau nicht auf der Dichtfläche absetzen, dabei könnten voll geöffnete Ventile beschädigt werden. Deshalb Zylinderkopf auf 2 Holzleisten ablegen.

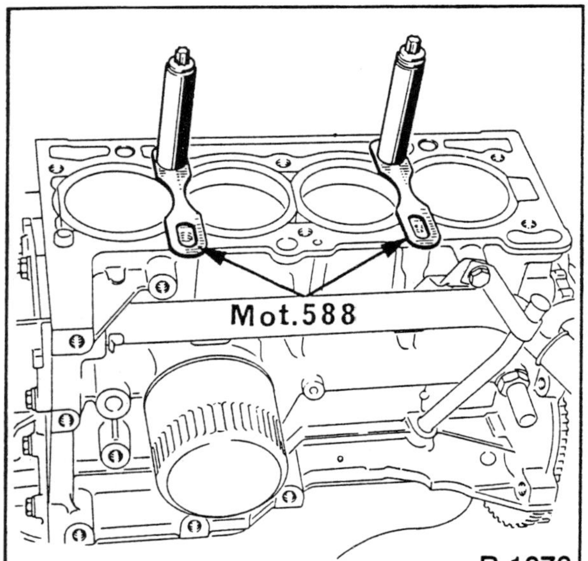

R-1076

- In der Werkstatt werden die Laufbuchsen mit den beiden RENAULT-Laufbuchsenhaltern fixiert, damit sich die Laufbuchsen beim Bewegen des Fahrzeugs beziehungsweise beim Durchdrehen des Motors nicht verkanten können. Wird das Fahrzeug nicht bewegt und die Kurbelwelle nicht verdreht, kann dieser Arbeitsgang entfallen.

Einbau

- Vor dem Einbau Zylinderblock mit geeignetem Schaber von Dichtungsresten freimachen. **Darauf achten, daß keine Dichtungsreste in die Bohrungen fallen.** Bohrungen mit Lappen verschließen.

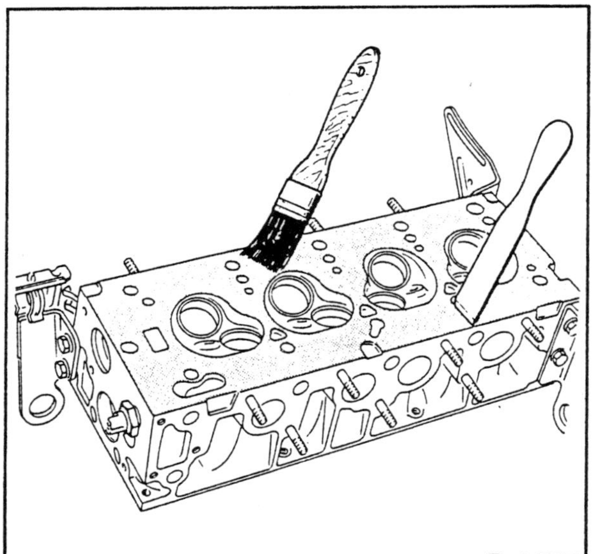

R-1077

Achtung: Die Dichtfläche vom Leichtmetall-Zylinderkopf niemals mit einem Metallschaber reinigen. Eventuell Reinigungsmittel »Decap-joint«, erhältlich bei RENAULT, aufstreichen. 10 Minuten einwirken lassen, dann Dichtungsreste mit einem Holzspachtel entfernen.

- **1,2-l- (bis 3/96) und 1,4-l-Motoren:** Überstand der Laufbuchsen prüfen, siehe Seite 25.
- Falls vorhanden, Laufbuchsenhalter demontieren.

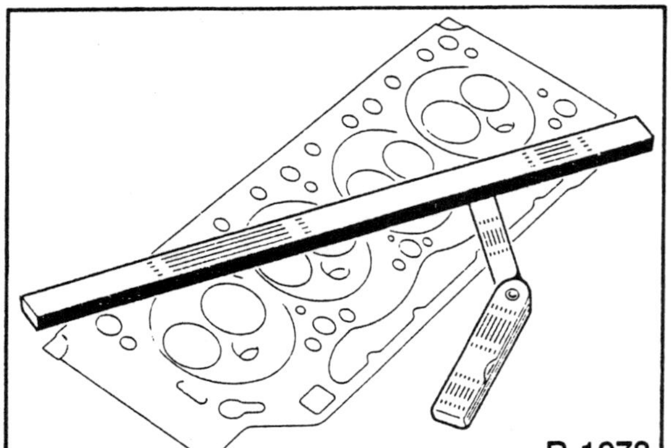

R-1078

- Zylinderkopf mit Stahllineal in Längs- und Querrichtung sowie diagonal auf Planheit prüfen. Die maximal zulässige Verformung darf 0,05 mm betragen, andernfalls Zylinderkopf ersetzen. **Achtung:** Die Dichtfläche vom Zylinderkopf darf nicht nachgearbeitet werden.
- Zylinderkopf auf Risse, Zylinderlauffläche auf Riefen überprüfen.

- Bohrungen der Zylinderkopfschrauben im Motorblock sorgfältig von Öl und anderen Rückständen reinigen. Am besten absaugen, keine Preßluft verwenden.
- Zylinderkopfdichtung grundsätzlich ersetzen. Kein zusätzliches Dichtmittel verwenden.

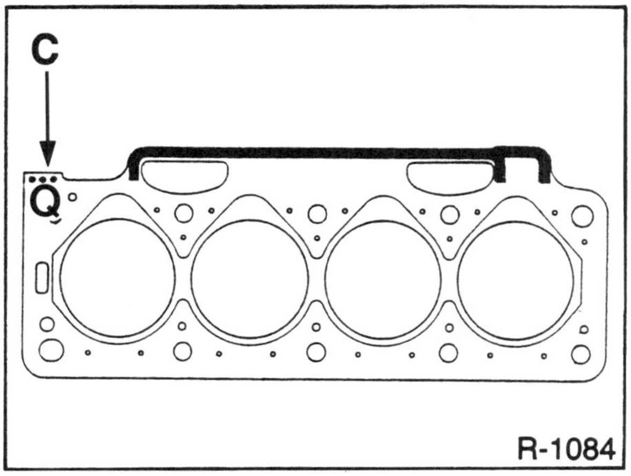

Achtung: Beim **Dieselmotor** sind je nach Kolbenüberstand Dichtungen in 3 unterschiedlichen Dicken eingebaut. Die Dichtungsstärken sind durch 1, 2 oder 3 Punkte an der Lasche –C– gekennzeichnet. Bei Ersatz nur Dichtung mit gleicher Punktezahl wie ausgebaut verwenden.
Außerdem ist darauf zu achten, daß sich beim Auflegen der Dichtung beziehungsweise des Zylinderkopfs alle Kolben auf halber Höhe befinden, also kein Kolben auf OT (Oberer Totpunkt) steht, sonst können Motorschäden entstehen. Gegebenenfalls Kurbelwelle ¼ Umdrehung weiterdrehen, nach Einbau wieder auf ursprüngliche Stellung zurückdrehen. Motor verdrehen, siehe Kapitel »Zahnriemen aus- und einbauen«.

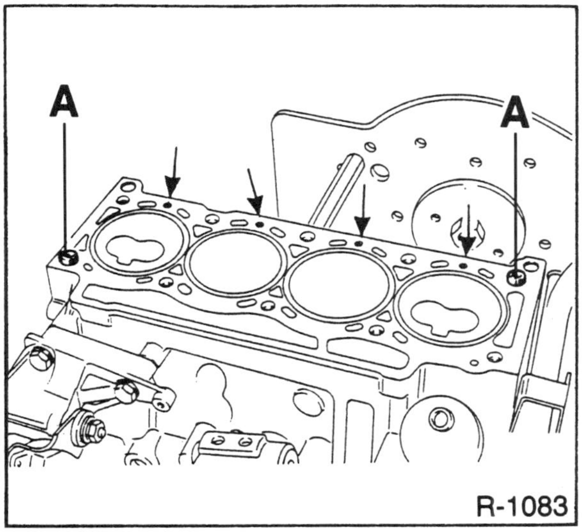

- Neue Dichtung so auflegen, daß keine Bohrungen verdeckt werden, insbesondere Ölbohrungen –Pfeile– beim Dieselmotor beachten.
- Prüfen, ob beide Zentrierhülsen –A– im Zylinderkopf vorhanden sind, gegebenenfalls einsetzen. Die 1,2-l- (bis 3/96) und 1,4-l-Motoren besitzen nur eine Zentrierhülse.
- Zylinderkopf aufsetzen.
- Grundsätzlich **neue** Zylinderkopfschrauben verwenden. Zylinderkopfschrauben leicht einölen.
- Alle Zylinderkopfschrauben einsetzen und handfest anziehen.

Achtung: Das Anziehen der Zylinderkopfschrauben ist mit größter Sorgfalt durchzuführen. Vor dem Anziehen der Schrauben sollte der Drehmomentschlüssel auf seine Genauigkeit überprüft werden. Außerdem ist die Anzugsreihenfolge genau einzuhalten.

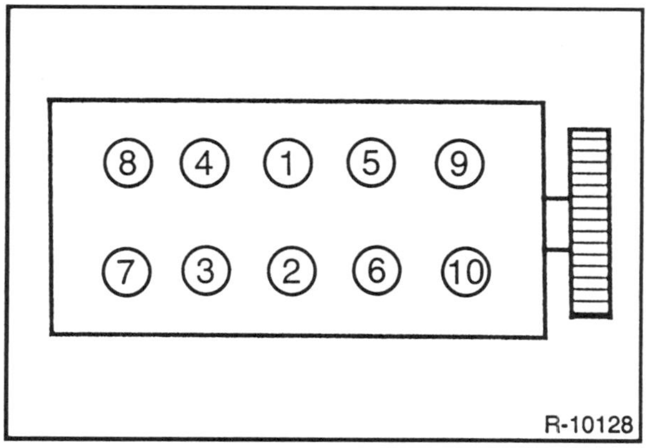

1,2-l- (bis 3/96) und 1,4-l-Motor

- Zylinderkopfschrauben in der Reihenfolge von 1 bis 10 mit einem Drehmomentschlüssel und **20 Nm** anziehen.
- Mit starrem Schlüssel die Zylinderkopfschrauben in der richtigen Reihenfolge um den Winkel **97°** ± **2°** weiterdrehen.

Achtung: Um die 97° beim Anziehen einzuhalten, ist es sinnvoll, entsprechende Markierungen am Zylinderkopf anzubringen. Dazu Schlüssel auf Schraube aufsetzen und im Abstand von 97° eine Markierung mit Kreide anbringen, oder aus Pappe eine 97°-Winkelscheibe ausschneiden. Es kann auch eine Winkelscheibe, zum Beispiel HAZET 6690, für den Schraubenanzug verwendet werden.

- Schrauben 1 und 2 lösen, bis sie frei drehbar sind.
- Schrauben 1 und 2 zuerst mit Drehmomentschlüssel auf **20 Nm** anziehen, dann mit starrem Schlüssel um den Winkel **97°** ± **2°** weiterdrehen.
- Schrauben 3, 4, 5 und 6 lösen, bis sie frei drehbar sind.
- Schrauben 3, 4, 5 und 6 zuerst mit Drehmomentschlüssel auf **20 Nm** anziehen, dann mit starrem Schlüssel um den Winkel **97°** ± **2°** weiterdrehen.
- Schrauben 7, 8, 9 und 10 lösen, bis sie frei drehbar sind.
- Schrauben 7, 8, 9 und 10 zuerst mit Drehmomentschlüssel auf **20 Nm** anziehen, dann mit starrem Schlüssel um den Winkel **97°** ± **2°** weiterdrehen.

1,8- und 1,9-l-Motoren bis 65 kW/88 PS (Benziner und Diesel)

- Zylinderkopfschrauben in der Reihenfolge von 1 bis 10 mit einem Drehmomentschlüssel und **30 Nm** anziehen. Anschließend alle Kopfschrauben in der richtigen Reihenfolge mit **70 Nm** festziehen.
- Zum Setzen der Schrauben eine Pause von mindestens 3 Minuten einlegen und anschließend alle Schrauben vollständig lösen.
- Zylinderkopfschrauben in richtiger Reihenfolge mit Drehmomentschlüssel und **20 Nm** anziehen.
- Sämtliche Schrauben in der vorgeschriebenen Reihenfolge mit **starrem Schlüssel** um den Winkel **123°** ± **2°** in einem Zug weiterdrehen.

Achtung: Um die 123° beim Anziehen einzuhalten, ist es sinnvoll, entsprechende Markierungen am Zylinderkopf anzubringen. Dazu Schlüssel auf Schraube aufsetzen und im Abstand von 123° eine Markierung mit Kreide anbringen. Gegebenenfalls aus Pappe eine 123°-Winkelscheibe ausschneiden. Es kann auch die Winkelscheibe HAZET 6690 für den drehwinkelgesteuerten Schraubenanzug verwendet werden.

- Dieselmotor: Schrauben an Generatorabdeckung und Zahnriemenabdeckung anbringen, siehe unter »Ausbau«.
- Zahnriemen einbauen, siehe Seite 28.
- Ventilspiel einstellen, siehe Seite 37.
- Zylinderkopfdeckel einbauen.
- Falls ausgebaut, Generator und Keilriemen einbauen, siehe Seite 40, 222.
- Sämtliche Kühlmittel-, Kraftstoffschläuche aufschieben und mit Schellen sichern.
- 1,2- und 1,4-l-Motor: Kühlmittel-Thermostat einbauen, siehe Seite 61.
- Elektrische Leitungen entsprechend der angebrachten Markierungen anklemmen.
- Gaszug einbauen und einstellen.
- Unterdruckschlauch vom Bremskraftverstärker am Saugrohr aufschieben.

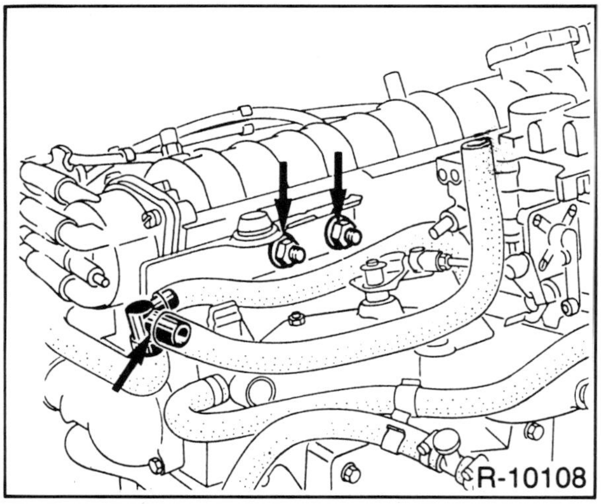

- Halter für Motorentlüftungsschläuche/Zündkabel am Zylinderkopf anschrauben.
- Vorderes Abgasrohr am Abgaskrümmer anschrauben.
- Kühlmittel auffüllen, siehe Seite 262.
- Ölstand im Motor prüfen, gegebenenfalls Öl nachfüllen. Wurde der Zylinderkopf abgebaut aufgrund einer defekten Zylinderkopfdichtung, ist ein vorgezogener Ölwechsel einschließlich eines Ölfilterwechsels erforderlich, da sich im Motoröl Kühlflüssigkeit befinden kann.
- Luftfilter einbauen, siehe Seite 81.
- Motorhaube einbauen, siehe Seite 184.
- Massekabel (−) an die Batterie anklemmen. Radio neu codieren, siehe Seite 242.

Überstand der Laufbuchsen prüfen

1,2-l- (bis 3/96) und 1,4-l-Motoren

- Zylinderkopf ausbauen.

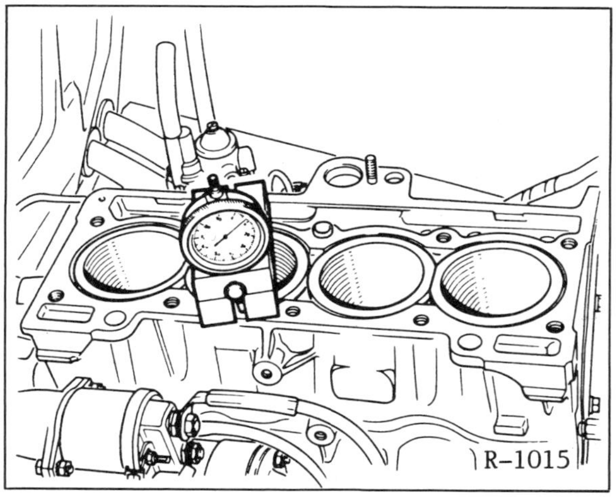

- Auflageplatte mit handelsüblicher Meßuhr am Motorblock anschrauben.
- Mit der Meßuhr Überstand der Laufbuchsen gegenüber dem Motorblock messen.
- Der Überstand muß **zwischen 0,02 mm und 0,09 mm** betragen.
- Werden neue Laufbuchsen montiert, Messung ohne Dichtring (am Fuß der Laufbuchse) vornehmen.
- Die Differenz des Überstehmaßes zwischen zwei nebeneinanderliegenden Laufbuchsen darf nicht über 0,05 mm betragen.

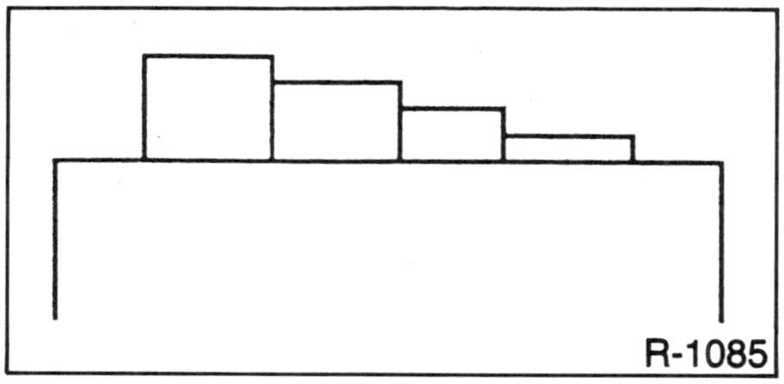

- Der Wert der Überstehmaße muß von Zylinder 1 bis 4 ständig ansteigen oder abfallen, sonst müssen die Laufbuchsen neu geordnet werden (Werkstattarbeit).

Zylinderkopf aus- und einbauen

16-Ventil-Motor (99 kW/135 PS)

Zylinderkopf nur bei abgekühltem Motor ausbauen. Abgas- und Ansaugkrümmer bleiben angeschlossen.

Eine defekte Zylinderkopfdichtung ist an einem oder mehreren der folgenden Merkmale erkennbar:

- Leistungsverlust.
- Kühlflüssigkeitsverlust. Weiße Abgaswolken bei warmem Motor.
- Ölverlust.
- Kühlflüssigkeit im Motoröl, Ölstand nimmt nicht ab, sondern zu. Graue Farbe des Motoröls, Schaumbläschen am Peilstab, Öl dünnflüssig.
- Motoröl in der Kühlflüssigkeit.
- Kühlflüssigkeit sprudelt stark.
- Keine Kompression auf 2 benachbarten Zylindern.

Ausbau

- Batterie-Massekabel (–) abklemmen. **Achtung:** Dadurch wird aus dem Speicher des Radios der Code für die Diebstahlsicherung gelöscht. Die Batterie darf nur bei ausgeschalteter Zündung abgeklemmt werden, da sonst das Steuergerät der Einspritzanlage beschädigt wird. Vor dem Abklemmen sollten auch die Hinweise im Kapitel »Radio« bzw. »Batterie aus- und einbauen« durchgelesen werden.
- Motorhaube ausbauen.
- Kühlmittel ablassen, siehe Seite 262.
- Luftfilter ausbauen, siehe Seite 81.
- Luftfilterhalterung abschrauben.
- Den rechten Scheinwerfer ausbauen, siehe Seite 235.

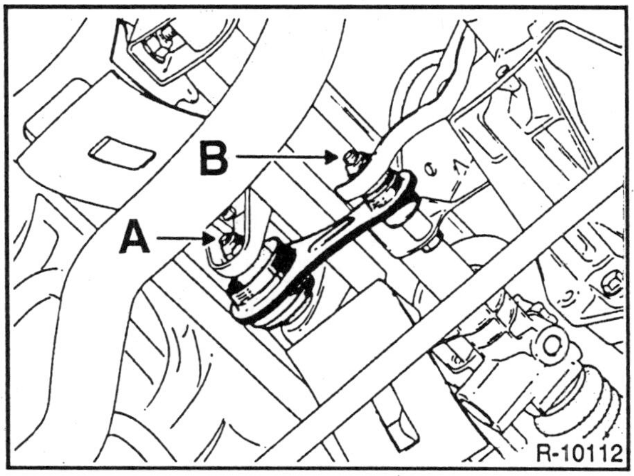

- Schraube –B– der hinteren Motoraufhängung (Stabilisierungsstrebe) ausbauen.
- Zahnriemen ausbauen, siehe Seite 28.
- Vorderes Abgasrohr ausbauen, siehe Seite 102.
- Kunststoff-Abdeckungen für die Zündkabel sowie der Einspritzanlage am Zylinderkopf abschrauben.

- Elektrische Leitungen zum Zylinderkopf mit Tesaband kennzeichnen und abziehen. Zum Beispiel: Leitung vom Temperaturfühler, Masseband am Zylinderkopf, Kabel zur Einspritzanlage, Klopfsensor.
- Steuergerät der Zünd- und Einspritzanlage mit dem Kabelstrang zum Motor ausbauen, siehe Seite 88.
- Kraftstoffleitungen an der Einspritzanlage abschrauben. Auslaufenden Kraftstoff mit Lappen auffangen, Leitungen gegen Verschmutzung schützen.
- Gaszug ausbauen, siehe Seite 86.
- Unterdruckschlauch vom Bremskraftverstärker am Ansaugrohr abziehen. Klemmschelle gegebenenfalls mit Seitenschneider durchschneiden und beim Einbau geeignete Schraubschelle verwenden.

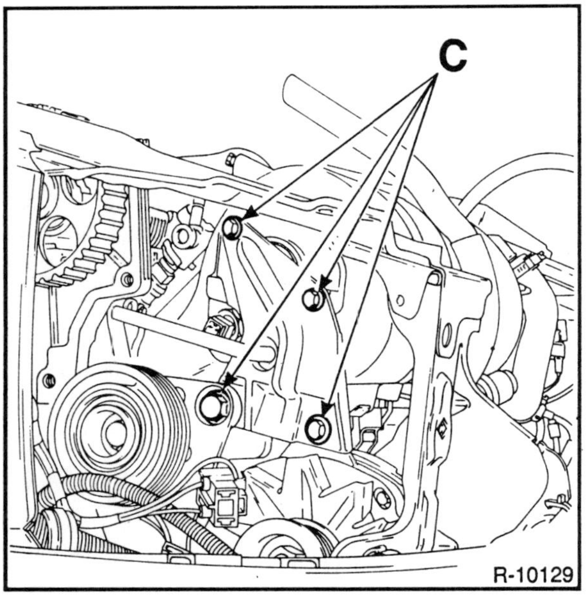

- Haltelasche des Generators am Ansaugkrümmer abschrauben, dazu Schrauben –C– lösen.

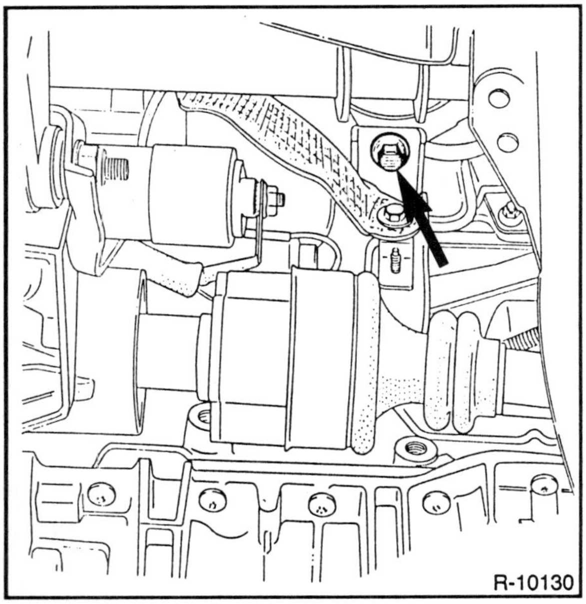

- Hintere Anlasser-Befestigung am Abgaskrümmer abschrauben.
- Hitzeschutzschild des Abgaskrümmers an der Spritzwand abschrauben.
- Kühler ausbauen, siehe Seite 63.

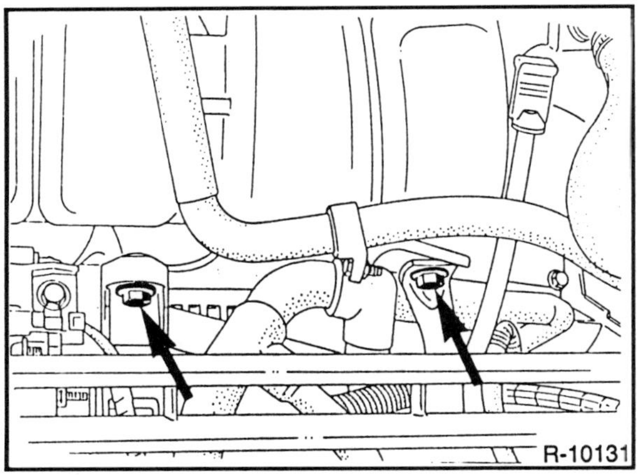

- Befestigungsschrauben –Pfeile– des Ansaugkrümmers abschrauben.
- Zylinderkopfdeckel abschrauben.
- Alle Zylinderkopfschrauben zuerst ½ Umdrehung lösen, dann ganz herausschrauben und Zylinderkopf abheben. Zum Lösen der Zylinderkopfschrauben wird eine Stecknuß für Torxschrauben, Größe E 55, benötigt. Läßt sich der Zylinderkopf nicht abheben, Holzkeil ansetzen und mit Hammer vorsichtig nach oben schlagen.

Achtung: Zylinderkopf nach dem Ausbau nicht auf der Dichtfläche absetzen, dabei könnten voll geöffnete Ventile beschädigt werden. Deshalb Zylinderkopf auf 2 Holzleisten ablegen.

Einbau

- Zylinderblock mit geeignetem Schaber von Dichtungsresten freimachen. **Darauf achten, daß keine Dichtungsreste in die Bohrungen fallen.** Bohrungen mit Lappen verschließen.
- Zylinderkopf-Dichtfläche mit einem Holzschaber reinigen. **Achtung:** Die Dichtfläche vom Leichtmetall-Zylinderkopf niemals mit einem Metallschaber reinigen. Eventuell Reinigungsmittel »Decap-joint«, erhältlich bei RENAULT, aufstreichen. 10 Minuten einwirken lassen, dann Dichtungsreste mit einem Holzspachtel entfernen.
- Zylinderkopf-Dichtfläche mit Stahllineal in Längs- und Querrichtung sowie diagonal auf Planheit prüfen. Die maximal zulässige Verformung darf 0,05 mm betragen, andernfalls Zylinderkopf ersetzen. **Achtung:** Die Dichtfläche vom Zylinderkopf darf nicht nachgearbeitet werden.
- Zylinderkopf auf Risse, Zylinderlauffläche auf Riefen überprüfen.
- Bohrungen der Zylinderkopfschrauben im Motorblock sorgfältig von Öl und anderen Rückständen reinigen, am besten mit Preßluft ausblasen. Es kann stattdessen auch ein Lappen mit einem Dorn in die Bohrungen gedrückt werden, damit die Rückstände beseitigt werden.
- Zylinderkopfdichtung grundsätzlich ersetzen. Kein zusätzliches Dichtmittel verwenden.

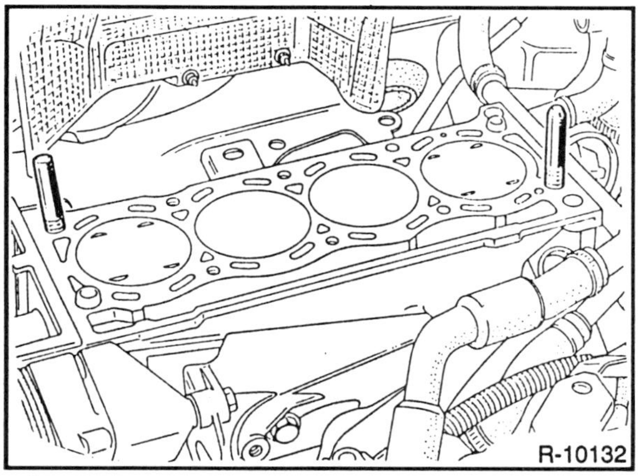

R-10132

- Zum Zentrieren des Zylinderkopfs Führungsstifte anfertigen, indem man an zwei alten Zylinderkopfschrauben den Kopf absägt und jeweils eine Nut für den Schraubendreher anbringt. Die RENAULT-Werkstatt hat zum Zentrieren das Sonderwerkzeug Mot. 451.
- Zylinderkopf aufsetzen.
- Grundsätzlich **neue** Zylinderkopfschrauben verwenden. Zylinderkopfschrauben leicht einölen.
- 8 Zylinderkopfschrauben einsetzen und handfest anziehen. Die Führungsstifte müssen noch eingeschraubt sein.
- Führungsstifte mit Schraubendreher herausschrauben, die 2 restlichen Zylinderkopfschrauben einsetzen und handfest anziehen.

Achtung: Das Anziehen der Zylinderkopfschrauben ist mit größter Sorgfalt durchzuführen. Vor dem Anziehen der Schrauben sollte der Drehmomentschlüssel auf seine Genauigkeit überprüft werden. Außerdem ist die Anzugsreihenfolge genau einzuhalten.

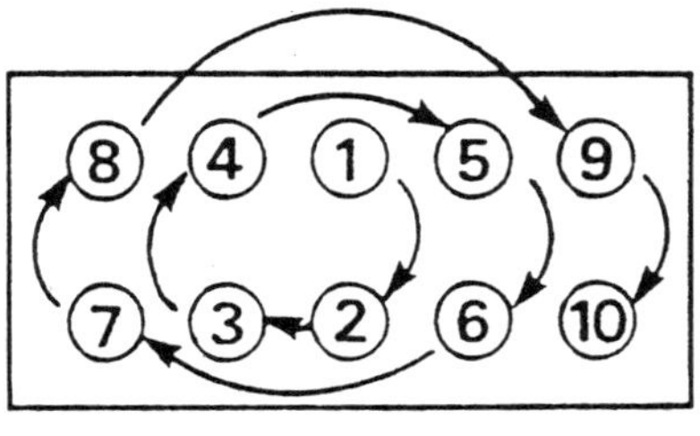

R-1079

- Zylinderkopfschrauben in der Reihenfolge von 1 bis 10 mit einem Drehmomentschlüssel und **30 Nm** anziehen. Anschließend alle Kopfschrauben in gleicher Reihenfolge mit **50 Nm** festziehen.
- Zum Setzen der Schrauben eine Pause von mindestens 3 Minuten einlegen und anschließend alle Schrauben vollständig lösen, sie müssen frei drehbar sein.
- Zylinderkopfschrauben von 1 bis 10 mit Drehmomentschlüssel und **25 Nm** anziehen.
- Sämtliche Schrauben in der vorgeschriebenen Reihenfolge mit **starrem Schlüssel** um den Winkel **107°** ± **2°** in einem Zug weiterdrehen.

Achtung: Um die 107° beim Anziehen einzuhalten, ist es sinnvoll, entsprechende Markierungen am Zylinderkopf anzubringen. Dazu Schlüssel auf Schraube aufsetzen und im Abstand von 107° eine Markierung mit Kreide anbringen. Gegebenenfalls aus Pappe eine 107°-Winkelscheibe ausschneiden. Es kann auch die Winkelscheibe HAZET 6690 für den drehwinkelgesteuerten Schraubenanzug verwendet werden.

- Zahnriemen einbauen, siehe Seite 28.
- Zylinderkopfdeckel anschrauben.
- Hintere Stabilisierungsstrebe mit **65 Nm** am Aufbau anschrauben.
- Sämtliche Kühlmittel-, Kraftstoffschläuche aufschieben und mit Schellen sichern.
- Elektrische Leitungen entsprechend der angebrachten Markierungen anklemmen.
- Motor-Steuergerät einbauen, siehe Seite 88.
- Gaszug einbauen und einstellen.
- Unterdruckschlauch vom Bremskraftverstärker am Saugrohr aufschieben.
- Vorderes Abgasrohr einbauen.
- Hitzeschutzschild an der Motorspritzwand anschrauben.
- 2 Befestigungsschrauben des Ansaugkrümmers anschrauben.
- Anlasserbefestigung sowie Generator-Haltelasche anschrauben, siehe Abbildungen unter »Ausbau«.
- Kühler einbauen, siehe Seite 63.
- Kühlmittel auffüllen, siehe Seite 262.
- Ölstand im Motor prüfen, gegebenenfalls Öl nachfüllen. Wurde der Zylinderkopf abgebaut aufgrund einer defekten Zylinderkopfdichtung, ist ein vorgezogener Ölwechsel einschließlich eines Ölfilterwechsels erforderlich, da sich im Motoröl Kühlflüssigkeit befinden kann.
- Kunststoffabdeckungen für Zündkabel und Ansaugrohr am Zylinderkopf anschrauben.
- Luftfilterhalterung sowie Luftfilter einbauen, siehe Seite 81.
- Rechten Scheinwerfer einbauen, siehe Seite 235.
- Motorhaube einbauen, siehe Seite 184.
- Massekabel (–) an die Batterie anklemmen. Radio neu codieren, siehe Seite 243.

Zahnriemen aus- und einbauen

Benzinmotoren

Achtung: Zahnriemenausbau beim Dieselmotor, siehe Seite 85.

Zum Prüfen der exakten Zahnriemenspannung wird das RENAULT-Prüfgerät Elé 346-04 benötigt, das auch zum Prüfen der Keilriemenspannung verwendet wird, siehe Seite 40.

Ausbau

- Batterie-Massekabel (–) abklemmen. **Achtung:** Dadurch wird aus dem Speicher des Radios der Code für die Diebstahlsicherung gelöscht. Die Batterie darf nur bei ausgeschalteter Zündung abgeklemmt werden, da sonst das Steuergerät der Einspritzanlage beschädigt wird. Vor dem Abklemmen sollten auch die Hinweise im Kapitel »Radio« bzw. »Batterie aus- und einbauen« durchgelesen werden.
- Radschrauben vom rechten Vorderrad bei auf dem Boden stehendem Fahrzeug lösen.
- Scheibenrad zur Radnabe mit Farbe kennzeichnen. Dadurch kann das ausgewuchtete Rad wieder an gleicher Stelle montiert werden.
- Fahrzeug aufbocken.
- Rechtes Vorderrad abnehmen.

- Vordere Abdeckung im rechten Radhaus abschrauben: Für die Befestigungsschraube am Kotflügel ist ein Schlüssel für Torxschrauben, Größe T20, erforderlich. Kunststoffmutter lösen, seitliche Klammer abziehen. Kabel für Bremsbelag-Verschleißfühler an der Abdeckung herausziehen und Abdeckung abnehmen.
- 1,8-l-Motoren: Luftfilter ausbauen, siehe Seite 81.

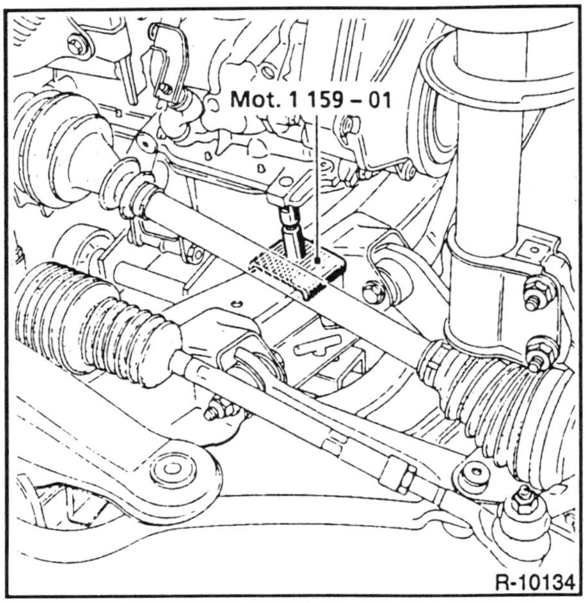

Achtung: Da das rechte Motorlager ausgebaut werden muß, ist es erforderlich, den Motor abzustützen. Hierzu setzen die RENAULT-Werkstätten das Sonderwerkzeug Mot. 1159–01 zwischen dem rechten Tragrahmen und Motorblock ein, siehe Abbildung. Steht dieses Werkzeug nicht zur Verfügung, entsprechende Stütze selbst anfertigen, oder Motor mit Seilen an einem Kran aufhängen und Seile vorspannen, siehe Kapitel »Motorausbau«.

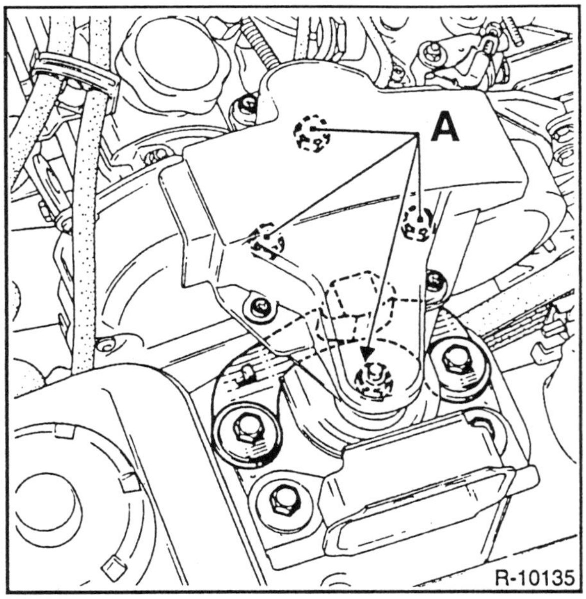

- Kunststoffabdeckung vom rechten Motorträger abschrauben (Torxschlüssel T30 erforderlich). Schrauben –A– lösen und rechten Motorträger abnehmen.
- Keilriemen ausbauen, siehe Seite 40.
- 1,8-l-Motor: Generator ausbauen, siehe Seite 222.

● Kurbelwellen-Riemenscheibe abschrauben und abnehmen. Damit sie beim Lösen der Schraube nicht mitdreht, 5. Gang einlegen und von einer Hilfsperson die Fußbremse treten lassen, dadurch wird der Motor blockiert.

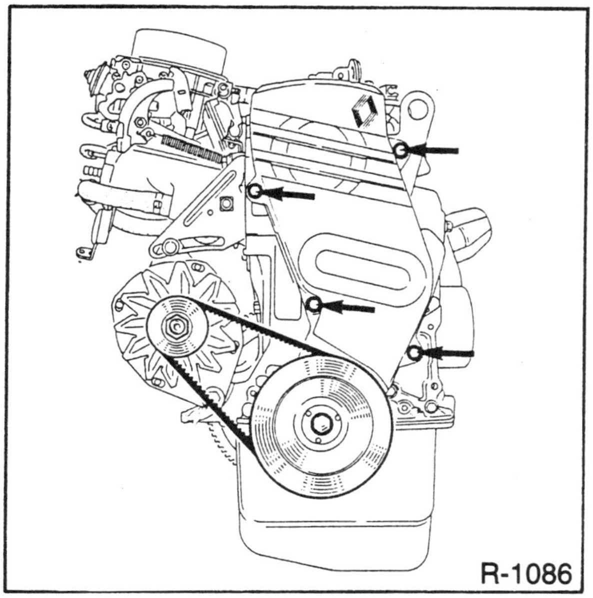

● Zahnriemenschutz ausbauen. Die Abbildung zeigt den 1,2-l- (bis 3/96) und 1,4-l-Motor. Beim 1,8-l-Motor ist darauf zu achten, daß die Distanzhülsen der Schrauben an gleicher Stelle wieder eingebaut werden.

● Kurbelwelle verdrehen, bis die Markierung an der Nockenwellen-Riemenscheibe mit der Markierung am Zylinderkopfdeckel übereinstimmt. Der Motor steht dann auf OT für Zylinder 1. Die Abbildung zeigt die Markierung der Motoren mit einer Nockenwelle. Der 16-Ventil-Motor besitzt 2 Nokkenwellen, die Markierungen sind in Abbildung R-10138 zu sehen.

Zum Verdrehen des Motors 5. Gang einlegen und Fahrzeug auf ebener Fläche verschieben. Eine andere Möglichkeit, den Motor zu verdrehen: Ein Vorderrad anheben, den 5. Gang einlegen und das Rad von Hand verdrehen.

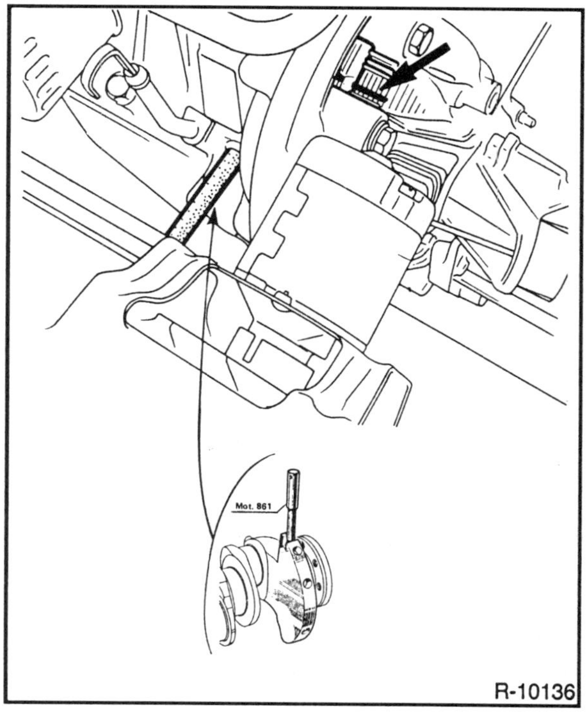

● Nur 1,8-l-Motoren: In der OT-Stellung steht die Markierung am Schwungrad der Markierung am Kupplungsgehäuse gegenüber. In dieser Stellung setzen die RENAULT-Werkstätten einen Dorn im Durchmesser von 8 mm durch die Bohrung im Motorblock in die Kurbelwelle ein. Dadurch wird die Kurbelwelle in dieser Stellung arretiert. Die Bohrung ist durch einen Stopfen verschlossen, diesen zuerst heraushebeln.

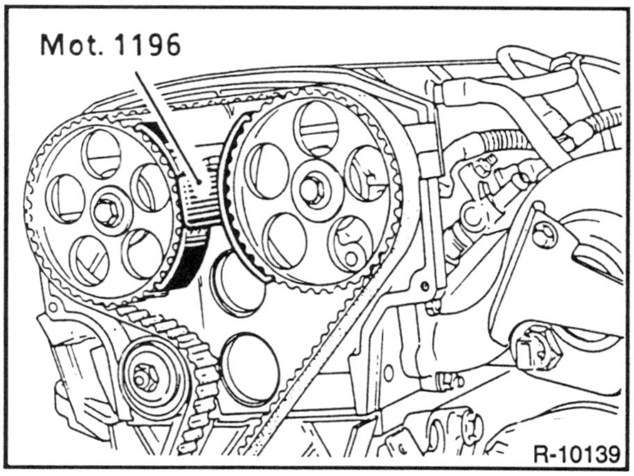

● Nur 16-Ventil-Motor: Falls vorhanden, Feststellwerkzeug zwischen die beiden Nockenwellenräder einsetzen. Das Werkzeug ist nicht unbedingt nötig, es erleichtert jedoch den Einbau des neuen Zahnriemens.

- Spannrolle mit Maulschlüssel oder von Hand halten und Klemmutter mit Ringschlüssel lösen.
- Zahnriemen entspannen, dazu Spannrolle nach rechts drehen. Zum Spannen des Zahnriemens wird die Spannrolle linksherum gedreht.
- Zahnriemen abnehmen, anschließend Stellung der Zahnräder nicht mehr verändern.

Einbau

Achtung: Zahnriemen nicht knicken oder verdrehen. Verschmutzten Zahnriemen auf jeden Fall erneuern.

1,2-l- (bis 3/96) und 1,4-l-Motor

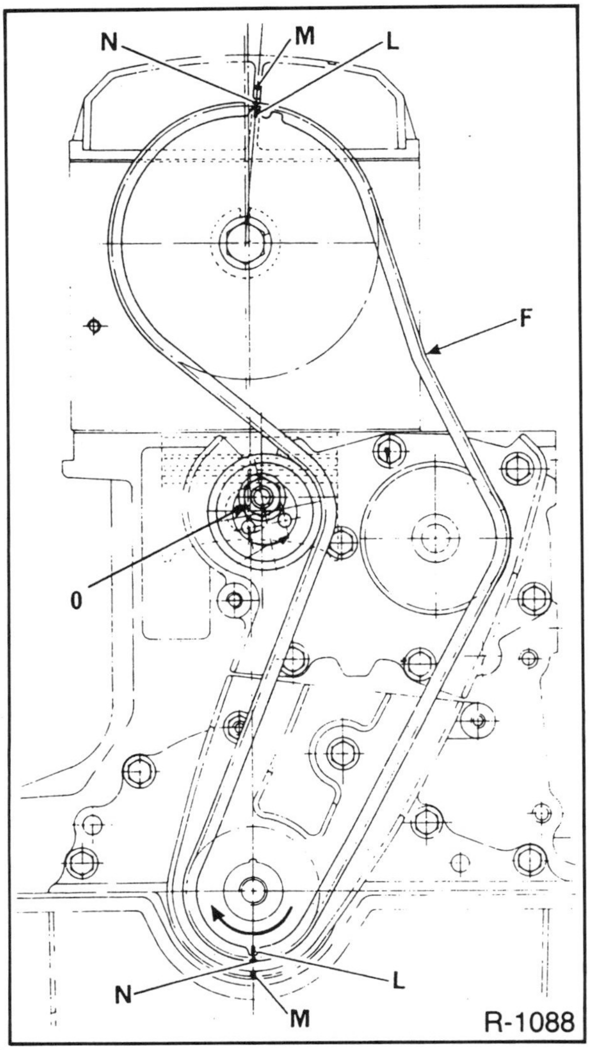

Auf der Außenseite des Zahnriemens befinden sich ein Pfeil (an Stelle –F–), der die Laufrichtung des Zahnriemens angibt, sowie zwei Einstellmarkierungen.

- Zahnriemen auflegen. Der Pfeil auf dem Zahnriemen muß in Motor-Laufrichtung, also im Uhrzeigersinn, weisen. Gleichzeitig müssen die Markierungen –N– des Zahnriemens mit denen der Zahnräder –L– und der Gehäusemarkierungen –M– übereinstimmen. O– Zahnriemen-Spannrolle.

1,8-l-Motor mit 65 kW/88 PS

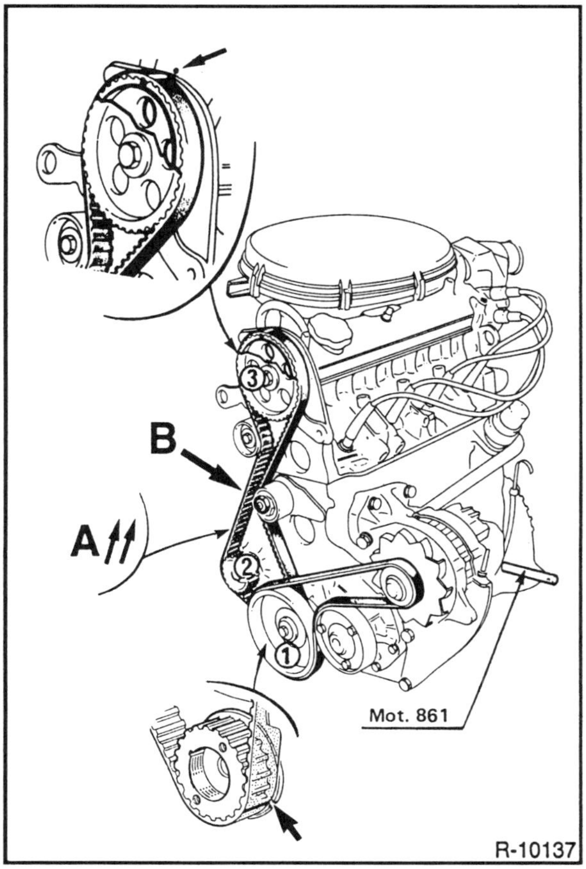

- Beim Zahnriemenauflegen beachten:
  - Die Pfeile –A– müssen in Laufrichtung des Zahnriemens –B– weisen, also im Uhrzeigersinn.
  - Die beiden Markierungen am Zahnriemen müssen mit den Markierungen am Nockenwellenrad sowie dem Kurbelwellenrad fluchten –Pfeile–.
  - Zahnriemen zuerst auf Kurbelwellen- und Zwischenwellenrad, dann auf das Nockenwellenrad auflegen (Reihenfolge 1–2–3, siehe Abbildung).

16-Ventil-Motor mit 99 kW/135 PS

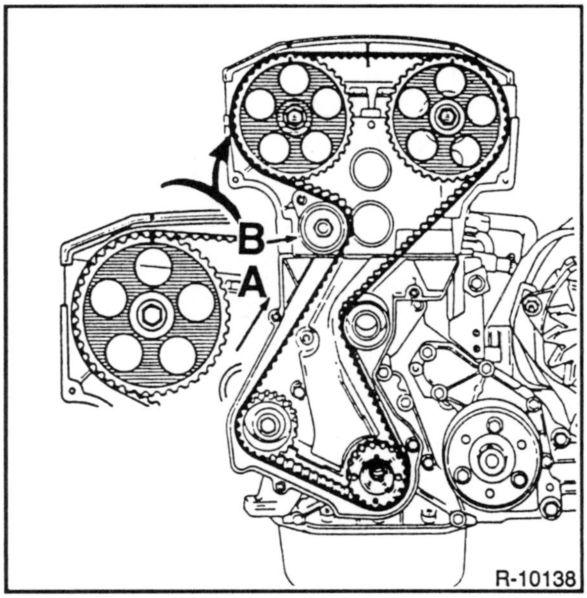

- Beim Zahnriemenauflegen beachten:
  - Pfeil –A– muß in Laufrichtung des Zahnriemens weisen, also in Uhrzeigersinn.
  - Die Markierungen am Zahnriemen müssen mit den Markierungen an den Nockenwellenrädern fluchten, siehe Abbildung.

Achtung: Beim Auflegen des Zahnriemens darf weder die Nockenwellen- noch die Kurbelwellenstellung verändert werden. Sonst können schwerwiegende Schäden am Motor entstehen, beziehungsweise der Motor gibt nicht mehr seine volle Leistung ab. **Nachdem der Zahnriemen gespannt wurde, Einstellung von Nockenwelle und Kurbelwelle nochmals kontrollieren.**

Hinweis: Falls die Nockenwelle bei demontiertem Zahnriemen über einen größeren Winkel verdreht werden muß, darauf achten, daß kein Kolben im oberen Totpunkt (OT) steht, sonst können Ventile oder Kolben beschädigt werden. Gegebenenfalls Kurbelwelle ca. 90° (1/4 Umdrehung) vor oder nach OT stellen. Dabei Riemenscheibe jedoch insgesamt nicht weiter als 90° verdrehen.

Zahnriemen spannen:

- Spannrolle –B– nach links drehen und Klemmutter festziehen. Beim 16-Ventil-Motor (99 kW/135 PS) ist zum Verdrehen der Spannrolle ein Gewinde in der Zahnriemenverkleidung vorhanden in das eine Schraube mit M6-Gewinde (6 mm Gewinde-Außendurchmesser), Länge 45 mm, eingeschraubt wird. Schraube an Stelle –B– gegen die Spannrollenhalterung schrauben, siehe Abbildung R-10138.

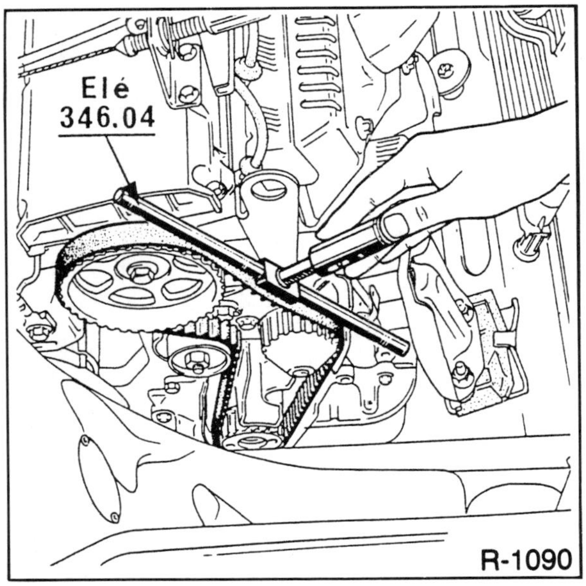

- Zahnriemenspannung mit dem RENAULT-Spezialwerkzeug prüfen. Der Stößel des Werkzeugs drückt mit 30 N (entspricht 3 kg) auf den Zahnriemen und mißt die Durchbiegung. Die Zahnriemenspannung wird je nach Motor an unterschiedlichen Punkten geprüft:
- 1,2-l- (bis 3/96) und 1,4-l-Motor: Das Werkzeug wird in der Mitte zwischen Nockenwellen- und Kühlmittelpumpenrad angesetzt, siehe Abbildung. **Sollwert:** 6,0 ± 0,5 mm Durchbiegung.
- 1,8-l-Motor mit 65 kW/88 PS: Das Werkzeug wird zwischen Zwischenwellenrad und Spannrolle angesetzt (Stelle –B–, siehe Abbildung R-10137). **Sollwert:** 7,5 ± 0,5 mm.

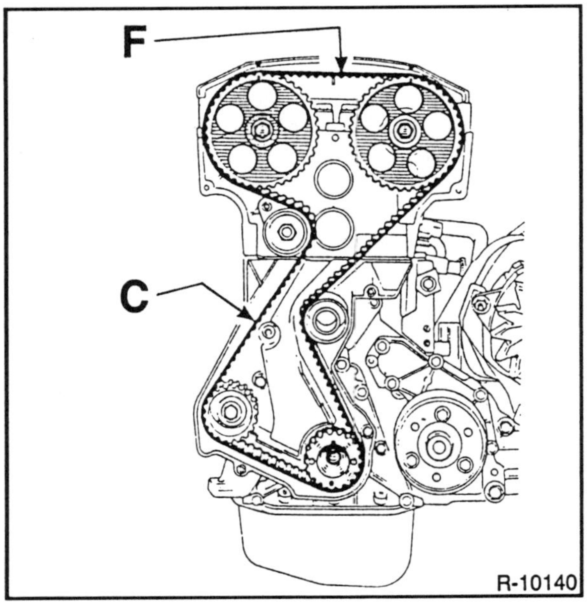

- 16 Ventil-Motor (99 kW/135 PS): Auf den Zahnriemen in Punkt –C– mit dem Daumen einen Druck von ca. 100 N (10 kg) ausüben, damit sich die Spannung gleichmäßig verteilt. Anschließend das Spezialwerkzeug an Punkt –F–, also zwischen den Nockenwellenrädern, ansetzen. **Sollwert:** 3 mm ± 0,5 mm Durchbiegung.

Achtung: Behelfsmäßig kann die Spannung so eingestellt werden, daß sich der Zahnriemen zwischen Umlenkrolle und Kühlmittelpumpenrad (1,2-/1,4-l-Motor) beziehungsweise Zwischenwellenrad (1,8-l-Motor) von Hand gerade um ca. 90° verdrehen läßt, siehe auch Abbildung 13-081. Die Zahnriemenspannung muß dann jedoch umgehend in einer Werkstatt überprüft werden. Bis dahin sind hohe Motordrehzahlen zu vermeiden.

- Kurbelwelle zweimal in Motordrehrichtung durchdrehen und Einstellung nochmals überprüfen.
- Mutter der Zahnriemenspannrolle mit **50 Nm** festziehen. **Achtung:** Die Mutter der Spannrolle muß fest genug angezogen werden, um jegliches Lösen zu vermeiden, sonst können schwere Motorschäden auftreten.
- Kurbelwellen-Riemenscheibe aufsetzen und mit **100 Nm** festschrauben.

Achtung: Falls vorhanden, Arretierdorn der Kurbelwelle am Motorblock entfernen.

- Zahnriemenschutz einbauen. Beim 16-Ventil-Motor die Spannschraube zuvor entfernen.
- Rechte Motoraufhängung einsetzen und mit dem richtigen Drehmoment anschrauben, siehe Seite 19.
- Motor-Abstützung beziehungsweise Kran entfernen.
- Falls ausgebaut, Generator einbauen, siehe Seite 222.
- Keilriemen einbauen und spannen, siehe Seite 40.
- Abdeckung im rechten Radhaus wieder anbringen.
- Rechtes Vorderrad anschrauben, dabei auf Markierung zur Radnabe achten. Fahrzeug ablassen und Radschrauben mit **90 Nm** über Kreuz festziehen.
- Luftfilter einbauen.
- Massekabel (–) an die Batterie anklemmen. Radio neu codieren, siehe Seite 243.

Nockenwelle aus- und einbauen

1,8-l-Benzinmotor mit 65 kW/88 PS und 1,9-l-Dieselmotor

Die Nockenwelle muß bei diesen Motoren zum Ventilspieleinstellen sowie dem Ausbau der Ventile demontiert werden. Motoridentifizierung, siehe Seite 12.

Ausbau

- Oberen Zahnriemenschutz ausbauen.

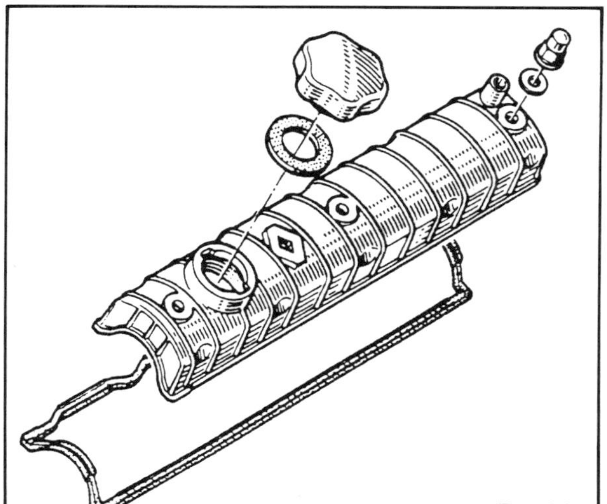

R-1091

- Zylinderkopfdeckel ausbauen und mit Dichtung abnehmen.
- Kurbelwelle auf OT Zylinder 1 stellen, siehe Seite 28.

Achtung: Motorstellung nicht mehr verändern.

- Zahnriemen entspannen und nur oben vom Nockenwellenrad abnehmen, siehe Seite 28.

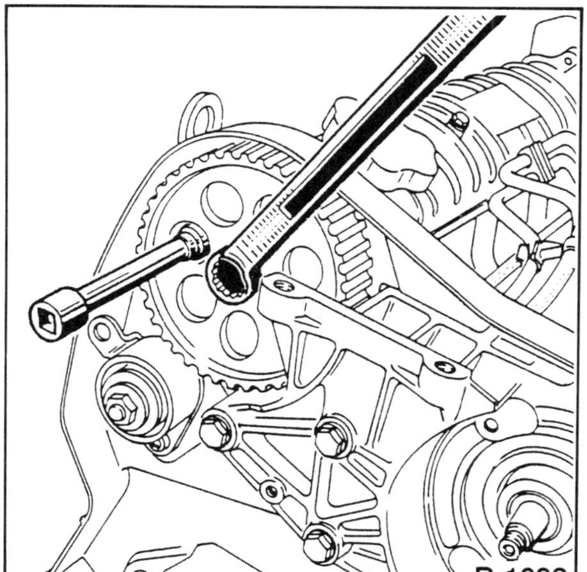

R-1092

- Nockenwellenrad von vorn mit einem 10er Steckschlüssel arretieren, wie in der Abbildung gezeigt. Nockenwellenrad abschrauben und abnehmen, gegebenenfalls mit leichten Schlägen eines Gummihammers abtreiben. Scheibenfeder für Nockenwelle entfernen.

- **Dieselmotor:** Unterdruckpumpe ausbauen, siehe Seite 100.
- **Benzinmotor:** Zündverteiler ausbauen, siehe Seite 73.

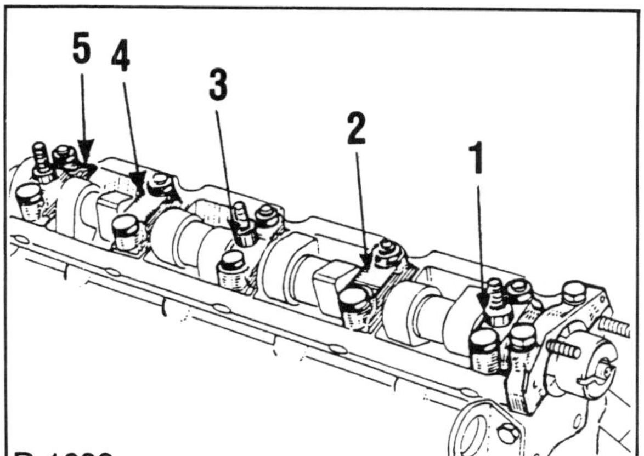

R-1093

- Sämtliche Lagerdeckel in Reihenfolge und Einbaurichtung kennzeichnen, siehe Abbildung.
- Zuerst Lagerdeckel 5, 1 und 3 ausbauen, dann Lagerdeckel 2 und 4 abwechselnd über Kreuz lösen.
- Nockenwelle herausnehmen.

R-1094

Achtung: Falls die Tassenstößel herausgenommen werden, diese kennzeichnen, damit sie an gleicher Stelle wieder eingesetzt werden können. Tassenstößel senkrecht stellen, damit die Einstellscheiben nicht herausfallen.

Einbau

- Vor dem Einbau kann die Nockenwelle gegebenenfalls von einer Werkstatt auf Schlag und Axialspiel geprüft werden.
- Neuen Dichtring auf die Nockenwelle aufschieben. Vorher Dichtlippe und äußeren Rand des Dichtringes leicht einölen.
- Falls die Tassenstößel herausgenommen waren, Tassenstößel an gleicher Stelle wieder einsetzen. Tassenstößel leicht einölen und beim Einsetzen nicht verkanten.

Achtung: Die Tassenstößel dürfen nicht vertauscht werden.

- Nockenwelle einölen und in den Zylinderkopf einlegen. **Achtung:** Dabei müssen die Nocken für Zylinder 1 nach oben zeigen. Der Zylinder 1 liegt an der Zahnriemenseite des Motors.
- Gegebenenfalls Ventilspiel prüfen, siehe Seite 37.

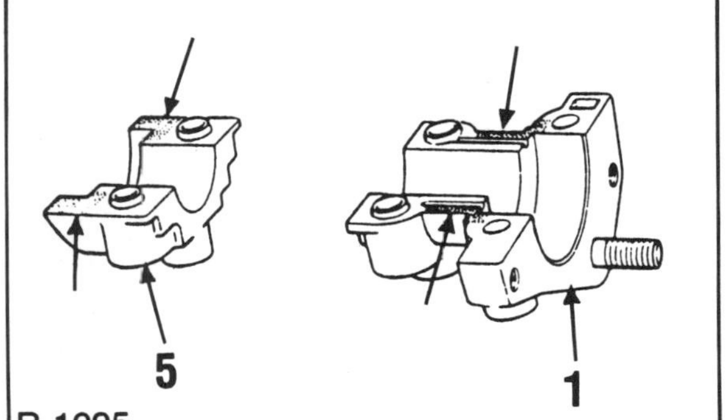

R-1095

- Lagerdeckel entsprechend der Markierung einsetzen. **Achtung:** Auf die dunkel markierten Bereiche der Lagerdeckel Nr. 1 und Nr. 5 etwas Dichtmittel, zum Beispiel CAF 4/60 THIXO von RENAULT, oder Curil auftragen.
- Befestigungsschrauben der Lagerdeckel mit Drehmomentschlüssel festziehen. Das Anzugsmoment richtet sich nach dem Gewindedurchmesser: Schrauben mit ∅ **6 mm: mit 10 Nm**, ∅ **8 mm: mit 20 Nm** anziehen.
- Scheibenfeder für Nockenwellenrad einsetzen. Nockenwellenrad aufsetzen und mit **50 Nm** festziehen. Dabei Nokkenwellenrad mit Steckschlüssel gegenhalten, siehe Abbildung R-1092 unter »Ausbau«.
- Zahnriemen auf Nockenwellenrad auflegen. Auf richtige Stellung der Kurbelwelle, beim Dieselmotor zusätzlich der Einspritzpumpe achten, siehe Seite 93.
- Zahnriemen spannen, siehe Seite 28, 93.
- **Dieselmotor:** Unterdruckpumpe einbauen, siehe Seite 100.
- **Benzinmotor:** Zündverteiler einbauen, siehe Seite 73.
- Zylinderkopfdeckel mit Deckeldichtung aufsetzen und Schrauben für Zylinderkopfdeckel vorsichtig mit 10 Nm festziehen. Poröse oder zerquetschte Deckeldichtung ersetzen.
- Zahnriemenschutz einbauen.

Ventil aus- und einbauen

Beschrieben wird der Aus- und Einbau beim »E-Motor« (1,2-l- (bis 3/96) und 1,4-l-Motor). Auf Unterschiede zu den anderen Motoren wird hingewiesen.

Ausbau

- Zylinderkopf ausbauen, siehe Seite 20.
- Zylinderkopfdeckel abschrauben.

Achtung: Werden Teile der Ventilsteuerung wieder verwendet, müssen diese an gleicher Stelle eingebaut werden. Damit keine Verwechslungen vorkommen, empfiehlt es sich, ein entsprechendes Ablagebrett anzufertigen.

1,8-l-Benzinmotor mit 65 kW/88 PS und 1,9-l-Dieselmotor

- Nockenwelle ausbauen, siehe Seite 33.
- Tassenstößel markieren und herausnehmen.

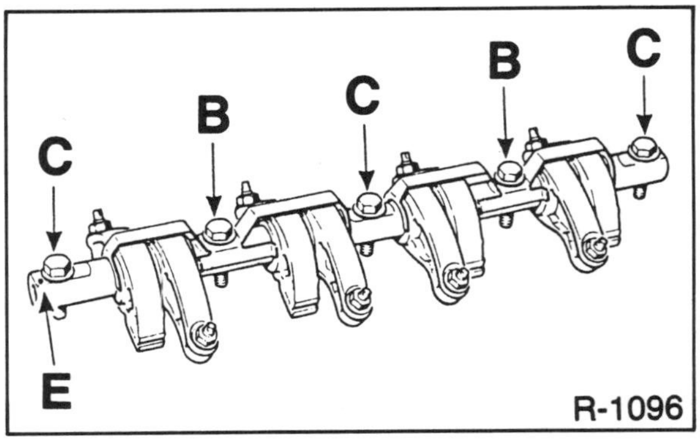

R-1096

- **E-Motor:** Die Kipphebelachse –E– mit Kipphebeln ausbauen. Vorher den Sitz der Schrauben markieren, damit sie an gleicher Stelle wieder eingebaut werden. Die beiden gelben Schrauben –B– sind aus Vollmaterial, die drei schwarzen Schrauben –C– sind Hohlschrauben (Ölkanäle).

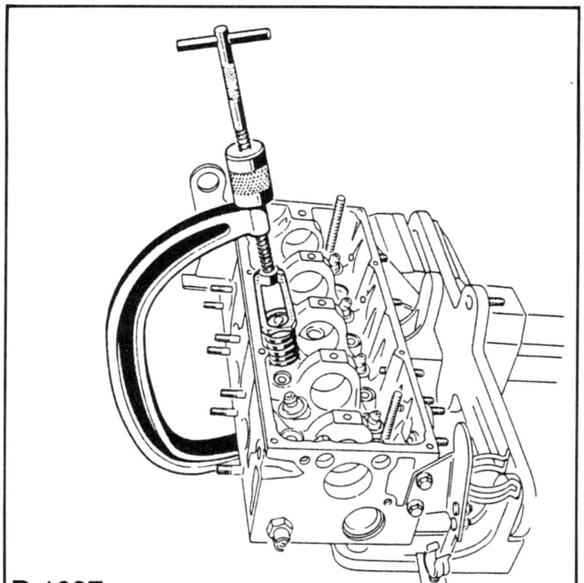

R-1097

● Ventilfedern ausbauen. Hierzu benutzen die Werkstätten ein Spezialwerkzeug (FACOM U43L). Man kann die Ventilkegelstücke – und damit die Ventile einschließlich der Ventilfedern – auch mit Hilfe einer handelsüblichen Ventilfederzange ausbauen.

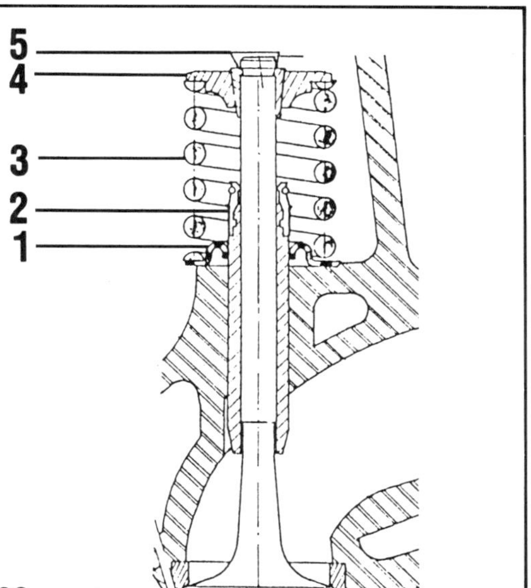

R-1098

1 – Unterer Ventilteller, 2 – Ventilschaftabdichtung, 3 – Ventilfeder, 4 – Oberer Ventilfederteller, 5 – Ventilkegelstücke.

● Ventilfedern zusammendrücken und Ventilkegelstücke herausnehmen. Ventilfederteller oben und Ventilfedern abnehmen. Ventil herausziehen.

● Ventilschaftabdichtung herausziehen. Zum Ausbau benutzen die Werkstätten eine Spezialzange (zum Beispiel HAZET 791-2).

● Untere Federauflage herausnehmen.

Einbau

● Ventilschaft leicht einölen und jedes Ventil an gleicher Stelle wie vor dem Ausbau einsetzen. Neue Ventile im Sitz leicht mit Schleifpaste einschleifen, siehe Seite 37.

● Alle Teile sorgfältig reinigen und bewegliche Teile mit Motoröl schmieren.

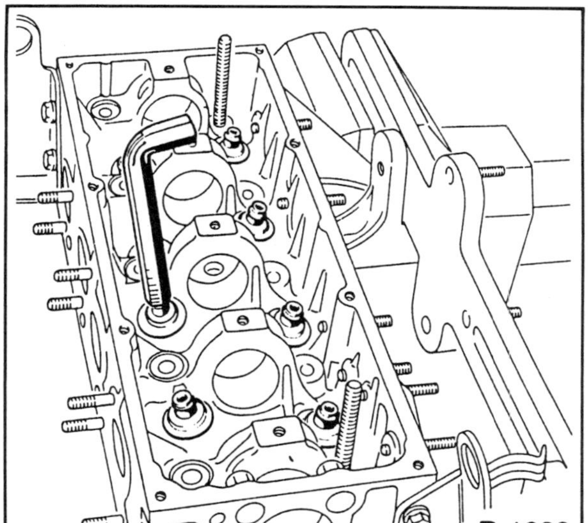

R-1099

● Ventilschaftabdichtungen **grundsätzlich erneuern.** Neue Ventilschaftabdichtung mit einem 11er (E-Motor) beziehungsweise 12er (andere Motoren) Rohrschlüssel, Typ Nervus, aufschieben.

● Ventile einsetzen.

● Untere Federauflage einsetzen.

● Ventilfedern und oberen Ventilteller einsetzen.

● Ventilfedern mit Ventilfederzange zusammendrücken und Ventilkegelstücke so einsetzen, daß sie in den Nuten des Ventils einrasten. Ventilfederzange entspannen und nächstes Ventil einsetzen. Die Keile der Aus- und Einlaßventile sind baugleich.

1,8-l-Benzinmotor mit 65 kW/88 PS und 1,9-l-Dieselmotor

● Alle Tassenstößel mit Motoröl einölen und nach der Kennzeichnung in die Bohrungen einsetzen.

● Nockenwelle einbauen, siehe Seite 33.

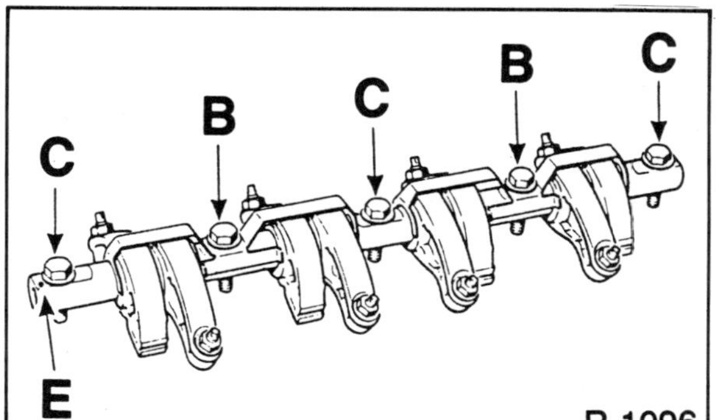

R-1096

● **E-Motor:** Kipphebelrampe einsetzen, die beiden gelben Schrauben in –B– und die drei schwarzen Schrauben in

–C– einsetzen und mit **25 Nm** festziehen. Dabei sicherstellen, daß die Einstellschrauben der Kipphebel auf den Ventilschäften aufliegen. **Achtung:** Kipphebelrampe nicht seitenverkehrt einsetzen. Die Markierung –E– muß zur Zahnriemenseite des Motors zeigen.

- Zylinderkopfdichtung erneuern, Zylinderkopf einbauen, siehe Seite 20.
- Ventilspiel einstellen, siehe Seite 37.

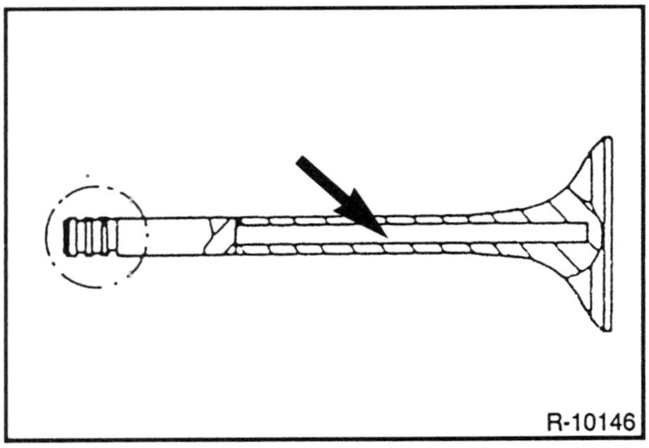

Achtung: Die Auslaßventile des 16-Ventil-Motors (99 kW/135 PS) sind zur besseren Wärmeabfuhr mit Natrium gefüllt. Diese Auslaßventile dürfen nicht ohne weiteres verschrottet werden, denn es besteht Explosionsgefahr beim Einschmelzen durch das Natrium. Ebenso ist die Verwendung dieser Ventile als »Werkzeug«, zum Beispiel als Treibdorn, nicht zulässig. Ich empfehle daher, diese Ventile der RENAULT-Werkstatt zur Entsorgung zu übergeben. Ist dies nicht möglich, vor der Verschrottung folgendermaßen vorgehen: Mit einer Eisensäge den Ventilschaft durchsägen und die Teile in einen großen, mit Wasser gefüllten Eimer werfen. Durch eine plötzlich eintretende chemische Reaktion verbrennt die Natriumfüllung, daher zurücktreten und Augen schützen.

Ventilführungen prüfen

Bei Instandsetzungsarbeiten an einem Zylinderkopf mit undichten Ventilen genügt es nicht, die Ventile und Ventilsitze zu bearbeiten beziehungsweise zu erneuern. Es ist außerdem dringend erforderlich, die Ventilführungen auf Verschleiß zu prüfen. Besonders wichtig ist die Prüfung an Motoren mit längerer Laufzeit. Verschlissene Ventilführungen gewährleisten keinen zentrischen Ventilsitz und führen zu hohem Ölverbrauch. Ist der Verschleiß zu groß, sind die Ventilführungen zu erneuern (Werkstattarbeit).

- Ventil ausbauen.
- Ventilführung mit einer Zylinderbürste reinigen.

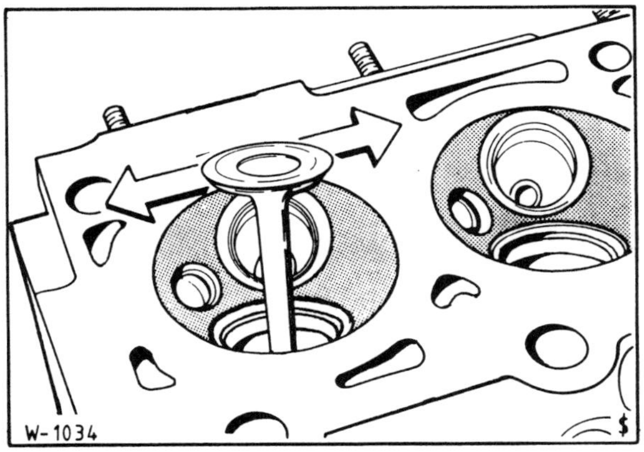

- Ventil von der Brennraumseite her in die Ventilführung einführen und Spiel durch seitliches Hin- und Herbewegen des Ventils prüfen.
- Zum Prüfen Stahllineal anlegen. Es darf normalerweise kein Spiel vorhanden sein.
- Gegebenenfalls Ventilführungen erneuern lassen (Werkstattarbeit).

Ventilsitz im Zylinderkopf nacharbeiten

Ventilsitze mit Verschleiß- oder Verbrennungsspuren können nachgearbeitet werden, solange die Korrekturwinkel und Sitzbreiten eingehalten werden. Andernfalls muß der Zylinderkopf ersetzt werden. Ventilsitzringe können mit den üblichen Werkstattmitteln erneuert werden. Für das Nacharbeiten wird ein Ventilsitz-Drehgerät benötigt. Diese Arbeiten sollte man von einer Fachwerkstatt durchführen lassen. Motoridentifizierung, siehe Seite 12.

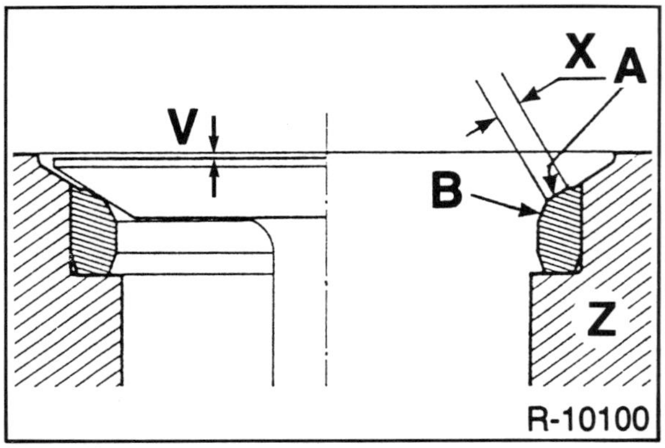

X – Ventilsitzbreite
B – Korrekturfase
V – Ventilversatz
A – Ventilsitz
Z – Zylinderkopf

Ventilschaft-∅:	E-Motor 7 mm	Dieselmotor 8 mm	1,8 l* 8 mm
Sitzwinkel Einlaßventil: Auslaßventil:	60° 45°	60° 60°	60° 45°
Sitzbreite:	1,7 mm	1,8 mm	1,7 mm
Korrekturfasenwinkel Einlaß: Auslaß:	37,5° 30°	30° 30°	– –

*) außer 16-Ventil-Motor

- Die Dichtflächen an Ventilsitz und Ventil müssen in ganzer Breite aufliegen.
  Die Breite der Sitzfläche wird durch die Korrekturfase reguliert, bis die Sitzbreite X erzielt wird.
- Beim **Dieselmotor** muß nach der Bearbeitung der Ventilversatz –V– kontrolliert werden. Dazu Ventil einsetzen und Ventilversatz im Verhältnis zur Zylinderkopffläche mit Tiefenmaß ausmessen. Sollwerte Einlaßventil: 0,7 – 1,0 mm; Auslaßventil: 1,2 – 1,5 mm. Sonst Ventilsitzring erneuern.
- Anschließend Ventile/Ventilsitz einschleifen.

Ventilsitz einschleifen

Selbst einwandfrei bearbeitete Ventilsitzringe und neue Ventile sollten aufeinander eingeschliffen werden, damit sie optimal abdichten. Dies ist insbesondere beim Dieselmotor zu beachten.

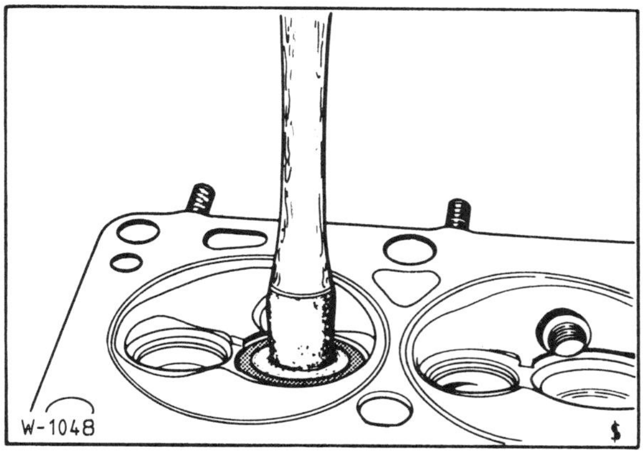

- Die Ventile dürfen nur mit feinkörniger Schleifpaste eingeschliffen werden. Für die notwendigen Drehbewegungen wird ein Gummisauger auf den Ventilteller gesetzt. Rillenbildung auf den Sitzflächen beim Einschleifen läßt sich durch häufiges Anheben und gleichmäßiges Weiterdrehen des Ventils während des Schleifvorgangs vermeiden.

Achtung: Die Schleifpaste ist nach dem Einschleifen sorgfältig zu entfernen.

- Geprüft werden kann der Schleifvorgang am Tragbild sowie mit Kraftstoff; Ventil lose einsetzen, Kraftstoff in Brennraum einfüllen, Kraftstoff darf nicht aus der Ventilführung auslaufen. Sonst Schleifvorgang wiederholen.

Ventilspiel prüfen/einstellen

Alle Motoren außer 16-Ventil-Motor (99 kW/135 PS)

Um unterschiedliche Wärmeausdehnungen im Ventiltrieb zu kompensieren, muß ein gewisses Ventilspiel vorhanden sein.

Bei zu geringem Spiel verändern sich die Steuerzeiten, die Verdichtung ist schlecht, die Motorleistung nimmt ab, der Motorlauf ist unregelmäßig. In extremen Fällen können sich die Ventile verziehen oder die Ventile beziehungsweise Ventilsitze verbrennen.

Bei zu großem Spiel stellen sich starke mechanische Geräusche ein, die Steuerzeiten verändern sich, der Motor gibt wegen mangelhafter Zylinderfüllung weniger Leistung ab, der Motorlauf ist unregelmäßig.

Das Einstellen der Ventile hat nur dann den gewünschten Erfolg, wenn die Ventile einwandfrei abdichten, diese kein unzulässiges Spiel in den Ventilführungen haben und am Schaftende nicht eingeschlagen sind.

Das Ventilspiel ist jeweils nach Reparaturen, oder wenn Geräusche am Ventiltrieb auftreten, zu prüfen beziehungsweise einzustellen. Eine Prüfung im Rahmen der Wartung ist nicht vorgesehen.

Das Ventilspiel soll bei kaltem Motor geprüft beziehungsweise eingestellt werden. Der 16-Ventil-Motor besitzt hydraulische Ventilspielausgleicher, die das Ventilspiel automatisch konstant halten, eine Einstellung ist bei diesem Motor nicht möglich.

Prüfen

Achtung: Das Prüfen und Einstellen des Ventilspiels wird zunächst an den 1,2-l- (bis 3/96) und 1,4-l-Motoren beschrieben. Abweichende Arbeitsschritte für die 1,8-l-Benzin- und 1,9-l-Dieselmotoren (F-Motoren) stehen am Ende des Kapitels.

1,2-l- (bis 3/96) und 1,4-l-Motoren

- Luftfilter ausbauen, siehe Seite 81.

- Unterdruckschlauch –1– am Zylinderkopfdeckel abziehen.
- Stecker –2– am Einspritzgehäuse abziehen, dabei Drahtsicherung eindrücken.
- Schrauben –Pfeile– lösen und Zylinderkopfdeckel abnehmen, siehe Abbildung.

- Zum Prüfen und Einstellen des Ventilspiels müssen die jeweiligen Ventile entlastet werden. Das geschieht durch Verdrehen des Motors. Dazu 5. Gang einlegen, Handbremse lösen und Fahrzeug auf einer ebenen Fläche etwas vor- oder zurückschieben. Eine andere Möglichkeit, den Motor zu verdrehen: Fahrzeug an einem Vorderrad anheben, 5. Gang einlegen und Vorderrad von Hand verdrehen.

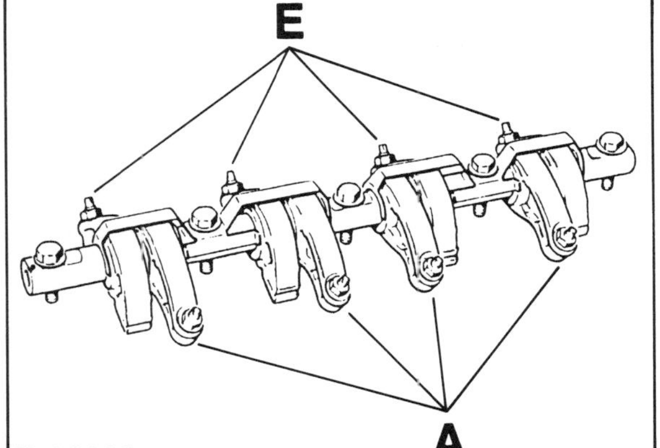

R-10106

- Fahrzeug so verschieben, daß das **Auslaßventil** für Zylinder 1 voll geöffnet ist. Der 1. Zylinder befindet auf der rechten Seite beim Keilriementrieb. Die Zylinder werden der Reihe nach von 1 bis 4 vom Keilriemen zum Getriebe hin gezählt. Die Reihenfolge der Ventile im Zylinderkopf ist EA-EA-AE-AE, wobei **A** für **Auslaßventil** und **E** für **Einlaßventil** steht. Die Anordnung ist bei diesem Motor leicht erkennbar, da eine Einlaßseite und eine Auslaßseite (Abgaskrümmer) besteht.

Auslaßventil voll geöffnet		Einlaßventil einstellen		Auslaßventil einstellen
1	→	3	→	4
3	→	4	→	2
4	→	2	→	1
2	→	1	→	3

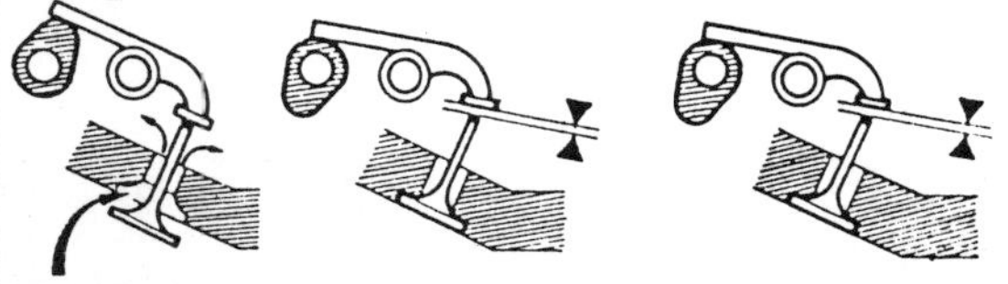

R-1051

- Das Ventil ist voll geöffnet, wenn der Kipphebel das Ventil so tief wie möglich nach unten gedrückt hat; wie in der Abbildung ganz links.
- In dieser Motorstellung können das **Einlaßventil** für Zylinder **3** und das **Auslaßventil** für Zylinder **4** eingestellt werden, siehe Tabelle.
- Ventilspiel mit Fühlerblattlehre zwischen Kipphebel und Ventilschaftende messen.
- Das Ventilspiel ist richtig eingestellt, wenn sich die Fühlerblattlehre stramm durchziehen läßt.
- Fahrzeug wieder etwas verschieben, bis das Auslaßventil für Zylinder 3 voll geöffnet ist, dann Einlaßventil für Zylinder 4 und Auslaßventil für Zylinder 2 einstellen, siehe Tabelle.
- Auf diese Weise das Ventilspiel für sämtliche Ventile prüfen beziehungsweise einstellen.
  Sollwerte Ventilspiel für 1,2- und 1,4-l-Motor (bei kaltem Motor):
  Einlaßventil: 0,10 mm; Auslaßventil: 0,25 mm.

Achtung: Der Motor muß »kalt« sein, die Motortemperatur muß der Umgebungstemperatur entsprechen. Der Motor darf also mindestens seit ca. 3 Stunden nicht gelaufen sein.

Einstellen

- Falls der Sollwert nicht erreicht wird, Kontermutter mit einem Gabel- oder Ringschlüssel SW 10 ca. 1/2 Umdrehung lösen. Dabei an der Einstellschraube mit einem kleinen Gabelschlüssel oder einer Kombizange gegenhalten.
- Einstellschraube mit dem Gabelschlüssel oder einer Kombizange verdrehen und dadurch das Ventilspiel einstellen.
- Anschließend Einstellschraube mit Kontermutter sichern.
- Ventilspiel nochmal kontrollieren, dann Motor weiterdrehen.
- Auf dieselbe Weise Spiel für sämtliche Ventile prüfen beziehungsweise einstellen.

Achtung: Zweckmäßigerweise die Kipphebel der bereits eingestellten Ventile mit Kreide markieren.

- Nach dem Einstellen der Ventile prüfen, ob die Befestigungsschrauben beziehungsweise Befestigungsklammern der Kipphebelachse richtig eingesetzt und nicht gelöst sind.
- Zylinderkopfdeckel einbauen, siehe Seite 20.

F-Motoren (1,8-l-Benzinmotor, 1,9-l-Dieselmotor)

- 5. Gang einlegen, Handbremse lösen und Fahrzeug auf einer ebenen Fläche etwas vor- oder zurückschieben. Eine andere Möglichkeit, den Motor zu verdrehen: Fahrzeug an einem Vorderrad anheben, 5. Gang einlegen und Vorderrad von Hand verdrehen.

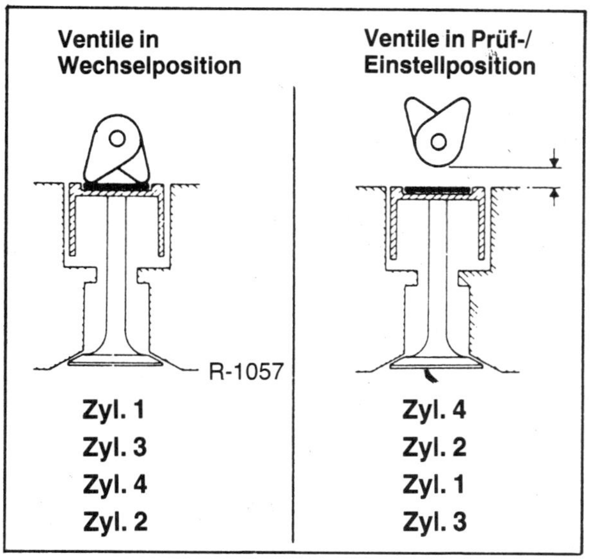

- Motor so stellen, daß die Nocken für die Ventile des 1. Zylinders gleichmäßig nach unten zeigen, siehe linken Teil der Abbildung. Die Ein- und Auslaßventile für Zylinder 1 befinden sich dann in Wechselposition.
- Die Nocken für die Ventile des 4. Zylinder stehen nun gleichmäßig nach oben, siehe rechten Teil der Abbildung.
- In dieser Stellung Ventilspiel für die Ventile des 4. Zylinders prüfen. Dazu Fühlerblattlehre zwischen Einstellscheibe des Tassenstößels und Nockengrundkreis der Nockenwelle einführen.
- Die Lehre muß sich saugend durchschieben lassen, andernfalls Ventilspiel einstellen.
- Falls das Ventilspiel eingestellt werden muß, Stärke der Fühlerblattlehre so lange wechseln, bis der Istwert des Ventilspiels ermittelt ist. Meßwert notieren.

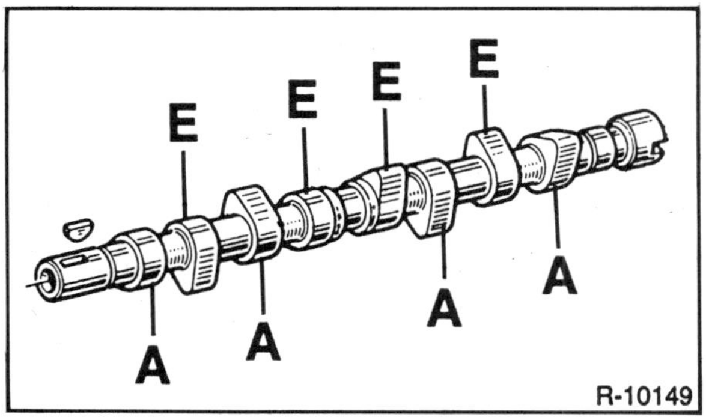

Achtung: Reihenfolge von Ein- und Auslaßventilen beachten. E=Einlaßventilnocken, A=Auslaßventilnocken.

Motoren	Ventilspiel in mm			
	Einlaßventil		Auslaßventil	
	kalt	warm	kalt	warm
1,8-l/1,9-l*	0,20	–	0,40	–

*) Außer 16-Ventil-Motor

- Fahrzeug weiter verschieben bis sich die Ventile für Zylinder 3 in Wechselposition befinden. In dieser Stellung Ventilspiel für Zylinder 2 prüfen, siehe Abbildung.
- Ventilspiel für die restlichen Zylinder in der Reihenfolge prüfen, wie unter der Abbildung angegeben.

Einstellen

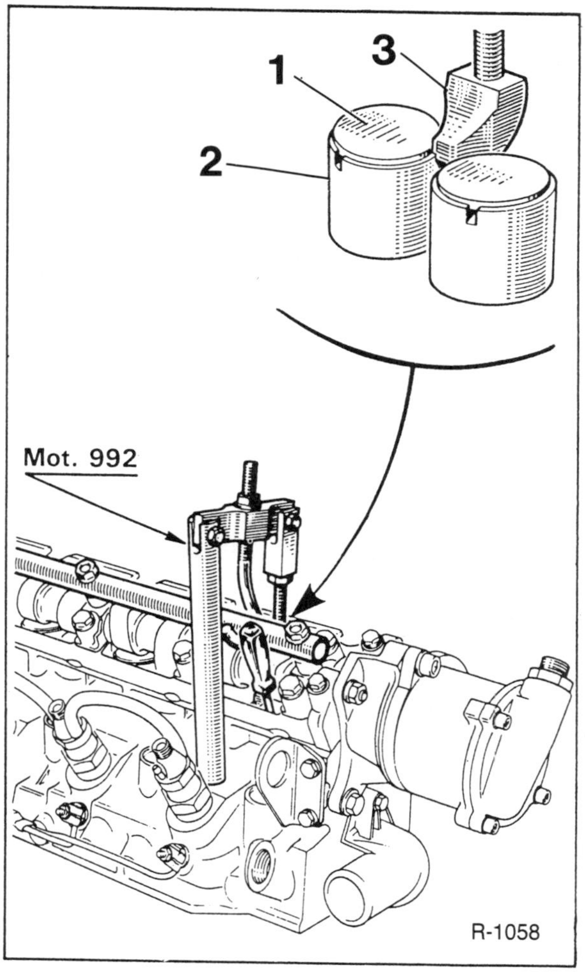

- Das Ventilspiel wird eingestellt durch Auswechseln der Einstellscheiben –1– auf den Tassenstößeln –2–. Dazu müssen die Tassenstößel mit einem Niederhalter –3– heruntergedrückt werden. **Achtung:** Da der Niederhalter genau zwischen die Abstände der Tassenstößel passen muß, ist hierfür das Spezialwerkzeug RENAULT Mot.992 erforderlich. Das RENAULT-Werkzeug wird in ähnlicher Ausführung von verschiedenen Firmen angeboten, zum Beispiel von MABECO, Postfach 130307, Remscheid.
- Tassenstößel niederdrücken und Einstellscheibe herausnehmen und stattdessen neue Einstellscheibe einlegen.

Beispiel:

Ventil	Einlaß	Auslaß
Sollwert Ventilspiel	0,20 mm	0,40 mm
Istwert Ventilspiel (gemessen)	0,25 mm	0,35 mm
Spiel ist um	0,05 mm zu groß	0,05 mm zu klein
Vorhandene Einstellscheibe	3,80 mm	3,95 mm
Erforderliche Einstellscheibe	3,85 mm	3,90 mm

- Die Stärke der Einstellscheibe ist an der Unterseite eingraviert. Zur Kontrolle muß die Einstellscheibe also herausgenommen werden.
- Neue Einstellscheibe so einsetzen, daß die eingravierte Stärke zum Stößel zeigt. Lieferbar sind Scheiben in folgenden Stärken: 3,25 mm bis 4,30 mm im Abstand von 0,05 mm, sowie 4,40 mm und 4,50 mm.
- Auf diese Weise sämtliche Ventile einstellen.
- Zylinderkopfdeckel aufsetzen und ganz leicht mit 3 – 6 Nm festschrauben.

Keilriemen für Generator aus- und einbauen/spannen

Ausbau

- 1,2-l- (bis 3/96) und 1,4-l-Motoren: Rechtes Vorderrad ausbauen und Abdeckung im rechten Radhaus ausbauen, siehe Kapitel »Zahnriemenausbau«.

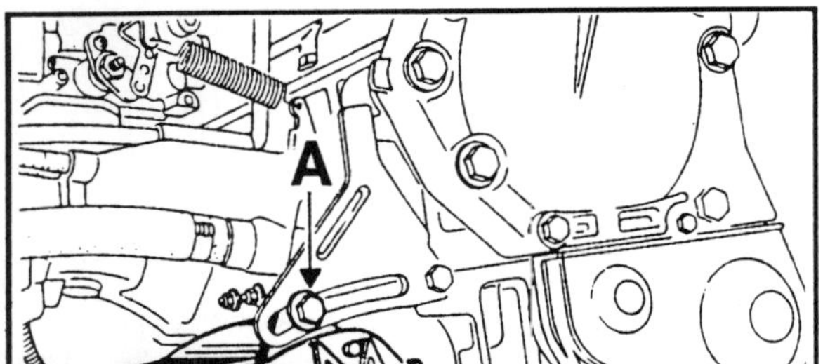

- 1,2-l- (bis 3/96) und 1,4-l-Motoren: Untere Befestigungsschraube –B– für Generator lösen. Klemmschraube –A– am Spannbügel lösen und Generator zum Motor hin schwenken.

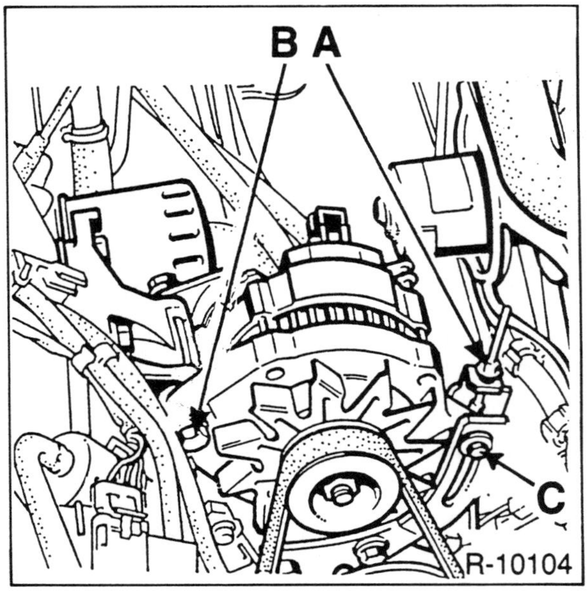

- 65 kW/88 PS-Benzinmotor und Dieselmotor: Spannschraube –A–, dann Schrauben –B– und –C– lösen.

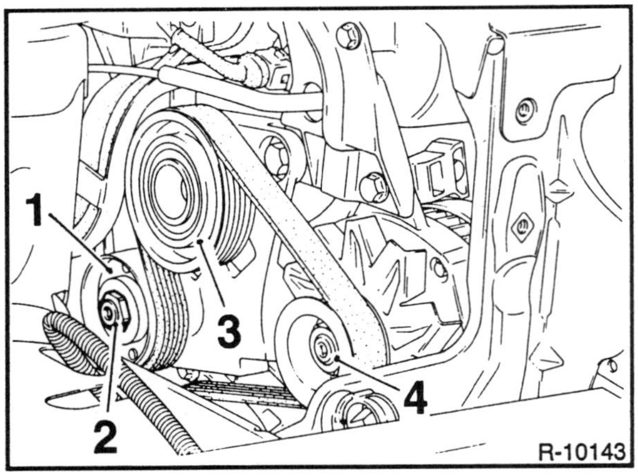

- 16-Ventil-Motor (99 kW/135 PS): Mutter –2– lösen und Spannrolle –1– vom Keilriemen wegschwenken.
- Keilriemen von den Riemenscheiben –4– und –3– abnehmen. **Achtung:** Um den Keilriemen nicht zu beschädigen diesen niemals mit einem Schraubendreher oder anderen Werkzeugen von den Riemenscheiben abdrücken.

Einbau

- Vor dem Einbau Keilriemen überprüfen. Sind die Flanken ausgefranst, Risse oder Bruchstellen vorhanden, Keilriemen in jedem Fall ersetzen.
- Keilriemen auf die Riemenscheiben auflegen und spannen. Keilriemenverlauf, siehe Abbildungen unter »Keilriemenspannung prüfen«.
  Achtung: Der Keilriemen der 1,8-l- und Dieselmotoren ist als breiter Keilrippenriemen ausgeführt. Hier auf richtige Lage des Riemens in den Rillen der Riemenräder achten.

- Zum Spannen Generator mit Montierhebel vom Motor wegdrücken beziehungsweise beim 88-PS-Motor Spannschraube –A– anziehen, siehe Abbildungen unter »Ausbau«. In dieser Stellung Klemmschraube –C– beziehungsweise –A– festziehen.
- Befestigungsschraube –B– am Generator-Gegenlager festziehen.
- 16-Ventil-Motor: Spannrolle von Hand auf den Keilriemen drücken und Spannrollenschraube mit **60 Nm** anziehen.

Keilriemenspannung prüfen

Achtung: Wird ein neuer Keilriemen eingebaut, Spannung erst nach ca. 5 Minuten Laufzeit prüfen. Also Motor starten und nach 5minütiger Laufzeit wieder abstellen.

- In der Werkstatt wird die Keilriemenspannung mit dem RENAULT-Werkzeug Elé.346-04 geprüft. Steht das Spezialwerkzeug nicht zur Verfügung, Keilriemen zwischen den Riemenscheiben mit dem Daumen eindrücken und Durchbiegung abschätzen. Er muß sich ca. 4 mm (beim 16-Ventil-Motor nur ca. 2 mm) durchdrücken lassen.

Spannung mit Spezialwerkzeug prüfen

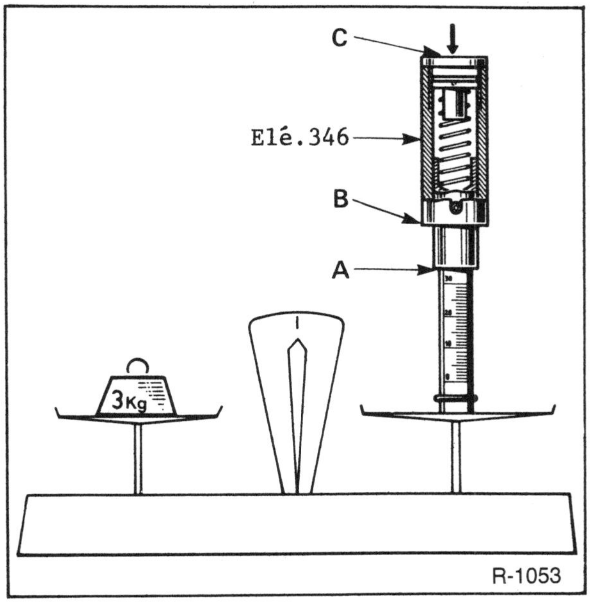

- Werkzeug Elé.346 folgendermaßen eichen: Auf den Druckstößel eine Kraft von 30 N (≙ 3 kg) ausüben. Daraufhin muß der Bund –A– des Stößels mit der Hülse –B– fluchten, andernfalls mit der Schraube –C– den Federdruck entsprechend erhöhen oder erniedrigen.

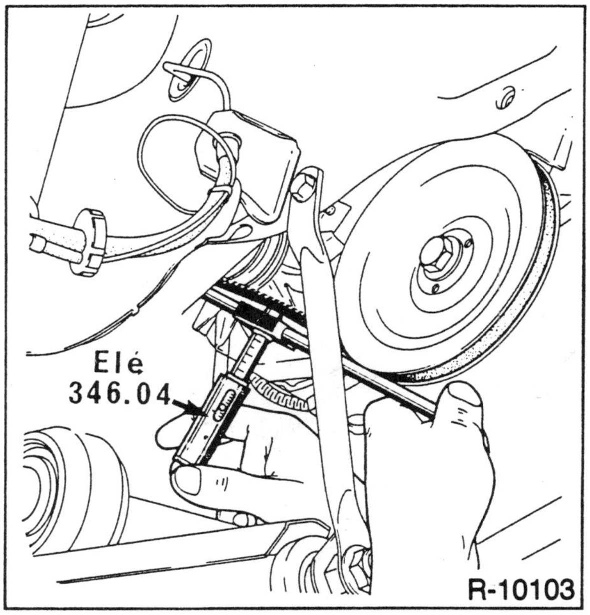

- Meßschiene auf den Keilriemen auflegen, und zwar so, daß der Stößel von beiden Riemenscheiben gleich weit entfernt ist.
- Druckstößel so weit herunterdrücken, bis der Bund –A– mit dem Bund der Hülse übereinstimmt.
- In dieser Stellung ablesen, um welches Maß der Keilriemen nachgibt, und Spannung entsprechend einstellen.
- Motor warmlaufen lassen, bis der Kühlerlüfter einschaltet, und Prüfung wiederholen. Spannung nachstellen, wenn diese unter der bei betriebswarmem Motor empfohlenen Spannung liegt.

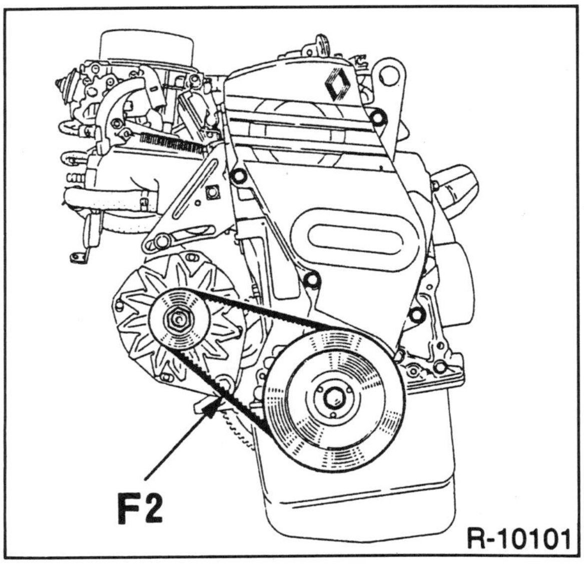

- **1,2-l- (bis 3/96) und 1,4-l-Motor:** An der Stelle F2 soll der Keilriemen bei einem Druck von 3 kg folgende Durchbiegung haben:
  4,2 – 4,7 mm bei kaltem Motor.
  6,2 – 7,7 mm bei betriebswarmem Motor.

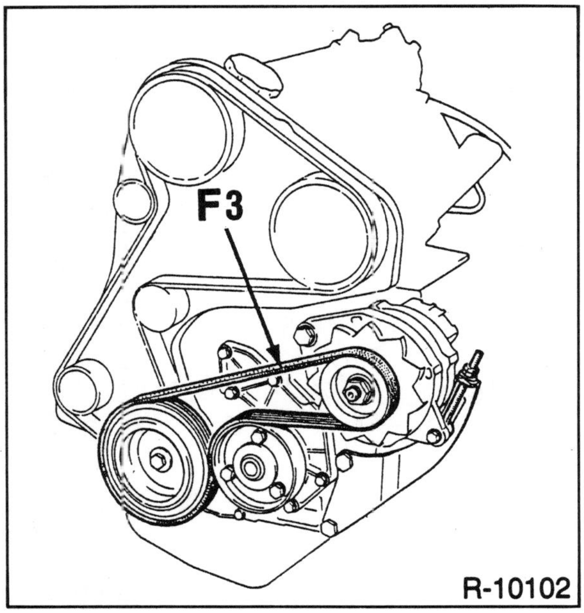

- **65 kW/88 PS-Benzinmotor und Dieselmotor, ohne Servolenkung:** An der Stelle F3 messen; Sollwerte:
  2,5 – 3,5 mm bei kaltem Motor;
  3,5 – 4,5 mm bei betriebswarmem Motor.

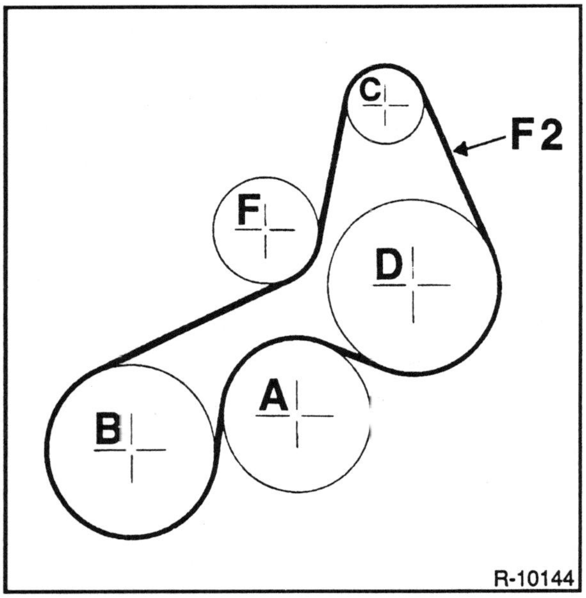

Riemenscheibe A – Kühlmittelpumpe; B – Kurbelwelle; C – Generator; D – Servopumpe; F – Spannrolle.

- **65 kW/88 PS-Benzinmotor und Dieselmotor, mit Servolenkung:** An der Stelle F2 messen; Sollwerte:
  3,5 – 4,5 mm bei kaltem Motor;
  5,5 – 7,0 mm bei betriebswarmem Motor.

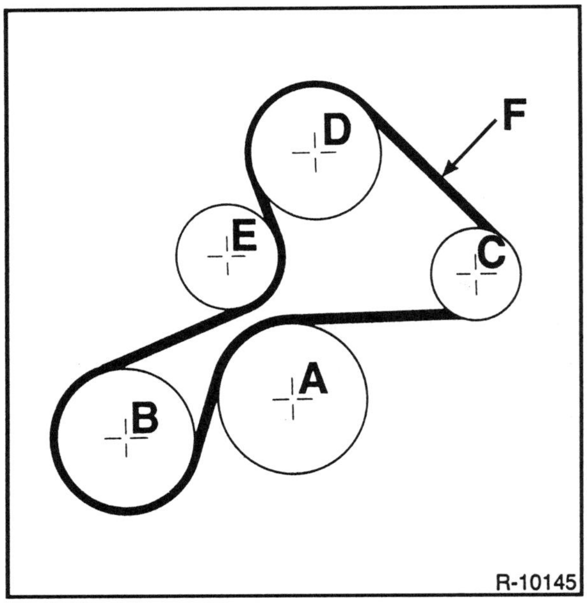

Riemenscheibe A – Kühlmittelpumpe; B – Kurbelwelle; C – Generator; D – Servopumpe; E – Spannrolle.

- **16-Ventil-Motor (99 kW/135 PS):** An der Stelle F darf der Keilriemen **1,5 – 2,5 mm** bei kaltem Motor nachgeben.
- Falls ausgebaut, Abdeckung im rechten Radhaus wieder anbringen.
- 1,2-/1,4-l-Motor: Vorderrad anschrauben, dabei auf Markierung zur Radnabe achten. Fahrzeug ablassen und Radschrauben mit **90 Nm** über Kreuz festziehen.

1,2-l-Motor

D7F (ab 4/96)

Zylinderkopfdeckel aus- und einbauen

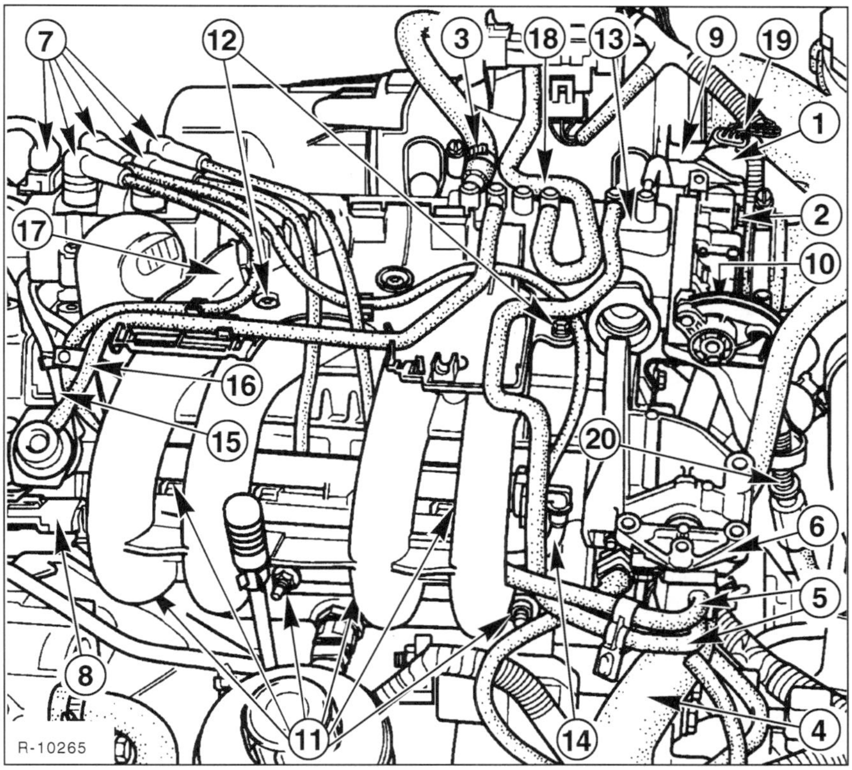

1 – **Schrittmotor**
Für Leerlaufregulierung

2 – **Drosselklappenpotentiometer**

3 – **Unterdruckleitung**
Für Bremskraftverstärker

4 – **Schlauch Aktivkohlefilter**

5 – **Leitung**
Für Kraftstoffdunst-Adsorptionssystem

6 – **Elektromagnetventil**
Für Adsorptionssystem

7 – **Stecker Zündspule**

8 – **Stecker für Einspritzventile**

9 – **Stecker**
Für Drosselklappenpotentiometer

10 – **Stecker**
Für Ansauglufttemperaturfühler

11 – **Befestigungsmuttern**
Für Ansaugkrümmer am Zylinderkopf

12 – **Befestigungsschrauben**
Für Ansaugkrümmer am Zylinderkopfdeckel

13 – **Saugrohr**

14 – **Kraftstoffzufuhrschlauch**

15 – **Kraftstoffrücklaufschlauch**

16 – **Kraftstoffdruckregler**

17 – **Kunststoffabdeckung**
Unterteil

18 – **Unterdruckanschluß**
Für Saugrohrdruckfühler

19 – **Stecker**
Für Stellmotor/Leerlaufregulierung

20 – **Gaszug**

Ausbau

Achtung: Alle Leitungen Schläuche und Stecker, die ausgebaut oder abgezogen werden, vor dem Ausbau mit Klebeband markieren, so daß sie an der richtigen Stelle wieder montiert werden können.

- Motorhaube ausbauen, siehe Seite 184.

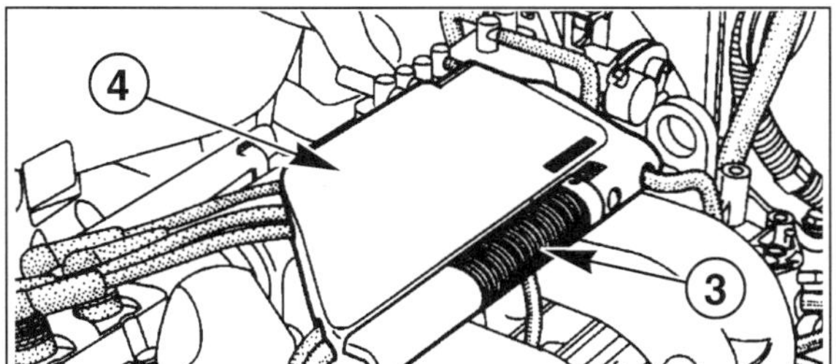

- Zündkerzenstecker-Abziehwerkzeug –3– an Kunststoffabdeckung –4– ausclipsen und abnehmen, siehe Abbildung R-10273.
- Kunststoffabdeckung aufklappen und Deckel abnehmen.
- Kraftstoffdampf-Adsorptionsleitung –5– am Saugrohr –13– abziehen.
- Leitung aus Unterteil/Kunststoffabdeckung auslösen und nach rechts ablegen.
- Leitung für Kraftstoffdruckregler –16– am Saugrohr –13– abziehen.
- Leitung –16– aus Unterteil/Kunststoffabdeckung auslösen und nach links ablegen.

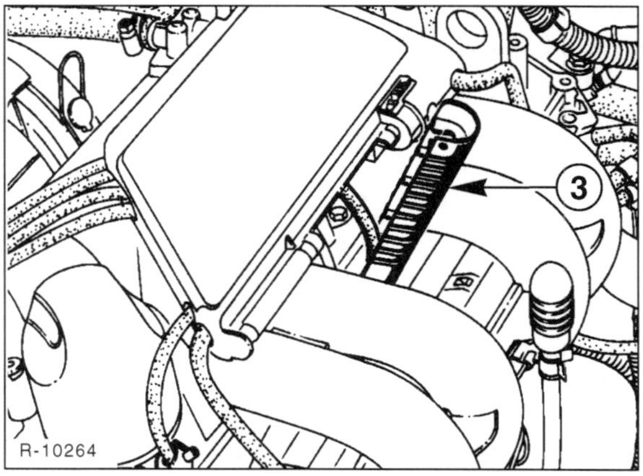

- Sämtliche Zündkerzenstecker mit Werkzeug –3– abziehen. Zuvor Reihenfolge markieren.

- Sämtliche Zündleitungen aus Unterteil/Kunststoffabdeckung auslösen.
- Zündleitungen nach links ablegen.
- 3 Torx-Schrauben am Unterteil/Kunststoffabdeckung herausdrehen und Kunststoffabdeckung abnehmen.
- Luftschlauch vom Drosselklappengehäuse zum Luftfilter ausbauen, Schellen zuvor lösen.
- Unterdruckleitung –3– für Bremskraftverstärker am Saugrohr –13– abziehen.
- Unterdruckanschluß –18– für Saugrohrdruckfühler am Saugrohr abziehen.
- Kraftstoffzufuhrschlauch –14– am Verteilerrohr und Kraftstoffrücklaufschlauch –15– am Kraftstoffdruckregler abziehen.
- Am Drosselklappengehäuse den Stecker –19– für Schrittmotor/Leerlaufregulierung abziehen.
- Stecker für Ansauglufttemperaturfühler –10–, Drosselklappenpotentiometer –9– und für die Einspritzventile –8– abziehen.
- Muttern –11– für Krümmer am Zylinderkopf abschrauben.
- Schrauben –12– für Krümmer am Zylinderkopfdeckel herausdrehen.
- Gaszug –20– am Drosselklappenhebel aushängen. Steckraste nicht entfernen, siehe Seite 86.
- Halter für Drosselklappengehäuse vom Zylinderkopf abbauen.
- Ansaugkrümmer, Drosselklappengehäuse und Verteilerrohr zusammen abnehmen.
- Zylinderkopfdeckel abschrauben und abnehmen.

Einbau

- Zylinderkopfdeckel mit neuer Dichtung aufsetzen und festschrauben.
- Drosselklappengehäuse, Verteilerrohr und Ansaugkrümmer zusammen aufsetzen. Neue Dichtungen verwenden.
- 6 Muttern –11– für Ansaugkrümmerbefestigung am Zylinderkopf zunächst gleichmäßig soweit anziehen, bis der Ansaugkrümmer am Zylinderkopf anliegt. Dann Muttern mit **15 Nm** festziehen.
- Obere Schrauben –12– am Zylinderkopfdeckel mit **9 Nm** festziehen.
- Halter für Drosselklappengehäuse am Zylinderkopf anschrauben.
- Gaszug einhängen und einstellen, siehe Seite 86.
- Stecker für Drosselklappenpotentiometer, Einspritzventile, Ansauglufttemperaturfühler, sowie für den Schrittmotor/Leerlaufregulierung nach Markierung aufschieben.
- Kraftstoffzufuhrschlauch am Verteilerrohr und Kraftstoffrücklaufschlauch am Kraftstoffdruckregler aufschieben.
- Unterdruckleitung für Bremskraftverstärker und Unterdruckanschluß für Saugrohrdruckfühler am Saugrohr –13– aufschieben.
- Luftschlauch zwischen Drosselklappengehäuse und Luftfilter aufschieben und mit Schellen befestigen.
- Kunststoffabdeckung/Unterteil aufsetzen und mit 3 Torx-Schrauben festziehen.
- Zündleitungen in Kunststoffabdeckung verlegen.
- Zündkerzenstecker in richtiger Reihenfolge auf Zündkerzen aufschieben. Zündfolge 1 - 3 - 4 - 2.
- Leitung für Kraftstoffdruckregler und Kraftstoffdunst-Adsorptionsleitung in Kunststoffabdeckung verlegen.
- Leitungen am Saugrohr aufschieben.
- Deckel für Kunststoffabdeckung am Unterteil einhängen, verschließen und mit Zündkerzenstecker-Abziehwerkzeug –3– fixieren, siehe Abbildung R-10273.
- Motorhaube einbauen, siehe Seite 184.

Zylinderkopf aus- und einbauen/ Zylinderkopfdichtung wechseln

Zum Aus- und Einbau des Zylinderkopfes beziehungsweise zum Wechseln der Zylinderkopfdichtung werden die RENAULT-Spezialwerkzeuge Mot. 1273, Mot. 1289-03 sowie Mot. 1379 benötigt.

Zylinderkopf nur bei abgekühltem Motor ausbauen.

Eine defekte Zylinderkopfdichtung ist an einem oder an mehreren der folgenden Merkmale erkennbar:

- Leistungsverlust.
- Kühlflüssigkeitsverlust. Weiße Abgaswolken bei warmem Motor.
- Ölverlust.
- Kühlflüssigkeit im Motoröl, Ölstand nimmt nicht ab, sondern zu. Graue Farbe des Motoröls, Schaumbläschen am Peilstab, Öl dünnflüssig.
- Motoröl in der Kühlflüssigkeit.
- Kühlflüssigkeit sprudelt stark.
- Keine Kompression auf 2 benachbarten Zylindern.

Beim Wechseln einer defekten Zylinderkopfdichtung sollten ebenfalls das Motoröl und die Kühlflüssigkeit gewechselt werden. Einfüllmengen, siehe Motortabelle auf Seite 11.

Ausbau

- Batterie-Massekabel (–) bei ausgeschalteter Zündung abklemmen. **Achtung:** Dadurch werden elektronische Speicher gelöscht, wie zum Beispiel der Radiocode. Hinweise im Kapitel »Batterie aus- und einbauen« beachten.
- Elektrische Leitungen sowie Kraftstoff- und Kühlmittelschläuche, die ausgebaut werden müssen, mit Klebeband markieren, so daß sie an der richtigen Stelle beziehungsweise am richtigen Stecker wieder angeschlossen werden können.
- Motorhaube ausbauen, siehe Seite 184.
- Kühlmittel ablassen, siehe Seite 262.
- Zahnriemen ausbauen, siehe Seite 47.

- Zylinderkopfdeckel ausbauen, siehe Seite 43.
- Ölmeßstab herausnehmen.
- Den Schlauch von der Kühlmittelpumpe zum Wärmetauscher der Heizung ausbauen.
- Vorderes Abgasrohr vom Abgaskrümmer abschrauben, Krümmer vom Zylinderkopf abschrauben.
- Kühlmittelschläuche am Thermostat abziehen.
- Zylinderkopfschrauben entgegen der Reihenfolge in Abbildung R-10266 zuerst etwas lösen und dann herausdrehen.
- Zylinderkopf und Zylinderkopfdichtung abnehmen.

Achtung: Zylinderkopf nicht auf der Dichtfläche absetzen. Geöffnete Ventile können dabei beschädigt werden. Zylinderkopf auf zwei Holzleisten absetzen.

Einbau

Der Einbau des Zylinderkopfes darf ausschließlich bei kaltem Motor durchgeführt werden.

- Vor dem Einbau muß die Dichtfläche des Zylinderkopfes von Dichtungsresten befreit werden. Hierzu am besten einen geeigneten Holzschaber, keinesfalls einen Metallspachtel oder ähnliche Werkzeuge verwenden. Es kann auch das Reinigungsmittel »Decapjoint« verwendet werden (erhältlich bei RENAULT). Mittel aufbringen und 10 Minuten wirken lassen, dann Dichtungsreste mit Holzschaber entfernen.
- Reinigung sorgfältig ausführen. Darauf achten, daß keine Fremdkörper in die Schmierölkanäle des Motorblocks und des Zylinderkopfes sowie in die Zylinder gelangen. Bohrungen vorher mit Lappen abdecken. Anschließend Lappen wieder entfernen.
- Zylinderkopf-Dichtfläche mit Stahllineal auf Planheit prüfen. Maximale Verformung: 0,05 mm, siehe Seite 20.
- Wird der Maximalwert überschritten, Zylinderkopf ersetzen. Dichtfläche nicht nachbearbeiten.
- Zylinderkopf auf Risse, Zylinderlaufflächen auf Riefen überprüfen.
- Gewindebohrungen für Zylinderkopfschrauben im Motorblock sorgfältig von Öl und anderen Rückständen befreien. Öl am besten mit einer Spritze absaugen. Keine Preßluft verwenden.
- Zylinderkopfdichtung grundsätzlich ersetzen. Beim Auflegen kein zusätzliches Dichtmittel verwenden.
- Zylinderkopf aufsetzen. **Achtung:** Der Zylinderkopf ist durch zwei Hülsen zentriert, die sich hinten an der Dichtfläche des Motorblocks befinden.
- Grundsätzlich neue Zylinderkopfschrauben verwenden.
- Zylinderkopfschrauben etwas einölen.

Achtung: Das Anziehen der Zylinderkopfschrauben, ist mit großer Sorgfalt durchzuführen. Vor Beginn sollte der Drehmomentschlüssel auf seine Genauigkeit überprüft werden. Anzugsreihenfolge genau beachten. Zum Winkelanzug der Zylinderkopfschrauben eine Papp-Winkelscheibe mit Markierungen bei 90° und bei 200° herstellen. Oder die Winkelscheibe HAZET 6690 verwenden.

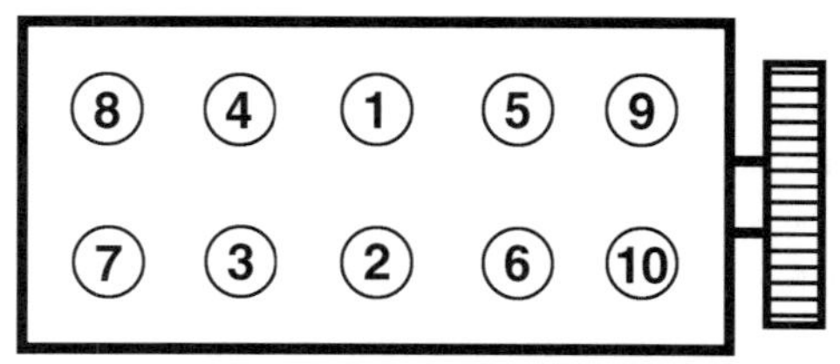

R-10266

- **Stufe 1:** Alle Schrauben in der angegebenen Reihenfolge mit **20 Nm** anziehen. Anschließend alle Schrauben mit starrem Schlüssel um **90° weiterdrehen**.
- Vor dem nächsten Arbeitsschritt mindestens 3 Minuten warten, so daß die Schrauben sich setzen können.
- **Stufe 2:** Die Schrauben 1 und 2 ganz lösen, nicht herausdrehen.
- Die Schrauben 1 und 2 mit **20 Nm** anziehen. Anschließend mit starrem Schlüssel um 200° weiterdrehen.
- **Stufe 3:** Die Schrauben 3, 4, 5 und 6 ganz lösen, nicht herausdrehen.
- Schrauben 3, 4, 5 und 6 mit **20 Nm** anziehen. Anschließend mit starrem Schlüssel um 200° weiterdrehen.
- **Stufe 4:** Die Schrauben 7, 8, 9 und 10 ganz lösen, nicht herausdrehen.
- Die Schrauben 7, 8, 9 und 10 mit **20 Nm** anziehen. Anschließend mit starrem Schlüssel um 200° weiterdrehen.

Achtung: Die Zylinderkopfschrauben dürfen nun nicht mehr nachgezogen werden.

- Zahnriemen einbauen, siehe Seite 47.
- Ventilspiel einstellen, siehe Seite 46.
- Zylinderkopfdeckel einbauen, siehe Seite 43.
- Drosselklappen-, Einspritzrampen- und Ansaugkrümmereinheit mit neuen Dichtungen einbauen, dabei wie folgt vorgehen: Sechs Muttern am Ansaugkrümmer gleichmäßig anziehen bis der Krümmer am Zylinderkopf anliegt, dann Muttern mit **15 Nm** anziehen. Die oberen Schrauben am Zylinderkopfdeckel mit **9 Nm** festziehen.
- Abgaskrümmer mit neuen Dichtungen am Zylinderkopf anschrauben, Muttern mit **25 Nm** anziehen.
- Vorderes Abgasrohr mit Dichtung am Krümmer befestigen und mit **25 Nm** festziehen.
- Unterdruckschlauch für Bremskraftverstärker einbauen. Schlauchschelle festziehen.
- Schlauch von Kühlmittelpumpe zum Wärmetauscher einbauen.
- Kraftstoffzufuhr- und -rücklaufschläuche entsprechend den Markierungen einbauen. Mit Schlauchschellen befestigen.

- Kühlmittel einfüllen und Kühlsystem entlüften, siehe Seite 262.
- Schlauch für Aktivkohlefilter und die Leitungen für Kraftstoffdunst-Adsorptionssystem am Magnetventil aufschieben.
- Stecker der Zündspulen, der Einspritzventile, des Leerlaufregulierungsmotors und des Ansauglufttemperaturfühlers aufstecken.
- Zündkerzenstecker aufschieben.
- Ölmeßstab einsetzen.
- Ölstand kontrollieren, gegebenenfalls Öl nachfüllen.
- Motorhaube einbauen, siehe Seite 184.
- Batterie bei ausgeschalteter Zündung anklemmen.
- Probefahrt durchführen, dabei besonders auf die Temperatur des Kühlmittels achten. Anschließend Motorölstand nochmals kontrollieren.

Ventilspiel prüfen/einstellen

Um unterschiedliche Wärmeausdehnungen im Ventiltrieb zu kompensieren, muß ein gewisses Ventilspiel vorhanden sein.

Bei zu geringem Spiel verändern sich die Steuerzeiten, die Verdichtung ist schlecht, die Motorleistung nimmt ab, der Motorlauf ist unregelmäßig. In extremen Fällen können sich die Ventile verziehen oder die Ventile beziehungsweise Ventilsitze verbrennen.

Bei zu großem Spiel stellen sich starke mechanische Geräusche ein, die Steuerzeiten verändern sich, der Motor gibt wegen mangelhafter Zylinderfüllung weniger Leistung ab, der Motorlauf ist unregelmäßig.

Das Einstellen der Ventile hat nur dann den gewünschten Erfolg, wenn die Ventile einwandfrei abdichten, diese kein unzulässiges Spiel in den Ventilführungen haben und am Schaftende nicht eingeschlagen sind.

Das Ventilspiel ist jeweils nach Reparaturen, oder wenn Geräusche am Ventiltrieb auftreten, zu prüfen beziehungsweise einzustellen. Eine Prüfung im Rahmen der Wartung ist nicht vorgesehen.

Das Ventilspiel soll bei kaltem Motor geprüft beziehungsweise eingestellt werden.

Zum Ab- und Anbau des Steuergehäusedeckels werden die RENAULT-Spezialwerkzeuge Mot. 1379 und Mot. 1289-03 benötigt .

- Werkzeug Mot. 1379 unten am Tragrahmen anbringen, siehe Abbildung R-10267 auf Seite 47.
- Gewindebolzen am Werkzeug drehen, damit der Motor etwas angehoben und das Motorlager entlastet wird.
- Motorlager ausbauen, siehe Abbildung R-10270 auf Seite 49.
- Oberen Steuergehäusedeckel ausbauen.
- Zylinderkopfdeckel ausbauen, siehe Seite 43.
- Oberen Steuergehäusedeckel mit 2 Schrauben am Zylinderkopf befestigen.
- Verschlußstopfen vorne am Steuergehäusedeckel aushebeln und beiseite legen.
- Zylinder 1 auf Zünd-OT stellen. Dazu Kurbelwelle drehen bis die **rechteckige Markierung** am Nockenwellenrad mit der Markierung an der Sichtöffnung des Steuergehäusedeckels fluchtet. **Achtung:** Am Nockenwellenrad befinden sich 5 Markierungen. Nur die Rechteckige zeigt den Zünd-OT des 1. Zylinders an.
- Um die Kurbelwelle zu verdrehen den 5. Gang einlegen und Fahrzeug verschieben bis die Markierungen fluchten. Der Motor kann auch **am Kurbelwellenrad im Uhrzeigersinn** verdreht werden.
- **Achtung:** Keinesfalls am Nockenwellenrad drehen.

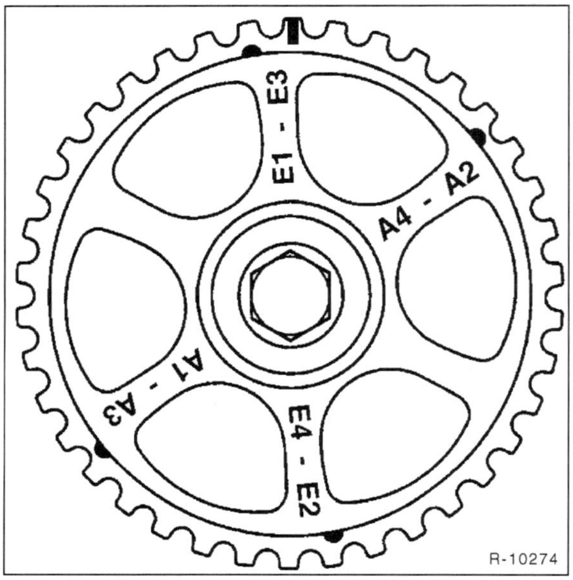

R-10274

Achtung: Die auf dem Nockenwellenrad angebrachten Markierungen A und E stehen für französisch »Soupap d'**A**dmission« = Einlaßventil und für »Soupap d'**E**mission« = Auslaßventil. Es bedeuten also im Gegensatz zu deutschen Bezeichnungen: **A = Einlaßventil, E = Auslaßventil**. Die Ventile werden **vom Nockenwellenrad ausgehend** durchnumeriert.

Ventilspiel-Einstellwerte:

Bezeichnung **A = Einlaßventil: 0,05 mm**.
Bezeichnung **E = Auslaßventil: 0,15 mm**.

- Kurbelwelle im Uhrzeigersinn bis zur 1. Markierung (E1 - E3) weiterdrehen (E1 – E3 steht für Auslaßventil 1 und 3). Ventilspiel am Auslaßventil von Zylinder 1 und am Auslaßventil von Zylinder 3 prüfen und gegebenenfalls einstellen.
- Das Ventilspiel wird mit Hilfe einer Fühlerblattlehre geprüft. Einstellvorgang, siehe Seite 46.
- Im Uhrzeigersinn bis zur 2. Markierung (A1 - A3) weiterdrehen (Einlaßventil 1 und 3). Ventilspiel prüfen und gegebenenfalls einstellen.
- Im Uhrzeigersinn bis zur 3. Markierung (E2 - E4) weiterdrehen (Auslaßventil 2 und 4). Ventilspiel prüfen und gegebenenfalls einstellen.

- Im Uhrzeigersinn bis zur 4. Markierung (A2 - A4) weiterdrehen (Einlaßventil 2 und 4). Ventilspiel prüfen und gegebenenfalls einstellen.
- Oberen Steuergehäusedeckel ausbauen.
- Zylinderkopfdeckel mit Dichtung einbauen, siehe Seite 43.
- Oberen Steuergehäusedeckel einbauen.
- Sichtöffnung am Steuergehäusedeckel mit Stopfen verschließen.
- Motorlager aufsetzen und mit Werkzeug Mot. 1289-03 ausrichten, siehe Abbildung R-10270.
- Schrauben des Motorlagers am Steuergehäusedeckel mit **55 Nm** anziehen. Mutter des Motorlagers an der Gummiaufnahme mit **25 Nm** anziehen.
- Gewindebolzen am Werkzeug Mot. 1379 zurückdrehen und Werkzeug entfernen.

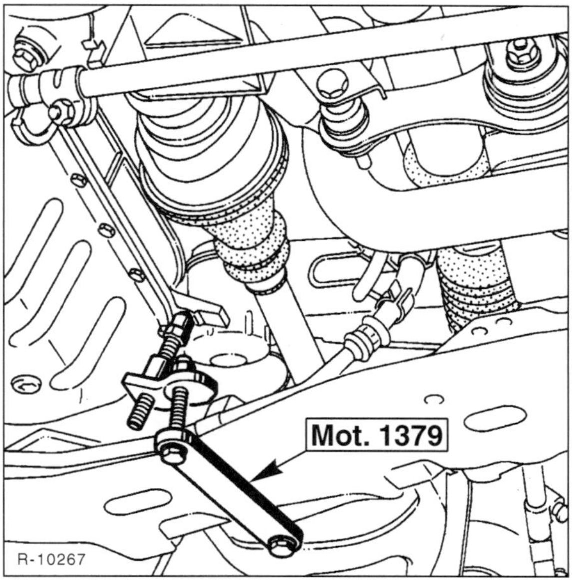

Zahnriemen aus- und einbauen

Ausbau

Zum Auswechseln des Zahnriemens werden die RENAULT-Spezialwerkzeuge Mot. 1379, Mot. 1386, Mot. 1273, Mot. 1289-03 und Mot. 1135-01 benötigt.

- Batterie-Massekabel (–) bei ausgeschalteter Zündung abklemmen. **Achtung:** Dadurch werden elektronische Speicher gelöscht, wie zum Beispiel der Radiocode. Hinweise im Kapitel »Batterie aus- und einbauen« beachten.
- Stellung der Vorderräder zur Radnabe mit Farbe kennzeichnen. Dadurch kann das ausgewuchtete Rad wieder in derselben Position montiert werden. Radschrauben lösen, dabei muß das Fahrzeug auf dem Boden stehen. Fahrzeug vorn aufbocken und Vorderräder abnehmen.
- Abdeckungen im Radkasten, vorne rechts ausbauen.
- Motorhaube ausbauen, siehe Seite 184.
- Rillenriemen für Generator und Lenkhilfepumpe (falls vorhanden) ausbauen, siehe Seite 49.
- 5. Gang einlegen und Handbremse anziehen, so daß die Motorkurbelwelle sich nicht drehen kann.
- Kurbelwellenriemenscheibe abschrauben.
- Werkzeug Mot. 1379 unten am Tragrahmen anbringen.
- Gewindebolzen am Werkzeug drehen, damit der Motor etwas angehoben und das Motorlager entlastet wird.
- Motorlager ausbauen.
- Zylinderkopfdeckel ausbauen, siehe Seite 43.
- Unteren Steuergehäusedeckel abschrauben.
- Verschlußstopfen im oberen Steuergehäusedeckel herausnehmen.
- Mit Schalthebel Leerlauf einlegen.
- Zylinder 1 in den Oberen Totpunkt bringen, dazu Kurbelwelle im Uhrzeigersinn verdrehen bis die **rechteckige Markierung** am Nockenwellenrad mit der Markierung an der Sichtöffnung im Steuergehäusedeckel fluchtet.
- Werkzeug Mot. 1054 in die Öffnung am Schwungradgehäuse unter dem Anlasser stecken. Das Werkzeug läßt sich nur einstecken, wenn der 1. Zylinder auf Zünd-OT steht.
- Markierungen am Zahnriemen überprüfen. Die Markierungen müssen sowohl am Nockenwellenrad als auch am Kurbelwellen-Zahnriemenrad fluchten.
- Sollten die Markierungen nicht übereinstimmen, Mot. 1054 entfernen und Kurbelwelle eine Umdrehung im Uhrzeigersinn weiterdrehen.
- OT-Stellung des 1. Zylinders mit Werkzeug Mot. 1054 sicherstellen. Markierungen am Zahnriemen müssen mit der am Nockenwellenrad und mit der am Kurbelwellen-Zahnriemenrad fluchten.
- Oberen Steuergehäusedeckel abschrauben.
- Mutter der Spannrolle lösen und Spannrolle im Uhrzeigersinn verdrehen bis der Zahnriemen entspannt ist.
- Zahnriemen abnehmen.

Einbau

Achtung: Ein einmal ausgebauter Zahnriemen muß in jedem Fall erneuert werden. Liegt die Zahnriemenspannung unter dem Mindestwert von **10 US** (US = SEEM-Einheiten: Einheit des Meßgeräts) muß der Zahnriemen auch gewechselt werden.

- Neuen Zahnriemen auf die Zahnriemenräder von Kurbelwelle und Nockenwelle auflegen. Dabei darauf achten, daß der Zahnriemen zwischen der Spannrolle und dem Riemenrad der Kühlmittelpumpe verläuft. **Achtung:** Die Markierungen auf dem Zahnriemen müssen mit der rechteckigen Markierung auf dem Nockenwellenrad und der Markierung auf dem Kurbelwellenrad übereinstimmen.
- Werkzeug Mot. 1054 am Schwungrad entfernen.
- 5. Gang einlegen, Handbremse anziehen.
- Schraube für Kurbelwellen-Zahnriemenrad lösen und herausdrehen.

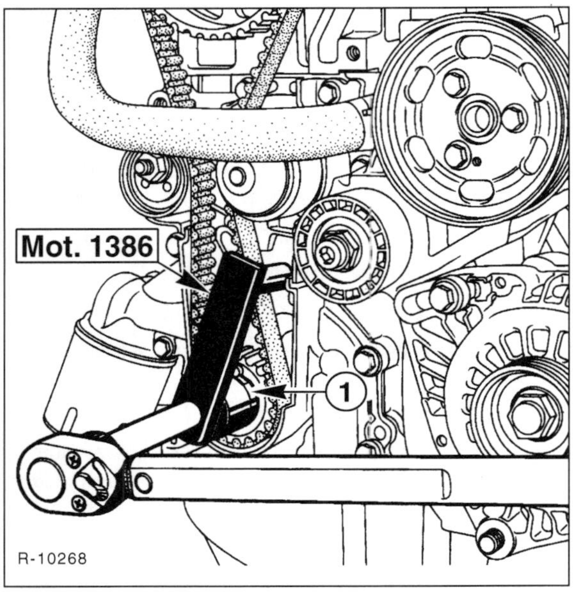

R-10268

- Die Distanzhülse –1– des Werkzeugs Mot. 1386 am Kurbelwellenrad anbringen und mit Schraube für Kurbelwellenrad festziehen.

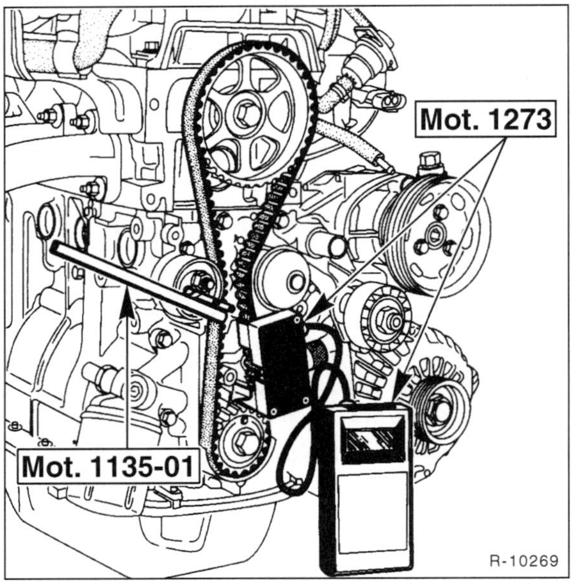

R-10269

- Meßwerkeug Mot. 1273 am Zahnriemen anbringen.
- Mit dem Werkzeug Mot. 1135-01 die Spannrolle des Zahnriemens entgegen dem Uhrzeigersinn drehen bis das Meßgerät den Wert von **20 US** anzeigt (US = SEEM-Einheiten).
- Meßwerkzeug lösen, dazu den Rändelknopf drehen bis drei Klickgeräusche zu hören sind.
- Mutter der Spannrolle anziehen.
- Mit Stecknuß und Verlängerung Kurbelwelle mindestens 2 Umdrehungen **in Laufrichtung** (im Uhrzeigersinn) drehen.
- Zylinder 1 auf OT stellen, dazu Werkzeug Mot. 1054 in die Öffnung am Schwungrad unter dem Anlasser stecken.
- Kontrollieren ob die Markierungen am Zahnriemen mit der am Kurbelwellen-Zahnriemenrad und der am Nockenwellenrad übereinstimmen.
- Spannrollenmutter lösen und Spannrolle mit Werkzeug Mot. 1135-01 im Uhrzeigersinn drehen, bis die beiden Bohrungen in der Spannrolle waagerecht stehen.
- Mutter der Spannrolle mit **50 Nm** anziehen.
- An der Kurbelwelle mindestens 2 Umdrehungen **im Uhrzeigersinn** drehen.
- Zylinder 1 auf OT stellen, dazu Werkzeug Mot. 1054 in die Öffnung am Schwungrad unter dem Anlasser stecken.
- Mot. 1054 entfernen.
- Werkzeug Mot. 1386 an der Distanzhülse –1– (siehe Abbildung R-10269) am Kurbelwellenrad ansetzen und mit Drehmomentschlüssel Zahnriemen zwischen Kurbelwellenrad und Kühlmittelpumpe vorspannen, siehe Abbildung R-10268. **Vorspannungs-Drehmoment: 100 Nm**.
- Vorspannwerkzeug Mot. 1386 abnehmen.

- Meßwerkzeug Mot. 1273 am Zahnriemen anbringen (siehe Abbildung R-10269) und Wert ablesen. **Sollwert 20 ±3 US**.
- Wird der Sollwert nicht erreicht, muß die Zahnriemenspannung erneut mit dem Werkzeug Mot. 1135-01 an der Spannrolle eingestellt werden. In diesem Fall müssen die letzten 6 Arbeitsschritte wiederholt werden bis der Sollwert erreicht wird.

Achtung: Sollten die benötigten REAULT-Spezialwerkzeuge für das Spannen des Zahnriemens nicht zur Verfügung stehen (Panne, Ausland) kann die Zahnriemenspannung behelfsmäßig eingestellt werden. Anschließend hohe Motordrehzahlen vermeiden und umgehend Werkstatt zur Kontrolle der Zahnriemenspannung aufsuchen. Zahnriemen so spannen, daß sich der Zahnriemen von Hand um ca. 90° verdrehen läßt, siehe Abbildung 13-081 auf Seite 30.

- Mutter der Spannrolle mit **50 Nm** festziehen.
- Meßgerät Mot. 1273 entfernen.
- Unteren Steuergehäusedeckel einbauen.
- 5. Gang einlegen, Handbremse ziehen.
- Distanzhülse am Kurbelwellenrad abschrauben.
- Kurbelwellenriemenscheibe einbauen. Anzugsdrehmoment **20 Nm, anschließend um 80° mit starrem Schlüssel weiterdrehen**.
- Neue Rillenriemen einbauen, siehe Seite 49.
- Oberen Steuergehäusedeckel einbauen.
- Motorlager einbauen, noch nicht ganz festziehen.

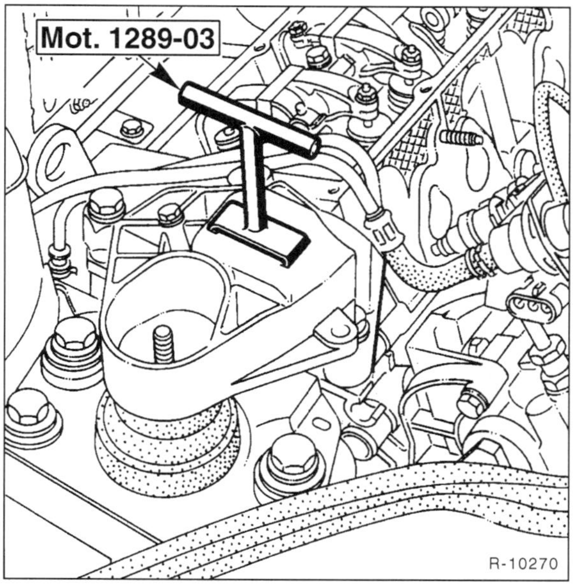

R-10270

- Postion des Motorlagers mit Werkzeug Mot. 1289-03 prüfen und gegebenenfalls zentrieren. Das Werkzeug läßt sich nur dann in die Öffnungen einführen,wenn sich das Motorlager in der richtigen Stellung befindet. Motorlager gegebenenfalls hin und her bewegen.
- Mutter des Motorlagers an der Gummiaufnahme mit **25 Nm** anziehen. Schrauben am Motor mit **55 Nm** anziehen.
- Zylinderkopfdeckel einbauen, siehe Seite 43.
- Motorhaube einbauen, siehe Seite 184.
- Abdeckungen im Radkasten einbauen.
- Räder ansetzen, Radschrauben noch nicht anziehen.
- Fahrzeug abbocken.
- Radschrauben über Kreuz mit **90 Nm** anziehen.

Rillenriemen für Generator und Lenkhilfepumpe aus- und einbauen

Der Rillenriemen treibt über die Kurbelwelle den Generator und, falls vorhanden, die Lenkhilfepumpe an. Im Unterschied zum gewöhnlichen Keilriemen sind beim Rillenriemen an der Innenseite mehrere Rillenreihen vorhanden, die den Schlupf verringern. **Achtung:** Zum Spannen des Rillenriemens wird das RENAULT-Spezialwerkzeug Mot. 1273 benötigt.

Achtung: Rillenriemen am kalten Motor einbauen.

Einmal ausgebaute Rillenriemen immer ersetzen. Ein Rillenriemen muß ebenfalls ersetzt werden, wenn die Riemenspannung unter dem Mindestwert liegt, siehe Tabelle am Ende des Kapitels. Kleinere Risse oder Ausfransungen sind unbedenklich.

Ausbau

- Motorhaube ausbauen, siehe Seite 184.
- Spannrolle am Rillenriemen für Lenkhilfepumpe lösen und Rillenriemen abnehmen.
- Befestigungsschrauben für Generator lösen.
- Generator schwenken bis der Rillenriemen entspannt ist.
- Rillenriemen abnehmen.

Einbau

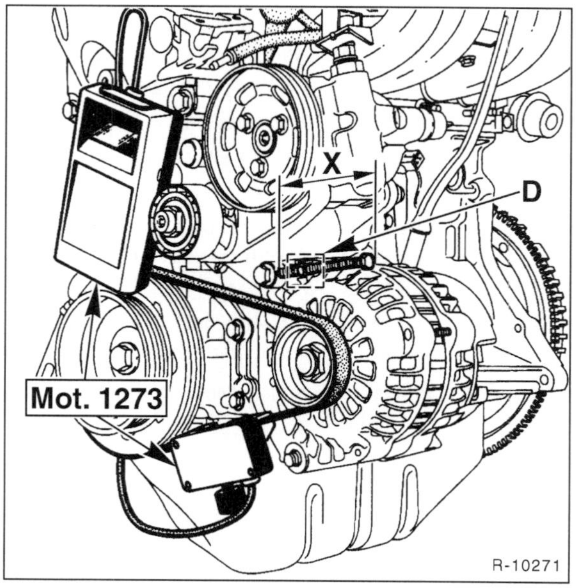

R-10271

- Zuerst Rillenriemen für Generator auflegen.
- Meßgeber des Werkzeugs Mot. 1273 am Rillenriemen anbringen.

- Rändelknopf des Meßgebers bis zum Lösen drehen (drei Klickgeräusche hörbar).
- Zum Spannen des Rillenriemens wird eine M6-Schraube (Länge x = 100 mm) mit einer lose aufgeschraubten Mutter (M6) benötigt.
- Schraube mit der Mutter in die Aussparung am Generatorgehäuse einsetzen (siehe Detail –D–) und Schraube soweit drehen bis das Gewinde an der Metallhülse der Spannschraube anstößt.
- Durch Drehen der Schraube gegen die Metallhülse wird der Generator geschwenkt und somit die Spannung des Riemens erhöht.
- Generatorrillenriemen auf diese Weise spannen, bis im Display des Meßgeräts der Wert **102 ±7 US** erscheint (US = SEEM-Einheiten: Einheit des Meßgeräts).
- Generator festschrauben, Meßwerkzeug entfernen.
- M6-Schraube entfernen.
- An der Kurbelwelle den Motor 3 Umdrehungen im Uhrzeigersinn drehen.
- Meßwerkzeug erneut ansetzen. Prüfen, ob die Riemenspannung innerhalb des Toleranzwertes von **102 ±7 US** liegt.
- Sollte der gemessene Wert außerhalb des Toleranzbereichs liegen, Spannung erneut einstellen.
- Wenn der korrekte Wert erreicht wird, Generatorschrauben festziehen.
- Rillenriemen der Lenkhilfepumpe auflegen.
- Meßgeber des Werkzeugs Mot. 1273 am Rillenriemen anbringen.
- Rändelknopf des Meßgebers bis zum Lösen drehen (drei Klickgeräusche hörbar).
- Die Riemenspannung wird mit der Spannrolle eingestellt.
- Spannrolle mit Gabelschlüssel verdrehen, bis am Display des Meßwerkzeugs der Wert **96 ±5 US** erscheint. Stellung der Spannrolle mit Gabelschlüssel halten.
- Spannrolle mit Inbusschlüssel festziehen.
- An der Kurbelwelle den Motor 3 Umdrehungen im Uhrzeigersinn drehen.
- Meßwerkzeug erneut ansetzen. Prüfen, ob die Riemenspannung innerhalb des Toleranzwertes von **96 ±5 US** liegt.
- Sollte der gemessene Wert außerhalb des Toleranzbereichs liegen, Spannung erneut einstellen.
- Wenn der korrekte Wert erreicht wird, Spannrolle festziehen.
- Motorhaube einbauen, siehe Seite 184.

Rillenriemenspannung Meß- und Einstellwerte

Spannung US = SEEM Einheiten	Rillenriemen Lenkhilfe	Rillenriemen Generator
Montagewert	96 ± 5	102 ± 7
Mindestwert	43	53

Achtung: Steht das RENAULT-Spezialwerkzeug Mot. 1273 nicht zur Verfügung (Panne, Ausland) soll der Rillenriemen so gespannt werden, daß er unter Daumendruck nicht mehr als 4 mm nachgibt. Anschließend baldmöglichst Rillenriemenspannung kontrollieren lassen.

Kompression prüfen

Die Kompressionsprüfung erlaubt Rückschlüsse über den Zustand des Motors. Und zwar läßt sich bei der Prüfung feststellen, ob die Ventile oder die Kolben (Kolbenringe) in Ordnung beziehungsweise verschlissen sind. Außerdem zeigen die Prüfwerte an, ob der Motor austauschreif ist beziehungsweise komplett überholt werden muß. Für die Prüfung wird ein Kompressionsdruckprüfer benötigt, der für Benzinmotoren recht preiswert in Fachgeschäften angeboten wird.

Achtung: Für den Dieselmotor wird ein Kompressionsdruckprüfer mit größerem Meßbereich, bis ca. 40 bar, benötigt.

Der Druckunterschied zwischen den einzelnen Zylindern darf maximal 1,5 bar betragen. Falls ein oder mehrere Zylinder gegenüber den anderen einen Druckunterschied von mehr als 1,5 bar haben, ist dies ein Hinweis auf defekte Ventile, verschlissene Kolbenringe beziehungsweise Zylinderlaufbahnen.

- Vor Prüfung der Kompression Motor betriebswarm fahren.
- Benzinmotor: Kraftstoffpumpenrelais abziehen, damit beim Starten kein Benzin eingespritzt wird, siehe Seite 76.
- Sämtliche Zündkerzenstecker abziehen. Hierzu gibt es eine spezielle Zange, zum Beispiel HAZET 1849. Darauf achten, daß die Zündkerzenstecker nicht auf Masseführenden Motorteilen abgelegt werden.
- Anschließend Zündkerzen-Nischen im Zylinderkopf mit Preßluft ausblasen, und alle Zündkerzen mit geeignetem Kerzenschlüssel herausschrauben.
- Motor mit Anlasser ein paarmal durchdrehen, damit Rückstände und Ruß herausgeschleudert werden. **Achtung:** Getriebe in Leerlaufstellung und Handbremse angezogen.
- Kompressionsdruckprüfer entsprechend der Bedienungsanleitung in die Zündkerzenöffnung drücken oder einschrauben.
- Von Helfer Gaspedal ganz durchtreten lassen und während der ganzen Prüfung mit dem Fuß festhalten.
- Motor ca. 8 Umdrehungen drehen lassen, bis kein Druckanstieg mehr auf dem Meßgerät erfolgt.
- Nacheinander sämtliche Zylinder prüfen und Prüfwerte miteinander vergleichen.
- Kraftstoffpumpenrelais aufstecken.
- Zündkerzen einschrauben und Zündkerzenstecker aufschieben, siehe Seite 263.

Störungsdiagnose Motor

Wenn der Motor nicht anspringt, Fehler systematisch einkreisen. Damit der Motor überhaupt anspringen kann, müssen beim Benzinmotor immer zwei Grundvoraussetzungen erfüllt sein. Das Kraftstoff-Luftgemisch muß bis in die Zylinder gelangen und der Zündfunke muß an den Zündkerzen vorhanden sein. Wie man dies prüfen kann, steht in den Kapiteln »Kraftstoff-« und »Zündanlage«. **Achtung:** Bei Fahrzeugen mit Benzinmotor darf der Anlasser nicht unnötig lange betätigt werden, da sonst der Katalysator beschädigt wird, siehe auch Seite 103.

Störung: Der Motor springt schlecht oder gar nicht an

Ursache		Abhilfe
Bedienungsfehler beim Starten	**Bei Automatikgetriebe:**	■ Fahrstufenhebel vor dem Motorstart in Stellung »N« oder »P« stellen.
	Benzinmotor:	■ Zündschlüssel drehen und starten bis der Motor anspringt. Dann erst Zündschlüssel loslassen. Bei Kälte zusätzlich Kupplungspedal durchtreten. ■ **Nur bei heißem Motor** nach dem Anspringen etwas Gasgeben.
	Dieselmotor:	■ **Bei kaltem Motor:** Zündung einschalten und sobald die Vorglüh-Kontrollampe erlischt, Motor starten. Bei tiefem Frost (unter –10° C) zuerst vorglühen, dann Gas- und Kupplungspedal ganz durchtreten und Motor starten. ■ **Bei warmem Motor:** Es braucht nicht vorgeglüht zu werden, der Motor kann sofort angelassen werden. Springt der Motor nicht sofort an, kurz warten und Startvorgang wiederholen. Vor dem Gasgeben Motor kurze Zeit im Leerlauf drehen lassen.
Zündanlage defekt oder verschmutzt		■ Zündanlage entsprechend Störungsdiagnose überprüfen
Kraftstoffanlage defekt, verschmutzt		■ Kraftstoffanlage entsprechend Störungsdiagnose überprüfen
Anlasser dreht zu langsam		■ Batterie laden. Falls Einbereichs-Motoröl eingefüllt ist, in der kalten Jahreszeit Winteröl einfüllen. Anlasser überprüfen
Ventilspiel falsch		■ Ventilspiel korrigieren*
Motorsteuerung verstellt		■ Zahnriemen korrekt einbauen
Kompressionsdruck zu niedrig		■ Ventilspiel einstellen, Motor überholen
Zylinderkopfdichtung defekt		■ Dichtung ersetzen
Dieselmotor: Vorglühanlage (speziell Glühkerzen) defekt		■ Vorglühanlage entsprechend Störungsdiagnose überprüfen
Einspritzdüsen defekt		■ Einspritzdüsen überprüfen
Einspritzpumpe defekt		■ Einspritzpumpe ersetzen

*) Alle außer 16-Ventil-Motor (99 kW/135 PS): Ventilspiel kann nicht korrigiert werden, da dieses Modell wartungsfreie Hydrostößel mit automatischem Ventilspielausgleich hat. Bei Defekt Hydrostößel erneuern.

Die Motor-Schmierung

Für die RENAULT-CLIO-Motoren sollen Mehrbereichsöle verwendet werden. Mehrbereichsöle haben den Vorteil, daß sie sich den Temperaturverhältnissen (Sommer/Winter) anpassen. Mehrbereichsöle bauen auf einem dünnflüssigen Einbereichsöl (z. B. 15 W) auf. Durch sogenannte Viskositätsindexverbesserer wird das Öl im heißen Zustand stabilisiert, so daß für jeden Betriebszustand die richtige Schmierfähigkeit gegeben ist.

Das »W« in der SAE-Bezeichnung weist das Öl als wintertauglich aus.

Bei Leichtlaufölen handelt es sich um Mehrbereichsöle, denen unter anderem Reibwertverminderer zugesetzt wurden, so daß eine Kraftstoffeinsparung von bis zu 2 Prozent möglich sein soll. Leichtlauföle haben eine niedrige Viskosität (z. B. 10 W-30). Sie erfordern unkonventionelle Grundöle (Synthetiköle).

Anwendungsbereich/Viskositätsklassen

Benzinmotoren:

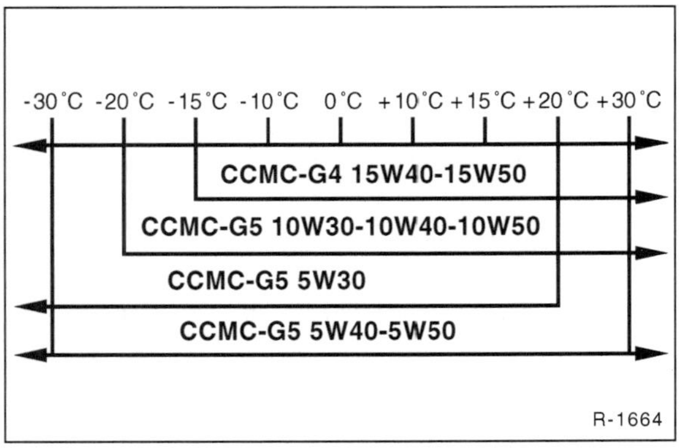

Dieselmotoren:

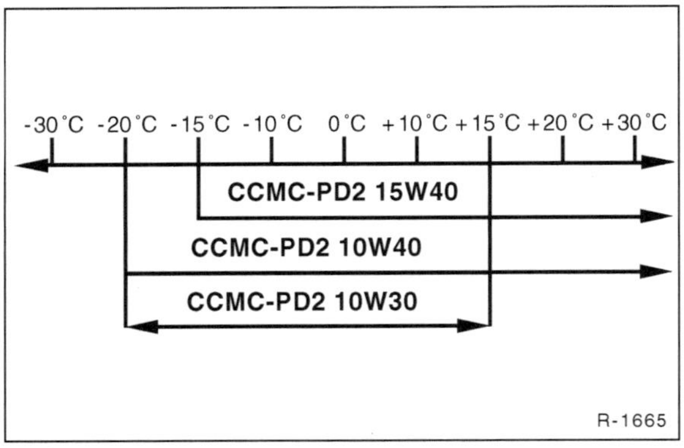

Da sich die Einsatzbereiche benachbarter SAE-Klassen überschneiden, können kurzfristige Temperaturschwankungen unberücksichtigt bleiben. Es ist zulässig, Öle verschiedener Viskositätsklassen miteinander zu mischen, wenn einmal Öl nachgefüllt werden muß und die Außentemperaturen nicht mehr der Viskositätsklasse des im Motor befindlichen Öles entsprechen.

Zusatzschmiermittel – gleich welcher Art – sollen weder dem Kraftstoff noch den Schmierölen beigemischt werden.

Spezifikation des Motoröls

Die Qualität eines Motoröls wird durch Normen der Automobil- sowie der Ölhersteller gekennzeichnet.

Die Klassifikation der Motoröle amerikanischer Ölhersteller erfolgt nach dem **API**-System (API: American Petroleum Institut): Die Kennzeichnung erfolgt durch jeweils zwei Buchstaben. Der erste Buchstabe gibt den Anwendungsbereich an: **S** = Service, für **Ottomotoren** geeignet; **C** = Commercial, für **Dieselmotoren** geeignet. Der zweite Buchstabe gibt die Qualität in alphabetischer Reihenfolge an. Von höchster Qualität sind Öle der Spezifikation SJ für Ottomotoren und CF für Dieselmotoren.

Europäische Ölhersteller geben eine **CCMC**-Spezifikation an. Dabei wird insbesondere die europäische Motorentechnologie berücksichtigt. Öle für Benzinmotoren erhalten je nach Qualität die Klassen CCMC-G1 bis **-G5**; Dieselmotoröle für PKW gibt es in den Spezifikationen CCMC-PD1 und der höherwertigen Spezifikation CCMC-**PD2**.

Die europäische CCMC-Kommission wurde von der **»ACEA«** (Association des Constructeurs Européens de l'Automobile) abgelöst, welche weitere Tests und Qualitätsstufen festlegt. Öle für PKW-Benzinmotoren erhalten je nach Qualität die Klassen ACEA A1-96 bis A3-96; Dieselmotoröle erhalten die Klassen B1-96 bis B3-96. Von höchster Qualität sind Öle **A3** für Ottomotoren und **B3** für Dieselmotoren. **»96«** steht für den Beginn der Gültigkeit der ACEA-Klassifikation im Jahr 1996. Motoröle mit höheren Jahreszahlangaben können ebenfalls verwendet werden.

Achtung: Motorenöle, die vom Hersteller ausdrücklich als Öle für Diesel-Motoren bezeichnet werden, sind für Ottomotoren nicht geeignet. Es gibt Öle, die sowohl für den Otto- als auch für den Diesel-Motor geeignet sind. In diesem Fall sind beide Spezifikationen (Beispiel: ACEA A3-96/B3-96 oder API SH/CD) auf der Öldose vermerkt.

Ölverbrauch

Bei einem Verbrennungsmotor versteht man unter dem Ölverbrauch diejenige Ölmenge, die als Folge des Verbrennungsvorganges verbraucht wird. Auf keinen Fall ist Ölverbrauch mit Ölverlust gleichzusetzen, wie er durch Undichtigkeiten an Ölwanne, Zylinderkopfdeckel usw. auftritt.

Normaler Ölverbrauch entsteht durch Verbrennung jeweils kleiner Mengen im Zylinder; durch Abführen von Verbrennungsrückständen und Abrieb-Partikeln. Zudem verschleißt das Öl durch hohe Temperaturen und hohe Drücke, denen es im Motor fortwährend ausgesetzt ist.

Ferner haben auch äußere Betriebsverhältnisse, Fahrweise sowie Fertigungstoleranzen einen Einfluß auf den Ölverbrauch. Der Ölverbrauch darf höchstens 1,0 l/1000 km betragen.

Unbedingt muß Öl nachgefüllt werden, wenn die »Nachfüll«-Markierung erreicht ist. **Achtung:** Nicht zuviel Öl auf einmal nachfüllen. Beim 16-Ventil-Motor beispielsweise beträgt die Ölmenge zwischen Min.- und Max.-Markierung am Ölpeilstab nur 0,6 Liter. Wurde zuviel Öl eingefüllt, muß das überschüssige Öl abgelassen werden. Sonst kann der Katalysator beschädigt werden, da unverbranntes Öl in die Abgasanlage gelangt.

Der Ölkreislauf

1,2-l- (bis 3/96) und 1,4-l-Motor

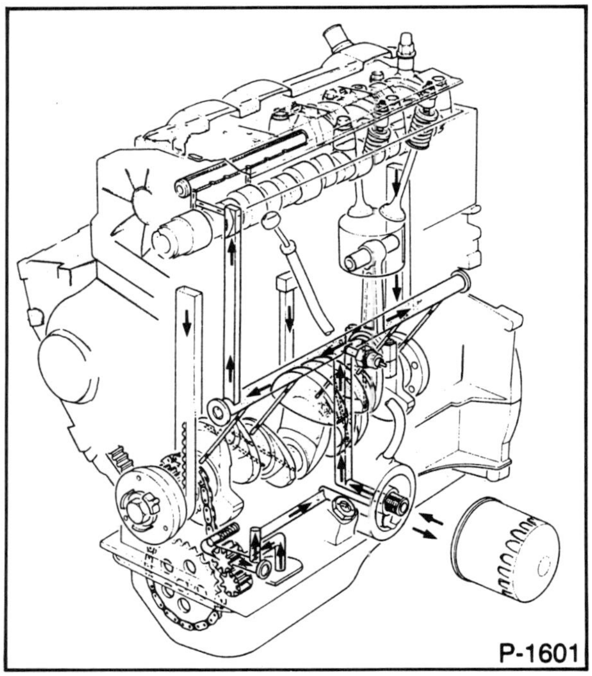

Die Ölpumpe saugt das Motoröl aus der Ölwanne an und drückt es in den Hauptstromölfilter. An der Druckseite der Ölpumpe befindet sich ein Überdruckventil (Öldruckregelventil). Bei zu hohem Öldruck öffnet das Ventil, und ein Teil des Öls kann in die Ölwanne zurückfließen.

Durch die Mittelachse der auswechselbaren Ölfilterpatrone (siehe Abbildung) gelangt das gefilterte Öl in den Hauptölkanal. Dort sitzt auch der Öldruckschalter, der über die Öldruck-Kontrollampe im Schalttafeleinsatz dem Fahrer zu niedrigen Öldruck signalisiert. Bei verstopftem Ölfilter leitet ein Kurzschlußventil das Öl direkt und ungefiltert in den Hauptölkanal.

Vom Hauptölkanal zweigen Kanäle ab zur Schmierung der Kurbelwellenlager. Durch schräge Bohrungen in der Kurbelwelle wird das Öl an die Pleuellager geleitet.

Gleichzeitig gelangt Motoröl über Steigleitungen in den Zylinderkopf und versorgt dort Nockenwellenlager, Kipphebel und Ventilschäfte.

1,8-l-Benzin- und 1,9-l-Dieselmotoren

Auch bei diesen Motoren sitzt die Zahnradölpumpe in der Ölwanne. Sie wird jedoch nicht wie beim 1,2-l- (bis 3/96) und 1,4-l-Motor über eine Rollenkette direkt von der Kurbelwelle, sondern vom Motor-Zahnriemen über die Zwischenwelle angetrieben. Ölfilter und Öldruckregelventil sitzen an gleicher Stelle wie beim 1,2-l- (bis 3/96) und 1,4-l-Motor.

1,2-l-Motor (ab 4/96)

Bei diesem Motor wird die Zahnradölpumpe über eine Klauenkupplung direkt von der Kurbelwelle angetrieben. Die Pumpe ist hinter der Kurbelwellenriemenscheibe im Ölpumpengehäuse untergebracht. Der Ölfilter ist unten rechts am Ölpumpengehäuse angeschraubt.

Öldruck überprüfen

- Ölstand kontrollieren.
- Fahrzeug warmfahren, die Öltemperatur soll ca. +80° C betragen. Diese Temperatur ist erreicht, wenn sich der Kühlerlüfter mindestens einmal ein- und wieder ausgeschaltet hat.

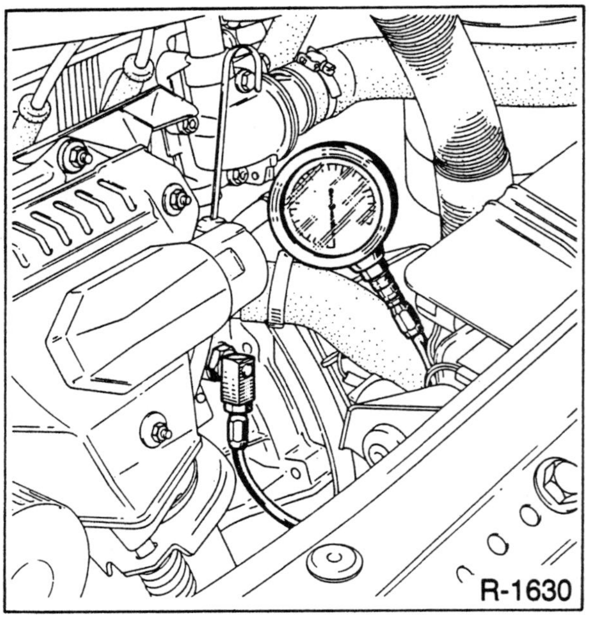

- Kabel vom Öldruckschalter abziehen und Öldruckschalter herausschrauben. Die Abbildung zeigt den 1,2-/1,4-l-Motor. Bei den 1,8-l-Benzin- und den Diesel-Motoren sitzt der Öldruckschalter am Motorblock in der Nähe des Generators.
- Anstelle des Öldruckschalters geeignetes Manometer einschrauben.
- Motor starten, mit Prüfdrehzahl laufen lassen und Öldruck ablesen.

Mindest-Öldruck in bar

Motor	Prüfdrehzahl 1/min			
	750	1000	3000	4000
1,2-/1,4 l	1,0	–	–	3,0
1,8 l	–	2,0	3,5	–
1,9-l-Diesel	–	2,0	3,5	–

- Öldruckschalter mit neuem Dichtring einsetzen und mit **35 Nm** festziehen.
- Falls der Öldruck vom Sollwert abweicht, siehe »Störungsdiagnose Ölkreislauf«.

Öldruckschalter prüfen

Achtung: Prüfung der Öldruckanzeige, siehe auch Seite 211.

- Elektrisches Kabel vom Öldruckschalter abziehen. Öldruckschalter herausschrauben. Der Öldruckschalter befindet sich an der Motorblock-Vorderseite.

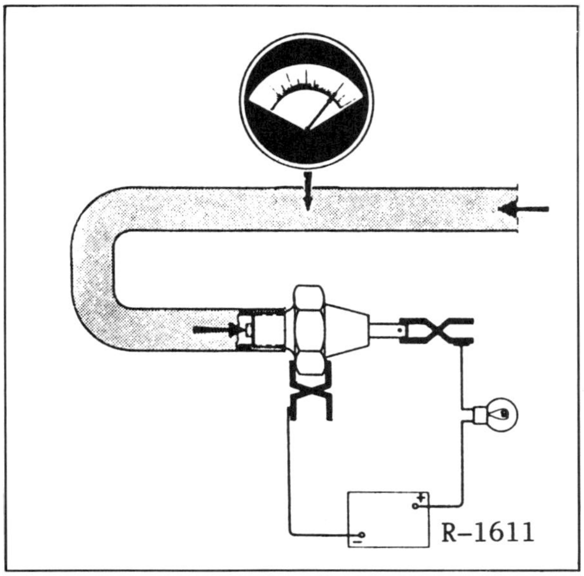

- Öldruckschalter mit Hilfsleitungen und Prüflampe an die Batterie anschließen. Die Prüflampe muß aufleuchten. Anstelle von Batterie und Prülampe kann auch ein Ohmmeter angeschlossen werden, das Ohmmeter muß Durchgang, also 0 Ω, anzeigen. Andernfalls Öldruckschalter ersetzen.
- Schlauch mit Manometer und Druckluftanschluß auf das Gewinde vom Schalter aufschieben. Der Schlauch muß dicht sitzen. Druck von 0 bar an langsam erhöhen. Bei einem Druck von mehr als 0,35 bar muß die Prüflampe erlöschen, beziehungsweise das Ohmmeter ∞ (unendlich) anzeigen. Ansonsten Öldruckschalter ersetzen.
- Öldruckschalter mit neuem Dichtring und **35 Nm** festschrauben.

Ölwanne aus- und einbauen

Da der Motor zum Ölwannenausbau angehoben werden muß, ist ein geeigneter Kran (Flaschenzug) erforderlich.

Ausbau

- Batterie-Massekabel (–) abklemmen. **Achtung:** Dadurch wird aus dem Speicher des Radios der Code für die Diebstahlsicherung gelöscht. Die Batterie darf nur bei ausgeschalteter Zündung abgeklemmt werden, da sonst das Steuergerät der Einspritzanlage beschädigt wird. Vor dem Abklemmen sollten auch die Hinweise im Kapitel »Radio« bzw. »Batterie aus- und einbauen« durchgelesen werden.
- Luftfilter mit Halterung ausbauen, siehe Seite 81.
- Radschrauben vom rechten Vorderrad bei auf dem Boden stehendem Fahrzeug lösen.
- Scheibenrad zur Radnabe mit Farbe kennzeichnen. Dadurch kann das ausgewuchtete Rad wieder an gleicher Stelle montiert werden.
- Fahrzeug aufbocken.
- Rechtes Vorderrad abnehmen.

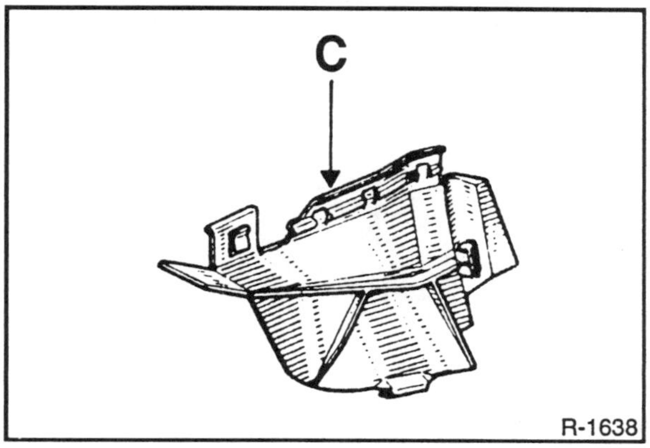

- Vordere Abdeckung –C– im rechten Radhaus abschrauben.
- **1,2-l- (bis 3/96) und 1,4-l-Motor sowie 16-Ventil-Motor:** Vorderes Abgasrohr ausbauen, siehe Seite 102.

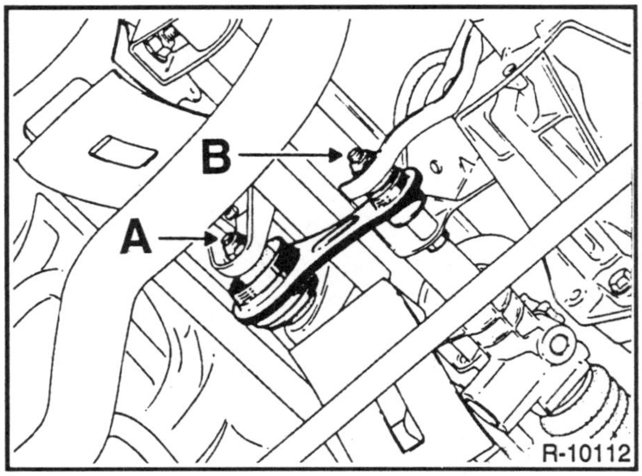

- Schraube –A– der Stabilisierungsstrebe lösen, nicht ausbauen. Anschließend Schraube –B– abschrauben und Strebe entgegennehmen.

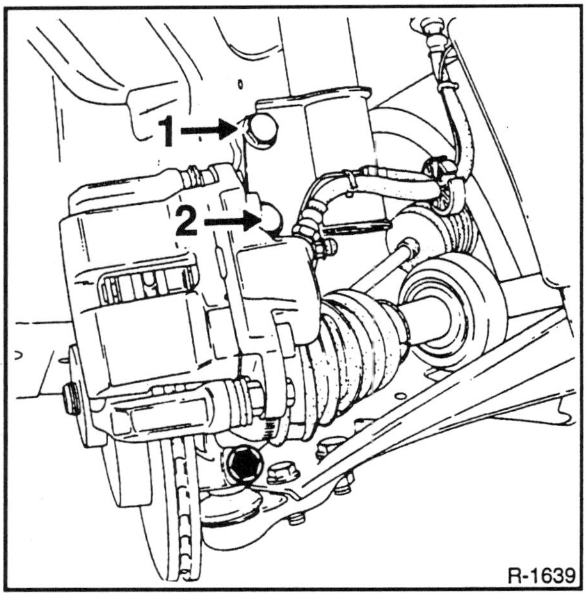

- **Nur 16-Ventil-Motor:** Schrauben –1– und –2– lösen, Spannstift aus der Gelenkwelle herausschlagen und Gelenkwelle durch Schwenken des Achsschenkelträgers aus dem Getriebe ziehen, siehe auch Seite 132.

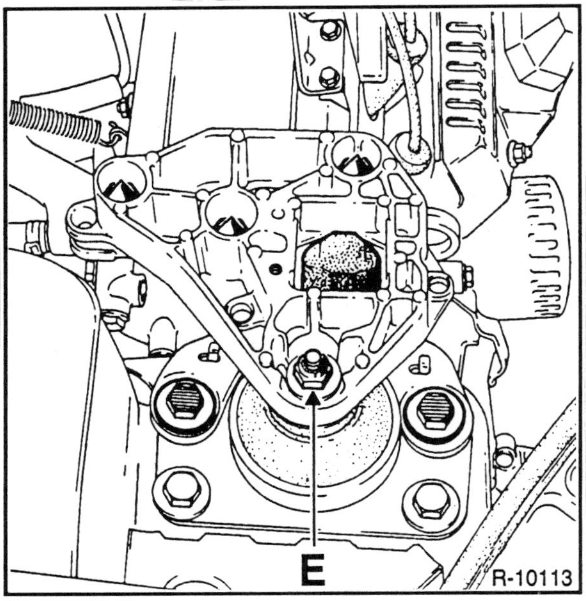

- Kunststoffabdeckung abnehmen und Schraube –E– abschrauben.
- Motor mit dem Kran etwa 5 cm anheben.
- Motoröl ablassen, siehe Seite 259.

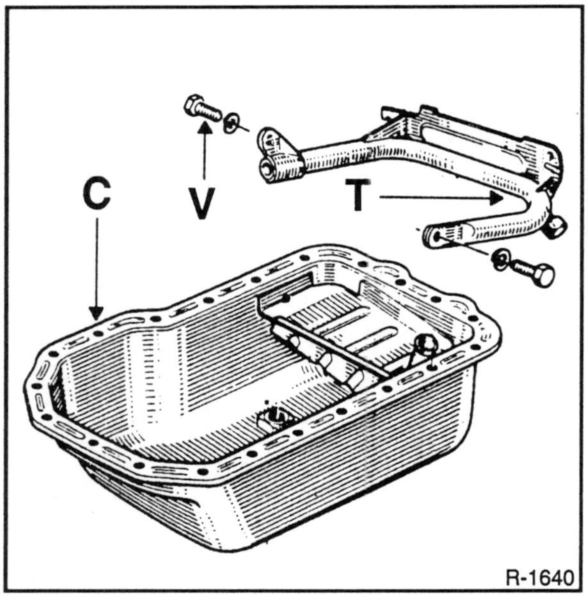

- Strebe –T– zwischen Motor/Getriebe abschrauben. Zum Lösen der Schraube –V– wird eine Torx-Stecknuß, Größe E 50, und ein 8 mm-Gabelschlüssel benötigt.
- Falls vorhanden, Hydraulikleitung der Servolenkung im Bereich des rechten Motorträgers abbauen, damit die Ölwanne –C– ausgebaut werden kann.
- Motor mit Seilen an einem Kran aufhängen und Seile vorspannen, siehe Kapitel »Motorausbau«.

- Falls vorhanden, 4 Verbindungsschrauben Ölwanne/Getriebe abschrauben.
- Ölwanne am Motorblock abschrauben und abnehmen, gegebenenfalls mit Schraubendreher vorsichtig abhebeln.

Einbau

- Dichtflächen von Ölwanne und Motorblock reinigen. Eventuell verbogene Dichtfläche an der Ölwanne vorsichtig richten.
- Motorblock, Kurbeltrieb und Ölpumpe sorgfältig abreiben. Die Abdichtung der Ölwanne kann sonst durch herabfließendes Öl beeinträchtigt werden.
- Dichtflächen von Ölwanne und Motorblock mit Fettlöser abreiben und trocknen. Als Reinigungsmittel kann beispielsweise Spiritus oder Aceton verwendet werden.

1,8-l-Benzinmotoren, 1,9-l-Dieselmotor

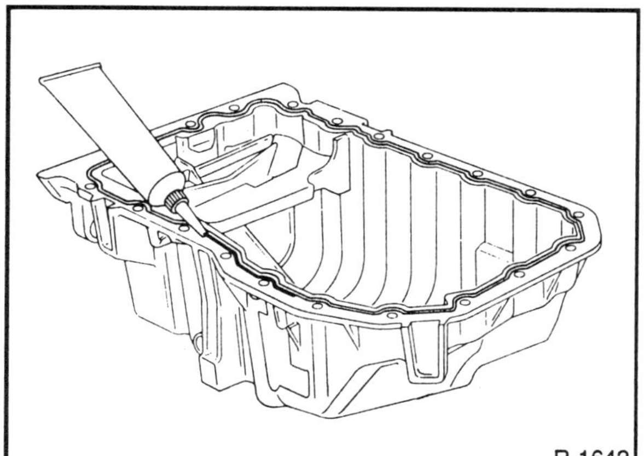

R-1642

- Abdichtpaste RENAULT-CAF-4/60-THIXO als Band mit 1 mm ∅ auf die Dichtfläche der Ölwanne außerhalb der Nut auftragen. Das Dichtband muß bei den Schraubenbohrungen auf der innenliegenden Dichtfläche liegen.

- **1,2-l- (bis 3/96) und 1,4-l-Motor:** Gummidichtung auflegen. Ist die alte Dichtung beschädigt oder gequetscht, Dichtung auf jeden Fall erneuern.
- Ölwanne vorsichtig ansetzen. Wenn das Dichtmittel beim Ansetzen verrutscht, Ölwanne nochmals abnehmen und betreffende Stelle mit Dichtmittel ausbessern.
- Zuerst die beiden mittleren Schrauben einsetzen und handfest anziehen.
- Schrauben zwischen Ölwanne und Getriebe einschrauben.
- Dann die restlichen Ölwannenschrauben hineindrehen.
- Schrauben für Ölwanne gleichmäßig ganz leicht festziehen, Anzugsdrehmoment max. **10 Nm**.
- Motor ablassen und rechte Motoraufhängung mit **45 Nm** anschrauben.
- Stabilisierungsstrebe einsetzen, 2 Schrauben mit **65 Nm** anschrauben.
- Strebe Motor/Getriebe einsetzen und festschrauben.
- **1,2-l- (bis 3/96) und 1,4-l-Motor sowie 16-Ventil-Motor:** Vorderes Abgasrohr einbauen, siehe Seite 102.
- **16-Ventil-Motor:** Rechte Gelenkwelle einbauen, siehe Seite 132.
- Schlauch für Servolenkung am Tragrahmen befestigen.
- Abdeckung im rechten Radhaus anbringen.
- Rechtes Vorderrad anschrauben, dabei auf Markierung zur Radnabe achten. Fahrzeug ablassen und Radschrauben mit **90 Nm** über Kreuz festziehen.
- Trocknungszeit für Dichtmittel von ca. 1 Stunde abwarten.
- Öl auffüllen. Einfüllmenge, siehe Tabelle auf Seite 11.
- Luftfilter mit Halterung einbauen.
- Massekabel (–) und Pluskabel an die Batterie anklemmen. Radio neu codieren, siehe Seite 243.
- Probefahrt durchführen und Ölwanne auf Dichtigkeit prüfen, eventuell alle Schrauben vorsichtig nachziehen.

Ölpumpe aus- und einbauen

Die Ölpumpe aller Motoren ist als Zahnradölpumpe ausgebildet und sitzt in der Ölwanne.

Ausbau

- Batterie-Massekabel (–) abklemmen. **Achtung:** Dadurch wird aus dem Speicher des Radios der Code für die Diebstahlsicherung gelöscht. Die Batterie darf nur bei ausgeschalteter Zündung abgeklemmt werden, da sonst das Steuergerät der Einspritzanlage beschädigt wird. Vor dem Abklemmen sollten auch die Hinweise im Kapitel »Radio« bzw. »Batterie aus- und einbauen« durchgelesen werden.
- Fahrzeug aufbocken.
- Motoröl ablassen, siehe Seite 259.
- Ölwanne ausbauen.
- 1,2-l- (bis 3/96) und 1,4-l-Motor: 3 Schrauben abschrauben mit denen das Ritzel der Ölpumpe an der Pumpennabe befestigt ist. Ritzel und Antriebskette abnehmen.

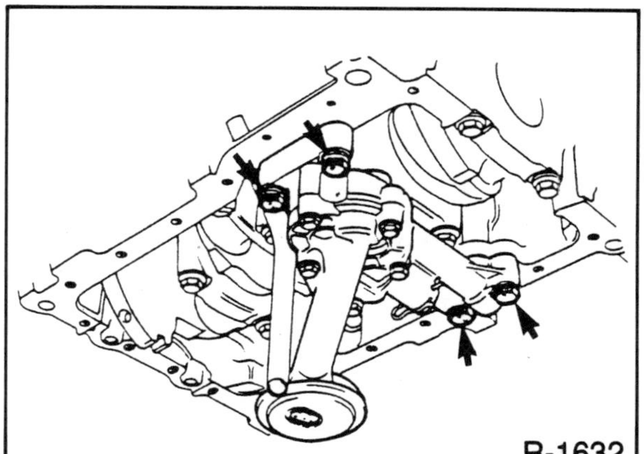

R-1632

- Befestigungsschrauben herausdrehen und Ölpumpe abnehmen. Die Abbildung zeigt die Ölpumpe der 1,8-l-Benzin- und 1,9-l-Dieselmotoren.
- Antriebswelle der Ölpumpe von Hand drehen und dadurch Ölpumpe auf Leichtgängigkeit prüfen.
- Ölsieb in Kraftstoff reinigen.

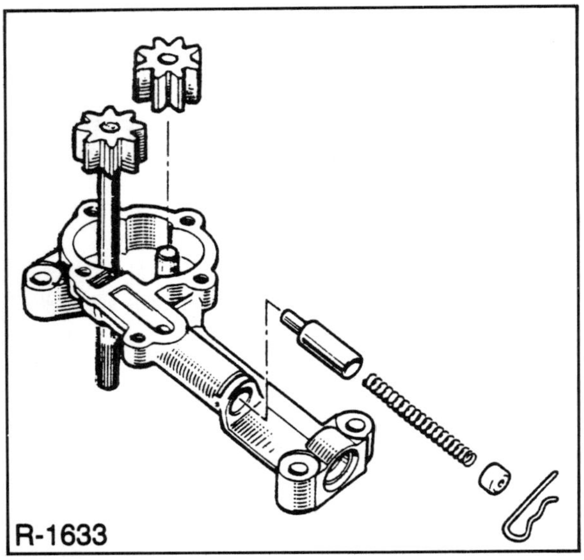

- Ölpumpendeckel abschrauben.
- Sicherungssplint entfernen und Überdruckventil mit Feder herausnehmen.

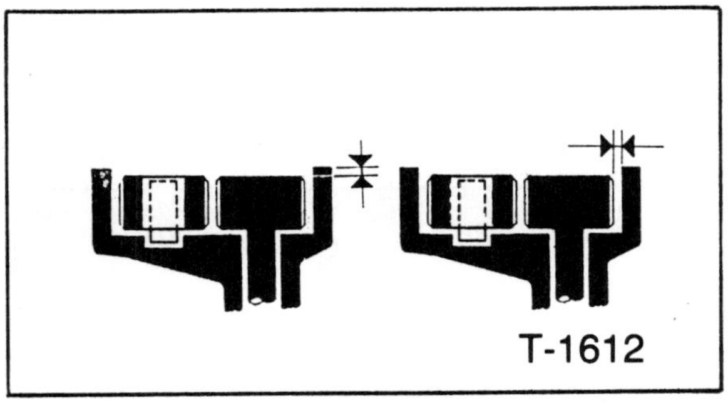

- Radialspiel zwischen den Zahnrädern und dem Pumpengehäuse mit Fühlerblattlehre ausmessen. Maximales Spiel für alle Motoren: **0,24 mm**.
- Axialspiel zwischen Zahnradstirnseiten und Pumpendeckel ausmessen, es darf höchstens **0,085 mm** betragen, sonst Zahnräder oder ganze Ölpumpe ersetzen.
- Die beiden Pumpenräder mit der Antriebswelle herausnehmen. Gehäuse sowie Rotoren auf Riefen und Abnutzung prüfen. Gegebenenfalls Ölpumpe ersetzen.
- Ölpumpe zerlegen und alle Teile in Kraftstoff reinigen.

Einbau

- Überdruckventil in das Pumpengehäuse einsetzen.
- Pumpenräder einsetzen.
- Ölpumpendeckel anschrauben.

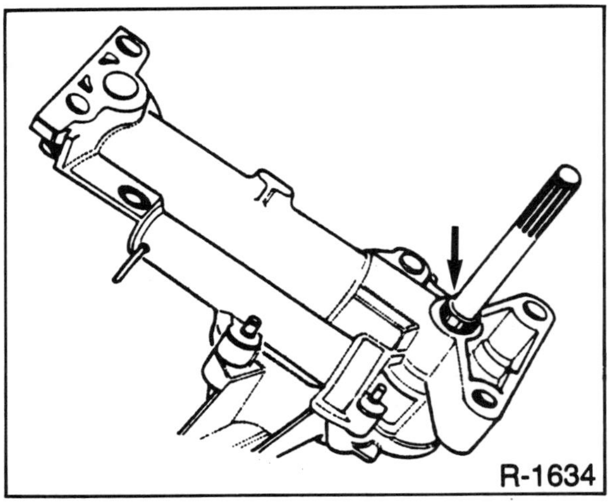

- **1,8-/1,9-l-Motoren:** Zentrierhülse –Pfeil– muß vorhanden sein, gegebenenfalls einsetzen.
- Pumpen-Antriebswelle zur Kontrolle von Hand durchdrehen und auf leichten Lauf prüfen.
- Ölpumpe in den Motor einsetzen, die Befestigungsschrauben mit 25 Nm festziehen. Beim 1,2-/1,4-l-Motor sind Zentrierhülsen zur Fixierung der Ölpumpe eingebaut, diese nicht vergessen.
- **1,2-l- (bis 3/96) und 1,4-l-Motor:** Antriebsritzel mit aufgelegter Antriebskette und 3 Schrauben an der Ölpumpe anschrauben. Schrauben nicht zu fest anziehen, ca. **10 Nm**.
- Ölwanne einbauen.
- Fahrzeug ablassen.
- Motoröl einfüllen.

Störungsdiagnose Ölkreislauf

Störung	Ursache	Abhilfe
Kontrollicht leuchtet nicht nach Einschalten der Zündung	Öldruckschalter defekt	■ Zündung einschalten, Leitung vom Öldruckschalter abziehen und gegen Masse halten Wenn die Lampe aufleuchtet, Schalter ersetzen
	Strom zum Schalter unterbrochen, Kontakte korrodiert	■ Elektrische Leitung und Anschlüsse prüfen
	Kontrollampe defekt	■ Kontrollampe ersetzen
Kontrollicht verlischt nicht nach Anspringen des Motors	Öl sehr warm	■ Unbedenklich, wenn Kontrollicht beim Gasgeben verlischt
Kontrollicht verlischt nicht beim Gasgeben bzw. leuchtet während der Fahrt	Öldruck zu gering	■ Ölstand prüfen, ggf. auffüllen; Öldruck nach Vorschrift prüfen
	Elektrische Leitung zum Öldruckschalter hat Kurzschluß gegenüber Masse	■ Kabel am Schalter abziehen und isoliert ablegen (nicht gegen Masse legen), Zündung einschalten. Wenn die Kontrollampe aufleuchtet, Leitung überprüfen
	Öldruckschalter defekt	■ Schalter auswechseln
Zu niedriger Öldruck im gesamten Drehzahlbereich	Zu wenig Öl im Motor	■ Motoröl nachfüllen
	Ansaugsieb in der Saugglocke verschmutzt	■ Ölwanne ausbauen, Ansaugsieb reinigen
	Ölpumpe verschlissen	■ Ölpumpe ausbauen und prüfen, gegebenenfalls ersetzen
	Lagerschaden	■ Motor demontieren
Zu niedriger Öldruck im unteren Drehzahlbereich	Öldruckregelventil klemmt in offenem Zustand durch Verschmutzung	■ Ventil ausbauen und prüfen
Zu hoher Öldruck bei Drehzahlen über 2000/min	Öldruckregelventil öffnet nicht wegen Verschmutzung	■ Ventil ausbauen und prüfen

Die Motor-Kühlung

Kühlmittelkreislauf beim 1,2-l- (bis 3/96) und 1,4-l-Motor

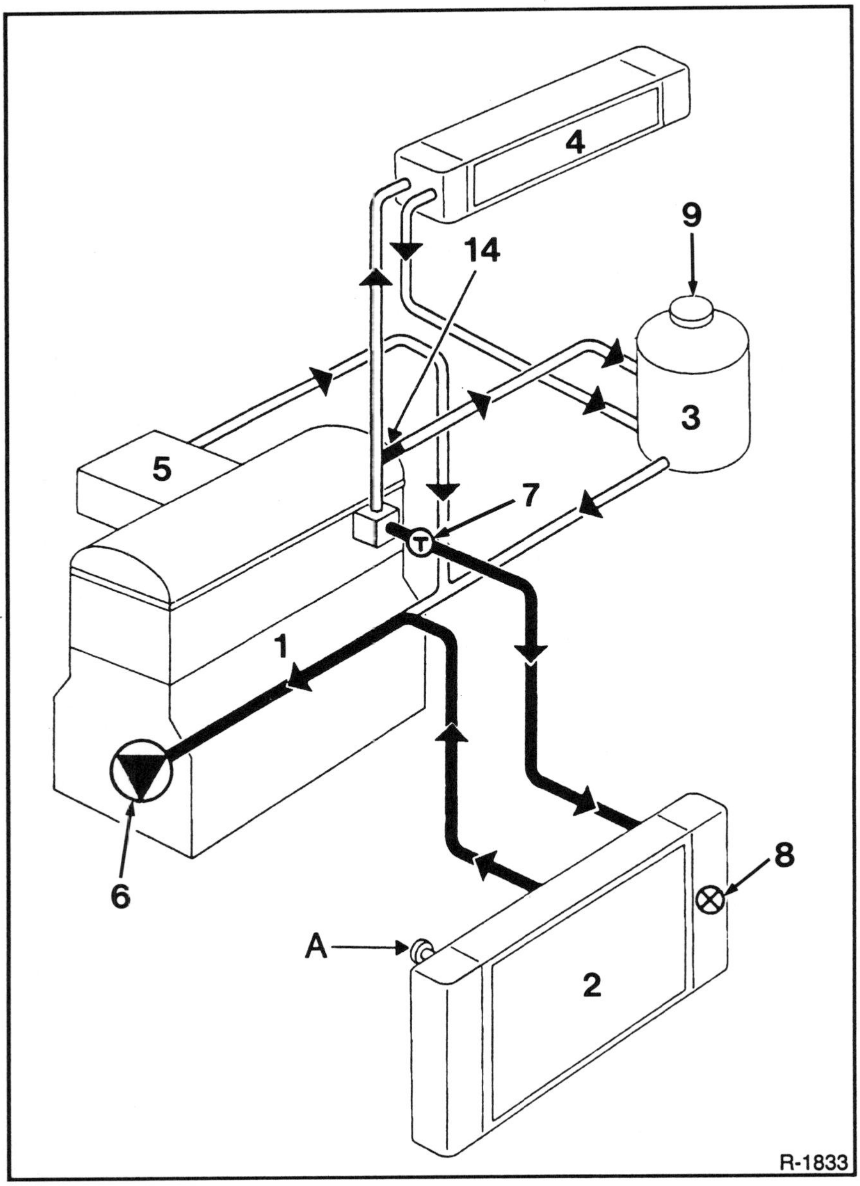

1 – **Motor**
2 – **Kühler**
3 – **Ausgleichbehälter**
4 – **Wärmetauscher** (Innenraumheizung)
5 – **Ansaugkrümmer**
6 – **Kühlmittelpumpe**
7 – **Thermostat**
8 – **Thermoschalter für Lüfter**
9 – **Überdruckventil**
14 – **Kalibrierung ∅ 3 mm**
A – **Entlüfterschraube**

Der Kühlmittelkreislauf

Das Kühlsystem besteht im wesentlichen aus Kühler, Kühlmittelpumpe, Thermostat und elektrisch betriebenem Lüfter.

Der Kühlmittelkreislauf wird thermostatisch geregelt. Solange der Motor kalt ist, zirkuliert das Kühlmittel nur im Motorblock und im Wärmetauscher der Fahrgast-Heizung. Mit zunehmender Erwärmung öffnet der Thermostat den Kühlmittelstrom durch den Kühler. Das Kühlmittel wird von der Kühlmittelpumpe bewegt, die durch einen Keilriemen (1,2-/1,4-l-Motor: durch den Zahnriemen) angetrieben wird. Die Kühlflüssigkeit durchströmt den Kühler von oben nach unten und wird dabei durch die an den Kühlrippen vorbeistreichende Luft gekühlt. Ein elektrisch betriebener Lüfter sorgt für zusätzliche Kühlung. Sobald die Kühlmitteltemperatur auf ca. +92° C steigt, schaltet ein Thermoschalter über ein Relais den Lüfter zu. Sinkt die Kühlmitteltemperatur unter +82° C, schaltet der Thermoschalter den Lüfter wieder aus.

Der Ausgleichbehälter dient als Vorratsbehälter für Kühlmittel und fängt das sich bei Erwärmung ausdehnende Kühlmittel auf. Nachgefüllt wird das Kühlmittel nur über den Ausgleichbehälter.

Achtung: Bei Arbeiten in der Nähe des Lüfters bei warmem Motor darauf achten, daß der Lüfter unversehens einschalten kann, wenn durch Stauwärme die Temperatur im Bereich des Thermoschalters ansteigt.

Achtung: Bei Arbeiten am Kühlsystem unbedingt darauf achten, daß **kein Kühlmittel auf den Zahnriemen** gelangt. Der Glykolanteil des Kühlmittels kann das Gewebe des Zahnriemens so schädigen, daß der Riemen nach einiger Betriebszeit reißt, wodurch schwerwiegende Motorschäden auftreten können.

Inhalt des Kühlsystems

Motor	Motorleistung	Füllmenge
1,2 l (ab 4/96)	40 kW (55 PS)	5,0 l
1,2-l (bis 3/96)	40 kW (55 PS)	5,2 l
1,4 l	55 kW (75 PS)	5,2 l
1,8 l	65 kW (88 PS)	6,4 l
1,8-l-16-Ventiler	99 kW (135 PS)	6,8 l
1,9-l-Diesel	47 kW (64 PS)	6,6 l

Kühler-Frostschutzmittel

Die Kühlanlage wird vom Werk mit einer Mischung aus Wasser und Kühlerfrost- und Korrosions-Schutzmittel aufgefüllt. Das Kühlkonzentrat verhindert Frost- und Korrosionsschäden und hebt außerdem die Siedetemperatur des Wassers an. Deshalb muß das Kühlsystem unbedingt ganzjährig mit Kühlerfrost- und Korrosionsschutzmittel gefüllt sein.

Achtung: Nur von RENAULT freigegebene Kühlkonzentrate verwenden, zum Beispiel GLACEOL AL Typ C. Das Kühlkonzentrat muß für Aluminium-Bauteile geeignet sein.

Achtung: Im Handel sind silikathaltige, **blaugrüne** Frostschutzmittel und silikatfreie, **rote** Frostschutzmittel erhältlich. Blaugrünes und rotes Frostschutzmittel darf **nicht gemischt** verwendet werden, sonst können Motorschäden auftreten.

Da der Korrosionsschutz-Anteil in der Kühlflüssigkeit nach einiger Zeit an Wirkung verliert, sollte die Kühlflüssigkeit auch dann gewechselt werden, wenn Aluminiumteile im Kühlkreislauf erneuert wurden.

Kühlmittel-Mischungsverhältnis

Motor	1,2-/1,4 l		1,8-/1,9 l	
Frostschutz bis	Kühlkonzentrat	Wasser	Kühlkonzentrat	Wasser
–25° C	1,9 l	3,3 l	2,3 l	4,2 l
–40° C	2,6 l	2,6 l	3,25 l	3,25 l

Der Frostschutz sollte in unseren Breiten bis ca. –25° C reichen (Frostschutzanteil der Kühlflüssigkeit 35 %).

Achtung: Es sollten nicht über 60% Kühlkonzentrat in der Kühlflüssigkeit verwendet werden, da sich dann der Frostschutz wieder vermindert. Außerdem verringert sich die Kühlleistung.

Kühlmittelregler aus- und einbauen/prüfen

Der Kühlmittelregler (Thermostat) öffnet mit zunehmender Erwärmung des Motors den Kühlmittelkreislauf zum Kühler. Bleibt der Kühlmittelregler durch einen Defekt geschlossen, wird der Motor zu heiß. Erkennbar ist das am Aufleuchten der Temperatur-Kontrollampe, während gleichzeitig der Kühler kalt bleibt. Ein defekter Thermostat kann aber auch nach dem Abkühlen der Kühlflüssigkeit weiterhin geöffnet bleiben. Dies erkennt man daran, daß der Motor nicht mehr seine Betriebstemperatur erreicht beziehungsweise daß im Winter die Heizleistung nachläßt.

Achtung: Wenn der Motor nach kurzer Fahrstrecke heiß wird, kann das auch daran liegen, daß sich der Kühler aufgrund von Kalkablagerungen zugesetzt hat, der Lüfter ausgefallen ist oder der Keilriemen gerissen ist (nicht beim 1,2-/1,4-l-Motor).

Ausbau

- Kühlmittel ablassen und auffangen, siehe Kapitel »Wartung«.

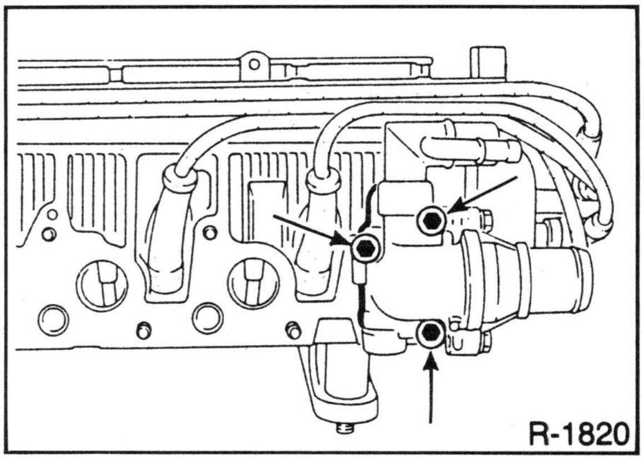

- **1,2-l- (bis 3/96) und 1,4-l-Motor:** Kühlmittelschlauch am Zylinderkopf abziehen, vorher Schelle lösen und zurückschieben. Schrauben –Pfeile– herausdrehen und Thermostatgehäuse abnehmen.

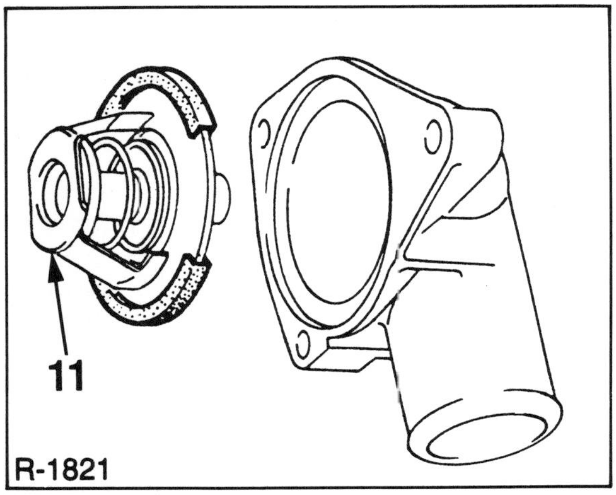

R-1821

- **1,8-l-Motoren und Dieselmotor:** Der Kühlmittelregler –11– sitzt seitlich am Zylinderkopf unterhalb vom Zündverteiler, beim Dieselmotor unterhalb der Unterdruckpumpe. Schlauchschelle ganz öffnen und zurückschieben. Serienmäßige Klemm-Schlauchschellen mit Seitenschneider durchtrennen und durch Schlauchschellen zum Schrauben ersetzen.
- 3 Schrauben lösen und Gehäuse mit Dichtung und Kühlmittelregler herausnehmen.

Prüfen

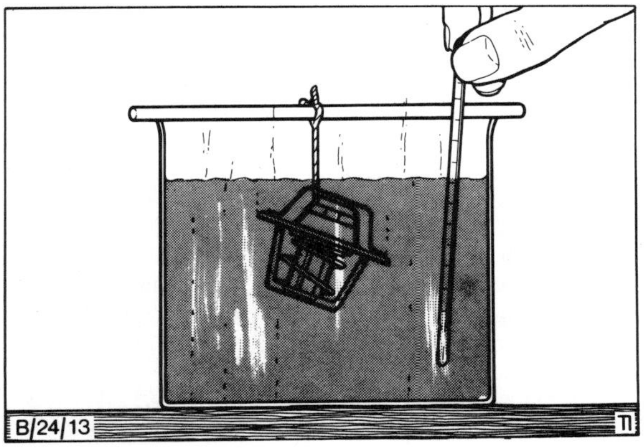
B/24/13

- Kühlmittelregler im Kühlmittelbad langsam erwärmen. Dabei darf der Thermostat nicht die Wände des Behälters berühren. Der Thermostat muß vollständig eingetaucht sein. Temperatur mit einem geeigneten Thermometer kontrollieren.
- Bei einer Temperatur von ca. +86° C (Dieselmotor: +82° C) beginnt der Thermostat mit der Öffnung der Regelklappe. **Achtung:** Die Öffnungstemperatur kann je nach Regler unterschiedlich sein. Sie ist auf dem Regler eingeprägt.
- Die größte Öffnung erreicht der Kühlmittelregler bei ca. +98° C. Der Kühlmittelregler muß jetzt ganz geöffnet sein, das heißt die Regelklappe muß ca. 7,5 mm vom Anschlag abgehoben haben.
- Anschließend prüfen, ob sich der Regler beim Abkühlen wieder schließt, andernfalls Regler ersetzen.

Einbau

- Regler in das Gehäuse einsetzen.
- **1,8-l-und Dieselmotoren:** Thermostatgehäuse mit neuer Gummidichtung einsetzen, 3 Schrauben mit Unterlegscheiben und **20 Nm** anziehen.

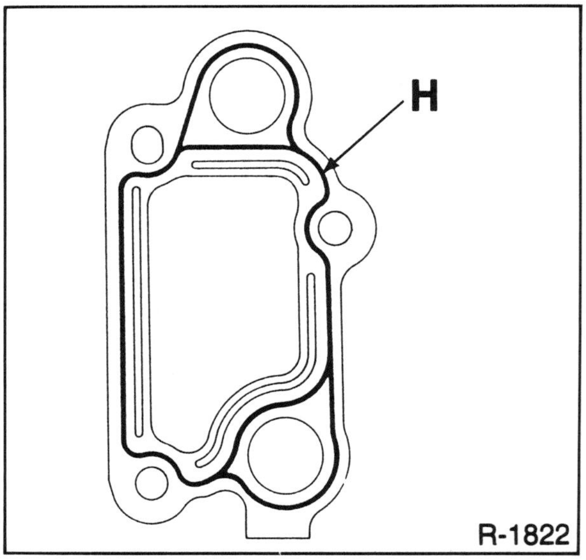

R-1822

- **1,2-l- (bis 3/96) und 1,4-l-Motor:** Dichtflächen am Zylinderkopf und Thermostatgehäuse reinigen. Auf die Dichtfläche eine Raupe Dichtmittel »LOCTITE 518« auftragen. Die Dichtmittelraupe –H– muß zwischen 0,6 und 1 mm breit sein und wie in der Abbildung gezeigt aufgetragen werden.
- Kühlmittelschlauch aufschieben und mit Schraubschelle sichern.
- Kühlmittel auffüllen, siehe Kapitel »Wartung«.

Thermoschalter prüfen

Der Thermoschalter ist in den Kühler eingeschraubt. Er schaltet den elektrischen Lüfter zu, wenn die Kühlflüssigkeit eine bestimmte Temperatur überschreitet. Dies kann auch nach dem Abstellen des Motors geschehen. Beim 16-Ventil-Motor schaltet der Thermoschalter zusätzlich eine Elektro-Kühlmittelpumpe ein, die das Kühlmittel umwälzt.

Der Schalter ist zu prüfen, wenn bei heißem Kühler der Elektrolüfter nicht einschaltet. **Prüfvoraussetzungen:** Thermostat und Überdruckventil im Verschlußdeckel des Ausgleichbehälters sind in Ordnung. Bei einem Defekt an diesen Teilen kann der Thermoschalter den Lüfter nicht zuschalten, weil er dann nicht durch die Kühlflüssigkeit erwärmt wird.

- Stecker vom Thermoschalter abziehen und beide Kontakte im Stecker mit kurzer Prüfleitung verbinden. Wenn der Lüfter jetzt anläuft, Thermoschalter ersetzen.

- Andernfalls Stecker am Lüftermotor auf festen Sitz und guten Kontakt prüfen. Elektrische Leitungen, Relais und Lüftermotor nach Schaltplan prüfen.
- Neuen Thermoschalter mit neuem Dichtring anschrauben und Funktion überprüfen. Motor warmfahren und solange im Leerlauf drehen lassen, bis der Lüfter für Kühlmittel einschaltet.

Kühler aus- und einbauen

Nach längerer Laufzeit des Fahrzeuges können sich die dünnen Kanäle im Kühler durch Rückstände im Kühlmittel und Kalkablagerungen zusetzen. Dadurch läßt die Kühlleistung stark nach und der Motor wird zu warm. In diesem Fall hilft nur ein Austauschen des Kühlers.

Ausbau

- Batterie-Massekabel (–) abklemmen. **Achtung:** Dadurch wird aus dem Speicher des Radios der Code für die Diebstahlsicherung gelöscht. Die Batterie darf nur bei ausgeschalteter Zündung abgeklemmt werden, da sonst das Steuergerät der Einspritzanlage beschädigt wird. Vor dem Abklemmen sollten auch die Hinweise im Kapitel »Radio« bzw. »Batterie aus- und einbauen« durchgelesen werden.
- Motorhaube ausbauen, siehe Seite 184.
- Kühlmittel ablassen, siehe Seite 262.
- Oberen und unteren Kühlmittelschlauch am Kühler abziehen, vorher Schellen lösen und ganz zurückschieben.
- Schlauch zum Ausgleichbehälter vom Kühler abziehen, vorher Klemmschelle lösen.
- Kabel vom Thermoschalter am Kühler abziehen.
- Kabel für Kühlerlüfter abziehen.

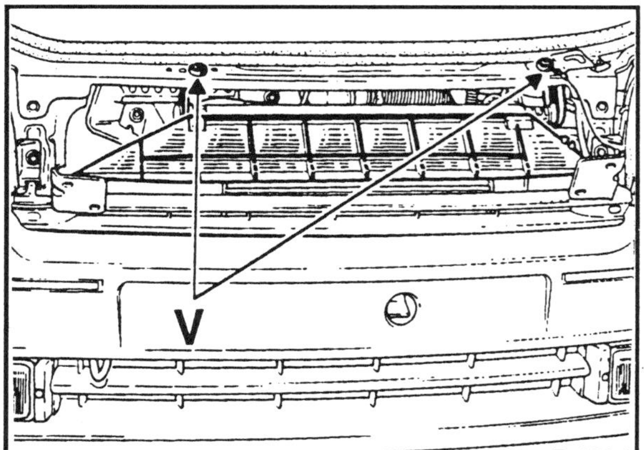

R-1834

- Befestigungsschrauben –V– des Windlaufs am oberen Querträger lösen und Windlauf zurückdrücken.

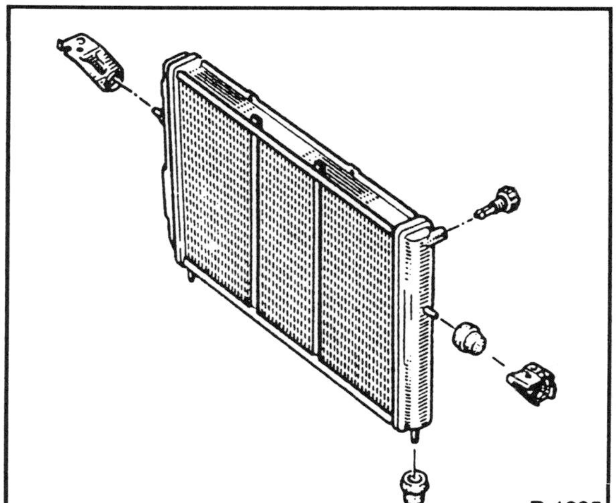
R-1835

- Obere Kühlerhalterungen abschrauben, Kühler nach hinten schwenken und zusammen mit Lüfter herausnehmen. Bei Platzproblemen zusätzlich Kühlerlüfter und Luftfilter ausbauen.

Achtung: Die Kühlerlamellen sind mitunter recht scharfkantig, es empfiehlt sich deshalb, zum Herausheben des Kühlers Arbeitshandschuhe zu verwenden.

Achtung: Falls der Kühler länger als 48 Stunden ausgebaut bleibt, Kühler mit klarem Wasser durchspülen, mit Preßluft ausblasen und Öffnungen verstopfen. Der Kühler kann statt dessen auch mit Kühlflüssigkeit gefüllt und mit verschlossenen Öffnungen abgelegt werden. Sonst korrodiert der Kühler, was eine spätere Undichtigkeit zur Folge hat.

Einbau

- Falls erforderlich, Thermoschalter und Lüfter auf neuen Kühler umbauen.
- Sämtliche Kühlmittelschläuche auf Einschnitte, Risse und sonstige Beschädigungen überprüfen und, falls erforderlich, auswechseln. Gummitüllen der Kühlerhalterung auf einwandfreien Zustand prüfen.
- Kühler von oben so einsetzen, daß die Befestigungszapfen des Kühlers in die Gummitüllen unten am Halter eingreifen.
- Kühler nach vorn schwenken und anschrauben.
- Windlauf mit 2 Schrauben am Querträger anschrauben.
- Oberen und unteren Kühlmittelschlauch aufschieben und mit Schraubschellen sichern.
- Kühlmittelschlauch zum Ausgleichbehälter aufschieben und mit Schelle sichern.
- Anschlußkabel an Thermoschalter und Lüfter aufstecken.
- Kühlmittel auffüllen, siehe Kapitel »Wartung«.
- Massekabel (–) an die Batterie anklemmen. Radio neu codieren, siehe Seite 242.
- Motor warmlaufen lassen und Schlauchanschlüsse auf Dichtheit prüfen.
- Kühlmittelstand kontrollieren, gegebenenfalls Kühlmittel nachfüllen.
- Motorhaube einbauen.

Kühlerlüfter aus- und einbauen

Ausbau

- Batterie-Massekabel (–) abklemmen. **Achtung:** Dadurch wird aus dem Speicher des Radios der Code für die Diebstahlsicherung gelöscht. Die Batterie darf nur bei ausgeschalteter Zündung abgeklemmt werden, da sonst das Steuergerät der Einspritzanlage beschädigt wird. Vor dem Abklemmen sollten auch die Hinweise im Kapitel »Radio« bzw. »Batterie aus- und einbauen« durchgelesen werden.
- Lüfterkabel am Stecker trennen.

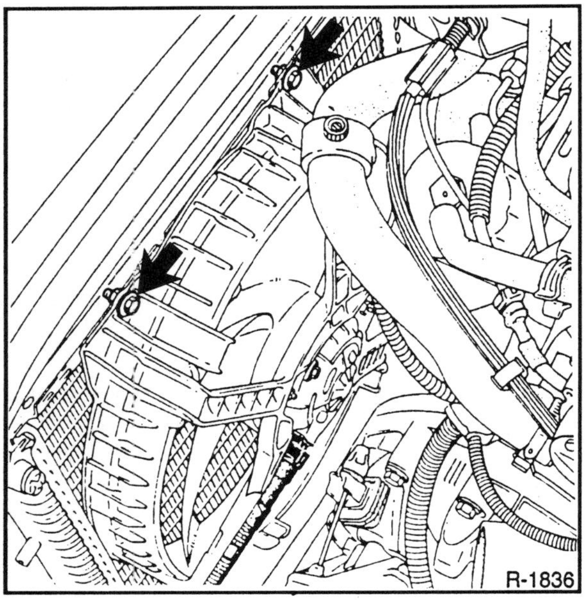
R-1836

- Befestigungsschrauben vom Lüfterhalter am Kühler abschrauben. Bei anderer Ausführung ist der Lüfterhalter angenietet, Nietköpfe ankörnen und abbohren.
- Lüftermotor mit Halter nach hinten schwenken und nach oben herausnehmen, dabei aus den 2 Klammern an der Unterseite herausziehen.
- Lüfterrad festhalten und Zentralschraube vom Motor abschrauben. **Achtung:** Diese Schraube hat Linksgewinde, also rechtsherum abschrauben. Lüfterrad abnehmen.
- Motor vom Halter abschrauben.

Einbau

- Lüftermotor an Halter, Lüfterrad an Motor aufschrauben. Die Zentralschraube hat Linksgewinde, also linksherum aufschrauben.
- Motor mit Halter am Kühler festschrauben.
- Lüfterkabel zusammenstecken.
- Massekabel (–) an die Batterie anklemmen. Radio neu codieren, siehe Seite 243.
- Funktion prüfen. Dazu Motor warmlaufen lassen, bis der Lüfter einschaltet.

Kühlsystem druckprüfen

Undichtigkeiten im Kühlsystem und die Funktion des Überdruckventils im Verschlußdeckel des Ausgleichbehälters, beziehungsweise des Kühlers können mit einem speziellen Druckprüfer überprüft werden.

Beschrieben wird die Prüfung mit dem RENAULT-Prüfgerät.

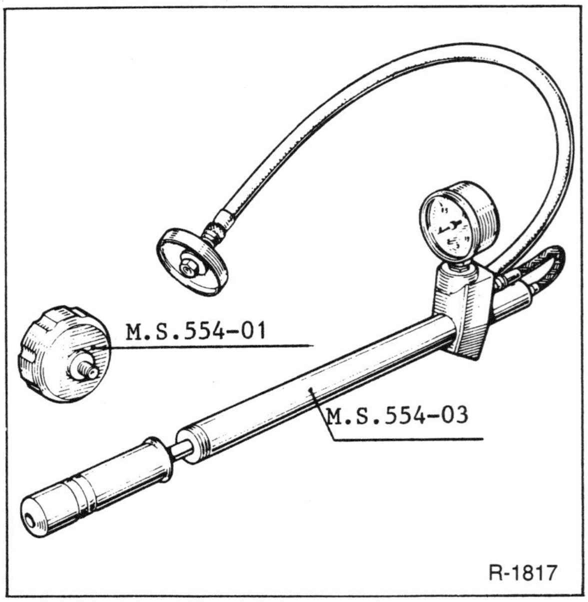

R-1817

- Anstelle des Verschlußdeckels für den Ausgleichbehälter das Anschlußstück M.S.554-01 anschrauben.
- Motor auf Betriebstemperatur bringen, der untere Schlauch am Kühler muß warm sein.
- Motor abstellen.
- Druckprüfgerät M.S.554-03 am Anschlußstück M.S.554-01 anschrauben.
- Kühlsystem durch Pumpen unter Druck setzen. Und zwar muß der Druck um 0,1 bar über dem Öffnungsdruck des Ausgleichventils im Deckel liegen. Der Öffnungsdruck steht auf dem Verschlußdeckel und beträgt in der Regel: 1,2 bar (braunes Ventil). Ist ein blaues Ventil eingebaut, beträgt der Öffnungsdruck 1,6 bar.
- Der aufgebaute Druck muß ca. 2 Minuten konstant gehalten werden. Fällt der Druck ab, undichte Stelle im Kühlsystem ermitteln. Durch den erhöhten Druck läuft an der Leckstelle Kühlflüssigkeit aus.
- Anschlußstück M.S.554-01 langsam abschrauben und dadurch Druck entweichen lassen. Zur Sicherheit Lappen um Anschlußstück legen, Verbrühungsgefahr durch heiße Kühlflüssigkeit.

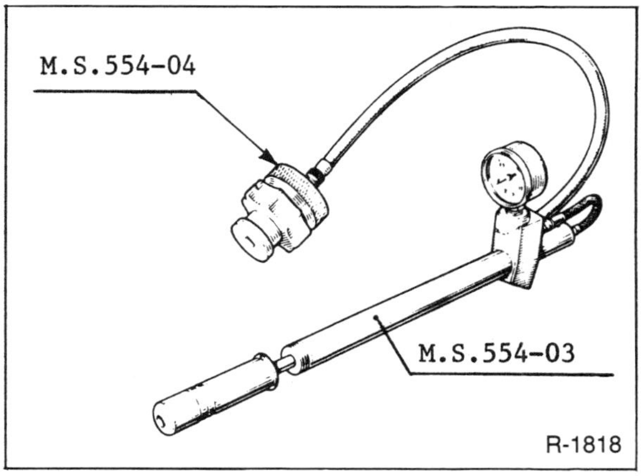

- Ausgleichventil prüfen. Das Ausgleichventil sitzt im Deckel des Ausgleichbehälters. Es hat die Aufgabe, ab einem bestimmten Überdruck das Kühlsystem zu öffnen, damit Schäden vermieden werden. Der Öffnungsdruck ist an der Farbe erkennbar, siehe oben.
- Zur Prüfung Anschlußstück M.S.554-04 auf Prüfgerät schrauben und dann Verschlußdeckel wie in der Abbildung gezeigt anschließen.
- Druck aufbauen. Der Druck muß sich im Bereich des Öffnungsdruckes ± 0,1 bar stabilisieren. Andernfalls Deckel ersetzen.
- Verschlußdeckel am Ausgleichbehälter anschrauben, Gummidichtring bei Beschädigung erneuern.
- Motor laufen lassen und Kühlmittelstand kontrollieren.

Kühlmittel-Temperaturfühler prüfen/aus- und einbauen

Der Temperaturfühler mißt die Motortemperatur und gibt sie an das Benzineinspritz-Steuergerät weiter. Der Fühler beinhaltet ein NTC-Element (NTC = Negativer Temperatur-Coeffizient), das seinen Widerstand bei steigender Temperatur verringert. Bei defektem Fühler nimmt das Steuergerät als Ersatzwert eine Kühlmitteltemperatur an, die dem betriebswarmen Motor entspricht. Das führt bei niedrigen Außentemperaturen und kaltem Motor zu Startschwierigkeiten und unruhigem Motorlauf.

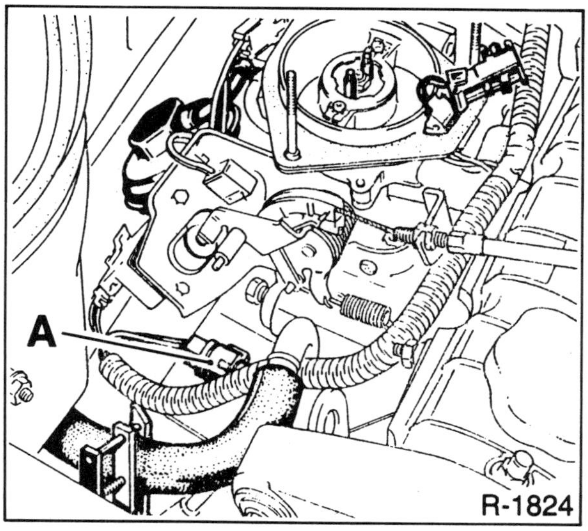

Einbaulage des Fühlers –A– bei 1,2-l- (bis 3/96) und 1,4-l-Motor: Im Ansaugrohr des Motors (kühlmittelbeheizt).

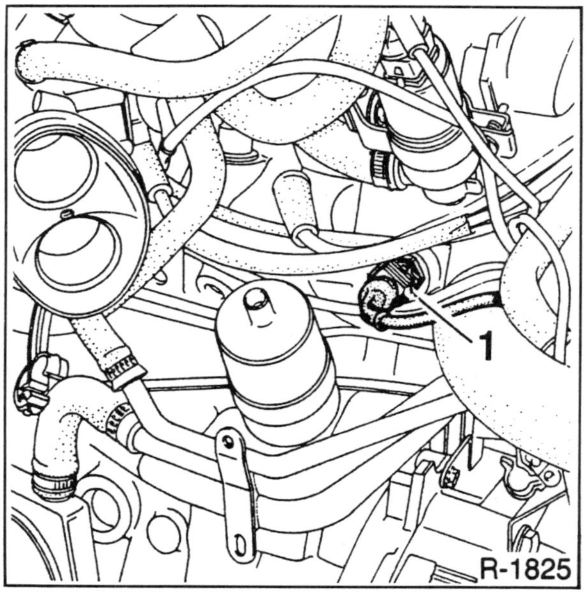

Einbauort bei 1,8-l-Motoren: Am Zylinderkopf in der Nähe von Ölabscheider/Leerlaufregulierventil (beim 16-Ventil-Motor ist der Fühler –1– an der linken Stirnseite des Zylinderkopfes eingeschraubt).

Temperaturfühler prüfen

- Mehrfachstecker abziehen. Dabei am Stecker, nicht am Kabel ziehen.
- Voltmeter zwischen Stecker des Temperaturfühlers und Masse anschließen.
- Zündung einschalten und prüfen, ob Spannung anliegt. Liegt keine Spannung an, Leitung auf Durchgang prüfen.

- Ohmmeter an die beiden Kontakte des Temperaturfühlers anschließen. Meßwert bei vorhandener Temperatur mit **Sollwert** vergleichen:
  Bei einer Motortemperatur von +40° C muß der Widerstand am Temperaturfühler ca. 3,5 ± 0,5 kΩ betragen.
  Sollwerte bei +80° C: 335 ± 35 Ω; bei +90° C: 240 ± 30 Ω.
- Wenn der Widerstand des Temperaturfühlers unterbrochen ist, die Anzeige des Meßgerätes ist dann ∞ (unendlich), muß der Temperaturfühler ersetzt werden.
- Stimmt der Meßwert nicht mit dem Sollwert überein, Fühler herausschrauben.

Achtung: Damit beim Ausbau des Fühlers kein Kühlmittel ausläuft, Kühlmittel vorher zum Teil ablassen und auffangen.

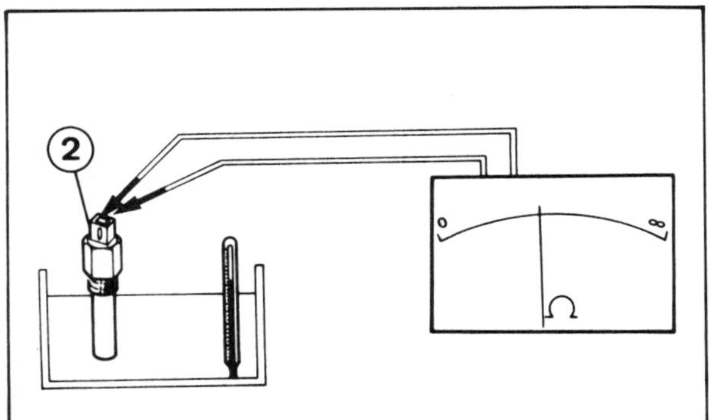

P-2221

- Temperaturfühler –2– in ein mit Wasser gefülltes Gefäß tauchen. Dabei Temperaturfühler mit Draht aufhängen, ohne daß er mit der Gefäßwand in Berührung kommt.
- Ohmmeter anklemmen.
- Wasser im Gefäß allmählich erwärmen und bei den angegebenen Temperaturen Widerstandswerte mit Sollwerten vergleichen.
- Falls die Werte nicht übereinstimmen, Temperaturfühler ersetzen.
- Temperaturfühler einschrauben und nicht zu fest anziehen. Stecker aufschieben.
- Kühlmittel auffüllen und entlüften.
- Probefahrt durchführen und Temperaturfühler-Anschluß auf Dichtigkeit überprüfen.

Kühlmittelpumpe aus- und einbauen

Die Kühlmittelpumpe kann nicht instand gesetzt werden. Bei einem Defekt ist die gesamte Pumpe auszutauschen. Bei einem Defekt der Wellendichtung läuft vor allem bei laufendem Motor Kühlflüssigkeit am Motorblock herunter.

Ausbau 1,2-l- (bis 3/96) und 1,4-l-Motor

Die Kühlmittelpumpe wird hier vom Zahnriemen der Motorsteuerung angetrieben.

- Batterie-Massekabel (–) abklemmen. **Achtung:** Dadurch wird aus dem Speicher des Radios der Code für die Diebstahlsicherung gelöscht. Die Batterie darf nur bei ausgeschalteter Zündung abgeklemmt werden, da sonst das Steuergerät der Einspritzanlage beschädigt wird. Vor dem Abklemmen sollten auch die Hinweise im Kapitel »Radio« bzw. »Batterie aus- und einbauen« durchgelesen werden.
- Kühlmittel ablassen.
- Zahnriemenabdeckung ausbauen und Zahnriemen entspannen, siehe Seite 28.
- Spannrolle für Zahnriemen abschrauben.

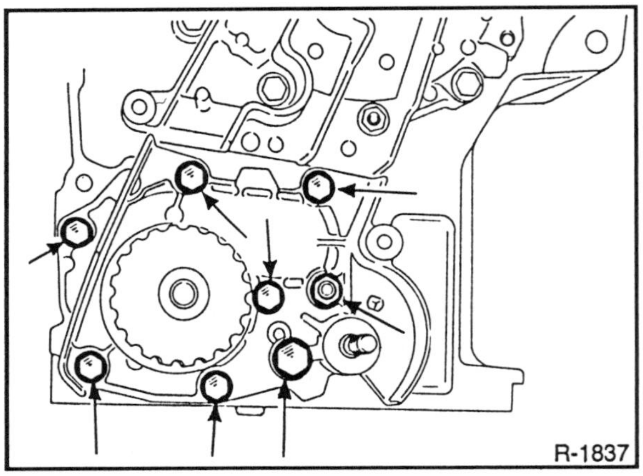
R-1837

- Kühlmittelpumpe abschrauben –Pfeile–. Pumpe aus dem Motorblock herausnehmen.

Einbau

- Dichtflächen an Motorblock und Kühlmittelpumpe zuerst mit einer scharfen Klinge reinigen, dann mit trockenem Lappen abwischen, damit Dichtungsreste und andere Rückstände entfernt werden.

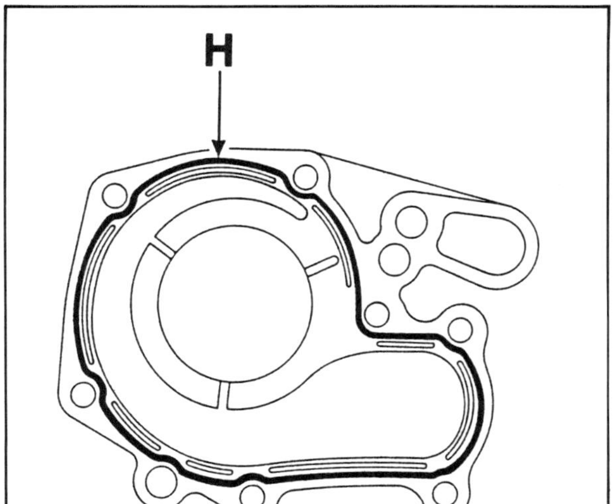

R-1827

- Einen Strang Dichtmasse »LOCTITE 518« mit einem Durchmesser von ungefähr 0,6 bis 1 mm in einem Stück (ohne Unterbrechung) auf dem Pumpengehäuse anbringen –H–. Darauf achten, daß die beiden Enden des Strangs gut miteinander verbunden sind und daß der Dichtmassenstrang zwischen Steg und Bohrungen verläuft.
- Neue Pumpe vorsichtig einsetzen, die Pumpe darf im Motorblock nicht verdreht werden. Schrauben nicht zu fest anziehen, Drehmoment 15 Nm.
- Spannrolle einsetzen und Mutter für Spannrolle aufschrauben.
- Zahnriemen einbauen und spannen, siehe Seite 28.
- Mindestens 1 Stunde warten, bis Kühlmittel eingefüllt wird, damit das Dichtmittel erhärten kann. Erst dann Kühlmittel auffüllen.
- Batterie-Massekabel (–) anklemmen.
- Motor warmfahren. Danach Fahrzeug auf trockener Fläche abstellen und Kühlanlage auf Dichtheit prüfen.

Ausbau 1,8-l-Benzinmotoren, 1,9-l-Dieselmotor

- Die Kühlmittelpumpe sitzt seitlich im Motorblock. Sie wird vom Keilriemen angetrieben, der auch den Generator antreibt.
- Batterie-Massekabel (–) abklemmen. **Achtung:** Dadurch wird aus dem Speicher des Radios der Code für die Diebstahlsicherung gelöscht. Die Batterie darf nur bei ausgeschalteter Zündung abgeklemmt werden, da sonst das Steuergerät der Einspritzanlage beschädigt wird. Vor dem Abklemmen sollten auch die Hinweise im Kapitel »Radio« bzw. »Batterie aus- und einbauen« durchgelesen werden.
- 3 Schrauben für Riemenscheibe an der Kühlmittelpumpe lockern.
- Rillen-Keilriemen ausbauen, siehe Seite 40.
- Riemenscheibe an der Kühlmittelpumpe abschrauben.
- Kühlmittel ablassen.

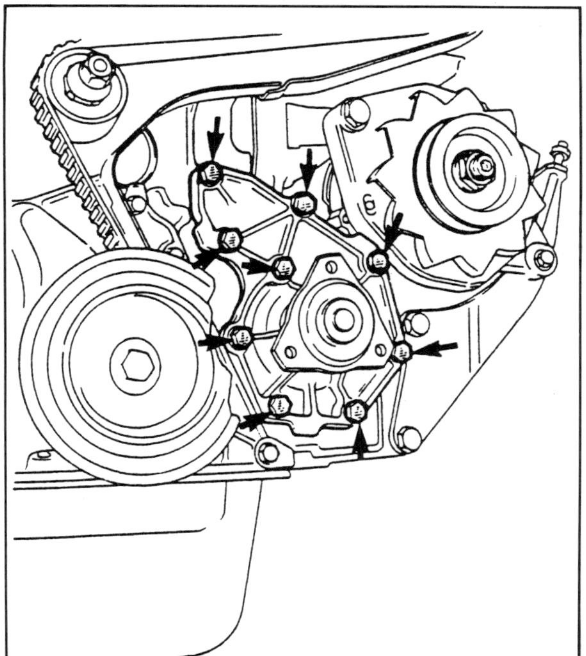

R-1828

- Befestigungsschrauben –Pfeile– für Kühlmittelpumpe am Motorblock abschrauben, Kühlmittelpumpe mit Dichtung abnehmen.
- Dichtungsreste entfernen.

Einbau

- Dichtung ersetzen, kein zusätzliches Dichtmittel verwenden. Dichtflächen müssen trocken und sauber sein.
- Kühlmittelpumpe einsetzen, Schrauben mit 20 Nm festziehen.
- Keilriemen einbauen, siehe Seite 40.
- Kühlmittel auffüllen und Kühlsystem entlüften, siehe Seite 262.
- Massekabel (–) und Pluskabel an die Batterie anklemmen. Radio neu codieren, siehe Seite 243.
- Nach Probefahrt Dichtigkeit der Kühlanlage prüfen.

Störungsdiagnose Motorkühlung

Störung: Die Kühlmitteltemperatur ist zu hoch, Anzeige steht im roten Bereich

Ursache	Abhilfe
Zu wenig Kühlflüssigkeit im Kreislauf	■ Ausgleichbehälter muß bis zur Markierung voll sein. Gegebenenfalls Kühlmittel nachfüllen. Kühlsystem auf Dichtheit prüfen.
Kühlmittelregler (Thermostat) öffnet nicht, Kühlflüssigkeit zirkuliert nur im kleinen Kreislauf	■ Prüfen, ob der obere Kühlmittelschlauch warm wird. Wenn nicht, Regler ausbauen und prüfen, ggf. Regler ersetzen. Unterwegs: Thermostat ausbauen. Ohne Thermostat erreicht der Motor seine normale Betriebstemperatur später oder gar nicht, deshalb defekten Thermostat alsbald ersetzen.
Keilriemenspannung für Kühlmittelpumpe zu gering	■ Spannung prüfen und einstellen (gilt nicht bei 1,2-/1,4-l-Motor).
Kühlerlamellen verschmutzt	■ Kühler von der Motorseite her mit Preßluft durchblasen.
Kühler innen durch Kalkablagerungen oder Rost zugesetzt, unterer Kühlerschlauch wird nicht warm	■ Kühler erneuern.
Elektrolüfter läuft nicht	■ Stecker an Thermoschalter und Lüftermotor auf festen Sitz und guten Kontakt prüfen. ■ Thermoschalter prüfen. Unterwegs: Thermoschalter überbrücken. Der Lüfter läuft dann immer mit, solange die Zündung eingeschaltet ist. In der Regel ist die Zusatzkühlung durch den Lüfter nur im Stadt- und Kurzstreckenverkehr erforderlich. ■ Prüfen, ob Spannung am Stecker für Lüftermotor anliegt (Zündung eingeschaltet, Stecker für Thermoschalter überbrückt). Wenn ja, Lüftermotor ersetzen.
Kühler-Verschlußdeckel defekt	■ Druckprüfung durchführen.
Kühlmitteltemperaturanzeige defekt	■ Anzeigegerät/Geber nach Stromlaufplan überprüfen.

Die Zündung / Zündkerzen

Die Zündanlage erzeugt Zündfunken, die das angesaugte Kraftstoffluftgemisch in Brand setzen. Um einen kräftigen Zündfunken erzeugen zu können, wird in der Zündspule die Batteriespannung von 12 Volt auf 30000 Volt umgeformt.

Der Dieselmotor besitzt keine Zündanlage, da sich aufgrund der hohen Verdichtung die Luft so weit erwärmt, daß nach Einspritzen des Kraftstoffes die Zündung von selbst erfolgt.

Alle Benzinmotoren sind mit einer integrierten elektronischen Zündung (IEZ, die RENAULT-Bezeichnung dafür ist: AEI) ausgestattet, die wartungsfrei arbeitet.

Die Zündanlage besteht aus

- dem elektronischen Motor-Steuergerät für Zündung und Einspritzung mit Sensoren (z. B. Impulsgeber, Saugrohr-Unterdruckgeber, Klopfsensor)
- der Zündspule
- dem Zündverteiler
- den Zündkabeln
- den Zündkerzen

Funktion der elektronischen Zündanlage

Die Zündanlage wird ebenso wie die Einspritzanlage durch ein gemeinsames elektronisches Steuergerät gesteuert.

Der optimale Zündzeitpunkt des Motors hängt vor allem von der augenblicklichen Motor-Drehzahl und Motorlast ab. Ein am Motor-Schwungrad angebrachter Impulsgeber übermittelt dem Zünd-Steuergerät die aktuelle Drehzahl. Den Lastzustand des Motors erkennt das Steuergerät durch Messen des Unterdrukkes im Ansaugrohr. Der Zündungsrechner im Steuergerät errechnet daraus den günstigsten Zündzeitpunkt und sorgt für die Auslösung der Zündung. Über die Sensoren der Einspritzanlage werden zusätzlich Luft- und Kühlflüssigkeitstemperatur, Luftdruck und Batteriespannung berücksichtigt.

Außerdem wird der Zündzeitpunkt auch noch von einem Klopfsensor beeinflußt. Durch die hohe Verdichtung der Motoren kann es zu einer unkontrollierten Verbrennung kommen, man spricht dann vom Motorklopfen. Das Motorklopfen würde auf Dauer zu Motorschäden führen. Um die zu vermeiden, ist ein Klopfsensor im Motorblock eingeschraubt, der eine falsche Verbrennung registriert und an das Steuergerät meldet, so daß die Zündung in Richtung spät verstellt werden kann.

Die in der Zündspule erzeugte Zündspannung wird über den Zündverteiler-Läufer und das Zündkabel zu der jeweiligen Zündkerze geleitet. An den Zündkerzen-Elektroden springt der Zündfunke über, der das Kraftstoffluftgemisch im Zylinder entzündet.

Da bei dieser Zündanlage eine mechanische Zündverstellung nicht mehr möglich ist, erübrigt sich die Prüfung und Einstellung des Zündzeitpunkts.

Achtung: Bei Arbeiten an der Zündanlage sind verschiedene Sicherheitsmaßnahmen zu beachten.

Sicherheitsmaßnahmen zur Zündanlage

Bei den im RENAULT CLIO eingebauten elektronischen Zündanlagen beträgt die Zündspannung bis zu 30 kV (Kilovolt). Unter ungünstigen Umständen, zum Beispiel bei Feuchtigkeit im Motorraum, können Spannungsspitzen die Isolation durchschlagen. Werden in einem solchen Moment die spannungsführenden Teile berührt, kann dies zum Elektroschock führen.

Um Verletzungen von Personen und/oder die Zerstörung der elektronischen Zündanlage zu vermeiden, ist bei Arbeiten an Fahrzeugen mit elektronischer Zündanlage folgendes zu beachten:

- Zündkabel nicht bei laufendem Motor bzw. bei Anlaßdrehzahl mit der Hand berühren bzw. abziehen.
- Leitungen der Zündanlage nur bei ausgeschalteter Zündung abklemmen.
- Das An- und Abklemmen von Meßgeräteleitungen (Drehzahlmesser/Zündungstester) nur bei ausgeschalteter Zündung vornehmen.
- Am Masseanschluß der Zündspule dürfen kein Entstörkondensator und keine Prüflampe angeschlossen werden.
- Meßgeräte und Zündblitzlampen nicht bei laufendem Motor an Plusanschluß der Zündspule anklemmen.
- Die Zündspule darf nicht durch eine andere Ausführung ersetzt werden.
- Das Fahrzeug darf nicht auf mehr als +80° C erwärmt werden (z. B. Lackieren, Dampfstrahlen). Motor erst starten, wenn das Fahrzeug etwas abgekühlt ist.
- Die Motorwäsche ist nur bei abgeschalteter Zündung durchzuführen.
- Bei Elektro- und Punktschweißarbeiten ist die Batterie komplett abzuklemmen.
- Personen mit einem Herzschrittmacher sollen keine Arbeiten an der elektronischen Zündanlage durchführen.

Die elektronische Zündanlage (IEZ)

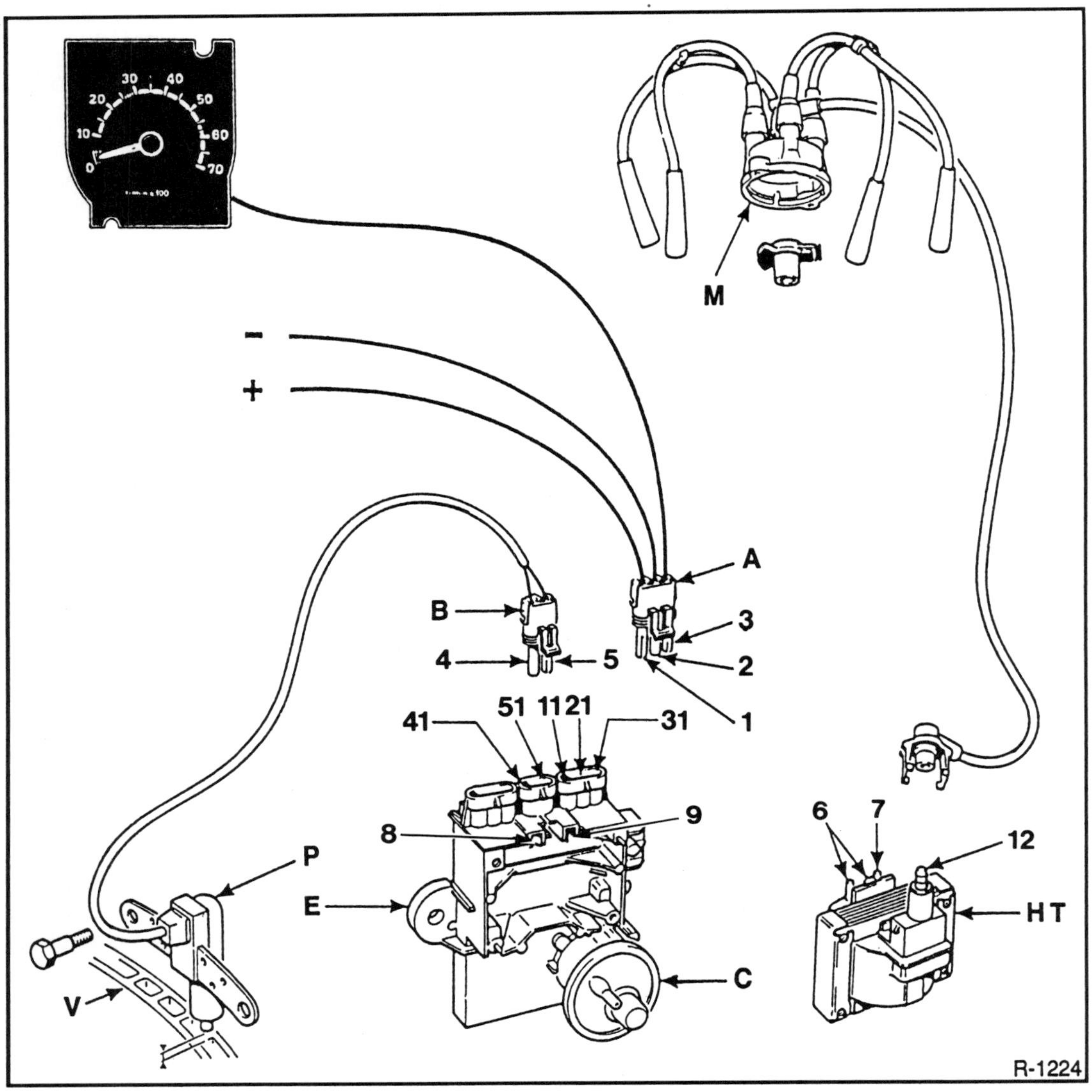

1 – Pluskontakt von der Batterie
2 – Masse
3 – Drehzahlmesser
4 – Wicklung des Impulsgebers
5 – Wicklung des Impulsgebers
6 – Plusanschluß für Zündspule und Entstörkondensator
7 – Masseanschluß für Zündspule
8 – Pluskontakt zur Zündspule
9 – Massekontakt zur Zündspule
11 – Batterie-Plus-Eingang am Steuergerät
12 – Hochspannungsausgang an der Zündspule
21 – Masse Steuergerät
31 – Ausgang Drehzahlmesser
41 – Fahrzeugmasse (–)
51 – Signal Zünd-/Einspritzsteuergerät
A – Anschlußstecker für Steuergerät
B – Anschlußstecker Impulsgeber
M – Zündverteilerkappe
HT – Zündspule
C – Unterdruckdose (am Saugrohr angeschlossen)
E – Transistorzündgerät
P – OT-Impulsgeber
V – Schwungrad

Achtung: Der Stecker –B– des OT-Impulsgebers ist am Steuergerät für Zünd-/Einspritzanlage angeschlossen. Von dort geht das Steuersignal auf Klemme 51.

Zündzeitpunkt prüfen

Alle Benzinmotoren des RENAULT CLIO besitzen eine elektronische Zündanlage. Bei dieser kann der Zündzeitpunkt nicht eingestellt werden. Eine Prüfung des Zündzeitpunktes ist auch nicht erforderlich, da er vom OT-Sensor am Motorschwungrad konstruktiv vorgegeben ist.

Zündkabel prüfen

Bei zu hohem Widerstand in den Zündkabeln kann es zu Startschwierigkeiten und Zündaussetzern kommen.

- Zündung ausschalten.
- Zum leichteren Einbau die Zündkabel entsprechend der Zylinderreihenfolge von 1 bis 4 mit Tesaband kennzeichnen. Teilweise ist auf den Zündkabeln bereits die Zahl des zugehörigen Zylinders aufgedruckt.
- Zündkabel ausbauen, dazu Zündkerzenstecker am Verteiler und an den Zündkerzen abziehen. **Achtung:** Dabei am Stecker und nicht am Kabel ziehen.
- Widerstand zwischen dem Steckerkontakt der Verteilerkappe und dem Kontakt des Zündkerzensteckers prüfen. Sollwert: max. 2 kΩ.
- Zündkabel an der Zündspule abziehen und Widerstand zwischen Zündspulenkontakt und Kontakt in der Verteilermitte prüfen. Sollwert: ca. 2 kΩ.
- Bei zu hohem Widerstand Kabelanschlüsse reinigen und Prüfung wiederholen, gegebenenfalls Kabel erneuern.
- Zündleitungen im Bereich der Kerzenstecker in engem Radius biegen und auf Risse kontrollieren, gegebenenfalls alle Zündkabel ersetzen.

Zündverteilerläufer prüfen/ersetzen

Prüfen

- Zündung ausschalten.
- Zündverteilerkappe ausbauen, dazu 2 Schrauben mit Torxschlüssel, Größe T20, lösen.

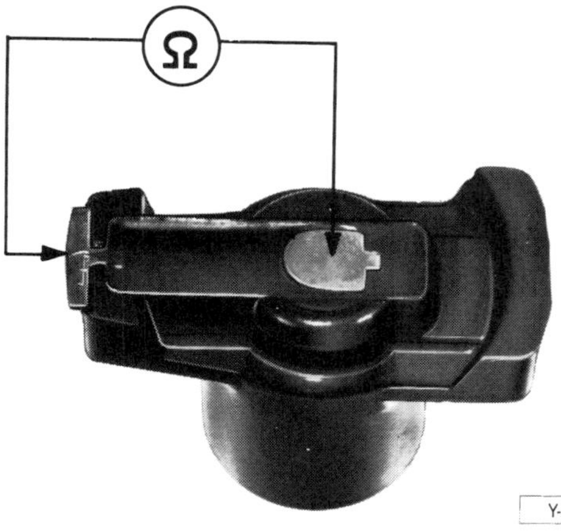

Y-1201

- Ohmmeter an Zündverteilerläufer anschließen. Der Sollwert beträgt 0 Ω (Durchgang).

Ausbau

Der Verteilerläufer kann je nach Ausführung entweder auf das Ende der Nockenwelle aufgeklebt oder aufgesteckt sein.

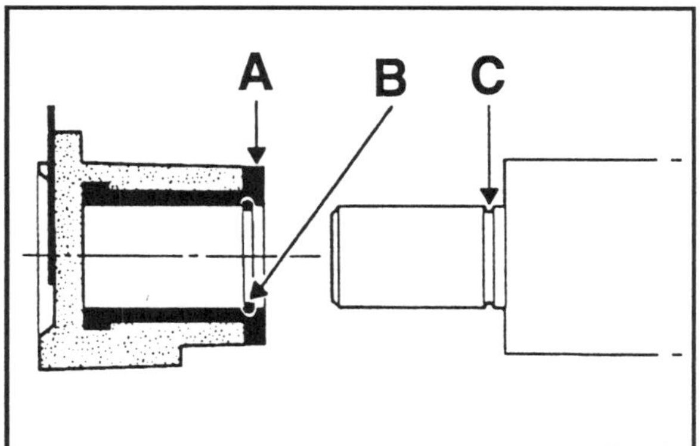

R-1225

- Aufgesteckter Verteilerläufer: Der Verteilerläufer hat in diesem Fall einen Einsatz –A– und einen Sicherungsring –B–. Die Nockenwelle ist mit einer Nut –C– versehen. Zum Ausbau Verteilerläufer und Schutzscheibe einfach mit den Fingern abziehen.
- Ist der Verteilerläufer angeklebt, ihn mit einer Zange fassen und durch Verdrehen etwas lösen. Anschließend den Verteilerläufer im Bereich der Aufnahme mit der Zange durch Zusammendrücken zerstören und abnehmen. **Achtung:** Auf keinen Fall auf das Ende der Nockenwelle schlagen.

Einbau

Der Verteilerläufer kann nur in richtiger Stellung aufgesetzt werden, da er eine Führungsnut besitzt.

- Aufgesteckter Verteilerläufer: Verteilerläufer aufdrücken, bis er einrastet. Durch leichtes hin- und herdrehen prüfen, ob der Verteilerläufer eingerastet ist.

Achtung: Niemals einen Verteilerläufer ankleben, der einen Sicherungsring –B– besitzt, siehe Abbildung.

- Angeklebter Verteilerläufer: Nockenwellenende reinigen und mit Spiritus fettfrei abwischen. Verteilerläufer mit temperaturfestem Klebstoff (bis + 120° C) ankleben.
- Verteilerkappe aufsetzen, dabei auf richtige Einbaulage achten. Die seitliche Nase der Verteilerkappe muß in die entsprechende Aussparung am Verteiler passen.
- Schrauben der Verteilerkappe festziehen.

Elektronische Zündanlage (IEZ) prüfen

Die elektronische Zündanlage ist zu prüfen, wenn der Motor nicht anspringt und kein Zündfunke vorhanden ist. Die Bezeichnungen der Anschlüsse beziehen sich auf die Abbildung R-1224.

- Zündkerzen prüfen, siehe Seite 263.
- Zündkabel prüfen, siehe Seite 263.
- Zündverteiler/Verteilerläufer prüfen, siehe Seite 73.
- Bei ausgeschalteter Zündung Stecker –A– und –B– am Steuergerät mehrfach abziehen und aufstecken, um geringfügige Korrosion an den Kontakten zu beseitigen.
- Voltmeter an Anschluß –6– und Masse anschließen, Zündung einschalten. Spannung muß 9,5 Volt übersteigen, andernfalls Batteriespannung und Stromzufuhr zum Steuergerät kontrollieren. Zündung ausschalten.
- Stecker –A– abziehen und Voltmeter zwischen Kontakt –1– und Masse anschließen. Zündung einschalten und Anlasser betätigen. Sollwert: Spannung mehr als 9,5 Volt, sonst Stromzufuhr zum Steuergerät prüfen.
- Zündung ausschalten.
- Ohmmeter an Anschluß –2– und Masse anschließen. Sollwert: 0 Ω, andernfalls Massekabel des Steuergerätes prüfen.
- Ohmmeter an die Kontakte –11– und –6– anschließen. Sollwert: 0 Ω, andernfalls Steuergerät ersetzen.
- Stecker –A– aufschieben. Voltmeter an Kontakt –6– und Fahrzeugmasse anschließen. Zündung einschalten, Sollwert: Spannung mehr als 9,5 Volt, sonst Kontakte des Steckers –A– sowie Zündspule prüfen, gegebenenfalls Stecker auswechseln.
- Zündung ausschalten, Stecker –B– abziehen. Mit Ohmmeter Widerstand des Impulsgebers an den Klemmen –4– und –5– prüfen. Sollwert: 200 ± 50 Ω, andernfalls Impulsgeber auswechseln.
- Abstand Impulsgeber – Schwungrad messen, Sollwert 1 ± 0,5 mm, andernfalls Impulsgeber auswechseln.
- Stecker –B– wieder aufschieben.
- Zündung ausschalten.
- Stecker –A– abziehen und Ohmmeter an die Klemmen –2– und –3– anschließen. Sollwert: 20 kΩ, andernfalls Kabelstrang oder Drehzahlmesser instand setzen.
- Falls bisher kein Fehler gefunden wurde, ist in der Regel das Transistor-Zündgerät –E– defekt.

Zündverteiler prüfen/ aus- und einbauen

Der Zündverteiler wird durch die Nockenwelle angetrieben und ist seitlich an den Zylinderkopf angeflanscht.

Prüfen

- Verteilerkappe abschrauben, dazu ist ein Torxschraubendreher, Größe T20, erforderlich.
- Die Kappe muß innen trocken sein. Mittleren Kohlekontakt auf Leichtgängigkeit und Verschleiß prüfen, dazu Kontakt mit dem Finger eindrücken.
- Verteilerkappe auf Kriechströme untersuchen. Kriechströme zeigen sich durch dünne, unregelmäßige Spuren auf der Oberfläche der Verteilerkappe. Sind solche Spuren vorhanden, Verteilerkappe ersetzen.

Ausbau

- Zündung ausschalten.

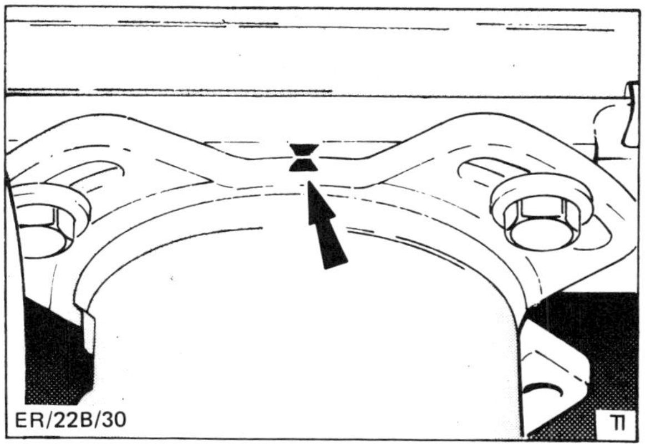

- Vor dem Ausbau Stellung des Zündverteilers zum Motorblock mit Filzstift oder Reißnadel markieren. Dazu Strich über Verteiler und Motorblock ziehen.

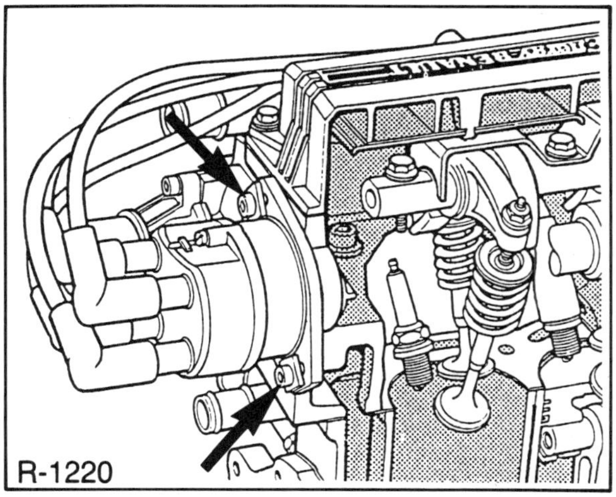

- Befestigungsschrauben herausdrehen (Torxschraubendreher Größe T40 erforderlich), mit Unterlagen abnehmen.

Damit die untere Schraube erreicht werden kann, muß vorher gegebenenfalls der Halter für Zündkabel/Motorentlüftungsschlauch am Zylinderkopf abgeschraubt werden.

- Verteiler aus dem Zylinderkopf herausziehen.

Einbau

- Dichtring für Zündverteiler auf Beschädigung prüfen, gegebenenfalls ersetzen.
- Verteiler einsetzen, dabei Mitnehmerklaue am Verteiler so ausrichten, daß sie in die Nuten der Nockenwelle paßt. **Achtung:** Die Mitnehmerklaue ist außermittig versetzt und paßt nur in einer Stellung in die Nockenwelle.
- Halteschrauben anziehen, noch nicht festziehen. Unterlegscheiben nicht vergessen.
- Zündverteiler verdrehen, bis sich die angebrachten Markierungen an Zündverteiler und Zylinderkopf decken.

Achtung: Falls Zylinderkopf oder Verteiler ersetzt werden, Verteiler so drehen, daß sich die Schrauben mittig in den Langlöchern befinden. Anschließend Schrauben festziehen.

Impulsgeber prüfen/ersetzen

Der Impulsgeber sitzt am Motor-Schwungrad, an der Verbindungsstelle Motor/Getriebe. Er liefert dem Zünd-Steuergerät und der Einspritzanlage die Information über augenblickliche Drehzahl und Kurbelwellen-Position den Motors.

Prüfen

- Stecker des Impulsgebers am Zünd-Steuergerät abziehen, dabei Drahtsicherung drücken.
- Widerstand messen. **Sollwert:** 200 ± 50 Ω.

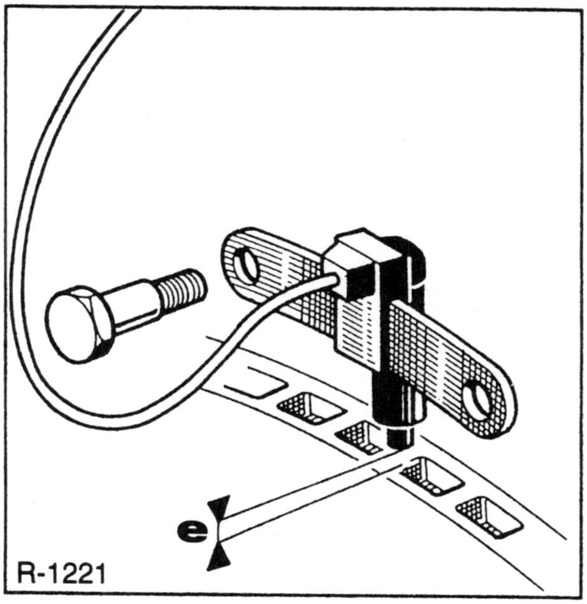

- Abstand –e– mittels Fühlerblattlehre prüfen. **Sollwert:** 1 mm ± 0,5 mm.
- Werden die Sollwerte nicht erreicht, Geber auswechseln.

Ersetzen

- 2 Paßschrauben lösen und mit Unterlegscheiben abnehmen, Impulsgeber herausziehen.
- Neuen Impulsgeber einsetzen. Paßschrauben mit Unterlegscheiben einsetzen, mit **20 Nm** anschrauben.
- Stecker am Steuergerät einrasten lassen.

Klopfsensor aus- und einbauen

Der Klopfsensor sitzt an der Vorderseite des Zylinderkopfs. Er ermöglicht dem Zünd-Steuergerät die Erkennung und Vermeidung der schädlichen klopfenden Verbrennung.

Ausbau

1,2-/1,4-l-Motor:

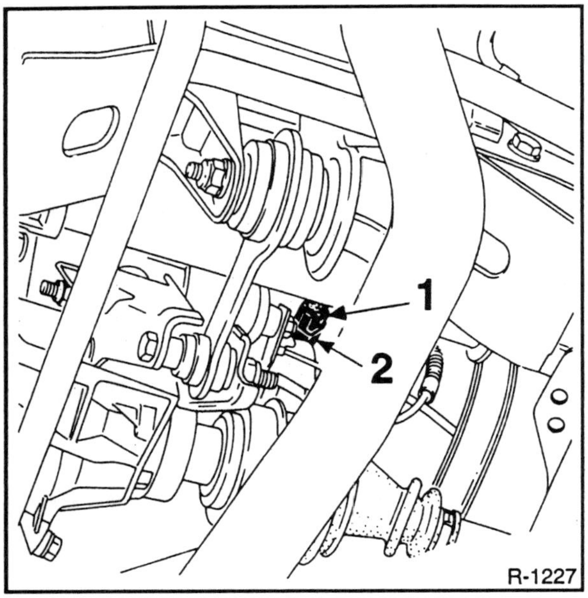

1,8-l-Motoren:

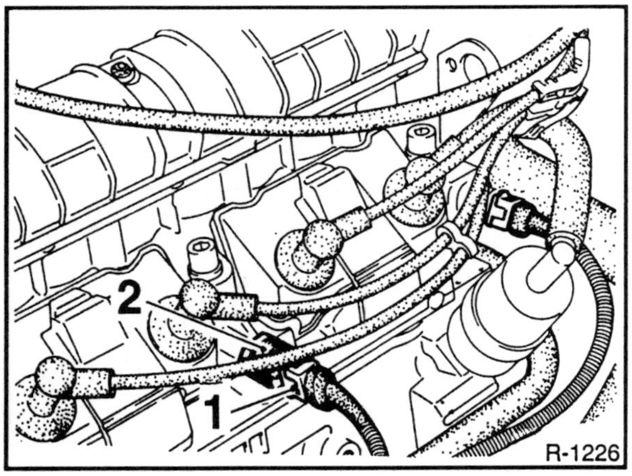

- Stecker –1– der elektrischen Kabelverbindung am Sensor –2– abziehen. Der Sensor sitzt an der Motorblockvorderseite zwischen dem 2. und 3. Zylinder, siehe Abbildungen.
- Sensor herausschrauben.

Einbau

- Sensor einschrauebn und mit **25 Nm** festziehen. Anzugsdrehmoment nicht überschreiten, da das Anzugsdrehmoment Einfluß auf die Funktion des Sensors hat.
- Kabelstecker zusammenfügen, er muß hörbar einrasten. Zuleitung korrekt verlegen.

Zündkerzentechnik

Die Zündkerze besteht aus der Mittel-Elektrode, dem Isolator mit Gehäuse und der Masse-Elektrode. Die Mittel-Elektrode ist gasdicht im Isolator befestigt, der Isolator ist fest mit dem Gehäuse verbunden. Zwischen Mittel- und Masse-Elektrode springt der Zündfunke über, der das Kraftstoffluftgemisch entzünden soll. Von der Zündkerze hängen Startbereitschaft, Leerlaufverhalten, Beschleunigung und Höchstgeschwindigkeit ab. Man sollte deshalb nicht ohne Grund von dem vom Werk vorgeschriebenen Zündkerzentyp abweichen, der durch die Wärmewert-Kennzahl bestimmt wird. Die Wärmewert-Kennzahl gibt den Grad der Wärmebelastbarkeit einer Zündkerze im Motor unter bestimmten Betriebsbedingungen an. Die Zündkerzen für den Motor sind so ausgewählt, daß sie möglichst unter allen Fahrbedingungen die Selbstreinigungstemperatur erreichen. Je niedriger die Wärmewert-Kennzahl einer Zündkerze ist, desto höher ist ihr Widerstand gegen Glühzündungen und desto kleiner ist ihr Widerstand gegen Verschmutzung. Je höher die Wärmewert-Kennzahl der Zündkerze ist, desto kleiner ist ihr Widerstand gegen Glühzündungen und desto höher ist ihr Widerstand gegen Verschmutzung.

Die Wärmewert-Kennzahl ist im Zündkerzencode enthalten. Der Code schlüsselt sich wie folgt auf:

Bosch-Zündkerze

Beispiel W 7 D C R
① ② ③ ④ ⑤

① W = Gewinde M 14 x 1,25 mit Flachdichtsitz, SW 21; F = Gewinde M 14 x 1,25 mit Flachdichtsitz, SW 16; M = Gewinde M 18 x 1,5 mit Flachdichtsitz, SW 25; H = Gewinde M 14 x 1,25 mit Kegeldichtsitz, SW 16; D = Gewinde M 18 x 1,5 mit Kegeldichtsitz, SW 21; SW = Schlüsselweite.

② Wärmewert-Kennzahl. Die Wärmewertskala wird von 06 (»kalt«) bis 13 (»warm«) angegeben. Dabei entspricht die Kennzahl 7 dem alten Wärmewert 175 (frühere Bezeichnung), 6 – 200,5 – 225 usw.

③ A = Gewindelänge 12,7 mm, normale Funkenlage; B = Gewindelänge 12,7 mm, vorgezogene Funkenlage; C = Gewindelänge 19 mm, normale Funkenlage; D = Gewindelänge 19 mm, vorgezogene Funkenlage.

④ = Elektrodenwerkstoff der Mittelelektrode: Ohne Angabe = Cr-Ni-Legierung, C = Ni-Cu-Verbund-Mittelelektrode, S = Silber-Mittelelektrode, P = Platin-Mittelelektrode, O = Standard-Zündkerze mit verstärkter Mittelelektrode.

⑤ R = 1 kΩ Abbrandwiderstand. Die Funktion der Zündanlage wird dadurch nicht beeinflußt.

Beru-Zündkerze

Beispiel 14 R 7 D U
① ② ③ ④ ⑤

① Gewindedurchmesser in mm, hier M 14 x 1,25.
② Konstruktionsmerkmal, z. B. K für Konussitz, R für Entstörwiderstand.
③ Wärmewert-Kennzahl (wie bei Bosch).
④ Gewindelänge (wie bei Bosch).
⑤ Elektrodenwerkstoff, z. B. U für Kupferkern.

Serienmäßig wird der RENAULT meist mit Zündkerzen von NGK oder EYQUEM ausgestattet. Die Normierung ist von Hersteller zu Hersteller unterschiedlich. Bei Ersatz können jedoch auch die Zündkerzen von BOSCH und BERU verwendet werden.

Zündkerzenwerte für den RENAULT CLIO

Achtung: Da neuere Modelle bei gleicher Motorleistung mit einer geänderten Zündanlage ausgestattet sein können, empfiehlt es sich, sicherheitshalber vor dem Neukauf zu prüfen, welche Zündkerzen eingebaut sind. Außerdem befindet sich auf dem Motor-Zylinderkopfdeckel ein Aufkleber, welche Kerzen vorgeschrieben sind.

Motorleistung	Motor-bezeichnung	BOSCH	BERU	CHAMPION	NGK	EYQUEM	Elektroden-abstand
40 kW/55 PS	D7F	–	–	RC9YCC	BK5ESZ *	FN52LS **	0,8
40 kW/55 PS	E7F	F8DC0	14F8DUO	–	BCP5ES	FC42LS **	0,8
55 kW/ 75 PS	E7J	FR7DC0	14F7DUOR	RC9YCC	BCP5ES	FC42LS **	0,8
65 kW/88 PS	F3P	WR7DC	–	RN9YCC	BP6ESZ	–	0,8
99 kW/135 PS	F7P	F6DC0R	14F6DUR	RC7BMC	BKR6EK	–	0,8

*) In Vorbereitung

**) Elektrodenabstand 0,9 mm.

Hinweis: Anzugsdrehmoment für alle Zündkerzen: **25 Nm**.

Störungsdiagnose Zündanlage

Störung: Der Motor springt schlecht oder gar nicht an.

Ursache	Abhilfe
Kein Zündfunke vorhanden Verteilerkappe feucht, verschmutzt	■ Verteilerkappe reinigen und trocknen, innen mit Zündspray einsprühen
Risse in der Verteilerkappe, Brandkanäle	■ Verteilerkappe erneuern
Schleifkohle in der Zündverteilerkappe abgenutzt	■ Schleifkohle erneuern
Verteilerläufer defekt	■ Verteilerläufer erneuern
Widerstand in Zündkerzenleitung/Zündkerzenstecker zu hoch	■ Zündleitung/Zündkerzenstecker erneuern
Zündkerzenstecker in falscher Reihenfolge aufgesteckt	■ Zündkerzenstecker nach Zündfolge 1-3-4-2 aufstecken
Zündkerzen wegen zu vieler Startversuche naß	■ Zündkerzen ausbauen und trocknen
Zündkerzen außen feucht und verschmutzt	■ Zündkerzen reinigen, trocknen, Silikonschutzkappe auf Zündkerze und Stecker schieben
Leistung der Zündspule zu gering	■ Elektrische Leitungen an der Zündspule auf festen Sitz und guten Kontakt prüfen
Zündspule gerissen, Brandkanäle	■ Zündspule prüfen, bei Defekt erneuern
Spannungsverlust durch Berührung elektrischer Anschlüsse bzw. Leitungen mit Schläuchen des Motors	■ Elektrische Leitungen richtig führen
Stromversorgung des Steuergerätes < 9,5 Volt	■ Ladezustand der Batterie kontrollieren
Impulsgeber defekt	■ Impulsgeber prüfen. Stirnfläche des Impulsgebers reinigen, ggf. Impulsgeber ersetzen

Die Kraftstoffanlage

Zur Kraftstoffanlage gehören der Kraftstoffbehälter, die Kraftstoffpumpe (bei den Benzinmotoren im Tank eingebaut) und die Kraftstoffleitungen sowie die Kraftstoff-Einspritzanlage mit Kraftstoff- und Luftfilter.

Der aus Kunststoff gefertigte Kraftstoffbehälter mit 43 Litern Inhalt ist unter der Rücksitzbank vor der Hinterachse angeordnet. Der RENAULT CLIO mit 16-Ventil-Motor besitzt einen kleinen Zusatztank mit 7 Litern Inhalt. Über ein Aktivkohlefilter-Entlüftungssystem wird der Tank belüftet. Der jeweilige Kraftstoffvorrat wird dem Fahrer am Schalttafeleinsatz angezeigt.

Sauberkeitsregeln bei Arbeiten an der Kraftstoffversorgung

Bei Arbeiten an der Kraftstoffversorgung sind die folgenden Regeln zur Sauberkeit sorgfältig zu beachten:

- Verbindungsstellen und deren Umgebung vor dem Lösen gründlich reinigen.
- Ausgebaute Teile auf einer sauberen Unterlage ablegen und abdecken. Folien oder Papier verwenden. Keine fasernden Lappen benutzen!
- Geöffnete Bauteile sorgfältig abdecken bzw. verschließen, wenn die Reparatur nicht umgehend ausgeführt wird.
- Ersatzteile erst unmittelbar vor dem Einbau aus der Verpackung nehmen. Nur saubere Teile einbauen.
- Keine Teile verwenden, die unverpackt (z. B. in Werkzeugkästen usw.) aufgehoben wurden.
- Bei geöffneter Kraftstoff-Anlage möglichst nicht mit Druckluft arbeiten. Das Fahrzeug möglichst nicht bewegen.

Kraftstoffpumpe / Kraftstoffpumpenrelais prüfen

Benzinmotoren

- Batterie muß geladen sein (ca. 12,5 Volt).
- Zündung ausschalten.

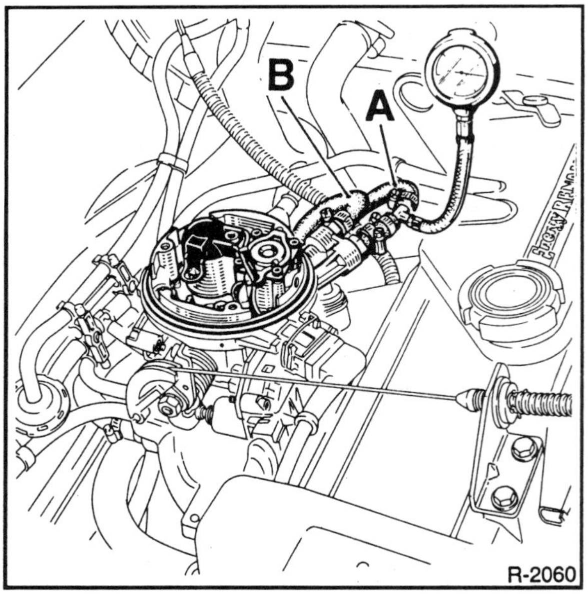

- Kraftstoff-Rücklaufleitung –B– zum Tank am Einspritzgehäuse abziehen, vorher Schlauchschelle lösen. Die Abbildung zeigt die Einpunkt-Einspritzung der 1,2-/1,4-/1,8-l-Motoren. Beim 16-Ventiler (mit Mehrpunkteinspritzung) ebenfalls Rücklaufschlauch am Verteilerrohr der Einspritzeinheit abziehen.
- Anstelle der Rücklaufleitung einen Hilfsschlauch an der Einspritzanlage aufschieben und den Schlauch in ein ca. 2 Liter großes Meßgefäß führen.

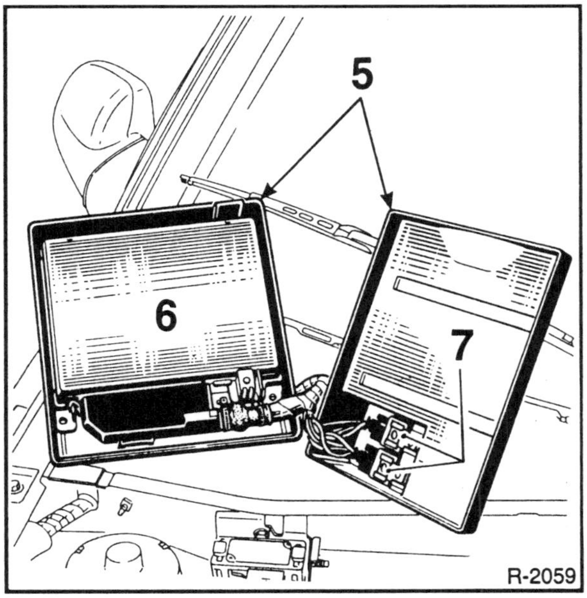

Das Kraftstoffpumpenrelais (Relaisaufschrift 236) befindet sich zusammen mit dem Schutzrelais (Aufschrift 237) beim Steuergerät im rechten Wasserkasten. Das Relais versorgt die elektrische Kraftstoffpumpe mit Strom. Über eine Sicherheitsschaltung unterbricht es die Stromzufuhr, wenn bei eingeschalteter Zündung keine Drehzahlimpulse mehr erfolgen (Motor abgewürgt).

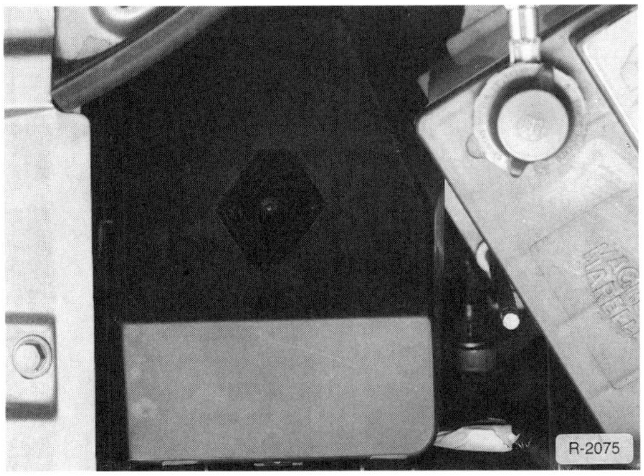

Achtung: Bei einigen Modellen sitzen die Relais nicht am Steuergerät, sondern in einem separaten Gehäuse links vorn im Motorraum, siehe Abbildung.

Einbauort Steuergerät

- Rechtes Gitter unterhalb der Windschutzscheibe hochklappen und Wagenheber herausnehmen.

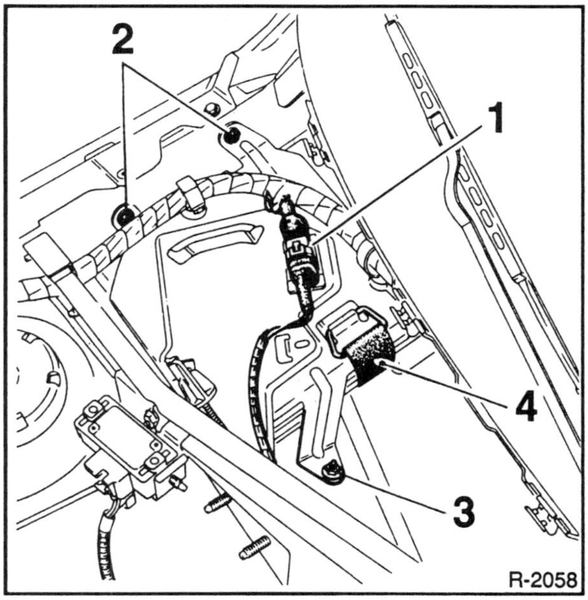

- Stecker –1– trennen.
- Schraube –2–, Mutter –3– lösen und Gummiband –4– aushängen.

- Deckel des Schutzgehäuses abheben.

Fördermenge prüfen

- Da zur Prüfung der Einspritzmenge die Kraftstoffpumpe laufen soll, ohne daß der Motor läuft, Relais –236– abziehen und die Klemmen 3 und 5 am Relaissockel mit einer Hilfsleitung von 1,5 mm ∅ verbinden. (Kabel 3 und 5 sind in der Regel rot und grau, 5 mm ∅). Kraftstoffpumpe ca. 1 Minute lang laufen lassen.
- Die Fördermenge muß pro Minute mindestens folgende Sollwerte erreichen. **Sollwerte:** 1,2-/1,4-/1,8-l-Motor: 0,83 Liter; 16-Ventil-Motor: 2 Liter/Minute.
- Wird zu wenig Kraftstoff gefördert, Stromversorgung an den Kontakten der Kraftstoffpumpe prüfen. Sollwert: 12 Volt (Batteriespannung). Der Leistungsverlust beträgt ca. 10% bei einem Spannungsabfall von 1 Volt. Beispiel: Bei 10 Volt Spannung beträgt die Fördermenge beim 1,2-l-Motor nur noch ca. 660 cm^3.
- Ist die Stromversorgung ausreichend, die Fördermenge jedoch zu gering, kann das an einem verstopften Kraftstofffilter liegen. Filter erneuern, siehe Kapitel »Wartung«.
- Die Werkstatt kann zusätzlich eine Druckprüfung durchführen, Sollwert für Pumpendruck bei abgeklemmter Rücklaufleitung: über 3 bar. Wurde kein anderer Fehler gefunden, Kraftstoffpumpe ersetzen.
- Kraftstoff-Rücklaufleitung an der Einspritzanlage aufschieben und mit Schraubschelle sichern.
- Kraftstoffpumpenrelais einsetzen und Steuergerät einbauen. Wagenheber einsetzen und Gitter runterklappen.

Achtung: Relais prüfen, siehe auch Seite 211.

Kraftstofftank aus- und einbauen

Der Kraftstofftank ist unter dem Bodenblech vor der Hinterachse angebracht. Fahrzeuge mit 16-Ventil-Motor haben einen 7-Liter-Zusatztank links neben dem Haupttank. Wenn der Haupttank annähernd leer gefahren ist, pumpt eine elektrische Zusatzpumpe automatisch den Inhalt des Zusatztanks in den Haupttank um.

Ausbau

Achtung: Kein offenes Feuer, Brandgefahr! Zum Ausbau muß der Kraftstofftank **leer** sein. Tank weitestgehend leerfahren, oder Kraftstoff mit einer Pumpe absaugen. Eine andere Methode, den Tank leerzupumpen (nur bei Benzinmotoren): Kraftstoff-Zulaufschlauch an der Einspritzanlage abklemmen und in einen Kanister halten. Kraftstoffpumpenrelais überbrücken und Tank mit der eingebauten Kraftstoffpumpe leerpumpen lassen, siehe Seite 76.

- Batterie-Massekabel (–) abklemmen. **Achtung:** Dadurch wird aus dem Speicher des Radios der Code für die Diebstahlsicherung gelöscht. Die Batterie darf nur bei ausgeschalteter Zündung abgeklemmt werden, da sonst das Steuergerät der Einspritzanlage beschädigt wird. Vor dem Abklemmen sollten auch die Hinweise im Kapitel »Radio« bzw. »Batterie aus- und einbauen« durchgelesen werden.
- Fahrzeug aufbocken.

16-Ventil-Motor: Zusatztank ausbauen

- Reserverad mit Halterung sowie linkes Hinterrad ausbauen.

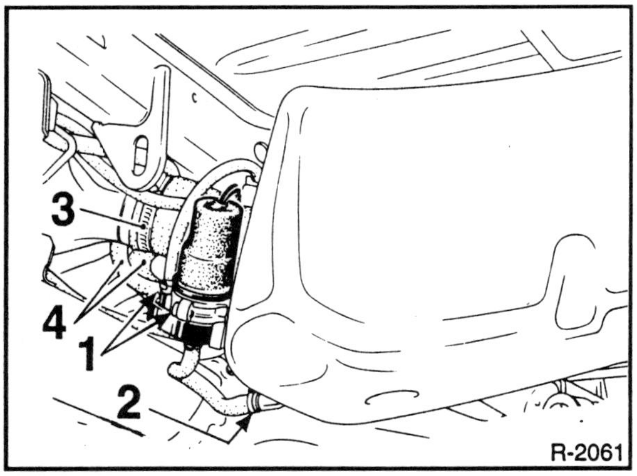

- Die beiden Befestigungsschrauben –1– der Zusatzpumpe lösen.
- Schelle –2– lösen und Leitung vom Zusatztank abziehen. **Achtung:** Es kann sich noch Kraftstoff im Tank befinden, geeignete Auffangwanne unterstellen.
- Schelle –3– an der Verbindungsleitung zwischen Haupt- und Zusatztank lösen.
- Die beiden Schellen an den Verbindungsleitungen –4– zum Einfüllstutzen lösen.

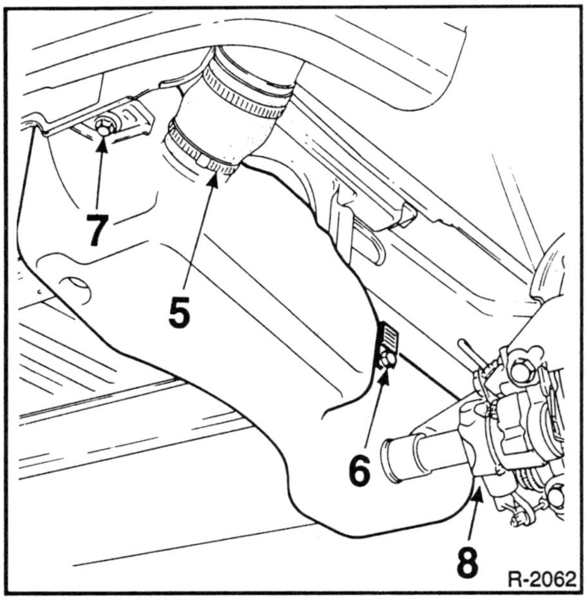

- Schelle –5– und Schraube –6– abschrauben.
- Befestigungsschrauben –7– und –8– lösen und Zusatztank abnehmen.

Haupttank ausbauen

- Hitzeschutzschild der Abgasanlage im Bereich des Tanks ausbauen. Gegebenenfalls muß dazu zuerst das Handbremsseil gelöst werden, siehe Seite 165.

- Gummilager –4– des Abgasrohr-Nachschalldämpfers aushängen, damit das Abgasrohr beim Tankausbau zur Seite gedrückt werden kann.
- Hitzeschutzschild –5– des Reserverades abschrauben.
- Hintere Sitzbank kippen und den Bodenbelag anheben, um an den Deckel über dem Kraftstoffvorratgeber zu gelangen.

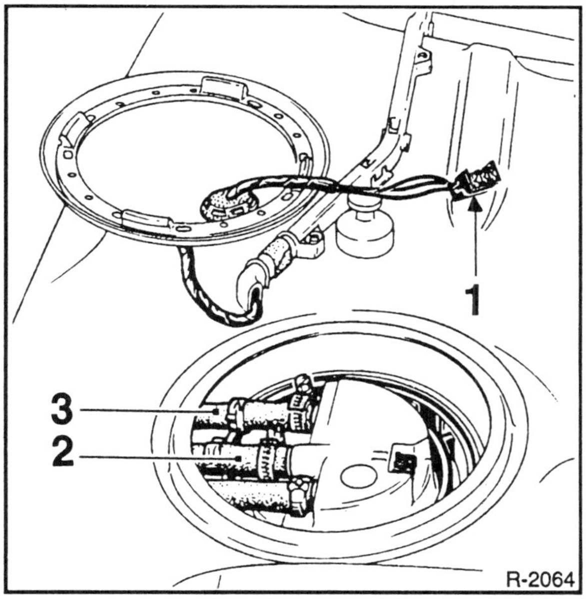

- Deckel abnehmen und den Stecker –1– abziehen.
- Schellen lösen, Belüftungs- und Kraftstoffschläuche -2- und -3- abziehen. Vorher alle Schläuche und Anschlußstutzen mit Farbe oder Tesaband kennzeichnen, damit sie beim Einbau wieder an richtiger Stelle aufgesteckt werden können.
- Benzinmotoren: Kraftstoffilter ausbauen, siehe Seite 265.
- 16-Ventil-Motor: Bremsleitungen am Halter im oberen Bereich des Kraftstofftanks lösen.

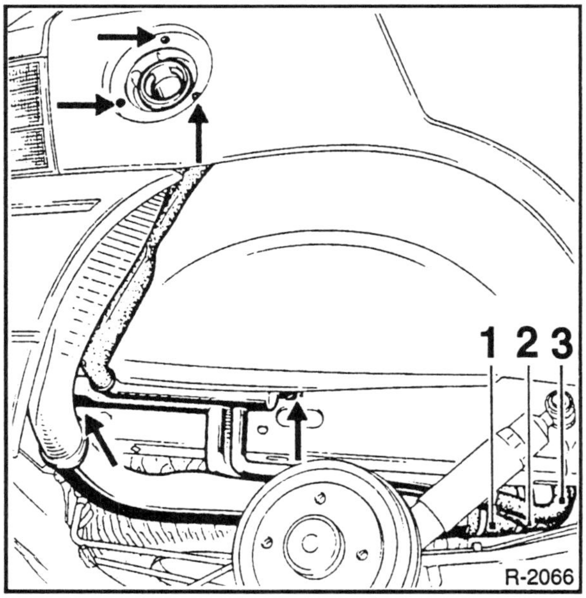

- Schellen –1–, –2– und –3– des Einfüllrohrs am Tank lösen.
- Soll auch das Einfüllrohr ausgebaut werden: Befestigungsschrauben –Pfeile– lösen und Tankstutzen nach unten abnehmen.

- Kraftstoffbehälter abstützen.
- Befestigungsschrauben des Kraftstofftanks entfernen, dann langsam ablassen.

Einbau

- Kraftstofftank anschrauben. Die Leitungen so verlegen, daß sie nicht gequetscht oder geknickt werden.
- Kraftstoffilter einbauen, siehe Seite 265.
- Falls ausgebaut, Bremsleitungen am Halter anschrauben.
- Elektrischen Stecker der Kraftstoffpumpe aufschieben.
- Kraftstoff- und Entlüftungsschläuche nach Markierung am Tankgeber anklemmen. Die serienmäßigen Quetschschellen durch Schraubschellen ersetzen.
- Einfüllrohr mit neuen Schlauchschellen am Kraftstofftank befestigen.
- 16-Ventil-Motor: Zusatztank einbauen, umgekehrt wie unter »Ausbau« beschrieben.
- Hitzeschutzschilde der Abgasanlage einbauen.
- Handbremsseil anschrauben und Handbremse einstellen, siehe Seite 165.
- Abgasrohr einhängen.
- Reserverad mit Halterung montieren.
- Falls ausgebaut, linkes Hinterrad montieren, Radschrauben mit **90 Nm** über Kreuz festziehen.
- Massekabel (–) und Pluskabel an die Batterie anklemmen. Radio neu codieren, siehe Seite 242.
- Kraftstoffstandanzeige auf korrekte Funktion überprüfen.

Kraftstoffpumpe/Tankgeber aus- und einbauen

Der Tankgeber und die Benzin-Kraftstoffpumpe sitzen oben im Kraftstoffbehälter. Zum Ausbau dieser Teile muß daher zuvor der Tank ausgebaut werden.

Mit sinkendem Kraftstoffspiegel sinkt auch der Schwimmer im Tankgeber ab. Durch einen Schleifkontakt am Schwimmer erhöht sich dabei der elektrische Widerstand des Gebers. Dadurch sinkt die Spannung am Anzeigeinstrument, und der Zeiger der Kraftstoffanzeige geht in Richtung »leer« zurück.

Sinkt der Schwimmer weiter ab, wird ab einer bestimmten Stellung der Warnkontakt geschlossen und am Schalttafeleinsatz leuchtet die Reserve-Warnleuchte auf.

Ausbau

Achtung: Kein offenes Feuer, Brandgefahr! Zum Ausbau des Tankgebers oder der Kraftstoffpumpe muß der Kraftstofftank **leer** sein. Tank weitestgehend leerfahren, oder Kraftstoff mit einer Pumpe absaugen.

- Kraftstofftank ausbauen, siehe Seite 78.

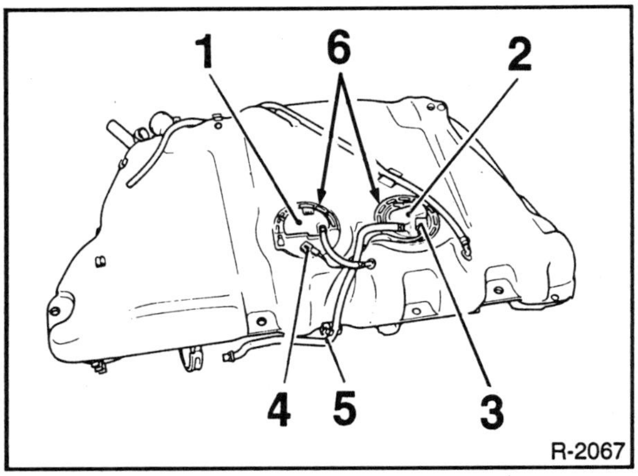

1 – **Tankgeber**
2 – **Kraftstoffpumpe**
3 – **Elektrischer Anschlußstecker**
4 – **Verbindungskabel**
5 – **Kraftstoffvorlaufschlauch**
6 – **Kunststoffmuttern**

- Elektrische Steckverbindung für Tankgeber abziehen.
- Schellen lösen, Belüftungs- und Kraftstoffschläuche abziehen. Vorher alle Schläuche und Anschlußstutzen mit Farbe oder Tesaband kennzeichnen, damit sie beim Einbau wieder an richtiger Stelle aufgesteckt werden können.

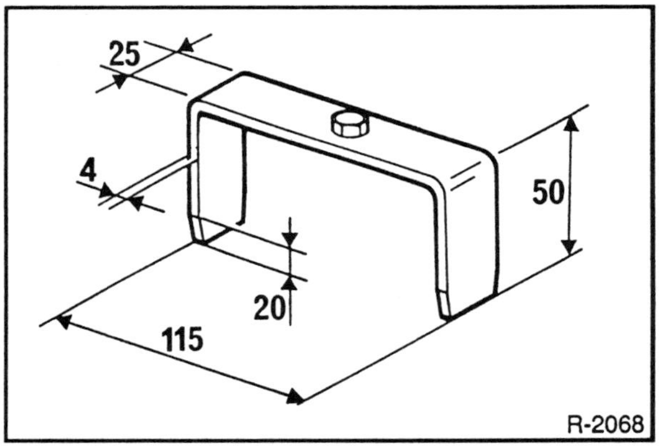

- Zum Lösen der Kunststoffmuttern muß ein geeignetes Werkzeug angefertigt werden, siehe Abbildung. Keinen Schraubendreher oder Hammer verwenden, da sonst die Kunststoffteile beschädigt werden.
  Werkzeug anfertigen, dazu in der Mitte eines 4 mm starken Flacheisens, Länge x Breite 210x25 mm, eine Bohrung anbringen und eine Schraube mit 13 mm-Sechskantkopf auf der Fläche anschweißen. Die Enden des Flacheisens U-förmig umbiegen und ausrichten, sie müssen in die Aussparungen der Kunststoffmuttern passen.
- Kunststoffmutter linksherum lösen.
- Tankgeber beziehungsweise Kraftstoffpumpe hochziehen und herausnehmen. Dabei Lappen unterlegen und eventuell austretenden Kraftstoff auffangen.

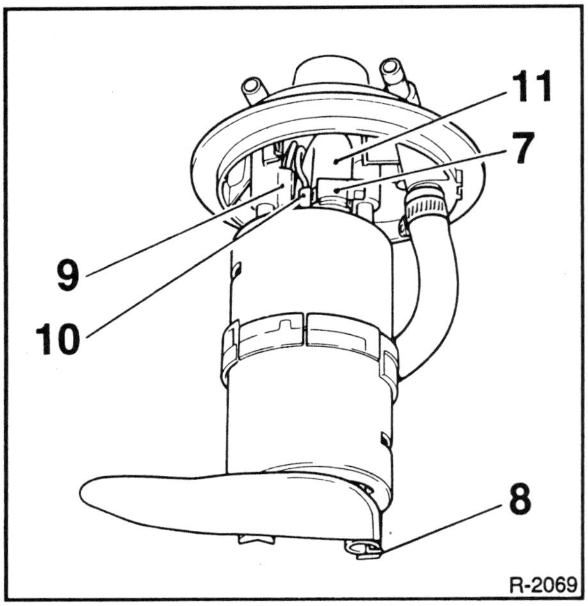

- Schelle –7– lösen, Klammer –8– abnehmen und die Pumpe vom Deckel trennen. Zuvor die Kabel –9– und –10 sowie den Kraftstoffschlauch –11– abziehen.

Einbau

- Sieb der Kraftstoffpumpe auf Verschmutzung prüfen, gegebenenfalls reinigen.
- Kraftstoffpumpe am Deckel anbauen, in umgekehrter Reihenfolge wie unter »Ausbau« beschrieben.
- Tankgeber und Kraftstoffpumpe mit **neuen** Dichtringen in den Tank so einsetzen, daß nach dem Festziehen die Kraftstoffschläuche aufgeschoben werden können.
- Kunststoffmuttern mit **30 Nm** (16-Ventil-Motor: 70 Nm) festziehen.
- Elektrischen Stecker aufschieben.
- Kraftstoff- und Entlüftungsschläuche nach Markierung am Tankgeber anklemmen. Schläuche mit neuen Schlauchschellen sichern.
- Tank einbauen, siehe Seite 78.

Luftfilter aus- und einbauen

Ausbau 1,2-l- (bis 3/96) und 1,4-l-Motoren

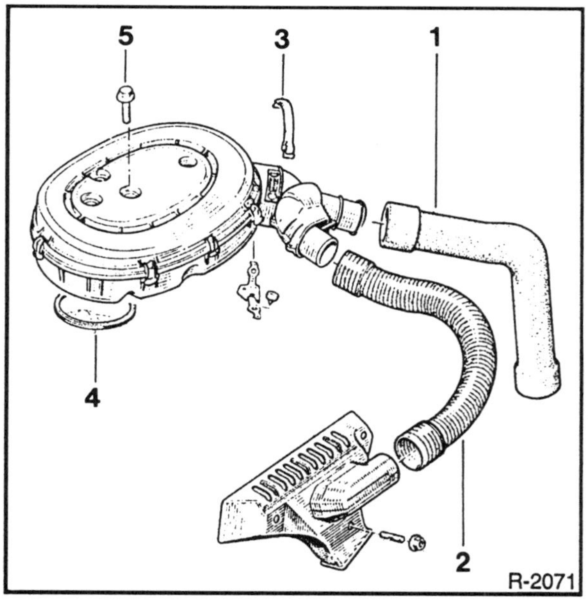

- Befestigungsschrauben –5– für Luftfiltergehäuse herausdrehen.
- Frischluftschlauch –1– und Warmluftschlauch –2– abziehen, vorher Schellen ganz lösen. (3 – Schelle für Ansaugluftvorwärmung.)
- Gummi-Spannband am Ansaugstutzen aushängen.
- Motor-Entlüftungsschlauch unten am Luftfiltergehäuse abziehen.
- Luftfiltergehäuse abnehmen.

Ausbau 1,8-l-Motor und Dieselmotor

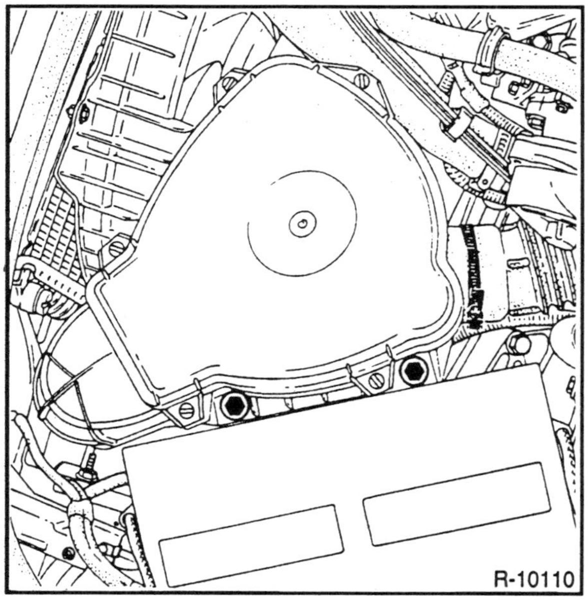

- 2 Befestigungsschrauben für Luftfiltergehäuse herausdrehen.

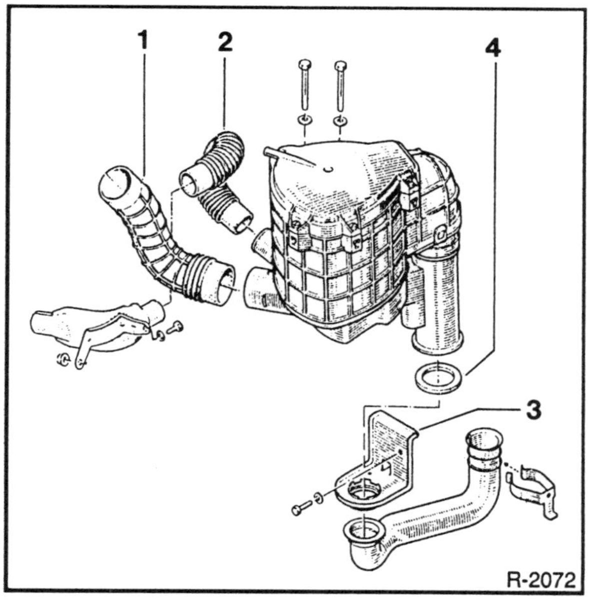

- Frischluftschlauch –1– und Warmluftschlauch –2– (nur Benzinmotor) abziehen, vorher Schellen ganz lösen.
- Gegebenenfalls Halterung –3– am Aufbau abschrauben und abnehmen.
- **16-Ventil-Motor:** Luftfiltereinsatz ausbauen und Luftfiltergehäuse an der Halterung abschrauben, siehe auch Seite 264.

Einbau

- 1,2-l- (bis 3/96) und 1,4-l-Motor: Schlauch unten am Filtergehäuse aufschieben.
- Luftfiltergehäuse ansetzen. Dabei Dichtung –4– nicht vergessen, siehe Abbildungen. Beschädigte Dichtungen erneuern.
- Ansaugstutzen am Halter mit Spannband befestigen.
- Frischluft- und Warmluftschlauch aufschieben und mit Schelle sichern.
- Filter anschrauben.
- **16-Ventil-Motor:** Luftfiltergehäuse anschrauben und Luftfiltereinsatz einsetzen. Schnellverschlüsse zuschnappen lassen.

Ansaugluftvorwärmung prüfen

Benzinmotoren

Die Ansaugluftvorwärmung wird temperaturabhängig über eine Luftklappe im Luftansaugstutzen geregelt. Bei defekter Ansaugluftvorwärmung können folgende Beanstandungen auftreten:

- Schlechter Leerlauf in der Warmlaufphase.
- Übergangsstörungen.
- Schlechte Leistung, Höchstgeschwindigkeit wird nicht erreicht.
- Hoher Kraftstoffverbrauch.

Stellung der Luftklappe prüfen

1,2-l- (bis 3/96) und 1,4-l-Motor:

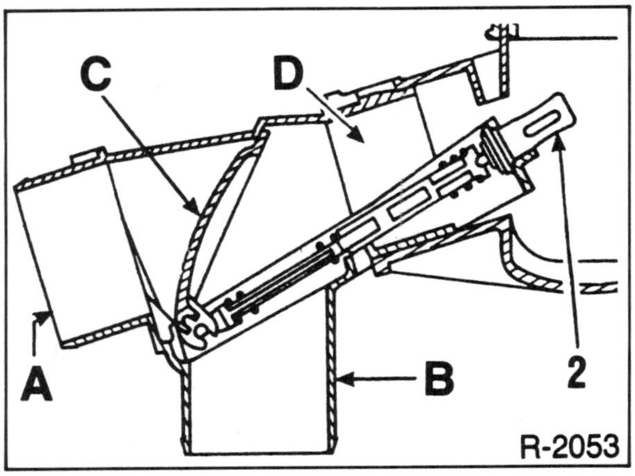

1,7-l-Vergasermotor:

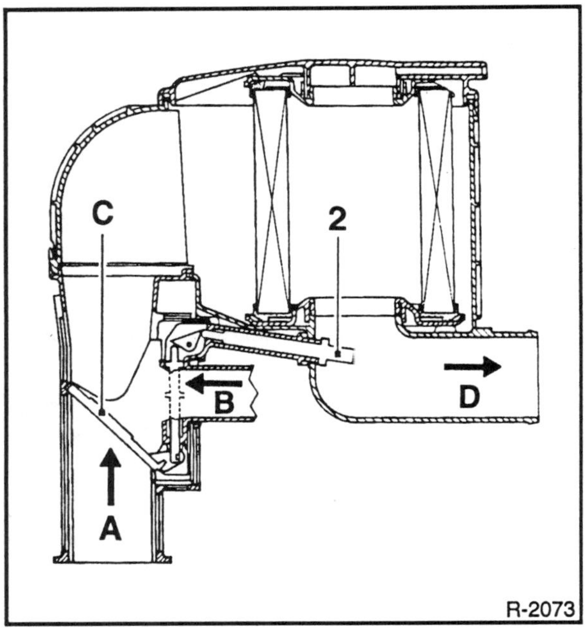

- Die Stellung der Luftklappe –C– wird durch ein Thermoelement –2– gesteuert, das im Ansaugkanal –D– sitzt.
- Bei laufendem, kaltem Motor muß die Klappe den Warmluftkanal –B– öffnen, damit Warmluft vom Abgaskrümmer zum Luftfilter geleitet wird.
- Wenn der Motor wärmer wird, schließt die Luftklappe langsam den Warmluftkanal und öffnet gleichzeitig den Frischluftkanal –A–.
- Bei betriebswarmem Motor muß der Warmluftkanal vollständig verschlossen sein. Der Motor saugt dann nur noch Frischluft an. Andernfalls Thermoelement prüfen.

Thermoelement prüfen

- Filtergehäuse ausbauen und im Bereich des Thermoelementes in ein Wasserbad tauchen.
- Wasser langsam erwärmen, dabei Temperatur messen. Bei einer Temperatur von +25° C muß der Kaltluftstutzen –A– verschlossen sein, siehe Abbildung R-2053.
- Bei einer Temperatur von +35° C muß die Luftklappe die Warmluftansaugung –B– verschlossen haben.
- Werden die Sollwerte nicht erreicht, Luftklappe und Thermoelement ersetzen. Sie können nicht repariert oder eingestellt werden.

1,8-l-Motor:

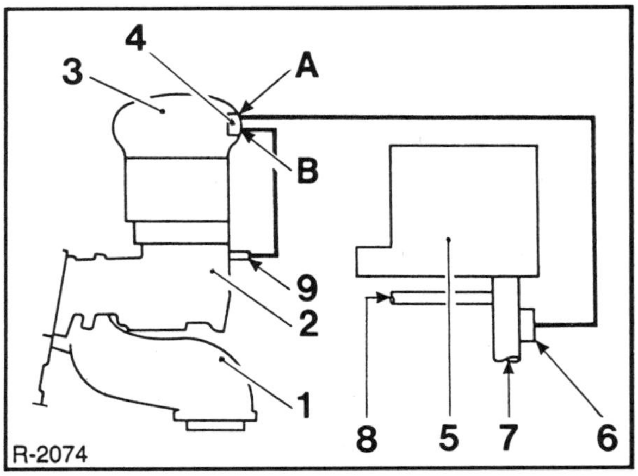

1 – Abgaskrümmer
2 – Ansaugkrümmer
3 – Ansaugstutzen
4 – Bimetallventil
5 – Luftfilter
6 – Luftverteilerklappe
7 – Kaltluftzufuhr
8 – Warmluftschlauch
9 – Unterdruckanschluß

- Der Luftfilter ist identisch mit dem Luftfilter des 1,7-l-Motors. Nur erfolgt die Steuerung der Luftklappe zusätzlich mit dem Saugrohr-Unterdruck: Ein Bimetallventil im Ansaugstutzen steuert die Luftverteilerklappe je nach Lufttemperatur. Bei Lufttemperaturen unter +35° C öffnet sich das Ventil, und der Saugrohr-Unterdruck des laufenden Motors liegt an der Unterdruckdose der Luftverteilerklappe an. Steigt die Temperatur an, sperrt das Ventil die Unterdruckleitung zur Luftklappe.

Prüfen

- Filtergehäuse im Bereich des Thermoelementes mit Kältespray abkühlen beziehungsweise zum Erwärmen in ein Wasserbad tauchen.
- Wasser langsam erwärmen, dabei Temperatur messen. Bei einer Temperatur von +20° C muß der Kaltluftstutzen –A– geöffnet sein, siehe Abbildung R-2073.
- Bei einer Temperatur von –10° C muß die Luftklappe die Warmluftansaugung –B– ganz geöffnet haben.
- Werden die Sollwerte nicht erreicht, Luftklappe und Thermoelement ersetzen.
- Unterdrucksteuerung prüfen: Schlauch an der Unterdruckdose der Luftverteilerklappe abziehen. Unterdruckpumpe mit Manometer (Sonderwerkzeug) am Stutzen anschließen und Unterdruck erzeugen. Ab ca. 150 – 200 mbar muß die Klappe in Position »Warmluft« ganz geöffnet sein.
- Öffnet die Klappe nicht, Unterdruckschläuche auf Dichtigkeit (Porosität) sichtprüfen, gut auf die Anschlußstutzen aufschieben. Gegebenenfalls defekte Teile ersetzen.

Die Benzin-Einspritzanlage

Die RENAULT CLIO-Benzinmotoren sind mit einer elektronischen Einspritzanlage von BENDIX ausgerüstet. Die Regelung des Zünd- und Einspritzsystems wird von einem gemeinsamen Steuergerät übernommen. In diesem Kapitel wird hauptsächlich auf den Einspritzteil des Systems eingegangen.

Alle Teile der Einspritzanlage sind langzeitstabil; Reparaturen sind daher äußerst selten. Bei Ausfall von Sensoren schaltet das Steuergerät auf ein Notlaufprogramm um. In diesem Fall ruckelt der Motor stark, und es treten Mängel im Fahrverhalten auf. Die Werkstatt kann die auftretenden Fehler mit einem Diagnosegerät abfragen und gezielt beheben. Ein Großteil der systematischen Überprüfungsarbeiten ist nur mit einem teueren Prüfgerät von RENAULT und entsprechenden Fachkenntnissen möglich. Daher ist hier nur eine Auswahl an grundlegenden Arbeiten beschrieben.

Schemazeichnung der BENDIX-Einpunkt-Einspritzanlage (SPI)

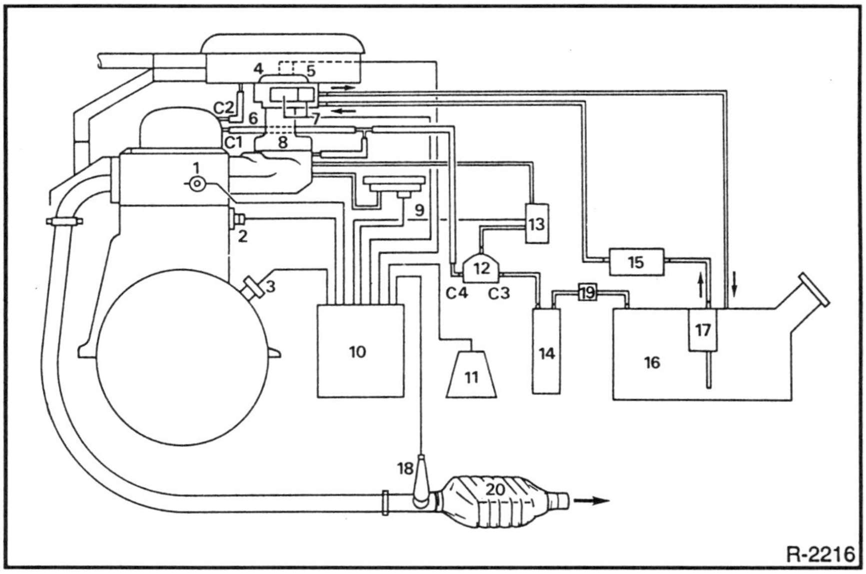

1 – **Temperaturfühler Kühlmittel**
2 – **Klopfsensor**
3 – **Impulsgeber für Drehzahl/OT**
4 – **Einspritzventil**
5 – **Temperaturfühler Ansaugluft**
6 – **Drosselklappenpotentiometer**
7 – **Motor für Leerlaufregulierung**
8 – **BOSCH-Drosselklappengehäuse**
9 – **Fühler für Saugrohrdruck**
10 – **Steuergerät**
Mit Relaiseinheit; Einbauort: Im Wasserkasten rechts.
11 – **Zünd-Leistungsmodul**
12 – **Unterdruck-Entlüftungsventil**
13 – **Elektroventil**
14 – **Aktivkohlefilter**
15 – **Kraftstoffilter**
16 – **Kraftstofftank**
17 – **Kraftstoffpumpe**
Einbauort: Im Tank.
18 – **Lambdasonde**
19 – **Rückschlagventil**
20 – **Katalysator**

C1 bis C4 – Verengungen (Kalibrierungen) im Motor-Entlüftungssystem.

Die Einpunkt-Einspritzung SPI (SPI = single-point-injection), Fahrzeuge bis 65 kW/88 PS

Bei der elektronischen BENDIX Einpunkt-Einspritzanlage (single-point) wird der Kraftstoff stoßweise in das Ansaugrohr eingespritzt. Dabei hat die Einpunkt-Einspritzung, im Gegensatz zum Mehrpunkt-Einspritzsystem, nur **ein** zentrales Einspritzventil für alle Zylinder. Die Verteilung des Kraftstoffs auf die einzelnen Zylinder erfolgt wie bei einem herkömmlichen Vergaser durch das Sammelsaugrohr.

Der Kraftstoff wird aus dem Kraftstoffbehälter von der elektrischen Kraftstoffpumpe angesaugt und über den Kraftstoffilter zur Einspritzeinheit gefördert. Ein Druckregler im Einspritzgehäuse sorgt dafür, daß der Druck im Kraftstoffsystem konstant auf ca. 1 bar gehalten wird.

Die Luftmenge wird vom Motor über den Luftfilter angesaugt und gelangt in die Einspritzeinheit. In der Einspritzeinheit sitzt das Einspritzventil über der vom Gaszug betätigten Drosselklappe.

Je nach gewünschter Motorleistung tritt der Fahrer das Gaspedal nieder und winkelt damit die Drosselklappe in der Einspritzeinheit an. Ein Potentiometer an der Drosselklappenwelle übermittelt dem Steuergerät den Drosselklappenwinkel. Das Steuergerät mißt der angesaugten Luftmenge die richtige Kraftstoffmenge zu. Als Maß für die eingelassene Luftmenge wird die Drosselklappenstellung und die Motordrehzahl genommen. Die Drehzahl wird über den induktiven Impulsgeber, der auch für die Zündung benötigt wird, am Schwungrad abgenommen.

Als zusätzliche Information wird der Unterdruck im Ansaugkrümmer berücksichtigt. Der Fühler für Saugrohrdruck sitzt an der Spritzwand und ist mit einer Unterdruckleitung mit dem Saugrohr verbunden.

Das Steuergerät der Zünd-/Einspritzanlage regelt entsprechend der gemessenen Luftmenge und der jeweiligen Motordrehzahl die Einspritzzeit und dadurch die Einspritzmenge nach einem vorgegebenen Kennfeld. Bei längerer Öffnung des Einspritzventils wird pro Kurbelwellenumdrehung mehr Kraftstoff eingespritzt. Das Steuergerät befindet sich in einem Gehäuse im rechten Wasserkasten (im Motorraum unterhalb der Windschutzscheibe).

Zusätzliche Fühler und Steuerteile sorgen bei allen Fahrsituationen für die richtig bemessene Kraftstoffmenge:

- Der Drosselklappenschalter sitzt direkt an der Drosselklappenwelle. Er übermittelt dem Steuergerät die Leerlauf- sowie die Vollaststellung der Drosselklappe. In der Leerlaufstellung öffnet oder schließt das Steuergerät über einen Stellmotor die Drosselklappe und regelt dadurch die Leerlaufdrehzahl auf den Sollwert ein.
- Die Lambdasonde (Sauerstoffsensor) mißt den Sauerstoffgehalt im Abgasstrom und schickt entsprechende Spannungssignale an das Steuergerät. Daraufhin verändert das Steuergerät das angesaugte Kraftstoff-/Luftverhältnis, so daß die Abgase im Katalysator optimal nachverbrannt werden.
- Der Ansaugluft-Temperaturfühler mißt die Temperatur der angesaugten Luft, ein zweiter Temperaturfühler am Motorblock mißt die Kühlmitteltemperatur.
- Das Magnetventil für Tankentlüftung wird je nach Betriebszustand des Motors angesteuert. Auftretende Kraftstoffdämpfe im Tank werden von einem Aktivkohlefilter gespeichert und über das Ventil der Verbrennung zugeführt. Die Kraftstoffdämpfe werden also durch den Aktivkohlefilter größtenteils wirtschaftlich genutzt und gelangen nicht ins Freie.

Die BENDIX Mehrpunkt-Einspritzung MPI (MPI = multi-point-injection) im 16-Ventil-Motor mit 99 kW/135 PS

Die elektronische Mehrpunkt-Benzineinspritzanlage von BENDIX verfügt über 4 Einspritzdüsen (eine für jeden Zylinder), die gleichzeitig einmal pro Kurbelwellenumdrehung betätigt werden und den Kraftstoff direkt vor die Einlaßventile einspritzen.

Der Kraftstoff wird aus dem Kraftstoffbehälter von der elektrischen Kraftstoffpumpe angesaugt und über den Kraftstoffilter zum Verteilerrohr und dann zu den Einspritzdüsen gefördert. Ein Druckregler am Verteilerrohr regelt den Druck im Kraftstoffsystem in Abhängigkeit vom Ansaug-Unterdruck auf 2,5 bis 3,0 bar.

Der Unterdruck im Ansaugkrümmer hängt von der Drosselklappenstellung (Gaspedalstellung) sowie der Motordrehzahl ab. Der Unterdruck im Ansaugkrümmer wird über einen Fühler erfaßt und dient dem Steuergerät zusammen mit der momentanen Motordrehzahl als Maß für die angesaugte Luftmenge. Der Fühler für Saugrohrdruck und der induktive Impulsgeber sind wie bei der Einpunkt-Einspritzanlage ausgeführt.

Das Steuergerät der Zünd-/Einspritzanlage regelt entsprechend der gemessenen Luftmenge und der jeweiligen Motordrehzahl die Einspritzzeit und dadurch die Einspritzmenge nach einem vorgegebenen Kennfeld.

Zusätzliche Fühler und Bauteile sorgen bei allen Fahrsituationen für die richtig bemessene Luft-/Kraftstoffmenge:

- Drosselklappenschalter/Drosselklappenpotentiometer, Temperaturfühler, Lambdasonde und Tankentlüftung sind weitgehend baugleich wie in der Einpunkt-Einspritzanlage.
- Der Leerlaufsteller (Magnetventil) regelt die Luftzufuhr des Motors unter Umgehung der Drosselklappe. Dadurch wird vor allem während der Warmlaufphase die Motordrehzahl stabilisiert.
- Das Kaltstartventil spritzt bei kaltem Motor (Kühlmitteltemperatur unter +20° C) sowie während des Motorstarts zusätzlich Kraftstoff in das Motor-Saugrohr ein.
- Während der Warmlaufphase des Motors wird das Drosselklappengehäuse (Hersteller Fa. PIERBURG) durch einen Vorwärmwiderstand aufgeheizt. Dies führt zu geringerem Verbrauch und besserem Motorlauf.
- Das Steuergerät berücksichtigt bei der Steuerung von Zündung/Einspritzung außerdem die Fahrzeuggeschwindigkeit, zur Erkennung der Geschwindigkeit hat die Tachowelle einen elektrischen Signalgeber.
- Bei Drehzahlen über 7000/min schaltet sich die Einspritzanlage ab, damit Motorschäden vermieden werden.

Sicherheitshinweise zur Benzin-Einspritzanlage

- Motor nicht starten ohne fest angeschlossene Batterie.
- Zum Starten des Motors **keinen** Schnellader verwenden.
- Nie bei laufendem Motor die Batterie vom Bordnetz trennen.
- Beim Schnelladen Batterie vom Bordnetz trennen.
- Bevor eine Prüfung der elektronischen Einspritzanlage erfolgt, muß gewährleistet sein, daß die Zündung in Ordnung ist, das heißt Zündung und Zündkerzen müssen den Vorschriften entsprechen.
- Bei Temperaturen über +80° C (Trockenofen), Steuergerät ausbauen.
- Auf einwandfreien Sitz der Anschlußstecker achten.
- Mehrfachstecker des Steuergerätes nicht bei eingeschalteter Zündung abziehen oder aufstecken.
- Bei Arbeiten an der Einspritzanlage Sauberkeitsregeln beachten, siehe Seite 76.
- Bei einer Kompressionsdruckprüfung Stromversorgung für Kraftstoffpumpenrelais unterbrechen, Relaisstecker ziehen. Lage des Relais, siehe Seite 215.

Motorraum-Übersicht: 1,2-/1,4-l-Motor (beim 1,8-l-Motor/88 PS annähernd gleiche Einbauorte)

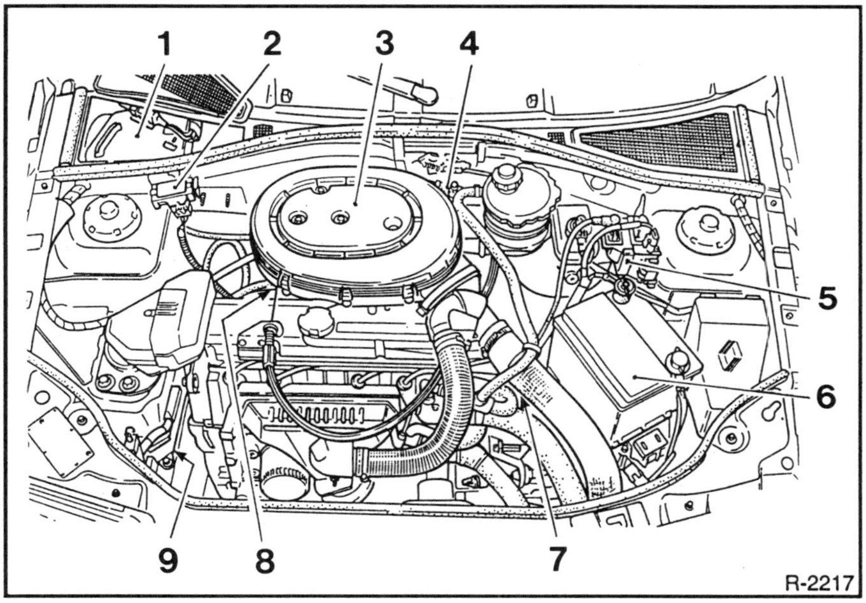

1 – **Elektronisches Steuergerät und Relais**
2 – **Fühler für Saugrohrdruck**
3 – **Luftfilter**
Beim 1,8-l-Motor vorn links im Motorraum angeordnet.
4 – **Elektroventil für Aktivkohlefilter**
Beim 1,8-l-Motor hinter dem rechten Scheinwerfer angeordnet.
5 – **Zünd-Leistungsmodul**
6 – **Batterie**
7 – **Impulsgeber OT/Drehzahl**
8 – **Drosselklappengehäuse**
9 – **Aktivkohlefilter**
Einbauort: Hinter dem Stoßfänger unterhalb des rechten Scheinwerfers.

Motorraum-Übersicht: 16-Ventil-Motor

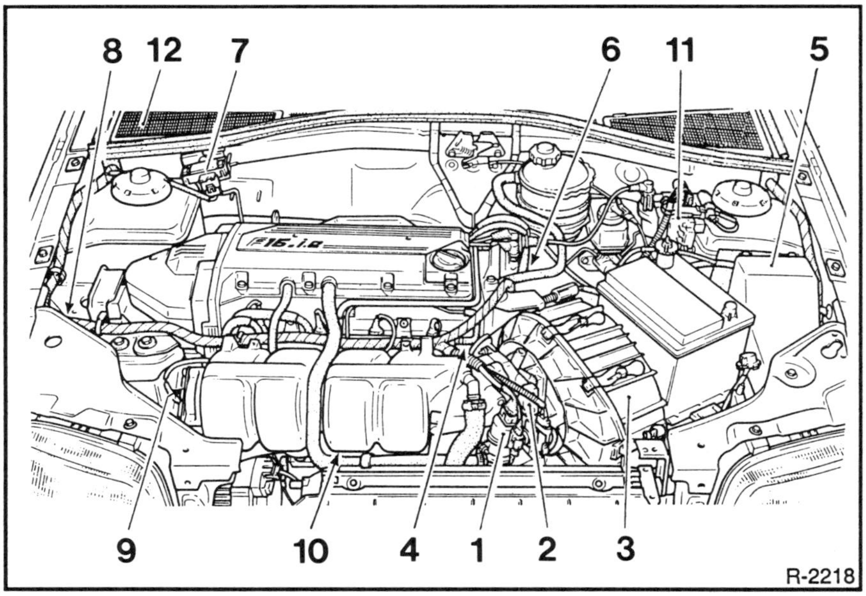

1 – **Leerlaufregulierventil**
2 – **Drosselklappenpotentiometer**
3 – **Luftfilter**
4 – **Kraftstoff-Verteilerrohr**
Mit angebautem Druckregler.
5 – **Relaiskasten**
6 – **Kühlmittel-Temperaturfühler**
7 – **Fühler für Saugrohrdruck**
8 – **Elektroventil für Aktivkohlefilter**
9 – **Ansaugluft-Temperaturfühler**
10 – **Kaltstartventil**
11 – **Zünd-Leistungsmodul**
12 – **Elektronisches Steuergerät**

Leerlauf und CO-Gehalt prüfen

Achtung: Leerlaufdrehzahl und CO-Gehalt müssen zusammen geprüft werden. Sie sind **nicht** einstellbar.

Prüfvoraussetzung: Abgasanlage prüfen, dazu bei laufendem Motor das Endrohr mit einem Lappen zuhalten. Alle Rohranschlüsse müssen dicht sein.

- Motor warmfahren und im Leerlauf drehen lassen, bis der Kühlerlüfter sich mindestens einmal ein- und wieder ausgeschaltet hat.
- Alle elektrischen Verbraucher ausschalten.

Achtung: Prüfgeräte nur bei ausgeschalteter Zündung anschließen.

- Drehzahlmesser nach Bedienungsanleitung anschließen.
- CO-Meßsonde am Endrohr anschließen.
- Motor starten und im Leerlauf drehen lassen.
- Leerlaufdrehzahl prüfen.
  Sollwerte: 1,2-/1,8-l-Motor: 700 bis 800/min;
  1,4-l-Motor: 775 bis 875/min;
  bei Automatikgetriebe: 730 bis 830/min;
  16-Ventiler: 850 bis 950/min.
- Falls die Leerlaufdrehzahl nicht mit dem Sollwert übereinstimmt, Ansaugtrakt auf Dichtheit prüfen. Dazu Motor starten und im Leerlauf belassen. Sämtliche Dichtstellen des Ansaugtraktes (Ansaugschlauch, Flansche des Ansaugkrümmers) mit einem Pinsel und Benzin bestreichen. Wenn sich die Drehzahl erhöht, saugt der Motor an der gerade bestrichenen Stelle Nebenluft an. In diesem Fall ist die entsprechende Dichtung zu erneuern.

Achtung: Kraftstoff nicht auf glühende Teile oder Zündanlage spritzen, Feuergefahr! Kraftstoffdämpfe nicht einatmen – giftig!

- Fehler weiterhin in folgender Reihenfolge suchen und beheben: Drosselklappenschalter und Drosselklappenpotentiometer überprüfen lassen. Anschließend Temperaturfühler für Kühlflüssigkeit/Ansaugluft prüfen.
- CO-Gehalt mit CO-Meßgerät prüfen. **Sollwert** (alle Motoren): max. 0,5 Vol. % (Volumen-Prozent).
- CO-Wert und Leerlaufdrehzahl können nicht eingestellt werden. Bei Abweichung des CO-Gehaltes vom Sollwert, Katalysator prüfen.
- Kann kein Fehler gefunden werden, Fachwerkstatt aufsuchen.
- Prüfgeräte bei ausgeschalteter Zündung abklemmen.

Gaszug einstellen

- Gaspedal voll durchtreten lassen (Helfer).

- Gaszug durch Umstecken der Steckraste am Widerlager so einstellen, daß am Drosselklappenhebel die Vollgasstellung gerade erreicht wird.
- Drosselklappenhebel mit der Hand bis zum Vollgasanschlag drücken. Es muß ein geringes Spiel vorhanden sein. Das Spiel darf jedoch nicht größer als 1 mm sein.

Ansaugluft-Temperaturfühler prüfen/aus- und einbauen

Achtung: Kühlmittel-Temperaturfühler prüfen/ersetzen, siehe Seite 65.

Der Temperaturfühler mißt die Temperatur der Ansaugluft und gibt sie an das Benzineinspritz-Steuergerät weiter. Der Fühler beinhaltet ein NTC-Element (NTC = Negativer Temperatur-Coeffizient), das seinen Widerstand bei steigender Temperatur verringert. Bei defektem Fühler nimmt das Steuergerät als Ersatzwert einen Durchschnittswert der Lufttemperatur an. Das führt vor allem bei niedrigen Außentemperaturen zu unruhigem Motorlauf und schlechter Motorleistung.

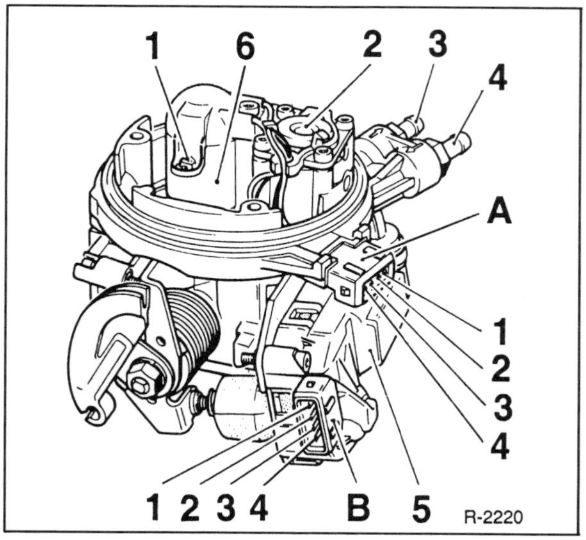

Einbaulage bei Einpunkt-Einspritzanlage (SPI):
1 – Fühler für Ansauglufttemperatur; 2 – Kraftstoffdruckregler; 3 – Kraftstoffrücklauf; 4 – Kraftstoffzufuhr; 5 – Drosselklappen-Stellmotor; 6 – Einspritzdüse.
Stecker –A–: Kontakt 1 und 4: Fühler für Ansauglufttemperatur.

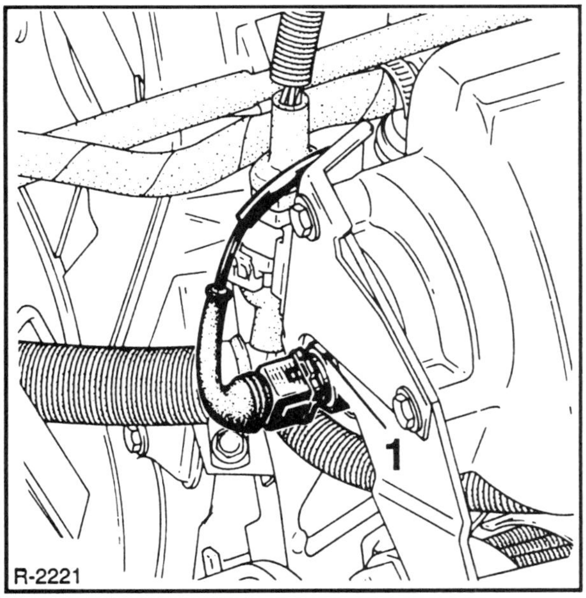

Einbauort bei Mehrpunkt-Einspritzanlage (MPI): Am Ende des Saugrohrs.

Temperaturfühler prüfen

- Mehrfachstecker abziehen. Dabei am Stecker, nicht am Kabel ziehen.
- Voltmeter an den Steckkontakten des Temperaturfühler-Steckers anschließen.
- Zündung einschalten und prüfen, ob Spannung anliegt. Liegt keine Spannung an, Leitung auf Durchgang prüfen.
- Ohmmeter an die beiden Kontakte des Temperaturfühlers anschließen. Meßwert bei vorhandener Temperatur mit **Sollwert** vergleichen:
  Einpunkt-Einspritzung: Bei einer Lufttemperatur von 0° C muß der Widerstand am Temperaturfühler 5,9 ± 0,6 kΩ betragen.
  Sollwerte bei +20° C: 2,5 ± 0,1 kΩ; bei +40° C: 1,22 ± 0,05 kΩ.
  Mehrpunkt-Einspritzung (16-Ventiler): Bei einer Lufttemperatur von 0° C muß der Widerstand am Temperaturfühler ca. 10 kΩ betragen.
  Sollwerte bei +20° C: 3,5 ± 0,5 kΩ; bei +40° C: 1,45 ± 0,2 kΩ.
- Wenn der Widerstand des Temperaturfühlers unterbrochen ist, die Anzeige des Meßgerätes ist dann ∞ (unendlich), muß der Temperaturfühler ersetzt werden.
- Stimmt der Meßwert nicht mit dem Sollwert für die jeweilige Umgebungstemperatur überein, Fühler herausschrauben.
- Temperaturfühler je nach gewünschter Temperatur in den Kühlschrank oder auf eine Heizung legen. Genaues Thermometer danebenlegen.
- Ohmmeter anklemmen.
- Temperaturfühler allmählich erwärmen und bei den angegebenen Temperaturen Widerstandswerte mit Sollwerten vergleichen. Der Temperaturfühler sollte vor jeder Messung mindestens 10 Minuten lang bei konstanter Temperatur gehalten werden, damit er sich stabilisieren kann.
- Falls die Werte nicht mit den Sollwerten übereinstimmen, Temperaturfühler ersetzen.

Ausbau bei Einpunkt-Benzineinspritzanlage

- Luftfilter ausbauen.
- Kabelstecker abziehen, dabei Drahtsicherung eindrücken.

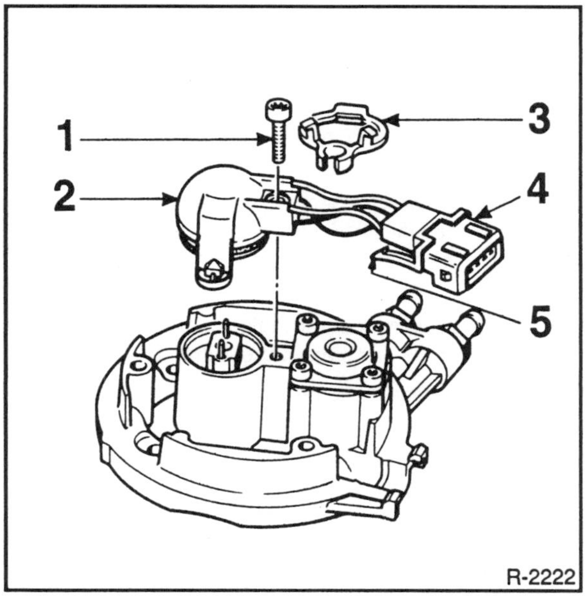

- Schraube –1– entfernen und Deckel –2– abheben.
- Kabel der Halterung –3– freilegen.
- Stecker –4– am Haken –5– aushängen und Temperaturfühler abnehmen.

Einbau

- Temperaturfühler einsetzen und nicht zu fest anziehen. Stecker aufschieben, er muß hörbar einrasten.
- Luftfilter einbauen.

Katalysator/Lambda-Regelung prüfen

Wenn bei der Kontrolle des CO-Wertes der Höchstwert überschritten wurde, muß der Katalysator in folgender Reihenfolge überprüft werden.

- Vergewissern, daß kein bleihaltiger Kraftstoff getankt wurde. Die RENAULT-Werkstatt kann mit Hilfe eines Diagnosegeräts die Funktion der Lambdasonde prüfen und abklären, ob der Motor mit bleihaltigem Benzin betrieben wurde. Wurde bleihaltiger Kraftstoff getankt, vor Ersatz von Bauteilen mindestens 2 Tankfüllungen unverbleiten Kraftstoff fahren, damit Einspritzsystem und Abgasanlage durchgespült werden.
- CO-Meßgerät anschließen und bei kaltem Motor CO-Gehalt im Abgas messen und notieren. Da der Katalysator noch nicht anspricht, liegt der CO-Gehalt wesentlich über 0,5 Vol.%.
- Motor auf Betriebstemperatur bringen, bis der Kühlerlüfter sich zweimal ein- und wieder ausgeschaltet hat.
- Abgase im Leerlauf und bei einer Drehzahl von 2500 bis 3000/min messen. Maximal zulässiger CO-Wert: 0,2 Vol.%.
- Liegt der CO-Wert über 0,2 Vol.%, Kabel für Lambda-Sonde abziehen. Die Lambda-Sonde sitzt im Abgasrohr vor dem Katalysatorgehäuse. Ist der CO-Wert bei abgezogener und angeschlossener Lambdasonde gleich, Lambdasonde ersetzen, siehe Seite 103.
- Prüfung mit neuer Lambdasonde wiederholen. Ist der CO-Wert immer noch zu hoch, folgende Bauteile des Fahrzeugs prüfen:
  - Batteriespannung
  - Kraftstoffversorgung
  - Zündanlage
  - Fahrleistungen (Probefahrt)
  - Dichtigkeit der Abgasanlage
- Wurde kein Fehler gefunden, Katalysator ausbauen und kontrollieren:
  - auf Schäden am Katalysatorgehäuse (Sichtkontrolle);
  - Katalysatorgehäuse kippen. Sind dabei Geräusche hörbar, ist der Katalysatorkern gebrochen.
- Wurden Schäden festgestellt, Katalysator auswechseln.

Steuergerät aus- und einbauen

Das Steuergerät der Zünd-/Einspritzanlage befindet sich in einem Kunststoff-Schutzgehäuse im rechten Wasserkasten (unterhalb der Windschutzscheibe).

Ausbau

- Batterie-Massekabel (–) abklemmen. **Achtung:** Dadurch wird aus dem Speicher des Radios der Code für die Diebstahlsicherung gelöscht. Die Batterie darf nur bei ausgeschalteter Zündung abgeklemmt werden, da sonst das Steuergerät der Einspritzanlage beschädigt wird. Vor dem Abklemmen sollten auch die Hinweise im Kapitel »Radio« bzw. »Batterie aus- und einbauen« durchgelesen werden.
- Rechtes Gitter unterhalb der Windschutzscheibe hochklappen. Wagenheber herausnehmen.

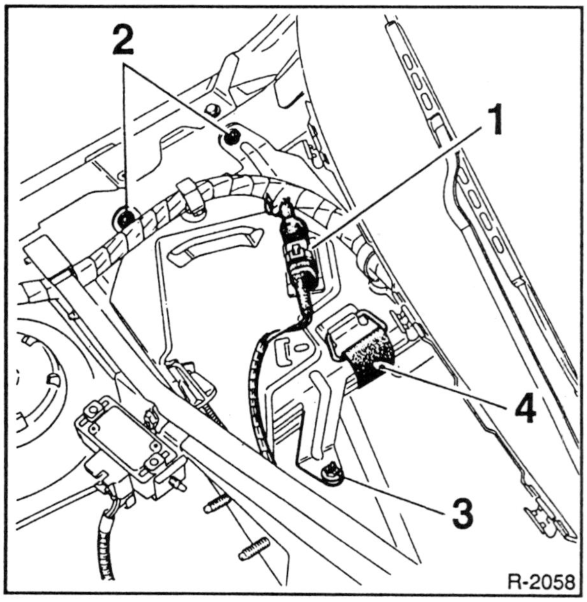

- Stecker –1– trennen.
- Schraube –2–, Mutter –3– lösen und Gummiband –4– aushängen.
- Deckel vom Gehäuse abnehmen und den Stecker lösen, der das Steuergerät mit dem elektrischen Kabelstrang verbindet.

Einbau

- Der Einbau erfolgt in umgekehrter Reihenfolge wie der Ausbau. Darauf achten, daß der Kabelstecker richtig sitzt.
- Massekabel (–) und Pluskabel an die Batterie anklemmen. Radio neu codieren, siehe Seite 243.

Technische Daten Einspritzanlagen

Einpunkt-Einspritzanlage BENDIX mit geregeltem Katalysator

Bauteil / Einbauort	Fabrikat / Technische Daten
Kraftstoffpumpe: im Tank angeordnet	Spannung: 12 Volt Druck: 1,06 bar Fördermenge: 50 l/Std
Kraftstoffilter: am Unterboden vor dem Tank	Austausch: alle 50 000 km
Papierfiltereinsatz im Luftfilter	Austausch: alle 20 000 km
Kraftstoff-Druckregler: im Drosselklappengehäuse integriert	Druck: 1,06 ± 0,05 bar
Elektromagnetisches Einspritzventil	Spannung: 12 Volt Widerstand: ca. 1,2 Ω
Drosselklappengehäuse	BOSCH, ∅ 32 mm (1,2-l-Motor) ∅ 36 mm (1,4-/1,8-l-Motor)
Katalysator	Kennzeichnung 1,2-/1,4-l-Motor: C21; 1,8-l-Motor: C10
Lambdasonde, beheizt	BOSCH LS H 24 Meßwerte bei +850° C: fettes Gemisch: 625 bis 1100 mV (Millivolt) armes Gemisch: 0 bis 80 mV
Steuergerät	BENDIX
Entlüftungssystem für Kraftstoffdämpfe	über Aktivkohlebehälter CAN 01

Mehrpunkt-Einspritzanlage BENDIX mit geregeltem Katalysator (16-Ventil-Motor)

Bauteil / Einbauort	Fabrikat / Technische Daten
Kraftstoffpumpe	Spannung: 12 Volt Druck: 3 bar Fördermenge: 130 l/Std
Kraftstoffilter	Austausch: alle 50 000 km
Papierfiltereinsatz im Luftfilter	Austausch: alle 20 000 km
Kraftstoff-Druckregler	Druck: bei Unterdruck 0: 3,0 ± 0,2 bar bei Unterdruck 500 mbar: 2,5 ± 0,2 bar
Elektromagnetische Einspritzventile (Funktion nur mit Steuergerät)	BOSCH: Spannung 12 Volt Widerstand 2,5 ± 0,5 Ω.
Drosselklappengehäuse	PIERBURG: Doppelgehäuse, ∅ 35 x 52 mm, Flansch elektrisch beheizt durch PTC-Widerstand
Leerlaufregulierventil	BOSCH, Spannung 12 Volt
Katalysator	Kennzeichnung: C17
Lambdasonde, beheizt	BOSCH Meßwerte bei +800° C: fettes Gemisch: größer 625 mV (Millivolt) armes Gemisch: 0 bis 100 mV
Kaltstartventil (Funktion nur mit Steuergerät)	BOSCH: Spannung 12 V; Widerstand: 10 ± 5 Ω
Entlüftungssystem für Kraftstoffdämpfe	über Aktivkohlebehälter CAN 01

Störungsdiagnose Benzin-Einspritzanlage

Bevor anhand der Störungsdiagnose der Fehler aufgespürt wird, müssen folgende Prüfvoraussetzungen erfüllt sein: Bedienungsfehler beim Starten ausgeschlossen. Sowohl für den kalten wie warmen Motor gilt: Gaspedal während des Startvorgangs nicht niederdrücken. Kraftstoff im Tank, Motor mechanisch in Ordnung, Ventilspiel richtig, Batterie geladen, Anlasser dreht mit ausreichender Drehzahl, Zündanlage ist in Ordnung, keine Undichtigkeiten an der Kraftstoffanlage, Verschmutzungen im Kraftstoffsystem ausgeschlossen, Kurbelgehäuse-Entlüftung in Ordnung, elektrische Masseverbindung (Motor-Getriebe-Aufbau) vorhanden. **Achtung:** Wenn Kraftstoffleitungen gelöst werden, müssen diese vorher mit Benzin gesäubert werden.

Störung	Ursache	Abhilfe
Motor springt nicht an	Elektro-Kraftstoffpumpe läuft beim Betätigen des Anlassers nicht an	■ Prüfen, ob Spannung an der Pumpe anliegt. Elektrische Kontakte auf gute Leitfähigkeit überprüfen
	Kraftstoffpumpenrelais defekt	■ Kraftstoffpumpenrelais überprüfen. Das Relais befindet sich im Relaiskasten links im Motorraum oder am Steuergerät
	Einspritzventile verklebt*	■ Ventile prüfen lassen, ggf. ersetzen
	Saugrohr-Druckfühler defekt	■ Druckfühler überprüfen
	Stecker am Steuergerät defekt	■ Stecker prüfen ggf. ersetzen
Der kalte Motor springt schlecht an, läuft unrund	CO-Gehalt falsch	■ CO-Gehalt und Leerlauf prüfen
	Temperaturfühler defekt	■ Temperaturfühler prüfen
	Kraftstoffdruck zu niedrig	■ Kraftstoffdruck prüfen lassen
Der warme Motor springt schlecht an, läuft unrund	Luftansaugsystem undicht	■ Dichtstellen und Anschlüsse im Ansaugsystem prüfen
Der Motor setzt aus	Elektrische Verbindungen zur Kraftstoffpumpe zeitweise unterbrochen	■ Steckverbindungen und Anschlüsse von elektrischen Leitungen an der Kraftstoffpumpe und dem Kraftstoffpumpen-Relais auf feste und widerstandslose Verbindung prüfen. Sicherung und Kontaktstellen am Kraftstoffpumpen-Relais prüfen. Kontakte reinigen bzw. erneuern.
	Stecker für Steuergerät defekt	■ Stecker prüfen ggf. erneuern
	Schlechte Kraftstoffqualität, Dampfblasenbildung	■ Marken-Kraftstoff tanken
	Kraftstoff-Fördermenge zu gering	■ Fördermenge prüfen
	Kraftstoffilter defekt	■ Kraftstoffilter erneuern
	Motor-Temperaturfühler defekt	■ Temperaturfühler prüfen
	Einspritzventil defekt*	■ Einspritzventile prüfen lassen
	Drosselklappenschalter defekt	■ Drosselklappenschalter prüfen
Der Motor hat Übergangsstörungen	Luftansaugsystem undicht	■ Dichtstellen und Anschlüsse im Ansaugsystem prüfen
	Leerlaufregelung fehlerhaft	■ Leerlaufsteller, Katalysator (Lambdaregelung) prüfen
	Vollastschalter defekt oder falsch eingestellt	■ Drosselklappenschalter prüfen

Störung	Ursache	Abhilfe
Der heiße Motor springt nicht an	CO-Gehalt falsch	■ CO-Gehalt und Leerlauf prüfen
	Druck im Kraftstoffsystem zu hoch	■ Kraftstoffdruck prüfen lassen, ggf. Druckregler ersetzen
	Rücklaufleitung zwischen Druckregler und Tank verstopft, geknickt	■ Leitung reinigen oder ersetzen
	Motortemperaturfühler defekt	■ Temperaturfühler prüfen
	Einspritzventile undicht*	■ Ventile ausbauen, Leitungen angeschlossen lassen, Starter kurz betätigen, innerhalb der nächsten Minute dürfen nicht mehr als 2 Tropfen Kraftstoff pro Ventil austreten
	Kraftstoffsystem undicht	■ Sichtprüfung an allen Verbindungsstellen im Bereich des Motors und der elektrischen Kraftstoffpumpe. Alle Anschlüsse nachziehen
	Luftansaugsystem undicht	■ Dichtstellen und Anschlüsse im Ansaugsystem prüfen

*) Einstelleneinspritzung (Fahrzeuge bis 88 PS) hat nur **ein** zentral angeordnetes Einspritzventil.

Der Dieselmotor

Der Dieselmotor des RENAULT CLIO ist als wassergekühlter Reihen-Vierzylinder konzipiert, der vorn quer zur Fahrtrichtung eingebaut ist. Der Motorblock besteht aus Grauguß, der Zylinderkopf aus Leichtmetall.

Die Ventile werden von der obenliegenden Nockenwelle über Tassenstößel aufgestoßen. Das Ventilspiel wird über Einstellscheiben in den Tassenstößeln eingestellt und muß bei Geräuschen im Ventiltrieb oder nach Motorreparaturen überprüft, gegebenenfalls nachreguliert werden. Der Zahnriemen, der die Nockenwelle antreibt, treibt auch die Diesel-Einspritzpumpe an.

Da der Dieselmotor weitgehend ähnlich dem 1,8-l-Benzinmotor aufgebaut ist, sind einzelne Arbeitsanweisungen für den Dieselmotor in folgende Benzinmotor-Kapitel integriert: Motorausbau, Zylinderkopf-, Nockenwellen- und Ventilausbau, Ventilsitzmaße, Ventilspieleinstellung, Kompression prüfen, Motorschmierung, Motorkühlung.

Das Diesel-Prinzip

Beim Dieselmotor wird reine Luft in die Zylinder angesaugt und dort sehr hoch verdichtet. Dadurch steigt die Temperatur in den Zylindern über die Zündtemperatur des Dieselöls an. Wenn der Kolben kurz vor dem oberen Totpunkt steht, wird in die hochverdichtete und etwa +600° C heiße Luft Dieselöl eingespritzt. Das Dieselöl zündet von selbst, Zündkerzen sind also nicht erforderlich.

Bei sehr kaltem Motor wird allein durch die Verdichtung die Zündtemperatur nicht erreicht. In diesem Fall muß vorgeglüht werden. Dazu befindet sich in jeder Wirbelkammer eine Glühkerze, die den Brennraum aufheizt.

Der Kraftstoff wird direkt von der Verteiler-Einspritzpumpe aus dem Kraftstoff-Vorratsbehälter angesaugt. In der Einspritzpumpe wird der für die Diesel-Einspritzung erforderliche hohe Druck (ca. 120 bar) aufgebaut und der Kraftstoff entsprechend der Zündfolge auf die einzelnen Zylinder verteilt. Gleichzeitig steuert ein Regler in der Einspritzpumpe die eingespritzte Kraftstoffmenge entsprechend der Betätigung des Gaspedals. Über die Einspritzventile wird der Diesel-Kraftstoff jeweils zum richtigen Zeitpunkt in die Vorkammer des betreffenden Zylinders eingespritzt. Durch die Form der Vor- oder Wirbelkammer erhält die angesaugte Luft beim Verdichtungshub eine bestimmte Wirbelbewegung, so daß sich der eingespritzte Kraftstoff optimal mit Luft vermischt.

Bevor der Kraftstoff in die Einspritzpumpe gelangt, durchfließt er den Kraftstoffilter. Dort werden Verunreinigungen und Wasser zurückgehalten. Es ist deshalb äußerst wichtig, den Kraftstoffilter entsprechend der Wartungsvorschrift zu entwässern beziehungsweise auszuwechseln.

Die Einspritzpumpe ist wartungsfrei. Alle beweglichen Teile der Pumpe werden mit Dieselöl geschmiert. Angetrieben wird die Einspritzpumpe von der Kurbelwelle über den Zahnriemen, der auch die Nockenwelle antreibt.

Der Dieselmotor arbeitet nach dem Prinzip der Selbstzündung, er besitzt keine Zündanlage. Zur Abschaltung des Motors wird deshalb der Kraftstoffzufluß durch ein elektrisches Magnetventil unterbrochen. Der Schalter im Zündschloß unterbricht die Stromversorgung zum Kraftstoffabschaltventil, wodurch der Kraftstoffkanal verschlossen wird. Beim Starten wird das Ventil mit Strom versorgt und gibt den Kraftstofffluß frei. Da die Kraftstoffabschaltung über den Schalter im Zündschloß betätigt wird, ist sichergestellt, daß der Motor noch vor dem Einrasten des Lenkradschlosses keinen Kraftstoff mehr erhält.

Zahnriemen aus- und einbauen/ Motorsteuerung einstellen

Die Motorsteuerung wird normalerweise nur nach Reparaturen, bei denen der Zahnriemen ausgebaut wurde, eingestellt. Soll die Motorsteuerung nur überprüft werden, sind alle Arbeitsschritte außer dem Ausbau des Zahnriemens auszuführen.

Zum Prüfen der exakten Zahnriemenspannung wird das RENAULT-Prüfgerät Elé 346-04 benötigt, das auch zum Prüfen der Keilriemenspannung verwendet wird, siehe Seite 40.

Ausbau

- Batterie-Massekabel (–) abklemmen. **Achtung:** Dadurch wird aus dem Speicher des Radios der Code für die Diebstahlsicherung gelöscht. Die Batterie darf nur bei ausgeschalteter Zündung abgeklemmt werden, da sonst das Steuergerät der Einspritzanlage beschädigt wird. Vor dem Abklemmen sollten auch die Hinweise im Kapitel »Radio« bzw. »Batterie aus- und einbauen« durchgelesen werden.
- Radschrauben vom rechten Vorderrad bei auf dem Boden stehendem Fahrzeug lösen.
- Scheibenrad zur Radnabe mit Farbe kennzeichnen. Dadurch kann das ausgewuchtete Rad wieder an gleicher Stelle montiert werden.
- Fahrzeug aufbocken.
- Rechtes Vorderrad abnehmen.
- Vordere Abdeckung im rechten Radhaus abschrauben.
- Luftfilter ausbauen, siehe Seite 81.

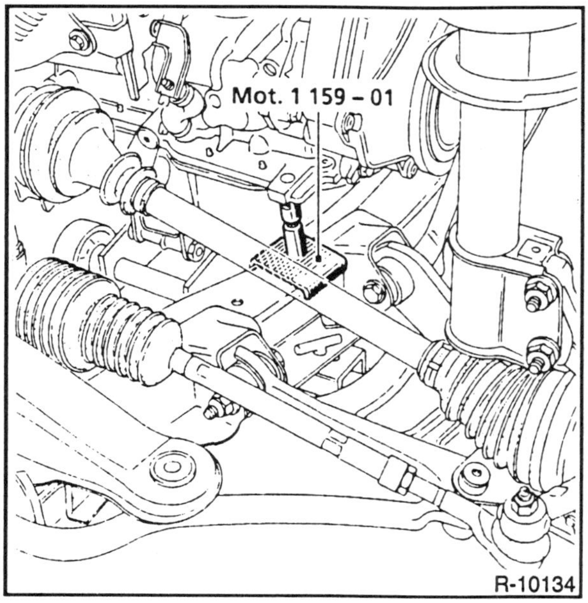

R-10134

Achtung: Da das rechte Motorlager ausgebaut werden muß, ist es erforderlich, den Motor abzustützen. Hierzu setzen die RENAULT-Werkstätten das Sonderwerkzeug Mot. 1159–01 zwischen dem rechten Tragrahmen und Motorblock ein, siehe Abbildung. Steht dieses Werkzeug nicht zur Verfügung, entsprechende Stütze selbst anfertigen, oder Motor mit Seilen an einem Kran aufhängen und Seile vorspannen, siehe Kapitel »Motorausbau«.

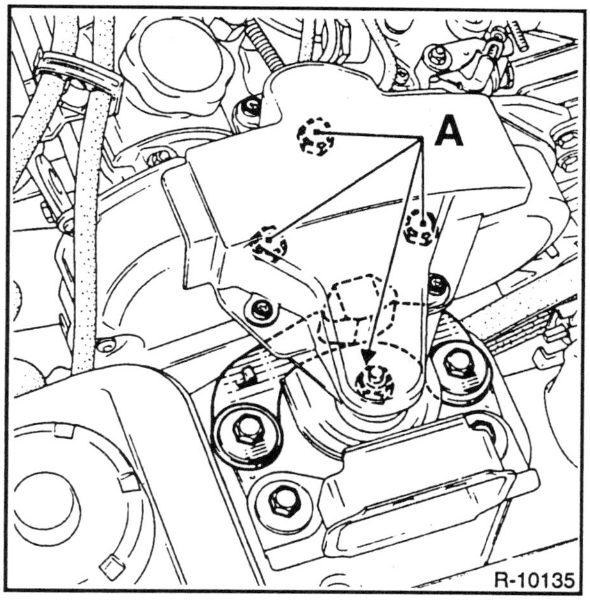

R-10135

- Kunststoffabdeckung abnehmen und Schrauben –A– lösen. Rechten Motorträger abnehmen.
- Kraftstoffilter mit Halterung an der Spritzwand abschrauben.
- Kühlerventilator ausbauen, siehe Seite 64.
- Keilriemen ausbauen, siehe Seite 40.
- Kurbelwellen-Riemenscheibe abschrauben und abnehmen. Damit sie beim Lösen der Schraube nicht mitdreht, 5. Gang einlegen und von einer Hilfsperson die Fußbremse treten lassen, dadurch wird der Motor blockiert.

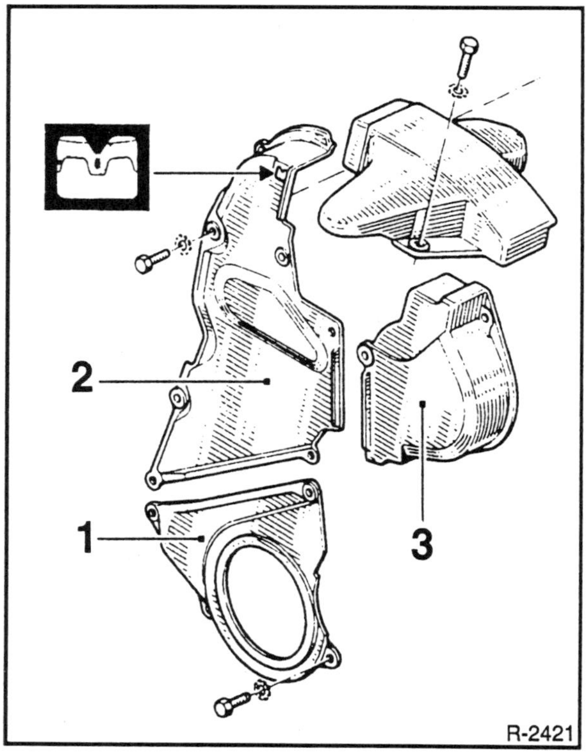

R-2421

- Kurbelwelle auf OT (Oberen Totpunkt) für Zylinder 1 drehen. Dazu 5. Gang einlegen, rechtes Vorderrad mit 2 Schrauben anschrauben und verdrehen, bis die Markierungen auf den Zahnriemenrädern der Nockenwelle und Einspritzpumpe mit der Markierung am Gehäuse übereinstimmen, siehe Abbildung.

Achtung: In keinem Fall Kurbelwelle am Zahnriemenrad der Nockenwelle oder Einspritzpumpe verdrehen, da der Zahnriemen sonst überbelastet wird.

- Zahnriemenschutz –1– bis –3– ausbauen, dazu Schrauben herausdrehen, siehe Abbildung. Da die Schrauben der Abdeckung schwer erreichbar sind, Motor anheben oder ablassen, um an die jeweiligen Schrauben zu gelangen.

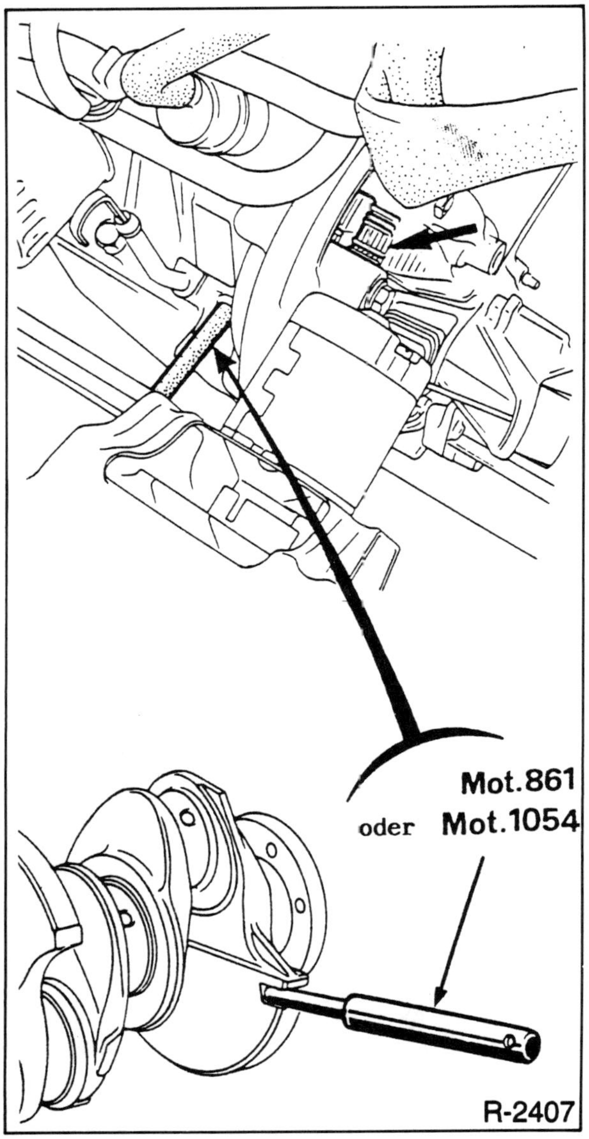

R-2407

- Die Werkstätten arretieren die Kurbelwelle, indem sie einen geeigneten Dorn (Durchmesser 8 mm) in die Motorblock-Bohrung einstecken, der in die Kurbelwelle eingreift. Dies ist aber nicht unbedingt nötig, wenn der Motor bei abgenommenem Zahnriemen nicht verstellt wird. Die OT-Stellung kann auch an der Markierung im Schauloch der Kupplungsglocke –Pfeil– erkannt werden.
- Mutter für Spannrolle lösen und Zahnriemen entspannen.
- Zahnriemen abnehmen.

Achtung: Wenn die Nockenwelle bei abgenommenem Zahnriemen gedreht wird, darf kein Kolben auf OT stehen. Es können sonst schwerwiegende Schäden an Kolben oder Ventilen entstehen.
Soll die Nockenwelle gedreht werden, vorher alle Kolben gleichmäßig auf halbe Höhe stellen.
Dazu oben an der Kurbelwellen-Riemenscheibe einen Kreidestrich anbringen (Voraussetzung: Kurbelwelle steht in OT-Stellung für Zylinder 1), dann Kurbelwellen-Riemenscheibe um ¼ Umdrehung (90°) nach links oder rechts drehen. Die Kreidemarkierung zeigt nun nach rechts oder nach links. Falls verwendet, Feststelldorn vorher entfernen.

Nockenwellenrad mit Ringschlüssel im Uhrzeigersinn so weit drehen, daß die Markierungen auf dem betreffenden Rad mit der festen Markierung übereinstimmen.

Einbau

- Am Schauloch der Kupplungsglocke prüfen, ob die Kurbelwelle auf OT steht, OT-Markierung am Schwungrad und Bezugsmarke müssen übereinstimmen.

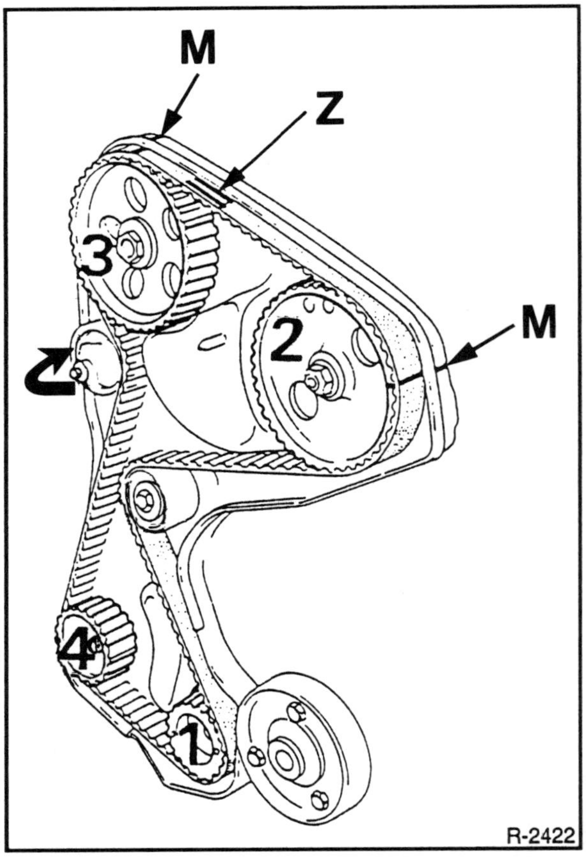

R-2422

- Zahnriemen in numerischer Reihenfolge auf die Riemenräder auflegen, dabei Laufrichtung beachten. Die Laufrichtung ist durch Pfeile –Z– auf dem Zahnriemen markiert. Die Stellung der Nebenantriebswelle –4– (für Ölpumpe) ist ohne Belang.

Spannen

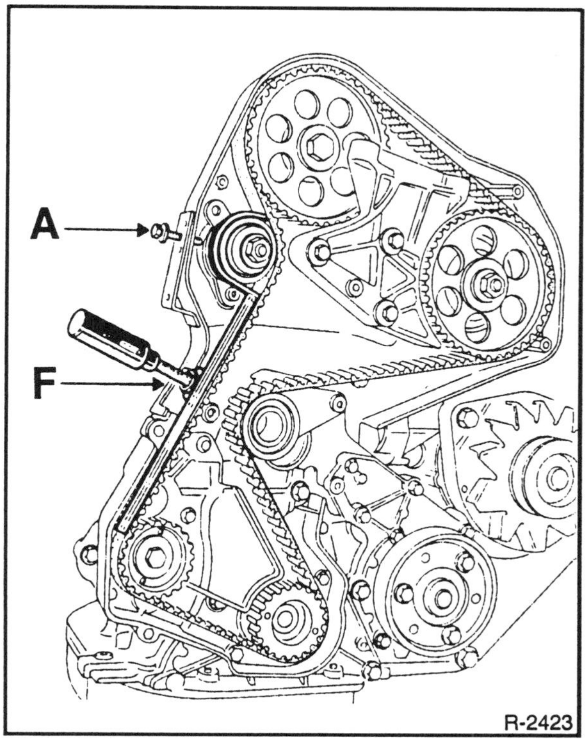

- Eine Schraube –A– mit M6-Gewinde (Gewinde-Außendurchmesser 6 mm) in das Zahnriemengehäuse einschrauben und Spannrolle gegen den Zahnriemen drücken, siehe Abbildung. Mutter für Spannrolle in gespannter Stellung festziehen und Spannung überprüfen.
- Die Werkstatt prüft die korrekte Zahnriemenspannung mit einem Prüfgerät, mit dem auch die Keilriemenspannung geprüft wird, siehe Seite 40.

Prüfgerät eichen und mittig an Stelle –F– zwischen die beiden Zahnriemenräder aufsetzen. Bei einem Druck des Prüfgeräts von 30 N (= 3 kg) auf den Zahnriemen muß der Zahnriemen um **7 bis 8 mm** nachgeben. Nach der Einstellung Mutter für Spannrolle mit **50 Nm** festziehen.

- Sicherstellen, daß die Markierungen an den Zahnriemenrädern mit den Bezugsmarken –M– übereinstimmen, siehe Abbildung R-2422.
- Falls verwendet, Feststelldorn an der Kurbelwelle entfernen.
- Stopfen für Feststelldorn in die Motorblock-Bohrung einsetzen.
- Motor zwei Kurbelwellenumdrehungen weiterdrehen und Messung wiederholen, gegebenenfalls Einstellung wiederholen. Zum Verdrehen 5. Gang einlegen und Vorderrad in Fahrtrichtung verdrehen. Nicht rückwärts drehen, der Zahnriemen muß sich im Uhrzeigersinn drehen.
- Mutter für Spannrolle mit **50 Nm** festziehen. Nicht lockerer, sonst kann der Zahnriemen im späteren Fahrbetrieb überspringen und schwere Motorschäden verursachen.
- Behelfsmäßig kann die Zahnriemenspannung auch mit Daumendruck geprüft werden. Zwischen Spannrolle und Nebenwellenrad muß sich der Zahnriemen gerade noch um 8 bis 10 mm eindrücken lassen. In jedem Fall: **Sicherheitshalber Zahnriemenspannung baldmöglichst von einer Fachwerkstatt kontrollieren lassen.**
- Keilriemenscheibe mit **100 Nm** an der Kurbelwelle anschrauben.
- Zahnriemenschutz einbauen. Die Spannschraube zuvor entfernen.
- Rechte Motoraufhängung einsetzen und mit dem richtigen Drehmoment anschrauben, siehe Seite 19.
- Motor-Abstützung beziehungsweise Kran entfernen.
- Keilriemen einbauen und spannen, siehe Seite 40.
- Abdeckung im rechten Radhaus wieder anbringen.
- Rechtes Vorderrad anschrauben, dabei auf Markierung zur Radnabe achten. Fahrzeug ablassen und Radschrauben mit **90 Nm** über Kreuz festziehen.
- Kraftstoffilter an der Trennwand anschrauben.
- Kühlerventilator einbauen.
- Luftfilter einbauen.
- Massekabel (–) und Pluskabel an die Batterie anklemmen. Radio neu codieren, siehe Seite 243.
- Sicherheitshalber Förderbeginn der Einspritzpumpe kontrollieren lassen (Werkstattarbeit).

Die Diesel-Vorglühanlage

Bei sehr kaltem Motor wird die Selbstzündungstemperatur durch die Verdichtung allein nicht erreicht, deshalb muß die angesaugte Luft vorgewärmt werden.

Zu diesem Zweck ist in jeder Wirbelkammer vor dem Brennraum eine Stabglühkerze eingeschraubt. Die Glühkerze besteht im wesentlichen aus einem Gehäuse mit eingepreßtem Heizstab. Sobald Spannung anliegt, heizt sich die Heizwicklung im Heizstab innerhalb weniger Sekunden bis auf über +850° C auf, wodurch die Vorglühdauer bis zum Anlassen selten länger als 10 Sekunden beträgt. Erlischt die Vorglüh-Kontrolleuchte an der Armaturentafel, kann der Motor gestartet werden.

Die Dauer des Vorglühens sowie die automatische Nachglühung nach dem Start (maximal 3 Minuten) wird über ein elektronisches Steuergerät geregelt, das sich im Motorraum am linken Stoßdämpferdom befindet.

Durch entsprechende Geber erhält das Glühzeit-Steuergerät unter anderem Informationen über Kühlmitteltemperatur, Leerlaufstellung der Einspritzpumpe sowie Tätigkeit des Anlassers. Das Steuergerät entscheidet anhand der übermittelten Daten, wie lange und wieviel Strom den Glühkerzen zugeführt wird.

Glühkerzen prüfen

Wenn Schwierigkeiten beim Anlassen des Motors auftreten, sind sämtliche Glühkerzen auf einwandfreie Funktion zu prüfen.

Prüfvoraussetzung: Motor kalt (Umgebungstemperatur). Batterie voll geladen, Batteriespannung mindestens 11,5 Volt.

Stromzufuhr prüfen

Diese Kontrolle kann bei eingebauten Glühkerzen durchgeführt werden.

- Prüflampe parallel zwischen Stromschiene der Glühkerzen und Masse halten.
- Zündung einschalten, Motor vorglühen. Zündschlüssel auf Vorglühstellung lassen und Prüflampe beobachten.
- Die Prüflampe muß aufleuchten und nach 4 bis 5 Sekunden erlöschen.
- Zündanlaßschalter erneut in Vorglühstellung bringen. Wenn die Vorglühkontrolleuchte erlischt, Motor anlassen. **Achtung:** Die Vorglühkontrolleuchte bleibt bei einwandfreier Funktion der Vorglühanlage bei einer Umgebungstemperatur von +20° C lediglich während 4 bis 7 Sekunden erleuchtet. Dennoch bleiben die Glühkerzen länger unter Strom (Nachglühzeit), damit der Motor schneller warm wird. Prüflampe beobachten: Die Prüflampe muß bei +20° C ca. 30 Sekunden erleuchtet bleiben.
- Ist die Stromzufuhr defekt, Vorglüh-Steuergerät von Fachwerkstatt überprüfen lassen.

Glühkerzen prüfen

- Anschlußkabel und Stromschiene für Glühkerzen abnehmen.

- Ohmmeter nacheinander an jede Glühkerze anlegen und Widerstand messen. **Sollwert:** $0{,}6 \pm 0{,}2\ \Omega$.
- Wird der Sollwert nicht erreicht: Glühkerze defekt, austauschen; Anzugsdrehmoment: **20 Nm. Achtung:** Das Anzugsdrehmoment darf **nicht** überschritten werden, da sonst der Ringspalt zwischen Glühstab und Gewindeteil zugezogen wird und die Glühkerze vorzeitig ausfällt. Bei verbrannten Glühstiften Hinweise beachten.
- Anschlußkabel für Stromschiene anklemmen.

Achtung: Wird kein Fehler gefunden, obwohl der Motor schlecht anspringt, Glühkerzen beim Vorglühen sichtprüfen. Dazu Einspritzdüsen ausbauen und durch die Öffnungen Glühkerzen beobachten.

Glühkerzen mit verbrannten Glühstiften

Verbrannte Glühstifte von Glühkerzen sind häufig Folgeschäden von Düsenstörungen. Derartige Schäden sind nicht auf Mängel in oder an der Glühkerze zurückzuführen.

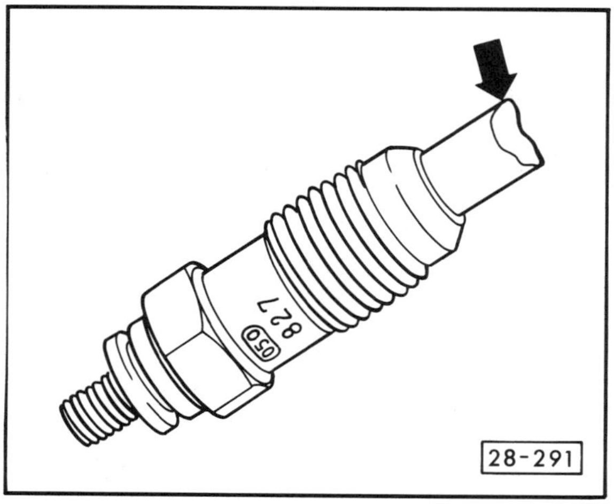

Werden im Beanstandungsfall derartige Glühkerzen gefunden –Pfeil–, genügt es nicht, diese nur zu ersetzen. Es muß auch eine Überprüfung der Einspritzdüsen auf Abspritzdruck und Dichtigkeit erfolgen (Werkstattarbeit).

Die Kraftstoffversorgung

Zur Kraftstoffanlage gehören der Kraftstoffbehälter, die Kraftstoffleitungen, die Einspritzpumpe mit den Einspritzventilen sowie der Kraftstoffilter. Falls der Tank leer gefahren wird, muß die Kraftstoffanlage am Kraftstoffilter entlüftet werden, siehe Seite 263.

Achtung: Um bei Startschwierigkeiten zu prüfen, ob Kraftstoff zu den Einspritzventilen gefördert wird, an zwei Einspritzventilen die Überwurfmuttern lösen und den Motor ohne vorzuglühen starten, bis Kraftstoff an den Überwurfmuttern austritt. Überwurfmuttern festziehen und Motor vorschriftsmäßig starten.

Achtung: Wenn kein Kraftstoff gefördert wird, dann ist die Anlage folgendermaßen zu entlüften:

- Einspritzpumpe mit Dieselkraftstoff anfüllen.
- Kraftstoff-Filter mit Diesel anfüllen.
- Fahrzeug anschleppen.

Durch diese Maßnahmen ist eine schnelle Entlüftung sichergestellt.

Bei Arbeiten an der Einspritzanlage Sauberkeitshinweise beachten, siehe Seite 76.

Außerdem ist darauf zu achten, daß kein Dieselkraftstoff auf die Kühlmittelschläuche läuft. Gegebenenfalls müssen die Schläuche sofort wieder gereinigt werden. Angegriffene Schläuche sind zu ersetzen.

Die Diesel-Einspritzanlage

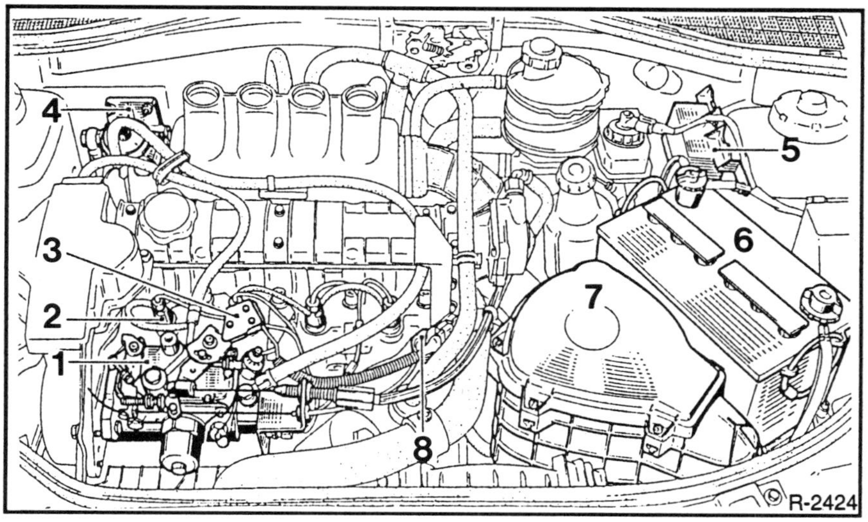

1 – **Einspritzpumpe**

2 – **Einspritzdüse**

3 – **Vollast-Mikroschalter**

4 – **Kraftstoffilter**
Mit Handpumpe zur Entlüftung, sowie Kühlmittelanschluß zur Dieselvorwärmung.

5 – **Vorglüh-/Nachglüh-Steuergerät**

6 – **Batterie**

7 – **Luftfilter**

8 – **Thermoelement**
Für beschleunigten Leerlauf.

Elektromagnetischen Absteller prüfen/ersetzen

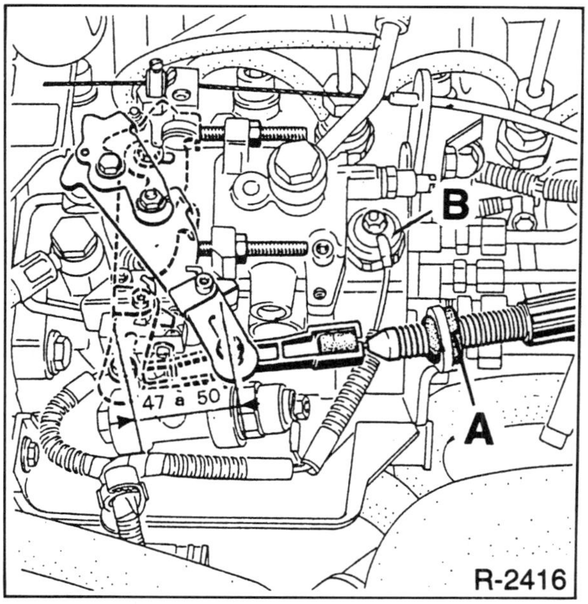

Der elektromagnetische Absteller –B– an der Einspritzpumpe gibt den Kraftstoffzulauf bei Einschalten der Zündung frei. Er ist zu prüfen, wenn der Motor nicht anspringt oder nach Ausschalten der Zündung weiterläuft.

- Zündung ein- und ausschalten. Der elektromagnetische Absteller muß dabei hörbar klicken.
- Klickt der Absteller nicht, prüfen, ob elektrische Zuleitung bei eingeschalteter Zündung Strom führt. Führt sie keinen Strom, Fehler nach Stromlaufplan suchen und beheben.
- Wurde kein Fehler gefunden, Kabel abziehen und Absteller herausschrauben.
- Neuen Absteller mit Dichtring einsetzen, mit **20 Nm** festziehen. Kabel aufstecken.
- Motor starten. Die Kraftstoffanlage entlüftet sich dabei von selbst.

Gaszug einstellen

Achtung: Der Gaszug ist sehr knickempfindlich und daher beim Einbau besonders sorgfältig zu behandeln. Ein einziger leichter Knick kann zum späteren Bruch im Fahrbetrieb führen. Züge, die geknickt wurden, dürfen deswegen **nicht** eingebaut werden.

- Gaspedal von Hilfsperson ganz durchdrücken lassen (Vollgasstellung), oder in dieser Stellung mit geeignetem Brett zwischen Sitz und Pedal festklemmen.
- Bei Vollgasstellung Gaszug durch Umstecken der Steckraste (–A– in Bild R-2416) so einstellen, daß der Einspritzpumpenhebel spannungsfrei am Anschlag für Höchstdrehzahl der Einspritzpumpe liegt.

Leerlaufdrehzahl prüfen/einstellen

Da Dieselmotoren keine Zündanlage besitzen, wird zur Messung der Leerlaufdrehzahl ein spezieller Dieselmotortester benötigt (zum Beispiel von Fa. BOSCH). Er ist teuer, so daß sich der Kauf nicht unbedingt lohnt.

- Motor auf Betriebstemperatur bringen (Probefahrt). Anschließend Motor im Leerlauf drehen lassen, bis der Kühlerlüfter mindestens einmal ein- und wieder ausgeschaltet hat.
- Elektrische Verbraucher (Radio, Licht) müssen ausgeschaltet sein.
- Leerlaufdrehzahl prüfen, **Sollwert:** 825 ± 25/min.

Einstellen

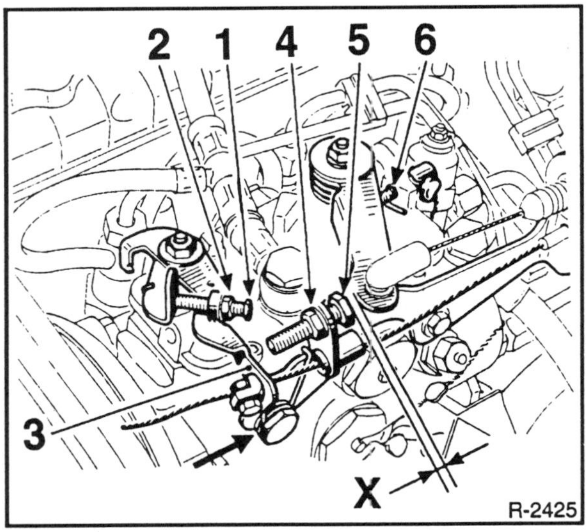

- Motor muß betriebswarm sein. Motor im Leerlauf laufen lassen. **Achtung:** Der Hebel –3– (für beschleunigten Leerlauf) muß bei betriebswarmem Motor am Mindestanschlag anliegen, gegebenenfalls zuerst einstellen.
- Fühlerblattlehre oder Unterlage von X = 5 mm Stärke zwischen dem Anschlag –5– und dem Regelhebel einsetzen. 6– Anschlag.
- Kontermutter –4– lösen und den Anschlag –5– verstellen, bis eine Drehzahl von 1600 ± 100/min erreicht ist. Unterlage entfernen und Kontermutter –4– festziehen.
- Schraube –1– entkontern und verstellen, bis die Leerlaufdrehzahl 825 ± 25/min erreicht ist. Kontermutter –2– festziehen.
- Einige Male Vollgas geben und dann Leerlaufdrehzahl erneut prüfen:
  – läuft der Motor jetzt zu langsam, also unterhalb der vorgegebenen Leerlaufdrehzahl, den Anschlagschraube –5– entkontern und ¼ Umdrehung lösen.
  – fällt die Drehzahl nach dem Gasgeben zu langsam ab, Anschlagschraube –5– um ¼ Umdrehung anziehen.

Achtung: Nie länger als 5 Sekunden Vollgas geben! Falls die Leerlaufdrehzahl nicht erreicht wird, BOSCH-Kundendienst zur Einstellung aufsuchen.

- Kontermuttern anziehen.

Beschleunigten Leerlauf einstellen

Der beschleunigte Leerlauf sorgt dafür, daß der kalte Motor rund läuft. Funktion: Ein Thermoelement sitzt im Kühlmittelkreislauf und betätigt bei kaltem Motor über einen Bowdenzug einen Hebel an der Einspritzpumpe.

Einstellen

- Der Motor muß kalt sein, die Kühlflüssigkeitstemperatur unter +15° C betragen. Dies wird erst nach längerer Standzeit (über Nacht) bei entsprechenden Außentemperaturen erreicht.

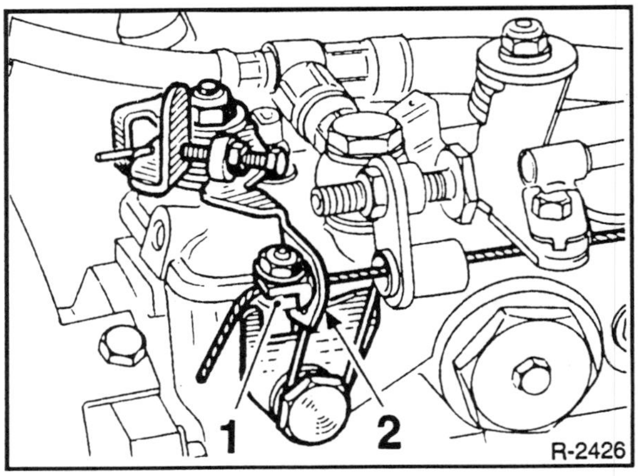

- Klemmstück –1– lösen.
- Hebel –2– nach links bis zum Anschlag drücken und Klemmstück –1– bei gespanntem Bowdenzug in dieser Stellung festziehen.
- Anschließend Motor warmfahren, bis sich der Kühlerventilator mindestens einmal ein- und wieder ausgeschaltet hat. Das Spiel zwischen dem Klemmstück –1– und dem Hebel für beschleunigten Leerlauf –2– muß bei gespanntem Bowdenzug **2 bis 3 mm** betragen. Wird der Wert nicht erreicht, Schraube am Klemmstück lösen und dieses entsprechend verschieben.

Einspritzdüsen aus- und einbauen

Defekte Einspritzdüsen können zu starkem Klopfen des Motors führen und Lagerschäden vermuten lassen. Bei derartigen Beanstandungen Motor im Leerlauf laufen lassen und Einspritzleitungs-Überwurfmuttern der Reihe nach lösen. Verschwindet das Klopfen nach dem Lösen einer Überwurfmutter, so zeigt dies eine defekte Düse an.

Defekte Düsen macht man auch ausfindig, indem man der Reihe nach die Einspritzleitungs-Überwurfmuttern löst, während der Motor in schnellerem Leerlauf dreht. Bleibt die Motordrehzahl nach Lösen einer Überwurfmutter konstant, zeigt dies eine defekte Düse an. Geprüft werden kann die Einspritzdüse mit Hilfe eines Manometers. (Werkstattarbeit; Sollwert für Abspritzdruck: 113 – 125 bar.)

Die ersten Anzeichen von Düsenstörungen treten wie folgt auf.

- Fehlzündungen
- Klopfen in einem oder mehreren Zylindern
- Motor überhitzt
- Leistungsabfall des Motors
- Übermäßig starker schwarzer Auspuffqualm
- Hoher Kraftstoffverbrauch

Ausbau

- Einspritzleitungen sorgfältig von außen mit Kaltreiniger oder Dieselkraftstoff reinigen.
- Einspritzleitungen komplett ausbauen, dazu Überwurfmuttern an Pumpe und Einspritzdüsen mit offenem Ringschlüssel lösen. **Achtung:** Biegeform nicht verändern.

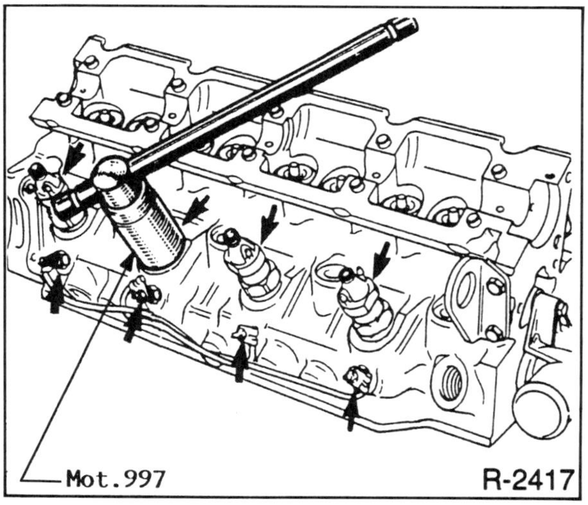

R-2417

- Einspritzdüsen mit Steckschlüsseleinsatz ausbauen. Dazu wird eine verlängerte Stecknuß benötigt.
- Jede Einspritzdüse hat zum Schutz vor Hitzeschäden ein Hitzeschild. Hitzeschilde aus den Bohrungen im Zylinderkopf nehmen.

Achtung: Beim späteren Einbau der Einspritzdüsen grundsätzlich neue Hitzeschilde verwenden.

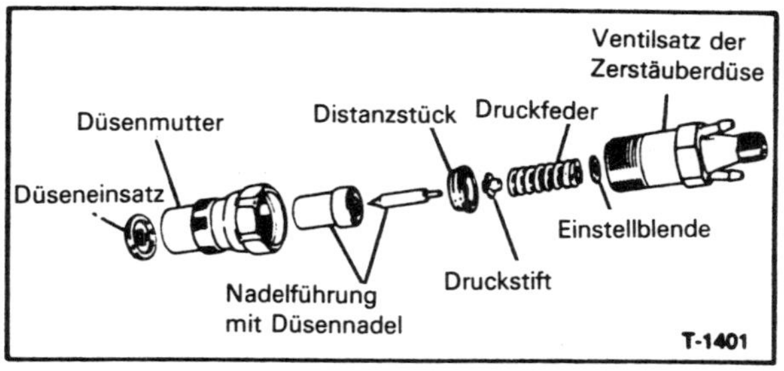

T-1401

- Düsenhalter zwischen Weichmetallbacken in den Schraubstock spannen. Einspritzdüse zerlegen.
- Düsennadel auf eingeschlagenen oder rauhen Nadelsitz, auf abgenützte oder beschädigte Düsennadeln prüfen. Spritzdüse mit einem Holzspachtel entrußen.

Achtung: Keinesfalls Düse oder Düsennadel mit Draht, Feile oder Schmirgelleinen bearbeiten. Einzelteile der Einspritzdüsen untereinander nicht vertauschen. Die Werkstatt kann durch Einbau von Einstellscheiben unterschiedlicher Dicke den Düsen-Abspritzdruck regulieren.

Einbau

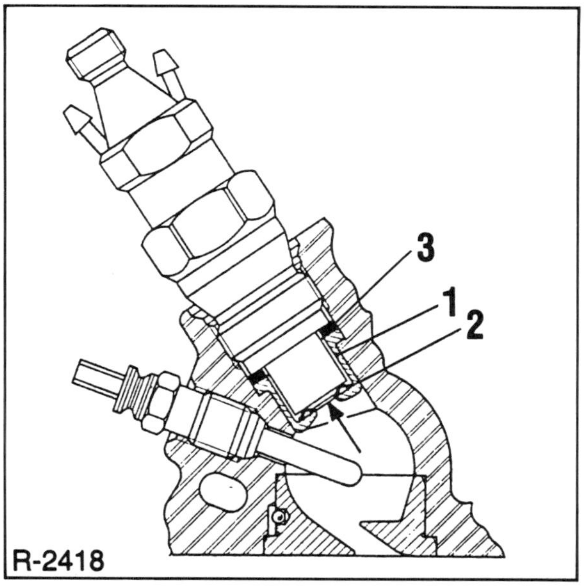

R-2418

- Im Zylinderkopf sitzt eine Flammschutzmuffe –1– mit Dichtring –3– sowie eine Flammschutzscheibe –2–. Grundsätzlich **neue** Wärmeschutzdichtungen sowie Dichtringe zwischen Zylinderkopf und Einspritzventil verwenden. Die Vertiefung der Flammschutzscheibe muß nach unten zeigen, siehe Abbildung.
- Einspritzdüsen mit **70 Nm** festziehen.
- Einspritzleitungen aufsetzen, Überwurfmuttern mit **25 Nm** festziehen.

Unterdruckpumpe prüfen / aus- und einbauen

Die Unterdruckpumpe (Vakuumpumpe) befindet sich beim Dieselmotor seitlich am Zylinderkopf und wird von der Nockenwelle angetrieben. Die Pumpe erzeugt den nötigen Unterdruck für den Bremskraftverstärker, da beim Dieselmotor im Gegensatz zum Benzinmotor kein ausreichender Unterdruck im Saugrohr vorhanden ist.

Prüfen

- Unterdruckmanometer an die Vakuumpumpe anschließen und Motor laufen lassen.
- Die Vakuumpumpe muß bei betriebswarmem Motor bei einer Drehzahl von 4000/min nach 3 Sekunden einen Unterdruck von mindestens 700 mbar erzeugen.

Ausbau

- Vakuumpumpe mit 2 Schrauben abschrauben und herausnehmen.

Einbau

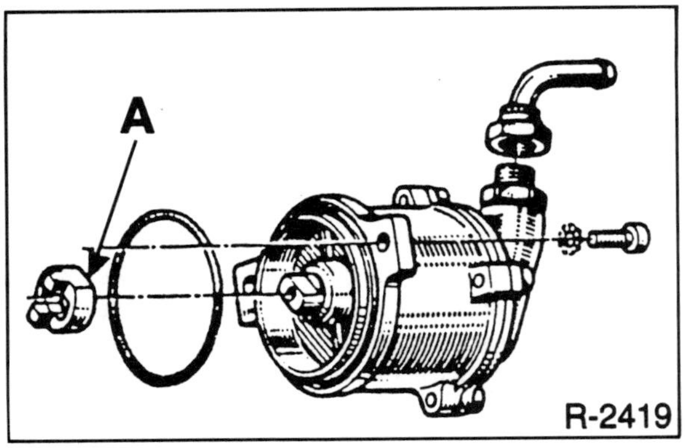

- Die Mitnehmerklaue –A– muß bei einem Austausch der Unterdruckpumpe immer ersetzt werden.
- Dichtring einsetzen. Vorher auf Beschädigung prüfen, gegebenenfalls ersetzen.
- Unterdruckpumpe anschrauben.

Technische Daten Dieselmotor

Bauteil	Marke und Typ	Besondere Hinweise
Einspritzpumpe	ROTO DIESEL DPC R 8443 B 690 A	Verteiler-Einspritzpumpe mit einem Pumpenkolbenpaar, mechanischem Fliehkraftregler, hydraulischem Spritzversteller, automatischer Kaltstartvorrichtung, elektromagnetischer Abstellung und Teillastspritzverstellung
Pumpeneinstellmaß (Hub des Pumpenkolbens in OT)		Maß »X«, am Gashebel jeder Pumpe angegeben
Düsenhalter, geschraubt	ROTO DIESEL LCR 67 334	
Einspritzdüsen, Typ	ROTO DIESEL RDN 4 SDC 6868 C	
Einspritzdüsen, Abspritzdruck	113 – 125 bar	
Kraftstoffilter	PURFLUX	Mit Handpumpe zum Entlüften sowie Vorwärmung durch Kühlmittel
Thermoelement der Kaltstartvorrichtung (Leerlaufanhebung)	CALORSTAT	7 – 8,5 mm Hub zwischen +30 und +67°C
Steuergerät für Vor- und Nachglühanlage	CARTIER	Mit Funktion Vorglühen und Nachglühintervall (max. 3 min.)
Glühkerzen	BERU	Stromaufnahme ca. 15 A nach 8 Sekunden Vorglühzeit
Thermoschalter für Steuerung Nachglühung		Ausschalttemperatur: +65° C ± 2° C Einschalttemperatur: +55° C ± 2° C

Störungsdiagnose Diesel-Einspritzanlage

Bevor anhand der Störungsdiagnose der Fehler aufgespürt wird, müssen folgende Prüfvoraussetzungen erfüllt sein: Bedienungsfehler beim Starten ausgeschlossen. Kraftstoff im Tank, Motor mechanisch in Ordnung, Batterie geladen, Anlasser dreht mit ausreichender Drehzahl. **Achtung:** Wenn Kraftstoffleitungen gelöst werden, müssen diese vorher mit Kaltreiniger gesäubert werden.

Störung	Ursache	Abhilfe
Motor springt nicht an Motor springt schlecht an	1. Motor glüht nicht vor	■ Vorglühanlage/Glühkerzen prüfen
	2. Elektromagnetischer Absteller erhält keine Spannung	■ Spannungsprüfer an Absteller anschließen, Zündung einschalten. Leuchtdiode muß leuchten, sonst Leitungsunterbrechung ermitteln und beseitigen
	3. Elektromagnetischer Absteller lose, defekt	■ Absteller auf festen Sitz und Massekontakt prüfen. Zündung abwechselnd ein- und ausschalten, dabei muß der Absteller klicken
	4. Kraftstoffversorgung defekt.	■ Prüfen, ob Kraftstoff gefördert wird
	a) Kraftstoffleitungen geknickt, verstopft, undicht, porös	■ Kraftstoffleitungen reinigen
	b) Kraftstoffilter verstopft	■ Kraftstoffilter ersetzen
	c) Tankbelüftung verschlossen. Kraftstoffsieb im Tank verschmutzt.	■ Reinigen
	5. Einspritzdüsen defekt	■ Einspritzdüsen prüfen, Überwurfmuttern nacheinander lösen und prüfen, ob die Zylinder arbeiten
	6. Einspritzpumpe defekt	■ Versuchsweise neue Pumpe einbauen
Motor ruckelt im Leerlauf, beim Anfahren	1. Kraftstoffschläuche an der Kraftstoffpumpe bzw. am Kraftstoffilter lose	■ Kraftstoffschläuche ersetzen, mit Schlauchschellen befestigen, Hohlschrauben festziehen
	2. Wie unter 1.4–6	■ Wie unter 1.4–6
Kraftstoffverbrauch zu hoch	1. Luftfilter verschmutzt	■ Filtereinsatz ersetzen
	2. Kraftstoffanlage undicht	■ Sichtprüfung an allen Kraftstoffleitungen (Saug- Rücklauf- und Einspritzleitungen), Kraftstoffilter und Einspritzpumpe durchführen
	3. Rücklaufleitung verstopft	■ Rücklaufleitung von Einspritzpumpe zum Kraftstoffbehälter mit Luft durchblasen. Überströmdrossel in der Hohlschraube der Rücklaufleitung ersetzen
	5. Leerlaufdrehzahl zu hoch	■ Leerlaufdrehzahl einstellen
	4. Wie unter 1.5–6	■ Wie unter 1.5-6
Vorglühkontrollampe leuchtet nicht auf	1. Glühlampe im Schalttafeleinsatz defekt	■ Lampe ersetzen
	2. Vorglühung/Glühkerzen defekt	■ Glühkerzen prüfen
Vorglühkontrollampe leuchtet nicht, kalter Motor springt schlecht an	Eine oder mehrere Glühkerzen defekt	■ Glühkerzen prüfen ggf. ersetzen

Die Abgasanlage

Die Abgasanlage besteht aus dem vorderen Abgasrohr, dem Katalysator, dem Zwischenrohr mit Mittelschalldämpfer und dem Nachschalldämpfer. Die für die Regelung des Katalysators erforderliche Lambdasonde ist in das Abgasrohr vor dem Katalysator eingeschraubt.

Das vordere Abgasrohr ist mit dem Abgaskrümmer über ein federbelastetes Gelenk verbunden. Alle Teile der Abgasanlage sind miteinander verschraubt und lassen sich einzeln auswechseln. Selbstsichernde Muttern und alle Dichtungen sind nach dem Ausbau zu ersetzen.

Beim Einbau einer neuen Abgasanlage empfiehlt es sich, alle Gummipuffer und Gummihalterungen ebenfalls zu erneuern.

Funktion des Katalysators

Alle Motoren des CLIO sind mit einem Katalysator zur Abgasreinigung ausgestattet.

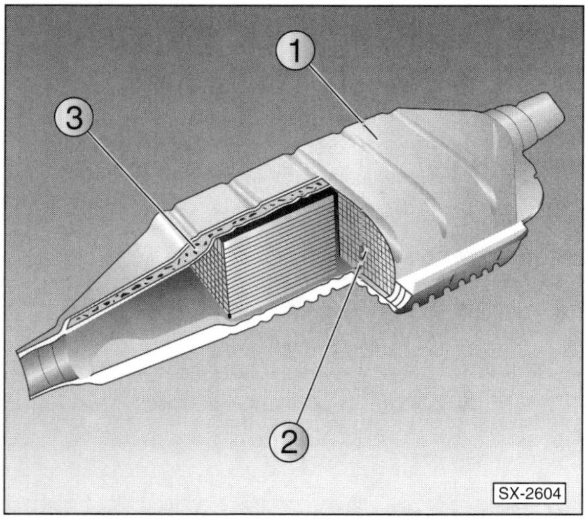

Der Katalysator –1– besteht aus einem Keramik-Wabenkörper –2–, der mit einer Trägerschicht überzogen ist. Auf der Trägerschicht befinden sich Edelmetallsalze, die den Umwandlungsprozeß bewirken. Im Gehäuse wird der Katalysator durch eine Isolations-Stützmatte –3– fixiert, die außerdem Wärmeausdehnungen ausgleicht.

In Verbindung mit der elektronischen Einspritzanlage und der Lambdasonde wird die Kraftstoffmenge für die Verbrennung exakt dosiert, damit der Katalysator die Schadstoffe reduzieren kann. Die Lambdasonde sitzt im Abgasrohr vor dem Katalysator und wird hier vom Abgasstrom umspült. Bei der Lambdasonde handelt es sich um einen elektrischen Meßfühler, der den Restgehalt an Sauerstoff im Abgas durch elektrische Spannungsschwankungen anzeigt und Rückschlüsse auf die Zusammensetzung des Luft-Benzin-Gemisches ermöglicht. In Bruchteilen von Sekunden kann die Lambdasonde entsprechende Signale an die Steuereinheit der Einspritzanlage weitergeben und dadurch das Kraftstoff-Luftverhältnis ständig verändern. Das ist einerseits erforderlich, da sich ja die Betriebsverhältnisse (Leerlauf, Vollgas) ständig ändern, zum anderen aber auch, weil nur dann eine optimale Nachverbrennung im Katalysator erfolgt, wenn noch genügend Benzin-Anteile im Motor-Abgas vorhanden sind.

Damit es also bei einer Temperatur von +300° bis +800° C im Katalysator überhaupt zu einer Nachverbrennung kommen kann, muß das Kraftstoff-Luftgemisch mehr Kraftstoffanteile aufweisen, als für die reine Verbrennung erforderlich wären.

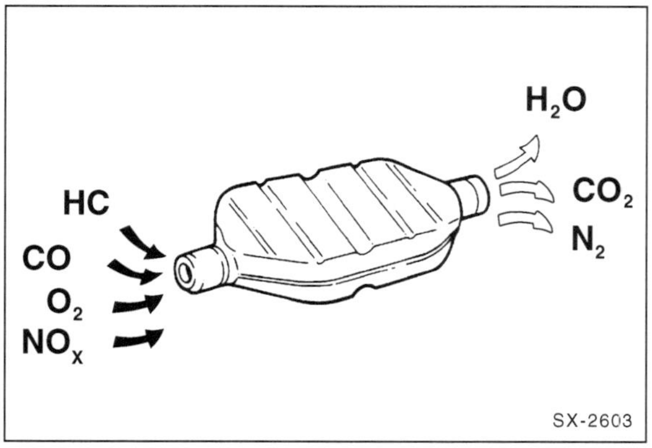

Bei dem verwendeten Katalysator handelt es sich um einen sogenannten 3-Wege-Katalysator. Das bedeutet, daß bei diesem Katalysator aufgrund der Lambda-Regelung die Oxidation von Kohlenmonoxid (CO) und Kohlenwasserstoffen (HC) sowie die Reduktion der Stickoxide (NO_X) gleichzeitig durchgeführt werden.

Katalysator beim Dieselmotor

Auch beim RENAULT CLIO mit Dieselmotor ist serienmäßig ein Katalysator eingebaut. Allerdings ist hier keine Gemischanpassung ähnlich der Lambdasondenregelung wie beim Benzinmotor möglich. Der Katalysator reduziert jedoch die umweltschädlichen Kohlenmonoxid- und Kohlenwasserstoff-Emissionen auf ein Niveau, das deutlich unter dem von Benzinmotoren mit geregeltem Katalysator liegt. Außerdem vermindert sich der dieseltypische Abgasgeruch.

Der Katalysator besteht beim Benzin- wie auch beim Dieselmotor aus einem mit Platin oder Rhodium beschichteten wabenförmigen Keramikmonolith. Für die Lagerung des stoßempfindlichen Keramikkörpers wird ein elastisches und hitzebeständiges Drahtgewebe benutzt.

Der Umgang mit Katalysator-Fahrzeugen

Um Beschädigungen an der Lambdasonde und am Katalysator zu vermeiden, sind folgende Hinweise unbedingt zu beachten:

- Grundsätzlich nur bleifreies Benzin tanken.
- Das Anlassen des **betriebswarmen** Motors durch Anschieben oder Anschleppen ist nicht erlaubt. Starthilfekabel verwenden. Unverbrannter Kraftstoff könnte bei einer Zündung zur Überhitzung des Katalysators und zu seiner Zerstörung führen.
- Bei Startschwierigkeiten nicht unnötig lange den Anlasser betätigen. Während des Anlassens wird permanent Kraftstoff eingespritzt. Fehlerursache ermitteln und beseitigen.
- Kraftstofftank nie ganz leerfahren.
- Treten Zündaussetzer auf, hohe Motor-Drehzahlen vermeiden und Fehler umgehend beheben.
- Nur die vorgeschriebenen Zündkerzen verwenden.
- Keine Funkenprüfung mit abgezogenem Zündkerzenstecker durchführen.
- Es darf kein Zylindervergleich (Balancetest) durch Zündabschaltung eines Zylinders durchgeführt werden. Bei Zündabschaltung der einzelnen Zylinder – auch über Motortester – gelangt unverbrannter Kraftstoff in den Katalysator.
- Fahrzeug nicht über trockenem Laub oder Gras abstellen. Die Abgasanlage wird im Bereich des Katalysators sehr heiß und strahlt die Wärme auch nach Abstellen des Motors noch ab.
- Keinen Unterbodenschutz auf die Abgasanlage bringen.
- Die Hitzeschilder der Abgasanlage dürfen nicht verändert werden.

Benzin- und Dieselmotoren

- Fahrzeug nicht über trockenem Laub oder Gras abstellen. Die Abgasanlage wird im Bereich des Katalysators sehr heiß und strahlt die Wärme auch nach Abstellen des Motors noch ab.
- Beim Ein- oder Nachfüllen von Motoröl besonders darauf achten, daß auf keinen Fall die Maximum-Markierung am Ölpeilstab überschritten wird. Das überschüssige Öl gelangt sonst aufgrund unvollständiger Verbrennung in den Katalysator und kann das Edelmetall beschädigen oder den Katalysator vollständig zerstören.
- Keinen Unterbodenschutz an der Abgasanlage aufbringen.

Lambdasonde aus- und einbauen

Die Lambdasonde dient zur Regelung der Gemischzusammensetzung bei Benzinmotoren. Die Lambdasonde ist in das Abgasrohr vor dem Katalysator eingeschraubt.

Achtung: Die Anschlußkabel der Lambdasonde dürfen nicht repariert oder gelötet werden. Ist ein Kabel beschädigt, Lambdasonde komplett ersetzen.

Ausbau

- Fahrzeug aufbocken.

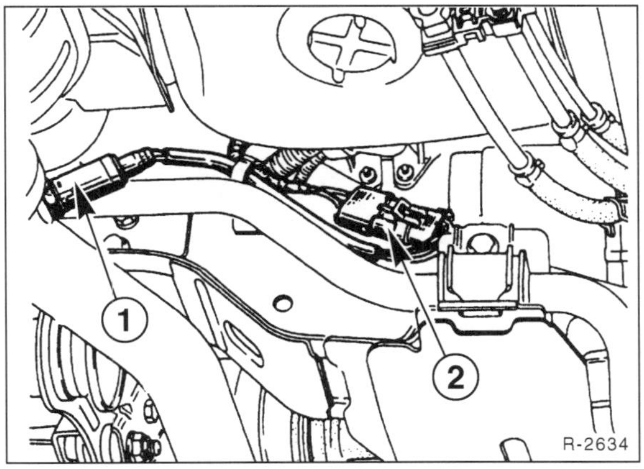

- Elektrische Steckverbindung –2– trennen.
- Lambdasonde –1– am vorderen Abgasrohr herausschrauben.

Einbau

Achtung: Bei Ersatz der Lambdasonde nur gleiche Ausführung verwenden.

- Gewinde säubern.
- **Nur** Gewinde der Lambdasonde mit BOSCH-Lambdasondenfett bestreichen. Neue Sonden sind schon mit diesem Fett versehen. Das Fett darf nicht an die Schlitze, beziehungsweise Bohrungen des Sondenkörpers kommen. Sondenkörper der neuen Lambdasonde möglichst nicht berühren, nicht verschmutzen.

Achtung: Wird die Sonde ohne das Hochtemperatur-Spezialfett eingeschraubt, frißt sich das Gewinde mit der Zeit fest. Die Lambdasonde kann dann später nicht mehr herausgeschraubt werden.

- Lambdasonde einschrauben und mit **30 Nm** festziehen.
- Stecker für Lambdasondenleitung zusammenfügen.

Abgasanlage aus- und einbauen

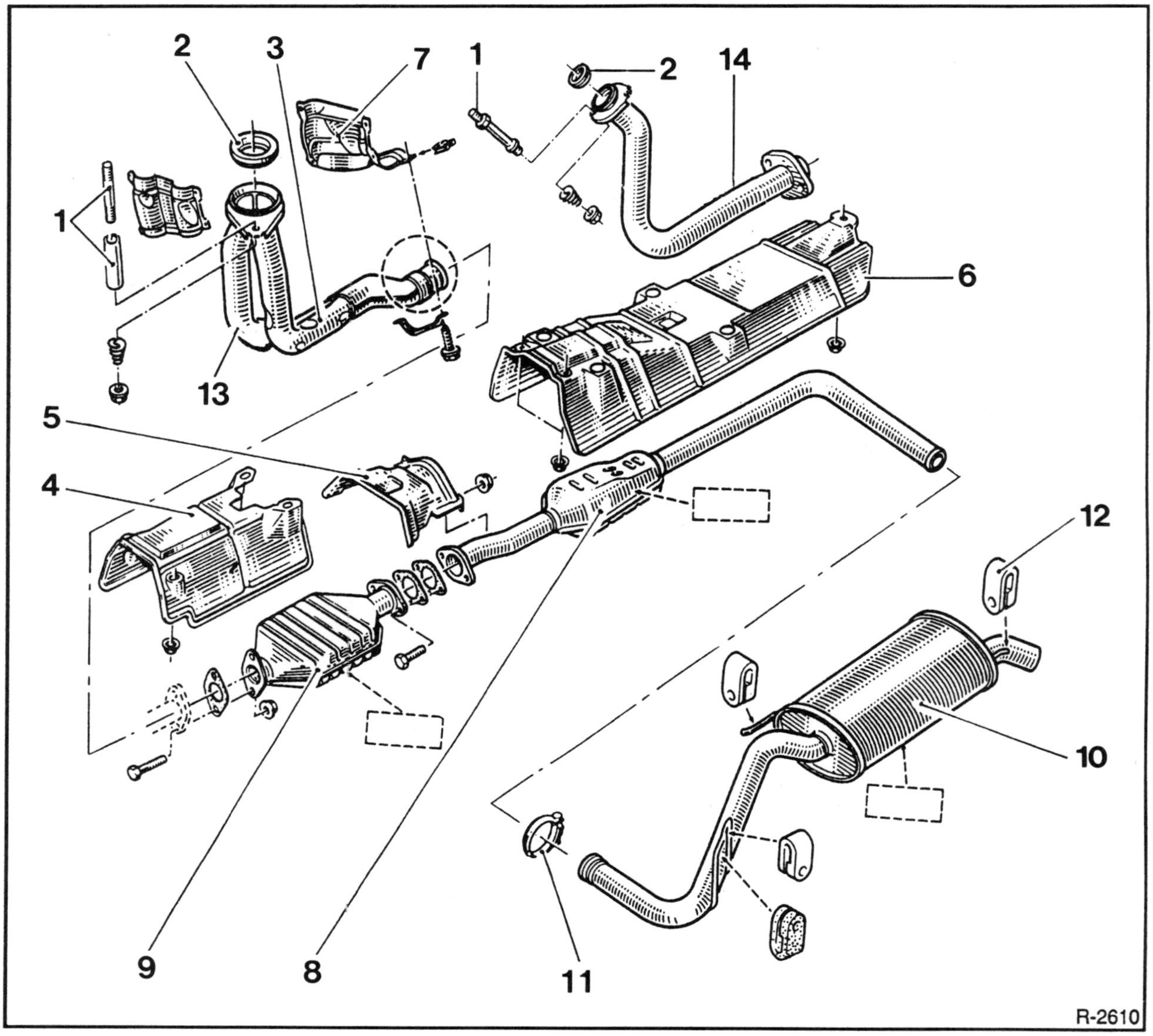

1 – **Bundstehbolzen**
Mit Distanzhülse; dient zur Begrenzung des Schraubenanzugs.
2 – **Dichtring**
3 – **Primärrohr**
4-7 – **Hitzeschilde**
8 – **Vorschalldämpfer**
9 – **Katalysator**
10 – **Nachschalldämpfer**
11 – **Befestigungsschelle**
12 – **Gummihalterungen**
13 – **Vorderes Abgasrohr 1,8-/1,9-l-Motoren**
14 – **Vorderes Abgasrohr 1,2-/1,4-l-Motoren**

Hinweis: Alle mit –Pfeil– gekennzeichneten Schrauben sind zur Demontage zu lösen.

Achtung: Es wird der Ausbau der kompletten Anlage beschrieben. Allerdings läßt sich auch jedes Teil der Abgasanlage einzeln austauschen. Gummipuffer und Schellen sowie Befestigungsmuttern grundsätzlich mitersetzen. Hinweise für den Ausbau des Nachschalldämpfers beachten, siehe Seite 106.

Ausbau

- Fahrzeug aufbocken.
- Sämtliche Schrauben und Muttern der Abgasanlage sowie die Verbindungsstellen mit rostlösendem Mittel einsprühen. Rostlöser einige Zeit einwirken lassen.
- Schelle am hinteren Schalldämpfer lösen und zurückschieben, siehe Abbildung.
- Hinteren Schalldämpfer aus dem Gummihalter aushängen und abnehmen.
- Mittleres Abgasrohr am Katalysator abschrauben, Gummihalter aushängen und herausnehmen.
- Katalysator ausbauen: Bei Benzinmotoren Steckverbindung für Lambdasonde trennen. Erst dann Katalysator am Flansch abschrauben und abnehmen. **Achtung:** Beim Aus- und Einbau darauf achten, daß der Katalysator keinen Stößen ausgesetzt wird, da er dadurch beschädigt werden kann.
- Falls erforderlich, vorderes Abgasrohr am Krümmer trennen.
- Wenn sich die Verbindungsstücke oder Schrauben nicht lösen lassen, Abgasrohr an der Verbindungsstelle mit Schweißbrenner erhitzen. Hitzeschutzschild unterlegen! **Achtung:** Brandgefahr!

Einbau

Achtung: Um die Muttern und Schrauben der Abgasanlage später leichter lösen zu können, empfiehlt es sich, diese mit einer Hochtemperaturpaste, zum Beispiel Liqui Moly LM-508-ASC, einzustreichen.

- Falls gebrauchte Rohre der Abgasanlage wieder eingebaut werden, Anschlußstücke der Abgasrohre vor dem Zusammenfügen mit Schmirgelleinen von Verbrennungsrückständen reinigen. **Achtung:** Insbesondere bei Katalysatorfahrzeugen muß die Abgasanlage bis zum Katalysator besonders dicht sein. Daher **müssen** die ausgebauten Dichtungen durch Neuteile ersetzt werden, sonst treten Mängel im Fahrverhalten auf.
- Vorderes Abgasrohr am Krümmer ansetzen und **neue** Sechskantmuttern und Druckfedern gleichmäßig beiziehen.
- Abgasrohre und Schalldämpfer zusammenstecken, Schellen montieren, noch nicht festziehen. Klemmschellen so ausrichten, daß sie in der Mitte des geschlitzten Endstücks des Abgasrohres sitzen und der offene Bereich der Schelle gegenüber einem Rohrschlitz ausgerichtet ist.
- Vor dem Anziehen der Schrauben, Abgasrohre und Schalldämpfer durch Drehen und Verschieben ausrichten und in die Gummiaufhängungen einhängen. Dabei auf ausreichenden Abstand zum Unterboden achten (mindestens 25 mm).

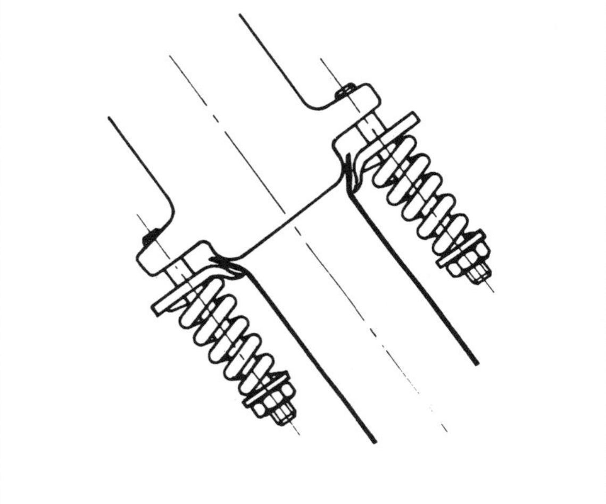

R-2604

- Muttern am vorderen Abgasrohr festziehen bis fester Widerstand spürbar wird. Die Muttern liegen dann auf den Distanzhülsen auf, die Federspannung ist automatisch korrekt.
- Befestigungsflansche von vorn nach hinten mit **20 Nm** (M 8-Schrauben) festziehen. **Achtung:** Schellen nicht zu fest anziehen, sonst können sich die Abgasrohre verformen, was zu Undichtigkeiten führt.
- Fahrzeug ablassen.

Nachschalldämpfer aus- und einbauen

Hinweis: Zum Ausbau des Nachschalldämpfers muß die Hinterachse etwas abgesenkt werden.

Ausbau

- Fahrzeug aufbocken, siehe Seite 256.
- 4 Befestigungsschrauben der Hinterachse am Aufbau so weit wie möglich lösen, **nicht** abschrauben.
- Beide Stoßdämpfer am Querlenker abschrauben, siehe Seite 141.

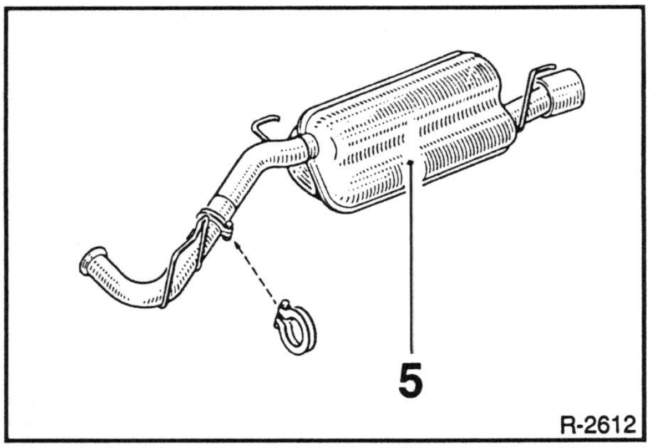

- Schelle des Nachschalldämpfers –5– lösen und aushängen. Läßt sich das Rohr nicht auseinanderziehen, Trennstelle mit einem Schweißbrenner erwärmen. Hitzeschutzschild unterlegen, Brandgefahr!

Einbau

- Nachschalldämpfer aufschieben, in die Gummilager einhängen und Schelle mit **20 Nm** festziehen.
- Hinterachse an der Karosserie festschrauben, Anzugsdrehmoment der 4 Schrauben **100 Nm**.
- Stoßdämpfer an den unteren Querlenkern mit **85 Nm** anschrauben.
- Fahrzeug ablassen.

Die Kupplung

Die Kupplung trennt beim Schalten der Gänge den Kraftschluß zwischen Motor und Getriebe und sorgt beim Anfahren für einen ruckfreien Kraftschluß vom Motor zum Getriebe.

Die Kupplung besteht aus der Kupplungsdruckplatte, der Kupplungsmitnehmerscheibe und dem Ausrücklager.

Die Kupplungsdruckplatte ist fest mit dem Schwungrad verschraubt. Das Schwungrad wiederum ist an der Kurbelwelle des Motors angeflanscht. Zwischen Kupplungsdruckplatte und Schwungrad befindet sich die Kupplungsmitnehmerscheibe, die von der Kupplungsdruckplatte gegen das Schwungrad gepreßt wird. Die Mitnehmerscheibe wird von der mit ihr verzahnten Getriebeantriebswelle zentriert.

Beim Niedertreten des Kupplungspedals (auskuppeln) wird über das Kupplungsseil und einen Ausrückhebel das Ausrücklager gegen die Membranfeder der Kupplungsdruckplatte gedrückt. Dadurch entspannt sich die Kupplungsdruckplatte, und die Mitnehmerscheibe wird nicht mehr gegen die Schwungscheibe gepreßt. Der Kraftschluß zwischen Motor und Getriebe ist also aufgehoben.

Wird das Kupplungspedal zurückgenommen (einkuppeln), preßt die Druckplatte die Mitnehmerscheibe gegen das Schwungrad. Der Kraftschluß ist wieder hergestellt, da die angepreßte Mitnehmerscheibe über die Verzahnung fest mit der Getriebewelle verbunden ist.

Bei jedem Ein- und Auskuppeln wird durch den leichten Schleifvorgang etwas Reibbelag von der Mitnehmerscheibe abgeschliffen. Die Mitnehmerscheibe ist also ein Verschleißteil, doch hat sie eine mittlere Lebensdauer von über 100000 Kilometern. Der Verschleiß hängt im wesentlichen von der Belastung (Anhängerbetrieb) und der Fahrweise ab. Die Kupplung besitzt eine automatische Nachstellvorrichtung, daher ist ein Einstellen des Kupplungspedalspieles im Rahmen der Wartung nicht erforderlich.

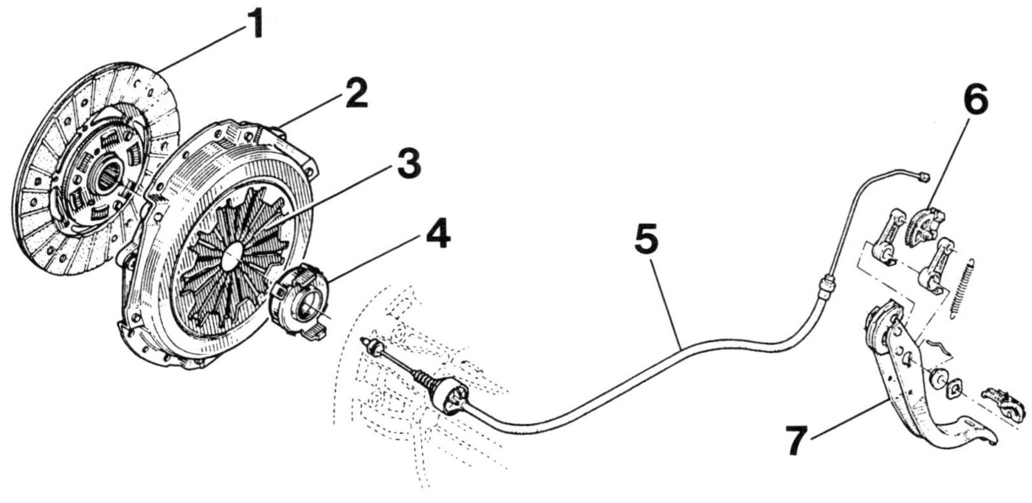

1 – Kupplungsmitnehmerscheibe
2 – Druckplatte
3 – Membranfeder
4 – Ausrücklager
5 – Kupplungszug
6 – Automatische Nachstelleinheit
7 – Kupplungspedal

R-2816

Kupplung aus- und einbauen/prüfen

Ausbau

- Getriebe ausbauen, siehe Seite 114.
- Mit Filzstift oder Reißnadel Sitz der Druckplatte auf dem Schwungrad markieren.

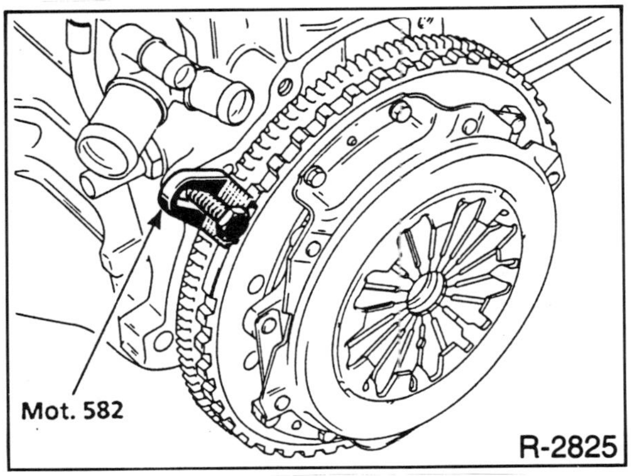

- Damit das Schwungrad beim Lösen der Schrauben nicht mitdreht, Spezialwerkzeug einsetzen, oder Schwungrad am Zahnkranz mit Schraubendreher und Dorn arretieren.
- Befestigungsschrauben der Kupplungsdruckplatte nacheinander jeweils um 1 bis 1½ Umdrehungen lösen, bis die Druckplatte entspannt ist.

Achtung: Wenn die Schrauben sofort ganz gelöst werden, kann die Membranfeder beschädigt werden.

- Anschließend Schrauben ganz herausdrehen.
- Druckplatte und Kupplungsscheibe herausnehmen. **Achtung:** Druckplatte und Kupplungsscheibe beim Herausnehmen nicht fallen lassen, sonst können nach dem Einbau Rupf- und Trennschwierigkeiten auftreten.
- Schwungrad mit benzingetränktem Lappen auswischen.

Prüfen

- Membranfeder auf Brüche untersuchen –Pfeile–.
- Federverbindungen zwischen Druckplatte und Deckel auf Risse, und Nietbefestigungen auf festen Sitz prüfen. Kupplungen mit beschädigten oder losen Nietverbindungen ersetzen.

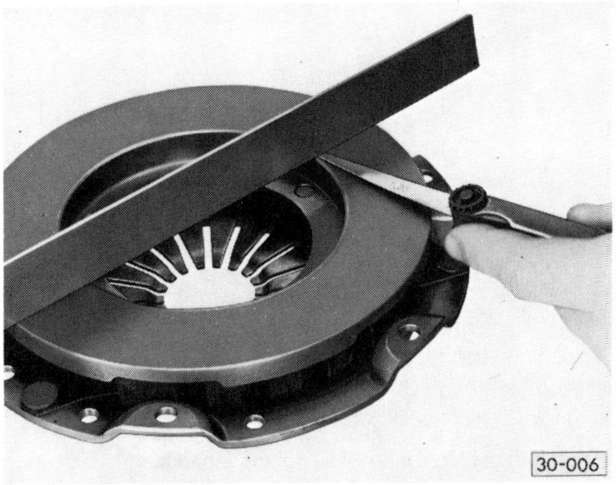

- Auflagefläche der Druckplatte auf Risse, Brandstellen und Verschleiß prüfen. Druckplatten, die bis zu 0,3 mm nach innen durchgebogen sind, dürfen noch eingebaut werden. Die Prüfung erfolgt mit Lineal und Fühlerblattlehre.
- Schwungrad auf Brandrisse und Riefen prüfen, gegebenenfalls ersetzen. Tritt Motoröl aus der Radialdichtung der Kurbelwelle aus, muß das Schwungrad ausgebaut und die Dichtung ersetzt werden. Neue Dichtung mit passendem Dorn einschlagen. Schwungrad wieder an der Kurbelwelle anschrauben und Schrauben gleichmäßig mit **55 Nm** festziehen.
- Kupplungsdruckplatte und Schwungrad an den Reibflächen mit sehr feinem Schmirgelleinen abziehen.
- Verölte, verfettete oder mechanisch beschädigte Kupplungsscheiben austauschen.
- Belagstärke der Kupplungsscheibe mit Schieblehre messen. Die Mindestbelagstärke soll E = 7,7 mm betragen (siehe Abbildung R-2826 unter »Einbau«), sonst Kupplungsscheibe auswechseln. Ebenso bei Belagrissen.
- Ausrücklager im Getriebegehäuse auf leichten Lauf prüfen, gegebenenfalls demontieren und durch neues Lager ersetzen.

Einbau

Mit neuen Kupplungen wird ein Zentrierdorn mitgeliefert. Die Kupplungsscheibe kann auch nach Augenmaß mittig in der Druckplatte zentriert werden. Besser ist es jedoch, die Scheibe mit dem Dorn (gibt es auch als Sonderwerkzeug von HAZET) oder mit einer alten Getriebe-Antriebswelle zu zentrieren. Sitzt die Kupplungsscheibe nicht zentrisch, kann die Getriebewelle nicht eingeführt werden.

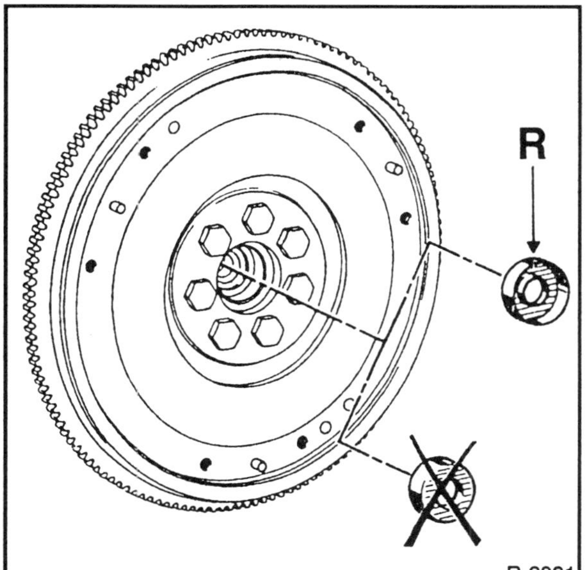

R-2831

- **Nur 1,8-l-Motoren und Dieselmotor:** Damit der Zentrierdorn verwendet werden kann, ist es erforderlich, eine Zentrier-Hilfsbuchse –R– in die Kurbelwelle einzusetzen. Die Buchse wird mit der neuen Kupplung mitgeliefert und ist in folgender Weise einzubauen:
  – Bohrung der Kurbelwelle mit einem Lappen und Lösungsmittel fettfrei auswischen.
  – Außenfläche der Buchse mit »Loctite Frenbloc« von RENAULT oder »Curil« bestreichen.
  – Hilfsbuchse mit einem Dorn oder Rohr, Außendurchmesser 38 mm, bis zum Anschlag in die Bohrung der Kurbelwelle eintreiben. Dabei richtige Montagerichtung beachten, siehe Abbildung.
- Keilverzahnung der Getriebeantriebswelle und der Kupplungsscheibe mit dem Fett »Molykote 55 Plus«, erhältlich bei der RENAULT-Werkstatt, leicht einfetten. **Achtung:** Kein anderes Schmierfett verwenden, da die Verzahnung der Kupplungsscheibe vernickelt ist und dieses Fett daher vorgeschrieben ist. Kupplungsscheibe auf der Getriebewelle hin- und herbewegen und anschließend überschüssiges Fett abwischen, da sonst Funktionsstörungen der Kupplung auftreten können.

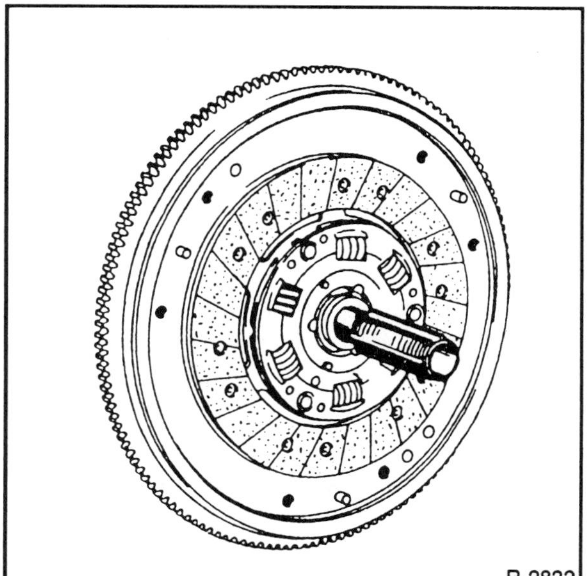

R-2832

- Den im Teilesatz enthaltenen Kunststoff-Zentrierdorn oder oben genanntes Sonderwerkzeug in die Kurbelwelle einstecken.

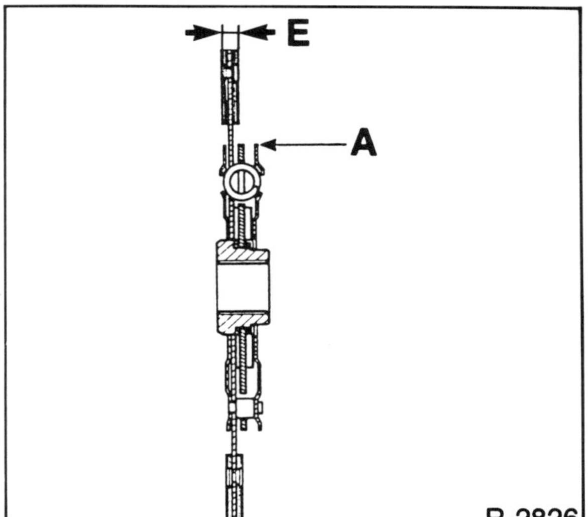

R-2826

- Kupplungsscheibe in das Schwungrad einsetzen. Dabei zeigt die erhöhte Nabenpartie –A– der Kupplungsscheibe zur Getriebeseite.
- Kupplungsdruckplatte aufsetzen. Wird die bisherige Kupplungsdruckplatte wieder eingebaut, Druckplatte nach der beim Ausbau angebrachten Markierung aufsetzen.
- Befestigungsschrauben für Kupplungsdruckplatte einschrauben. Vor dem Einsetzen Gewindedurchmesser der Schrauben messen, da er für das spätere Anzugsdrehmoment maßgebend ist.
- Befestigungsschrauben für Kupplungsdruckplatte nacheinander mit 1 bis 1½ Umdrehungen anziehen, bis die Druckplatte festgezogen ist. Anschließend Zentrierdorn entfernen. **Achtung:** Darauf achten, daß die Druckplatte beim Anziehen der Schrauben gleichmäßig und gratfrei in das

Schwungrad eingezogen wird. Anzugsdrehmoment für die Befestigungsschrauben mit Gewindedurchmesser **7 mm: 25 Nm**; ∅ **8 mm: 30 Nm**.

- Arretierwerkzeug und Zentrierdorn vom Schwungrad entfernen.
- Auflagefläche des Ausrücklagers an der Membranfeder sowie Ausrücklager-Führungsrohr außen und innen mit MoS_2-Fett leicht einfetten.
- Getriebe einbauen, siehe Seite 114.
- Anschließend Funktion der automatischen Nachstellvorrichtung prüfen, siehe »Kupplungsseilzug aus- und einbauen«.

Ausrücklager aus- und einbauen

Das Ausrücklager ist immer dann auszuwechseln, wenn beim Auskuppeln Geräusche entstehen oder wenn das Lager schwergängig ist. Bei hoher Laufleistung des Fahrzeugs ist es empfehlenswert, das Lager vorsorglich immer zusammen mit der Kupplung auszuwechseln.

Ausbau

- Getriebe ausbauen, siehe Seite 114.
- Ausrückgabel zur Seite schwenken und Ausrücklager herausnehmen.
- Gummiabdeckung und Ausrückgabel nach innen zum Kupplunggehäuse hin ausbauen.

Einbau

- Führung des Ausrücklagers und die Auflageflächen der Ausrückgabel mit MoS_2-Fett, zum Beispiel Molykote BR 2, dünn bestreichen.
- Ausrückgabel einsetzen und die Gummiabdeckung wieder anbringen.

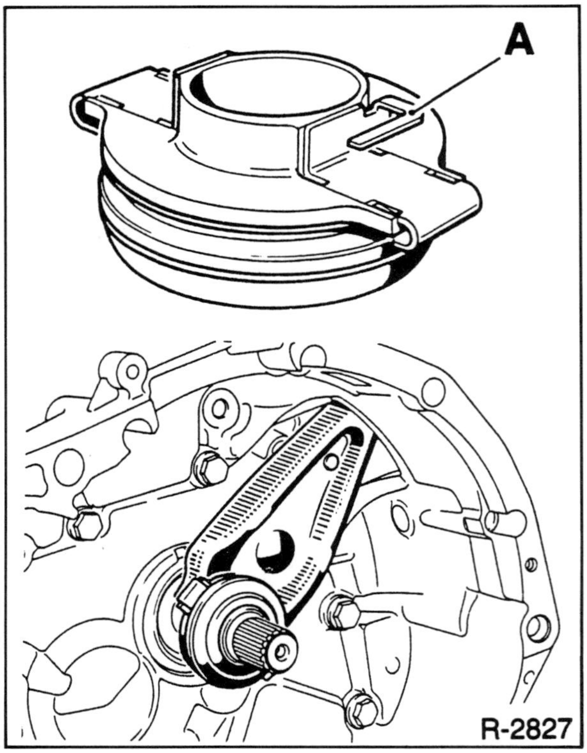

- Ausrücklager auf die Führungshülse aufsetzen und die Haltenase –A– in die Ausrückgabel einsetzen.
- Auflagefläche des Ausrücklagers an der Membranfeder an der Kupplungsdruckplatte mit MoS_2-Fett, zum Beispiel Molykote BR 2, schmieren.
- Getriebe einbauen, siehe Seite 114.
- Probefahrt durchführen.

Kupplungsseilzug aus- und einbauen/ automatische Nachstellung prüfen

Eine automatische Nachstellvorrichtung am Kupplungspedal sorgt dafür, daß das Kupplungsspiel nicht eingestellt und auch nicht bei der Wartung nachreguliert werden muß.

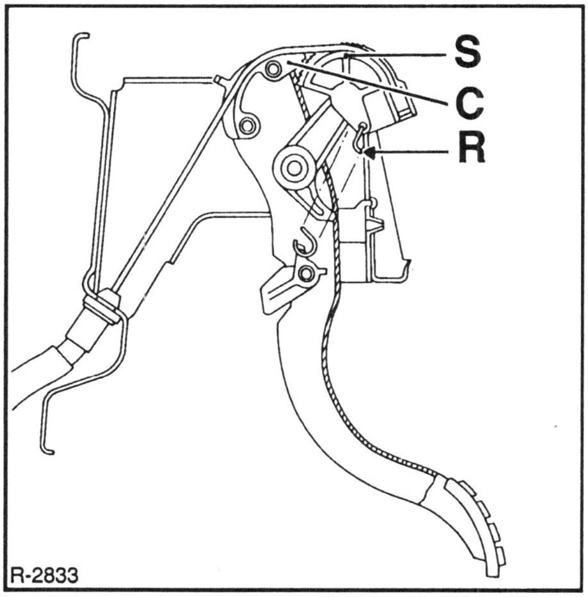

Die Feder –R– zieht ständig am Segment –S– der Nachstellvorrichtung. Dadurch ist das Kupplungsseil immer gespannt. Gleichzeitig wird die Ausrückgabel mitgezogen, wodurch das Ausrücklager in ständigem Kontakt mit der Membranfeder ist. Die Feder des Ausrückhebels bleibt hierbei ohne Wirkung.

Bei Betätigung des Pedals greift der Zahnnocken –C– in die Verzahnung des Segmentes –S– der Nachstellvorrichtung ein. Das Segment kann dadurch keine Drehbewegung mehr ausführen und das Kupplungsseil überträgt die Pedalbewegung auf die Ausrückgabel.

Die automatische Nachstellung erfolgt dadurch, daß bei Belagverschleiß das Kupplungsseil durch die Feder –R– etwas weiter gezogen wird. Dabei dreht sich das Segment –S– in Zugrichtung und bei der nächsten Betätigung des Kupplungspedals greift der Zahnnocken –C– an einer anderen Stelle in die Verzahnung des Segmentes ein.

Ausbau

- 1,8-l-Motoren und Dieselmotor: Luftfilter ausbauen.
- Seilzug an der Ausrückgabel aushängen.
- Pedal niederdrücken und halten. Dadurch wird der Seilzug herausgezogen.

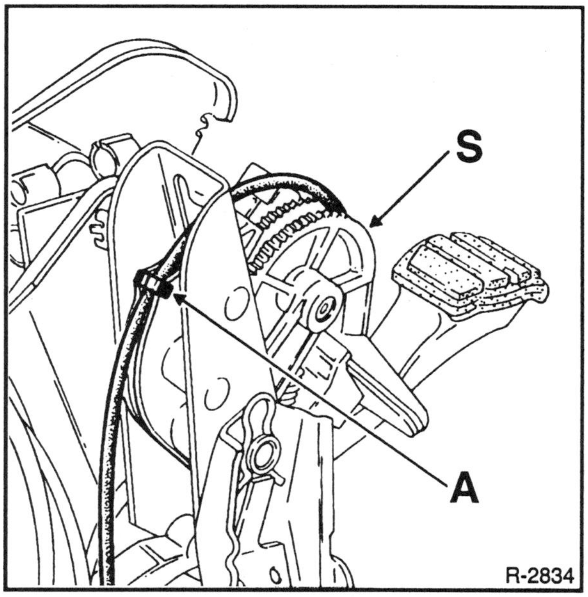

- Seilzugendstück aus seinem Sitz am Segment der Nachstellvorrichtung –S– und aus dem Ring –A– am Zahnnocken herausnehmen.
- Seilzughülle am Bodenblech mit einem Schraubendreher lösen.
- Seilzug zum Motorraum hin durchziehen und herausnehmen.

Einbau

- Seilzug vom Motorraum aus in den Innenraum einführen.
- Nippel im Zahnsegment einhängen und Zug in die Nut des Nockens legen.
- Seilzugarretierung im Motorraum an der Stirnwand ausrichten. Kupplungszug in die Ausrückgabel einhängen.
- Kupplungspedal betätigen. Die Einstellung der Kupplung erfolgt dabei automatisch.

Nachstellung kontrollieren

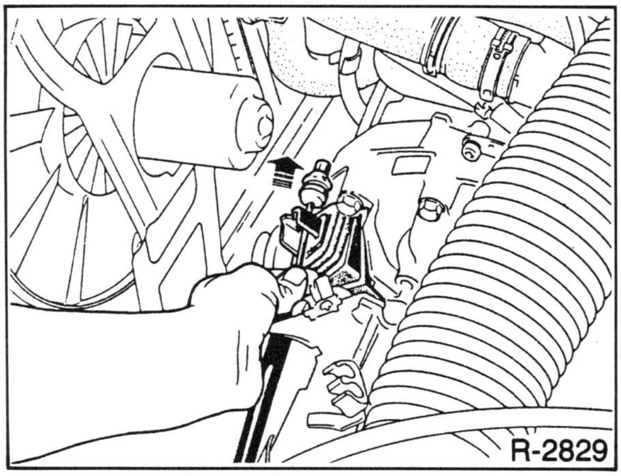

- Kupplungsseilzug am Kupplungs-Betätigungshebel von Hand in Pfeilrichtung ziehen. Der Seilzug muß sich mindestens um 2 cm herausziehen lassen. Mit dieser Kontrolle wird festgestellt, ob der Zahnnocken –C– und das Zahnsegment –S– bei nicht betätigter Kupplung freigängig sind, siehe Abbildung R-2833.

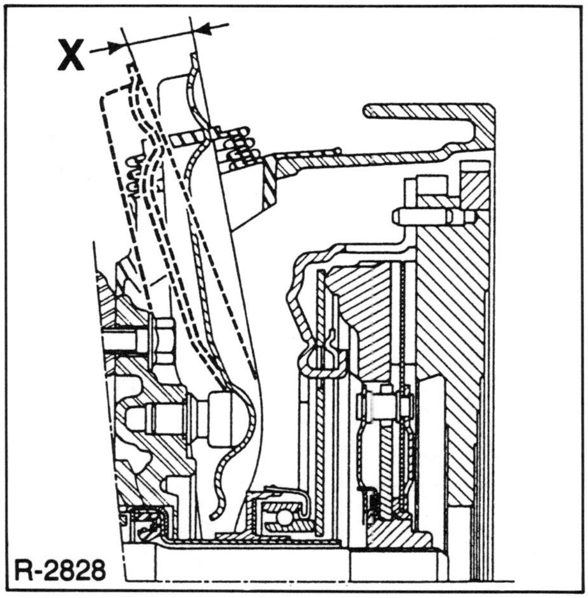

- Von Helfer Kupplungspedal voll durchtreten lassen. Dabei Kupplungs-Betätigungshebel (Ausrückgabel) beobachten. Der Weg –X– muß 17 bis 18 mm betragen.

Störungsdiagnose Kupplung

Störung	Ursache	Abhilfe
Kupplung rupft	Zu niedrige Leerlaufdrehzahl	■ Drehzahl einstellen
	Motor- und Getriebelager defekt	■ Prüfen, gegebenenfalls auswechseln
	Getriebe liegt in der Aufhängung nicht fest	■ Befestigungsschrauben nachziehen
	Druckplatte trägt ungleichmäßig	■ Druckplatte auswechseln
	Mitnehmerscheibe kein Original-Teil	■ Original-Kupplungsscheibe einbauen
	Kurbelwelle fluchtet nicht zur Getriebe-Antriebswelle	■ Zentrierflächen von Motor und Getriebe überprüfen
	Ausrücker drückt einseitig	■ Ausrücker überprüfen
	Kupplungspedal ist schwergängig	■ Achse des Pedals ölen
	Kupplungszug ist festgefressen	■ Seilzug ersetzen
	Ausrückgabel/-lager defekt	■ Ersetzen
	Kupplungsbetätigung schwergängig oder defekt, Zahnsegment oder Feder gebrochen	■ Nachstellvorrichtung gangbar machen, defekte Teile ersetzen
	Kupplungsscheibe verschlissen	■ Dicke der Kupplungsscheibe prüfen, gegebenenfalls auswechseln
	Spannung der Membranfeder zu gering	■ Druckplatte auswechseln
	Belag verhärtet oder verölt	■ Kupplungsscheibe austauschen
	Kupplung wurde überhitzt	■ Original-RENAULT-Teil einbauen
Kupplung trennt nicht, oder nicht richtig	Belag durch Abrieb verklebt	■ Kupplungsscheibe austauschen
	Kupplungsscheibe klemmt auf der Antriebswelle, Kerbverzahnung trocken oder verklebt	■ Kerbverzahnung reinigen, entgraten, ggf. Rost entfernen und neu schmieren; z. B. MoS_2-Puder einbürsten
	Kupplungsscheibe hat Seitenschlag	■ Kupplungsscheibe prüfen lassen, ersetzen
	Kupplungspedal erreicht den Begrenzungsanschlag nicht	■ Prüfen, ob Begrenzungsanschlag erreicht wird, gegebenenfalls Fußmatte ausschneiden
	Ausrücker defekt	■ Ausrücker auf Verformung prüfen
	Führungslager für die Getriebe-Antriebswelle in der Kurbelwelle defekt	■ Führungslager in der Kurbelwelle ersetzen
	Mitnehmerscheibe stark verbogen, oder Belag gebrochen	■ Mitnehmerscheibe ersetzen
	Nachstellvorrichtung schwergängig oder defekt, Zahnsegment oder Feder gebrochen	■ Nachstellvorrichtung gangbar machen, defekte Teile ersetzen
	Membranfeder gebrochen	■ Druckplatte ersetzen
Geräusch bei betätigtem Kupplungspedal	Ausrücklager defekt	■ Ausrücklager prüfen, ersetzen
	Kupplungsscheibe schlägt an die Druckplatte	■ Kupplungsscheibe auswechseln
Auf- und abschwellendes Geräusch bei Zug- oder Schubzustand, oder wenn das Fahrzeug in ausgekuppeltem Zustand rollt	Torsionsdämpfer der Kupplungsscheibe schwergängig	■ Kupplungsscheibe erneuern
	Nietverbindungen der Kupplung locker	■ Kupplung ersetzen
	Unwucht der Kupplung zu groß	■ Kupplung und Mitnehmerscheibe ersetzen
Kupplungspedal knarrt	Pedal schwergängig	■ Achse des Pedals ölen
	Achse des Pedallagers verschlissen	■ Achse und Pedallager ersetzen
Kupplungspedal kommt nicht zurück	Nachstellvorrichtung defekt	■ Nachstellvorrichtung prüfen
	Kupplungszug gerissen	■ Seilzug ersetzen
	Ausrückgabel, Ausrücklager oder Kupplung defekt	■ Überprüfen

Das Getriebe

Das Getriebe bildet mit dem Achsantrieb eine Einheit. Bei den 1,8-l-Benzin- und 1,9-l-Diesel-Motoren muß zum Ausbau des Getriebes zuvor die ganze Motor-Getriebeeinheit ausgebaut werden. Nur bei den 1,2- und 1,4-l-Motoren kann das Getriebe ohne Ausbau des Motors ausgebaut werden. Ein Getriebeausbau ist dann erforderlich, wenn die Kupplung ausgewechselt werden soll oder wenn das Getriebe überholt werden muß. Da es jedoch in keinem Fall anzuraten ist, Reparaturen am Getriebe mit Heimwerkermitteln in Angriff zu nehmen, beschreibe ich lediglich den Ausbau des Aggregates.

Getriebe aus- und einbauen/ Getriebe vom Motor trennen

Achtung: Bei den 1,8-l- und Diesel-Motoren muß zum Ausbau des Getriebes zuvor der Motor zusammen mit dem Getriebe ausgebaut werden, siehe Seite 13.

Bei diesen Modellen die Hinweise zum Trennen von Motor/ Getriebe in diesem Kapitel beachten.

Ausbau 1,2-l- (bis 3/96) und 1,4-l-Motoren

- Batterie ausbauen, siehe Seite 216.
- Luftfiltergehäuse ausbauen.
- Motorhaube ausbauen, siehe Seite 184.
- Radschrauben bei auf dem Boden stehendem Fahrzeug lösen.
- Felge zur Radnabe mit Farbe kennzeichnen. Dadurch kann das ausgewuchtete Rad wieder an gleicher Stelle montiert werden.
- Fahrzeug aufbocken.
- Vorderräder ausbauen.
- Getriebeöl ablassen.

Linke Fahrzeugseite

- Spurstangen-Kugelbolzen mit handelsüblichem Ausdrükker vom Radlagergehäuse trennen. Vorher Befestigungsmutter lösen, siehe Seite 145.

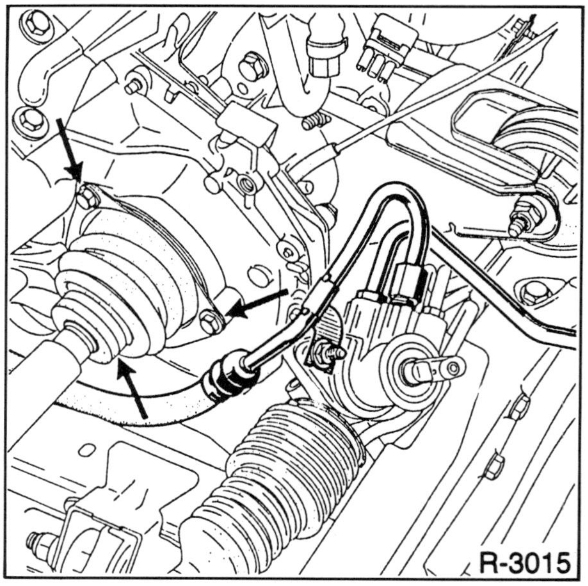

- 3 Schrauben lösen und Antriebswellenmanschette vom Getriebe abziehen.
- Bremssattel ausbauen und mit Draht am Aufbau aufhängen, siehe Seite 156.

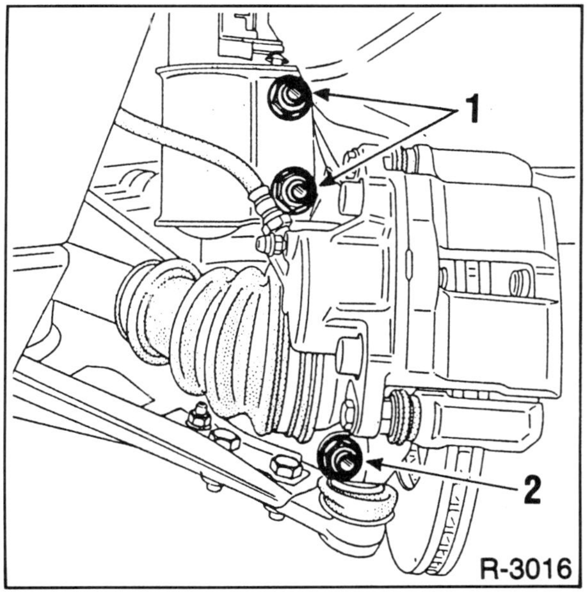

- Klemmschraube –2– lösen und herausziehen.
- Querlenker nach unten aus dem Radlagergehäuse herausziehen. Ist dies nicht von Hand möglich, Montiereisen zwischen Unterboden und Lenker ansetzen und Querlenker heraushebeln.
- 2 Bolzen der Federbeinbefestigung –1– am Radlagergehäuse lösen und herausziehen.

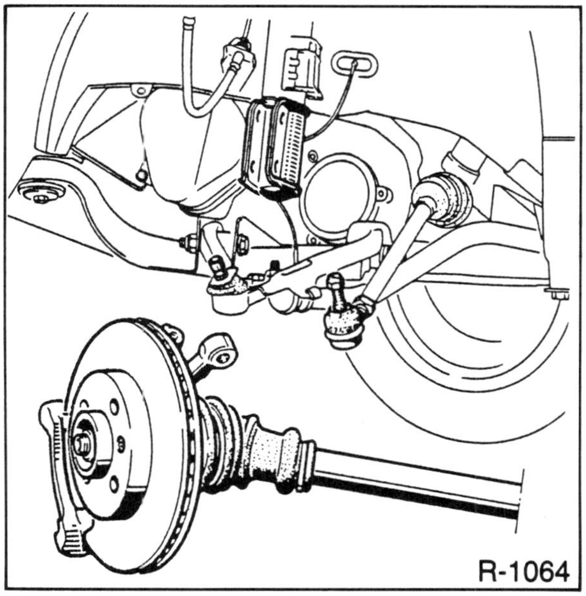

- Radträger komplett mit Antriebswelle abziehen.

Rechte Fahrzeugseite

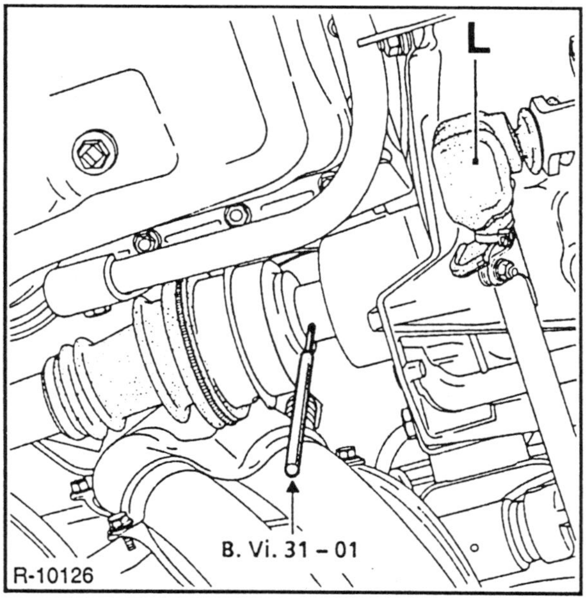

- Spannstift der rechten Antriebswelle mit Hilfe eines geeigneten Durchschlags heraustreiben.
- Manschette –L– zurückziehen. Darunterliegende Schraube lösen und Schaltstange am Getriebe abziehen. Schaltstange zur Seite schwenken und mit Draht am Abgasrohr befestigen, nicht nach unten hängen lassen.

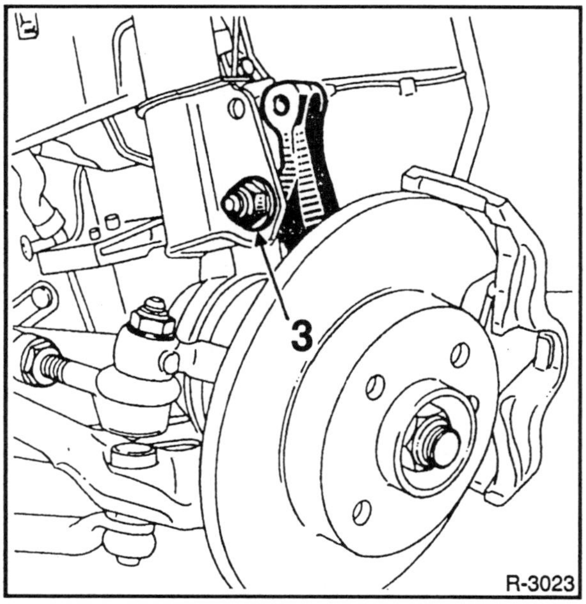

- Unteren Bolzen –3– der Federbeinbefestigung am Radlagergehäuse lösen, nicht herausziehen.
- Oberen Bolzen der Federbeinbefestigung am Radlagergehäuse ausbauen, siehe Abbildung.
- Achsschenkelträger schwenken, dabei trennt sich die Antriebswelle am Verbindungsstück.

- Kupplungsabdeckblech abschrauben.

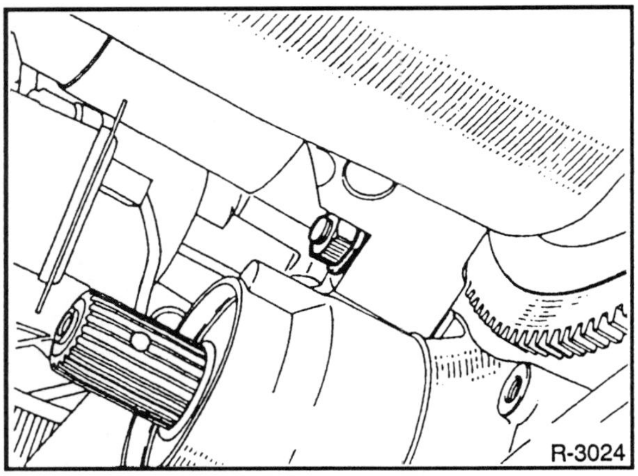

- Untere Befestigungsmutter am Motor/Getriebeflansch abschrauben, siehe Abbildung.

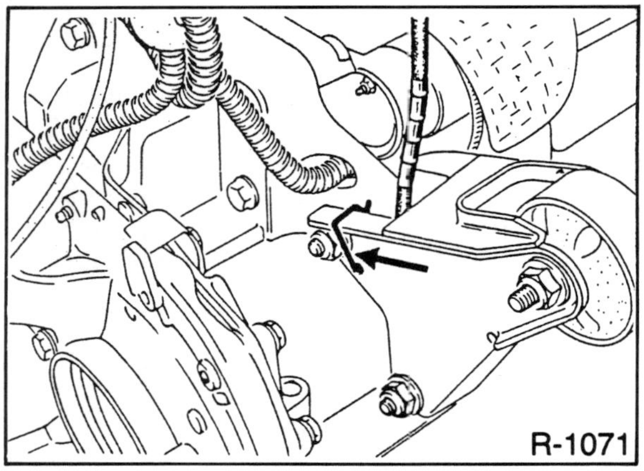

- Halteklammer seitlich abziehen und Tachowelle am Getriebe herausziehen.

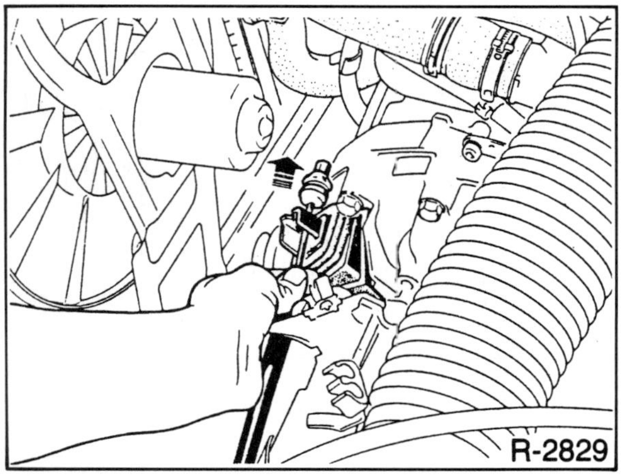

- Kupplungsseilzug am Getriebe aushängen.
- Elektrische Leitung für Rückfahrscheinwerfer am Getriebe abziehen.
- Masseband am Getriebegehäuse abschrauben.

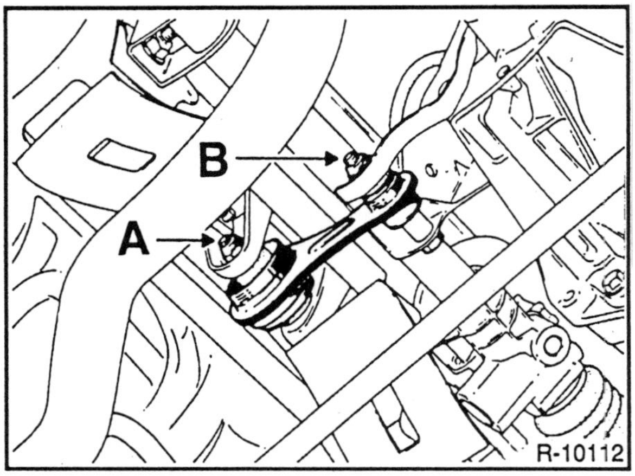

- Bolzen –A– der hinteren Getriebestrebe lösen, nicht abschrauben.
- Mutter vom Bolzen –B– abschrauben und Bolzen herausziehen.
- Motor-Kühlflüssigkeit ablassen, siehe Seite 262.
- Oberen Kühlmittelschlauch vom Kühler abziehen, zuvor Schlauchschelle lösen.
- Kühlmittel-Thermostat ausbauen, siehe Seite 61.
- Zündverteiler ausbauen, siehe Seite 73.
- Zündmodul ausbauen, siehe Seite 70.

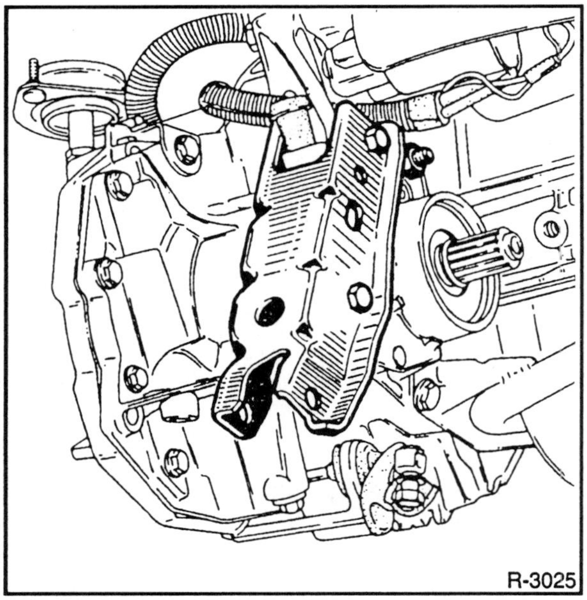

- Hintere Getriebehalterung ausbauen.
- Motor mit dem Kran etwas anheben bis das hintere Gummilager entlastet ist. Motor anheben, siehe Seite 13.

- 3 Befestigungsbolzen –E– der hinteren Getriebeaufhängung lösen und herausziehen. Getriebe soweit wie möglich nach hinten drücken. Lassen sich die Bolzen schwer entfernen, Getriebe zusätzlich etwas mit einem Werkstattwagenheber von unten abstützen.

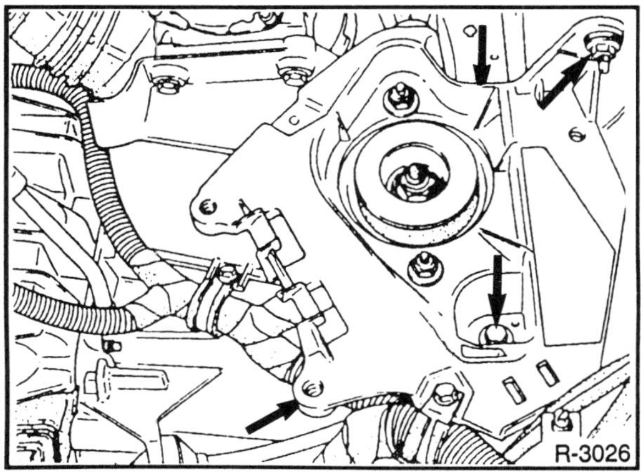

- Batteriehalterung an der Karosserie abschrauben (4 Schrauben). Das eigentliche Getriebelager muß nicht gelöst werden.

Getriebe vom Motor trennen (alle Motoren):

- Anlasser ausbauen, siehe Seite 226.
- Alle Verbindungsschrauben zwischen Motor/Getriebe abschrauben.

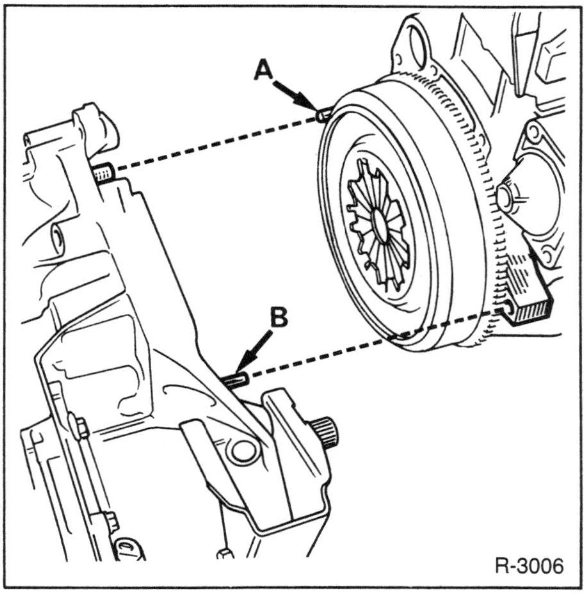

- Stehbolzen –A– abschrauben. Dazu werden 2 geeignete Muttern, ein gekröpfter Ringschlüssel und ein Gelenkschlüssel benötigt. Erste Mutter auf den Stehbolzen aufschrauben und mit zweiter Mutter kontern. Stehbolzen durch Drehen der ersten Mutter herausschrauben, dabei Kontermutter gegenhalten.
- Motor etwas ablassen und das Getriebe mit einem Montiereisen vom Motor abdrücken. Dabei das Getriebe mit dem Gehäuse für den 5. Gang zwischen die Längsträger und den Tragrahmen schieben.
- Motor in die vorherige Lage wieder anheben.

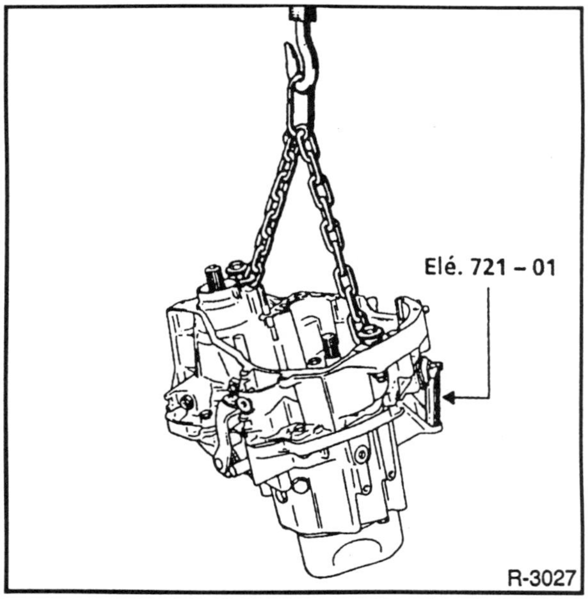

- Getriebe mit einem geeigneten Seil anseilen. Dabei das Seil an zwei Verbindungsschrauben befestigen, die in den

Getriebeflansch eingeschraubt werden. **Achtung:** Damit das Ausrücklager nicht versehentlich ausgehängt wird, ein passendes Rohr (anstelle des Spezialwerkzeugs) zwischen Ausrückgabel und Öse des Kupplungsseils klemmen, siehe Abbildung.

- Getriebe etwas nach vorn neigen, um das Achsantriebsgehäuse zu lösen und mit einem Werkstattkran oder einem Helfer herausheben.

Einbau

- Vor dem Einbau Kupplung auf Belagstärke und Belagzustand prüfen. **Achtung:** Die Welle, auf der die Kupplung sitzt, muß dünn mit Spezialfett geschmiert werden, siehe Seite 100.
- Keilverzahnung der Getriebe-Antriebswellen und der Gelenkwellen mit MoS_2-Fett schmieren.

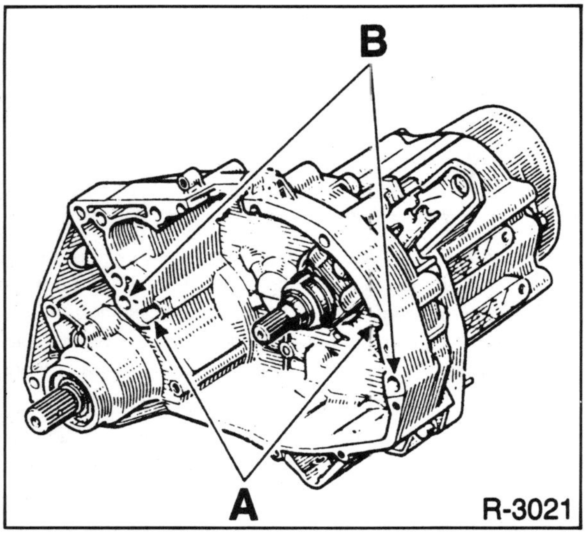

- Darauf achten, daß die Zentrierhülsen Motor/Getriebe vorhanden sind und richtig sitzen: In –A– beim Getriebe 1,2-/ 1,4 l-Motor; in –B– beim 1,8-l-Benzinmotor sowie Dieselmotor.
- Getriebe in den Motorraum ablassen und waagerecht in die Kupplung einfahren. Falls beim Einsetzen die Getriebe-Antriebswelle nicht in die Kupplungsscheibe einrastet, Getriebe etwas vom Motor abziehen und an der Antriebswelle verdrehen, bis die Verzahnungen übereinstimmen. Darauf achten, daß die Zentrierbuchsen in ihre Sitze einrasten.

Motor und Getriebe zusammenschrauben (alle Motoren):

- Stehbolzen –A– und –B–, in Abbildung R-3006, anschrauben.
- Verbindungsschrauben Motor/Getriebe einsetzen und mit vorgeschriebenem Drehmoment festziehen: Die Schrauben –Motor/Getriebe– müssen mit **45 Nm** für M-10-Schrauben und **55 Nm** für M-12-Schrauben festgezogen werden.

- Hintere Getriebestütze einsetzen, noch nicht festziehen.

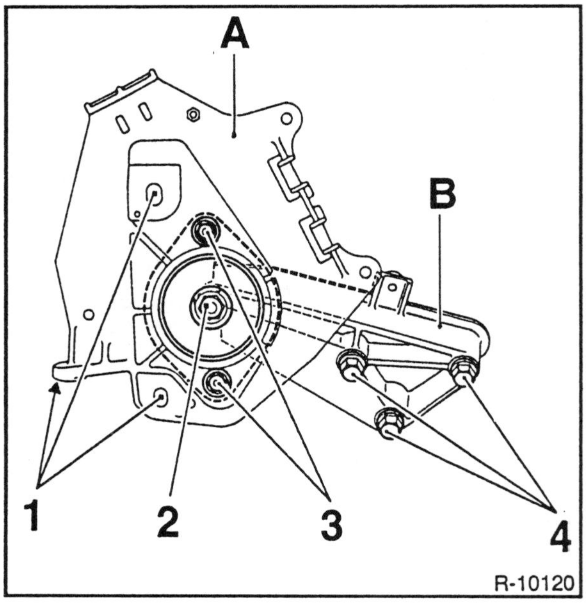

A – Batteriehalterung; B – Getriebehalterung

- Batteriehalterung einsetzen und zuerst obere und untere Schraube handfest anziehen. Dann alle 4 Schrauben der Batteriehalterung mit **20 Nm** anziehen. Sämtliche Schrauben am Getriebelager mit vorgeschriebenem Drehmoment nachziehen: Schrauben –1– mit **20 Nm**, Schraube –2– mit **75 Nm**, Schrauben –3– mit **35 Nm** und Schrauben –4– (am Getriebe) mit **55 Nm** anziehen.
- Korrekte Stellung von Motor/Getriebe im Motorraum prüfen, gegebenenfalls Motor und Getriebe einrichten, siehe Seite 19.

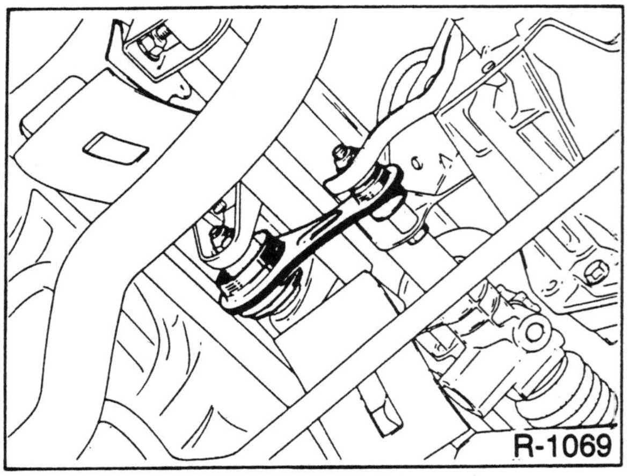

- Schrauben der hinteren Getriebestütze mit **65 Nm** festziehen. Beim Einsetzen Montagerichtung beachten: Die Muttern müssen auf der Seite zum Abgasrohr liegen, siehe Abbildung.

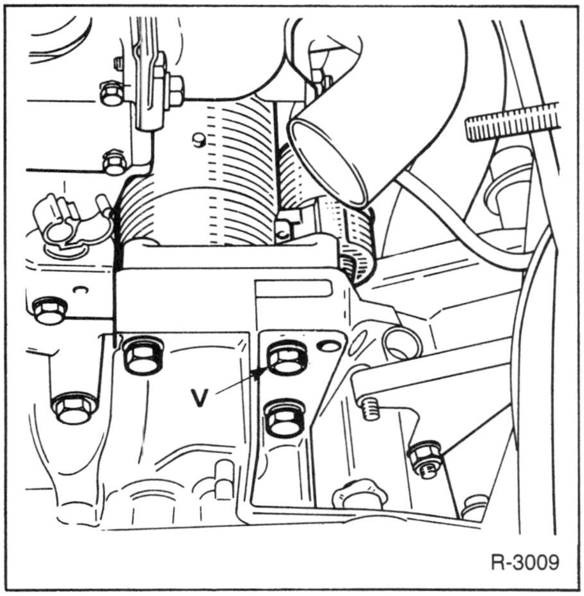

- Anlasser einbauen und dabei die Schraube –V– richtig einsetzen, siehe Seite 226.
- Masseband am Getriebe anschrauben.
- Tachowelle ins Getriebe einsetzen und mit der Klammer arretieren.
- Elektrische Leitung für Rückwärtsgangschalter am Getriebe aufschieben.
- Schaltbetätigung einbauen. **Achtung:** Wurde die Schaltstange an der Schelle des Gabelstücks gelöst, muß die Schaltung anschließend eingestellt werden, siehe Seite 121.
- Kupplungsabdeckblech anschrauben.
- Kupplungsseilzug am Getriebe einhängen und automatische Nachstellung prüfen, siehe Seite 110.
- Gelenkwellen einbauen, Vorderachse komplettieren, siehe Seite 132.
- Kühlmittelschlauch am Kühler aufschieben und mit einer Schraubschelle sichern.
- Kühlmittel auffüllen, siehe Seite 262.
- Luftfilter einbauen.
- Bremssättel einbauen, siehe Seite 156.

Achtung: Bremspedal nach Einbau der Bremssättel einige Male betätigen, um die Kolben in Kontakt mit den Bremsbelägen zu bringen.

- Getriebeöl auffüllen, siehe Seite 267.
- Fahrzeug ablassen.
- Motorhaube einbauen, siehe Seite 184.
- Batterie einbauen.

Die Schaltung

1 – **Schaltstange**
2 – **Rückholfeder (3./4. Gangschaltebene)**
3 – **Schalthebelgehäuse**
4 – **Zwischenplatte**
5 – **Schalthebeleinheit**
6 – **Manschette**
7 – **Schaltgriff**
8 – **Sicherungsring**
9 – **Buchse**
10 – **Muffe**
11 – **Halter der Rückholfeder**
12 – **Gabelstück**
13 – **Faltenbalg**

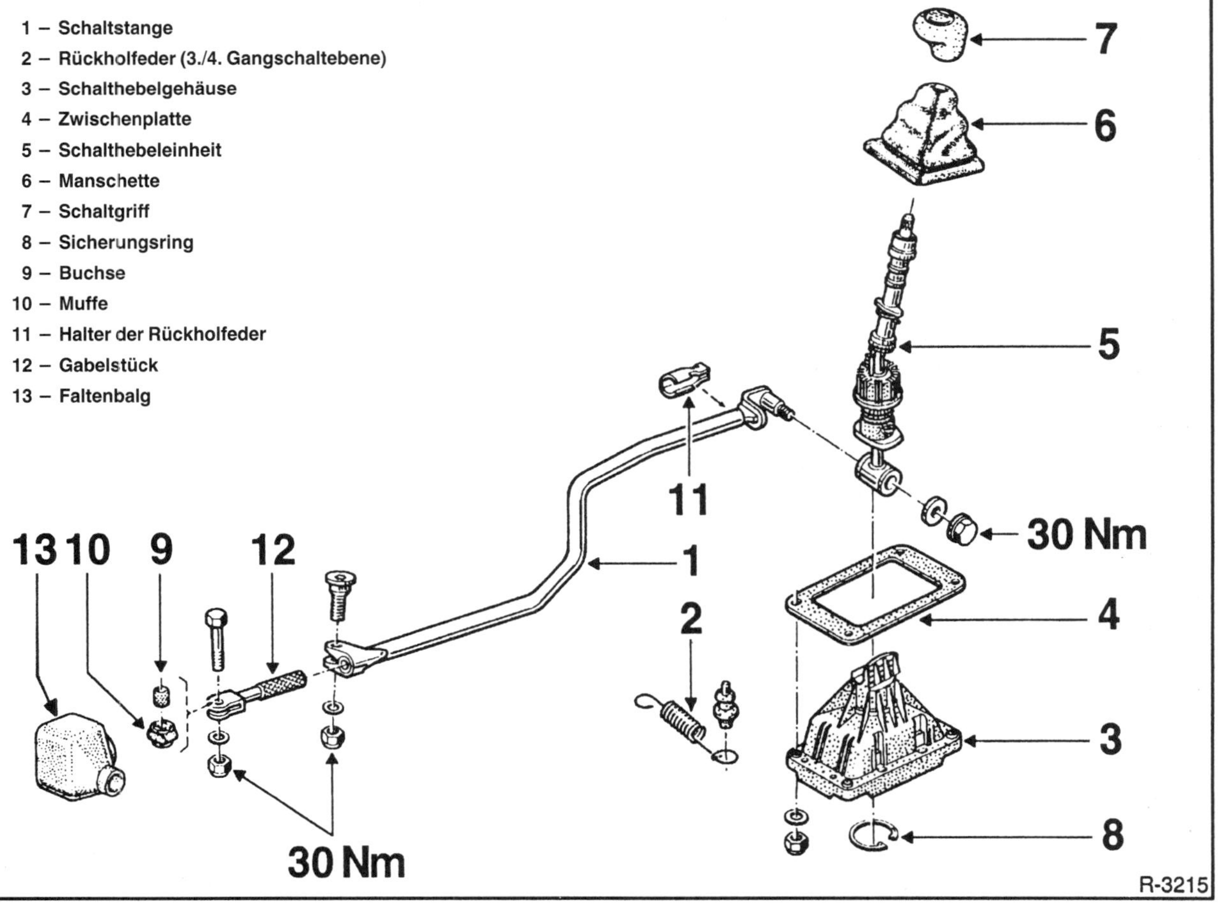

Schaltgestänge aus- und einbauen

Ausbau

Achtung: Die Ziffern beziehen sich auf die Abbildung auf Seite 119.

- Manschette –6– von der Mittelkonsole abziehen.
- Fahrzeug aufbocken.
- Abgasanlage im Bereich des Schaltgestänges aus den Gummilagern aushängen und etwas absenken.

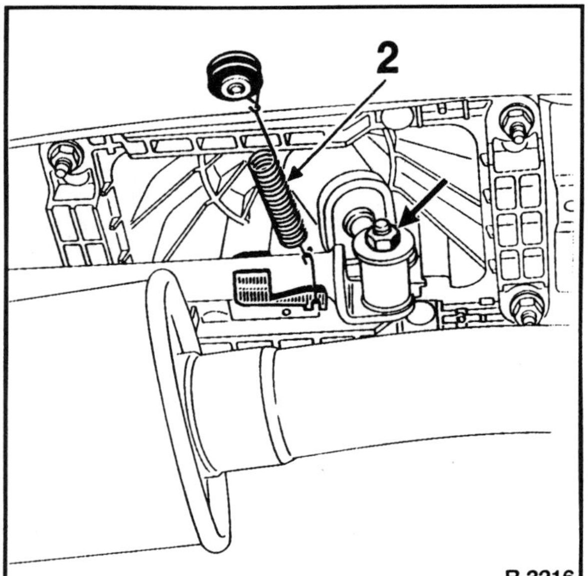

R-3216

- Rückholfeder –2– für Schaltstange aushängen.
- Schaltstange am Schalthebel abschrauben –Pfeil–.
- Befestigungsschrauben des Schalthebelgehäuses –3– abschrauben und die Einheit Hebel/Gehäuse nach unten herausnehmen, dabei das Abgasrohr zur Seite drücken.

Achtung: Falls der Schalthebel zerlegt werden soll, Schalthebel an der Unterseite in einen mit Schutzbacken versehenen Schraubstock einspannen und Schaltgriff abziehen (der Griff ist auf dem Schalthebel aufgeklebt). Anschließend Manschette –6– abziehen und Sicherungsring –8– ausfedern.

Einbau

- Falls zerlegt, Schalthebel gemäß Abbildung R-3215 komplettieren. Gelenke des Schalthebels und der Achse der Schaltstange mit »Fett 33 Medium« von RENAULT versehen.
- Schalthebel in die Mittelkonsole von unten einsetzen und anschrauben.

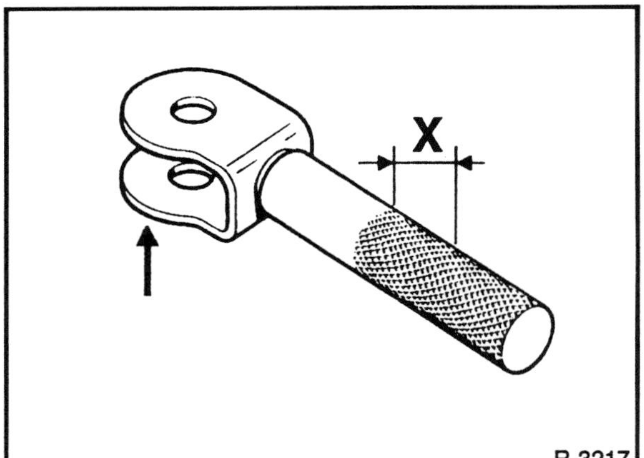

R-3217

- Schaltstange –1– am Gabelstück –12– aufstecken. **Achtung:** Dabei Montagerichtung des Gabelstücks beachten. Die Ausbuchtung –Pfeil– muß zur Getriebeseite hin zeigen. Außerdem beachten, daß die Schaltstange bis auf das **Maß –X–** von **ca. 10 bis 12 mm** zwischen Schaltstangenende und Ende der Rändelung (rauher Bereich) aufgeschoben werden muß.
- Gelenkbolzen der Schaltstange –1– in das Gelenkstück des Schalthebels –5–, das mit zwei Buchsen versehen ist, einsetzen. Mutter mit Unterlegscheibe aufsetzen und mit **30 Nm** anziehen.
- Rückholfeder an der Schaltstange einhängen.
- Schaltung einstellen, siehe folgendes Kapitel.
- Klemmschelle der Schaltstange festziehen.
- Abgasanlage einbauen.
- Vom Fahrgastraum her Manschette auf den Schalthebel aufsetzen, Schalthebelgriff aufkleben.

Schaltung einstellen

Achtung: Das Schaltgestänge muß in richtiger Stellung eingebaut werden. Die Werkstatt verwendet hierzu ein Sonderwerkzeug. Es geht jedoch auch ohne dieses Werkzeug (ungenauer), es ist dann eine Hilfsperson erforderlich.

- Fahrzeug aufbocken.
- Abgasanlage im Bereich des Schaltgestänges aus den Gummilagern aushängen.

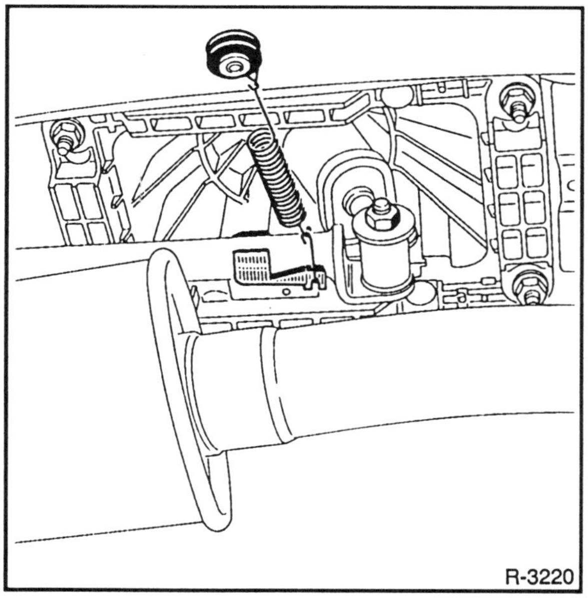

- Rückholfeder an der Schaltstange aushängen.

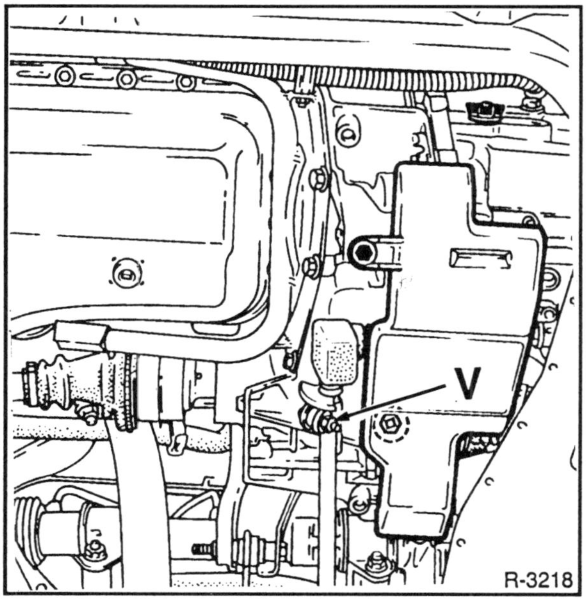

- Untere Getriebe-Abdeckung abschrauben.
- Klemmschelle –V– vorn an der Schaltstange lösen, siehe Abbildung.

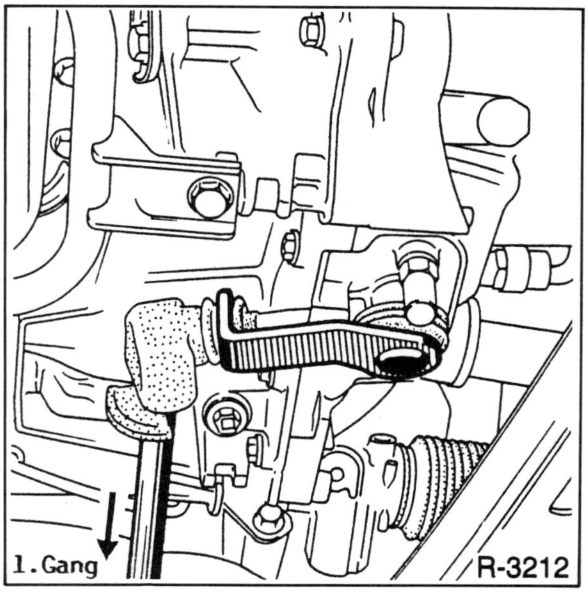

- Am Getriebe den 1. Gang einlegen, dazu den Hebel am Getriebeeingang von Hand in Pfeilrichtung gegen den Anschlag drücken.

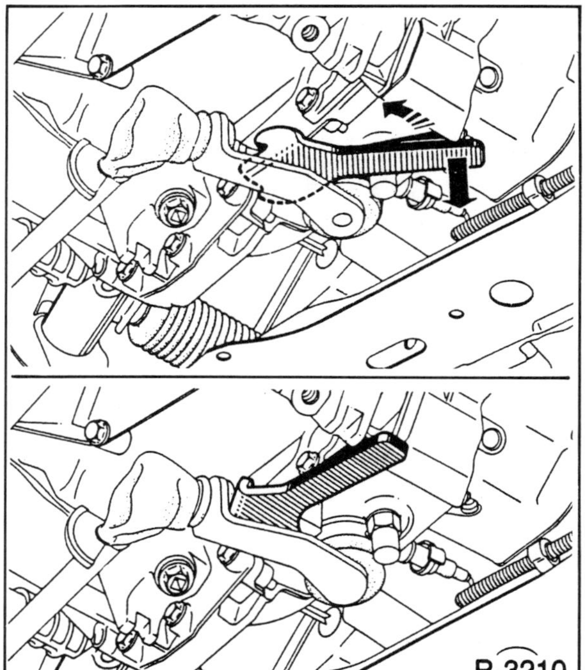

- RENAULT-Werkzeug B.Vi.1133 einsetzen, um das Spiel einzustellen. Griffstück des Werkzeugs nach unten ziehen und um ca. 45° bis zum Anschlag am Steg des Getriebegehäuses schwenken, siehe unteren Teil der Abbildung. **Achtung:** Steht das Spezialwerkzeug nicht zur Verfügung, Getriebehebel nach unten ziehen, gleichzeitig den Getriebehebel nach hinten, entgegen Fahrtrichtung, drücken (Hilfsperson erforderlich).

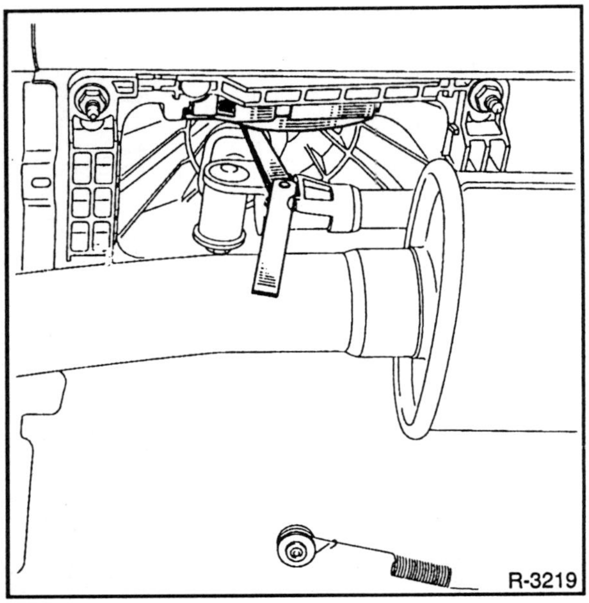

- Schalthebel seitlich gegen das Gehäuse drücken, dabei eine 2 mm starke Fühlerblattlehre zwischenlegen, siehe Abbildung.
- In dieser Stellung Schraube –V– des Klemmstücks der Schaltstange mit **30 Nm** anziehen.
- Feststellwerkzeug und Fühlerblattlehre entfernen.
- Rückholfeder für Schaltstange einhängen.

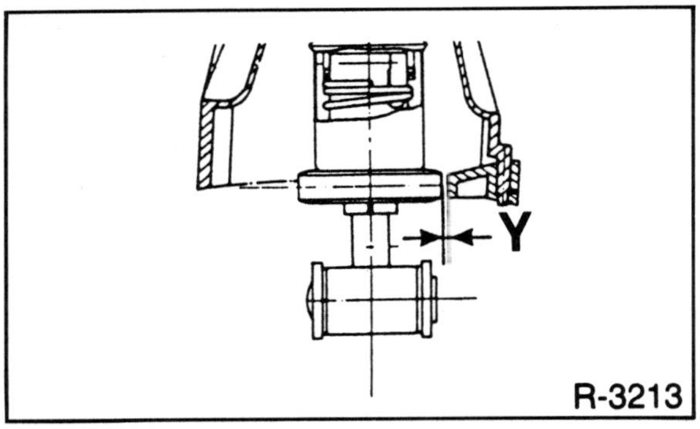

- Spiel –Y– nochmals mit Fühlerblattlehre kontrollieren, es muß zwischen 2 und 5 mm betragen.
- Alle Gänge durchschalten. Sie müssen sich leicht einlegen lassen, gegebenenfalls Einstellung wiederholen.
- Abgasanlage einhängen.
- Getriebe-Abdeckung einsetzen und anschrauben.
- Fahrzeug ablassen.

Die Vollautomatik

Der RENAULT CLIO wird auf Wunsch mit Automatikgetriebe ausgestattet. Das automatische Getriebe hat drei beziehungsweise vier Schaltstufen (Gänge), die automatisch geschaltet werden.

Um schneller beschleunigen zu können, zum Beispiel bei Überholvorgängen, hat die Automatik einen sogenannten Kickdown-Schalter, der beim vollen Niedertreten des Gaspedals betätigt wird. Der Kickdown-Effekt sorgt dafür, daß das Getriebe entweder länger im kürzeren Gang verweilt oder von einem höheren in einen niedrigeren Gang zurückschaltet.

Für die Beurteilung der Funktion der Getriebeautomatik und für die richtige Fehlersuche ist Erfahrung mit automatischen Getrieben und die Kenntnis der Arbeitsweise unerläßlich. Da diese Materie nur durch lange Berufserfahrung erworben werden kann, werden nur die Wartungsarbeiten (Ölstand prüfen beziehungsweise Öl wechseln) beschrieben, siehe Kapitel »Wartung«.

Abschleppen von Fahrzeugen mit Automatik

- Wählhebelstellung »N«.

3-Stufen-Automatik:

Maximale Schleppgeschwindigkeit: 30 km/h!

Maximale Schleppentfernung: 50 Kilometer!

4-Stufen-Automatik:

Maximale Schleppgeschwindigkeit: 40 km/h!

Maximale Schleppentfernung: 25 Kilometer!

- Über größere Entfernungen muß der Wagen vorn angehoben werden, oder in das Getriebe müssen zusätzlich 2 Liter ATF eingefüllt werden, Spezifikation siehe Kapitel »Wartung«. Grund: Bei stehendem Motor arbeitet die Getriebeölpumpe nicht, das Getriebe wird für höhere Drehzahlen und längere Laufzeiten daher nicht ausreichend geschmiert. **Achtung:** Wurde zusätzlich Öl eingefüllt, ist der Ölstand nach Instandsetzung des Fahrzeugs wieder auf Normalstand zu korrigieren.
- Zündung einschalten, damit das Lenkrad nicht blockiert ist und die Blinkleuchten, das Signalhorn und gegebenenfalls die Scheibenwischer betätigt werden können.
- Da Bremskraftverstärker und Servolenkung nur bei laufendem Motor arbeiten, muß bei nicht laufendem Motor das Bremspedal entsprechend kräftiger getreten beziehungsweise für die Lenkbewegungen entsprechend mehr Kraft aufgewendet werden!

Die Vorderachse

Die Bauweise der RENAULT CLIO-Vorderachse ist durch die beiden Federbeine bestimmt. Die Federbeine bestehen jeweils aus einer Schraubenfeder und einem integrierten Stoßdämpfer. Sie sind oben über Stützlager mit der Karosserie verschraubt und unten am Achsschenkelträger befestigt. Die Radführung in Längs- und Querrichtung übernehmen untere Dreiecks-Querlenker. Bei einigen Modellen verbindet zusätzlich ein Stabilisator beide Querlenker und vermindert die Neigung des Aufbaus bei Kurvenfahrt.

Die Radlagerung erfolgt durch doppelte Kugellager. Die Übertragung der Motor-Antriebskraft erfolgt über zwei Gelenkwellen, die über jeweils zwei Gleichlaufgelenke mit den Rädern und dem Achsantrieb verbunden sind.

Achtung: Schweiß- und Richtarbeiten an tragenden und radführenden Teilen der Vorderradaufhängung sind nicht zulässig. **Selbstsichernde Muttern** im Reparaturfall **immer ersetzen.** Die Vorderachse ist wartungsfrei.

Achtung: Bei allen Arbeiten an der Vorderachse sind die Gelenke und Manschetten der Gelenkwelle gegen Beschädigungen zu schützen. Dazu grundsätzlich das äußere (radseitige) Gelenk der Gelenkwelle, unter Umständen auch das getriebeseitige Gelenk mit einem Lappen umwickeln.

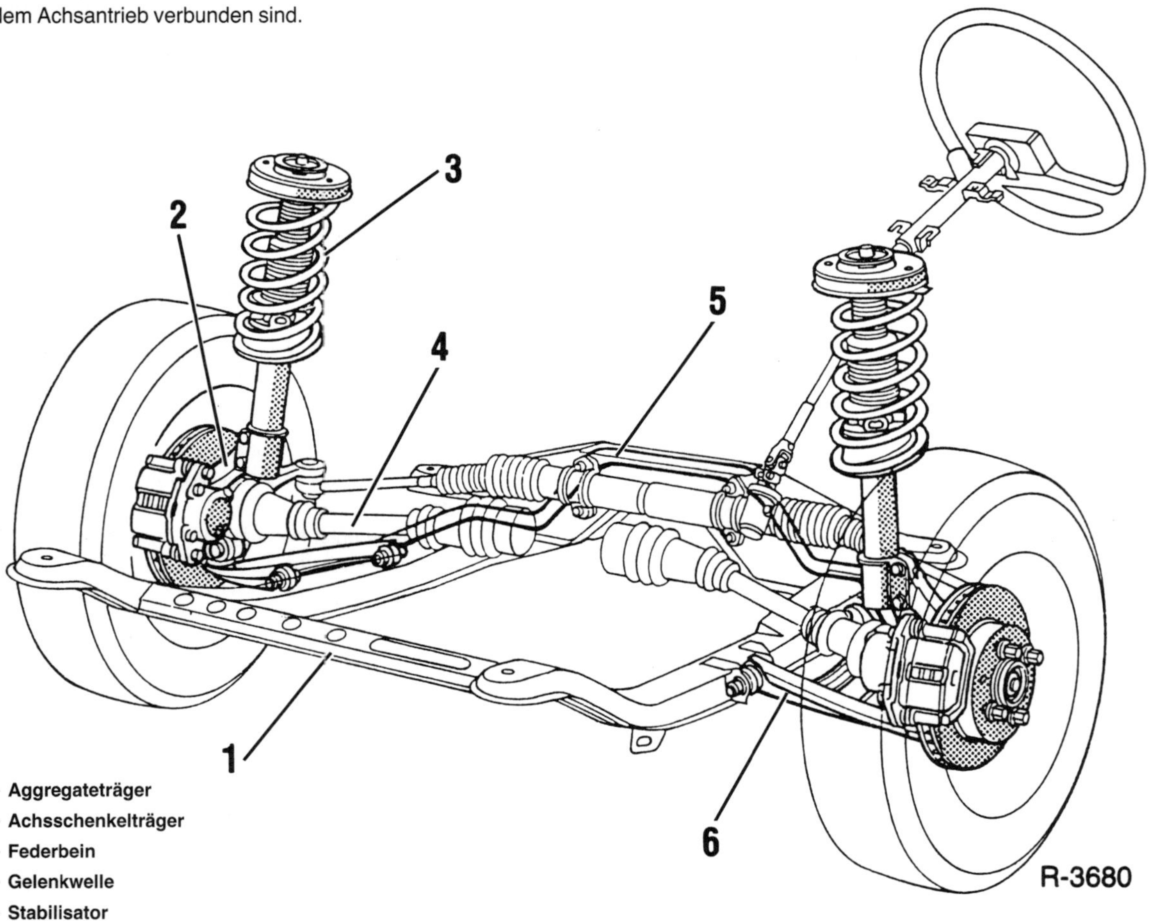

1 – Aggregateträger
2 – Achsschenkelträger
3 – Federbein
4 – Gelenkwelle
5 – Stabilisator
6 – Querlenker

Federbein aus- und einbauen

Ausbau

- Radschrauben bei auf dem Boden stehendem Fahrzeug lösen.
- Scheibenrad (Felge) zur Radnabe mit Farbe kennzeichnen. Dadurch kann das ausgewuchtete Rad wieder an gleicher Stelle montiert werden.
- Fahrzeug vorn aufbocken.
- Rad abnehmen.
- Vorderachse am Querlenker abstützen, damit die Gelenkwelle nach Ausbau des Federbeins nicht nach unten durchhängt. Dazu geeigneten Stützbock oder Hydraulikheber unter dem Querlenker postieren.

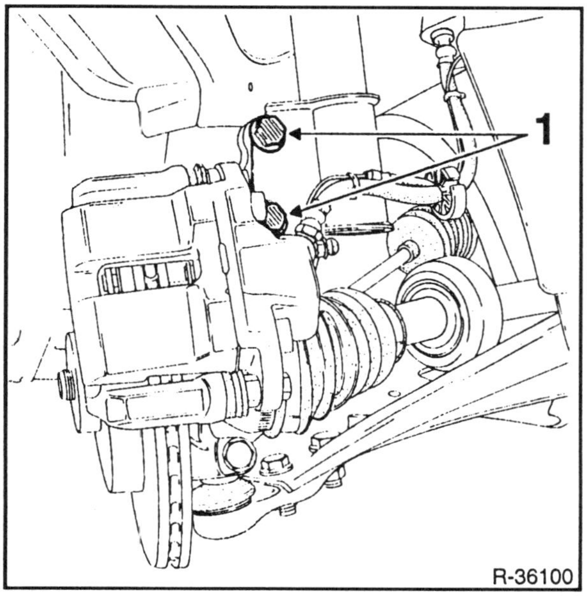

R-36100

- Am Achsschenkelträger Muttern von beiden Schrauben –1– abschrauben und die Bolzen herausdrücken.

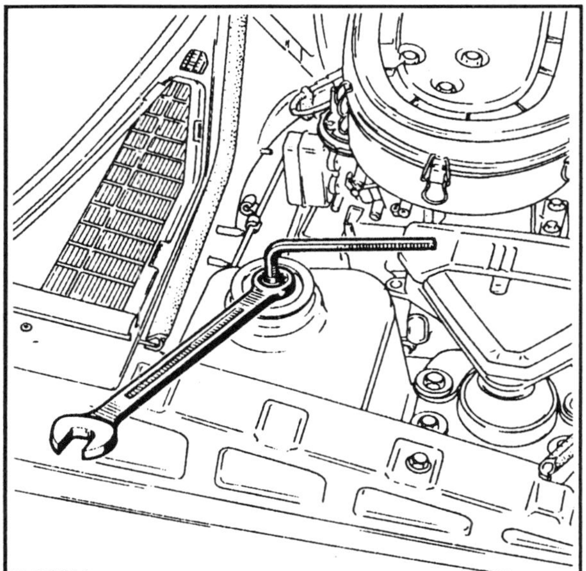
R-36101

- Unteres Stoßdämpferende mit Hilfe eines Holzkeiles am unteren Querlenker abstützen, damit die Antriebswelle nicht durch den Dämpfer beschädigt wird. Anschließend Federbein oben am Federbeindom abschrauben, dabei Kolbenstange mit einem Innensechskantschlüssel gegenhalten.
- Federbein herausnehmen. Dazu, falls erforderlich, Achsschenkelträger etwas absenken.

Einbau

- Federbein einsetzen.
- Federbein oben am Federbeindom mit **60 Nm** anschrauben.
- Am Achsschenkelträger die beiden Bolzen durchschieben und Muttern mit **110 Nm** anschrauben. **Achtung:** Bolzen von vorn nach hinten durchschieben, die Schraubenköpfe zeigen also in Fahrtrichtung.
- Rad anschrauben, dabei auf Markierung zur Radnabe achten. Fahrzeug ablassen und Radschrauben mit **90 Nm** über Kreuz festziehen.

Federbein zerlegen/ Stoßdämpfer aus- und einbauen

Ausbau

- Federbein ausbauen.
- Die Schraubenfeder ist vorgespannt. Zum Lösen des Stoßdämpfers muß die Schraubenfeder noch weiter gespannt werden, damit die Federteller entlastet sind. Schraubenfeder mit geeigneter Spannvorrichtung spannen. **Achtung: Die Stoßdämpfermutter darf nur bei gespannter Feder gelöst werden.**

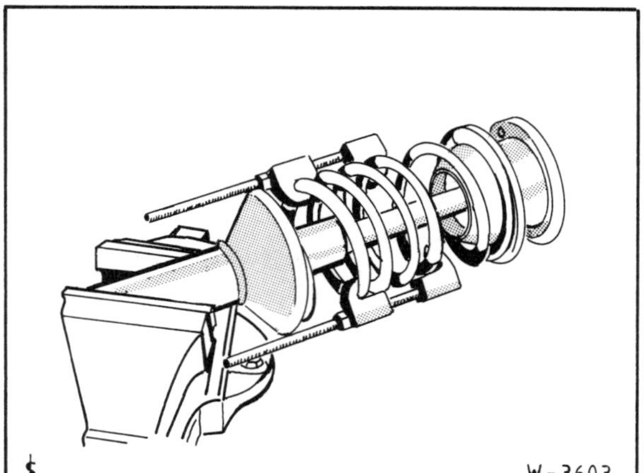
W-3603

- Federbein in einen Schraubstock einspannen und mit handelsüblichem Federspanner spannen. Dabei Feder um ca. 10 mm zusammendrücken.
  Achtung: Federspanner so in die Windungen der Feder einsetzen, daß die Federwindungen sicher umfaßt werden und der Federspanner nicht abrutschen kann. Feder grundsätzlich an 3 gegenüberliegenden Seiten spannen. Die Schraubenfeder steht unter großer Vor-

spannung, deshalb nur stabiles Werkzeug verwenden. Keinesfalls Feder mit Draht zusammenbinden. Unfallgefahr!

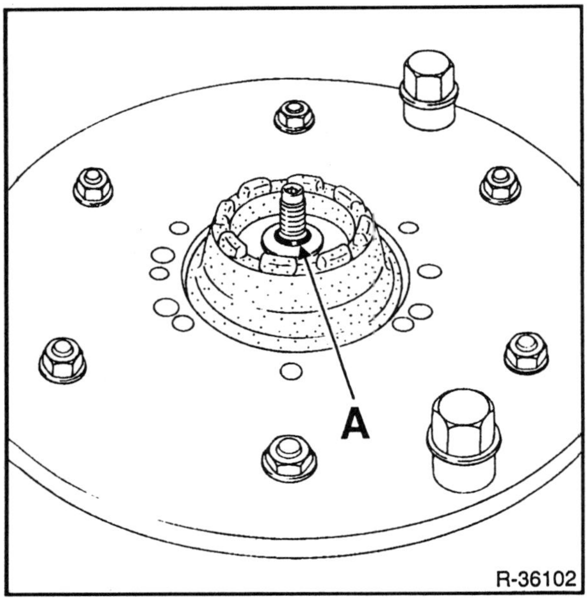

- Den Ring –A– an der Kolbenstange ausfedern. Dieser Ring muß nach jedem Lösen ersetzt werden.
- Feder langsam entspannen.

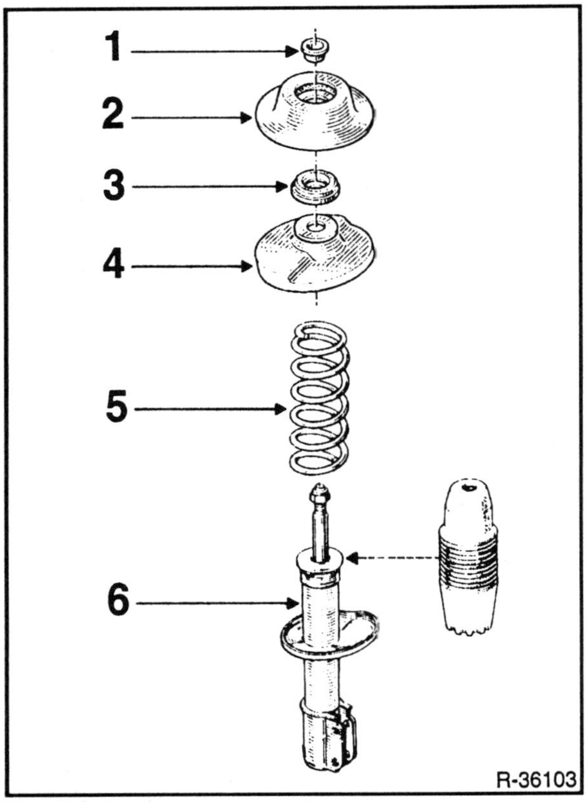

- Einzelteile des Federbeins der Reihe nach von –1– bis –6– abnehmen. 1 – Halterung des Rings, 2 – Spannteller, 3 – Stützlager, 4 – oberer Federteller, 5 – Schraubenfeder, 6 – Stoßdämpfer.

Einbau

- Federbein entsprechend der Abbildung komplettieren. Darauf achten, daß die Schraubenfeder an den Ansätzen des unteren und oberen Federtellers anliegt.
- Schraubenfeder mit dem Spannwerkzeug zusammendrükken.

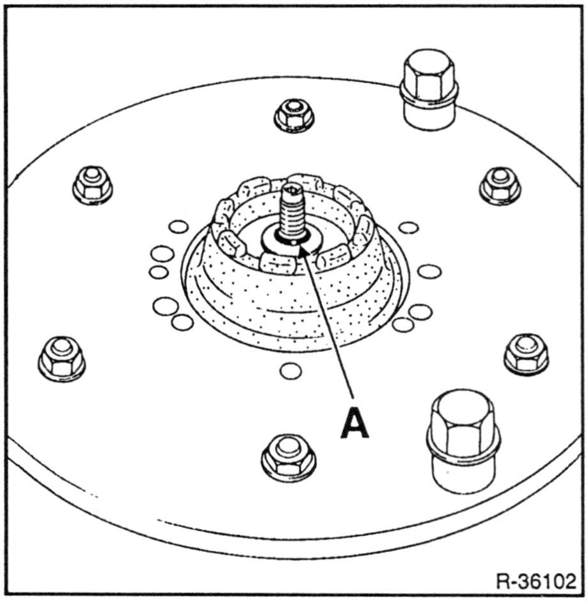

- **Neuen** Ring –A– an der Kolbenstange einsetzen. **Achtung:** Der Ring ist unbedingt zu erneuern, sonst Unfallgefahr.
- Schraubenfeder langsam entspannen.
- Federbein einbauen, siehe Seite 125.

Stoßdämpfer prüfen

Folgende Fahreigenschaften weisen auf defekte Stoßdämpfer hin:

- Langes Nachschwingen der Karosserie bei Bodenunebenheiten.
- Aufschaukeln der Karosserie bei aufeinander folgenden Bodenunebenheiten.
- Aufbäumen des Fahrzeuges beim Beschleunigen.
- Springen der Räder bereits auf normaler Fahrbahn.
- Ausbrechen des Fahrzeuges beim Bremsen (kann auch andere Ursachen haben).
- Kurvenunsicherheit durch mangelnde Spurhaltung, Schleudern des Fahrzeuges.
- Poltergeräusche während der Fahrt.

Der Stoßdämpfer kann von Hand geprüft werden. Eine genaue Überprüfung der Stoßdämpferleistung ist jedoch nur mit einem Shock-Tester (Stoßdämpfer eingebaut) oder einer Stoßdämpfer-Prüfmaschine möglich.

Prüfung von Hand

- Stoßdämpfer ausbauen.
- Stoßdämpfer in Einbaulage halten, Stoßdämpfer auseinanderziehen und zusammendrücken.
- Der Stoßdämpfer muß sich über den gesamten Hub gleichmäßig schwer und ruckfrei bewegen lassen.
- Bei einwandfreier Funktion sind geringe Spuren von Stoßdämpferöl kein Grund zum Austausch.
- Bei starkem Ölverlust Stoßdämpfer austauschen.
- Die Gummilager des Stoßdämpfers dürfen nicht ausgeschlagen sein.
- Stoßdämpfer einbauen.

Querstabilisator aus- und einbauen

Ausbau

- Fahrzeug aufbocken.
- Vorderes Abgasrohr vom Krümmer abbauen, siehe Seite 102.
- Schaltbetätigung am Getriebehebel abschrauben.

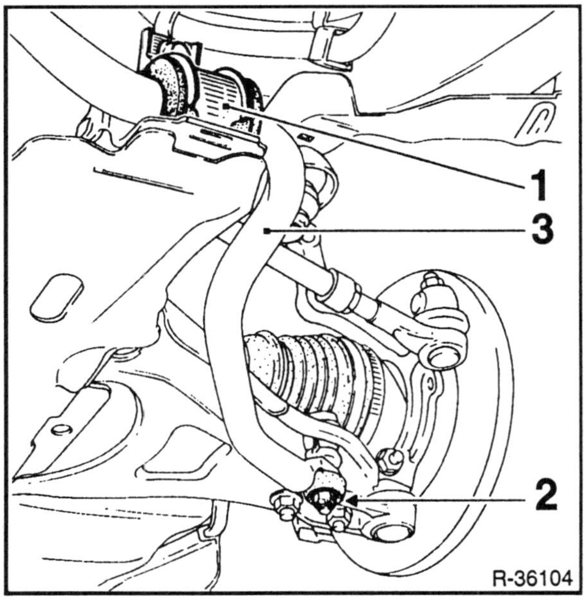

- Auf beiden Seiten die Lager –1– am Aggregateträger und die Lager –2– am Querlenker abschrauben.
- Stabilisator –3– zusammen mit den Gummilagern herausnehmen.

Einbau

- Vor dem Einbau Zustand der Gummilager prüfen, poröse oder beschädigte Lager ersetzen.
- Gummilager dünn mit MoS_2-Fett bestreichen, mit Stabilisator ansetzen und anschrauben, noch nicht festziehen.
- Abgasrohr am Krümmer anschrauben.
- Schaltstange am Getriebe anschrauben.
- Fahrzeug ablassen, damit das Fahrzeug auf den Rädern steht.
- Erst jetzt alle Befestigungsschrauben für Stabilisator mit **35 Nm** festziehen.

Querlenker aus- und einbauen / Gummilager ersetzen

Ausbau

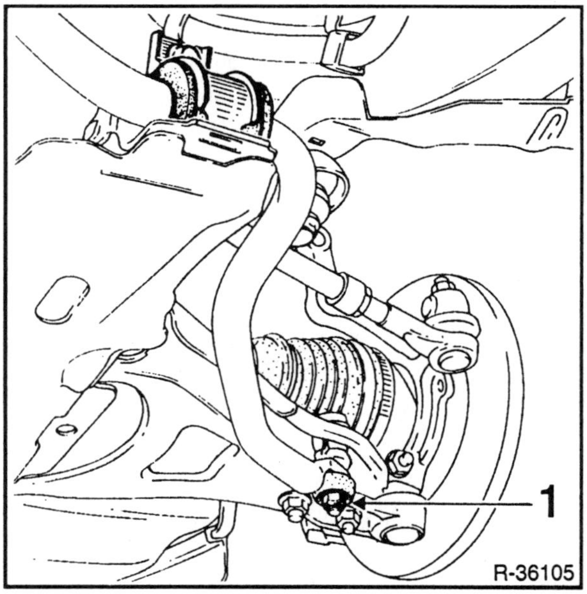

- Bei auf den Rädern stehendem Fahrzeug die Muttern –1– des Querstabilisators an den Querlenkern ausbauen. Stabilisator nach unten schwenken.
- Vorderradschrauben lösen.
- Scheibenrad zur Radnabe mit Farbe kennzeichnen. Dadurch kann das ausgewuchtete Rad wieder an gleicher Stelle montiert werden.
- Vorderräder ausbauen, dazu Fahrzeug vorn aufbocken.

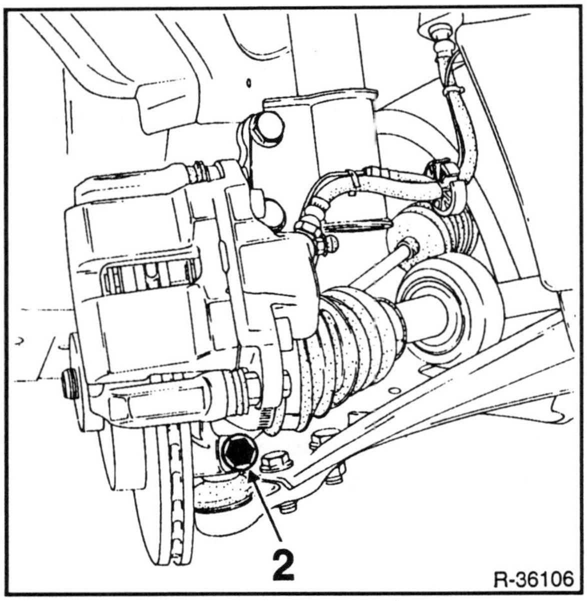

- Mutter und Klemmschraube –2– abschrauben.
- Kugelbolzen mit handelsüblichem Abdrücker herausdrükken.

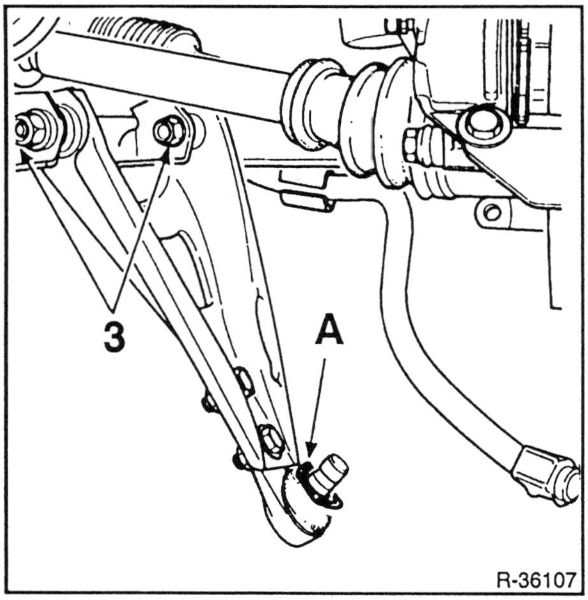

- 2 Befestigungsschrauben –3– herausschrauben.
- Querlenker abnehmen.

Gummilager prüfen/ersetzen

- Gummilager für Querlenker auf Porosität und Beschädigung prüfen.

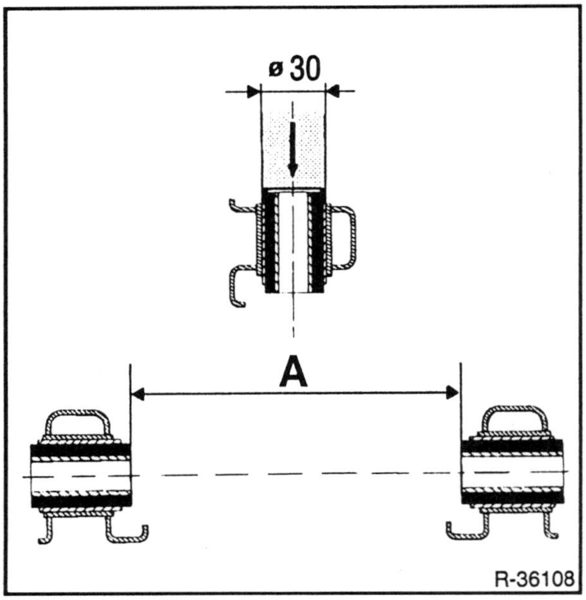

Achtung: Um die Zentrierung der Gummilager beizubehalten, Lager nur nacheinander auswechseln.

- Beschädigtes Gummilager mit einem kurzen Rohr mit einem Außendurchmesser von 30 mm auspressen.
- Neues Gummilager mit Rohr einpressen, dabei muß das Maß A = 147 ± 0,5 mm betragen.
- Anschließend 2. Lager aus- und einpressen. Dabei ebenfalls das Maß A = 147 ± 0,5 mm beachten.

Einbau

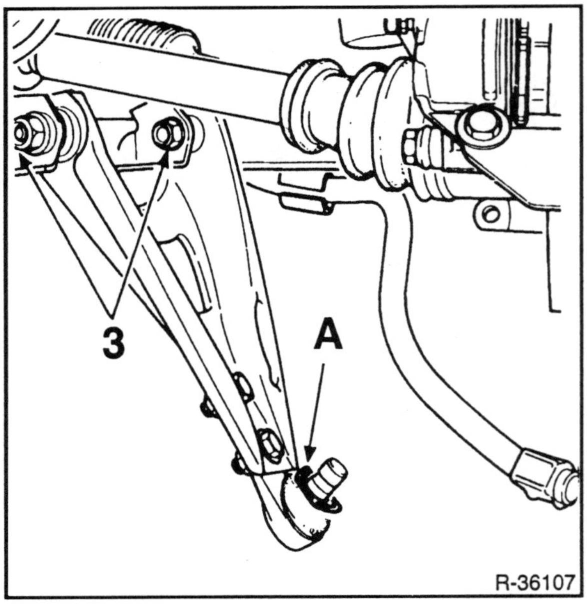

- Querlenker am Aggregateträger einsetzen, Bolzen einsetzen und mit den Muttern –3– anschrauben. Muttern noch nicht festziehen.

- Kunststoff-Abdeckscheibe –A– am Schaft des Kugelbolzens auflegen.
- Kugelbolzen in Achsschenkelträger einführen. Klemmschraube einsetzen und Mutter –2– (siehe Abbildung R-36106) mit **55 Nm** festziehen.
- Räder montieren und Fahrzeug ablassen.
- Radschrauben mit **90 Nm** über Kreuz festziehen.
- Querstabilisator einbauen, Befestigungsschrauben noch nicht festziehen.
- Aufbau mehrmals vorn herunterdrücken und loslassen (ein- und ausfedern).
- Befestigungsmuttern –3– für Querlenker mit **110 Nm** festziehen.
- Stabilisator festziehen, siehe Seite 127.

Achsgelenk aus- und einbauen

Das Achsgelenk (= Kugelgelenk zwischen Querlenker und Achsschenkelträger) muß ausgewechselt werden, wenn spürbares Spiel vorhanden ist oder wenn die Manschette beschädigt ist.

Ausbau

- Radschrauben bei auf dem Boden stehendem Fahrzeug lösen.
- Scheibenrad zur Radnabe mit Farbe kennzeichnen. Dadurch kann das ausgewuchtete Rad wieder an gleicher Stelle montiert werden.
- Fahrzeug aufbocken.
- Vorderrad abnehmen.

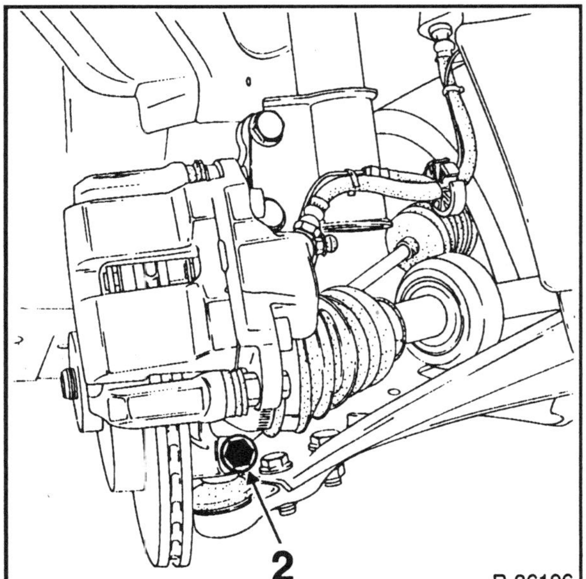

R-36106

- Mutter von Klemmschraube –2– abschrauben und Bolzen herausdrücken. Querlenker nach unten aus dem Achsschenkelträger herausziehen.

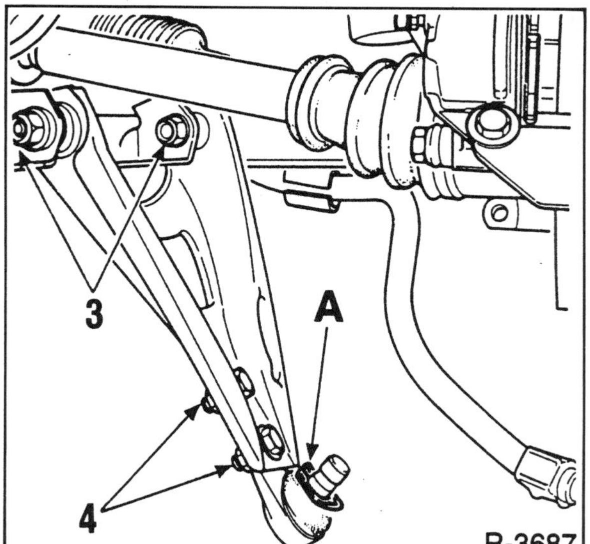

R-3687

- Beide Befestigungsmuttern –3– des Querlenkers am Aggregateträger lösen, nicht abschrauben.
- 2 Befestigungsschrauben –4– für Achsgelenk herausdrehen und Kugelbolzen abnehmen.

Einbau

- Neues Achsgelenk am Querlenker mit **75 Nm** anschrauben.
- Sicherstellen, daß die Kunststoff-Schutzscheibe –A– am Schaft des Kugelbolzens vorhanden ist.
- Kugelbolzen am Achsschenkelträger einschieben und Mutter für Klemmschraube mit **55 Nm** festziehen.
- Stabilisator anschrauben, noch nicht festziehen.
- Rad anschrauben, Fahrzeug ablassen und Radschrauben über Kreuz mit **90 Nm** festziehen.
- Fahrzeug mehrmals vorn herunterdrücken (ein- und ausfedern).
- Befestigungsmuttern für Querlenker am Aggregateträger mit **110 Nm** festziehen.
- Stabilisatorlager mit **35 Nm** festziehen.

Radlager vorn aus- und einbauen

Als Radlager sind Doppelkugellager eingebaut. Defekte Radlager machen sich folgendermaßen bemerkbar: Geräusche in engen Kurven; Schwergängigkeit des Rades bei gelöster Bremse. Die Radlager sitzen so fest im Radlagergehäuse, daß sie nur mit einer geeigneten Standpresse aus- und eingebaut werden können (Werkstattarbeit). Das Radlager nicht mit einem Dorn herausschlagen. Falls der Achsschenkelträger ersetzt werden soll, muß auch das komplette Radlager erneuert werden.

Ausbau

- Abdeckkappe für Achsmutter mit großem Schraubendreher abhebeln.
- Achsmutter mit Stecknuß SW 30 lösen. **Achtung:** Die Mutter ist mit hohem Drehmoment angeschraubt. Zum Lösen muß das Fahrzeug auf dem Boden stehen, Gang einlegen, Handbremse anziehen. Unfallgefahr! Die Fachwerkstatt löst die Mutter bei aufgebocktem Fahrzeug, siehe Abbildung R-3689.
- Bremssattel ausbauen, siehe Seite 156.

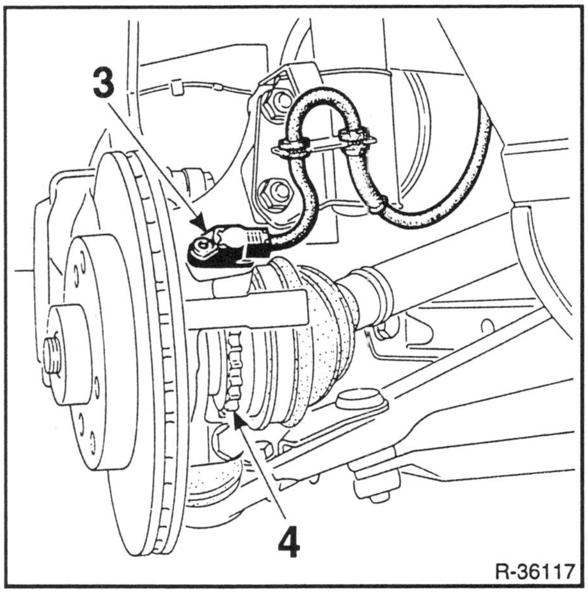

R-36117

- Nur bei ABS (Antiblockier-Bremssystem): Schraube lösen und Drehzahlfühler –3– am Radlagergehäuse herausziehen.
- Radlagerspiel an der Radnabe mit geeigneter Meßuhr prüfen, Sollwert: 0 – 0,05 mm. Es darf also praktisch kein fühlbares Radlagerspiel vorhanden sein.
- 2 Schrauben für Bremsscheibe von der Radnabe mit Torxschlüssel T40 abschrauben, Bremsscheibe abnehmen.

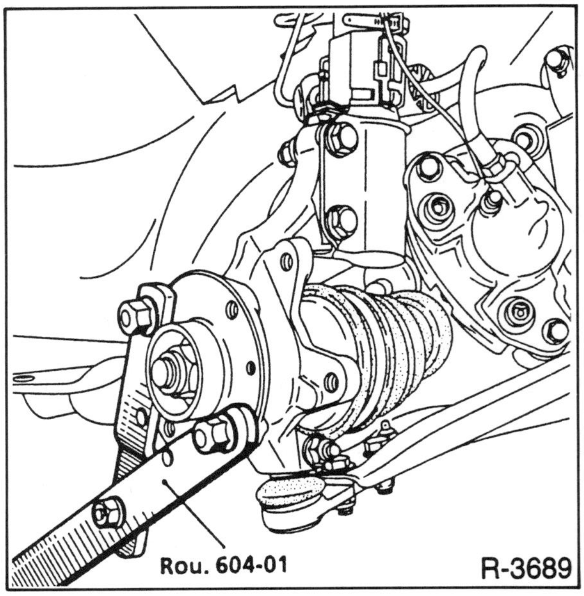

R-3689

- Achsmutter abschrauben. Die Fachwerkstatt verwendet zum Lösen der Achsmutter das Werkzeug Rou.604-01.

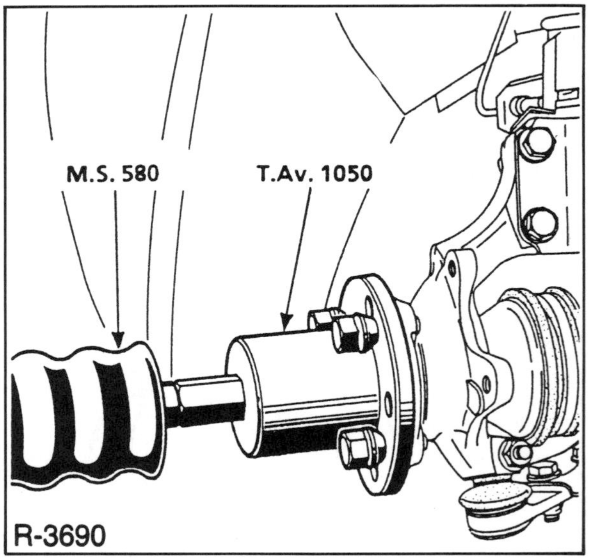

R-3690

- Radnabe mit geeignetem Abzieher von der Gelenkwelle abziehen. Vorher Achswelle mit Draht sichern, damit das Endstück nicht nach unten fällt, was zur Beschädigung der Gelenke führt.

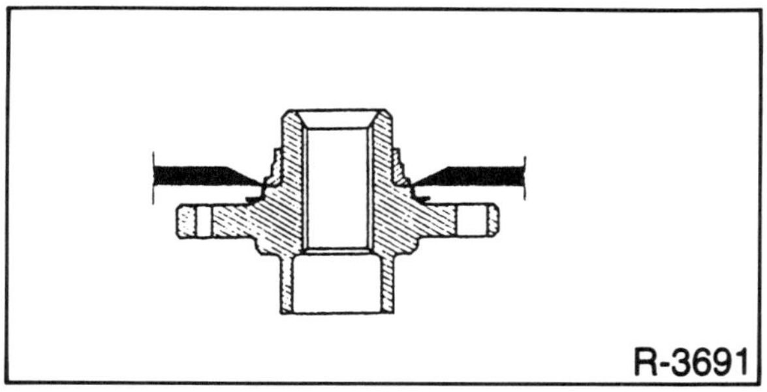

- Inneren Lagerring mit Hilfe eines Abziehers mit Krallen, zum Beispiel RENAULT-Werkzeug Facom U53G + U53E von der Radnabe abziehen.
- Spurstangengelenk am Achsschenkelträger herausdrükken, siehe Seite 145.

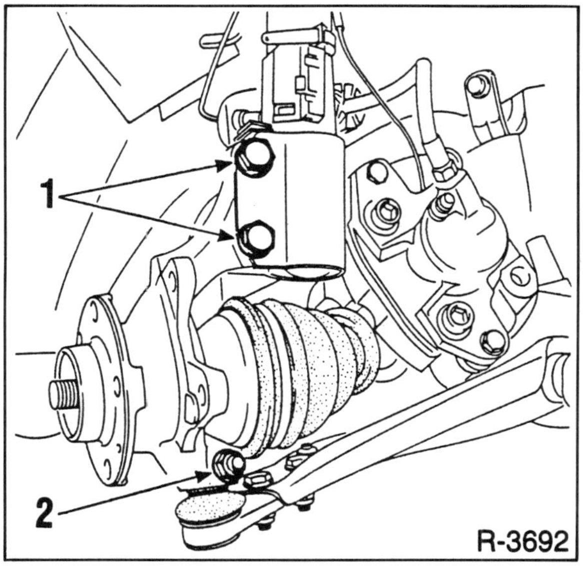

- Querlenker am Achsschenkelträger abschrauben, dazu Schraube –2– abschrauben, Bolzen herausziehen und Querlenker nach unten drücken.
- Federbein am Achsschenkelträger abschrauben, dazu Bolzen –1– lösen und herausziehen.

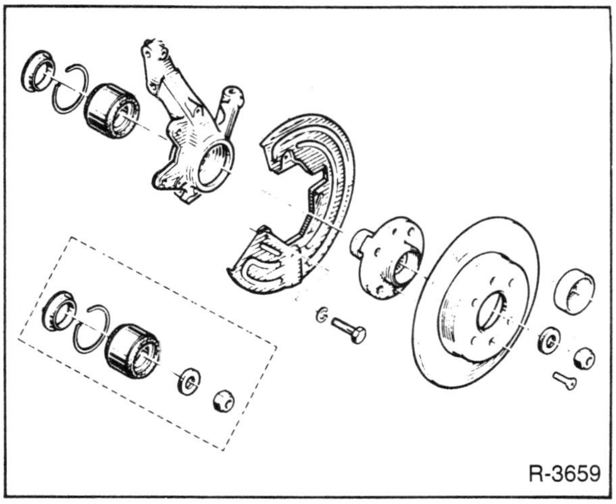

- Sicherungsring aus dem Lagersitz der Nabenbohrung entfernen. Dazu wird eine spezielle, handelsübliche Zange benötigt, mit der der Sicherungsring zusammengedrückt wird.

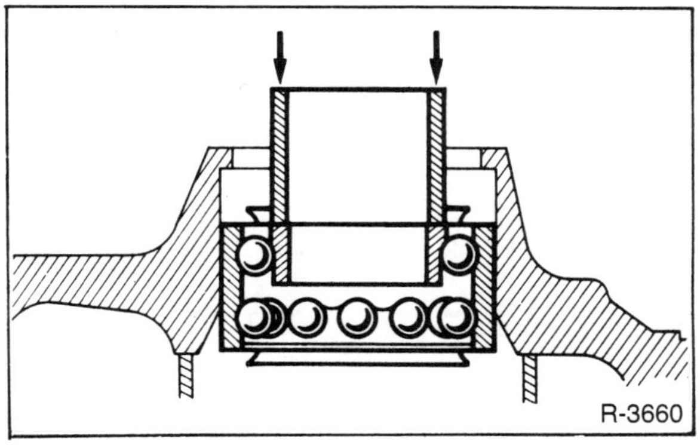

- Außenring mit Hilfe eines der beiden Innenringe aus dem Achsschenkel auspressen. Die Kugelkäfige und die Dichtringe müssen nicht vorher ausgebaut werden.

Einbau

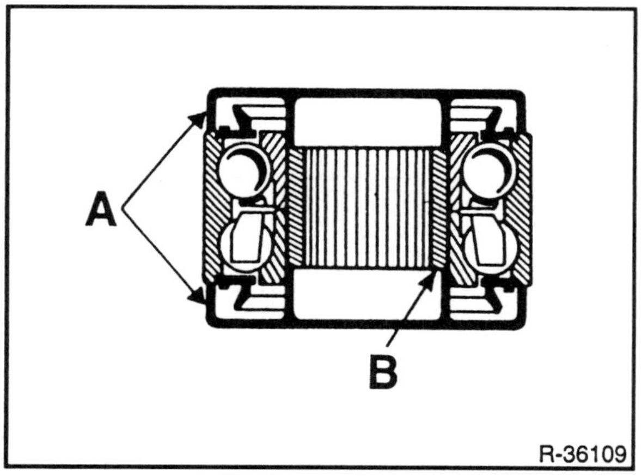

- Äußere Kunststoff-Schutzkappen –A– vom neuen Radlager abnehmen.
- Komplettes Radlager mit der inneren Kunststoff-Haltebuchse –B– auf den Achsschenkelträger aufsetzen und mit einer geeigneten Presse einsetzen. Hierzu wird je nach Radlagerdurchmesser ein kurzes Rohr mit Außendurchmesser von 63 mm, Innendurchmesser 59 mm benötigt, das am Außenring des Radlagers angesetzt wird.

Achtung: Rohr nicht am Innenring abstützen, sonst werden die Lagerkugeln durch den hohen Einpreßdruck beschädigt.

- Kunststoffbuchse herausnehmen.
- Sicherungsring ins Radlagergehäuse einfedern.
- Jede Dichtlippe mit Radlagerfett (Lithiumfett) versehen.

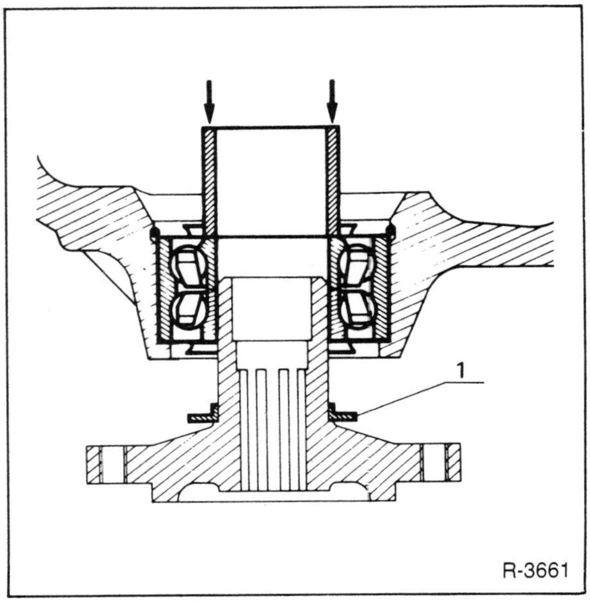

- Distanzring –1– auf die Radnabe aufschieben und Achsschenkelträger auf die Nabe aufdrücken. Hierzu wird ein kurzes Rohr benötigt, das sich am inneren Lagerring abstützt: Außendurchmesser von 45 mm, Innendurchmesser 39 mm.

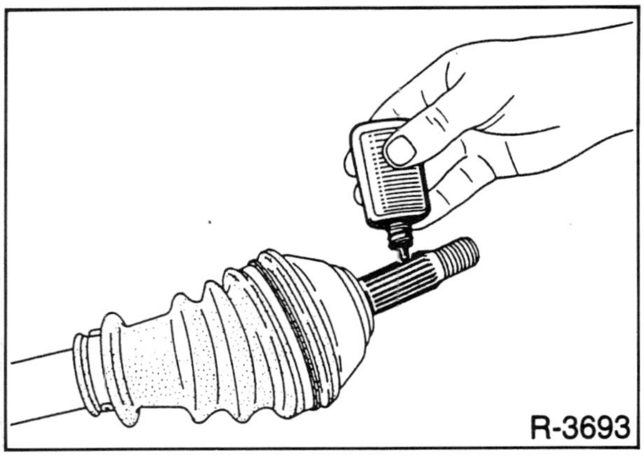

- Achsschenkelträger mit Radnabe auf die Verzahnung der Gelenkwelle aufdrücken. Vorher Sicherungsmittel LOCTITE SCELBLOC von RENAULT auf die Verzahnung auftragen.
- Neue Achsmutter anschrauben, nicht festziehen.
- Achsgelenk und Federbein anschrauben. Anzugsmomente Federbein an Achsschenkel: **110 Nm**; Achsgelenk an Achsschenkel: **55 Nm**. **Achtung:** Schrauben für Federbein am Achsschenkel von vorn nach hinten einsetzen, die Muttern liegen auf der Seite der Spurstange.
- Spurstangengelenk anschrauben, siehe Seite 145.
- Bremsscheibe mit Innentorxschrauben und 20 Nm an der Radnabe anschrauben.
- Bremssattel einbauen, siehe Seite 156.
- Falls vorhanden, ABS-Drehzahlfühler einsetzen und festschrauben.
- Rad anschrauben, dabei auf Markierung zur Radnabe achten. Fahrzeug ablassen und Radschrauben mit **90 Nm** über Kreuz festziehen.
- Achsmutter mit **250 Nm** festziehen. **Achtung:** Dabei muß das Fahrzeug auf dem Boden stehen, Gang einlegen, Fußbremse von Helfer betätigen lassen.

Gelenkwelle aus- und einbauen

Ausbau

- Achsmutter (an der Radnabe) bei auf dem Boden stehendem Fahrzeug lösen, siehe Seite 130.
- Bremssattel ausbauen und mit Draht am Aufbau aufhängen. **Achtung:** Bremsschlauch nicht lösen, sonst muß die Bremsanlage beim Einbau des Bremssattels entlüftet werden. Der Bremsschlauch darf beim Aufhängen nicht verdreht oder auf Zug beansprucht werden, siehe Seite 156.

Bei Ausbau der **linken** Gelenkwelle:

- Getriebeöl ablassen.

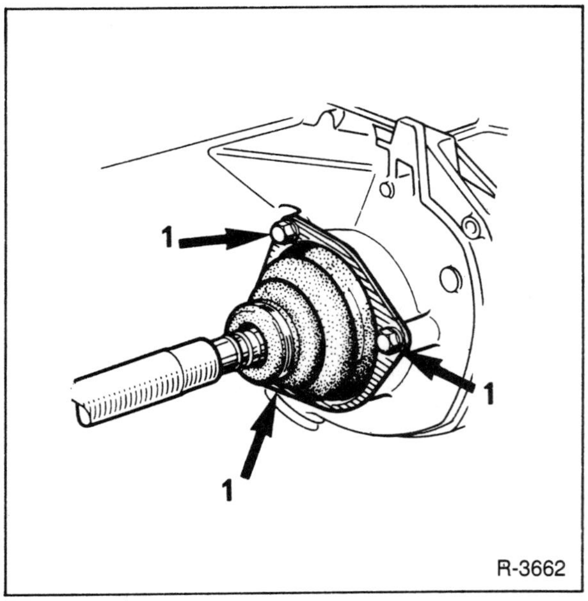

- 3 Befestigungsschrauben –1– für Manschette am Getriebe herausdrehen.

Bei Ausbau der **rechten** Gelenkwelle:

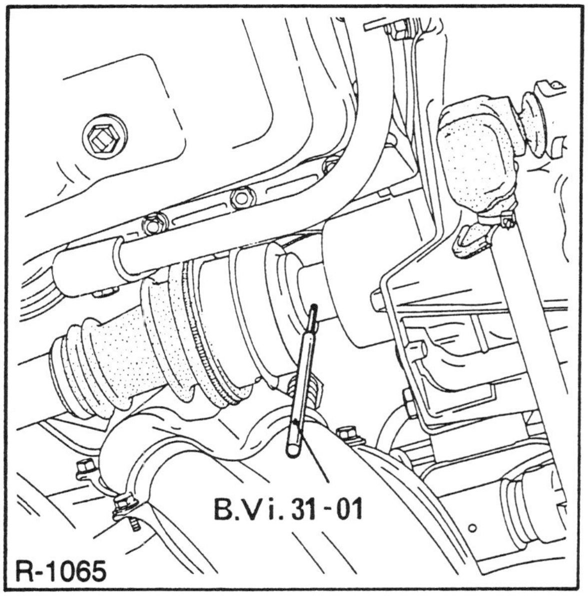

- Spannstift an der Verbindung Gelenkwelle und Planetenwelle mit geeignetem Durchschlag heraustreiben.

- Spurstangengelenk ausbauen, siehe Seite 145.
- Muttern für untere Stoßdämpferbefestigung abschrauben und Bolzen herausziehen.
- Gelenkwelle mit Draht am Aufbau aufhängen, da die Gelenke nicht stark abgewinkelt werden dürfen.
- Gelenkwelle aus der Radnabe mit passendem Abzieher ausdrücken.

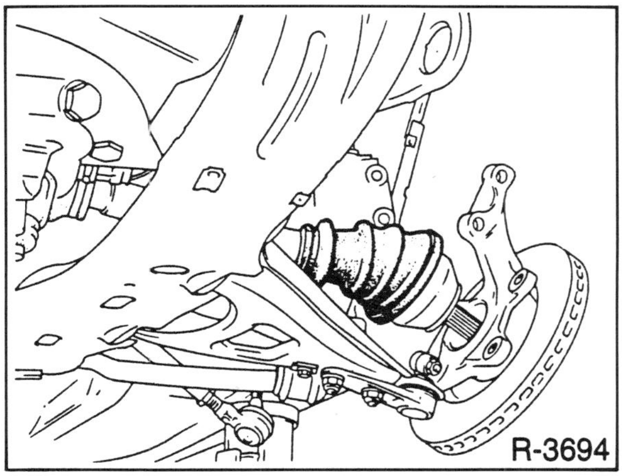

- Achsschenkelträger nach außen ziehen und dabei die Gelenkwelle am Getriebe herausziehen. Darauf achten, daß die Gelenkmanschetten nicht beschädigt werden.
- Gelenkwelle herausnehmen.

Einbau

- Neue Gelenkwellen werden mit Schutzhüllen an den Manschetten ausgeliefert. Diese bis Beendigung der Montage angebaut lassen. Die kleinste Beschädigung an einer Gelenkmanschette führt zum späteren Riß und damit zur Zerstörung des Gelenks.
- Linke Gelenkwelle mit Kreuzgelenk so waagerecht wie möglich in das Getriebe einsetzen.

Rechte Gelenkwelle:

- Verzahnungen des getriebeseitigen Gelenkes mit MoS_2-Fett, zum Beispiel Molykote BR 2, dünn einstreichen.

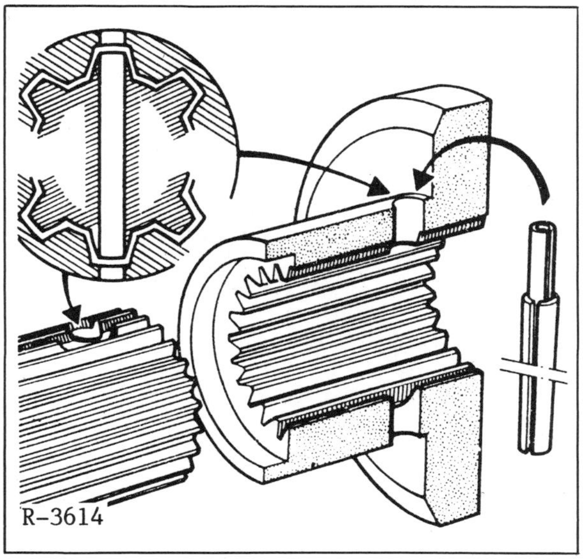

- Gelenkwelle am Getriebe ausrichten und in die Verzahnung einführen. Dabei mit einem abgewinkelten Dorn die Bohrungen von Gelenkwelle und Planetenwelle in Übereinstimmung bringen. 2 **neue** Spannstifte, wie in der Abbildung gezeigt, einsetzen und mit geeignetem Dorn eintreiben. Spannstiftbohrungen anschließend mit flüssiger Dichtungsmasse, zum Beispiel CAF 4/60 THIXO oder Curil, abdichten.

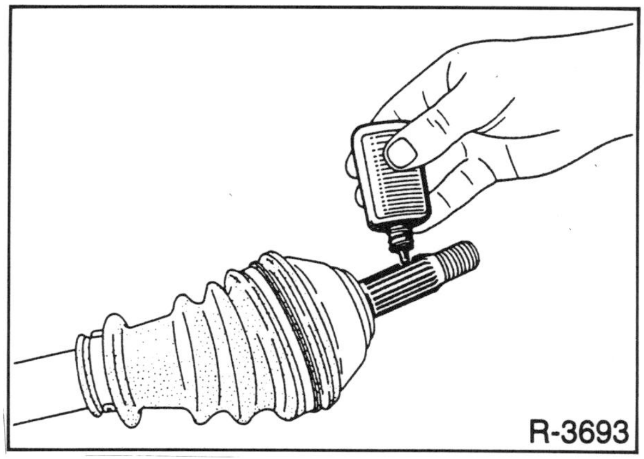

- Achszapfen der Gelenkwelle in die Verzahnung der Nabe einziehen. Vorher Verzahnung der Gelenkwelle mit Sicherungsmittel LOCTITE SCELBLOC bestreichen.

Achtung: Falls ein entsprechendes Einziehwerkzeug nicht zur Verfügung steht, Gelenkwelle in die Nabe einschieben und durch Aufschrauben der Achsmutter einziehen. Anschließend Achsmutter wieder abschrauben und mit Unterlegscheibe anschrauben, noch nicht festziehen.

- Stoßdämpfer am Achsschenkel mit 2 Bolzen anschrauben, Muttern mit **110 Nm** anschrauben. **Achtung:** Die Bolzen müssen von vorn nach hinten eingesetzt werden, Schraubenköpfe liegen in Fahrtrichtung vorn.
- Spurstangenbolzen mit **neuer, selbstsichernder** Mutter und **35 Nm** anschrauben.

Linke Gelenkwelle:

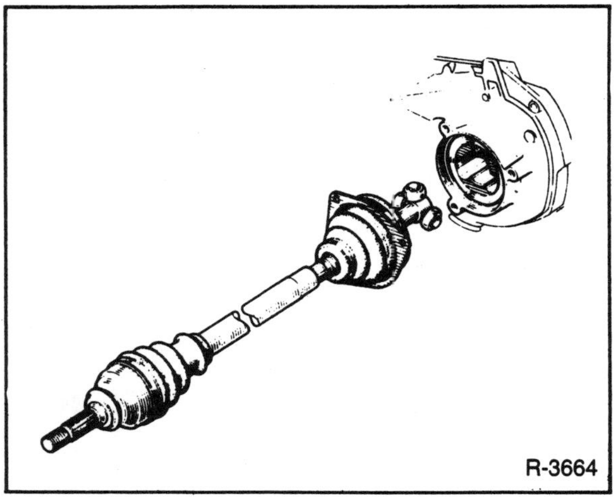

- Auflagefläche der Manschette am Getriebe reinigen.
- Manschette mit Befestigungsplatte ansetzen, so waagerecht wie möglich ausrichten und mit **25 Nm** anschrauben.
- Getriebeöl auffüllen, siehe Seite 267.

- Bremssattel einbauen, siehe Seite 156.
- Rad anschrauben, dabei auf Markierung zur Radnabe achten. Fahrzeug ablassen und Radschrauben mit **90 Nm** über Kreuz festziehen.
- Falls neue Gelenkwellen eingebaut wurden, erst jetzt die Schutzhüllen der Gelenkmanschetten entfernen.
- Gang einlegen, Fußbremse treten lassen (Hilfsperson erforderlich) und Achsmutter mit **250 Nm** festziehen.

Äußeren Faltenbalg für Gelenkwelle ersetzen

(Radseitiges Gelenk)

Soll ein Faltenbalg wegen Undichtigkeit ersetzt werden, empfiehlt es sich besonders bei Fahrzeugen mit hoher Laufleistung, auch den anderen Faltenbalg dieser Gelenkwelle zu ersetzen. Um den Faltenbalg zu erneuern, muß die Gelenkwelle zerlegt werden. **Achtung:** Es gibt 2 verschiedene Ausführungen des radseitigen Gelenks, nämlich als Sterngelenk und als Gelenk mit Kugellager.

Gelenkwelle ohne Kugellager

Ausbau

- Gelenkwelle ausbauen.
- Inneren Faltenbalg (getriebeseitige Manschette) ausbauen, siehe Seite 136.

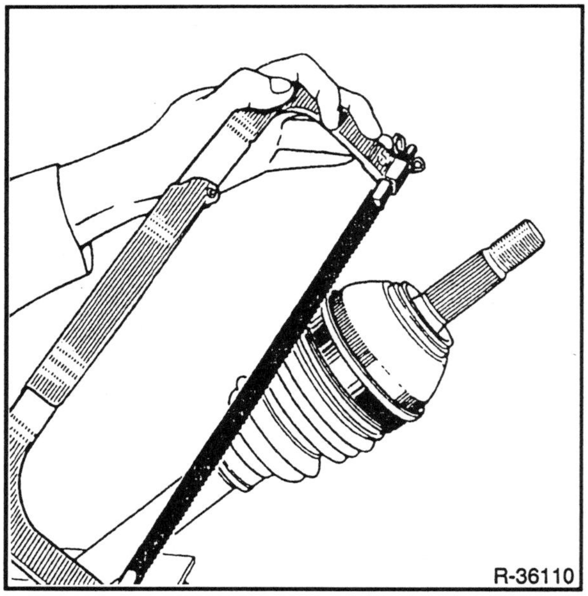

- Spannbänder für Faltenbalg am äußeren Gleichlaufgelenk (Radseite) mit einer Eisensäge durchsägen. Dabei die Nuten an der Gelenkkapsel nicht beschädigen.
- Faltenbalg längs aufschneiden und abnehmen.
- Vorhandenes Fett entfernen.

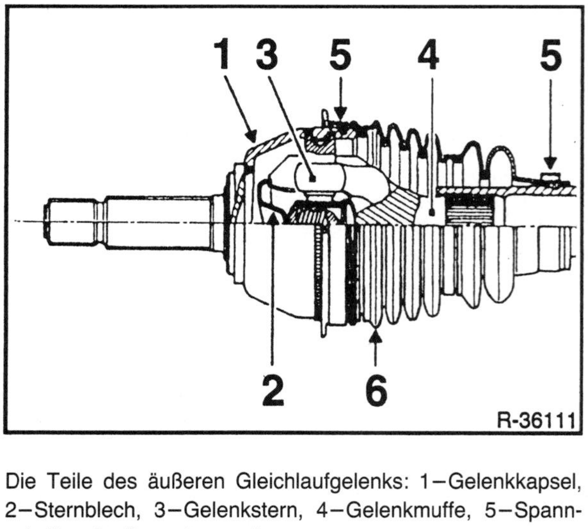

Die Teile des äußeren Gleichlaufgelenks: 1–Gelenkkapsel, 2–Sternblech, 3–Gelenkstern, 4–Gelenkmuffe, 5–Spannschellen, 6–Gummimanschette.

Einbau

- Gleichlaufgelenk mit der Hand auf Leichtgängigkeit überprüfen.
- Falls Schmutz in das Gelenk eingedrungen ist, Gelenk auswaschen und mit neuem Fett schmieren. Das Fett (250 g beziehungsweise 320 g MOBIL CVJ 825 oder MOBIL EXF 57 C) liegt dem Reparatursatz bei. Das gesamte mitgelieferte Fett aus dem Reparatursatz in Manschette und Gelenk verteilen.
- Dichtlippen des Faltenbalges in die dafür vorgesehenen Nuten einsetzen.

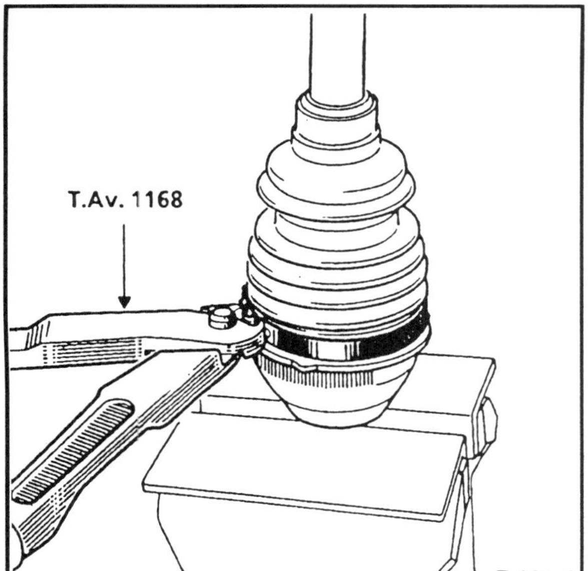

R-36112

- Gelenkschutzhülle an der Welle mit Spannband befestigen, oder Schlauchschelle verwenden. Dabei Spannband am kleinen Durchmesser auf jeden Fall ersetzen.

Achtung: Die Gelenkschutzhülle wird beim Aufsetzen auf den Gelenkkörper häufig eingedrückt. Dadurch entsteht ein Unterdruck, der im Fahrbetrieb eine Falte nach innen zieht. Deshalb nach der Montage am kleinen Durchmesser der Schutzhülle kurz mit einem Schraubendreher anlüften und so für einen Druckausgleich sorgen.

- Gelenkwelle einbauen.

Gelenkwelle mit Kugellager

Ausbau

- Befestigungsschellen entfernen und Manschette auf der ganzen Länge aufschneiden. Manschette und vorhandenes Fett entfernen.

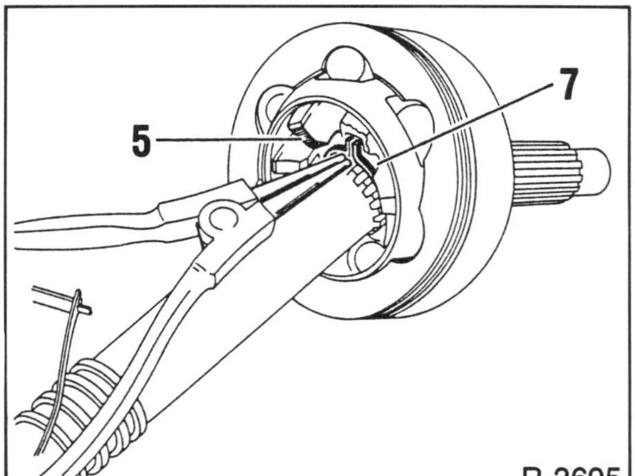

R-3695

- Sicherungsring –7– mit handelsüblicher Zange für Sicherungsringe ausfedern, dabei gleichzeitig leichte Hammerschläge auf die Stirnfläche des Gehäuses –5– ausüben. Gelenk von der Welle abnehmen.

Einbau

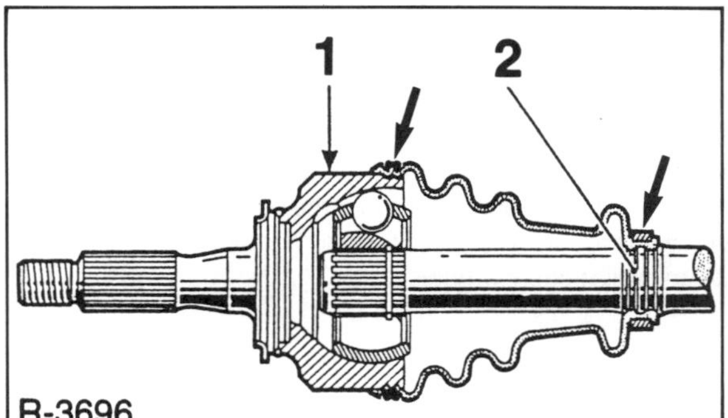

R-3696

- Gummihaltering –rechter Pfeil–, dann neue Gelenkmanschette aufschieben.
- Gelenk mit eingesetztem Sicherungsring auf die Welle –2– aufschieben bis der Sicherungsring einrastet.
- Falls Schmutz in das Gelenk eingedrungen ist, Gelenk auswaschen und mit neuem Fett schmieren. Das Fett (80 g MOBIL CVJ 825 oder MOBIL EXF 57 C) liegt dem Reparatursatz bei. Fett in Manschette und Gelenk verteilen.
- Dichtlippen der Gelenkmanschette in die Nuten von Gelenkkapsel –1– und Welle –2– einsetzen. Manschette auf der Welle mit dem Gummihaltering, an der Gelenkkapsel mit dem Federring befestigen.

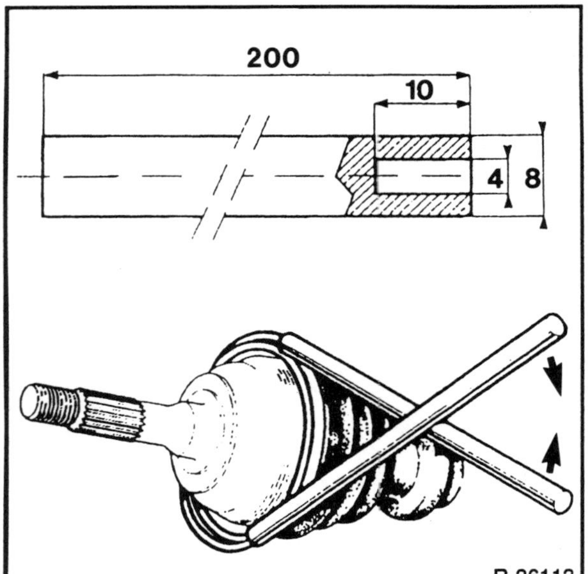

R-36113

Achtung: Um die Montage des Gummihalterings zu erleichtern, können 2 Haltegriffe nach Abbildung angefertigt werden (Maße in mm). Griffe auf die Enden des Halterings aufstecken und diesen wie abgebildet montieren.

Inneren Faltenbalg für Gelenkwelle ersetzen

(Getriebeseitiges Gelenk)

Soll ein Faltenbalg wegen Undichtigkeit ersetzt werden, empfiehlt es sich besonders bei Fahrzeugen mit hoher Laufleistung, auch den anderen Faltenbalg dieser Gelenkwelle zu ersetzen. Es gibt 2 Ausführungen der getriebeseitigen Gelenkmanschette: mit oder ohne Kugellagerbefestigung am kleineren Durchmesser. Um den Faltenbalg zu erneuern, muß die Gelenkwelle zerlegt werden.

Gelenkwelle ohne Kugellager

Ausbau

- Gelenkwelle ausbauen.

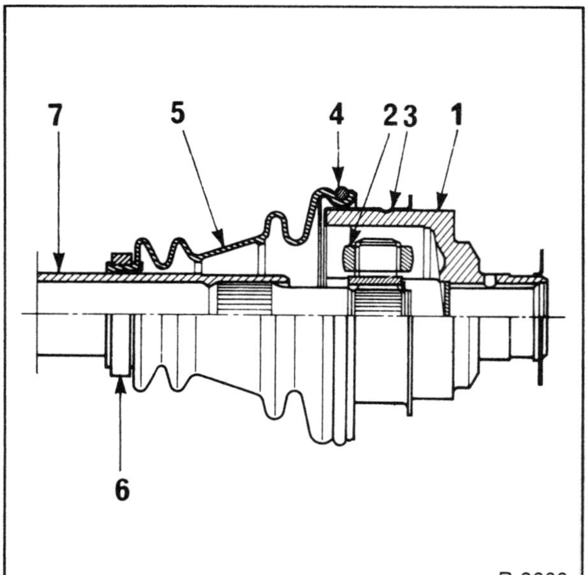

R-3666

Die Teile des inneren Gleichlaufgelenks: 1–Gelenkmuffe, 2–Gelenkstern, 3–Blechmanschette, 4–Ringfeder, 5–Gummimanschette, 6–Gummiring, 7–Gelenkwelle.

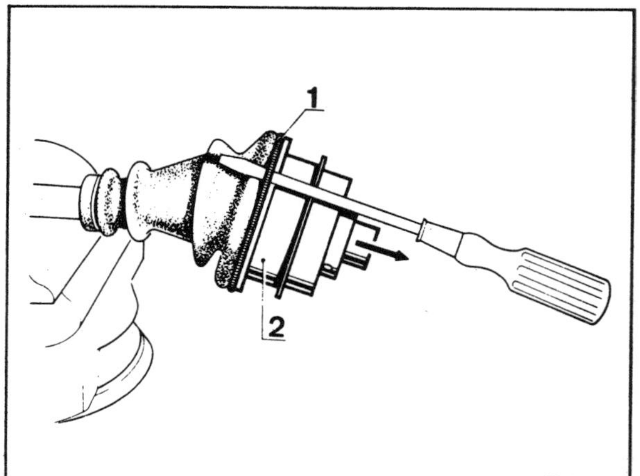

R-3667

- Ausführung mit Ringfeder: Ringfeder –1– der Manschette an der Gelenkmuffe –2– abhebeln.

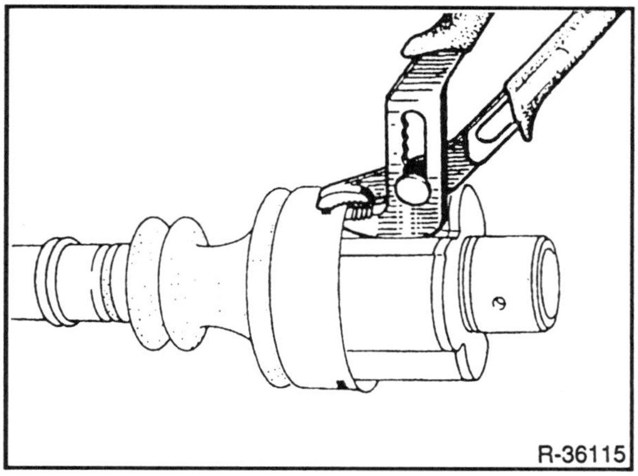

- Es gibt auch Ausführungen, die anstelle der Ringfeder eine Stahlblechmanschette besitzen. 3 Einbuchtungen mit einer Zange herausdrücken (Abbildung), anschließend Stahlblechmanschette mit Hammer und Durchschlag in Richtung Gummimanschette heruntertreiben.
- Faltenbalg längs aufschneiden und abnehmen.
- Vorhandenes Fett entfernen, dabei kein Lösungsmittel verwenden.

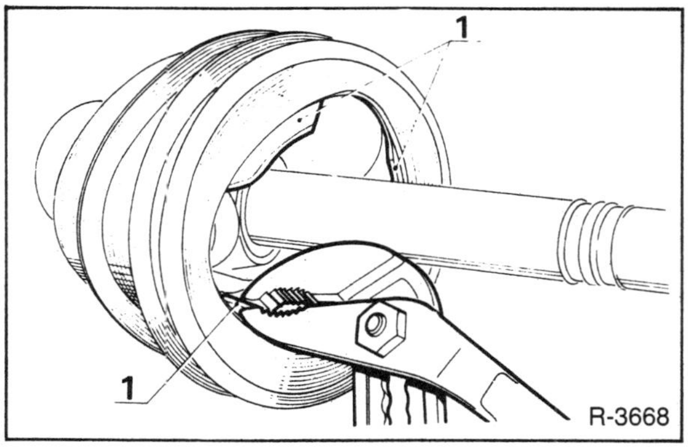

- Zungen der Begrenzungsplatte –1– umbiegen. Bei Ausführung mit Stahlblechmanschette entfällt dieser Arbeitsgang.
- Anschließend das Gelenk auseinanderziehen.

Achtung: Dabei dürfen die Rollen nicht von ihren Lagerzapfen abrutschen. Rollen, Nadeln und Lagerzapfen sind aufeinander abgestimmt und dürfen nicht vertauscht werden. Rollen mit einem Klebeband auf dem Gelenkstern sichern.

Achtung: Zur Reinigung der Einzelteile kein fettlösendes Mittel verwenden.

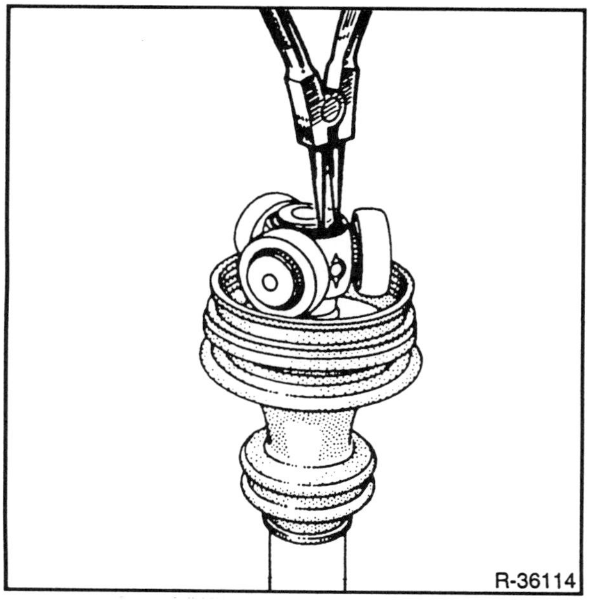

- Falls vorhanden, Sicherungsring abnehmen und Welle vom Gelenkstern abpressen.

Einbau

- Alle Teile sorgfältig reinigen.
- Gummiring mit Manschette auf die Gelenkwelle aufschieben. Zur Montageerleichterung Welle leicht fetten.
- Gelenkstern auf die Verzahnung der Welle aufpressen.

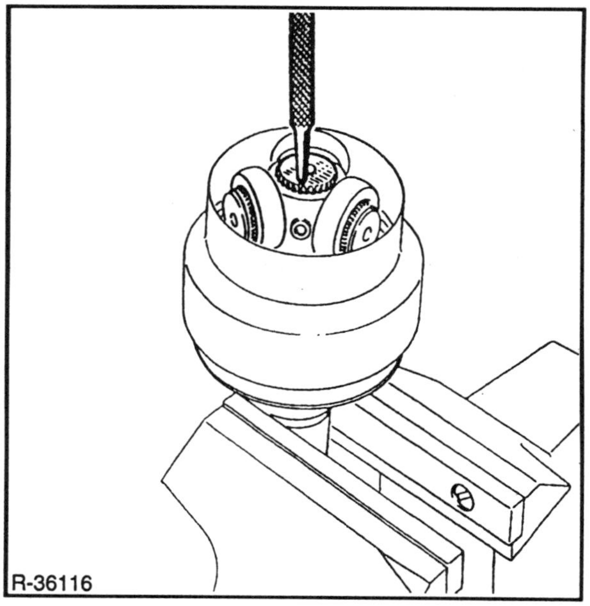

- Sicherungsring einsetzen. Falls beim Ausbau kein Sicherungsring vorhanden war, den Gelenkstern mit 3 um 120° versetzen Körnerschlägen auf der Verzahnung arretieren.
- Das gesamte mitgelieferte Fett »MOBIL CVJ 825« oder »MOBIL EXF 57 C« (für Gelenkwelle ohne Stahlblechmanschette: 130 g, mit Stahlblechmanschette: 160 g) aus dem Reparatursatz in Manschette und Gelenk verteilen.

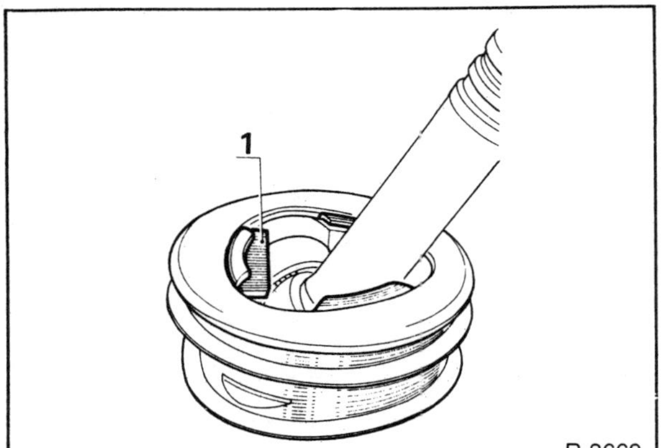

R-3669

- Falls ausgebaut, Unterlage –1– zwischen Begrenzungsplatte und Gelenkmuffe einsetzen. Unterlage entsprechend der folgenden Abbildung selbst anfertigen.

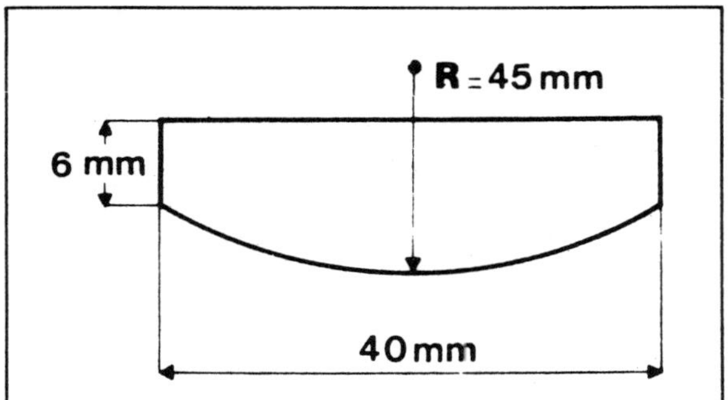

R-3670

- Unterlage mit einer Stärke von 2,5 mm nach den in der Abbildung angegebenen Maßen selbst anfertigen.
- Mit einem Bronzedorn die Begrenzungsplatte in ihre Ausgangsstellung zurückdrücken und die Unterlage –1– herausnehmen.
- Dichtlippen der Manschette in die dafür vorgesehenen Nuten an der Welle und an der Gelenkmuffe einsetzen.

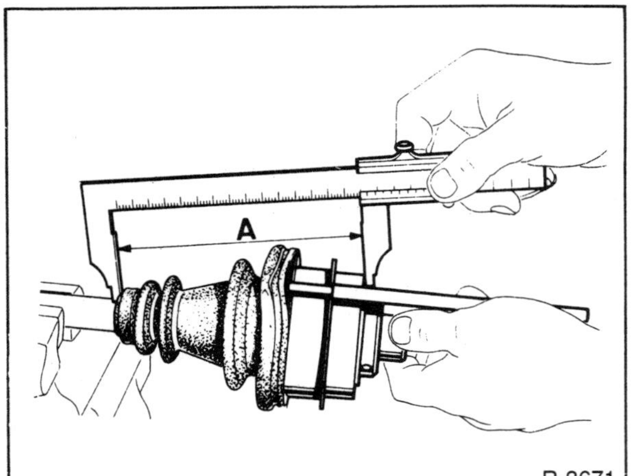

R-3671

- Gelenk auseinanderziehen und zusammendrücken bis zwischen Manschette und Stirnfläche der Gelenkmuffe der Abstand A = 153,5 ± 1 mm beträgt.

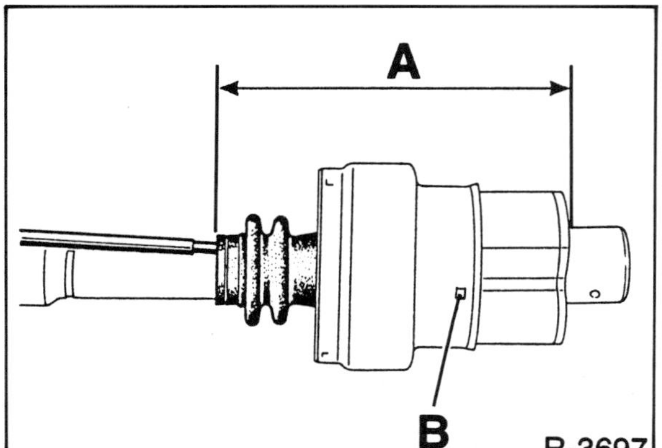

R-3697

- Bei Ausführung mit Stahlmanschette muß A = 156 ± 1 mm betragen.
- Abgerundeten Dorn zwischen Manschette und Gelenkmuffe einführen und dadurch die Manschette belüften.

Achtung: Die Gelenkschutzhülle wird beim Aufsetzen auf den Gelenkkörper häufig eingedrückt. Dadurch entsteht ein Unterdruck, der im Fahrbetrieb eine Falte nach innen zieht. Deshalb muß vor der Montage von Ringfeder und Gummiring die Manschette belüftet werden.

- Gummiring und Ringfeder beziehungsweise Stahlblechmanschette aufschieben. **Achtung:** Die Ringfeder darf hierbei nicht verlängert werden. Bei richtigem Sitz müssen sich die Windungen der Feder noch berühren. Bei Ausführung mit Stahlblechmanschette Stellen –B– anschließend zur Sicherung mit Durchschlag einschlagen, siehe Abbildung.

Gelenkwelle mit Kugellager

Ausbau

Der Ausbau der Manschette erfolgt auf dieselbe Weise wie bei der Welle ohne Kugellager.

- Gelenkwelle mit einer Presse aus dem Kugellager herausdrücken.

Einbau

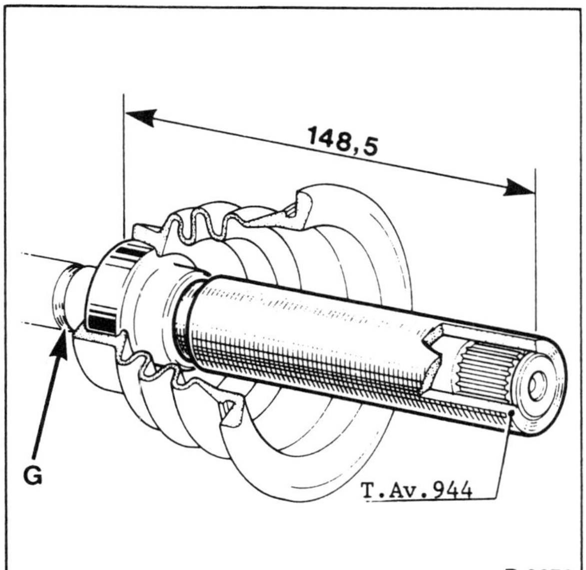

R-3672

- Neue Manschette mit Kugellager auf die Welle aufpressen. Dabei muß das Abstandsmaß von 148,5 mm zwischen hinterer Lagerkante und Wellenende eingehalten werden.

Achtung: Kugellager auf keinen Fall mit einem Hammer auftreiben, da hierdurch Verformungen des Kugellagers auftreten können, die zu Undichtigkeiten und schnellem Verschleiß führen. Deshalb Kugellager nur langsam mit einer Presse aufdrücken.

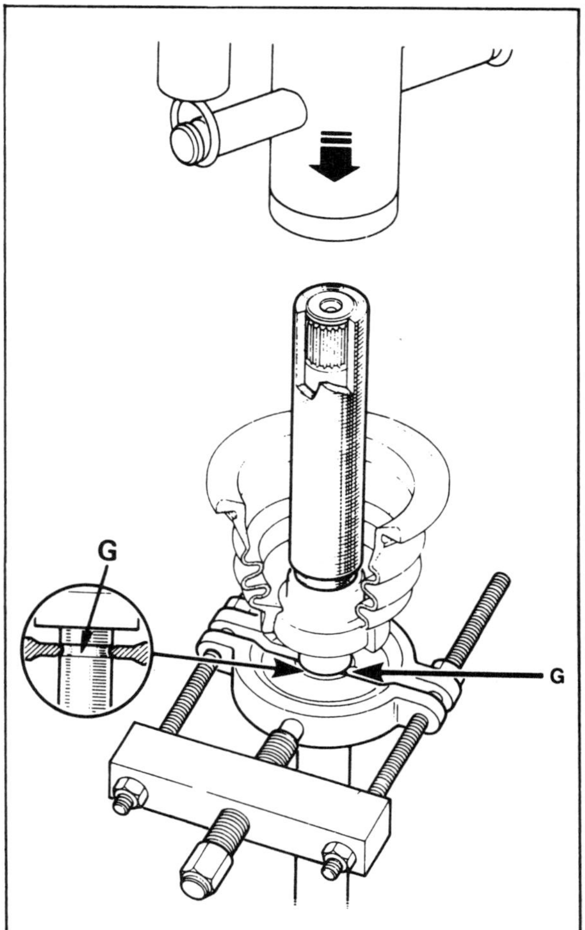

R-3678

- Um Beschädigungen des radseitigen Gelenks beim Aufpressen zu vermeiden das Haltewerkzeug, zum Beispiel FACOM U53G, in die Nut –G– der Gelenkwelle einsetzen.
- Der weitere Einbau erfolgt wie bei der Manschette ohne Kugellager.

Die Hinterachse

Je nach Motorisierung ist der RENAULT CLIO mit unterschiedlichen Hinterachsen ausgestattet: Alle Fahrzeuge mit 1,2-/1,4-l-Motor oder Dieselmotor besitzen eine Längslenker-Hinterachse mit Einzelradaufhängung, siehe obere Abbildung. Die Längslenker stützen sich über wartungsfreie Gummilager an den mittleren Längsholmen ab.

Zur Abfederung dienen 2 im Achsrohr eingebaute Drehstäbe und 2 separat angeordnete hydraulisch wirkende Stoßdämpfer. Ein Stabilisator zwischen den Längslenkern vermindert die Neigung des Aufbaus in Kurven.

Die 1,8-l-Modelle mit 88 PS beziehungsweise 135 PS besitzen eine Vierstab-Verbundlenkerachse (Abbildung unten). Die Längslenker werden durch einen V-förmigen Querträger verbunden, der zusätzlich als Stabilisator wirkt. Die Abfederung übernehmen vier in der Mitte verbundene Drehstäbe. Diese Achse hat den Vorteil von größerer Quersteifigkeit und verbessertem Federungs- und Fahrkomfort.

Die nicht einstellbaren Radlager sind direkt in die Bremstrommel eingepreßt, bei Fahrzeugen mit hinterer Scheibenbremse sitzen sie in einer Nabe. Sie besitzen eine Fettdauerfüllung und sind daher wartungsfrei.

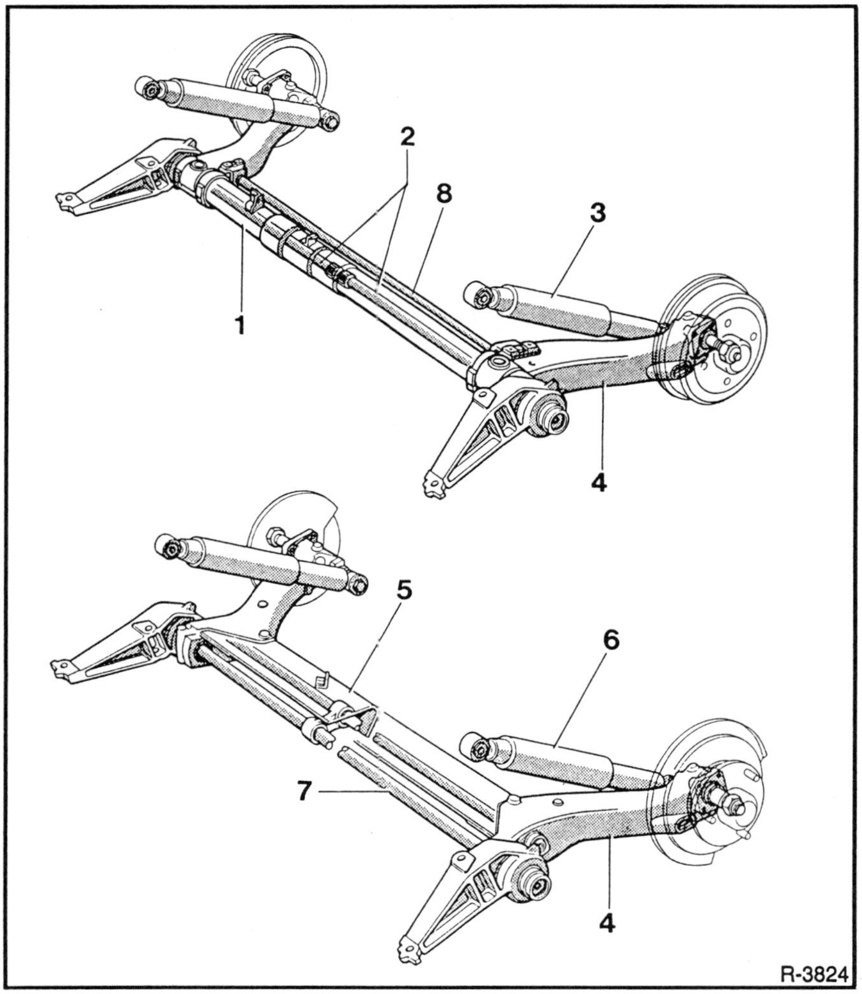

1 – Torsionsrohr
2 – Drehstäbe
3 – Hydraulische Stoßdämpfer
4 – Längslenker
5 – V-förmiger Querträger
6 – Gasdruck-Stoßdämpfer
7 – Geteilte Drehstäbe
8 – Stabilisator

Stoßdämpfer aus- und einbauen

Achtung: Das Fahrzeug muß beim Aus- und Einbau auf den Rädern stehen.

Ausbau

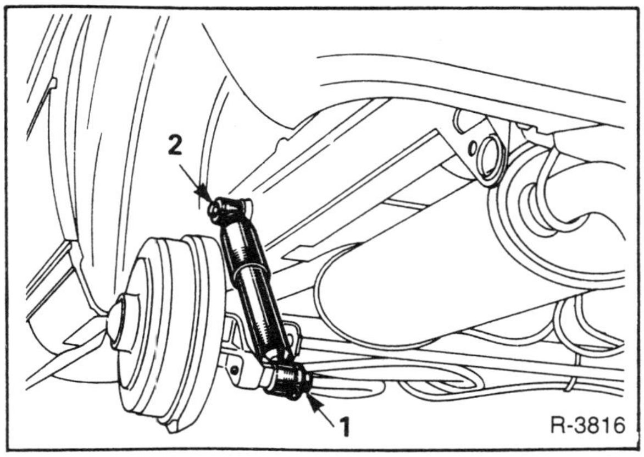

- Untere Befestigungsschraube –1– für Stoßdämpfer herausdrehen. Dabei steht das Fahrzeug auf dem Boden. **Achtung:** Unterlegscheibe beachten, sie muß wieder in richtiger Lage eingebaut werden.
- Radschrauben bei auf dem Boden stehendem Fahrzeug lösen.
- Hinterrad zur Radnabe mit Farbe kennzeichnen. Dadurch kann das ausgewuchtete Rad wieder an gleicher Stelle montiert werden.
- Fahrzeug aufbocken.
- Hinterrad abnehmen.
- Obere Befestigungsschraube –2– herausschrauben und Stoßdämpfer abnehmen.

Einbau

- Stoßdämpfer prüfen, siehe Seite 126.

Achtung: Neuen Stoßdämpfer vor dem Einbau in senkrechter Stellung mehrmals betätigen. Dadurch erlangt er volle Funktionsfähigkeit.

- Befestigungsbolzen mit MoS_2-Fett, zum Beispiel Molykote BR2, einreiben.
- Stoßdämpfer oben einsetzen und mit **neuer**, selbstsichernder Bolzenmutter anschrauben. Mutter noch nicht festziehen.
- Rad anschrauben, dabei auf Markierung zur Radnabe achten.
- Fahrzeug ablassen.
- Untere Befestigungsschraube ebenfalls fetten und mit **60 Nm** anschrauben.
- Obere Schraube mit **80 Nm** festziehen.
- Radschrauben mit **90 Nm** über Kreuz festziehen.

Radlager aus- und einbauen

Ausbau

- Bremstrommel/Radnabe ausbauen, siehe nächstes Kapitel.

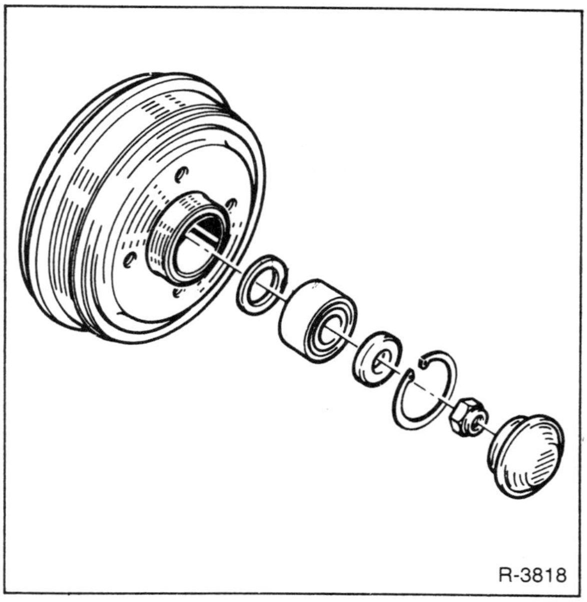

- Sicherungsring für Radlager aus der Bremstrommel ausfedern.

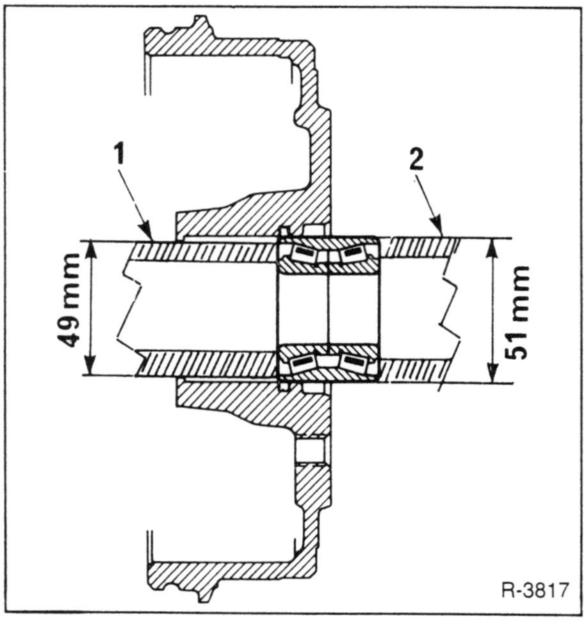

- Radlager mit einem kurzen Rohr –1– aus der Bremstrommel heraustreiben.
- Radnabe mit sauberem Lappen und Spiritus reinigen.

Einbau

- Radlager mit einer Presse und einem kurzen Rohr –2– in die Trommel eindrücken, bis es an der Nabenschulter anliegt.
- **Neuen** Sicherungsring einsetzen.
- Bremstrommel einbauen.
- Handbremse einstellen, siehe Seite 165.

Bremstrommel / Radnabe aus- und einbauen

Ausbau

- Hinterradschrauben bei auf dem Boden stehendem Fahrzeug lösen.
- Scheibenrad zur Radnabe mit Farbe kennzeichnen. Dadurch kann das ausgewuchtete Rad wieder an gleicher Stelle montiert werden.
- Fahrzeug hinten aufbocken.
- Hinterrad abnehmen.
- Handbremshebel lösen.

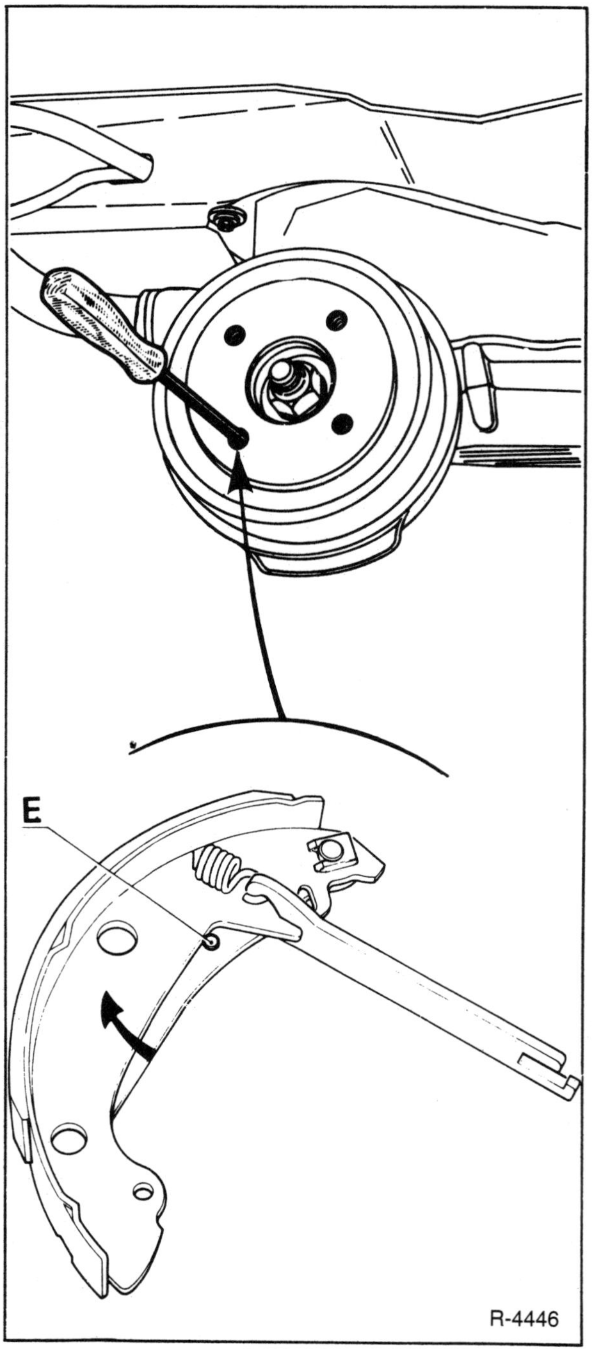

- Bremsbacken der Trommelbremse zurückstellen. Dazu mit einem Schraubendreher durch eine Gewindebohrung für die Radschrauben den Hebel der Handbremse zur Fahrzeugmitte hin drücken. Dadurch wird der Stift –E– frei und der Handbremshebel kann jetzt nach hinten gedrückt werden.
- Hebel nach hinten drücken und dadurch Bremsbacken entspannen.

Fahrzeuge mit hinterer Scheibenbremse:

- Bremsbeläge hinten ausbauen, siehe Seite 157.
- Seilzug für Handbremse am Bremssattel aushängen.
- Bremsleitung am Bremssattel mit einem offenen Ringschlüssel lösen, noch nicht abschrauben.

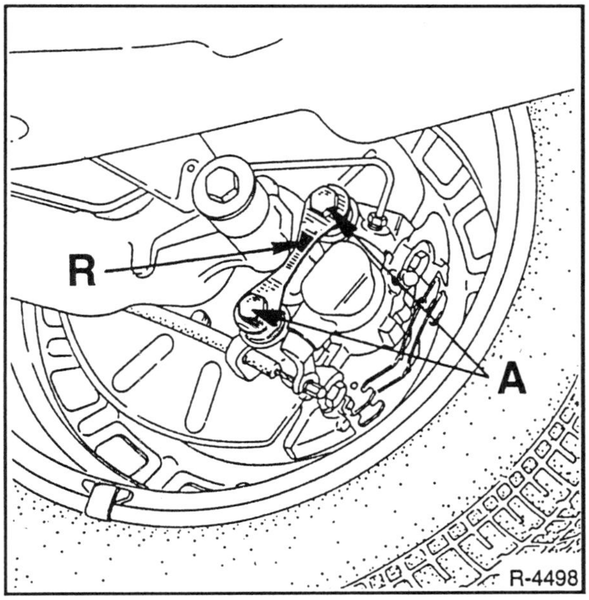

- 2 Befestigungsschrauben –A– für Bremssattel abschrauben. Lage der Sicherungsplatte –R– für Wiedereinbau beachten, die Einbuchtung zeigt zum Bremssattel.
- Bremsleitung am Bremssattel abschrauben. **Achtung:** Bremsflüssigkeit läuft aus. Bremsflüssigkeit in einer Flasche sammeln, die ausschließlich für Bremsflüssigkeit vorgesehen ist. Bremssattel abnehmen.

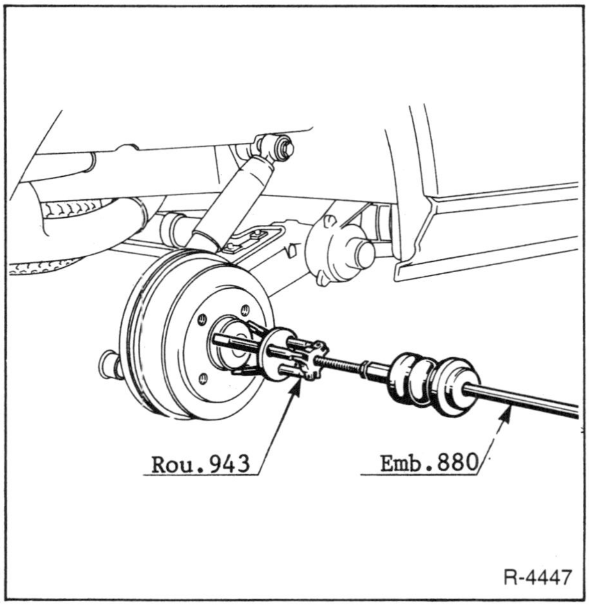

- Nabenkappe mit geeignetem Schlag-Abzieher abziehen. Steht das Spezialwerkzeug nicht zur Verfügung, Nabenkappe vorsichtig mit einem Gummi- oder Kunststoffhammer abschlagen.
- Achsmutter an der Radnabe abschrauben und mit Scheibe abnehmen.
- Bremstrommel abnehmen. Falls erforderlich, Trommel mit einem handelsüblichen Abzieher abziehen. Hierzu Abzieher mit den Radschrauben anschrauben.

Einbau

- Bremstrommel sorgfältig reinigen. Auf Verschleiß, Beschädigungen, Maßhaltigkeit und einwandfreie Bremsfläche prüfen.
- Radnabe am Achszapfen aufstecken, falls erforderlich, mit Gummihammer aufschlagen. **Achtung:** Vorher etwas Mehrzweckfett auftragen, damit die Nabe sich nicht festfrißt.
- Anlaufscheibe aufschieben.
- **Neue** selbstsichernde Achsmutter anschrauben und mit **160 Nm** festziehen. Dabei Bremstrommel drehen, damit sich das Lager nicht verklemmt.
- Nabenkappe mit etwas Radlagerfett füllen und auf die Nabe mit einem Gummihammer aufschlagen. **Achtung:** Beschädigte Nabenkappe unbedingt ersetzen. Wenn die Kappe nicht richtig abdichtet, kann Wasser eindringen und das Radlager zerstören.

Fahrzeuge mit hinterer Scheibenbremse:

- Bremsleitung am Bremssattel einschrauben und handfest anziehen.
- Bremssattel einsetzen, 2 Schrauben mit Sicherungsplatte –R– einschrauben, dabei Einbaulage beachten, siehe Abbildung R-4498. Vor dem Einsetzen der Schrauben die Gewinde reinigen, dann mit Sicherungsmittel LOCTITE FRENBLOC bestreichen. Schrauben mit **100 Nm** festziehen.
- Bremsbeläge einbauen, siehe Seite 157.
- Bremsleitung am Bremssattel mit **20 Nm**, also nicht zu fest, anziehen. Anschließend Bremssattel an der Entlüftungsschraube entlüften. Dabei darauf achten, daß sich immer Bremsflüssigkeit im Ausgleichbehälter befindet. Ist keine Bremsflüssigkeit mehr im Ausgleichbehälter vorhanden, muß die ganze Bremsanlage entlüftet werden, siehe Seite 168.
- Handbremsseil am Bremssattel einhängen. Anschließend Handbremse einstellen, siehe Seite 165.

- Hinterrad anschrauben, dabei auf Markierung zur Radnabe achten. Fahrzeug ablassen und Radschrauben mit **90 Nm** über Kreuz festziehen.
- Bremspedal mehrere Male betätigen, damit die Bremsbakken durch die Nachstellvorrichtung in die richtige Position gebracht werden.
- Handbremse einstellen, siehe Seite 165.

Die Lenkung

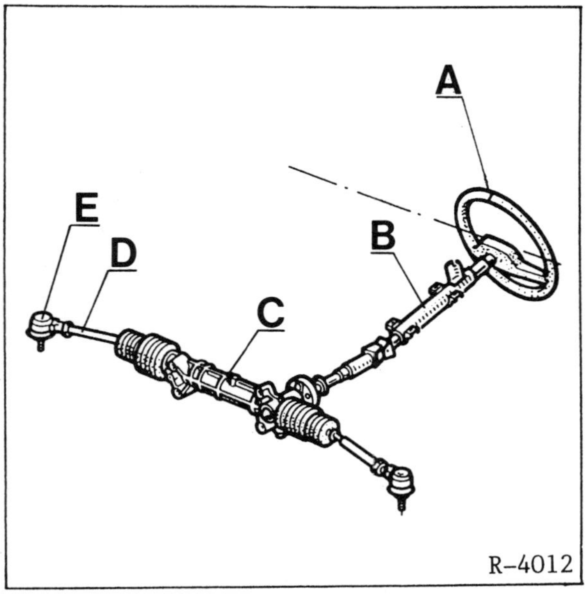

Die Lenkung besteht im wesentlichen aus dem Lenkrad –A–, der Lenksäule –B–, dem Zahnstangen-Lenkgetriebe –C–, den Spurstangen –D– und den Spurstangengelenken –E–. Das Lenkrad ist auf der Lenksäule aufgeschraubt. Über die Lenkspindel werden die Lenkbewegungen auf das Lenkgetriebe übertragen. Im Lenkgetriebe wird eine Zahnstange entsprechend dem Lenkradeinschlag nach links oder rechts bewegt. Spurstangen, die am Mitnehmer der Zahnstange befestigt sind, übertragen die Lenkkräfte über die Spurstangengelenke und Achsschenkelträger auf die Räder.

Die Zahnstangenlenkung ist leichtgängig und spielfrei von Anschlag zu Anschlag. Sie ist wartungsfrei, allerdings müssen die Abdicht-Manschetten auf einwandfreien Zustand geprüft werden.

Je nach Modell oder Ausstattung wird die Bedienung der Lenkung durch eine hydraulische Lenkhilfe erleichtert. Die hydraulische Lenkhilfe (Servolenkung) sorgt dafür, daß der Kraftaufwand beim Einschlagen der Lenkung möglichst gering gehalten wird. Die Lenkhilfe besteht aus der Ölpumpe, dem Vorratsbehälter und den Öldruckleitungen. Angetrieben wird die Ölpumpe über einen Keilriemen. Die Pumpe saugt das Hydrauliköl aus dem Vorratsbehälter an und fördert es mit hohem Druck zum Ventilkörper. Der Ventilkörper sitzt im Lenkgetriebe. Er ist mit der Lenksäule mechanisch verbunden und leitet das Öl je nach Lenkeinschlag in die entsprechende Seite des Arbeitszylinders. Dort drückt das Öl gegen den Zahnstangenkolben und unterstützt dadurch die Lenkbewegung. Gleichzeitig preßt der Kolben das Öl auf der anderen Seite des Arbeitszylinders durch die Rücklaufleitung zurück zum Nachfüllbehälter.

Achtung: Selbstsichernde Muttern immer ersetzen. Schweiß- und Richtarbeiten an Lenkungsteilen sind nicht zulässig.

Lenkrad aus- und einbauen

Ausbau

- Lenkrad in Mittelstellung bringen.
- Zierblende mit den Fingern von der Lenkradmitte abziehen.
- Befestigungsmutter mit Sechskant-Stecknuß, Größe 21 mm, abschrauben.
- Stellung des Lenkrades zur Lenkspindel mit Farbe oder Reißnadel kennzeichnen. Dazu einen Strich über beide Teile ziehen.
- Lenkrad von der Lenkspindel abziehen, gegebenfalls Lenkrad mit dem Handballen abschlagen.

Einbau

- Prüfen, ob sich die Vorderräder in Geradeausstellung befinden.
- Lenkrad entsprechend der angebrachten Markierungen aufsetzen. Falls ein neues Lenkrad eingebaut wird, Lenkrad in Mittelstellung aufsetzen.
- **Neue** selbstsichernde Befestigungsmutter mit **40 Nm** anschrauben.
- Probefahrt auf ebener Straße durchführen und bei Geradeausfahrt Stellung des Lenkrades überprüfen. Die Speichen des Lenkrades müssen gleichmäßig nach rechts und links unten zeigen beziehungsweise waagerecht stehen.
- Falls das Lenkrad schräg steht, Lenkrad ausbauen und entsprechend versetzen. Gegebenenfalls Spur der Vorderräder überprüfen, siehe Seite 147.
- Wenn sich das Lenkrad in der richtigen Position befindet, Anzugsdrehmoment für Befestigungsmutter mit Drehmomentschlüssel prüfen.
- Zierblende aufdrücken.

Hinweis: Ein verschmutztes oder klebrig wirkendes Lenkrad kann mit neutralem Haushaltsreiniger und lauwarmem Wasser gereinigt werden, keine Scheuermittel verwenden.

Spurstange/Spurstangengelenk aus- und einbauen

Ausbau

- Radschrauben bei auf dem Boden stehendem Fahrzeug lösen.
- Felge zur Radnabe mit Farbe kennzeichnen. Dadurch kann das ausgewuchtete Rad wieder an gleicher Stelle montiert werden.
- Fahrzeug vorn aufbocken, Rad abnehmen.

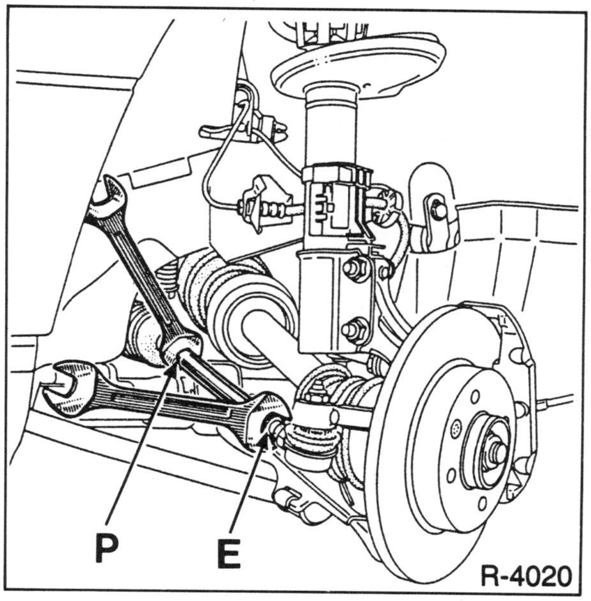

R-4020

- Kontermutter –E– lösen, dabei am Sechskant –P– der Spurstange mit einem Gabelschlüssel gegenhalten.
- Befestigungsmutter am Spurstangengelenk abschrauben.

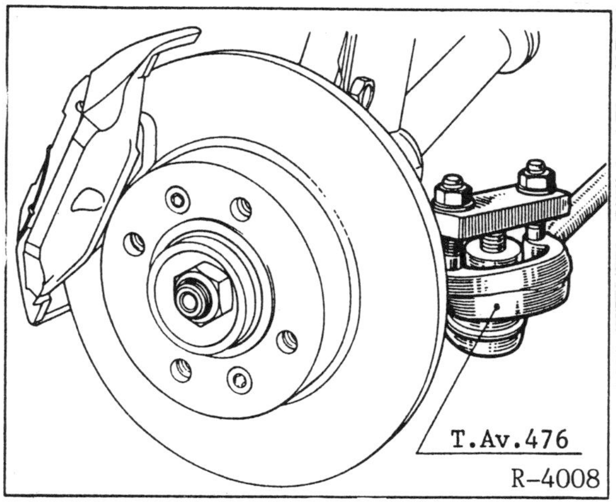

R-4008

- Spurstangengelenk mit RENAULT-Werkzeug T.Av.476 oder passendem, handelsüblichen Abzieher abdrücken.

● Spurstangengelenk von der Spurstange abschrauben. **Achtung:** Dabei Umdrehungen zählen und notieren. Das ist erforderlich für die Voreinstellung der Vorderradspur beim Einbau der Spurstange.

● Zahnstangen-Manschette abziehen. Vorher Drahtklammern mit Zange entspannen und von der Manschette abheben.

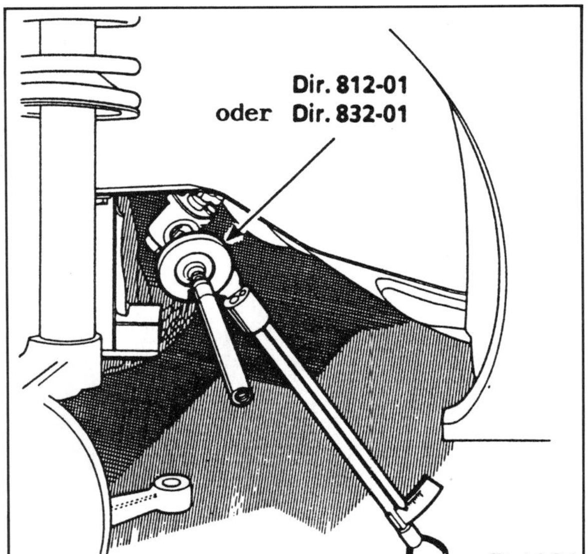

R-4021

● Axialkugelgelenk mit RENAULT-Werkzeug Dir.812-01 oder Dir.832-01 vom Radlauf her lösen. Dabei die Anschlagscheibe –2–, in Abbildung R-4010, mit einem Schlüssel gegenhalten, damit sich die Zahnstange nicht mitdreht.

● Spurstange herausnehmen.

Prüfen

● Spurstangengelenk am Zapfen hin- und herbewegen. Bei zu großer Leichtgängigkeit oder wenn Spiel vorhanden ist, Spurstangenkopf erneuern.

● Staubmanschette auf Beschädigung und Undichtheit (Austritt der Fettfüllung) prüfen. Wenn die Manschette beschädigt ist, Spurstangenkopf erneuern.

● Zahnstangen-Manschette auf Porosität, Risse oder Schnitte prüfen, gegebenenfalls ersetzen.

Einbau

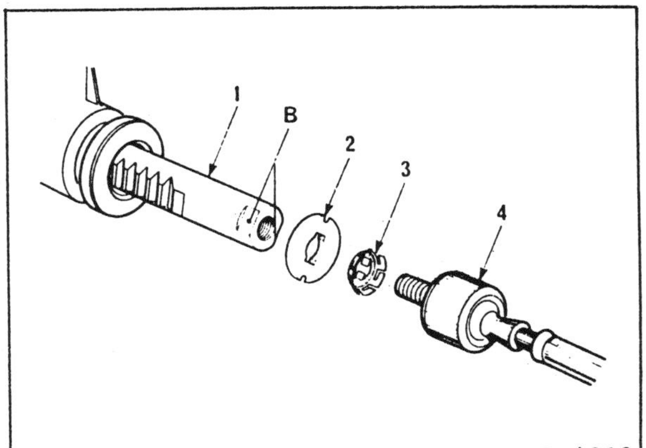

R-4010

● Neue Anschlagscheibe –2– so auf die Zahnstange –1– aufschieben, daß die Nuten –2– mit den Abflachungen –B– übereinstimmen.

● **Neue** Sicherungsscheibe –3– einsetzen.

● Axialkugelgelenk –4– mit dem RENAULT-Spezialwerkzeug in die Zahnstange einschrauben und mit **50 Nm** festziehen.

● Drahthaltering für Gummimanschette aufschieben.

● Zahnstangen-Manschette aufziehen und mit Haltering sichern.

● Spurstangengelenk mit der beim Ausbau notierten Umdrehungsanzahl einschrauben und mit Kontermutter sichern. Anzugsdrehmoment für Kontermutter: 40 Nm.

● Spurstangengelenk am Achsschenkelträger eindrücken und mit **neuer, selbstsichernder Mutter** und **35 Nm** anschrauben.

● Rad anschrauben, dabei auf Markierung zur Radnabe achten. Fahrzeug ablassen und Radschrauben mit **90 Nm** über Kreuz festziehen.

● Vorderradspur und Spurverteilung prüfen, gegebenenfalls einstellen lassen.

Die Fahrzeugvermessung

Optimale Fahreigenschaften und geringster Reifenverschleiß sind nur dann zu erzielen, wenn die Stellung der Räder einwandfrei ist. Bei unnormaler Reifenabnutzung sowie mangelhafter Straßenlage – bei schlechter Richtungsstabilität in Geradeausfahrt sowie schlechten Lenkeigenschaften in Kurvenfahrt – sollte die Werkstatt aufgesucht werden, um den Wagen optisch vermessen zu lassen.
Die Fahrzeugvermessung kann ohne eine entsprechende Meßanlage nicht durchgeführt werden. Ich beschränke mich deshalb hier auf die Beschreibung der für die Vermessung erforderlichen Grundbegriffe mit Einstellwerten.

Spur/Sturz/Spreizung/Nachlauf

Als **Spur** bezeichnet man den seitlichen Abstand der Räder voneinander. In der Regel müssen nicht angetriebene Vorderräder Vorspur haben, weil sie – veranlaßt durch Sturz und Rollwiderstand – in Geradeausfahrt etwas nach außen laufen, da Spiel in den Radlagern, Radaufhängungen und Spurstangengelenken vorhanden ist. Die Vorspur kompensiert das Bestreben der Vorderräder, nach außen zu laufen. Für die Vorspur werden die Räder so eingestellt, daß sie – in Höhe des Radmittelpunktes gemessen – vorn etwas enger zusammenstehen als hinten.
Nachspur bedeutet, daß die Vorderräder, gemessen in Höhe des Radmittelpunktes, vorn etwas weiter auseinanderstehen als hinten. Beim RENAULT CLIO werden die Vorderräder auf Nachspur eingestellt, da die angetriebenen Vorderräder das Bestreben haben, nach innen zu laufen.
Sturz und Spreizung vermindern die Übertragung von Fahrbahnstößen auf die Lenkung und halten bei Kurvenfahrt die Reibung möglichst gering.

Sturz ist der Winkel, um den die Radebene von der Senkrechten abweicht. Die Vorderräder stehen also schräg, bei positivem Sturz beispielsweise im Radaufstandspunkt mehr zusammen als oben.

Spreizung ist der Winkel zwischen der Schwenkachse des Achsschenkels und der Senkrechten im Reifenaufstandspunkt, in Längsrichtung des Wagens gesehen.

Durch den Sturz- und Spreizwinkel werden die Berührungspunkte der Räder auf der Fahrbahn näher an die Schwenkachse des Achsschenkels herangebracht. Damit wird der sogenannte Lenkrollhalbmesser klein gehalten. Je kleiner der Lenkrollhalbmesser ist, desto leichtgängiger ist die Lenkung. Auch die Fahrbahnstöße wirken sich wesentlich schwächer auf das Lenkgestänge aus.

Nachlauf ist der Winkel zwischen der Schwenkachse des Achsschenkels und der Senkrechten im Reifenaufstandspunkt in Querrichtung des Fahrzeuges gesehen. Der Nachlauf beeinflußt maßgeblich die Geradeausführung der Vorderräder. Zu geringer Nachlauf begünstigt ein Abweichen aus der Fahrtrichtung auf schlechten Straßen oder bei Seitenwind und läßt zudem nach der Kurvenfahrt die Lenkung nicht weit genug zur Mittelstellung zurücklaufen. Andererseits erhöht ein großer Nachlauf die Lenkkräfte.

Das Einstellen

Zur Fahrzeugvermessung wird eine Meßgrube oder eine Meß-Hebebühne benötigt. Bei jeder Vermessung müssen folgende Voraussetzungen erfüllt sein:

- Vorschriftsmäßiger Reifenfülldruck
- Fahrzeug vollgetankt, sonst unbeladen und ohne Fahrer
- Fahrzeug vorher kräftig durchgefedert
- Lenkrad in Mittelstellung
- Kein unzulässiges Spiel im Lenkgestänge
- Kein unzulässiges Spiel in der Radaufhängung
- Höhen- oder Seitenschlag der Felgen darf nicht mehr als 1,2 mm betragen (Felgenschlag am Meßgerät ausgleichen)

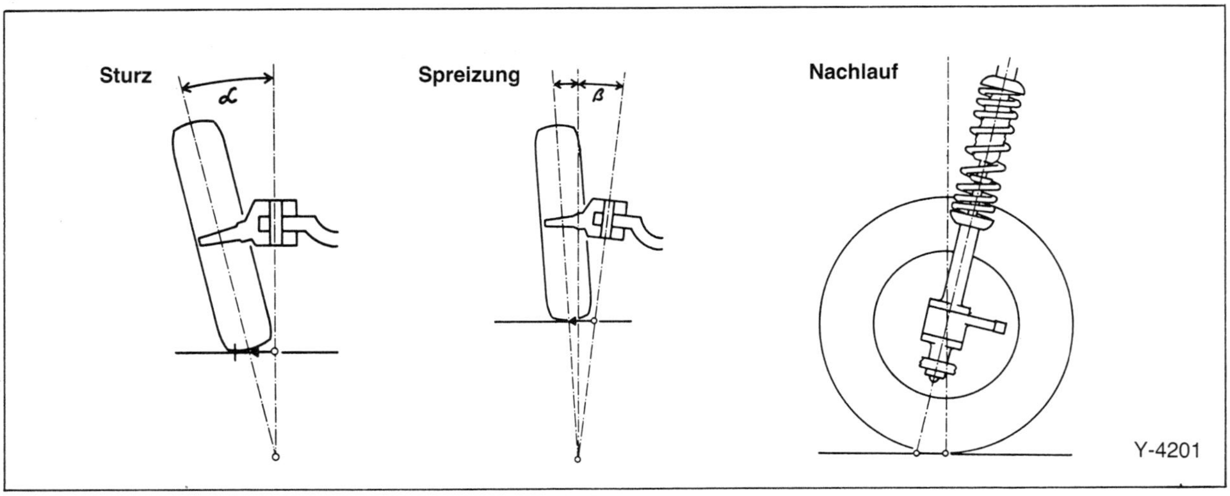

Bodenhöhe des Fahrzeugs kontrollieren

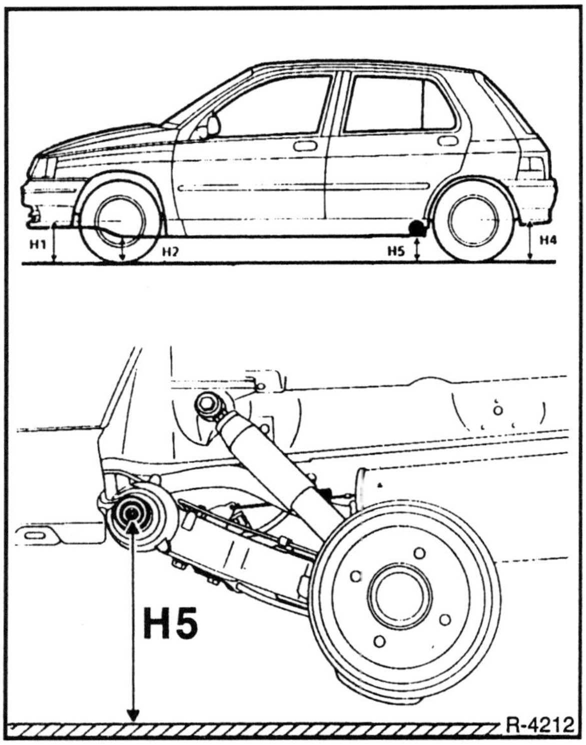

H1 und H4 = Entfernung Radmittelpunkt zum Boden; H2 = zwischen Längsträger (in Höhe der Vorderachse) und Boden; H5 = zwischen Mittelpunkt des Achsrohrs und Boden.

- Einstellbedingungen beachten. Sollwerte Fahrzeuge mit 1,2-l-Motor:
  H1 – H2 = 87 ± 7,5 mm
  H4 – H5 = 6 ± 7,5 mm
  Sollwerte für Fahrzeuge mit 1,4-l-Motor:
  H1 – H2 = 82 ± 7,5 mm
  H4 – H5 = 6 ± 7,5 mm
  Sollwerte für Fahrzeuge mit 1,8-l-Motor und Dieselmotor*:
  H1 – H2 = 87 ± 7,5 mm
  H4 – H5 = 4 ± 7,5 mm

*) **Hinweis:** Beim RENAULT CLIO 16 V (99 kW/135 PS) ist die Karosserie an Vorder- und Hinterachse um 10 mm tiefergelegt. Maximaler Unterschied der Bodenhöhe links/rechts: 10 mm. Dabei soll die Fahrerseite höher stehen als die rechte Fahrzeugseite.

Achtung: Nur die hintere Bodenhöhe kann durch Versetzen der Drehstäbe reguliert werden (Werkstattarbeit). Nach jeder Änderung der Bodenhöhe Scheinwerfer sowie Bremskraftbegrenzer neu einstellen.

Prüfwerte Vorderachse RENAULT CLIO

Bei der Achsvermessung sind die Prüfbedingungen zu beachten.

Messung:	Sollwert	Meßposition des Fahrzeuges	Einstellung
Nachlauf	4° 3°30' 3° 2°30' 2° maximale Abweichung zwischen rechts und links: 1°	H5−H2 = 50 mm H5−H2 = 70 mm H5−H2 = 90 mm H5−H2 = 110 mm H5−H2 = 130 mm	nicht einstellbar
Sturz	−0°10' ± 30' −0°20' ± 30' −0°30' ± 30' −0°30' ± 30' −0°10' ± 30' maximale Abweichung zwischen rechts und links: 1°	H1−H2 = 75 mm H1−H2 = 85 mm H1−H2 = 95 mm H1−H2 = 115 mm H1−H2 = 165 mm	nicht einstellbar
Spreizung	9°50' ± 30' 10° ± 30' 10°20' ± 30' 10°40' ± 30' 11°10' ± 30' maximale Abweichung zwischen rechts und links: 1°	H1−H2 = 75 mm H1−H2 = 85 mm H1−H2 = 95 mm H1−H2 = 115 mm H1−H2 = 165 mm	nicht einstellbar
Spur	−0°10' ± 10' (−1 mm ± 1 mm)	unbelastet	1 Umdrehung der Spurstange entspricht 30' (3 mm)

Spureinstellung

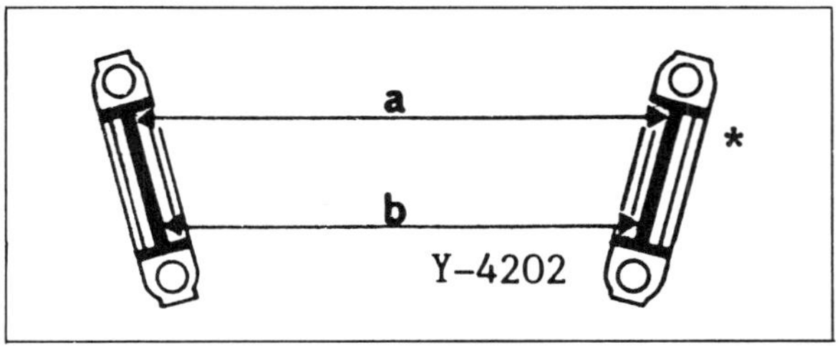

Die Abbildung zeigt die Radstellung bei Nachspur von oben gesehen. Dabei ist −a− in Fahrtrichtung gesehen vorn. Nachspur: a > b; Vorspur: a < b. Beim Einstellen der Spur ist darauf zu achten, daß die Spurverteilung links und rechts gleich groß ist, das heißt beide Spurstangen gleich weit herausgeschraubt sind.

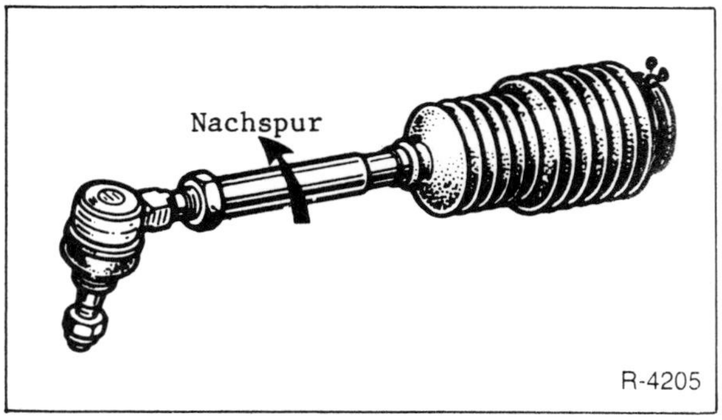

Spureinstellung an der Spurstange. Anzugsdrehmoment für Kontermutter: 40 Nm.

Prüfwerte Hinterachse

Vorspur und Sturz der Hinterachse sind nicht einstellbar. Prüfwerte (unbelastet):
Vorspur: 0° bis 0°30'.
Sturz: −0°50' ± 30'

Die Bremsanlage

Das hydraulische Fußbremssystem besteht aus dem Hauptbremszylinder, den Scheibenbremsen für die Vorderräder und den Trommelbremsen für die Hinterräder sowie dem Bremskraftverstärker. Die Modelle mit 88 und 135 PS besitzen vorn innenbelüftete Bremsscheiben. Beim 16-Ventil-Motor sind hinten serienmäßig Scheibenbremsen eingebaut, bei den anderen Modellen nur in Verbindung mit ABS (Antiblockiersystem).

Das Bremssystem ist in zwei Kreise aufgeteilt, die diagonal wirken. Ein Bremskreis arbeitet vorn rechts/hinten links, der andere vorn links/hinten rechts. Dadurch bremst bei Ausfall eines Bremskreises, zum Beispiel durch Undichtigkeit, ein Vorderrad und das entgegengesetzte Hinterrad. Der Druck für beide Bremskreise wird im Hauptbremszylinder über das Bremspedal aufgebaut.

Der Bremsflüssigkeitsbehälter befindet sich über dem Hauptbremszylinder vorn im Motorraum und versorgt das ganze Bremssystem mit Bremsflüssigkeit.

Der Bremskraftverstärker speichert einen Teil des vom Motor erzeugten Ansaug-Unterdruckes. Über entsprechende Ventile wird dann bei Bedarf die Pedalkraft durch den Unterdruck verstärkt. Der Dieselmotor besitzt eine spezielle Unterdruckpumpe, die vom Motor angetrieben wird und den Unterdruck für den Bremskraftverstärker erzeugt.

Die Scheibenbremsbeläge an Vorder- und Hinterachse müssen grundsätzlich nicht nachgestellt werden. Auch die Hinterrad-Trommelbremse stellt sich automatisch nach, es muß dort also nur noch in den vorgeschriebenen Intervallen die Belagdicke geprüft werden. Die automatische Nachstellung der Hinterradbremse erfolgt beim Betätigen der Bremse durch einen Nachstellhebel. Liegt ein entsprechender Belagverschleiß vor, so verstellt sich der Hebel gegenüber einer Ratsche. Beim Lösen der Bremse arretiert die Ratsche den Hebel in der vorher eingenommenen Lage. Die Bremsbacke kann sich dadurch nicht mehr so weit zurückstellen. Dadurch bleibt der Leerweg des Bremspedals über die gesamte Lebensdauer der Bremsbeläge annähernd gleich groß.

In den RENAULT CLIO können Scheibenbremssättel sowie Trommelbremsen der Firmen GIRLING oder BENDIX eingebaut sein. Beim Wechseln der Bremsbeläge ist daher zuerst anhand der Abbildungen festzustellen, welche Bremsen eingebaut sind. Es müssen dann je nach Fabrikat unterschiedliche Arbeitsanweisungen beachtet werden. Das Fabrikat ist auch beim Kauf der neuen Bremsbeläge anzugeben.

Die Feststellbremse wirkt über Seilzüge auf die Bremsbeläge der Hinterräder.

Ein in das Bremssystem integrierter Bremskraftbegrenzer (Modelle mit ABS: Bremskraftregler) sorgt dafür, daß bei unterschiedlicher Wagenauslastung die Hinterräder nicht überbremsen (blockieren).

Je nach Modell und Ausstattung kann der RENAULT CLIO mit einem elektronischen Antiblockiersystem (ABS) von BOSCH ausgerüstet sein. Fahrzeuge mit 16-Ventil-Motor sind serienmäßig mit ABS ausgestattet. Die hier beschriebenen Arbeiten gelten für alle RENAULT CLIO-Versionen, ob mit oder ohne ABS-System.

Beim Reinigen der Bremsanlage fällt Bremsstaub an. Dieser Staub kann zu gesundheitlichen Schäden führen. Deshalb beim Reinigen der Bremsanlage darauf achten, daß der Bremsstaub nicht eingeatmet wird.

Die Bremsbeläge sind Bestandteil der Allgemeinen Betriebserlaubnis (ABE), außerdem sind sie vom Werk auf das jeweilige Fahrzeugmodell abgestimmt. Es empfiehlt sich deshalb, nur von RENAULT beziehungsweise vom Kraftfahrtbundesamt freigegebene Bremsbeläge zu verwenden. Diese Bremsbeläge haben eine KBA-Freigabenummer.

Das Arbeiten an der Bremsanlage erfordert peinliche Sauberkeit und exakte Arbeitsweise. Falls die nötige Arbeitserfahrung fehlt, sollten die Arbeiten an der Bremse von einer Fachwerkstatt durchgeführt werden.

Hinweis: Wird das Fahrzeug nach einer Regenfahrt abgestellt, insbesondere im Winter bei Streusalzeinwirkung, ist es zweckmäßig, die Bremse vorher mit leichter Pedalkraft bis zum Stillstand zu betätigen. Dadurch trocknen die Bremsscheiben und können nicht so leicht korrodieren.

Korrodierte Scheibenbremsen erzeugen beim Abbremsen einen Rubbeleffekt, der sich auch durch längeres Abbremsen nicht beseitigen läßt. In diesem Fall müssen die Bremsscheiben erneuert werden.

Nach dem Einbau von neuen Bremsbelägen müssen diese eingebremst werden. Während einer Fahrtstrecke von rund 200 km sollten unnötige Vollbremsungen unterbleiben.

Achtung: Wird nach einer Kurvenfahrt ein unterschiedlicher Pedalweg festgestellt, dann muß die Bremsscheibe auf Seitenschlag am äußeren Durchmesser geprüft werden, gegebenenfalls ist die Bremsscheibe zu erneuern.

Technische Daten Bremsanlage

Motor	33 kW 45 PS		40 – 55 kW 55 – 75 PS		65 – 99 kW 88 – 135 PS	
Zustand	Neu	Verschleiß-grenze	Neu	Verschleiß-grenze	Neu	Verschleiß-grenze
Bremsscheibendicke vorn Bremsbelagdicke[1] vorn	8 mm 15 mm	7 mm 6 mm	12 mm 18 mm	10,5 mm 6 mm	20 mm 18 mm	18 mm 6 mm
Bremsscheibendicke hinten[2] Scheibenbrems-Belagdicke[1] hinten[2]	– –	– –	– –	– –	8 mm 11 mm	7 mm 5 mm
Bremstrommel-∅ hinten Trommelbrems-Belagdicke[1] hinten	180,25 mm 6,5 mm	181,25 mm 2,5 mm	180,25 mm 6,5 mm	181,25 mm 2,5 mm	180,25 mm 6,5 mm	181,25 mm 2,5 mm
Radbremszylinder-∅ vorn Radbremszylinder-∅ hinten	45 mm 20,6 mm[3]		48 mm 20,6 mm[3].		48 mm –[4]	
Maximaler Schlag der Bremsscheiben	0,07 mm		0,07 mm		0,07 mm	

[1]) mit Rückenplatte beziehungweise Bremsbacke
[2]) nur in Verbindung mit Antiblockiersystem (ABS)
[3]) Radbremszylinder mit integriertem, fest eingestelltem Bremskraftbegrenzer
[4]) 65 kW/88 PS-Motor mit Trommelbremse (ohne ABS): ∅ = 20,6 mm

Bremsbeläge vorn aus- und einbauen

GIRLING-Bremse

Ausbau

- Radschrauben bei auf dem Boden stehendem Fahrzeug lösen.
- Scheibenrad zur Radnabe mit Farbe kennzeichnen. Dadurch kann das ausgewuchtete Rad wieder an gleicher Stelle montiert werden.
- Fahrzeug aufbocken.
- Vorderrad abnehmen.

Achtung: Ein Wechsel der Beläge von der Außen- zur Innenseite und umgekehrt oder auch vom rechten zum linken Rad ist nicht zulässig. Der Wechsel kann zu ungleichmäßiger Bremswirkung führen. Grundsätzlich alle Scheibenbremsbeläge einer Achse gleichzeitig erneuern. Sollen die Scheibenbremsbeläge wieder montiert werden, müssen sie gekennzeichnet werden.

- Kabel für Bremsbelagverschleißanzeige trennen, Kabelbinder durchschneiden.
- Bremssattel von Hand nach außen ziehen und dadurch den Bremskolben zurückdrücken.

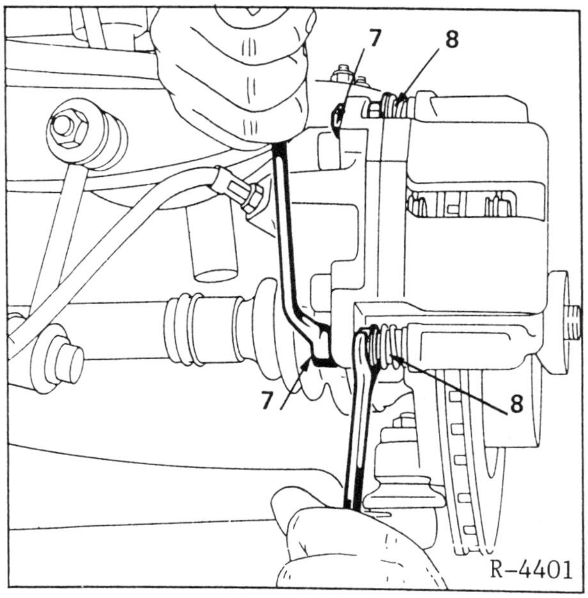

- 2 Sechskantschrauben –7– für Bremssattelgehäuse herausschrauben, dabei mit Maulschlüssel an den Führungsbolzen gegenhalten. **Achtung:** Diese Schrauben **nicht** reinigen.
- Kolbengehäuse nach oben abziehen und mit Draht am Aufbau aufhängen, damit der Bremsschlauch nicht belastet wird.

Achtung: Bremsschlauch nicht abnehmen, sonst muß die Anlage entlüftet werden.

- Bremsbeläge herausziehen.

Einbau

Achtung: Bei ausgebauten Bremsbelägen nicht auf das Bremspedal treten, sonst wird der Kolben aus dem Gehäuse herausgedrückt.

- Staubkappe und Schutzmanschetten –8– auf Anrisse prüfen, siehe Abbildung. Eine beschädigte Staubkappe umgehend ersetzen, da eingedrungener Schmutz schnell zu Undichtigkeiten des Bremssattels führt. Der Bremssattel muß hierzu ausgebaut und zerlegt werden (Werkstattarbeit).
- Führungsfläche bzw. Sitz der Beläge im Gehäuseschacht mit geeigneter Weichmetallbürste reinigen oder mit einem Lappen und Spiritus auswischen. Keine mineralölhaltigen Lösungsmittel oder scharfkantigen Werkzeuge verwenden.
- Vor Einbau der Beläge ist die Bremsscheibe durch Abtasten mit den Fingern auf Riefen zu untersuchen. Riefige Bremsscheiben sind zu erneuern.
- Bremsscheibendicke messen, siehe Seite 155.

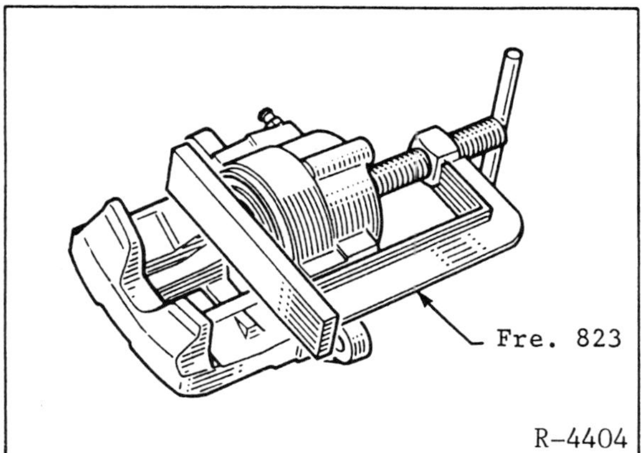

R-4404

- Bremskolben mit Rücksetzvorrichtung zurückdrücken. Es geht auch mit einem Hartholzstab (Hammerstiel), dabei jedoch besonders darauf achten, daß der Kolben nicht verkantet wird und Kolbenfläche sowie Staubkappe nicht beschädigt werden.

Achtung: Beim Zurückdrücken der Kolben wird Bremsflüssigkeit aus den Bremszylindern in den Ausgleichbehälter gedrückt. Flüssigkeit im Behälter beobachten, eventuell Bremsflüssigkeit mit einem Saugheber absaugen.

Zum Absaugen eine Entlüfterflasche oder eine Plastikflasche verwenden, die nur mit Bremsflüssigkeit in Berührung kommt. Keine Trinkflaschen verwenden! **Bremsflüssigkeit ist giftig und darf auf gar keinen Fall mit dem Mund über einen Schlauch abgesaugt werden. Saugheber verwenden. Auch nach dem Belagwechsel darf die »MAXI«-Marke am Bremsflüssigkeitsbehälter nicht überschritten werden, da sich die Flüssigkeit bei Erwärmung ausdehnt. Ausgelaufene Bremsflüssigkeit läuft am Hauptbremszylinder runter, zerstört den Lack und führt zur Korrosion.**

Achtung: Bei hohem Bremsbelagverschleiß Leichtgängigkeit des Kolbens prüfen. Dazu Holzklotz in den Bremssattel einsetzen und durch Helfer langsam auf das Bremspedal treten lassen. Der Bremskolben muß sich leicht heraus- und hineindrükken lassen. Zur Prüfung muß der andere Bremssattel eingebaut sein. Darauf achten, daß der Bremskolben nicht ganz herausgedrückt wird. Bei schwergängigem Kolben Bremssattel instandsetzen (Werkstattarbeit). Wurde der Kolben versehentlich herausgedrückt, muß das Bremssystem nach dem Einsetzen des Kolbens entlüftet werden, siehe Seite 160.

- Damit die Scheibenbremsen nicht quietschen, empfiehlt sich zur Vorbeugung folgende Arbeit (nicht unbedingt erforderlich): Rückseite der Bremsbeläge sowie Seitenteile der Rückenplatte mit Anti-Quietsch-Paste (z. B. Plastilube, Tunap VC 582/S, Chevron SRJ/2, Liqui Moly LM-36 oder LM-508-ASC) **dünn** einstreichen. Dabei nur die Rückenplatte bestreichen. **Die Paste darf keinesfalls auf den eigentlichen Bremsbelag oder auf die Bremsscheibe kommen.** Gegebenenfalls Paste sofort abwischen und mit Spiritus reinigen.
- Beide Bremsbeläge in den Bremsträger einsetzen. Dabei darauf achten, daß die Druckfedern gleichmäßig nach oben und parallel zur Belagoberkante stehen.

Achtung: Die Bremsbeläge mit Anschluß für das Kabel der Verschleißkontrolle müssen innen montiert werden.

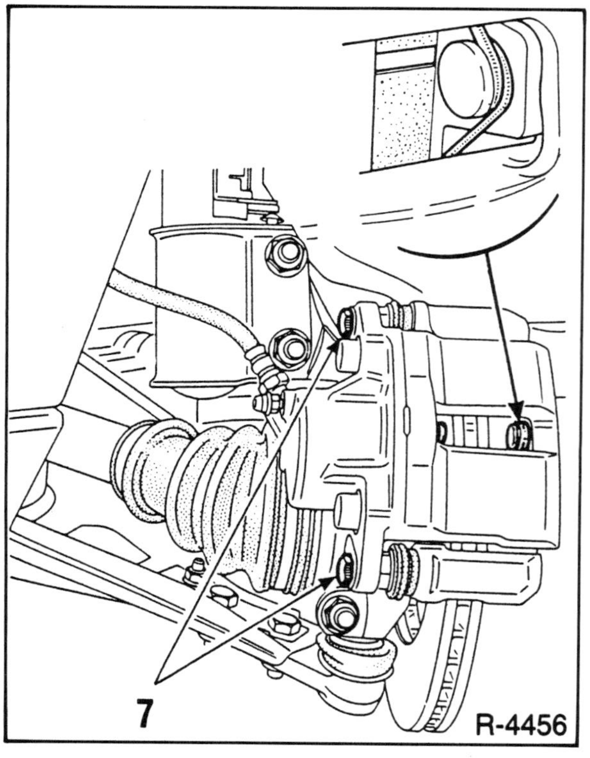

R-4456

- Kolbengehäuse aufsetzen und am Bremsträger mit 2 **neuen** Schrauben –7– und **35 Nm** festschrauben. Zuerst die untere, dann die obere Schraube einsetzen. Dabei Bremssattel gegen die Federkraft der Bremsbelagfedern mit der Hand gegen den Bremsträger drücken. Darauf achten, daß die beiden Federenden oben und unten gegen das Kolbengehäuse drücken.

Achtung: Schrauben vor dem Einsetzen mit Schraubensicherungsmittel, zum Beispiel Loctite Frenbloc, einstreichen. Immer **neue** Schrauben verwenden.

- Kabel für Verschleißkontrolle am Steckverbinder aufschieben und am Bremsschlauch mit neuen Kabelbindern fixieren.
- Rad anschrauben, dabei auf Markierung zur Radnabe achten. Fahrzeug ablassen und Radschrauben mit **90 Nm** über Kreuz festziehen.

Achtung: Bremspedal im Stand mehrmals kräftig niedertreten, bis fester Widerstand spürbar ist.

- Bremsflüssigkeit im Ausgleichbehälter prüfen, gegebenenfalls bis zur »MAXI«-Marke auffüllen.
- Neue Bremsbeläge vorsichtig einbremsen, dazu Fahrzeug mehrmals von ca. 80 km/h auf 40 km/h mit geringem Pedaldruck abbremsen. Dazwischen Bremse etwas abkühlen lassen.

Achtung: Bis zu einer Fahrstrecke von ca. 200 km sollten keine unnötigen Gewaltbremsungen vorgenommen werden.

Bremsbeläge vorn aus- und einbauen

BENDIX-Bremse Serie IV

Ausbau

- Radschrauben bei auf dem Boden stehendem Fahrzeug lösen.
- Scheibenrad zur Radnabe mit Farbe kennzeichnen. Dadurch kann das ausgewuchtete Rad wieder an gleicher Stelle montiert werden.
- Fahrzeug aufbocken.
- Vorderrad abnehmen.

Achtung: Ein Wechsel der Beläge von der Außen- zur Innenseite und umgekehrt oder auch vom rechten zum linken Rad ist nicht zulässig. Der Wechsel kann zu ungleichmäßiger Bremswirkung führen. Grundsätzlich alle Scheibenbremsbeläge einer Achse gleichzeitig erneuern. Sollen die Scheibenbremsbeläge wieder montiert werden, müssen sie gekennzeichnet werden.

- Kabel für Bremsbelagverschleißanzeige an der Steckverbindung trennen, Kabelbinder durchschneiden.
- Bremssattel von Hand nach außen ziehen und dadurch den Bremskolben zurückdrücken.

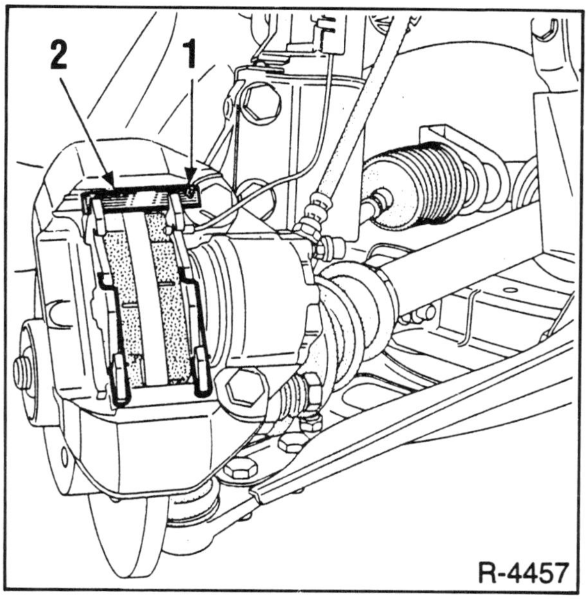

- Halteklammer –1– mit Schraubendreher heraushebeln.
- Keil –2– abnehmen.
- Bremsbeläge herausziehen.

Einbau

Achtung: Bei ausgebauten Bremsbelägen nicht auf das Bremspedal treten, sonst wird der Kolben aus dem Gehäuse herausgedrückt.

- Führungsfläche bzw. Sitz der Beläge im Gehäuseschacht mit geeigneter Weichmetallbürste reinigen oder mit einem Lappen und Spiritus auswischen. Keine mineralölhaltigen Lösungsmittel oder scharfkantigen Werkzeuge verwenden.
- Vor Einbau der Beläge ist die Bremsscheibe durch Abtasten mit den Fingern auf Riefen zu untersuchen. Riefige Bremsscheiben sind zu erneuern.
- Bremsscheibendicke messen, siehe Seite 155.

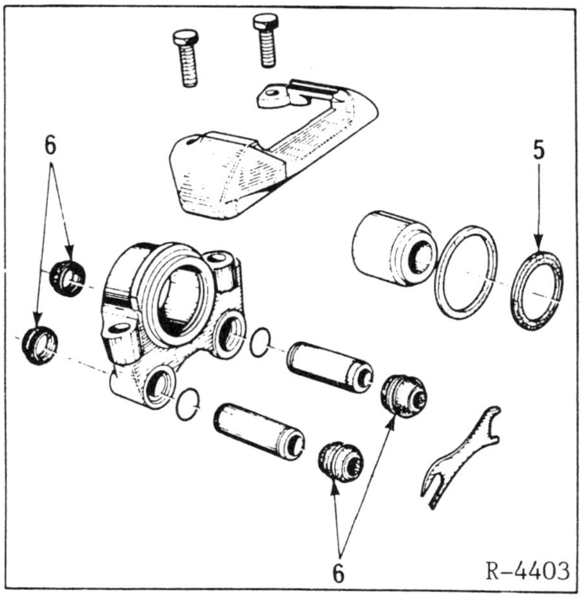

- Staubkappe –5– und Schutzmanschetten –6– auf Anrisse prüfen. Eine beschädigte Staubkappe umgehend ersetzen, da eingedrungener Schmutz schnell zu Undichtigkeiten des Bremssattels führt. Der Bremssattel muß hierzu ausgebaut und zerlegt werden (Werkstattarbeit). **Achtung:** Wenn die Staubkappe ausgetauscht wird, Kolbenende und die beiden Führungen mit Spiritus reinigen und einfetten.

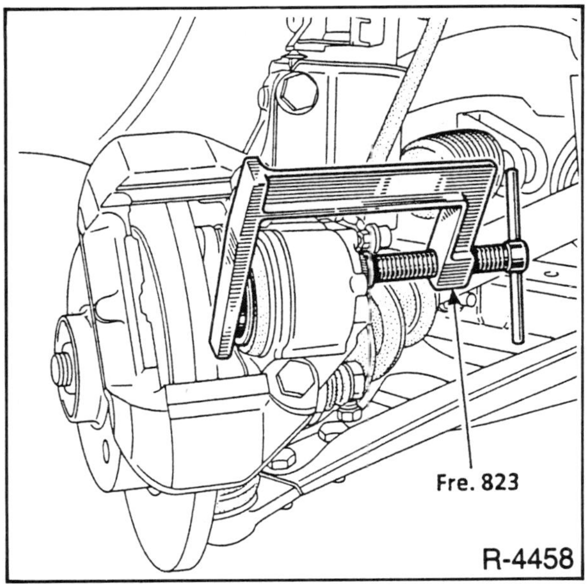

- Bremskolben mit Rücksetzvorrichtung zurückdrüken. Es geht auch mit einem Hartholzstab (Hammerstiel), dabei jedoch besonders darauf achten, daß der Kolben nicht verkantet wird und Kolbenfläche sowie Staubkappe nicht beschädigt werden.

Achtung: Beim Zurückdrücken der Kolben wird Bremsflüssigkeit aus den Bremszylindern in den Ausgleichbehälter gedrückt. Flüssigkeit im Behälter beobachten, eventuell Bremsflüssigkeit mit einem Saugheber absaugen.

Zum Absaugen eine Entlüfterflasche oder eine Plastikflasche verwenden, die nur mit Bremsflüssigkeit in Berührung kommt. Keine Trinkflaschen verwenden! **Bremsflüssigkeit ist giftig und darf auf gar keinen Fall mit dem Mund über einen Schlauch abgesaugt werden. Saugheber verwenden. Auch nach dem Belagwechsel darf die »MAXI«-Marke am Bremsflüssigkeitsbehälter nicht überschritten werden, da sich die Flüssigkeit bei Erwärmung ausdehnt. Ausgelaufene Bremsflüssigkeit läuft am Hauptbremszylinder runter, zerstört den Lack und führt zur Korrosion.**

Achtung: Bei hohem Bremsbelagverschleiß Leichtgängigkeit des Kolbens prüfen. Dazu Holzklotz in den Bremssattel einsetzen und durch Helfer langsam auf das Bremspedal treten lassen. Der Bremskolben muß sich leicht heraus- und hineindrükken lassen. Zur Prüfung muß der andere Bremssattel eingebaut sein. Darauf achten, daß der Bremskolben nicht ganz herausgedrückt wird. Bei schwergängigem Kolben Bremssattel instandsetzen (Werkstattarbeit). Wurde der Kolben versehentlich herausgedrückt, muß das Bremssystem nach dem Einsetzen des Kolbens entlüftet werden, siehe Seite 168.

- Damit die Scheibenbremsen nicht quietschen, empfiehlt sich zur Vorbeugung folgende Arbeit (nicht unbedingt erforderlich): Rückseite der Bremsbeläge sowie Seitenteile der Rückenplatte mit Anti-Quietsch-Paste (z. B. Plastilube, Tunap VC 582/S, Chevron SRJ/2, Liqui Moly LM-36 oder LM-508-ASC) **dünn** einstreichen. Dabei nur die Rückenplatte bestreichen. **Die Paste darf keinesfalls auf den eigentlichen Bremsbelag oder auf die Bremsscheibe kommen.** Gegebenenfalls Paste sofort abwischen und mit Spiritus reinigen.

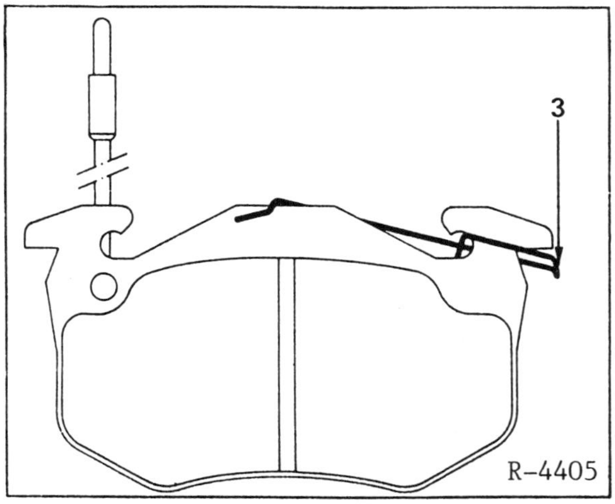

- Beide Bremsbeläge in den Bremsträger einsetzen. Dabei darauf achten, daß die Druckfedern –3– gleichmäßig nach oben und parallel zur Belagoberkante stehen.

Achtung: Die Bremsbeläge mit Anschluß für das Kabel der Verschleißkontrolle müssen innen montiert werden.

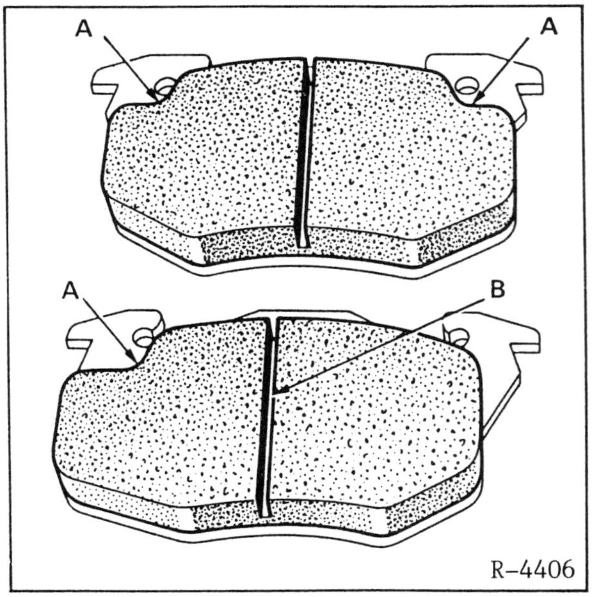

Achtung: Fahrzeuge mit BENDIX-Bremse sind in Abhängigkeit des Radbremszylinder-Durchmessers entweder mit symmetrischen oder asymmetrischen Bremsbelägen ausgestattet: Bremszylinder-Durchmesser 45 mm (1,1-l-Motor): symmetrische Beläge; Bremszylinder-Durchmesser 48 mm: asymmetrische Bremsbeläge.
Asymmetrische Bremsbeläge weisen nur eine Rundung in –A– auf, anstelle der 2 Rundungen bei den symmetrischen Bremsbelägen. Außerdem sitzt die Nut –B– bei den asymmetrischen Belägen etwas außerhalb der Mitte.

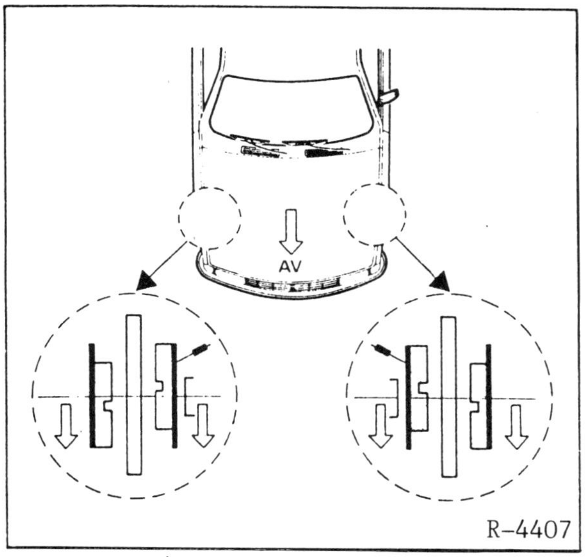

- Bei asymmetrischen Bremsbelägen muß die Nut –B– und die Rundung –A– beim äußeren Belag nach unten zeigen, beim jeweils inneren Belag nach oben, siehe Zeichnung.

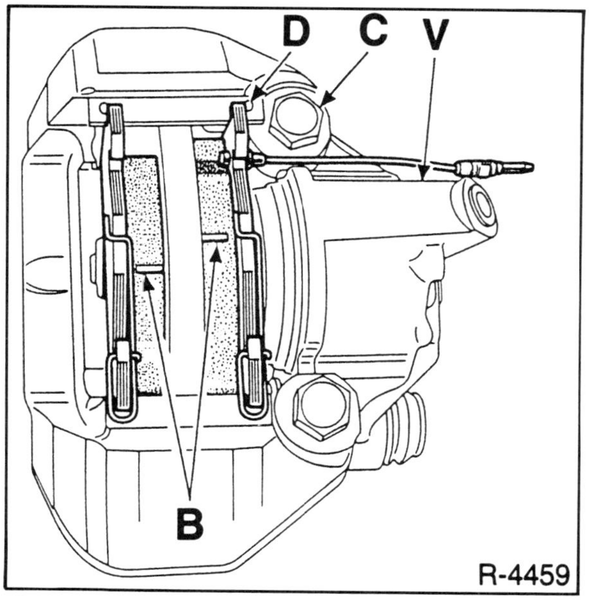

- Bremsbeläge in den Bremssattel einsetzen und Keil –D– oben einsetzen. Die Abbildung zeigt den rechten Bremssattel. Der Bremsbelag mit dem Anschluß für die Verschleißkontrolle wird immer innen montiert.
- Anschlußkabel für Verschleißkontrolle zur Seite der Entlüfterschraube –V– ausrichten.

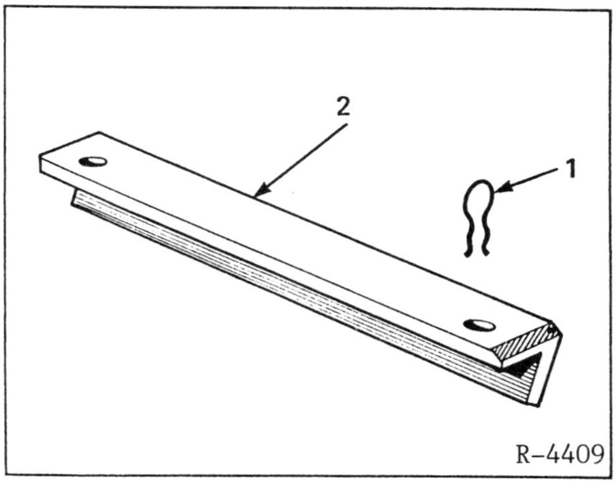

- Klammer –1– in den Keil –2– eindrücken. Pro Bremssattel ist nur eine Klammer vorhanden. Die Klammer wird in Punkt –D–, also auf der Bremssattel-Innenseite, neben der Befestigungsschraube –C– angebracht, siehe Bild R-4459.
- Kabel für Verschleißkontrolle am Steckverbinder aufschieben und am Bremsschlauch mit neuen Kabelbindern fixieren.
- Rad anschrauben, dabei auf Markierung zur Radnabe achten. Fahrzeug ablassen und Radschrauben mit **90 Nm** über Kreuz festziehen.

Achtung: Bremspedal im Stand mehrmals kräftig niedertreten, bis fester Widerstand spürbar ist.

- Bremsflüssigkeit im Ausgleichbehälter prüfen, gegebenenfalls bis zur »MAXI«-Marke auffüllen.
- Neue Bremsbeläge vorsichtig einbremsen, dazu Fahrzeug mehrmals von ca. 80 km/h auf 40 km/h mit geringem Pedaldruck abbremsen. Dazwischen Bremse etwas abkühlen lassen.

Achtung: Bis zu einer Fahrstrecke von ca. 200 km sollten keine unnötigen Gewaltbremsungen vorgenommen werden.

Bremsscheibendicke prüfen

Ein Nacharbeiten der Bremsscheiben ist nicht zulässig. Bei Riefen mit über 0,5 mm Tiefe oder zu starker Abnutzung müssen die Bremsscheiben ersetzt werden. Dabei immer beide Scheiben einer Achse ersetzen.

- Radschrauben bei auf dem Boden stehendem Fahrzeug lösen.
- Scheibenrad zur Radnabe mit Farbe kennzeichnen. Dadurch kann das ausgewuchtete Rad wieder an gleicher Stelle montiert werden.
- Fahrzeug vorn aufbocken.
- Rad abnehmen.

- Bremsscheibendicke messen. Die Werkstätten benutzen dazu eine spezielle Lehre oder eine Mikrometer-Bügelmeßschraube, da sich durch Abnutzung der Bremsscheibe ein Rand bildet. Man kann auch eine normale Schieblehre verwenden, allerdings muß dann auf jeder Seite der Bremsscheibe eine entsprechend starke Unterlage zwischengelegt werden (beispielsweise 2 Münzen). Um die exakte Bremsscheibendicke zu erhalten, müssen von dem gemessenen Maß die Dicke der Münzen abgezogen werden.
- Wenn die Verschleißgrenze erreicht ist, Bremsscheibe erneuern. Verschleißgrenze, siehe Seite 151.
- Bei größeren Rissen oder bei Riefen, die tiefer als 0,5 mm sind, Bremsscheibe erneuern.
- Rad anschrauben, dabei auf Markierung zur Radnabe achten. Fahrzeug ablassen und Radschrauben mit **90 Nm** über Kreuz festziehen.

Bremsscheibe/Bremssattel vorn aus- und einbauen

Achtung: Wenn die Bremsscheiben ersetzt werden, müssen gleichzeitig auch neue Bremsbeläge eingebaut werden.

Ausbau

- Radschrauben bei auf dem Boden stehendem Fahrzeug lösen.
- Scheibenrad zur Radnabe mit Farbe kennzeichnen. Dadurch kann das ausgewuchtete Rad wieder an gleicher Stelle montiert werden.
- Fahrzeug vorn aufbocken, Rad abnehmen.
- Bremsbeläge ausbauen.

BENDIX-Bremse

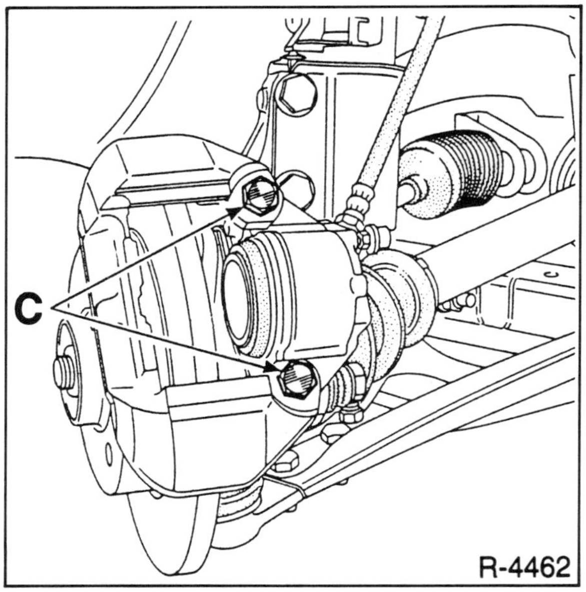

- Befestigungsschrauben –C– für Bremsträger herausschrauben.

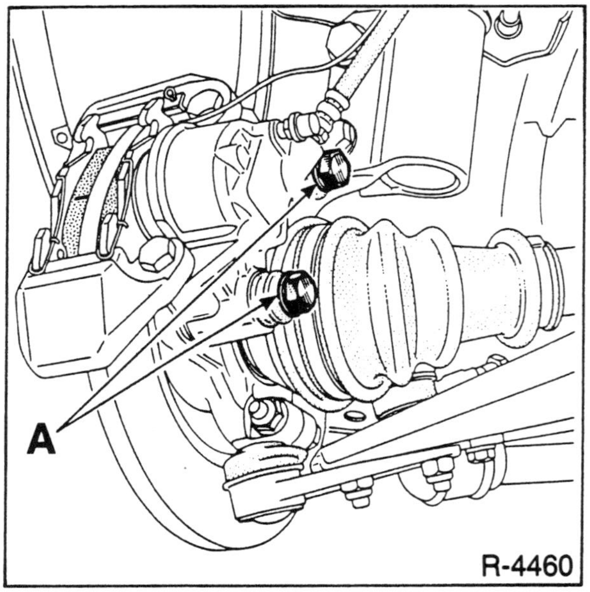

- Befestigungsschrauben –A– für Bremssattel herausdrehen und Bremssattel komplett abnehmen.

GIRLING-Bremse

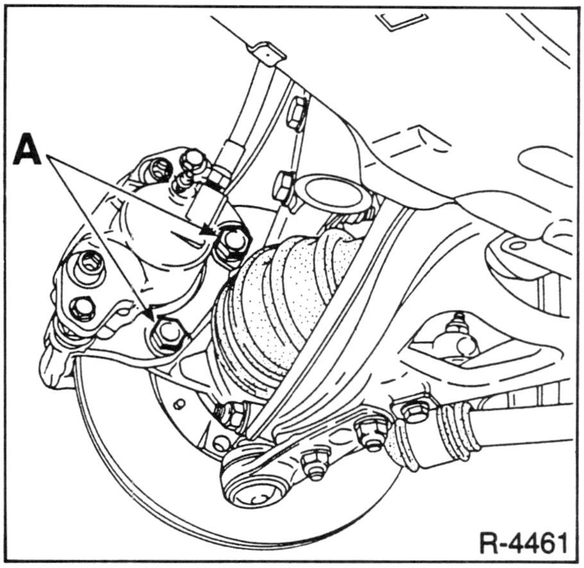

- Befestigungsschrauben –A– für Bremsträger herausdrehen und Bremsträger zusammen mit Kolbengehäuse abnehmen.

- Bremssattel mit selbstangefertigtem Drahthaken so am Aufbau aufhängen, daß der Bremsschlauch nicht verdreht oder auf Zug beansprucht wird.

Achtung: Bremsschlauch nicht lösen, sonst muß das Bremssystem entlüftet werden.

- Soll der Bremssattel ganz abgenommen werden, muß vorher der Bremsschlauch an der Bremsschlauchkupplung abgeschraubt werden, siehe Kapitel »Bremsleitung/Bremsschlauch ersetzen«. Der Bremsschlauch kann sonst nicht am Bremssattel abgeschraubt werden. **Achtung:** Bremsflüssigkeit läuft aus. Bremsflüssigkeit in einer Flasche sammeln, die ausschließlich für Bremsflüssigkeit vorgesehen ist.

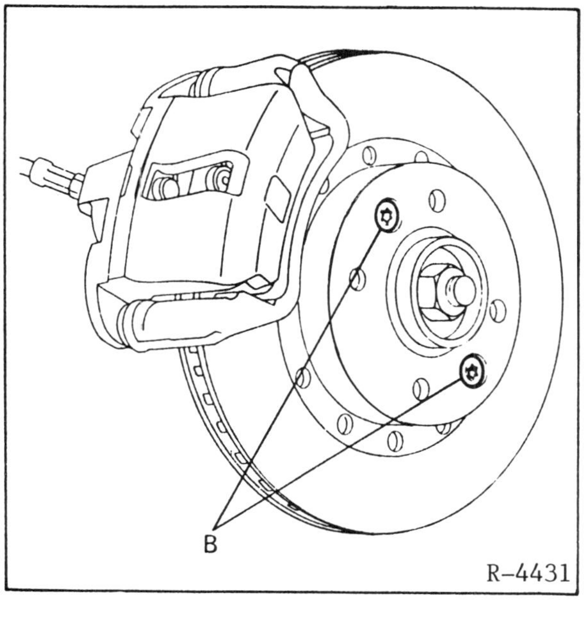

- Befestigungsschrauben –B– für Bremsscheibe herausdrehen. Dazu wird ein Innen-Torx-Schraubendreher T40 benötigt.
- Bremsscheibe abnehmen.

Einbau

Um ein gleichmäßiges Bremsen beidseitig zu gewährleisten, müssen beide Bremsscheiben die gleiche Oberfläche bezüglich Schliffbild und Rauhtiefe aufweisen. Deshalb **grundsätzlich beide** Bremsscheiben ersetzen.

Die Werkstatt kann die Bremsscheibe auf Schlag prüfen. Maximaler Scheibenschlag (eingebaut) 0,07 mm.

- Bremsscheibendicke messen.
- Neue Bremsscheiben mit Nitro-Verdünnung vom Schutzlack reinigen.
- Bremsscheibe auf Vorderradnabe aufsetzen und mit 2 Torx-Schrauben und 25 Nm anschrauben. Bremsscheibe vorher entsprechend verdrehen, damit die Bohrungen für die Schraube übereinanderstehen.
- Bremssattel ansetzen. Dabei darf der Bremsschlauch nicht verdreht oder gedehnt werden. Freigängigkeit des Bremsschlauches bei vollem Lenkradeinschlag prüfen.

Achtung: Bei Beschädigungen an der Zylinderwandung des Bremssattels muß der komplette Bremssattel ersetzt werden.

- Bremssattel mit **100 Nm** anschrauben. Schrauben vorher mit Schraubensicherungsmittel, zum Beispiel Loctite Frenbloc, bestreichen.
- Bremsträgerschrauben (BENDIX) mit **65 Nm** festziehen.

Achtung: War der Bremsschlauch demontiert, Bremsschlauch anschrauben. Der Bremsschlauch darf beim Einbau nicht verdrillt werden.

- Bremsbeläge einbauen.
- Falls das Bremssystem geöffnet war, Bremsanlage entlüften.
- Rad anschrauben, dabei auf Markierung zur Radnabe achten. Fahrzeug ablassen und Radschrauben mit **90 Nm** über Kreuz festziehen.

Achtung: Bremspedal im Stand mehrmals kräftig niedertreten, bis fester Widerstand spürbar ist.

- Bremsflüssigkeitsstand im Ausgleichbehälter prüfen.

Scheibenbremsbeläge hinten aus- und einbauen

Ausbau

Achtung: Bei Fahrzeugen mit Scheibenbremsen hinten kommen ausschließlich BENDIX-Bremssättel zum Einsatz. Der Ausbau der Bremsbeläge ist auf die gleiche Weise wie bei der vorderen Scheibenbremse mit BENDIX-Bremssattel durchzuführen. Beim Einbau sind allerdings einige Besonderheiten zu beachten.

Einbau

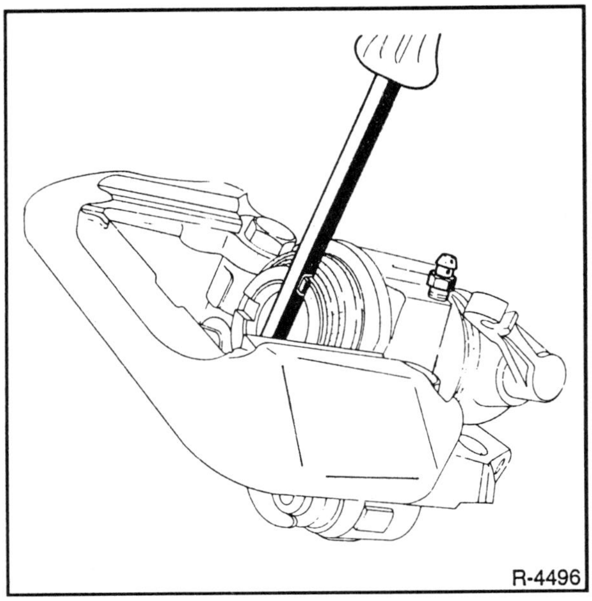

● Bremskolben zurückdrücken. Dazu großen Schraubendreher mit eckigem Schaft wie in der Abbildung gezeigt, in die Nuten des Bremskolbens einsetzen und Kolben so weit wie möglich in den Bremssattel einschrauben. **Achtung:** Der Kolben darf **nicht** mit einer handelsüblichen Rückstellvorrichtung zurückgedrückt werden, da sonst die automatische Nachstellvorrichtung beschädigt wird.

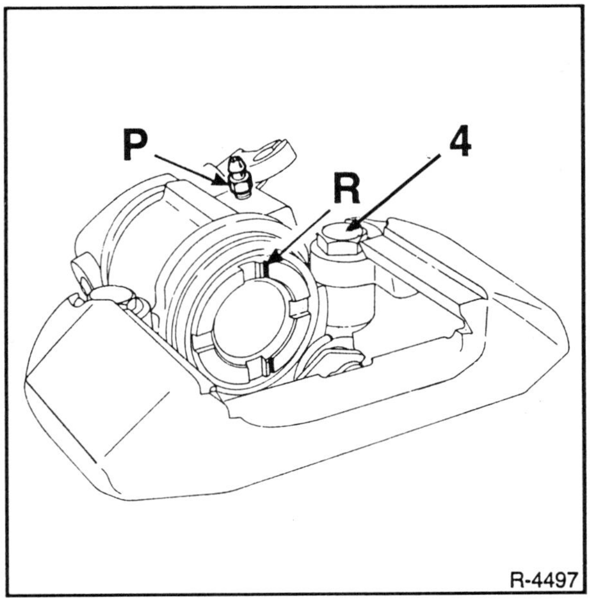

● Kolben so ausrichten, daß der Markierungsstrich –R– zur Entlüfterschraube –P– zeigt.

● Der weitere Einbau erfolgt wie bei der vorderen BENDIX-Scheibenbremse.

Achtung: Die Halteklammer für den Keil muß neben der Befestigungsschraube –4– eingesetzt werden.

Hinweis: Hintere Bremsscheibe/Bremssattel ausbauen, siehe Seite 142.

Bremsbacken hinten aus- und einbauen

GIRLING-Bremse

Achtung: Die Einzelteile der rechten und linken Hinterradbremse sind verschieden; sie dürfen nicht untereinander ausgewechselt werden. Beim Ablegen darauf achten, daß die Teile wieder an der gleichen Stelle eingebaut werden können.

Ausbau

● Bremstrommel ausbauen, siehe Seite 142.

● Falls vorhanden, Federspange oben am Radbremszylinder anbringen, damit die Bremskolben nicht aus den Bremszylindern herausfallen. Da in den meisten Fällen die Spange nicht zur Verfügung steht, beim Ausbau der Bremsbacken darauf achten, daß die Bremskolben nicht herausgezogen werden, sonst dringt Luft in das Bremssystem ein und die Bremse muß entlüftet werden.

Achtung: Während die Bremsbacken ausgebaut sind, nicht auf die Fußbremse treten, da sonst die Bremskolben aus dem Radbremszylinder rutschen.

Achtung: Vor dem Ausbau der Rückzugfedern empfiehlt es sich, deren Einbaulage zu notieren. Dadurch wird das Einsetzen beim Einbau erleichtert.

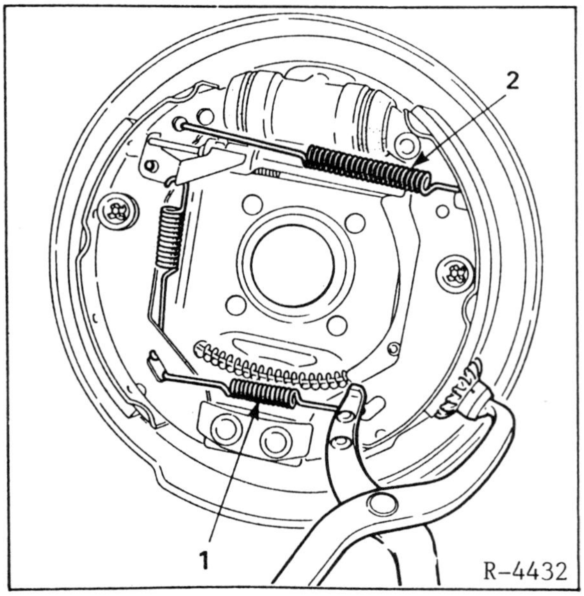

● Untere Rückzugfeder –1– mit Bremsfedernzange, zum Beispiel HAZET 797, aushängen. Das Aushängen gelingt auch mit einer normalen Wasserpumpenzange.

● Obere Rückzugfeder –2– mit Bremsfedernzange aushängen.

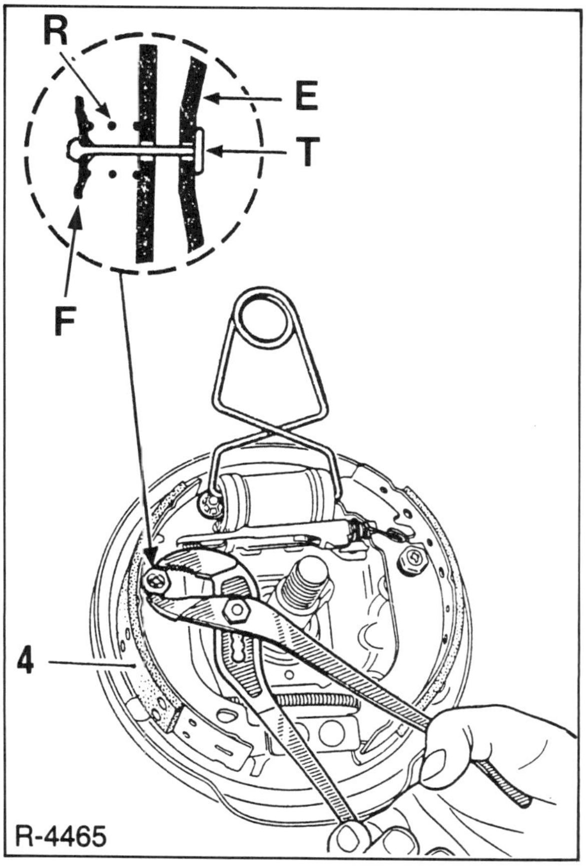

- Federteller –F– mit Kombizange kräftig zurückdrücken (gegen die Federkraft –R–) und um 90° drehen. Während des Zurückdrückens von hinten am Bremsträger –E– den Stift –T– für Federteller gegenhalten. 4– Bremsbacke.

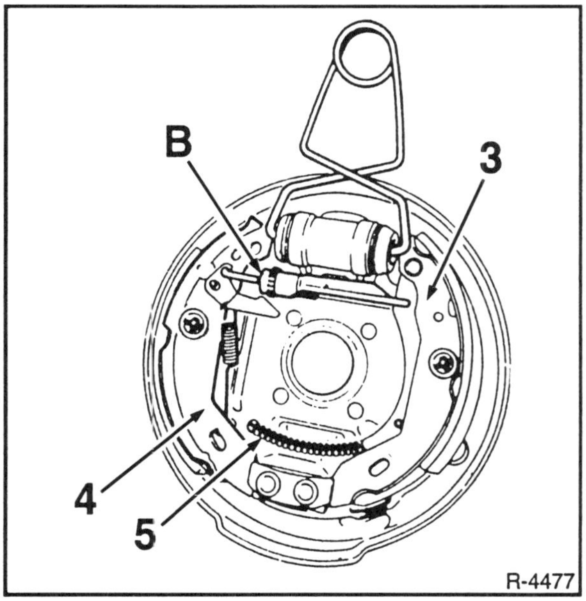

- Seilzüge der Handbremse maximal entspannen.
- Primärbacke –4–, Druckstange –B– und Sekundärbacke –3– herausnehmen.

- Handbremsseilzug mit Feder –5– an der Sekundärbacke aushängen.

- Am Radbremszylinder Staubmanschetten –4– und –5– abziehen. **Achtung: Dabei darf der Bremskolben nicht herausgezogen werden**. Kontrollieren, ob es hinter den Staubmanschetten feucht ist. Gegebenenfalls Radbremszylinder austauschen.
- Staubmanschetten auf Radbremszylinder aufsetzen.

Einbau

Grundsätzlich alle 4 Bremsbacken ersetzen, auch wenn nur ein Belag die Verschleißgrenze erreicht hat. Nur Bremsbacken gleicher Marke verwenden. Bremsbacken im Tausch erneuern. Bremstrommel und Bremsträger mit Staubsauger absaugen oder mit spiritusgetränktem Lappen auswischen. Falls der Radbremszylinder durch Bremsflüssigkeit feucht ist, Radbremszylinder erneuern. Gewinde der Druckstange gangbar machen und leicht mit MoS_2-Fett einfetten. Riefige Bremstrommeln ausdrehen lassen, dabei immer beide Bremstrommeln bearbeiten lassen. Die Bremstrommel darf im Durchmesser um maximal 1 mm nachgearbeitet werden.

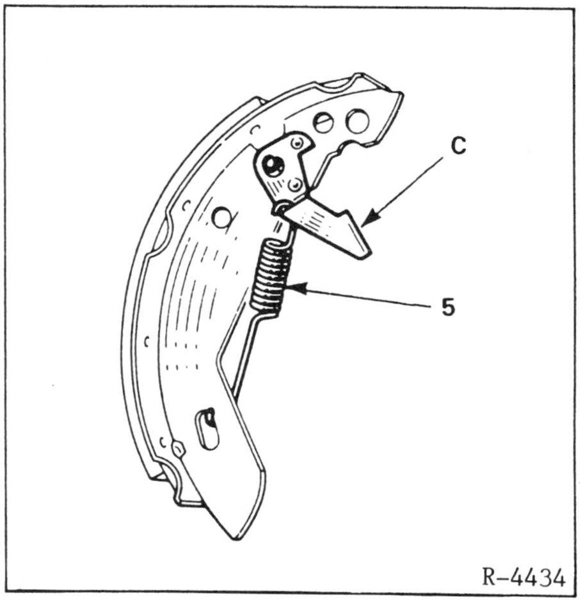

- Wenn die Bremsbacken ersetzt werden, Feder –5– aushängen und Einstellhebel –C– von der bisherigen Bremsbacke auf die neue Bremsbacke umbauen.

- Handbremsseil am Handbremshebel einhängen.
- Bremsbacken am Bremsträger ansetzen und mit Haltestiften und Druckfedern befestigen. Dabei Haltestifte von hinten gegenhalten und Federteller gleichzeitig mit Flachzange aufdrücken, um 90° drehen und dadurch arretieren.

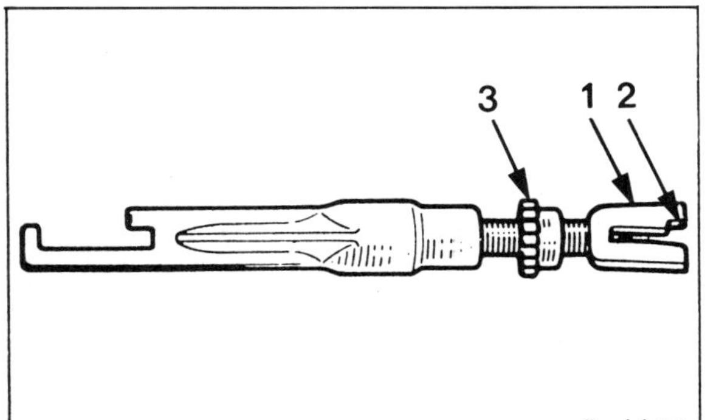

R-4435

- Nachstellritzel –3– an der Druckstange zurückdrehen. Gewinde der Druckstange leicht einfetten und auf Leichtgängigkeit prüfen. Druckstange nicht vertauschen. Das Nachstellritzel für die linke Druckstange hat Rechtsgewinde, das Gewindestück –1– ist silberfarbig. Die rechte Druckstange hat Linksgewinde, das Gewindestück –1– ist goldfarbig.
- Druckstange so einsetzen, daß sich die Aussparung –2– am Gabelstück auf der Seite des Betätigungshebels befindet.
- Druckstange oben in die Trommelbremse einsetzen.
- Obere und untere Rückzugfeder in die Bremsbacken mit Bremsfedernzange einsetzen. **Achtung:** Auf richtige Lage der Rückzugfedern achten, siehe Abbildungen unter »Ausbau«.
- Falls vorhanden, Federspange am Radbremszylinder abnehmen.

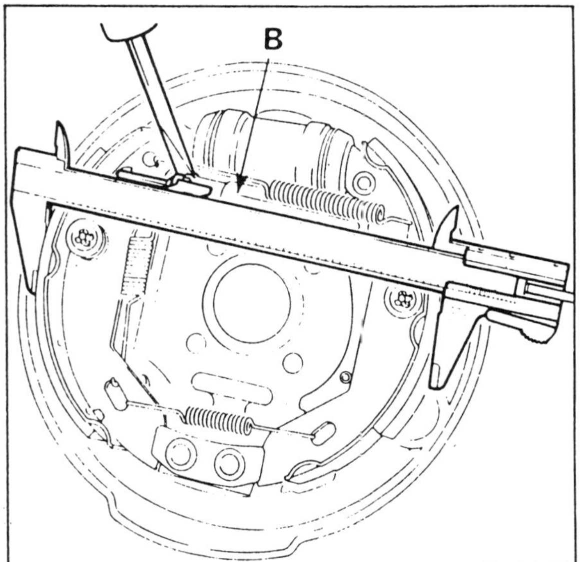

R-4436

- Druckstange –B– einstellen. Dazu Ritzel –3– (siehe Abbildung R-4435) mit einem Schraubendreher verdrehen, bis an den Bremsbacken ein Außendurchmesser von **178,7 bis 179,2 mm** erreicht wird.
- Bremstrommel einbauen, siehe Seite 142.
- Grundlüftspiel der Hinterradbremse durch mehrmaliges Betätigen der Fußbremse einstellen. Dabei ist ein Klickgeräusch an der Bremse bis zum Erreichen des Grundlüftspiels hörbar.
- Handbremse einstellen, siehe Seite 165.
- Rad anschrauben, dabei auf Markierung zur Radnabe achten. Fahrzeug ablassen und Radschrauben mit **90 Nm** über Kreuz festziehen.
- Probebremsung aus mittlerer Geschwindigkeit durchführen.

Bremsbacken hinten aus- und einbauen

BENDIX-Bremse

Achtung: Die Einzelteile der rechten und linken Hinterradbremse sind verschieden; sie dürfen nicht untereinander ausgewechselt werden. Beim Ablegen darauf achten, daß die Teile wieder an der gleichen Stelle eingebaut werden können.

Ausbau

- Bremstrommel ausbauen, siehe Seite 142.
- Falls vorhanden, Federspange oben am Radbremszylinder anbringen, damit die Bremskolben nicht aus den Bremszylindern herausfallen. Da in den meisten Fällen die Spange nicht zur Verfügung steht, beim Ausbau der Bremsbacken darauf achten, daß die Bremskolben nicht herausgezogen werden, sonst dringt Luft in das Bremssystem ein und die Bremse muß entlüftet werden.

Achtung: Während die Bremsbacken ausgebaut sind, nicht auf die Fußbremse treten, da sonst die Bremskolben aus dem Radbremszylinder rutschen.

Vor dem Ausbau der Rückzugfedern empfiehlt es sich, deren Einbaulage zu notieren. Dadurch wird das Einsetzen beim Einbau erleichtert.

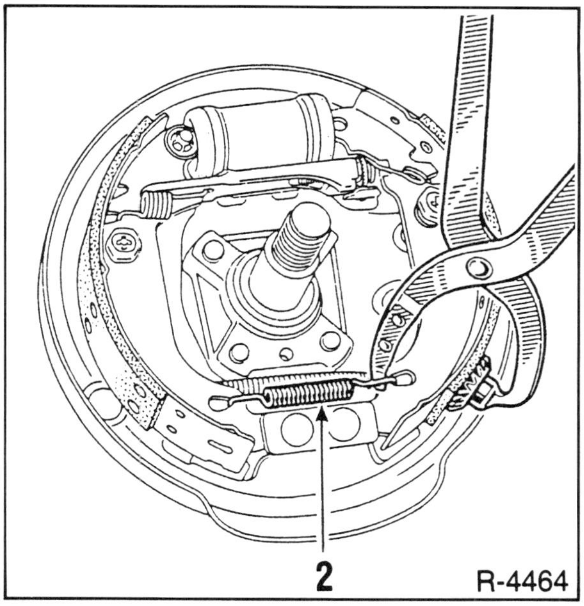

- Untere Rückzugfeder –2– mit Bremsfedernzange, zum Beispiel HAZET 797, oder mit Hilfe einer Wasserpumpenzange aushängen.

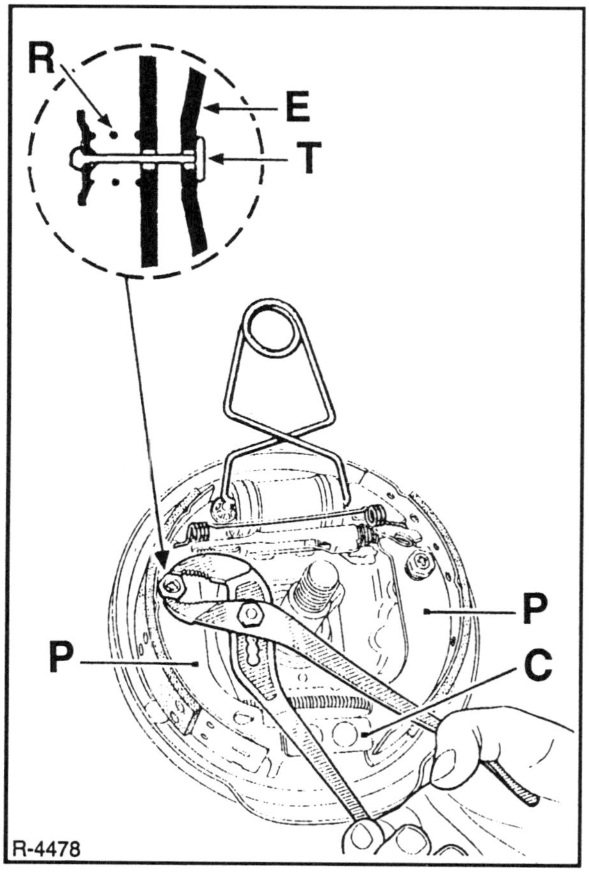

- Nacheinander Federteller beider Bremsbacken mit Wasserpumpenzange kräftig zurückdrücken (gegen die Federkraft –R–) und um 90° drehen. Während des Zurückdrükkens von hinten am Bremsträger –E– den Stift –T– für Federteller gegenhalten.

- Bremsbacken –P– nacheinander über das Stützlager –C– führen. Die unteren Bremsbackenenden übereinander führen, um die oberen Bremsbackenenden im Bereich des Radbremszylinders zu spreizen.
- Bremsbacken mit Druckstange herausnehmen und den Handbremsseilzug aushängen.

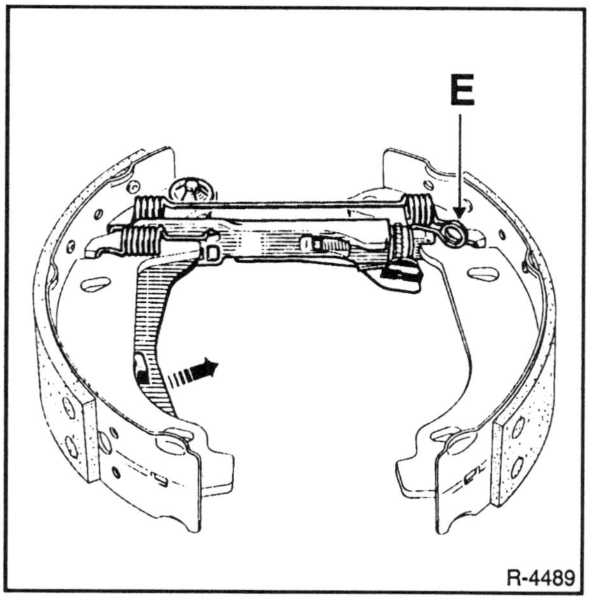

- Handbremsbetätigung nach außen, entgegen der Pfeilrichtung, schwenken.
- Feder –E– mit einem Schraubendreher aushängen.

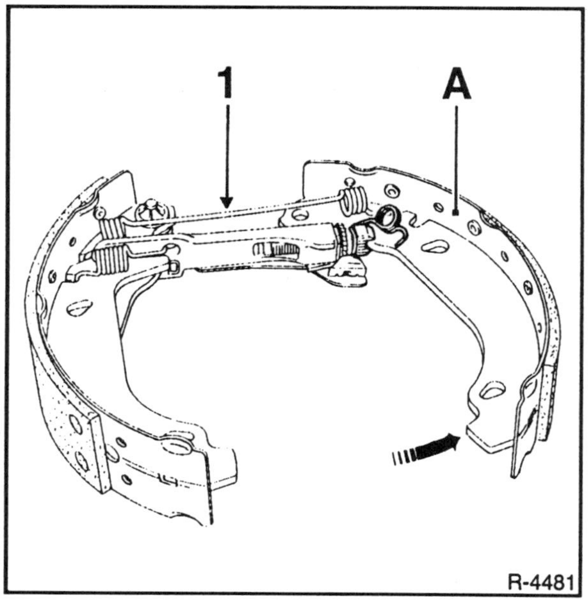

- Bremsbacken –A– an der Unterseite auseinanderziehen. Dadurch kann die obere Feder –1– ohne Kraftaufwand abgenommen werden. Feder –1– aushängen.

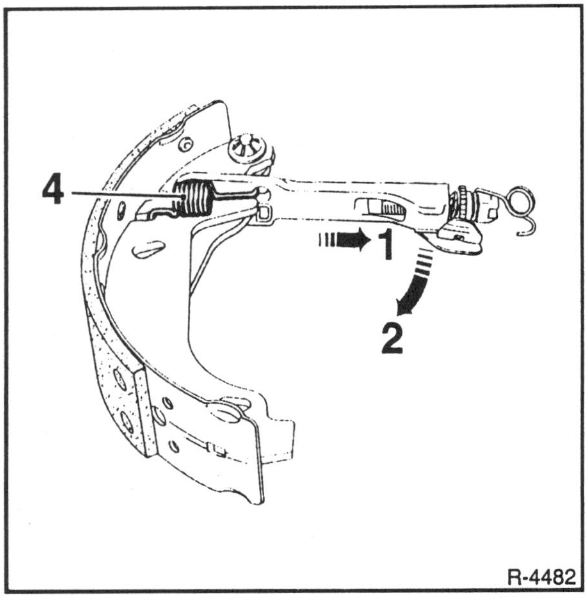

- Druckstange in Pfeilrichtung –1– ziehen und nach unten kippen –Pfeil 2–.
- Feder –4– aushängen und Druckstange abnehmen.

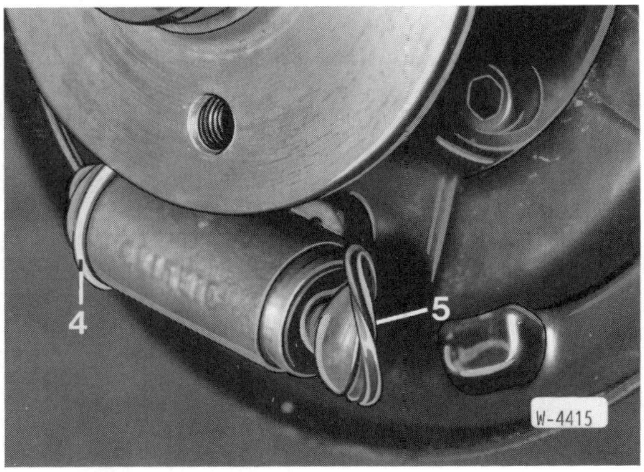

- Am Radbremszylinder Staubmanschetten –4– und –5– abziehen. **Achtung: Dabei darf der Bremskolben nicht herausgezogen werden**. Kontrollieren, ob es hinter den Staubmanschetten feucht ist. Gegebenenfalls Radbremszylinder austauschen.
- Staubmanschetten auf Radbremszylinder aufsetzen.

Einbau

Grundsätzlich alle 4 Bremsbacken ersetzen, auch wenn nur ein Belag die Verschleißgrenze erreicht hat. Nur Bremsbacken gleicher Marke verwenden. Bremsbacken im Tausch erneuern. Falls der Radbremszylinder durch Bremsflüssigkeit feucht ist, Radbremszylinder erneuern. Gewinde der Druckstange gangbar machen und leicht mit MoS_2-Fett einfetten. Riefige Bremstrommeln ausdrehen lassen, dabei immer beide Bremstrommeln bearbeiten lassen. Die Bremstrommel darf im Durchmesser um maximal 1 mm nachgearbeitet werden.

- Bremstrommel und Bremsankerplatte mit Staubsauger absaugen, oder mit spiritusgetränktem Lappen putzen.

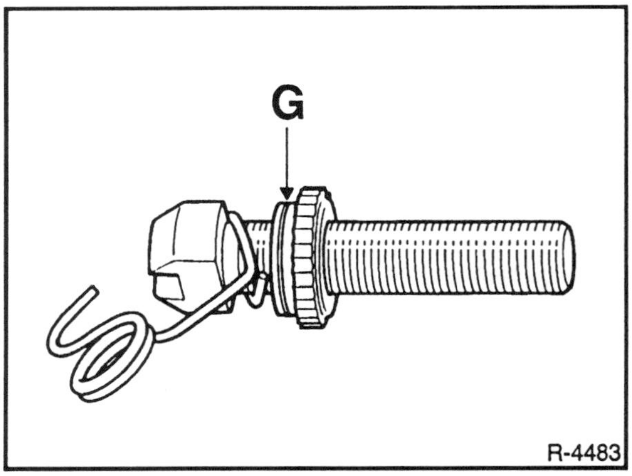

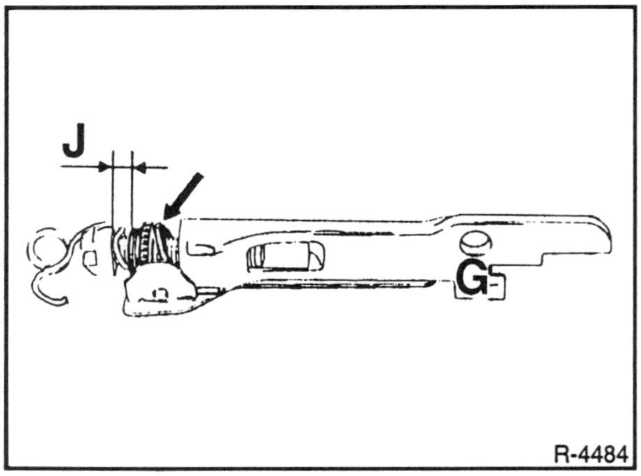

Achtung: Bei Ersatz von Teilen der Druckstange beachten, daß die linke und rechte Fahrzeugseite unterschiedlich (spiegelverkehrt) ausgeführt sind. **Linke Fahrzeugseite:** Die Nachstellschraube hat ein Linksgewinde, das Nachstellritzel hat eine Nut –G–. Die Druckstange besitzt eine Aufschrift »G«, siehe Abbildungen.
Bei der Bremse der **rechten Fahrzeugseite** hat das Ritzel keine Nut –G–, die Schraube hat Rechtsgewinde. Die Klammerfeder ist hier außerdem lackiert. Die Druckstange trägt die Aufschrift »D«.

- Prüfen, ob die Feder für die automatische Nachstellvorrichtung richtig eingebaut ist, siehe –Pfeil– in Abbildung R-4484. Die Klammerfeder darf nicht zwischen dem Kopf der Nachstellschraube und dem Nachstellritzel eingeklemmt werden, es muß ein Spiel –J– vorhanden sein. Es gibt 2 Ausführungen der Feder, siehe folgende Abbildungen.

1. Ausführung:

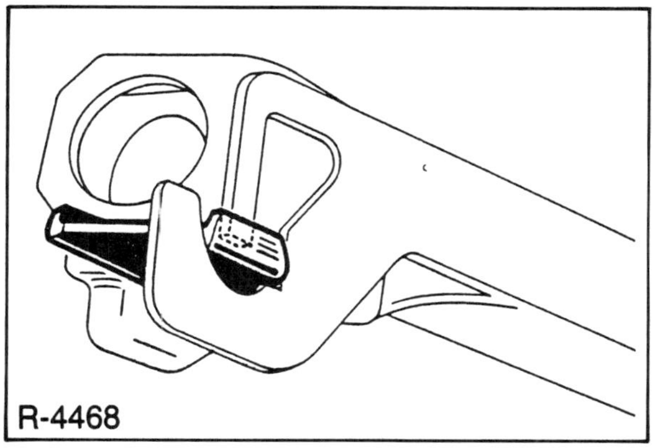
R-4468

2. Ausführung:

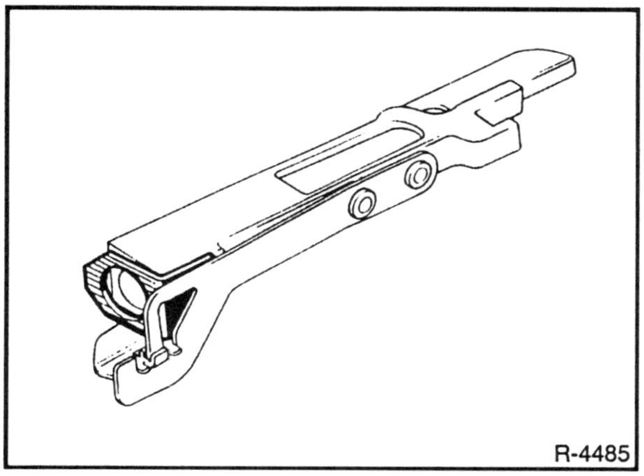
R-4485

- Nachstellschraube in die Druckstange einsetzen.

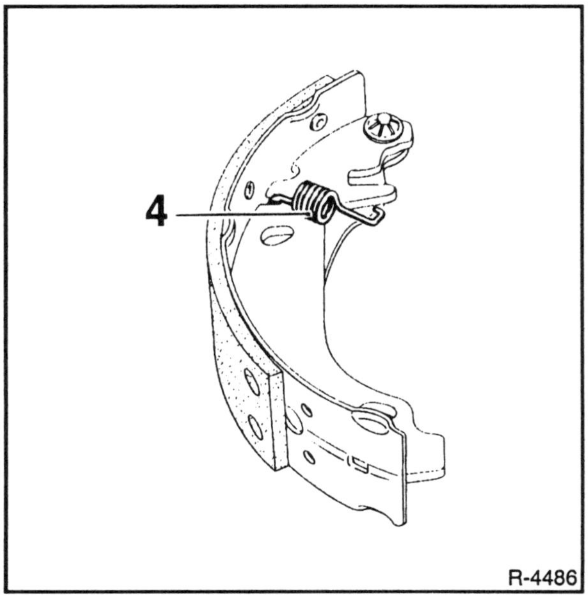

R-4486

- Handbremshebel mit einem **neuen** Sicherungsclip an der Sekundärbacke befestigen und den Hebel gegen die Bremsbacke drücken.
- Feder –4– in der Aussparung der Bremsbacke befestigen, siehe Abbildung. Montagerichtung der Feder beachten; der kürzere Haken wird an der Backe eingehängt.

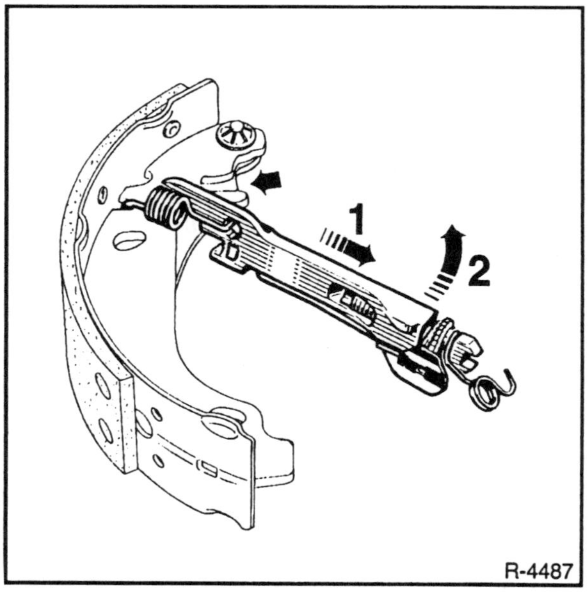

R-4487

- Druckstange mit automatischer Nachstellvorrichtung an der Bremsbacke ansetzen und die Feder einhängen. Anschließend an der Druckstange ziehen –Pfeil 1– und gleichzeitig nach oben klappen –Pfeil 2–. Die Druckstange rastet in der richtigen Position ein.

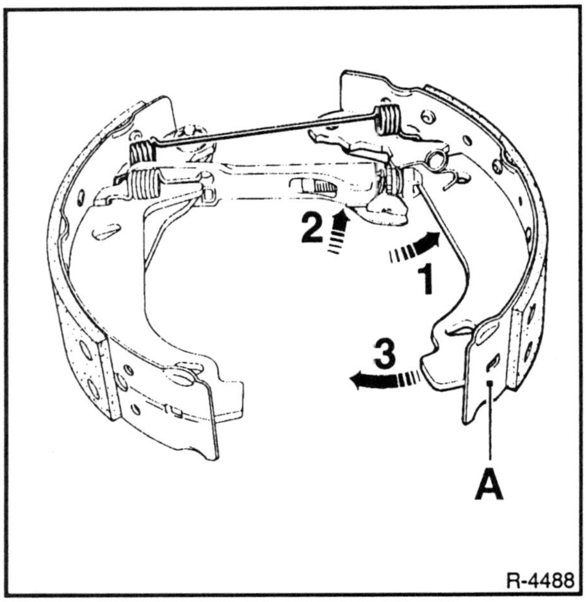

- Obere Feder in die Aussparungen der beiden Bremsbacken einhängen.
- Bremsbacken auseinanderziehen –Pfeil 1–, dabei Druckstange einsetzen –Pfeil 2–. Der Steg der Primärbacke –A– muß im Schlitz am Ende der Druckstange liegen.

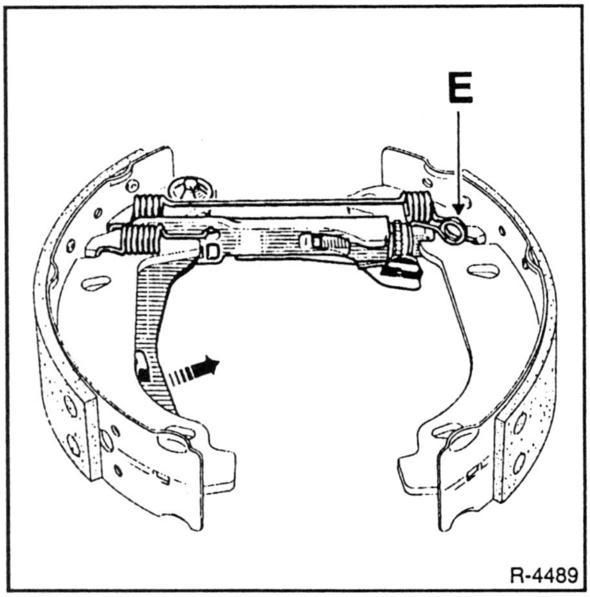

- Klammerfeder –E– einhaken.
- Handbremshebel in Pfeilrichtung spannen, siehe Abbildung.
- Bremsbacken am Bremsträger ansetzen und den Handbremsseilzug am Bremshebel einhängen.
- Bremsbacken oben am Radbremszylinder einsetzen. Dabei darauf achten, daß die Staubmanschetten nicht beschädigt werden.

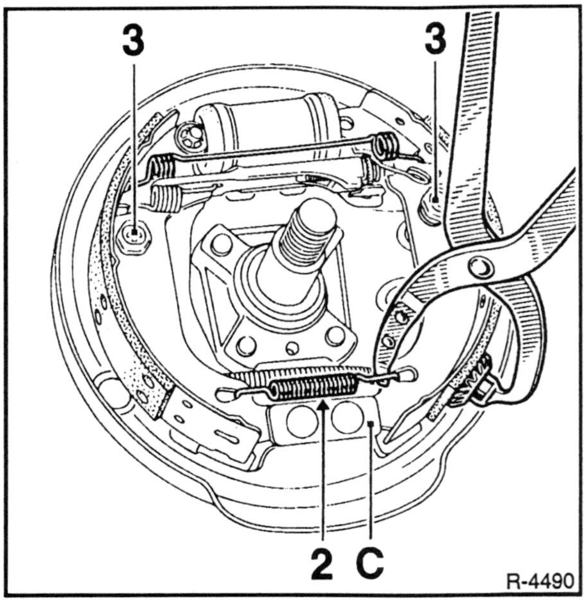

- Bremsbacken am Stützlager –C– einsetzen.
- Bremsbacken mit Haltestiften –3– und Druckfedern befestigen. Dabei Haltestifte von hinten gegenhalten und Federteller gleichzeitig mit Flachzange aufdrücken, um 90° drehen und dadurch arretieren.
- Untere Rückzugfeder –2– in die Bremsbacken mit Bremsfedernzange einsetzen. **Achtung:** Auf richtige Lage der Rückzugfedern achten, siehe Abbildungen.
- Federspange, wo vorhanden, abnehmen.

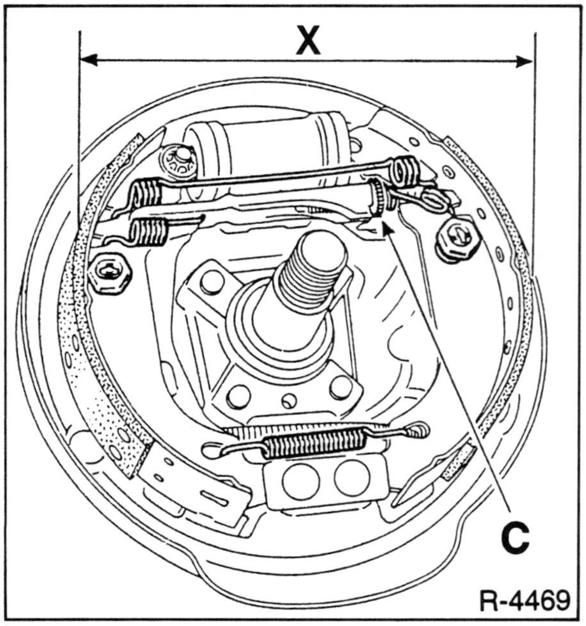

- Druckstange einstellen. Dazu Ritzel –C– mit einem Schraubendreher verdrehen bis an den Bremsbacken ein Außendurchmesser von **X = 179,2 mm bis 179,5 mm** erreicht wird.

- Bremstrommel aufsetzen und Nabenmutter handfest anziehen. **Achtung:** Nabenmutter noch nicht festziehen, da die Bremstrommel nochmals abgenommen wird.
- Grundlüftspiel der Hinterradbremse durch mehrmaliges Betätigen der Fußbremse (ca. 20mal) einstellen. Dabei ist ein Klickgeräusch an der Bremse bis zum Erreichen des Grundlüftspiels hörbar.
- Bremstrommel einbauen, siehe Seite 142.
- Handbremse einstellen.
- Rad anschrauben, dabei auf Markierung zur Radnabe achten. Fahrzeug ablassen und Radschrauben mit **90 Nm** über Kreuz festziehen.
- Probebremsung aus mittlerer Geschwindigkeit auf verkehrsfreier Straße durchführen.

Radbremszylinder aus- und einbauen

In die Radbremszylinder der Trommelbremsen sind fest eingestellte Bremskraftbegrenzer integriert. Ist der Radbremszylinder defekt oder die Funktion des Bremskraftbegrenzers gestört, so muß die komplette Einheit ersetzt werden. Eine Reparatur ist nicht zulässig.

Ausbau

- Bremstrommel ausbauen, siehe Seite 142.
- Obere Rückzugfeder mit Wasserpumpenzange oder Bremsfedernzange aushängen.
- Bremsbacken oben auseinanderziehen, damit die Kolben des Radbremszylinders frei werden. **Achtung:** Bei verschmierten Bremsbelägen Bremsbacken ersetzen.
- Lappen unter Bremsträgerblech legen.

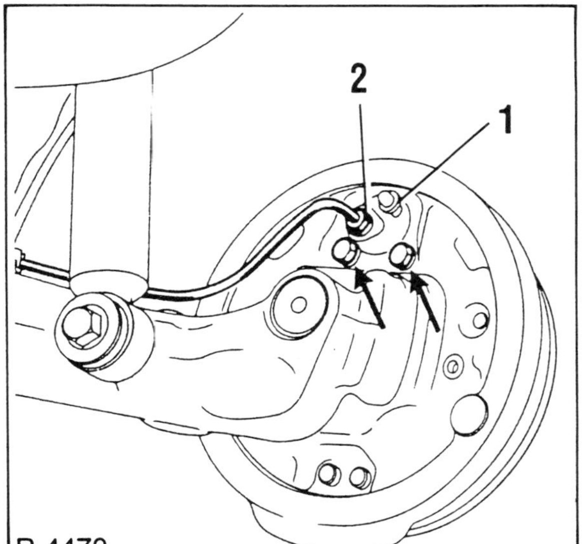

R-4470

- Überwurfmutter –2– für Bremsleitung lösen, nicht abschrauben.
- Beide Schrauben –Pfeile– für Radbremszylinder herausdrehen. 1 – Entlüfterschraube.

Einbau

- Neuen Radbremszylinder bereithalten.
- Mutter für Bremsleitung abschrauben und sofort in neuen Radbremszylinder handfest einschrauben. Dadurch ist sichergestellt, daß nur wenig Bremsflüssigkeit ausläuft.
- Schrauben für Radbremszylinder einschrauben und mit **10 Nm**, also nicht zu fest, anziehen.
- Überwurfmutter für Bremsleitung mit **15 Nm** festziehen.
- Obere Rückzugfeder einhängen.
- Bremstrommel einbauen, siehe Seite 142.
- Bremsanlage entlüften.

Handbremse einstellen

Da sich die Hinterradbremse automatisch nachstellt, muß die Handbremse nur nach dem Auswechseln der Bremsbacken, der Bremsseile oder des Handbremshebels eingestellt werden. Einstellungen außerhalb dieser Arbeiten sind nicht zulässig. Insbesondere darf über die Handbremseinstellung kein Spielausgleich der Bremse vorgenommen werden. Bei falsch eingestellter Handbremse (Seile zu stark gespannt) wird die Funktion der automatischen Nachstellvorrichtung gestört, der Bremspedalweg ist dann zu groß.

Einstellen

- Fahrzeug hinten aufbocken.
- Handbremshebel lösen.
- Bremspedal mehrmals betätigen, um eine richtige Selbstnachstellung zu gewährleisten.
- Hitzeschutzblech der Abgasanlage im Bereich des Handbremshebels am Fahrzeugunterboden abschrauben, dazu 3 Muttern lösen.

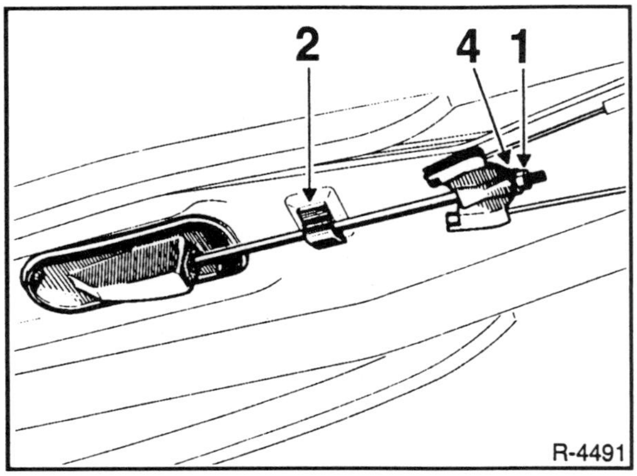

R-4491

- Zuerst Kontermutter, dann Mutter –1– lösen und beide Muttern bis zum Ende der Gewindestange abschrauben.

Trommelbremse

- Bremstrommel ausbauen, siehe Seite 142.

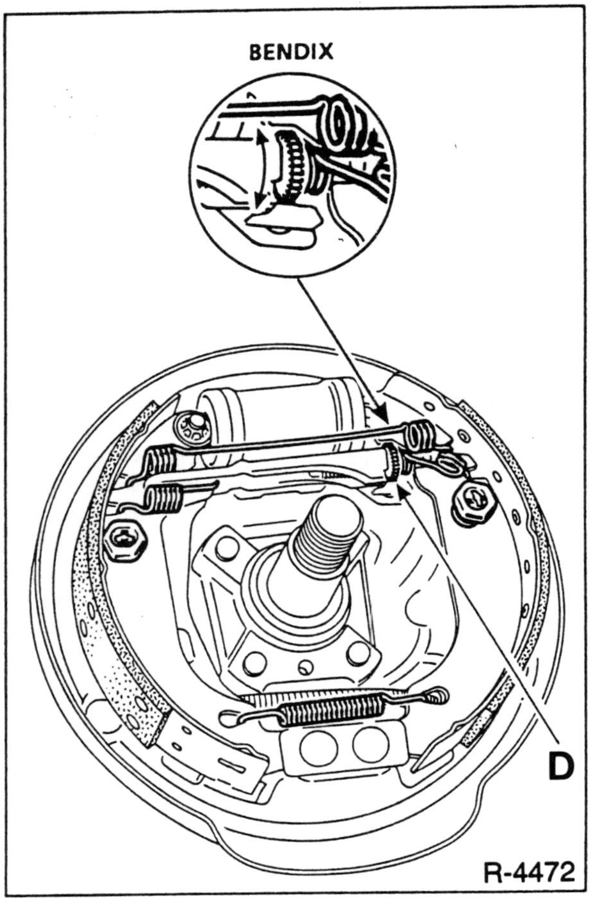

- Automatische Nachstellvorrichtung auf Leichtgängigkeit prüfen. Dazu Zahnmutter –D– in beide Richtungen drehen.
- Anschließend Zahnmutter um 5 bis 6 Zähne lockern.
- Prüfen, ob die Seilzüge freigängig sind.

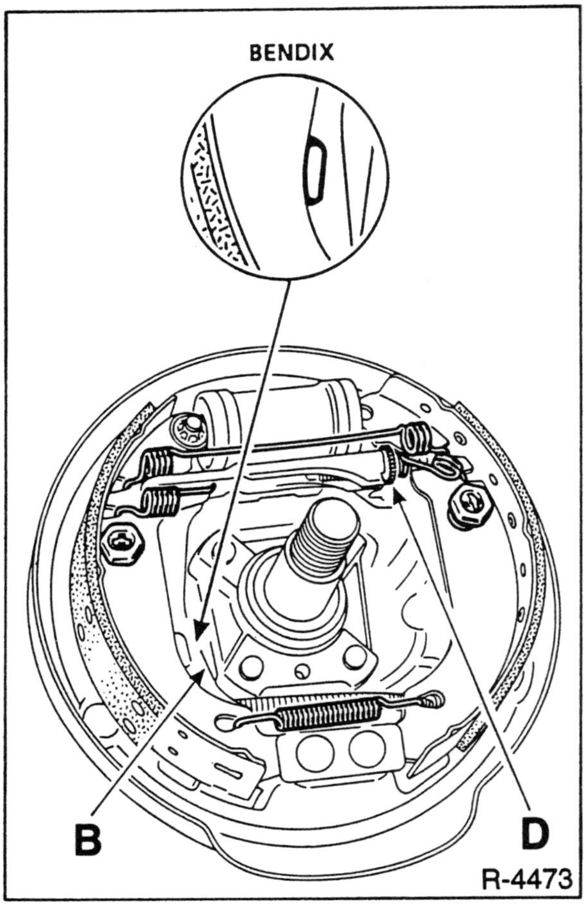

- Prüfen, ob der Betätigungshebel –B– an den Bremsbacken anliegt.
- Seilzüge langsam spannen. Dazu Mutter –1–, Abbildung R-4491, auf die Gewindestange schrauben, so daß die Hebel –B– der linken und rechten Bremse beginnen, sich zwischen dem 1. und 2. Zahn des Hebelweges zu lösen und im 2. Zahn vollständig gelöst sind.
- Kontermutter gegen Mutter –1– festziehen (kontern).
- Bremstrommeln einbauen, siehe Seite 142.
- Fahrzeug ablassen.
- Bremspedal mehrmals fest und langsam betätigen und dadurch Bremsbacken einstellen. Dabei prüfen, ob die Nachstellvorrichtung hörbar (klickt) arbeitet.

Scheibenbremse

- Mutter auf die Gewindestange am Handbremshebel aufschrauben, bis die Bremsseile leicht gespannt sind.

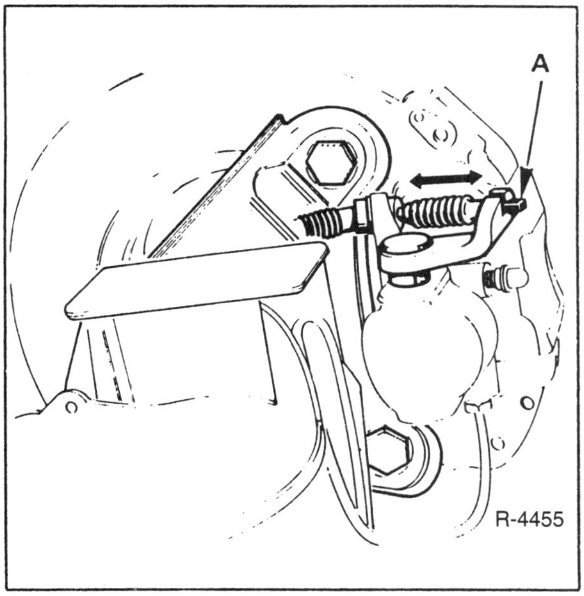

- Bremshebel an den Bremssätteln betätigen und prüfen, ob sie von selbst in die Ausgangsstellung zurückkehren.
- Bremshebel in Richtung Fahrzeugheck zur Anlage bringen.
- Bremsseilzüge spannen, bis das Endstück –A– jeweils am Bremshebel anliegt, ohne daß der Hebel betätigt wird.
- Seilzüge so einstellen, daß der Bremshebel abhebt, wenn der Handbremshebel zwischen der 1. und 2. Raste angezogen wird. Nach der 2. Raste muß der Bremshebel vollständig abgehoben sein.
- Handbremshebel 8 – 12 Rasten anziehen, die Hinterräder müssen blockiert sein.
- Handbremshebel lösen und prüfen, ob sich die Räder frei drehen ohne zu schleifen.
- Mutter –1– kontern, dazu Mutter –4– gegenhalten. Siehe Abbildung R-4491.
- Hitzeschutzblech einbauen.
- Fahrzeug ablassen.

Handbremshebel aus- und einbauen

Ausbau

- Fahrzeug hinten aufbocken.
- Handbremshebel lösen.
- Hitzeschutzblech der Abgasanlage im Bereich des Handbremshebels am Fahrzeugunterboden abschrauben, dazu 3 Muttern lösen.

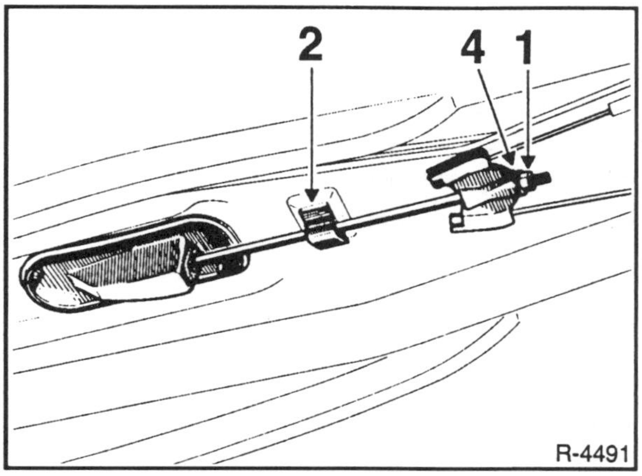

- Muttern –1– und –4– abschrauben und mit Unterlegscheibe entfernen.
- Betätigungsstange aus der Klammer –2– ausclipsen.
- Falls vorhanden, Abdeckung für untere Sicherheitsgurt-Befestigung ausbauen. Dazu an der vorderen und hinteren Stirnseite je eine Schraube mit einem Torxschraubendreher T15 herausdrehen.
- Sicherheitsgurtschlösser an den Vordersitzen abschrauben, dann Sicherheitsgurt-Halterungen mit einem Torx-Schlüsseleinsatz T30 am Sitzgestell abschrauben.

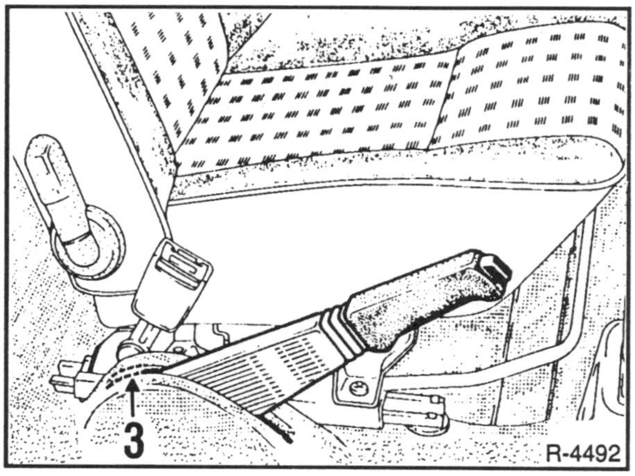

- Bodenteppich am hinteren Teil des Handbremshebels etwas einschneiden –3–.
- Kabel für Handbremskontrolleuchte hinten am Handbremshebel abziehen.

- Hebelhalterung am Bodenblech mit 2 Schrauben abschrauben.
- Handbremshebel mit Betätigungsstange herausnehmen.

Einbau

- Handbremshebel einsetzen und anschrauben.
- Betätigungsstange am Unterboden einclipsen.
- Handbremsseil-Ausgleichstück aufschieben, Mutter mit Unterlegscheibe leicht auf die Gewindestange aufschrauben.
- Kabel für Handbrems-Kontrollampe aufschieben.
- Sicherheitsgurtschlösser anschrauben. Falls vorhanden, Abdeckungen ansetzen und anschrauben.
- Handbremse einstellen.
- Hitzeschutzblech einbauen.

Die Bremsflüssigkeit

Beim Umgang mit Bremsflüssigkeit ist zu beachten:

- Bremsflüssigkeit ist giftig. Keinesfalls Bremsflüssigkeit mit dem Mund über einen Schlauch absaugen. Bremsflüssigkeit nur in Behälter füllen, bei denen ein versehentlicher Genuß ausgeschlossen ist.
- Bremsflüssigkeit ist ätzend und darf deshalb nicht mit dem Autolack in Berührung kommen, gegebenenfalls sofort abwischen und mit viel Wasser abwaschen.
- Bremsflüssigkeit ist hygroskopisch, das heißt, sie nimmt aus der Luft Feuchtigkeit auf. Bremsflüssigkeit deshalb nur in geschlossenen Behältern aufbewahren.
- **Bremsflüssigkeit, die schon einmal im Bremssystem verwendet wurde, darf nicht wieder verwendet werden. Auch beim Entlüften der Bremsanlage nur neue Bremsflüssigkeit verwenden.**
- Bremsflüssigkeits-Spezifikation: **SAE J 1703, DOT 3 oder DOT 4.**
- Bremsflüssigkeit darf nicht mit Mineralöl in Berührung kommen. Schon geringe Spuren Mineralöl machen die Bremsflüssigkeit unbrauchbar, beziehungsweise führen zum Ausfall des Bremssystems.
- Bremsflüssigkeit nach jeder größeren Bremsreparatur, wie beispielsweise Bremssättel überholen, auswechseln.
- Alte Bremsflüssigkeit bei der örtlichen Deponie für Sondermüll abgeben, nicht in die Kanalisation schütten.

Bremsanlage entlüften

Nach jeder Reparatur an der Bremse, bei der die Anlage geöffnet wurde, kann Luft in die Druckleitungen eingedrungen sein. Dann ist das Bremssystem zu entlüften. Luft ist auch dann in den Leitungen, wenn sich beim Tritt auf das Bremspedal der Bremsdruck schwammig anfühlt. In diesem Fall muß die Undichtigkeit beseitigt und die Bremsanlage entlüftet werden.

Die Bremsanlage wird durch Pumpen mit dem Bremspedal entlüftet, dazu ist eine zweite Person notwendig.

Muß die ganze Anlage entlüftet werden, jede Radbremse einzeln entlüften. Das ist immer dann der Fall, wenn Luft in jeden einzelnen Bremszylinder gedrungen ist. Falls nur ein Bremssattel beziehungsweise Radbremszylinder erneuert oder überholt wurde, genügt in der Regel das Entlüften des betreffenden Zylinders.

Achtung: Bei Fahrzeugen mit ABS (Antiblockiersystem) ist die Entlüftung genauso wie bei der herkömmlichen Bremsanlage vorzunehmen.

Die Reihenfolge der Entlüftung: 1. Radbremszylinder hinten rechts, 2. Bremssattel vorn links, 3. Radbremszylinder hinten links, 4. Bremssattel vorn rechts.

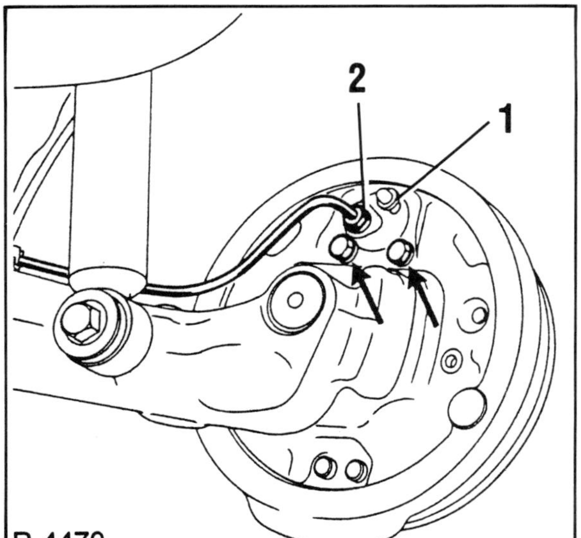

R-4470

- Staubkappe vom Entlüfterventil – 1 – des Hinterrad-Bremszylinders abnehmen und Ringschlüssel ansetzen. Entlüfterventil reinigen. 2 – Überwurfmutter für Bremsleitung.

Achtung: Fahrzeuge mit hinteren Scheibenbremsen müssen beim Entlüften der Hinterradbremsen auf den Rädern stehen. Dadurch wird der Bremskraftregler von der eingefederten Hinterachse betätigt.

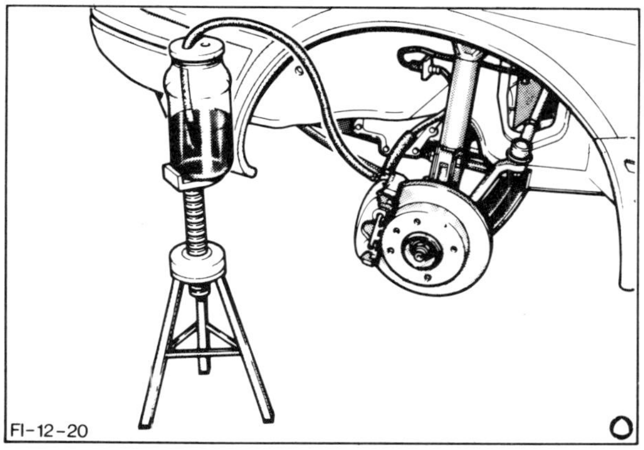
FI-12-20

- Sauberen Schlauch aufstecken, anderes Schlauchende in eine mit Bremsflüssigkeit halbvoll gefüllte Flasche stecken. Die Auffangflasche soll mindestens 30 cm höher stehen als das Entlüfterventil. Dadurch wird verhindert, daß Luft über das Gewinde der Entlüfterschraube in das Bremssystem gelangt.
- Von einer Hilfsperson Bremspedal so oft niedertreten lassen („pumpen"), bis sich im Bremssystem Druck aufgebaut hat. Zu spüren am wachsenden Widerstand beim Betätigen des Pedals.
- Ist genügend Druck vorhanden, Bremspedal ganz durchtreten, Fuß auf dem Bremspedal halten.
- Entlüfterventil am Bremssattel etwa eine halbe Umdrehung mit Ringschlüssel öffnen. Ausfließende Bremsflüssigkeit in der Flasche sammeln. Darauf achten, daß sich das Schlauchende in der Flasche ständig unterhalb des Flüssigkeitsspiegels befindet.
- Sobald der Flüssigkeitsdruck nachläßt, Entlüfterventil schließen. **Achtung:** Entlüfterventil ganz leicht mit 8 Nm zuschrauben, sonst kann das Gewinde zerstört werden.
- Pumpvorgang wiederholen, bis sich Druck aufgebaut hat. Bremspedal niedertreten, Fuß auf dem Bremspedal lassen, Entlüfterschraube öffnen, bis der Druck nachläßt, Entlüfterschraube schließen.
- Entlüftungsvorgang an einem Bremszylinder so lange wiederholen, bis sich in der Bremsflüssigkeit, die in die Entlüfterflasche strömt, keine Luftblasen mehr zeigen.
- Nach dem Entlüften Schlauch von Entlüfterschraube abziehen, Staubkappe auf Ventil stecken.
- Die anderen Bremszylinder und den Hauptbremszylinder auf gleiche Weise entlüften.

Achtung: Während des Entlüftens ab und zu den Ausgleichbehälter beobachten. Der Flüssigkeitsspiegel darf nicht zu weit sinken, sonst wird über den Ausgleichbehälter Luft angesaugt. **Immer nur neue Bremsflüssigkeit nachgießen!**

- Nach dem Entlüften ist der Ausgleichbehälter bis zur Markierung »MAXI« aufzufüllen.

Bremsleitung/Bremsschlauch ersetzen

Für das Bremsleitungssystem, das zusammen mit den druckfesten Bremsschläuchen für die Räder die Verbindung vom Hauptbremszylinder zu den vier Radbremsen herstellt, werden Rohre verwendet.

Die Bremsschläuche stellen die flexiblen Verbindungen zwischen den starren und beweglichen Fahrzeugteilen her.

- Fahrzeug aufbocken.

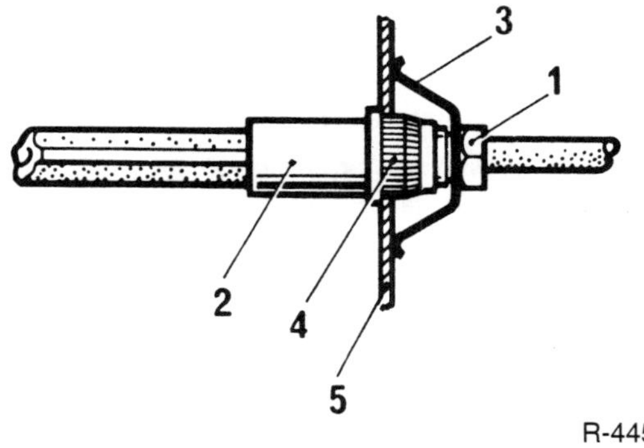

R-4451

- Überwurfmutter –1– der starren Bremsleitung lösen, bis die Feder –3– entspannt ist. Dadurch wird der Bremsschlauch –2– aus der Verzahnung –4– frei.
- Bremsschlauch am Bremssattel abschrauben und abnehmen.
- Leitungsanschluß in Richtung Hauptbremszylinder mit geeignetem Stopfen verschließen, oder vorher Bremsflüssigkeit mit Saugheber aus dem Vorratsbehälter absaugen.
- Neue Bremsleitung möglichst an gleicher Stelle verlegen.
- Soll der Bremsschlauch am Bremssattel erneuert werden, muß vorher der Bremssattel ausgebaut werden.
- Neuen Bremsschlauch so einbauen, daß er bei geradeaus stehenden Rädern ohne Drall durchhängt.
- Bremsschlauch am Bremssattel mit **15 Nm** anschrauben, in die Verzahnung der Haltelasche –5– einsetzen und Überwurfmutter mit **15 Nm** festziehen.
- Nur vom Werk freigegebene Bremsschläuche einbauen.
- Nach dem Einbau bei entlastetem Rad prüfen (Wagen angehoben), ob der Schlauch allen Radbewegungen folgt, ohne irgendwo anzuscheuern.

Achtung: Bremsschläuche nicht mit Öl oder Petroleum in Berührung bringen, nicht lackieren oder mit Unterbodenschutz besprühen.

- Bremsanlage entlüften.
- Fahrzeug ablassen.

Bremskraftverstärker prüfen

Der Bremskraftverstärker ist auf Funktion zu überprüfen, wenn zur Erzielung ausreichender Bremswirkung die Pedalkraft außergewöhnlich hoch ist.

- Bremspedal bei stehendem Motor mindestens 5mal kräftig durchtreten, dann Bremspedal durchtreten und Motor starten. Das Bremspedal muß jetzt unter dem Fuß spürbar nachgeben.
- Andernfalls Unterdruckschlauch am Bremskraftverstärker abschrauben, Motor starten. Durch Fingerauflegen am Ende des Unterdruckschlauches prüfen, ob Unterdruck erzeugt wird.
- Ist kein Unterdruck vorhanden: Unterdruckschlauch auf Undichtigkeiten und Beschädigungen prüfen, gegebenenfalls ersetzen. Sämtliche Schellen fest anziehen.
- Dieselmotor: Unterdruckschlauch von der Vakuumpumpe abziehen und mit dem Finger prüfen, ob Unterdruck am Schlauchanschluß anliegt.
- Ist Unterdruck vorhanden: Unterdruck messen, gegebenenfalls Bremskraftverstärker ersetzen lassen (Werkstattarbeit). **Achtung:** Dabei auch immer Rückschlagventil in der Unterdruckleitung ersetzen, da die Membrane im Bremskraftverstärker durch eindringende Kraftstoffdämpfe (bei defektem Rückschlagventil) beschädigt werden kann.

Bremslichtschalter aus- und einbauen

Achtung: Bremslichtschalter prüfen, siehe Seite 213.

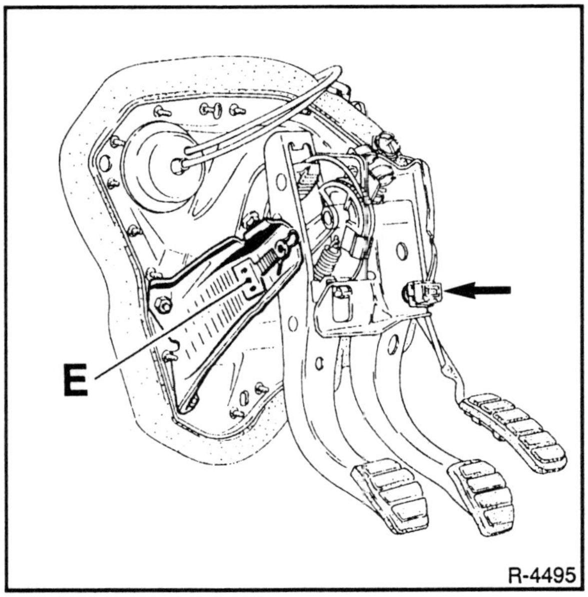

Der Bremslichtschalter –Pfeil– sitzt oberhalb vom Bremspedal am Pedalbock.

Ausbau

- Zündung ausschalten.
- Kabelstecker am Bremslichtschalter abziehen.
- Bremslichtschalter herausdrehen, dabei gleichzeitig am Schalter ziehen.

Einbau

- Bremslichtschalter bis zum Anschlag in die Aufnahme am Pedalbock eindrücken. Dabei darf das Bremspedal nicht betätigt werden. Der Schalter stellt sich selbst ein.
- Zündung einschalten und sicherstellen, daß die Bremslichter bereits bei leicht betätigtem Pedal aufleuchten.

Die ABS-Anlage

Als Sonderausstattung besitzt der RENAULT CLIO das BOSCH-Anti-Blockier-System (ABS). Ein nachträglicher Einbau des ABS ist nicht möglich.

Das Antiblockiersystem (ABS) verhindert, daß bei scharfem Abbremsen die Räder blockieren. Dadurch bleibt das Fahrzeug bei einer Vollbremsung lenkbar.

Das ABS ist funktionsbereit, sobald die Zündung eingeschaltet ist und die Geschwindigkeit 5–7 km/h erreicht. Es regelt alle Bremsvorgänge im Blockierbereich, sobald die Geschwindigkeit von 12 km/h einmal überschritten wurde.

Durch Drehzahlfühler, je zwei für die Vorder- und die Hinterräder, wird die Radgeschwindigkeit gemessen. Aus den Signalen der einzelnen Drehzahlfühler errechnet das elektronische Steuergerät eine Durchschnittsgeschwindigkeit, die in etwa der Fahrzeuggeschwindigkeit entspricht. Durch Vergleich der Radgeschwindigkeit für ein einzelnes Rad und der Durchschnittsgeschwindigkeit aller Räder erkennt das Steuergerät den Schlupfzustand des einzelnen Rades und kann dadurch feststellen, ob sich ein Rad kurz vor dem Blockieren befindet.

Sobald ein Rad zum Blockieren neigt, der Bremsflüssigkeitsdruck im jeweiligen Bremssattel ist dann zu hoch im Verhältnis zur Haftfähigkeit des Reifens auf der Straße, hält das Hydrauliksystem aufgrund von Signalen des Steuergerätes den Flüssigkeitsdruck konstant. Das heißt, der Druck im Bremssattel erhöht sich nicht, auch wenn stärker auf das Bremspedal getreten wird. Besteht weiterhin Blockierneigung, wird der Flüssigkeitsdruck durch Öffnen eines Auslaßventils abgesenkt. Jedoch nur so weit, bis das Rad wieder geringfügig beschleunigt, dann wird der Druck wieder konstant gehalten.

Beschleunigt das Rad über einen bestimmten Wert hinaus, wird der Druck durch das Hydrauliksystem wieder erhöht, jedoch nicht über das Maß des allgemeinen Bremsdrucks hinaus.

Dieser Vorgang wiederholt sich bei scharfem Bremsen für jedes einzelne Vorderrad so lange, bis das Bremspedal zurückgenommen wird, beziehungsweise bis kurz vor Stillstand (2–3 km/h) des Fahrzeuges. Die Hinterräder besitzen einen gemeinsamen Bremskreis, hier wird die Regelung vom Hinterrad mit der geringeren Haftung bestimmt.

Eine Sicherheitsschaltung im elektronischen Steuergerät sorgt dafür, daß sich das ABS bei einem Defekt (z. B. Kabelbruch) oder bei zu niedriger Betriebsspannung (Batteriespannung unter 10,5 Volt) selbst abschaltet. In diesem Fall leuchtet die ABS-Kontrolleuchte am Armaturenbrett während der Fahrt auf. Die herkömmliche Bremsanlage bleibt dabei in Betrieb. Das Fahrzeug verhält sich beim Bremsen dann so, als ob kein ABS eingebaut wäre.

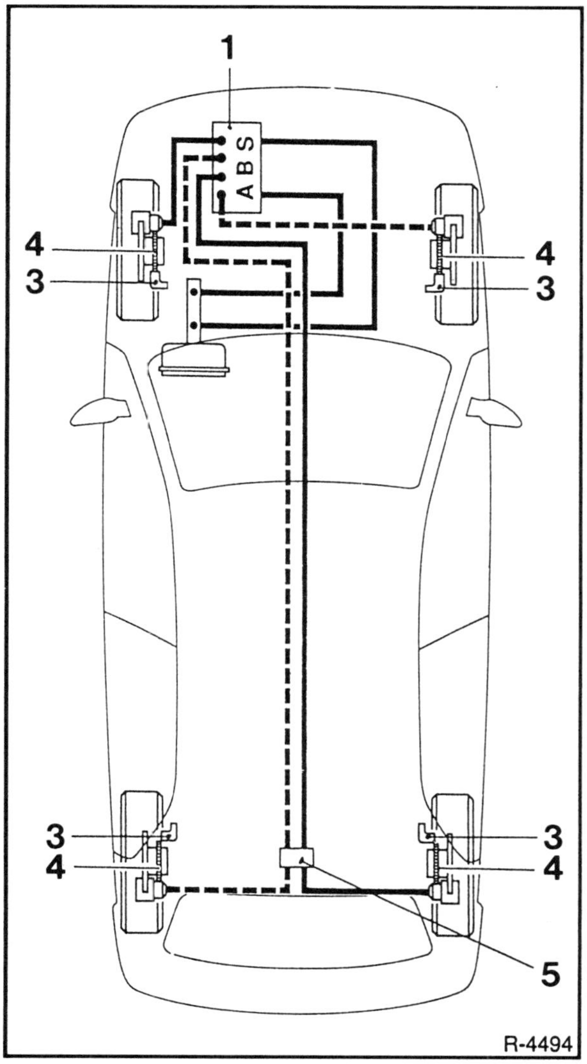

1 – **Hydraulikaggregat und elektronisches Steuergerät**

3 – **Drehzahlfühler**

4 – **Impulsringe**

5 – **Bremskraftregler**

Leuchtet während der Fahrt die ABS-Kontrollampe auf, dann weist dies darauf hin, daß sich das ABS abgeschaltet hat.

- Fahrzeug kurz anhalten, Motor abstellen und wieder starten.
- Batteriespannung prüfen. Wenn die Spannung unter 10,5 Volt liegt, Batterie laden.

Achtung: Wenn die ABS-Kontrolleuchte am Anfang einer Fahrt aufleuchtet und nach einiger Zeit wieder erlöscht, deutet das darauf hin, daß die Batteriespannung zunächst zu gering war, bis sie sich während der Fahrt durch Ladung über den Generator wieder erhöht hat.

- Prüfen, ob die Batterieklemmen richtig festgezogen sind und einwandfreien Kontakt haben.
- Fahrzeug aufbocken, Vorderräder abnehmen, elektrische Leitungen an den Drehzahlfühlern auf äußere Beschädigungen (durchgescheuert) prüfen.
- Weitere Prüfungen des ABS sollten der Werkstatt vorbehalten bleiben.

Achtung: Vor Schweißarbeiten mit einem elektrischen Schweißgerät muß der Stecker vom elektronischen ABS-Steuergerät abgezogen werden. Stecker nur bei ausgeschalteter Zündung abziehen.

Störungsdiagnose Bremse

Störung	Ursache	Abhilfe
Leerweg des Bremspedals zu groß	Bremsbacken teilweise oder völlig abgenutzt	■ Bremsbeläge nachstellen oder Beläge erneuern
	Ein Bremskreis ausgefallen	■ Bremskreise auf Flüssigkeitsverlust prüfen
	Trommelbremse nicht richtig eingestellt	■ Trommelbremse einstellen
	Seilzug der Handbremse zu stark gespannt	■ Handbremse einstellen, Seilzug gangbar machen
Bremspedal läßt sich weit und federnd durchtreten	Luft im Bremssystem	■ Bremse entlüften
	Zu wenig Bremsflüssigkeit im Ausgleichbehälter	■ Neue Bremsflüssigkeit nachfüllen Bremse entlüften
	Dampfblasenbildung. Tritt meist nach starker Beanspruchung auf, z. B. Paßabfahrt	■ Bremsflüssigkeit wechseln. Bremse entlüften
Bremswirkung läßt nach, Bremspedal läßt sich durchtreten	Undichte Leitung	■ Leitungsanschlüsse nachziehen oder Leitung erneuern
	Beschädigte Manschette im Haupt- oder Radbremszylinder	■ Manschette erneuern. Beim Hauptbremszylinder Innenteile ersetzen, ggf. Hauptbremszylinder ersetzen
	Dichtmanschette zwischen den beiden Bremskreisen des Hauptbremszylinders defekt	■ Manschette ersetzen
	Speziell bei Scheibenbremse: Stationärer Gummidichtring beschädigt	■ Bremssattel überholen
Schlechte Bremswirkung trotz hohen Fußdrucks	Bremsbeläge verölt	■ Bremsbeläge erneuern
	Ungeeigneter oder verhärteter Bremsbelag	■ Beläge erneuern Original RENAULT-Beläge verwenden
	Bremskraftverstärker defekt	■ Bremskraftverstärker prüfen
	Kolben klemmt	■ Bremssattel gangbar machen, Radbremszylinder ersetzen
	Hydrauliksystem verschmutzt	■ Reinigen, Bremsflüssigkeit wechseln
	Speziell bei Scheibenbremse: Bremsbeläge abgenutzt	■ Bremsbeläge erneuern
Bremsen blockieren bei leichtem Abbremsen	Bremsbeläge leicht ölig	■ Bremsbeläge ersetzen
	Rückzugfedern erlahmt	■ Federn ersetzen
Bremsen erhitzen sich während der Fahrt	Ausgleichsbohrung im Hauptbremszylinder verstopft	■ Hauptbremszylinder reinigen und Innenteile erneuern lassen
	Ungenügender Leerweg am Stößel des Hauptbremszylinders	■ Prüfen, ob der Kolben in die Endstellung zurückkommt
	Kolben klemmt oder schwergängig	■ Gangbar machen
	Bremsleitung verstopft	■ Reinigen, Bremsflüssigkeit wechseln
	Betätigung der Handbremse klemmt Handbremse falsch eingestellt	■ Handbremse einstellen
	Speziell bei Trommelbremse: Bremsbacken-Rückzugfedern erlahmt	■ Rückzugfedern erneuern

Störung	Ursache	Abhilfe
Bremsbeläge lösen sich nicht von der Bremsscheibe, Räder lassen sich schwer von Hand drehen	**Speziell bei Scheibenbremse:** Korrosion in den Bremssattelzylindern	■ Bremssattel überholen, eventuell austauschen
Ungleichmäßiger Belag-Verschleiß	**Speziell bei Scheibenbremse:** Ungeeigneter Bremsbelag	■ Bremsbeläge erneuern Original RENAULT-Beläge verwenden
	Bremssattel verschmutzt	■ Bremssattelschächte reinigen
	Kolben nicht leichtgängig	■ Kolben gangbar machen
	Bremssystem undicht	■ Bremssystem auf Dichtigkeit prüfen
Bremse zieht einseitig	Unvorschriftsmäßiger Reifendruck	■ Reifendruck prüfen und berichtigen
	Bereifung ungleichmäßig abgefahren	■ Abgefahrene Reifen ersetzen
	Bremsbeläge verölt	■ Bremsbeläge erneuern
	Teile der Radaufhängung oder Lenkung defekt	■ Prüfen
	Verschiedene Bremsbelagsorten auf einer Achse	■ Beläge erneuern. Original RENAULT-Beläge verwenden
	Schlechtes Tragbild der Bremsbeläge	■ Bremsbeläge austauschen
	Bremsleitung verstopft	■ Bremsdruck aller 4 Bremsen prüfen lassen
	Speziell bei Scheibenbremse: Verschmutzte Bremssattelschächte	■ Sitz- und Führungsflächen der Bremsbeläge im Bremssattel reinigen
	Korrosion in den Bremssattelzylindern	■ Bremssattel erneuern
	Bremsbelag ungleichmäßig verschlissen	■ Bremsbeläge erneuern (beide Räder)
	Speziell bei Trommelbremse: Kolben in den Radbremszylindern schwergängig	■ Radbremszylinder ersetzen
	Bremsbacken falsch eingestellt	■ Handbrems-Seilzug einstellen
Bremse quietscht	Oft auf atmosphärische Einflüsse (Luftfeuchtigkeit) zurückzuführen	■ Keine Abhilfe erforderlich, und zwar dann, wenn Quietschen nach längerem Stillstand des Wagens bei hoher Luftfeuchtigkeit auftrat, aber nach den ersten Bremsungen sich nicht wiederholt
	Speziell bei Scheibenbremse: Ungeeigneter Bremsbelag	■ Beläge erneuern Original RENAULT-Beläge verwenden Rückenplatte mit Anti-Quietsch-Paste bestreichen
	Bremsscheibe läuft nicht parallel zum Bremssattel	■ Anlagefläche des Bremssattels prüfen
	Verschmutzte Schächte im Bremssattel	■ Bremssattelschächte reinigen
	Spreizfedern ausgeleiert	■ Spreizfedern erneuern
	Speziell bei Trommelbremse: Ungeeigneter Bremsbelag	■ Beläge erneuern
	Belag liegt nicht satt auf	■ Beläge erneuern
	Bremse verschmutzt	■ Radbremsen reinigen
	Rückzugfedern zu schwach	■ Rückzugfedern erneuern

Störung	Ursache	Abhilfe
Bremse pulsiert	**Speziell bei Scheibenbremse:**	
	Seitenschlag oder Dickentoleranz der Bremsscheibe zu groß	■ Schlag und Toleranz prüfen. Scheibe nacharbeiten oder ersetzen
	Bremsscheibe läuft nicht parallel zum Bremssattel	■ Anlagefläche des Bremssattels prüfen
	Speziell bei Trommelbremse:	
	Anlagefläche des Scheibenrades an der Bremstrommel nicht plan, dadurch Verzug der Bremstrommel	■ Es kann versucht werden, die Scheibenräder untereinander auszutauschen. Besser: Bremstrommel mit angeschraubtem Rad auf einer geeigneten Drehbank ausdrehen
Bremse zieht von selbst an	Ausgleichsbohrung im Hauptbremszylinder verstopft	■ Hauptbremszylinder reinigen und Innenteile erneuern lassen
	Spiel zwischen Betätigungsstange und Hauptbremszylinderkolben zu gering	■ Spiel prüfen
Bremsen rattern	Ungeeigneter Bremsbelag	■ Beläge erneuern Original RENAULT-Beläge verwenden
	Speziell bei Scheibenbremse:	
	Bremsscheibe stellenweise korrodiert	■ Scheibe mit Schleifklötzen sorgfältig glätten
	Bremsscheibe hat Seitenschlag	■ Scheibe nacharbeiten oder ersetzen
	Speziell bei Trommelbremse:	
	Bremsbeläge verschlissen	■ Beläge erneuern. Original RENAULT-Beläge verwenden
	Bremstrommel unrund	■ Bremstrommel ausdrehen, gegebenenfalls ersetzen
Keilförmiger Bremsbelag-Verschleiß	**Speziell bei Scheibenbremse:**	
	Bremsscheibe läuft nicht parallel zum Bremssattel	■ Anlagefläche des Bremssattels prüfen
	Korrosion in den Bremssätteln	■ Verschmutzung beseitigen
	Kolben arbeitet nicht richtig	■ Kolben gangbar machen

Räder und Reifen

Räder- und Reifenmaße / Reifenfülldruck

Motor	Scheibenrad	Reifengröße	Reifenfülldruck (bar)	
			vorn	hinten
40 kW (55 PS) ab 4/96	4½ B x 13	145/70 R 13 S	2,3	2,3
	5 B x 13	155/70 R 13 S	2,2	2,2
40 kW (55 PS) bis 3/96	4½ B x 13	145/70 R 13 S	2,4	2,4
	5 B x 13	155/70 R 13 S	2,1	2,3
55 kW (75 PS)	5 B x 13	165/65 R 13 T	2,1	2,3
	5½ J x 14	165/60 R 14 T		
65 kW (88 PS)	5½ J x 14	165/60 R 14 H	2,2	2,2
99 kW (135 PS)	6 J x 14	185/60 R 14 V[1]	2,2	2,2
	6½ J x 15	185/55 R 15 V[1]	2,2	2,2
	5½ J x 14	165/65 R 14 Q M+S[2]	2,7	2,7
47 kW (64 PS)	5 B x 13	155/70 R 13 T	2,4	2,4
		165/70 R 13 T		

[1]) Bei dieser Reifengröße dürfen keine Schneeketten montiert werden.

[2]) Winterreifen

Achtung: Die technische Entwicklung geht ständig weiter. Es kann sein, daß inzwischen auch für ältere Fahrzeug-Modelle andere Reifenfülldrücke beziehungsweise andere Reifen-Felgen-Kombinationen zugelassen sind. Maßgebend sind die in den Fahrzeugpapieren angegebenen Größen.

- Der Reifenfülldruck für das **Reserverad** entspricht dem maximalen Fülldruck der Hinterradreifen; z.B. beim 75-PS-Motor: 2,3 bar.
- Sämtliche Überdruckangaben beziehen sich auf kalte Reifen. Der sich bei längerer Fahrt einstellende, um ca. 0,2 bis 0,4 bar höhere Überdruck darf nicht reduziert werden.
- Für Fahrzeuge mit Automatikgetriebe und/oder Klimaanlage gilt vorn ein um 0,1 bar erhöhter Reifenfülldruck.
- Bei sportlicher Fahrweise empfiehlt es sich, den Reifenüberdruck an Vorder- und Hinterrädern um 0,2 bar zu erhöhen. Bei dieser Erhöhung ist vom Basisüberdruck auszugehen.
- Winterreifen werden in der Regel mit einem um 0,2 bar höheren Überdruck gefahren. Die Luftdruckempfehlungen des jeweiligen Reifenherstellers bei Winterreifen sind zu beachten.
- Da die Winterreifen einer Geschwindigkeitsbeschränkung unterliegen, muß ein Hinweis über die zulässige Höchstgeschwindigkeit im Blickfeld des Fahrers angebracht werden (§ 36, Absatz 1 StVZO).

Achtung: Maßgebend für den Reifenfülldruck ist das Reifenfülldruck-Schild, welches am Fahrertürrahmen oder auf der Fahrertürinnenkante angeklebt ist.

Scheibenrad-Bezeichnungen

Beispiel 5½J/x14 4 CH 36:

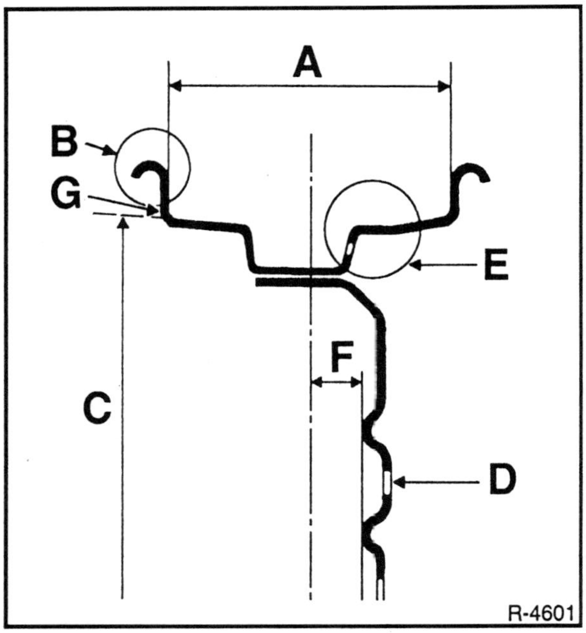

51/2	A	Maulweite der Felge in Zoll
J	B	Kennbuchstabe für Höhe und Kontur des Felgenhorns
x	–	Kennzeichen für einteilige Tiefbettfelge
14	C	Felgendurchmesser in Zoll
4	D	Lochzahl
CH	E	Sicherheitskontur für schlauchlose Reifen
36	F	Einpreßtiefe 36 mm

- Der RENAULT CLIO kann mit unterschiedlichen Scheibenrädern (Felgen) bestückt sein. Es sind jedoch nur Scheibenräder mit einer Einpreßtiefe von 36 mm zulässig. Die Einpreßtiefe ist das Maß von der Felgenmitte bis zur Anlagefläche der Radschüssel an die Bremsscheibe beziehungsweise Bremstrommel.
- Zulässiger Seitenschlag am Felgenhorn: 1,2 mm, Meßpunkt G.
  Zulässiger Höhenschlag an der Felgenschulter: 0,8 mm.

Reifenbezeichnungen

Beispiel:

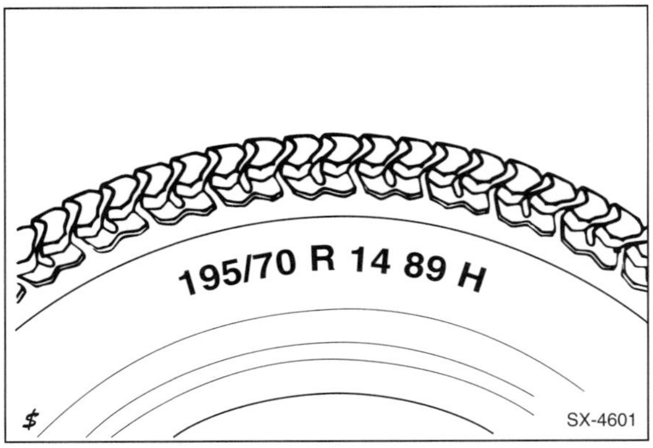

195 = Reifenbreite in mm.

/70 = Verhältnis Höhe zu Breite (die Höhe des Reifenquerschnitts beträgt 70 % von der Breite).

Fehlt eine Angabe des Querschnittverhältnisses (zum Beispiel 155 R 13), so handelt es sich um das »normale« Höhen-Breiten-Verhältnis. Es beträgt bei Gürtelreifen 82 %.

R = Radial-Bauart (= Gürtelreifen).

14 = Felgendurchmesser in Zoll.

89 = Tragfähigkeits-Kennzahl.

Achtung: Steht zwischen den Angaben 14 und 89 die Bezeichnung M+S, dann handelt es sich um einen Reifen mit Winterprofil.

H = Kennbuchstabe für zulässige Höchstgeschwindigkeit, H: bis 210 km/h.

Der Geschwindigkeitsbuchstabe steht hinter der Reifengröße. Die Geschwindigkeitsbuchstaben gelten sowohl für Sommer- als auch für Winterreifen.

Achtung: Neureifen müssen seit 10/98 zusätzlich mit einer ECE-Prüfnummer an der Reifenflanke versehen sein. Diese Prüfnummer weist nach, dass der Reifen dem ECE-Standard entspricht. Reifen seit 10/98 **ohne** ECE-Prüfnummer haben keine Allgemeine Betriebserlaubnis (ABE).

Geschwindigkeits-Kennbuchstabe

Kennbuchstabe	Zulässige Höchstgeschwindigkeit
Q	160 km/h
S	180 km/h
T	190 km/h
H	210 km/h
V	240 km/h
W	270 km/h
Y	über 270 km/h
ZR	über 240 km/h

Achtung: Steht hinter der Reifenbezeichnung das Wort »reinforced«, handelt es sich um einen Reifen in verstärkter Ausführung, beispielsweise für Vans und Transporter.

Reifen-Herstellungsdatum

Das Herstellungsdatum steht auf dem Reifen im Hersteller-Code.

Beispiel: DOT CUL2 UM8 1502 TUBELESS

DOT = Department of Transportation (US-Verkehrsministerium)
CU = Kürzel für Reifenhersteller
L2 = Reifengröße
UM8 = Reifenausführung
1502 = Herstellungsdatum = 15. Produktionswoche 2002
Hinweis: Falls anstelle der 4-stelligen Ziffer eine 3-stellige Ziffer gefolgt von einem ◁-Symbol aufgeführt ist, dann wurde der Reifen im vergangenen Jahrzehnt produziert. Die Bezeichnung 509◁ bedeutet beispielsweise: 50. Produktionswoche 1999.
TUBELESS = schlauchlos (TUBETYPE = Schlauchreifen)

Achtung: Neureifen müssen seit 10/98 zusätzlich mit einer ECE-Prüfnummer an der Reifenflanke versehen sein. Diese Prüfnummer weist nach, dass der Reifen dem ECE-Standard entspricht. Werden Reifen seit 10/98 **ohne** ECE-Prüfnummer montiert, erlischt die Allgemeine Betriebserlaubnis (ABE) des Fahrzeuges.

Austauschen der Räder

Es ist nicht zweckmäßig, bei einem Austausch der Räder, die Drehrichtung der Reifen zu ändern, da sich die Reifen nur unter vorübergehend stärkerem Verschleiß der veränderten Drehrichtung anpassen.

Wenn die vorderen Reifen aufgrund stärkerer Abnutzung die Abfahrgrenze erreichen, empfiehlt es sich, die Hinterräder nach vorn zu wechseln und hinten neue Reifen aufzuziehen. Die Reifen mit der größeren Profiltiefe sollten grundsätzlich hinten montiert sein, weil sich dadurch die Fahrstabilität erhöht.

Zum Festziehen der Radschrauben sollte immer ein Drehmomentschlüssel verwendet werden. Dadurch wird sichergestellt, daß die Radschrauben gleichmäßig fest angezogen sind.

Reifen nicht einzeln sondern mindestens achsweise ersetzen.

Achtung: Beim Erneuern und Demontieren schlauchloser Reifen ist unbedingt das Gummiventil aus Sicherheitsgründen mit auszutauschen.

- Zum Schutz gegen Festrosten ist der Zentriersitz des Scheibenrades an den Radnaben vorn und hinten bei jeder Demontage des jeweiligen Rades mit Wälzlagerfett leicht einzufetten.
- Leichtmetallfelgen sind durch einen Klarlacküberzug gegen Korrosion geschützt. Beim Radwechsel darauf achten, daß die Schutzschicht nicht beschädigt wird, andernfalls mit Klarlack ausbessern.
- Verschmutzte Schrauben reinigen. Schrauben erneuern, wenn das Gewinde beschädigt oder korrodiert ist.
- Radschrauben über Kreuz in mehreren Durchgängen festziehen.

Achtung: Durch einseitiges oder unterschiedlich starkes Anziehen der Radschrauben können das Rad und/oder die Radnabe verspannt werden. Das **Anzugsdrehmoment** beträgt für alle Radschrauben **90 Nm.**

Regeln zur Reifenpflege

Generell gilt, daß Reifen sozusagen ein »Gedächtnis« haben und unsachgemäße Behandlung – dazu zählt beispielsweise auch schnelles oder häufiges Überfahren von Bordstein- oder Schienenkanten – oft erst viel später zu Reifenpannen führt.

Reifen reinigen

- Reifen möglichst nicht mit einem Dampfstrahlgerät reinigen. Wird die Düse des Dampfstrahlers zu nahe an den Reifen gehalten, dann wird dessen Gummischicht innerhalb weniger Sekunden irreparabel zerstört, selbst bei Verwendung von kaltem Wasser. Ein auf diese Weise gereinigter Reifen sollte sicherheitshalber ersetzt werden.
- Ersetzt werden sollte auch ein Reifen, der über längere Zeit mit Öl oder Fett in Berührung kam. Der Reifen quillt an den betreffenden Stellen zunächst auf, nimmt jedoch später wieder seine normale Form an und sieht äußerlich unbeschädigt aus. Die Belastungsfähigkeit des Reifens nimmt aber ab.

Reifen lagern

- Reifen sollten kühl, dunkel, trocken und möglichst auch zugfrei untergebracht werden, auch dürfen sie nicht mit Fett und Öl in Berührung kommen.
- Räder liegend oder an den Felgen aufgehängt in der Garage oder im Keller lagern.
- Bevor die Räder abmontiert werden, Reifenfülldruck etwas erhöhen (ca. 0,3–0,5 bar).
- Für Winterreifen eigene Felgen verwenden, denn das Ummontieren der Reifen auf dieselben Felgen lohnt sich aus Kostengründen nicht.

Reifen einfahren

Neue Reifen haben vom Produktionsprozeß her eine besonders glatte Oberfläche. Deshalb müssen neue Reifen – das gilt auch für das neue Ersatzrad – eingefahren werden. Bei diesem Einfahren rauht sich durch die beginnende Abnutzung die glatte Oberfläche auf.

Während der ersten 300 km sollte man mit neuen Reifen speziell auf Nässe besonders vorsichtig fahren.

Auswuchten der Räder

Die serienmäßigen Räder werden im Werk ausgewuchtet. Das Auswuchten ist notwendig, um unterschiedliche Gewichtsverteilung und Materialungenauigkeiten auszugleichen.

Im Fahrbetrieb macht sich die Unwucht durch Trampel- und Flattererscheinungen bemerkbar. Das Lenkrad beginnt dann bei höherem Tempo zu zittern.

In der Regel tritt dieses Zittern nur in einem bestimmten Geschwindigkeitsbereich auf und verschwindet wieder bei niedrigerer und höherer Geschwindigkeit.

Solche Unwuchterscheinungen können mit der Zeit zu Schäden an Achsgelenken, Lenkgetriebe und Stoßdämpfern führen.

Räder etwa alle 15000 km und nach jeder Reifenreparatur auswuchten lassen, da sich durch Abnutzung und Reparatur die Gewichts- und Materialverteilung am Reifen ändert.

Gleitschutzketten

Die Verwendung von Gleitschutzketten ist nur an der Antriebsachse (Vorderachse) erlaubt.

Mit Gleitschutzketten darf nicht schneller als 50 km/h gefahren werden. Auf schnee- und eisfreien Straßen sind die Gleitschutzketten abzunehmen.

Es sollten nur von RENAULT freigegebene Gleitschutzketten verwendet werden.

Fehlerhafte Reifenabnutzung

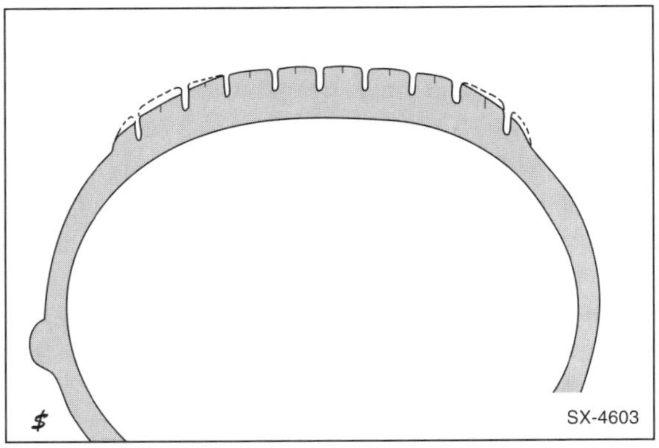
SX-4603

- An den Vorderrädern ist eine etwas größere Abnutzung der Reifenschultern gegenüber der Laufflächenmitte normal, wobei aufgrund der Straßenneigung die Abnutzung der zur Straßenmitte zeigenden Reifenschulter (linkes Rad: außen, rechtes Rad: innen) deutlicher ausgeprägt sein kann.
- Ungleichmäßiger Reifenverschleiß ist zumeist die Folge zu geringen oder zu hohen Reifenfülldrucks und kann auf Fehler in der Radeinstellung oder Radauswuchtung sowie auf mangelhafte Stoßdämpfer oder Felgen zurückzuführen sein.

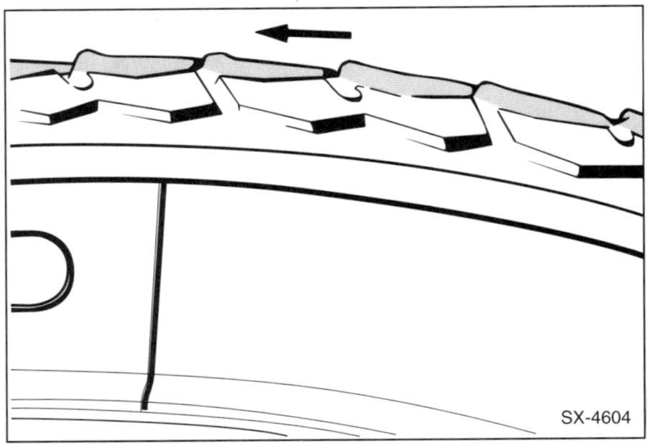
SX-4604

- Sägezahnförmige Abnutzung des Profils ist in der Regel auf eine Überbelastung des Fahrzeuges zurückzuführen.
- In erster Linie ist auf vorschriftsmäßigen Reifenfülldruck zu achten, wobei spätestens alle vier Wochen eine Prüfung vorgenommen werden sollte.
- Reifenfülldruck nur bei kühlen Reifen prüfen. Der Reifenfülldruck steigt nämlich mit zunehmender Erhitzung bei schneller Fahrt an. Dennoch ist es völlig falsch, aus erhitzten Reifen Luft abzulassen.
- Bei zu hohem Reifenfülldruck wird die Laufflächenmitte mehr abgenutzt, da der Reifen an der Lauffläche durch den hohen Innendruck mehr gewölbt ist.
- Bei zu niedrigem Reifenfülldruck liegt die Lauffläche an den Reifenschultern stärker auf, und die Laufflächenmitte wölbt sich nach innen durch. Dadurch ergibt sich ein stärkerer Reifenverschleiß der Reifenschultern.
- Falsche Radeinstellung und Unwucht ergeben jeweils typische Reifenverschleißbilder, auf die in der Störungsdiagnose hingewiesen wird.

Störungsdiagnose Reifen

Abnutzung	Ursache
Stärkerer Reifenverschleiß auf beiden Seiten der Lauffläche	■ Zu niedriger Reifenfülldruck
Stärkerer Reifenverschleiß in der Mitte der Lauffläche, über den gesamten Umfang	■ Zu hoher Reifenfülldruck
Auswaschungen der Profilseite	■ Statische und dynamische Unwucht des Rades. Eventuell zu großer Seitenschlag der Felge, zu großes Spiel in den Traggelenken
Auswaschungen in der Mitte des Reifenprofils	■ Statische Unwucht des Rades. Eventuell Folge von zu großem Höhenschlag
Starke Abnutzung an einzelnen Stellen in der Mitte der Lauffläche	■ Blockierspuren von Vollbremsungen
Schuppenförmige oder sägezahnähnliche Abnutzung des Profils. In krassen Fällen mit Gewebebrüchen verbunden, die nach einiger Zeit außen sichtbar werden	■ Überbelastung des Wagens. Innenseite der Reifen auf Gewebebrüche untersuchen!
Gummizungen an den seitlichen Profilkanten	■ Fehlerhafte Radeinstellung. Reifen radiert. Bei Hinterrädern auch Zustand der Stoßdämpfer prüfen!
Gratbildung an einer Profilseite des Vorderrades	■ Falsche Spureinstellung. Reifen radiert. Häufiges Fahren auf stark gewölbter Fahrbahn. Schnelle Kurvenfahrt
Stärkerer Reifenverschleiß an den Innen- oder an den Außenschultern der Reifen	■ Zu geringe oder zu große Nachspur
Stoßbrüche im Reifenunterbau. Anfangs nur im Inneren des Reifens sichtbar	■ Überfahren von kantigen Steinen, Schienenstößen und ähnlichem bei hohen Geschwindigkeiten
Einseitig abgefahrene Laufflächen	■ Sturzeinstellung überprüfen

Die Karosserie

Die Karosserie des RENAULT CLIO ist selbsttragend. Bodengruppe, Seitenteile, Dach und die hinteren Kotflügel sind miteinander verschweißt. Größere Karosserieschäden lassen sich deshalb nur von einer Fachwerkstatt beheben.

Motorhaube, Heckklappe, Türen und die vorderen Kotflügel sind angeschraubt und lassen sich leicht auswechseln. Beim Einbau sind dann unbedingt die richtigen Luftspaltmaße einzuhalten.

Zur Befestigung der Karosserieteile verwendet RENAULT größtenteils TORX-Schrauben. Diese Schrauben haben im Schraubenkopf ein sternförmiges, sechszahniges Profil. Der Vorteil dieser Formgebung ist eine bessere Übertragung der Drehkräfte beim Anziehen. Dadurch verlängert sich die Lebensdauer von Schrauben und Schraubendreher. Insbesondere bei festsitzenden Schrauben wird der Schraubenkopf nicht mehr so leicht beschädigt. Für den RENAULT CLIO empfiehlt sich ein TORX-Schlüsselsatz der Größen T8, T15, T20, T30 und T40. Die Schlüssel gibt es als Stecknüsse in der Form bisheriger Schraubendreher oder als Winkelschraubendreher.

Sicherheitshinweise bei Schweißarbeiten

- Soweit Schweißarbeiten oder andere funkenerzeugenende Arbeiten in Batterienähe durchgeführt werden, muß grundsätzlich die Batterie ausgebaut werden.

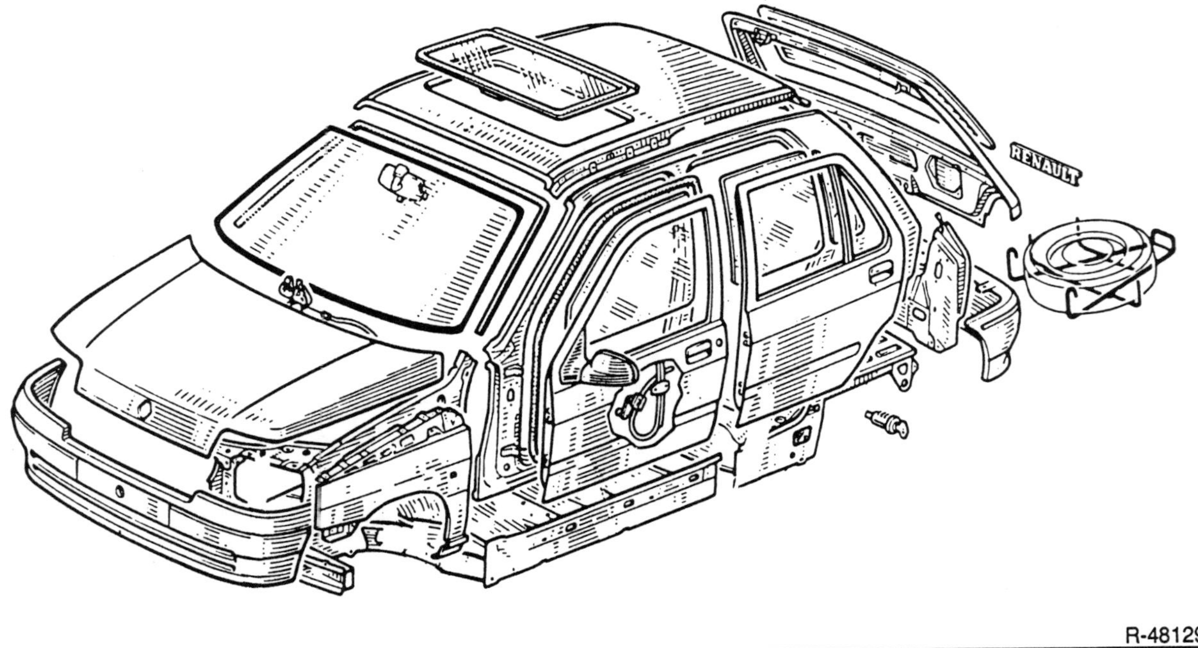

R-48129

Fugenmaße der Karosserie

Beim Einbau neuer Karosserieteile sind unbedingt die richtigen Luftspaltmaße einzuhalten, sonst klappert beispielsweise die Tür, oder es können erhöhte Windgeräusche während der Fahrt auftreten. Der Luftspalt muß auf jeden Fall parallel verlaufen, das heißt, der Abstand zwischen den Karosserieteilen muß auf der gesamten Länge des Spaltes gleich groß sein. Die einzelnen Abstände sind in der Tabelle und den unteren Abbildungen in mm angegeben.

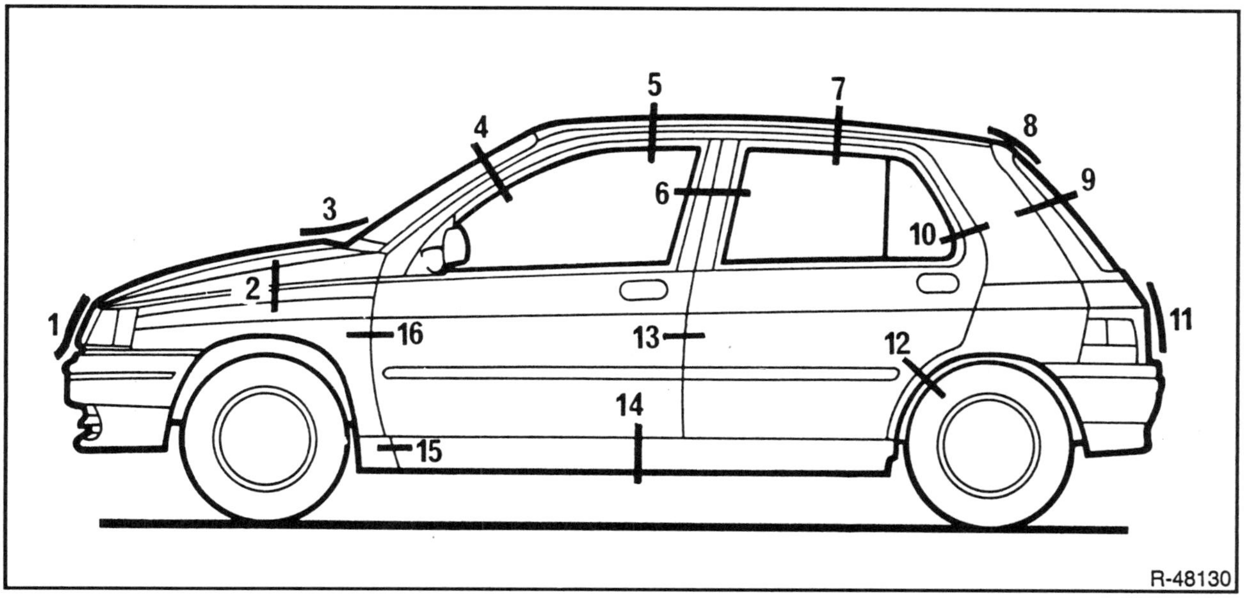

Spaltmaß	1	2	3	4	5	6	7	8
oben	5±2	4,5±1,5	15±3	7±2	7±1	5,5±2	7±1	7±1
unten	7±2	–	–	–	–	–	–	–

Spaltmaß	9	10	11	12	13	14	15	16
oben	5±2	5±2	6±2,5	5±2	5,5±2	6±2	3+2	5,5±2
unten	–	–	7±2	–	–	8±2	–	–

Beispiele:

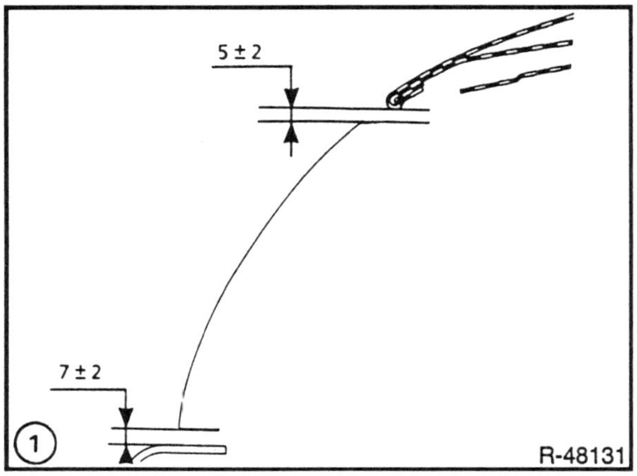

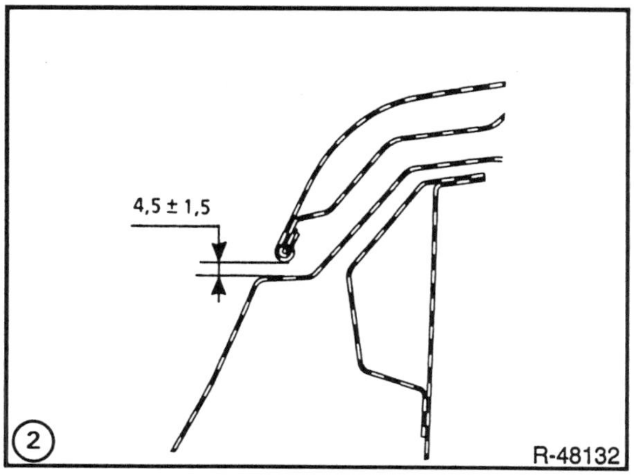

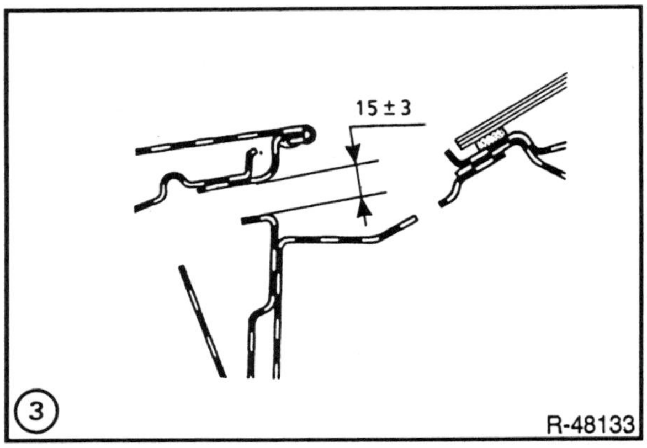

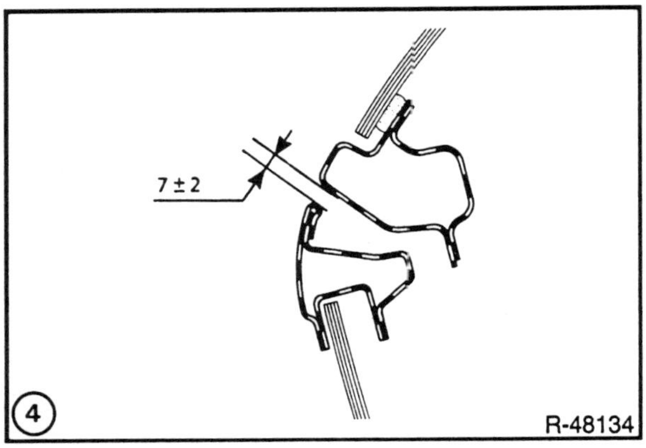

Stoßfänger vorn aus- und einbauen

Ausbau

- Frontgrill ausbauen.
- Kennzeichenschild abschrauben.
- Nebelscheinwerfer ausbauen.

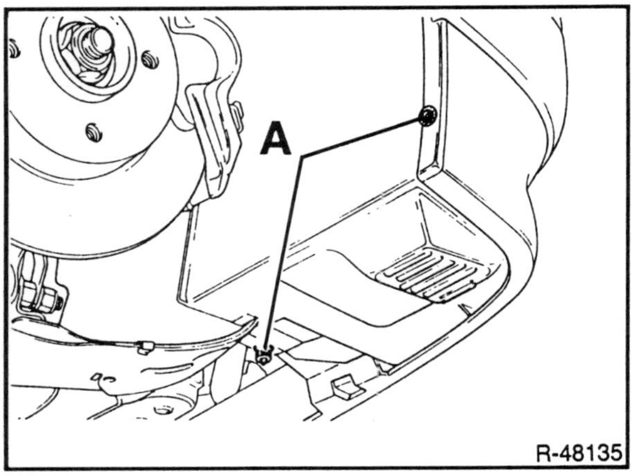

- Kunststoff-Schmutzfänger teilweise ausbauen –A– und dadurch die Befestigungen für den Stoßfänger freilegen.

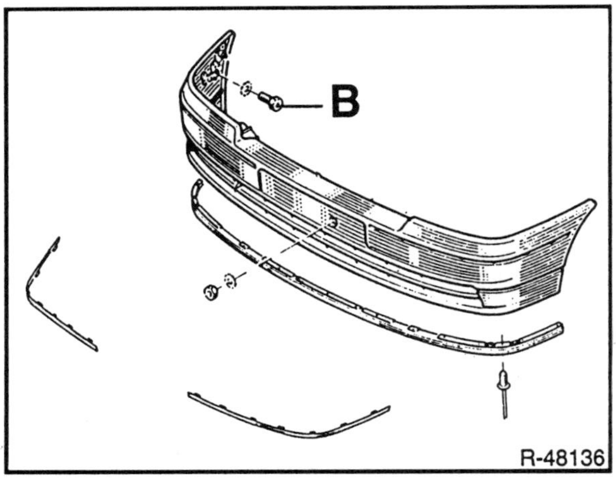

- Von unten die seitlichen Befestigungsschrauben –B– herausdrehen.

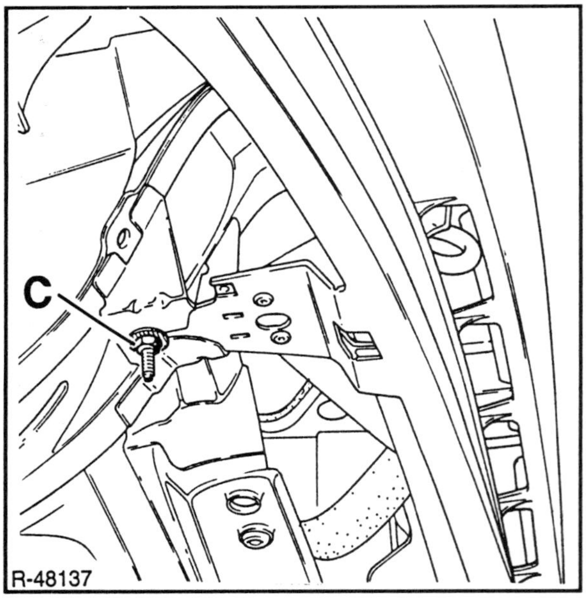

- Die beiden unteren Muttern –C– abschrauben.

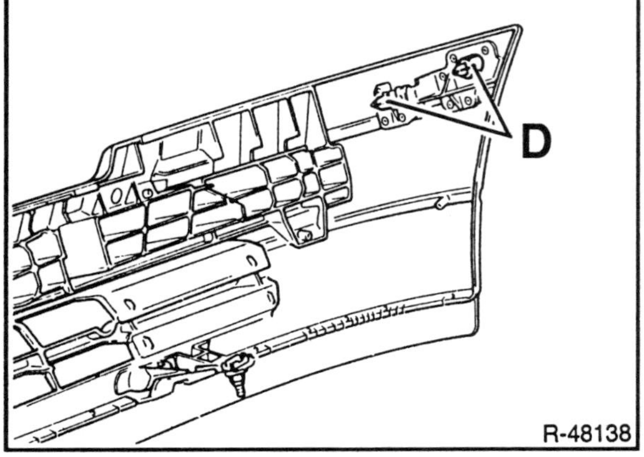

- Die Enden des Stoßfängers so auseinanderdrücken, daß die Zentrierstifte –D– entfernt werden können. Anschließend die Leiste nach hinten drücken.
- Stoßfänger nach vorn herausnehmen.

Einbau

- Stoßfänger ansetzen und festschrauben.
- Schmutzfänger befestigen.
- Nebelscheinwerfer einbauen.
- Frontgrill einbauen.
- Kennzeichenschild anschrauben.

Stoßfänger hinten aus- und einbauen

Ausbau

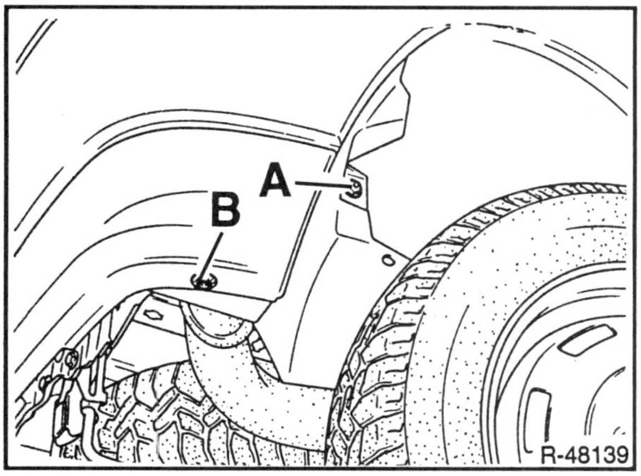

- 2 Blechmuttern –A– herausdrehen.
- Schraube –B– herausdrehen.

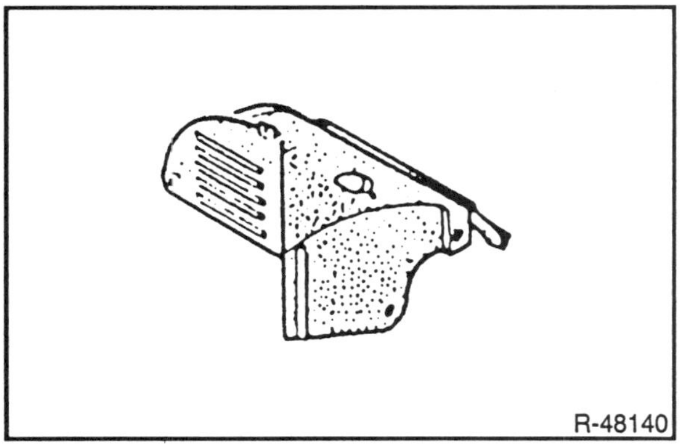

- Im hinteren linken Radkasten den Schmutzfänger komplett ausbauen. Dazu wird ein Torx-Schraubendreher benötigt.

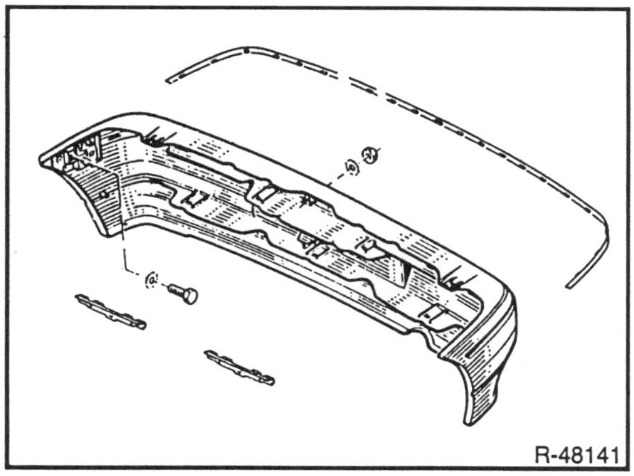

- Stoßfänger seitlich abschrauben.

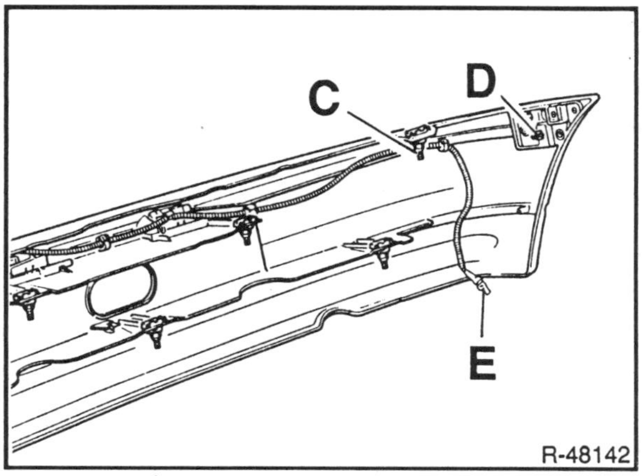

- 7 Befestigungsmuttern –C– von unten her herausschrauben.
- Enden des Stoßfängers so auseinanderdrücken, daß die Zentrierstifte –D– herausgenommen werden können.
- Leiste nach hinten ziehen.
- Elektrischen Kabelstrang –E– abziehen.
- Stoßfänger herausnehmen.

Einbau

- Stoßfänger mit Helfer ansetzen und festschrauben.
- Schmutzfänger im hinteren linken Radkasten einsetzen und mit Torxschrauben anschrauben.

Frontgrill aus- und einbauen

Ausbau

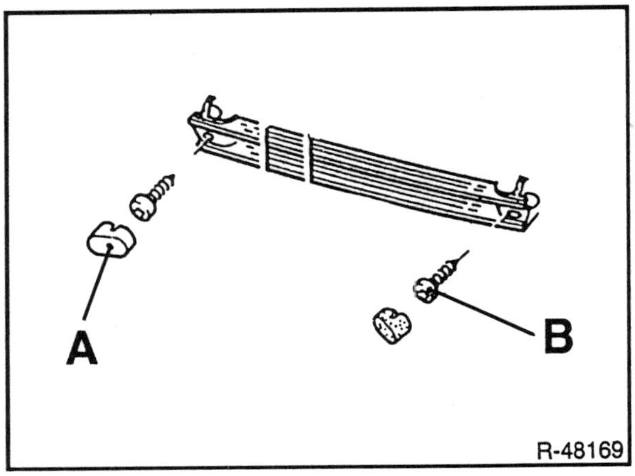

- 2 Abdeckkappen –A– abhebeln.
- 2 Torxschrauben T20 –B– herausdrehen.

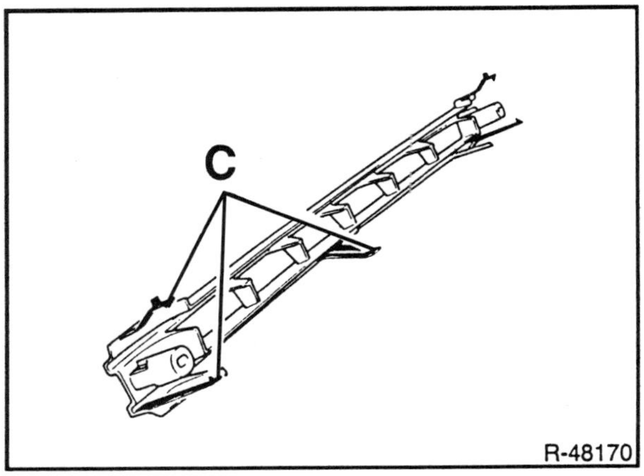

- Kunststofflaschen –C– an den Enden und in der Mitte vorsichtig auseinanderdrücken, so daß der Frontgrill abgebaut werden kann.

Einbau

- Frontgrill einsetzen, andrücken und einrasten.
- 2 Torxschrauben anschrauben und Abdeckungen aufdrücken.

Motorhaube aus- und einbauen

Ausbau

- Motorhaube öffnen und abstützen beziehungsweise durch Helfer festhalten lassen.
- Niet für Halteseil am vorderen Querträger abbohren.

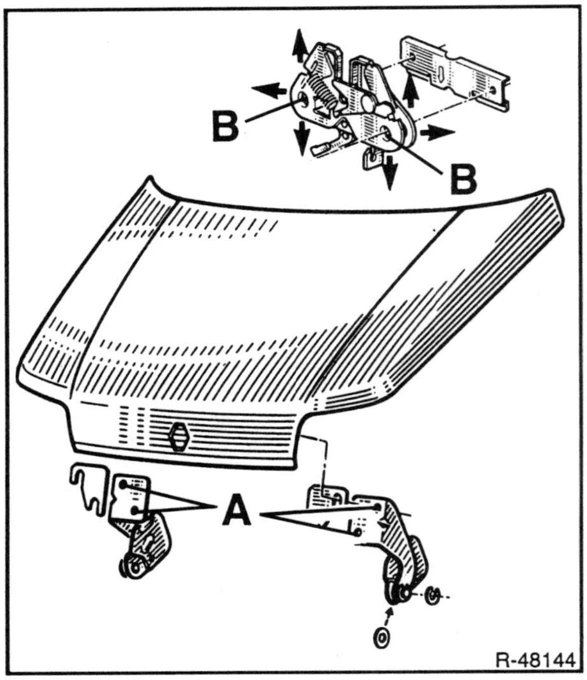

Achtung: Einbaulage der 4 Befestigungsbohrungen –A– und des Scharniers mit Filzstift umkreisen. Dadurch wird die Einstellung beim Einbau der gleichen Motorhaube erleichtert.

- 4 Befestigungsmuttern –A– für die Motorhaube lösen. Haube durch Helfer abstützen lassen und Muttern herausdrehen.

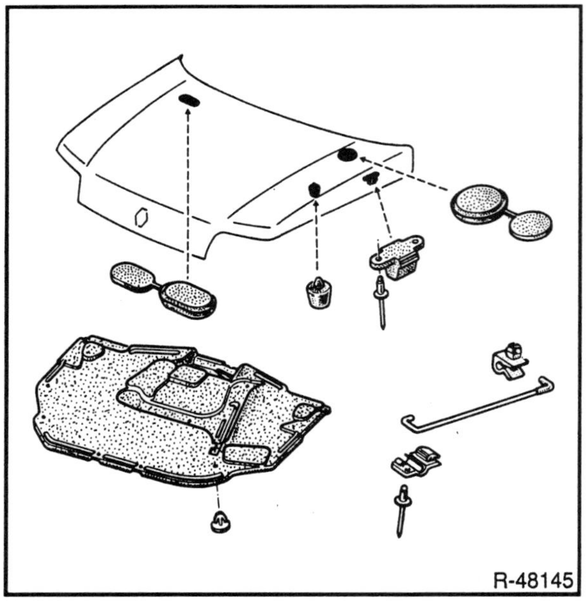

- Falls die Motorhaube erneuert wird, sämtliche in der Abbildung dargestellten Teile umbauen.

Einbau

- Motorhaube ansetzen und Scharniere nach den angebrachten Markierungen ausrichten.
- Haube festschrauben.

Achtung: Wird eine neue Motorhaube eingebaut, Motorhaube ohne Schloßteil einbauen und Haube ausrichten. Dazu Muttern –A– der Scharniere leicht beiziehen. Motorhaube so verschieben, daß sich zu den umliegenden Karosserieteilen ein gleich großer Spalt ergibt und sich die Haube auf gleicher Höhe mit den umliegenden Karosserieteilen befindet. Anschließend Muttern festziehen.

- Mit den Schrauben –B– für die Schließvorrichtung kann der hintere Teil der Motorhaube vertikal und seitlich verstellt werden.
- Haubenschloß einbauen.
- Prüfen, ob die Haubenverriegelung einwandfrei einrastet.
- Halteseil mit geeigneter Nietzange annieten beziehungsweise mit Blechschraube anschrauben.

Kotflügel vorn aus- und einbauen

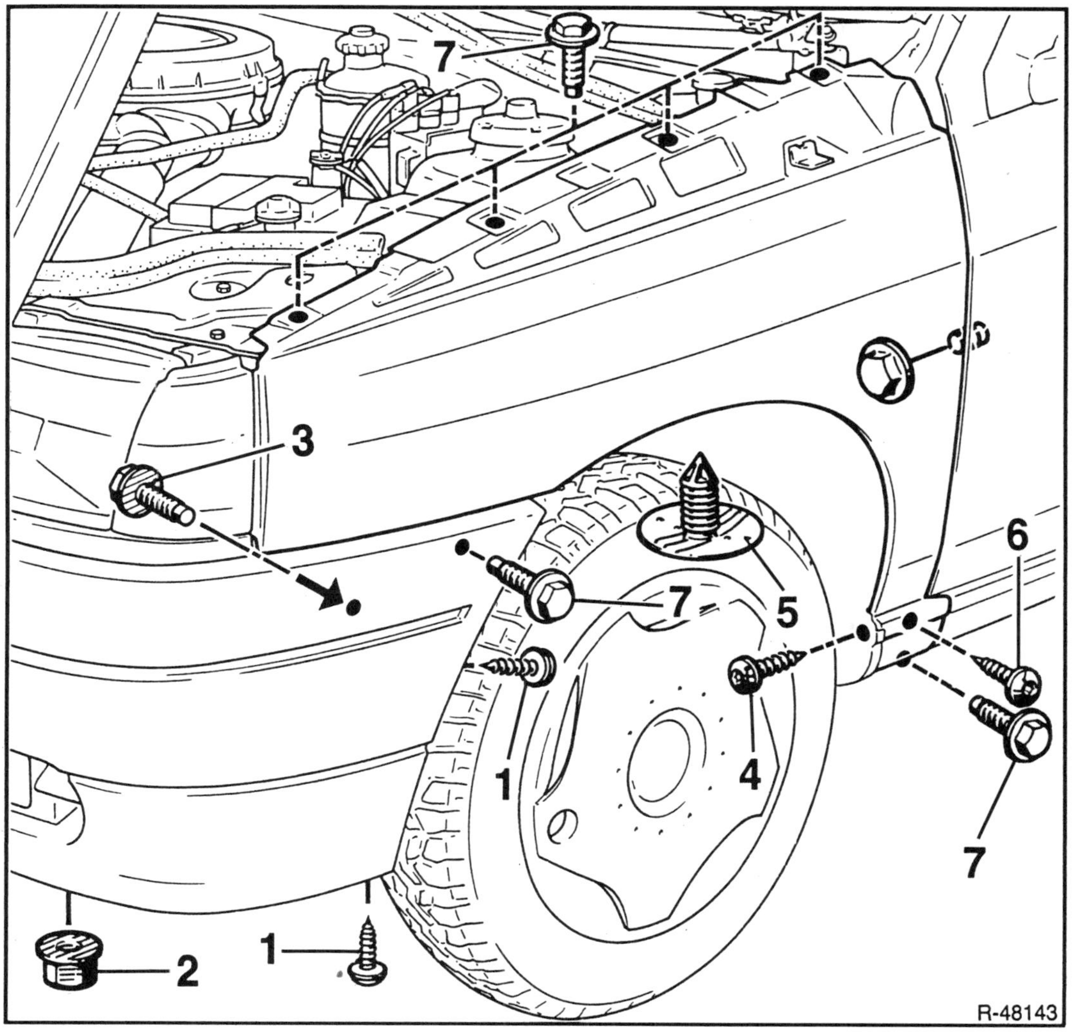

Ausbau

- Fahrzeug aufbocken.
- Frontgrill ausbauen.
- Scheibenwischer ausbauen, siehe Seite 249.
- Stoßfänger vorn freilegen, nicht ausbauen. Dazu 2 Torxschrauben T20 –1– herausschrauben. Kunststoffmutter –2– lösen und Kunststoff-Abdeckung des Stoßfängers abnehmen. Anschließend Schraube –3– herausdrehen. Dazu wird eine Knarre oder ein 12-Kant-Rohrschlüssel benötigt.
- Radkastenabdeckung ausbauen, dazu 1 Torxschraube T20 –4– abschrauben und 6 Clipse –5– mit breitem Schraubendreher heraushebeln.
- Kotflügel abschrauben, dazu 7 Schrauben –7– und eine Torxschraube T20 –6– herausdrehen.

- Durch den Unterbodenschutz sitzt der Kotflügel sehr fest. Zum Lösen des Kotflügels, insbesondere des vorderen Teiles, ist deshalb ein Fön erforderlich, der mindestens eine Temperatur von +600° C erreicht.
- Fön mit Flachdüse ausrüsten und Unterbodenschutz ringsum nacheinander aufweichen und Kotflügel Stück für Stück vorsichtig abziehen.

Einbau

- Kotflügel gegebenenfalls lackieren.
- Anlageflächen des Kotflügels reinigen, gegebenenfalls richten.
- Auf den Anlageflächen handelsübliches Kotflügelabdichtband auflegen.
- Kotflügel ansetzen, ausrichten und anschrauben. Dabei auf parallelen Spalt zwischen Kotflügel und Motorhaube sowie Tür achten.
- Kotflügel festschrauben.
- Auf der Innenseite des Kotflügels Unterbodenschutz auftragen.
- Kunststoffabdeckung ansetzen und mit 6 Clipsen fixieren und anschrauben.
- Stoßfänger festschrauben sowie Kunststoff-Abdeckung anschrauben.
- Scheibenwischer einbauen, siehe Seite 249.
- Frontgrill einbauen.
- Fahrzeug ablassen.

Entriegelungszug der Motorhaube/ Haubenschloß aus- und einbauen

Ausbau

- Motorhaube öffnen und abstützen.

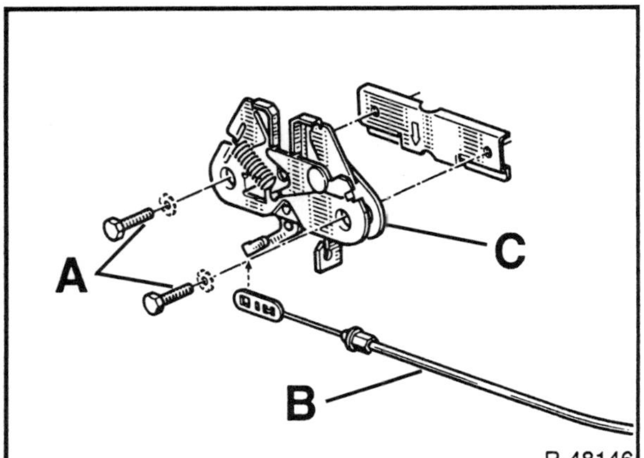

R-48146

- 2 Schrauben –A– für Schließvorrichtung herausdrehen. **Achtung:** Vorher Einbaulage der Schrauben markieren. Dazu mit Filzstift Schraubenköpfe umkreisen.
- Seilzug –B– am Haubenschloß –C– aushängen –Pfeil–.

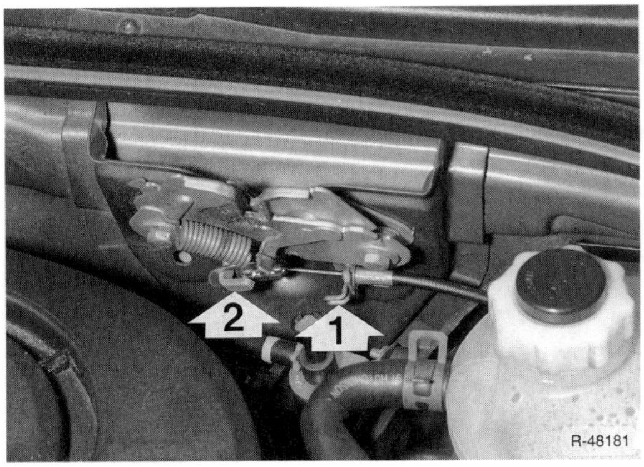

R-48181

- Dazu Blechklammer –1– mit Schraubendreher am Widerlager abhebeln. Seilzug am Widerlager herausziehen, um 90° drehen und am Betätigungshebel –2– aushängen.

Achtung: Je nach Ausführung muß der Kühlmittel-Ausgleichbehälter teilweise ausgebaut werden, damit der Zug leichter durchgeführt werden kann.

R-48148

- Untere Abdeckung der Lenksäule ausbauen. Dazu die beiden oberen Schrauben herausdrehen und die Abdeckung nach unten drücken.

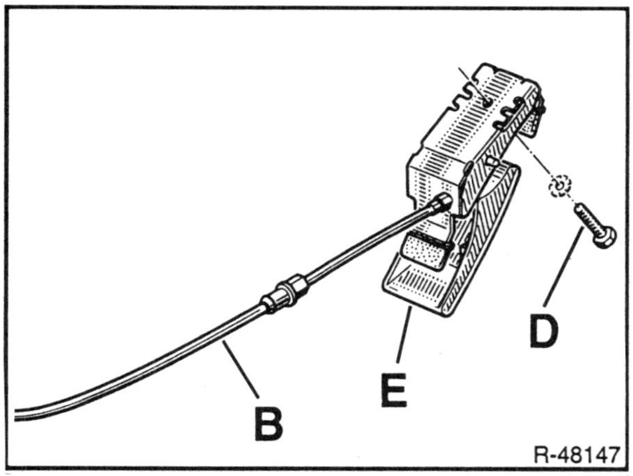

- Schraube –D– am Griff –E– herausdrehen.
- Seilzug –B– vorsichtig nach innen durchziehen.
- Seilzug am Griff aushängen.

Einbau

- Seilzug am Griff einhängen.
- Seilzug von innen in den Motorraum durchziehen.
- Griff anschrauben.
- Abdeckung der Lenksäule einsetzen und anschrauben.
- Seilzug am Haubenschloß einhängen.
- Falls abgebaut, Kühlmittel-Ausgleichbehälter befestigen.
- 2 Schrauben für Schließvorrichtung einsetzen und beiziehen.
- Motorhaube ausrichten und Schrauben festziehen.

Belüftungsgitter aus- und einbauen

Ausbau

- Scheibenwischerarme ausbauen, siehe Seite 249.

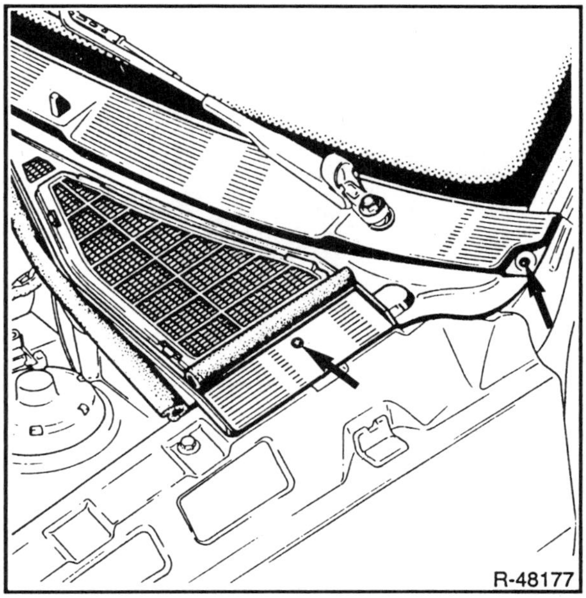

- 5 Torxschrauben T20 herausdrehen.

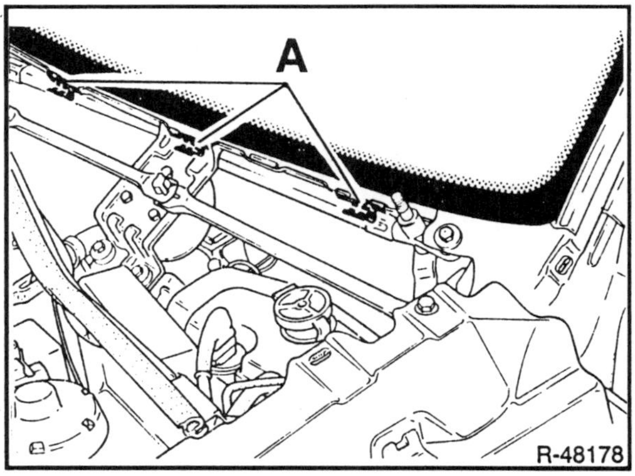

- Metallklammern –A– und damit Gitter vorsichtig entlang der Windschutzscheibe lösen.

Achtung: Soll nur eine Seite ausgebaut werden, ist es zweckmäßig, das Belüftungsgitter komplett auszubauen und die Teile anschließend zu trennen.

- Belüftungsgitter mit Dichtung herausnehmen.

Einbau

- Belüftungsgitter einsetzen und mit Klammern aufdrücken.
- 5 Befestigungsschrauben reindrehen.
- Scheibenwischerarme anschrauben, siehe Seite 249.

Heckklappe aus- und einbauen

Ausbau

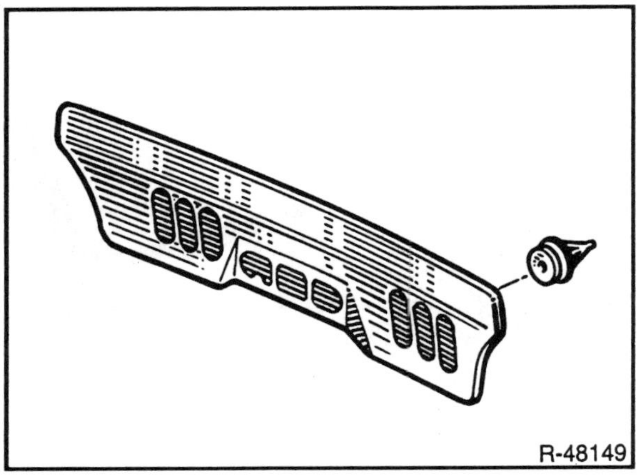

- 2 Abdeckstopfen in der hinteren Dachverkleidung herausziehen.

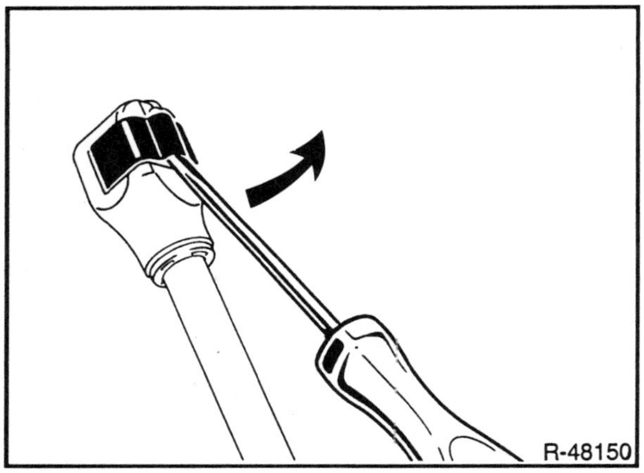

- Aufsteller Heckklappe ausbauen. Dazu mit einem Schraubendreher die Krallen der Halteklammer beiseite drücken, ohne sie aus ihrem Sitz zu nehmen.

Achtung: Zylinderrohr und Kolbenstange vorsichtig behandeln und gegen Beschädigung sowie das Eindringen von Fremdkörpern schützen. Durch Kratzer, Lackspuren und Fett auf der Kolbenstange kann die Dichtung innerhalb kurzer Zeit schadhaft werden. Gasdruckfedern dürfen nicht länger als 20 Minuten einer Temperatur von +120° C ausgesetzt werden. Werden zur Trocknung der Lackierung Infrarotlampen eingesetzt, diese nicht direkt auf die Federn richten. Gasdruckfedern stehen unter hohem Druck, deshalb Federn nicht zerlegen. Verletzungsgefahr!

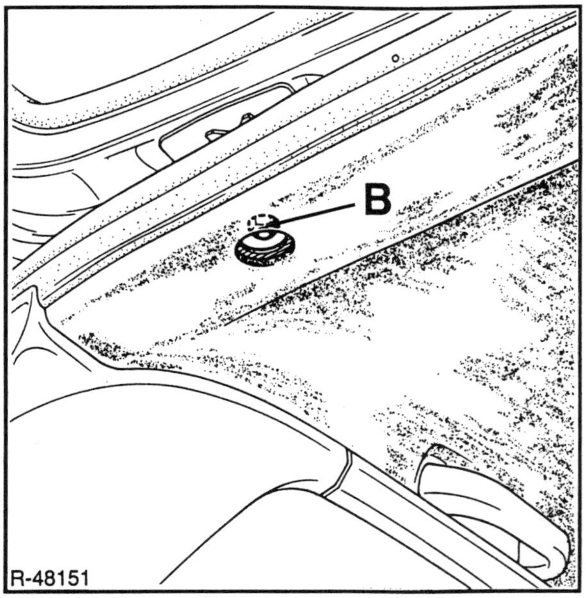

- Heckklappe durch Helfer abstützen lassen.

Achtung: Für den leichteren Einbau, Einbaulage der Muttern markieren, dazu Muttern mit Filzstift umkreisen.

- 2 Befestigungsmuttern –B– herausdrehen und Heckklappe abnehmen.

Einbau

- Heckklappe anschrauben, Schrauben nicht festziehen.

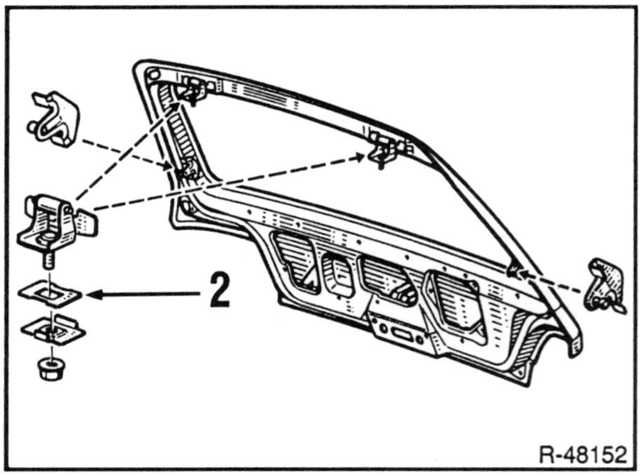

- Heckklappe ausrichten, dazu Scharniere an der Befestigung versetzen. Gegebenenfalls Distanzplatten –2– an den Scharnieren unterlegen.
- Heckklappe mit Dach und Seitenteilen ausrichten, anschließend Muttern für Heckklappe festziehen.

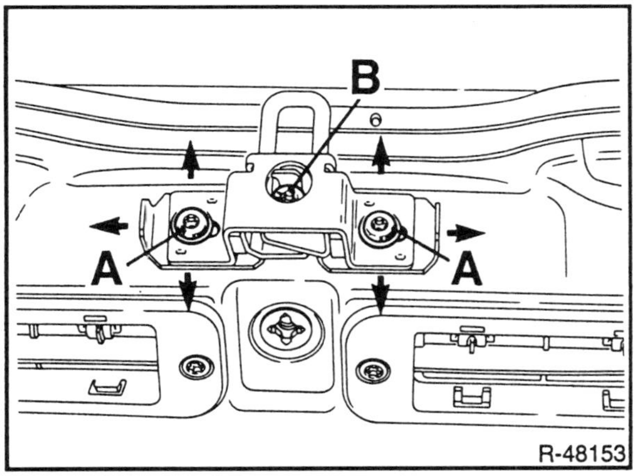

- Heckklappe mit Abschlußblech ausrichten, dazu die Befestigungsschrauben –A– des Heckklappenschlosses lösen und Schloß entsprechend verschieben. Die geschlossene Heckklappe mittels Schraube –B– ausrichten.
- Gasdruckfeder einsetzen und mit Sperrzunge sichern.
- Abdeckstopfen in die hintere Dachverkleidung eindrücken.

Heckklappenschloß aus- und einbauen

Ausbau

- Heckklappe öffnen.

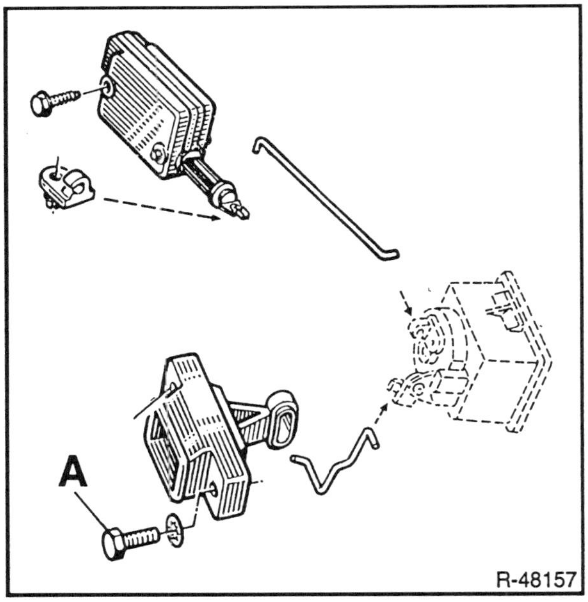

- 2 Schrauben –A– mit Torx-Schraubendreher T30 herausdrehen.
- Schloß herausziehen. Dazu muß das Schloß gekippt werden, um das Gestänge freizulegen.
- Schloß aushängen und abnehmen.

Einbau

- Klappenschloß einhängen, ansetzen und festschrauben.
- Heckklappe schließen. Falls erforderlich, Schloßhaken einstellen.

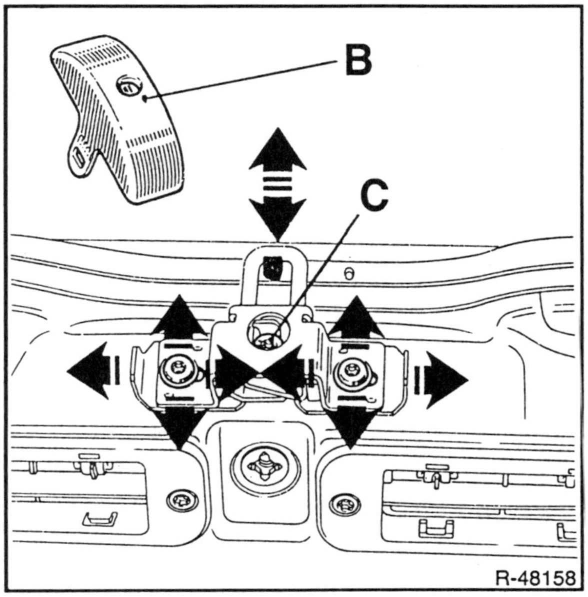

- Dazu Abdeckung –B– ausbauen. Haken mit Schraube –C– (T30) einstellen.

Schließzylinder für Heckklappe aus- und einbauen

Ausbau

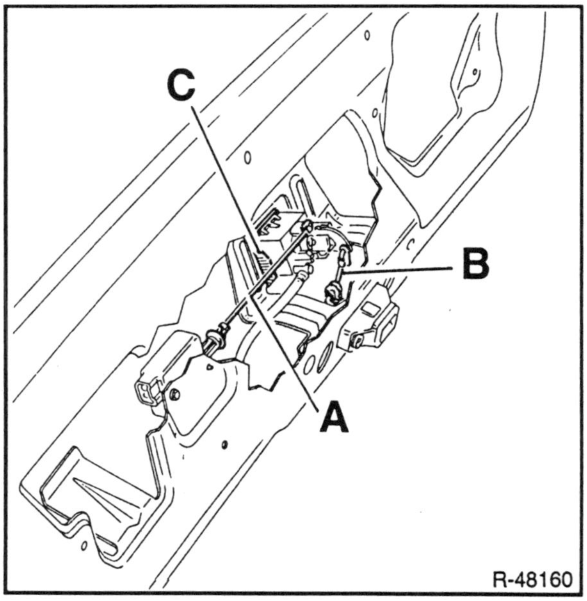

- Betätigungsstange –A– für Verriegelung aushängen.
- Betätigungsstange –B– für Öffnungsmechanismus aushängen.

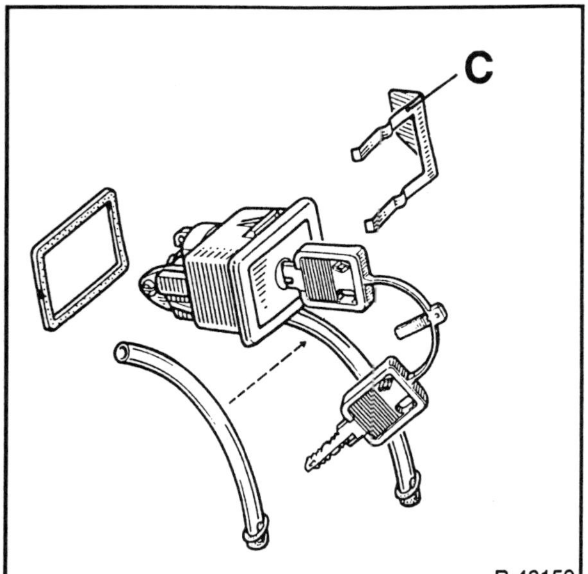

R-48159

- Klammer –C– für Schließzylinder seitlich abziehen und Schließzylinder herausnehmen.

Einbau

- Schließzylinder einsetzen und andrücken. Halteklammer aufschieben und einrasten.
- Betätigungsstangen –A– und –B– einhängen.

Schutzleisten aus- und einbauen

Ausbau

- Tür öffnen.

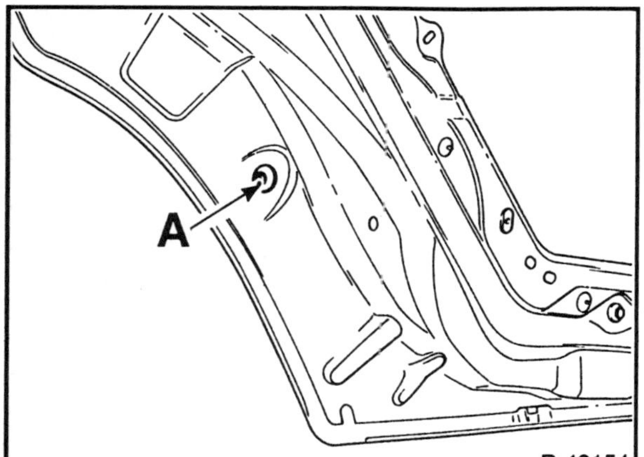

R-48154

- Stopfen mit schmalem Schraubendreher abdrücken. **Achtung:** Pappe zwischenlegen, damit der Lack nicht beschädigt wird.
- Torxschraube T20 –A– am Türkasten herausdrehen.

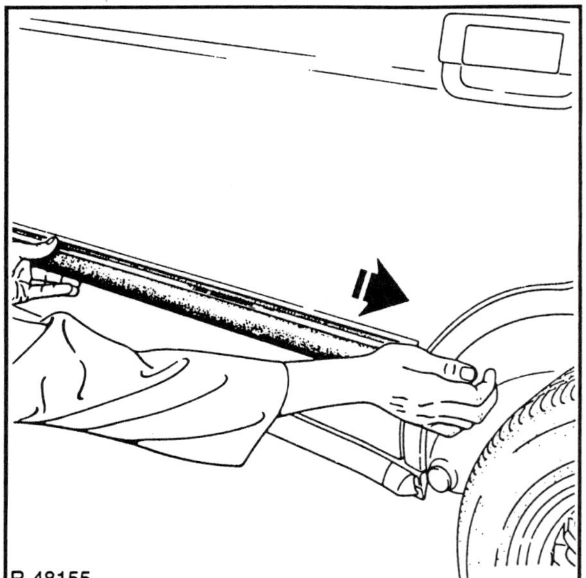
R-48155

- Schutzleiste nach hinten drücken und abnehmen.

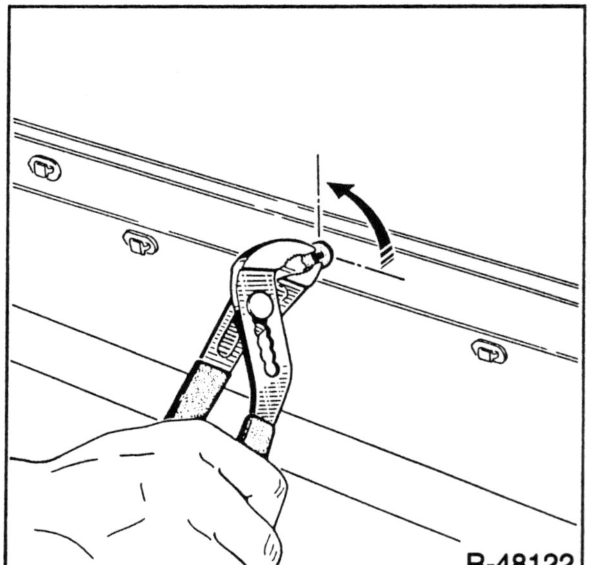
R-48122

Achtung: Die Befestigungsklammern für die Schutzleiste können wiederverwendet werden. Zum Abnehmen Klammer mit einer Zange um 1/4 Umdrehung drehen und dann abnehmen.

Einbau

- Festen Sitz der Halteklammern prüfen, gegebenenfalls Klammer auswechseln.

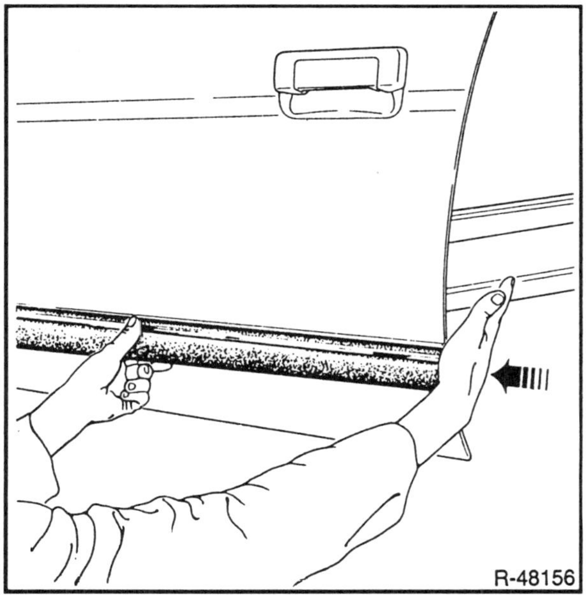

- Schutzleiste ansetzen und nach vorn schieben.
- Ende der Schutzleiste anschrauben, und Schraubenloch in der Tür mit Stopfen verschließen.

Türverkleidung aus- und einbauen

Ausbau

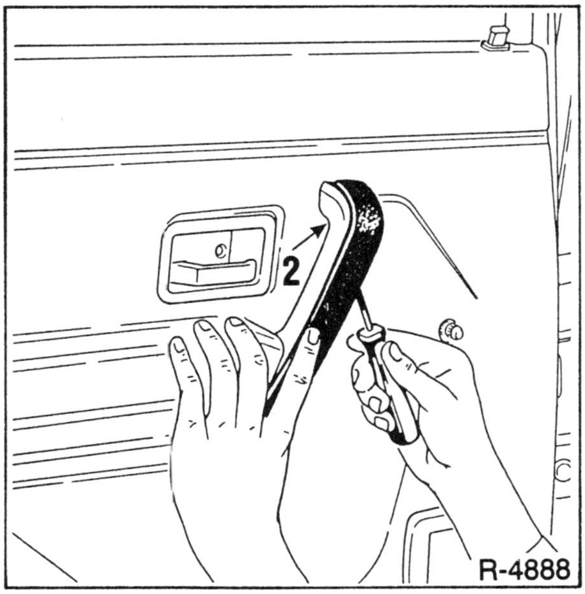

- Abdeckung für Türgriff abhebeln, dazu Schraubendreher in die Öffnung –2–, falls vorhanden, einsetzen.

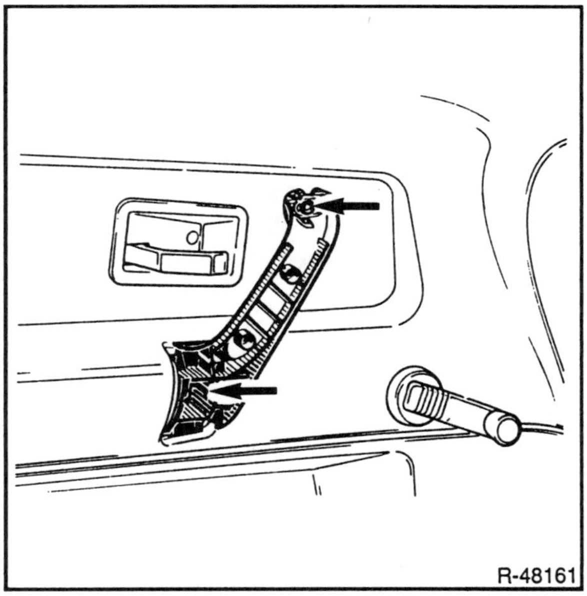

- Türgriff mit 2 Schrauben T30 abschrauben.

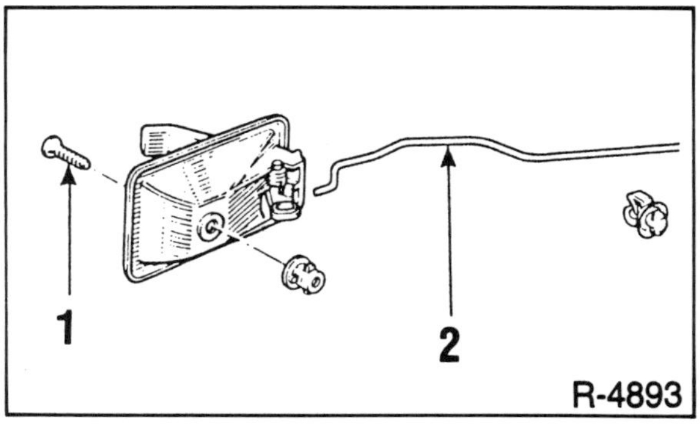

- Türinnenbetätigung abschrauben. Dazu Griff ziehen und Schraube T30 herausdrehen –1–. Türgriffschale aus der Verkleidung herausziehen, um 90° nach oben schwenken und von der Betätigungsstange –2– abziehen.
- Innere Abdeckung für Außenspiegel, gegebenenfalls Halterung für Spiegelknopf ausbauen.
- Ablagefach unten mit 4 Schrauben T20 abschrauben.
- Lautsprecher mit 4 Schrauben T20 abschrauben.
- Lautsprecherkabel abziehen.

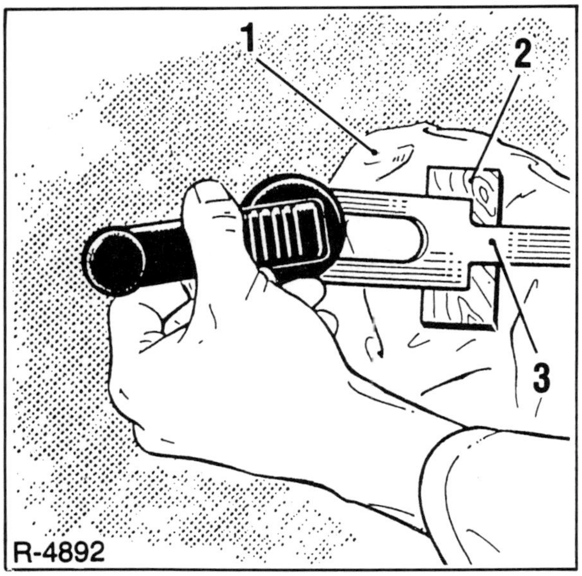

● Fensterkurbel abziehen. Die Kurbel ist mitunter recht fest auf die Achse aufgeclipst, in diesem Fall eine geeignete Gabel –3– (selbst anfertigen, siehe Abbildung) hinter die Kurbel schieben und die Kurbel abhebeln. Türverkleidung mit Lappen –1– vor Beschädigung schützen. Um die Hebelwirkung zu verbessern, Holzkeil –2– unterlegen.

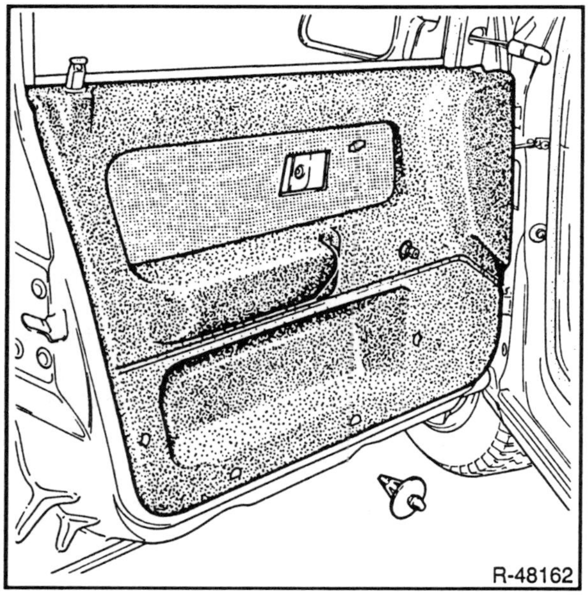

● Verkleidung ausclipsen, dazu Verkleidung am äußeren Rand im Bereich der Clipse (siehe Abbildung R-48184) vom Türrahmen wegziehen.

● Anschließend Verkleidung unten von der Tür kräftig wegziehen, dadurch dehnt sich die Dichtmasse und kann mit einem scharfen Messer Zug um Zug durchtrennt werden.

● Verkleidung weiterhin unten vom Türrahmen weghalten, damit Teile der Dichtmasse nicht wieder zusammenkleben. In dieser Stellung Verkleidung nach oben aus der inneren Fensterabdichtung herausdrücken. Dabei auf der Seite des Außenspiegels beginnen und zuletzt Verkleidung über den Türknopf heben und abnehmen.

Einbau

● Prüfen, ob der Schaumgummiring über der Fensterkurbelachse sitzt, gegebenenfalls einsetzen.

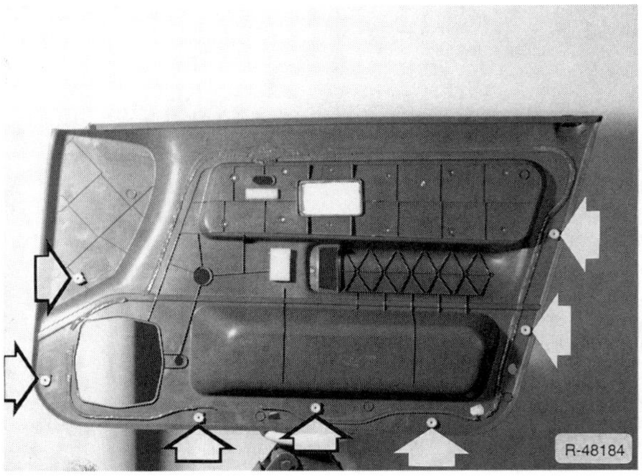

● Falls erforderlich, Dichtmasse ausbessern beziehungsweise neu auftragen (ET-Nr. 7701421049).

● Türverkleidung oben über den Türknopf schieben und anschließend in die innere Fensterabdichtung einsetzen. Dabei Verkleidung gleichzeitig unten vom Türrahmen weghalten damit die Dichtmasse noch nicht festklebt.

● Prüfen, ob sich die Hälften der Clipse übereinander befinden und Verkleidung am Türrahmen andrücken. Mit dem Handballen im Bereich der Clipse –Pfeile– gegen die Verkleidung schlagen und dadurch die Verkleidung einclipsen. Verkleidung im Bereich der aufgetragenen Dichtmasse fest gegen den Türrahmen drücken.

● Betätigungsstange für Türinnengriff mit Finger herausziehen, Türinnengriff um 90° gedreht aufschieben, nach rechts schwenken und einhängen. Türgriffschale anschrauben.

● Fensterkurbel so auf die Achse schieben, daß sie bei geschlossenem Fenster schräg nach vorn oben zeigt. Kurbel mit dem Handballen aufschlagen und einrasten.

● Abdeckung für Außenspiegel einclipsen. Vorher, falls erforderlich, Halterung für Spiegelknopf einbauen.

● Türgriff anschrauben, Verkleidung einclipsen.

● Unteren Ablagekasten anschrauben.

● Lautsprecher anschrauben. Zweckmäßigerweise zunächst Lautsprechergitter, Lautsprecher und hintere Lautsprecherabdeckung durch leichtes Einschrauben der 4 Befestigungsschrauben in Einbauposition zueinander fixieren. Lautsprecher anschließen, die Stecker passen nur auf die richtigen Kontakte. Lautsprecher komplett an der Türverkleidung ansetzen und festschrauben.

Türschloßbetätigung

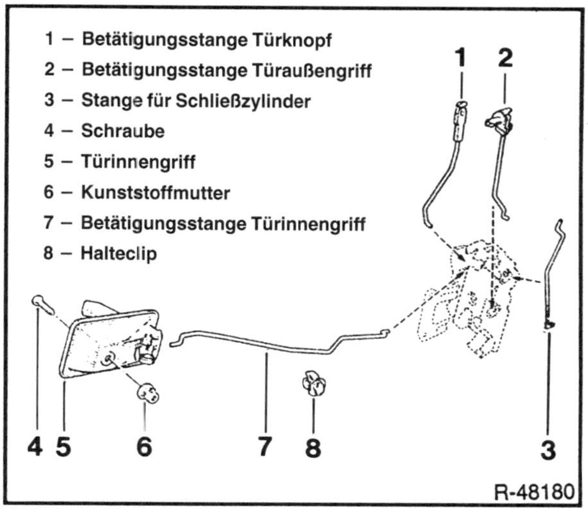

Türschloß aus- und einbauen

Ausbau

- Türverkleidung ausbauen, siehe Seite 191.

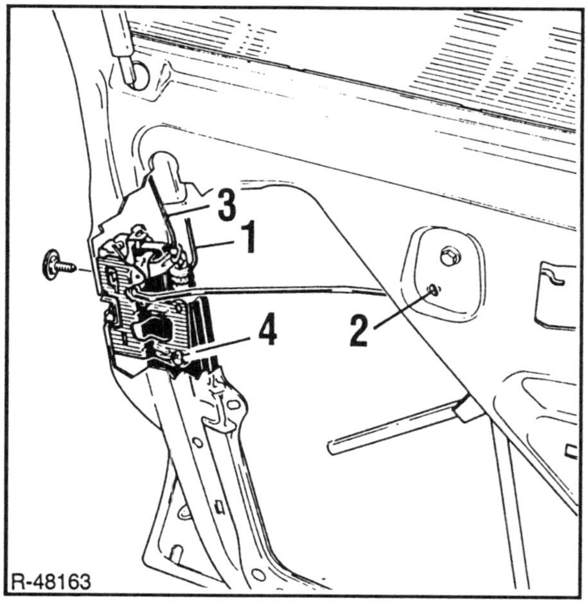

- Stange für Türinnenbetätigung ausclipsen –2–, Betätigungsstange –1– für Türaußengriff und für Schließzylinder sowie Verriegelungsstange –3– aushängen.
- Falls vorhanden, Kabelstrang abziehen.

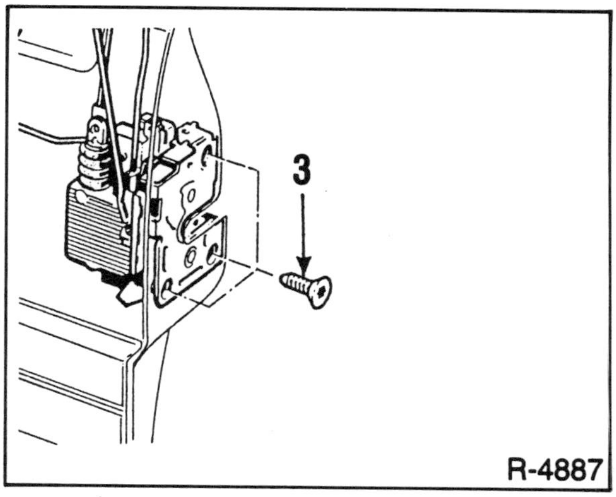

- 3 Schrauben –3– an der Stirnseite der Tür mit Torx-Schraubendreher T30 herausdrehen.
- Schloß durch die Öffnung in der Türinnenseite herausnehmen.
- Falls der Motor für die Zentralverriegelung ausgebaut werden soll, Schraube –4– (Abbildung R-48163) herausdrehen und Motor herausnehmen.

Einbau

- Falls ausgebaut, Motor für Zentralverriegelung einsetzen und anschrauben.
- Türschloß einsetzen und anschrauben.

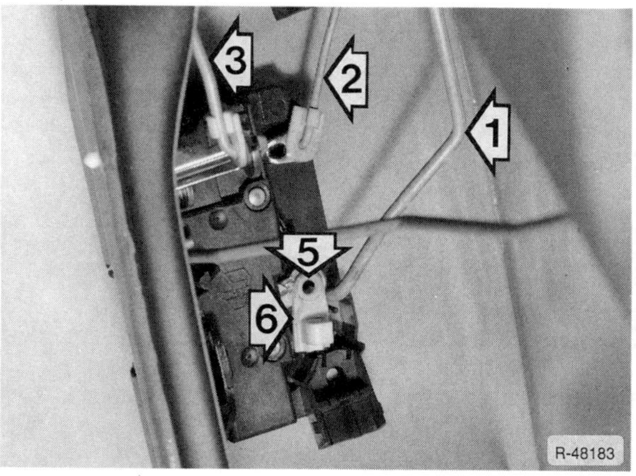

- Betätigungsstange –1– für Türaußengriff in die Bohrung –5– einsetzen, Kunststoffclip –6– nach oben schwenken und in die Stange einrasten. Betätigungsstangen –2– und –3– auf die gleiche Weise einhängen.
- Falls vorhanden, Mehrfachstecker für Zentralverriegelung aufschieben.
- Türverkleidung einbauen, siehe Seite 191.

Türaußengriff aus- und einbauen

Ausbau

- Türverkleidung ausbauen, siehe Seite 191.

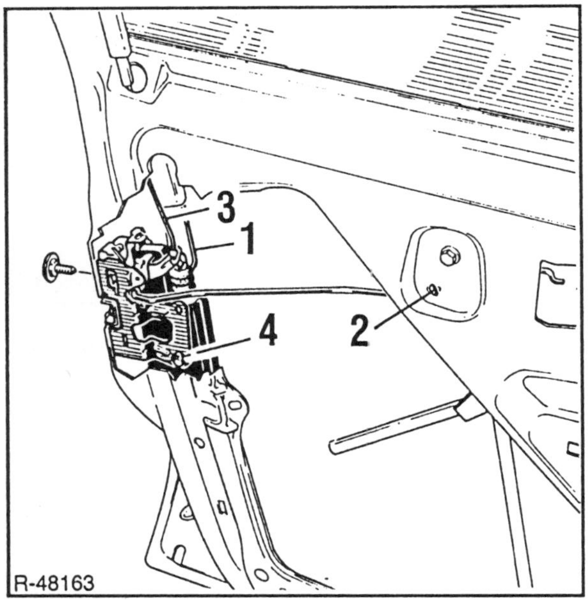

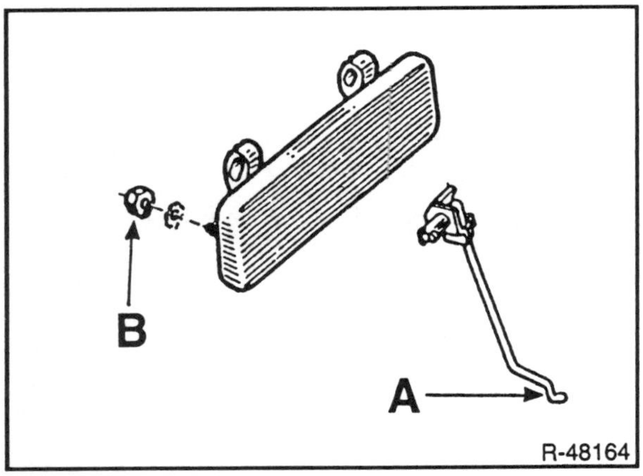

- Betätigungsstange –1– beziehungsweise –A– für Türaußengriff aushängen.
  2– Betätigungsstange für Schließzylinder. 3– Verriegelungsstange. 4– Schraube (bei Zentralverriegelung).
- Muttern –B– abschrauben und Türgriff nach außen abnehmen.

Einbau

- Türgriff ansetzen und festschrauben.

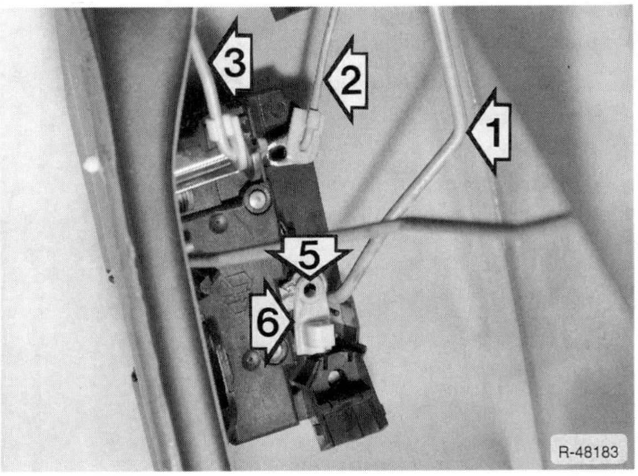

- Betätigungsstange –1– für Türaußengriff in die Bohrung –5– einsetzen, Kunststoffclip –6– nach oben schwenken und in die Stange einclipsen. 2– Betätigungsstange für Türaußengriff. 3– Verriegelungsstange.
- Türverkleidung einbauen, siehe Seite 191.

Schließzylinder aus- und einbauen

Ausbau

- Türverkleidung ausbauen.

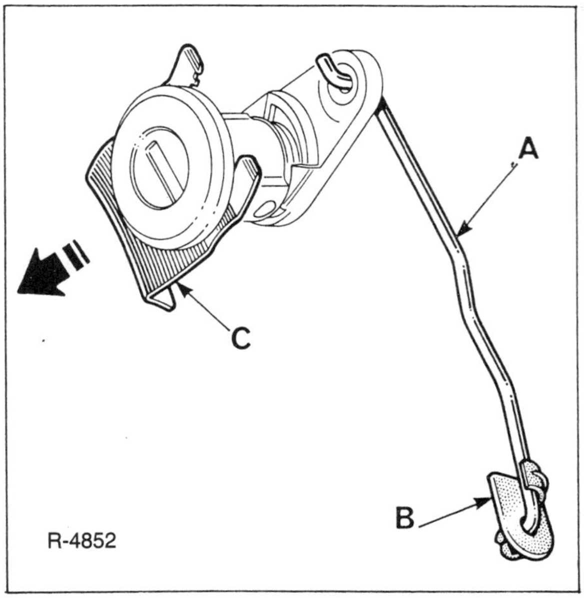

- Stange –A– für Schließzylinder am Teil –B– ausclipsen.
- Halteklammer –C– in Pfeilrichtung abziehen.
- Schließzylinder komplett aus der Tür herausnehmen.

Einbau

- Schließzylinder mit Betätigungsstange einsetzen.
- Schließzylinder andrücken und mit der Halteklammer sichern.
- Betätigungsstange einclipsen.
- Türverkleidung einbauen.

Türfenster aus- und einbauen

Ausbau

- Türverkleidung ausbauen.
- Scheibe vollständig öffnen.

- Innere Abdichtleiste abziehen.

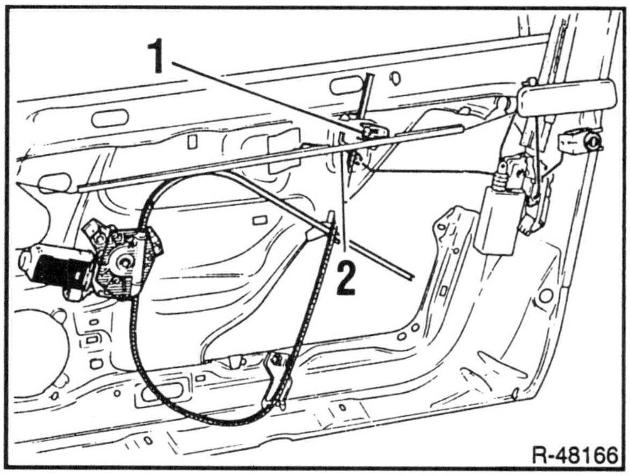

- Klammer –1– vom Zapfen des Fensterhebers abziehen; hierbei die Stifte mit einem 10 mm-Flachschlüssel auseinanderdrücken.
- Fenster vom Zapfen lösen.
- Halteplatte –2– in den Türkasten ablassen.

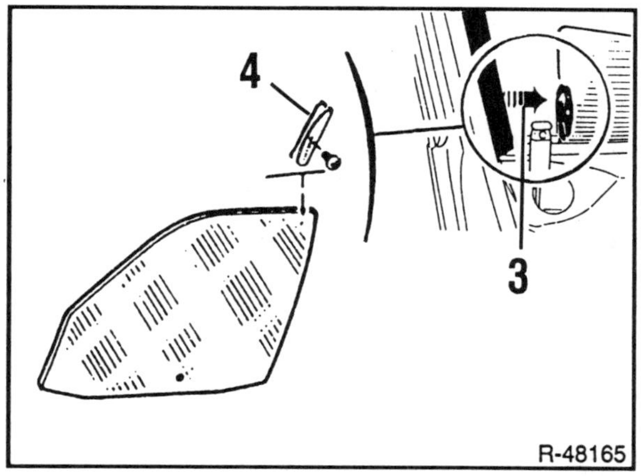

- Schieber –3– aus der Fensterführung herausnehmen.
- Scheibe nach vorn drücken und nach oben herausnehmen.

Einbau

- Scheibe einsetzen.

Achtung: Der Schieber –4– ist mit einer Niete befestigt. Er kann nicht ausgetauscht werden, ohne daß die Scheibe ausgebaut werden muß.

- Fensterscheibe einführen und in die Halteplatte einsetzen.
- Klammer auf den Zapfen des Fensterhebers schieben.
- Fensterheberfunktion prüfen.
- Innere Abdichtung einsetzen.
- Türverkleidung einbauen.

Achtung: Das Türfenster muß nicht eingestellt werden.

Fensterheber aus- und einbauen

Achtung: Der manuelle Fensterheber wird auf dieselbe Weise ausgebaut wie der elektrische Fensterheber. Hier wird der Ausbau des elektrischen Fensterhebers beschrieben.

Ausbau

- Fensterscheibe –Klammer A– ausbauen.

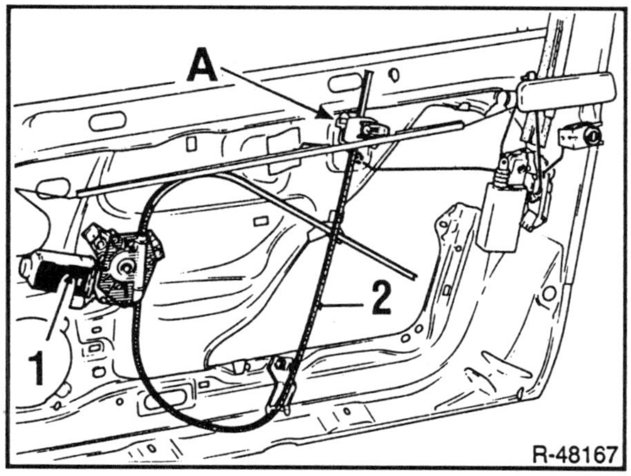

- Mehrfachstecker für Hebermotor –1– abziehen.
- Hebermotor abziehen.

● Befestigungen für Hebemechanismus –2– abziehen.

● Fensterheber kippen und durch die Öffnung im Türrahmen herausnehmen.

Einbau

Achtung: Nach dem Einbau braucht der Fensterheber nicht eingestellt zu werden.

● Fensterheber einsetzen und anclipsen.

● Motor anclipsen und Mehrfachstecker aufschieben.

● Fensterscheibe einbauen.

● Fensterheberfunktion prüfen.

Die Zentralverriegelung

Die Zentralverriegelung des RENAULT CLIO besteht aus 5 Servomotoren für die 4 Türen und die Heckklappe sowie dem Steuergerät, der Infrarot-Sende- und Empfangsanlage und dem Zentralschalter in der Mittelkonsole. Die Ver- und Entriegelung der Türen kann durch Ab- und Aufschließen der Fahrertür oder durch Betätigen der Fernbedienung erfolgen. Die Beifahrertür kann zwar mit dem Schlüssel auf- und abgeschlossen werden, auf die Stellung der Zentralverriegelung hat das allerdings keinen Einfluß.

Außenspiegel aus- und einbauen

Ausbau

● Abdeckblende für Spiegelbetätigung ausclipsen, dazu Blende wie in der Abbildung gezeigt mit den Fingern abziehen und über den Verstellknopf abnehmen.

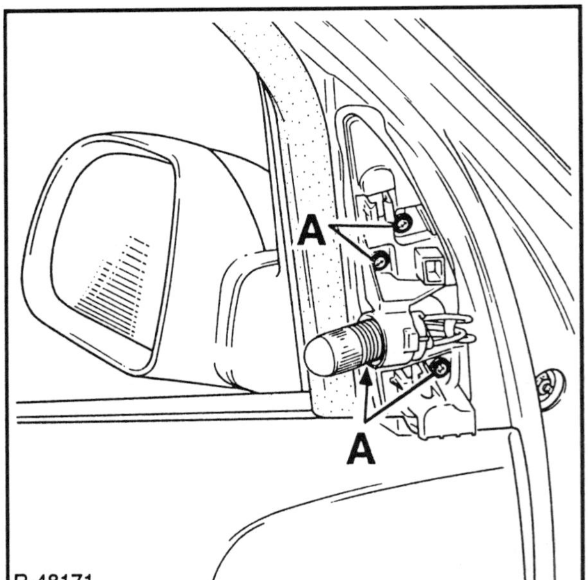

● 3 Schrauben –A– (in der Abbildung sichtbar) mit Schraubendreher T20 herausdrehen.

● Einstellhalterung um 90° drehen und Klemmschraube –A– (in der Abbildung verdeckt) lösen.

● Halterung abnehmen.

- 2 Muttern –Pfeile– für Außenspiegelhalterung abschrauben, dabei Spiegel von außen gegenhalten.
- Spiegel abnehmen, dabei Betätigungsknopf durch die Öffnung im Türdreieck hindurchführen.

Einbau

- Außenspiegel ansetzen, Betätigungsknopf durch die Öffnung in der Tür einführen und Spiegel festschrauben.
- Einstellhalterung über den Verstellknopf schieben. Dabei darauf achten, daß die Nase des Knopfes in die Nut der Halterung eingreift.
- Halterung bis zum Anschlag aufschieben und Klemmschraube für Befestigung Spiegelverstellknopf festziehen.
- Halterung an der Tür ansetzen und mit 3 Schrauben anschrauben.
- Abdeckblende so über den Knopf schieben, daß sich die 3 Kunststoffhaken über den zugehörigen Öffnungen befinden und Blende andrücken beziehungsweise durch leichte Schläge mit dem Handballen einclipsen.

Spiegelglas für Außenspiegel aus- und einbauen

Achtung: Das Spiegelglas kann bei eingebautem Außenspiegel gewechselt werden. Je nach Spiegelausführung ist das Glas unterschiedlich befestigt.

1. Ausführung (Klemmringbefestigung)

Ausbau

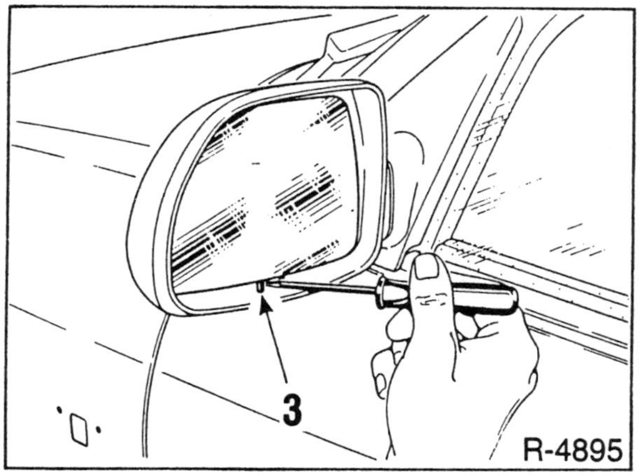

- Das Ende des Klemmringes –3– mit einem kleinen Schraubendreher lösen.
- Spiegelglas aus der Halterung herausnehmen.

Einbau

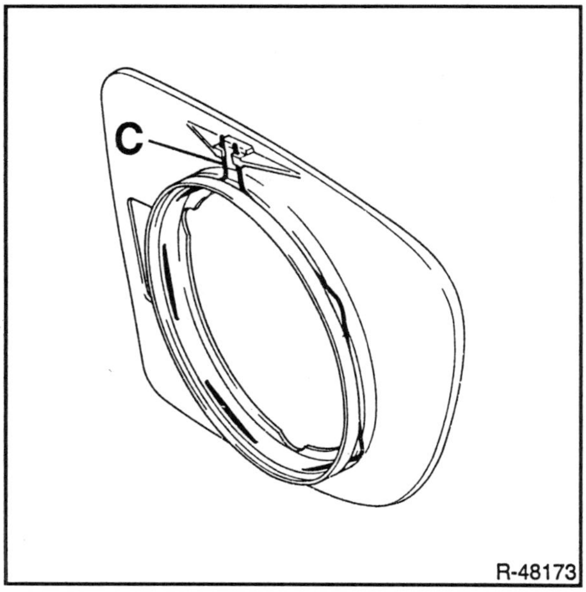

- Klemmring –C– wieder einsetzen, bevor das Spiegelglas aufgedrückt wird.

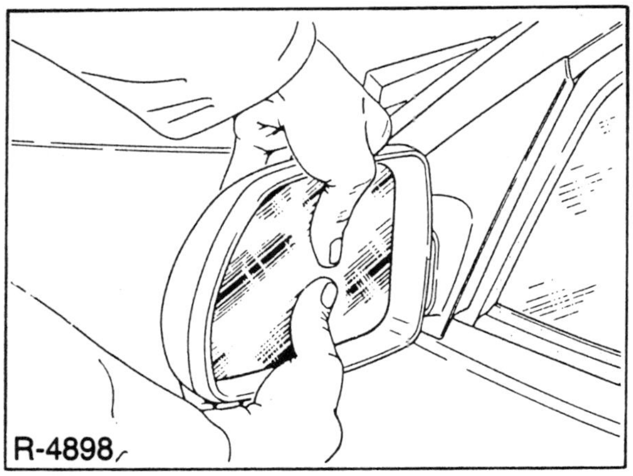

- Spiegelglas ansetzen, aufdrücken und einrasten.

---

2. Ausführung (Arretierungsbefestigung)

Ausbau

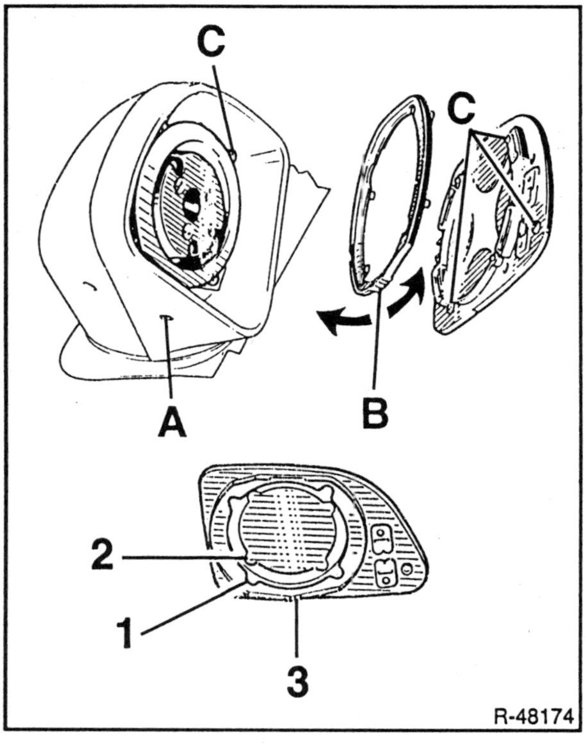

- Kleinen Schraubendreher von unten durch die Öffnung –A– in das Spiegelgehäuse einführen, in die Rasten –3– einsetzen und den Kunststoff-Arretierungsring –B– drehen, bis sich die Aussparungen –1– über den Nasen –2– befinden. Glas vorsichtig abnehmen.

Einbau

- Vor dem Einbau Arretierungsring so drehen, daß die Aussparungen mit den Nasen übereinstimmen.
- Spiegelglas ansetzen und mit Hilfe der 4 Führungen –C– auf die Halterung drücken.
- Mit kleinem Schraubendreher den Arretierungsring durch die Öffnung im Spiegelgehäuse verdrehen und dadurch Spiegelglas sichern.

Dichtungen Vordertür ersetzen

- Fenster herunterkurbeln.

Türschachtabdichtung

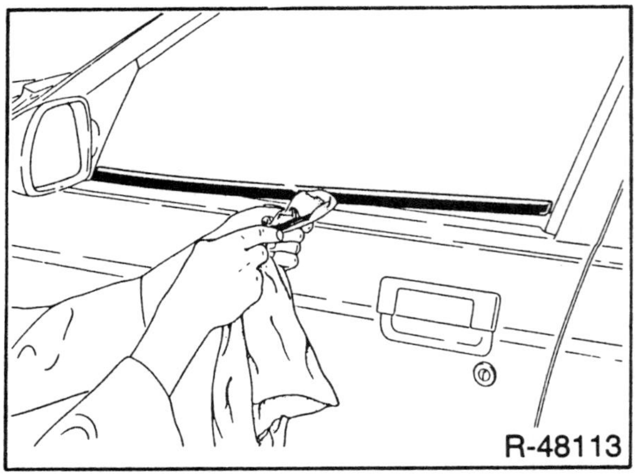

- Äußere Türschachtabdichtung mit einem besonders flachen Meißel in einem Abstand von ca. 10 cm anheben. Zum Schutz Meißel mit Tuch umwickeln. Dabei beim Türknopf beginnen.
- Außenspiegel ausbauen.
- Türverkleidung ausbauen.

- Innere Türschachtabdichtung auf die gleiche Weise vom Türrahmen abhebeln. Beim Türknopf beginnen. **Achtung:** Lackierung des Türblechs nicht beschädigen.

Äußere Dichtung vorderer Fensterrahmen

- Fenster öffnen.
- Erst den vorderen, dann den hinteren Teil der Dichtung abziehen.

Gleitschiene der Vordertür

- Fenster ausbauen.

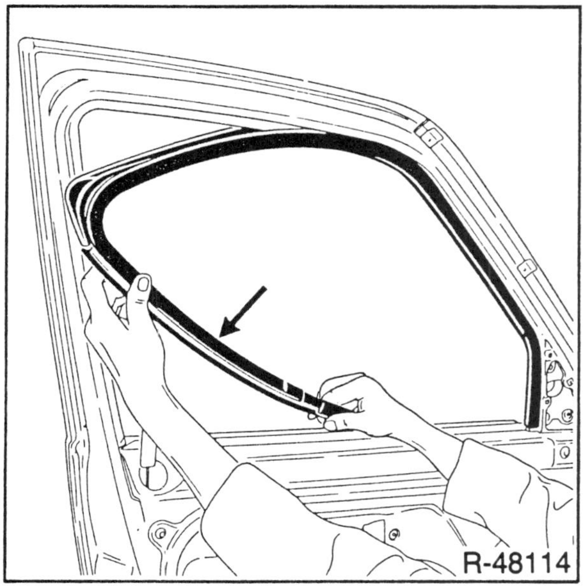

- Gleitschiene vom Fensterrahmen abziehen. Dabei am hinteren vertikalen Teil beginnen.

- Fenster einbauen.
- Türverkleidung einbauen.
- Außenspiegel einbauen.

Vordersitz aus- und einbauen

Ausbau

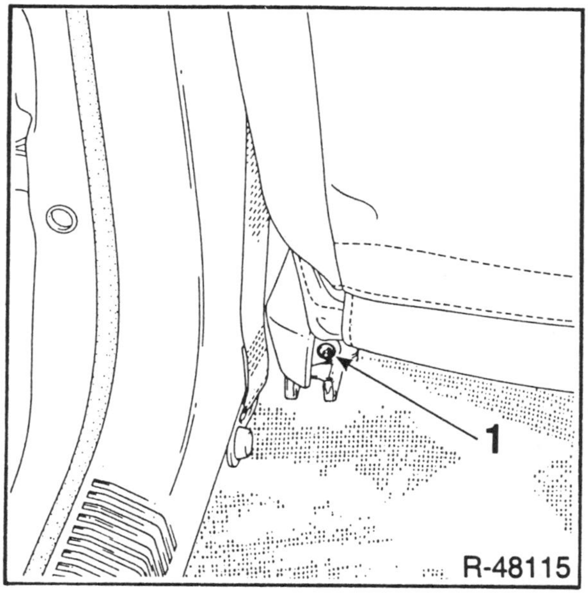

- Befestigungsschraube –1– hinten für seitliche Abdeckung mit Torx-Schraubendreher T20 herausdrehen.
- Abdeckung nach vorn ziehen und herausnehmen.

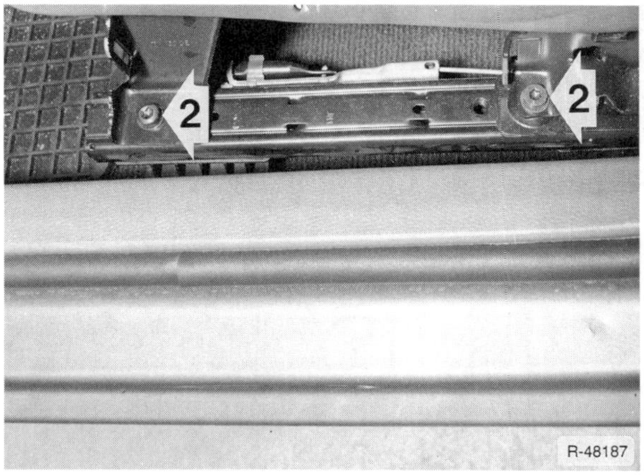

- 2 Schrauben –2– T40 am äußeren Teil des Sitzgestells abschrauben.

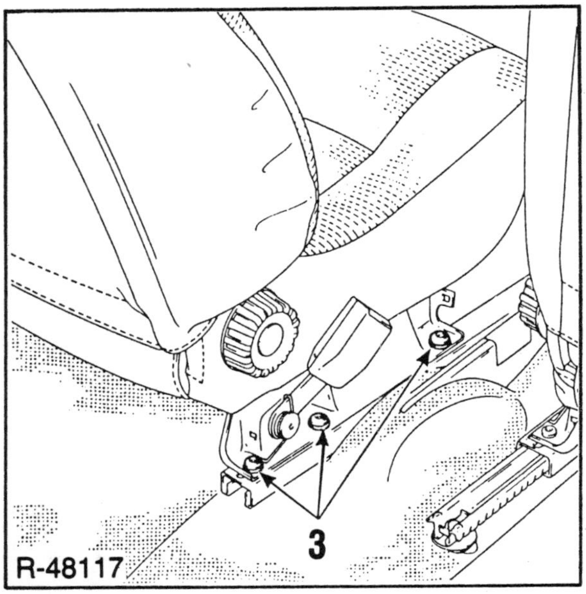

- An der inneren Seite Gurtschloß abschrauben, dann 3 Schrauben –3– herausdrehen. Die Abbildung zeigt nicht den CLIO.
- Sitz herausheben.

Einbau

- Sitz einsetzen, ausrichten und festschrauben.
- Gurtschloß anschrauben.
- Abdeckung für Sitzschiene ansetzen, nach hinten schieben und festschrauben.

Rücksitz aus- und einbauen

Ausbau

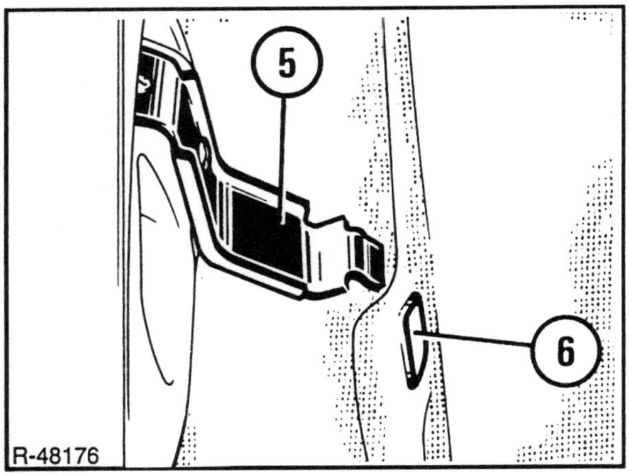

- Rücksitzbank hinten so weit anheben, daß die Laschen –5– aus den Ösen –6– herausgezogen werden können.

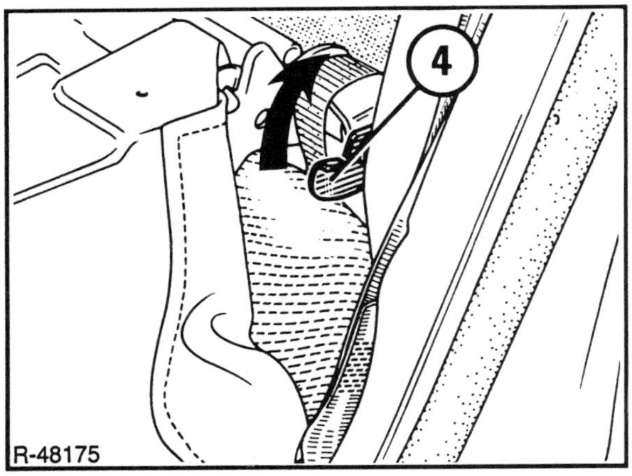

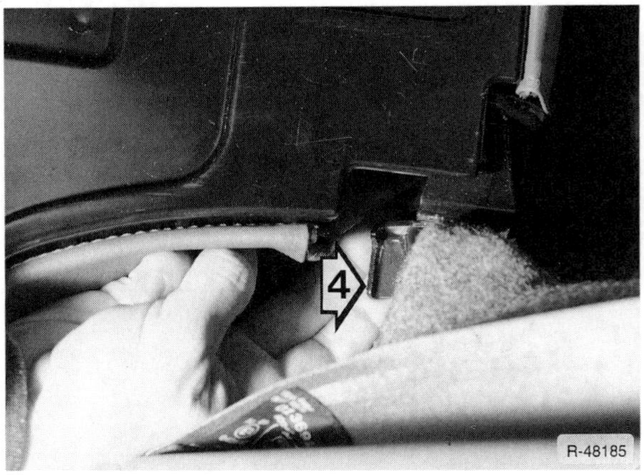

- Rückenlehne nach vorn klappen und die Hebel –4– auf beiden Seiten hochdrücken.
- Rückenlehne herausnehmen.

Einbau

- Rückenlehne in die Befestigungsbolzen einsetzen, Hebel –4– herunterschwenken und dadurch Lehne sichern.
- Rückenlehne hochklappen und einrasten.
- Rücksitzbank mit mit den Laschen in die Ösen einsetzen und hinten nach unten drücken.

Mittelkonsole aus- und einbauen

Ausbau

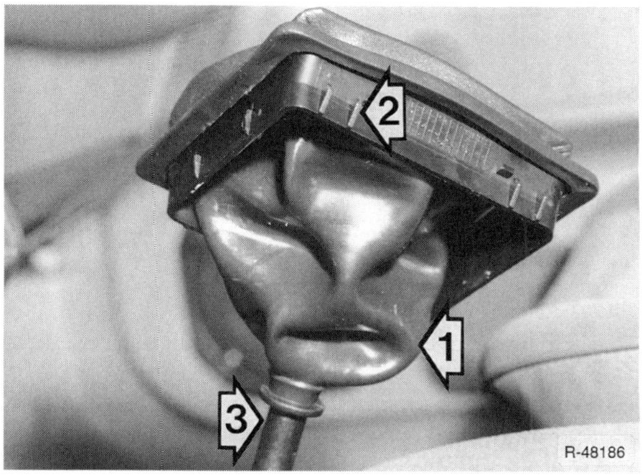

- Manschette –1– für Schalthebel –3– mit Kunststoffrahmen –2– nach oben aus der Konsole herausziehen.

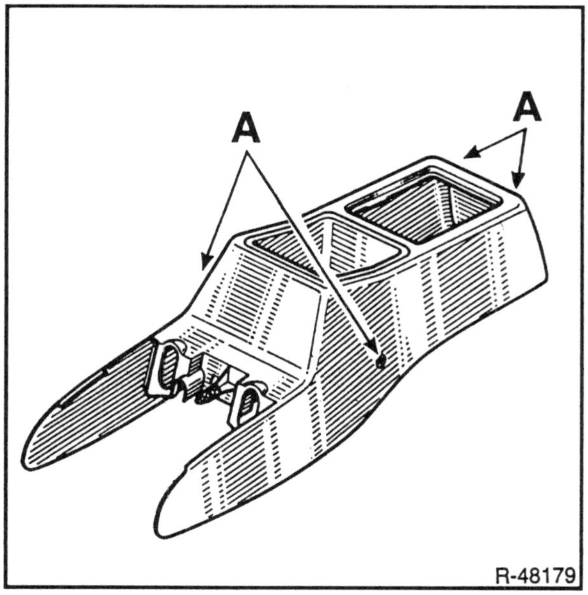

- 4 Schrauben –A– T20 herausdrehen.
- Je nach Ausführung Steckverbindungen trennen.
- Mittelkonsole herausnehmen

Einbau

- Mittelkonsole einsetzen.
- Gegebenenfalls Kabelsatz verbinden.
- Konsole anschrauben.
- Manschette für Schalthebel in die Konsole einclipsen.

Die Heizung

Die Frischluft für die Heizung wird unter der Windschutzscheibe links und rechts durch die Belüftungsgitter über den Wasserkasten angesaugt und gelangt über das Gebläse in den Fahrzeuginnenraum. Dabei durchströmt die Luft den Heizungskasten und wird durch verschiedene Klappen auf die einzelnen Lufteintrittsdüsen verteilt. Der Innenraum heizt sich auf, wenn die Heizungsklappe geöffnet wird und die am Wärmetauscher vorbeistreichende Luft in den Innenraum gelangt. Der Wärmetauscher befindet sich im Heizungskasten. Bei warmem Motor strömt heiße Kühlflüssigkeit durch den Wärmetauscher. Die einströmende Frischluft erwärmt sich an den heißen Lamellen des Wärmetauschers und gelangt dann in den Fahrzeuginnenraum. Die Heizleistung wird durch die Öffnung der Heizklappe gesteuert, da der Wärmetauscher permanent von Kühlflüssigkeit durchflossen wird.

Zur Verstärkung der Heizleistung dient ein dreistufiges Heizgebläse. Damit das Gebläse in den einzelnen Stufen mit unterschiedlicher Geschwindigkeit läuft, werden Widerstände vorgeschaltet. Bei Ausfall eines Widerstandes läuft der Motor in der entsprechenden Geschwindigkeitsstufe nicht.

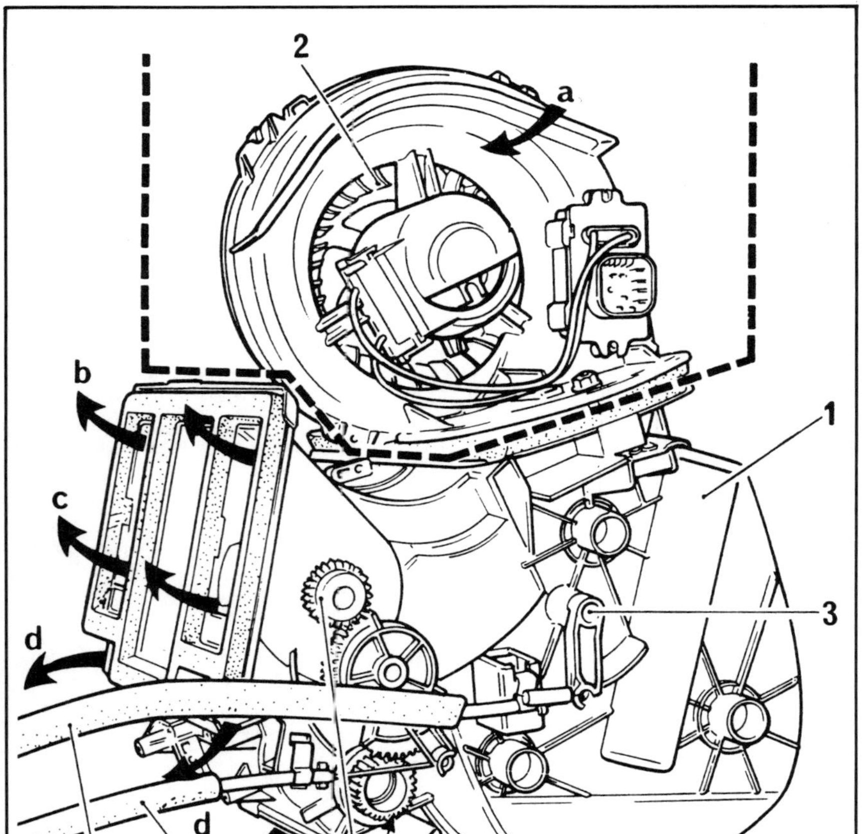

1 – **Wärmetauscher**
2 – **Gebläse**
3 – **Warmluft-/Kaltluftklappe**
4 – **Klappen für Luftverteilung oben/ unten**
5 – **Betätigungszug Luftverteilung**
6 – **Betätigungszug Mischklappe**
a – **Lufteingang**
b – **Ausgänge Windschutzscheiben-Belüftung**
c – **Ausgänge Luftdüsen Armaturenbrett**
d – **Ausgänge Luftdüsen Fußraum**

Heizungsbetätigung aus- und einbauen

Ausbau

- Radio ausbauen, siehe Seite 242.

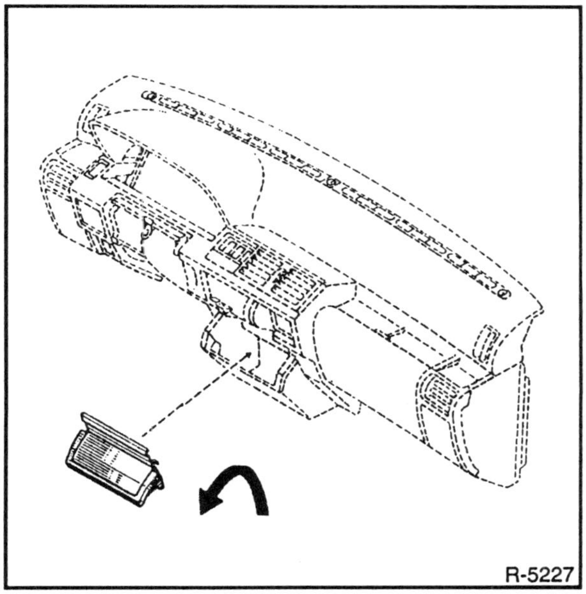
R-5227

- Den oberen Teil der Radiokonsole mit 2 Schrauben abschrauben und nach hinten kippen.

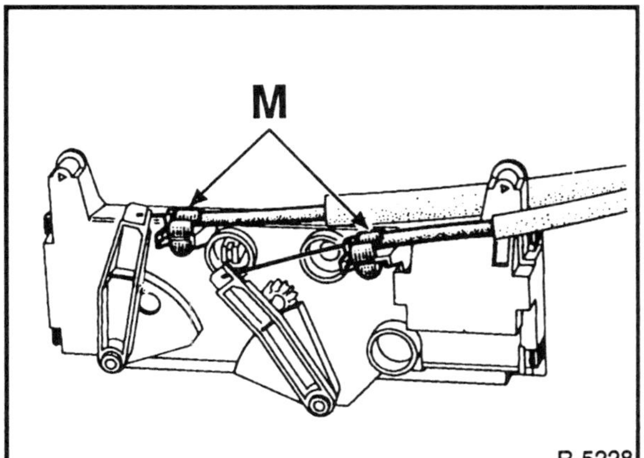

R-5228

- 2 Befestigungsschrauben für Betätigungseinheit herausdrehen.
- Betätigungseinheit nach innen drücken und nach unten herausnehmen.
- Heizungszüge aushängen, vorher die Halteklammern –M– mit Schraubendreher abhebeln.

Einbau

- Heizungszüge einhängen.
- Zughüllen mit Halteklammern festclipsen.
- Betätigungseinheit einsetzen und mit 2 Schrauben festschrauben.
- Den oberen Teil der Radiokonsole einsetzen und mit 2 Schrauben anschrauben.
- Radio einbauen, siehe Seite 242.

Heizungszüge aus- und einbauen

Ausbau

- Heizungsbetätigung ausbauen.

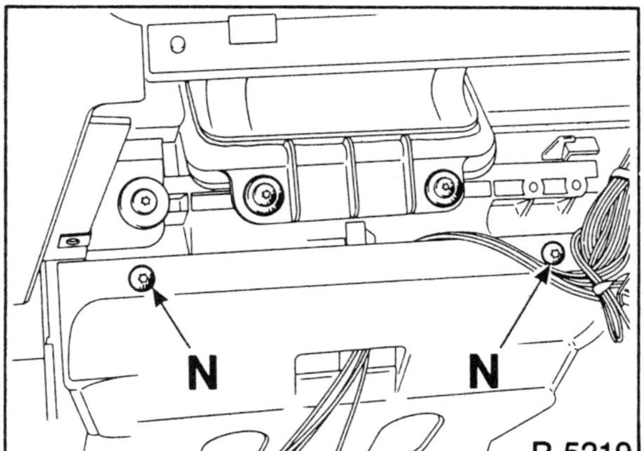

R-5219

- 2 Befestigungsschrauben –N– für Luftleitvorrichtung herausdrehen.

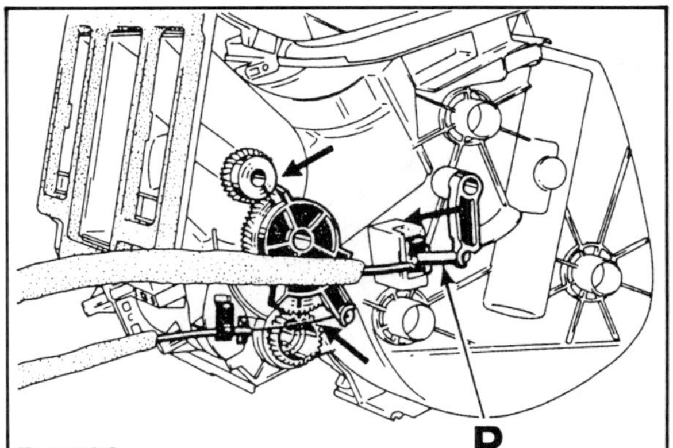

R-5220

- Heizungszüge von den Betätigungshebeln der Luftregulierklappen abnehmen. Dazu Halteklammern abdrücken, Züge um 1/4 Umdrehung drehen und dadurch von den Klappen lösen –P–.

Einbau

Achtung: Die Heizungszüge sind unterschiedlich lang. Der längste Zug ist der für die Mischklappe.

- Heizungszüge an der Betätigungseinheit einhängen und anklemmen.

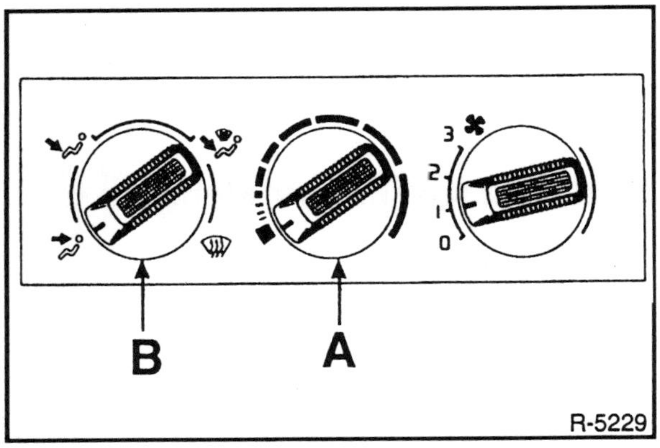

- Linken Drehknopf in Stellung »Ventilation« –B– und mittleren Drehknopf in Stellung »Kaltluft« –A– bringen.
- Betätigungseinheit einbauen.
- Heizungszüge an der Heiz- Belüftungseinheit einhängen und anklemmen.
- Die Markierungen an den Hebeln für Luftregulierklappen müssen jetzt übereinstimmen –Pfeile in Abbildung R-5220–. Gegebenenfalls Stellung der Drehknöpfe prüfen.
- Falls ausgebaut, Rückholfeder für Mischklappe einbauen.
- Luftleitvorrichtung anschrauben.

Gebläsemotor aus- und einbauen

Ausbau

- Belüftungsgitter ausbauen, siehe Seite 187.

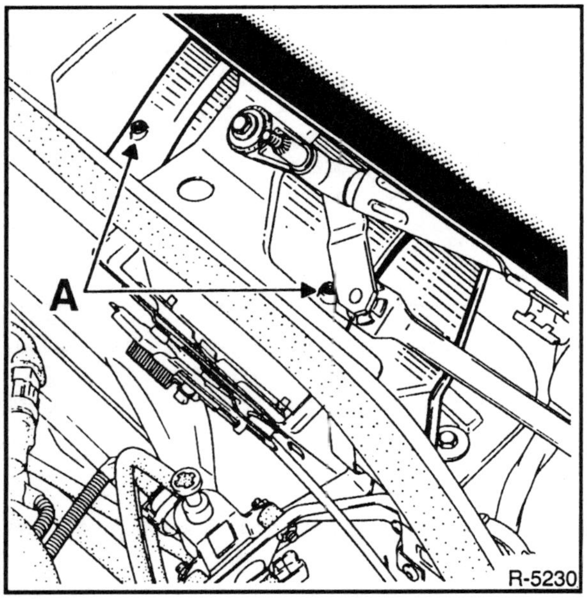

- Abdeckung für Gebläsemotor abschrauben –A– und herausnehmen.
- Wagenheber ausbauen.

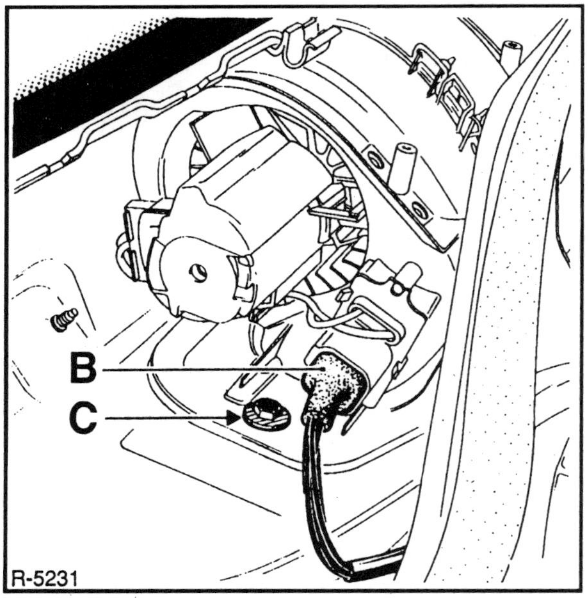

- Mehrfachstecker –B– abziehen.
- 2 Befestigungsschrauben –C– herausdrehen.
- Gebläsemotor aus dem Fahrzeug herausheben.
- Stecker vom Motor abziehen.

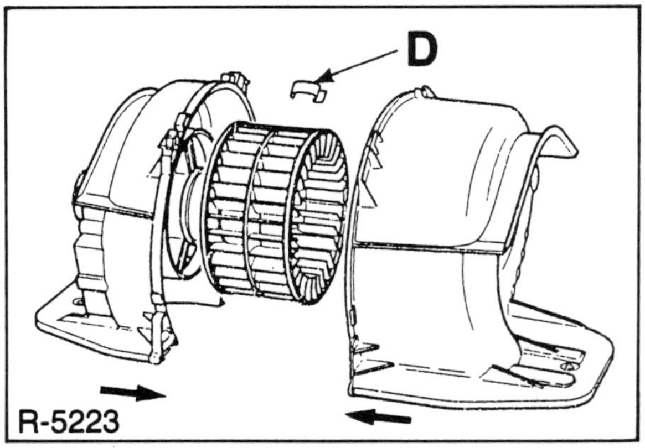

- Die beiden Gehäusehälften trennen. Falls vorhanden, vorher die Klammern –D– abhebeln.
- Motor herausziehen.

Einbau

- Motor in seinen Sitz im Gehäuse einrasten.
- Die beiden Gehäusehälften zusammensetzen und mit Blechklammern –D– sichern.
- Stecker am Motor aufstecken.
- Motor in den Wasserkassen einsetzen und anschrauben.
- Mehrfachstecker aufschieben.
- Belüftungsgitter einbauen.
- Motorfunktion prüfen.

Widerstände aus- und einbauen

Ausbau

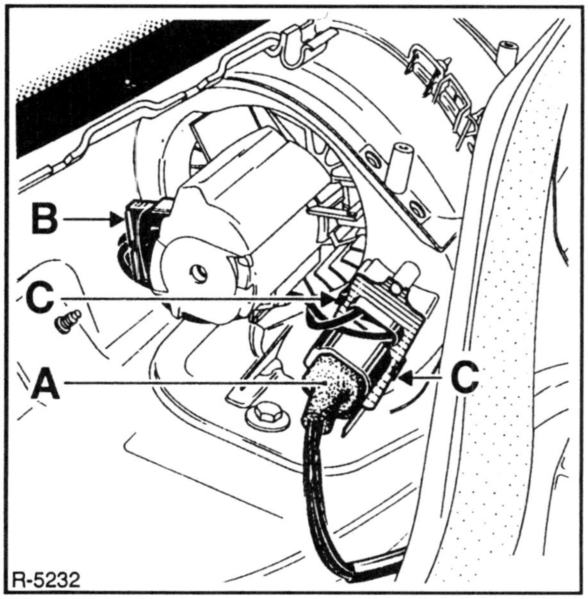

- Mehrfachstecker –A– und –B– abziehen.
- Gehäuse mit Widerständen herausnehmen, vorher die Klemmen –C– spreizen.

Einbau

- Vor dem Einbau Freigängigkeit des Gebläsemotors prüfen. Läßt sich der Motor nicht frei drehen, Motor austauschen.

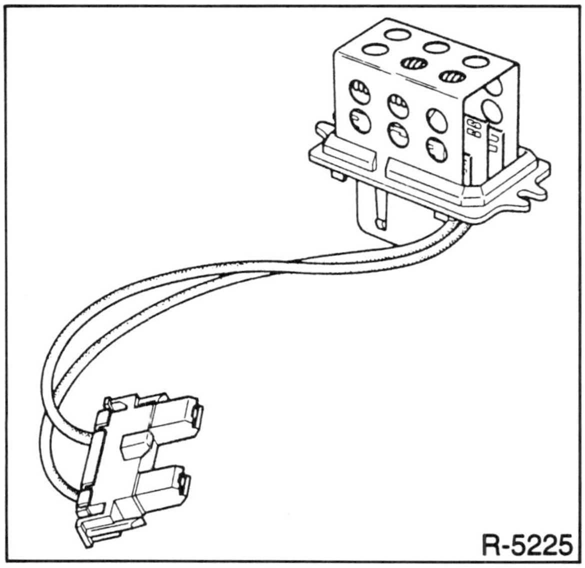

- Widerstände einsetzen und einrasten.
- Mehrfachstecker –A– und –B– aufschieben.

Funktion der Klimaanlage

Als zusätzliche Ausstattung ist für den RENAULT CLIO auch eine Klimaanlage erhältlich.

Die Klimaanlage besteht aus Kältekompressor, Kondensator, Drossel, Verdampfer, Auffangbehälter und den Druckleitungen. Als Kältemittel wird Frigen oder Freon (R12) verwendet.

Der **Kältekompressor** wird über einen Keilriemen beziehungsweise Keilrippenriemen durch die Kurbelwelle angetrieben. Er erhöht den Druck im Kältemittelkreislauf auf maximal 30 bar wodurch sich das Kältemittelgas erhitzt. Im **Kondensator** nimmt die vorbeiströmende Luft (Kühlluft, bleibt im Außenbereich) die Wärme auf, dadurch kühlt das heiße Kältemittelgas ab und kondensiert. Das Kältemittel wird flüssig. Es durchfließt unter weiterhin hohem Druck eine **Drossel**, die den Druck reduziert. Daraufhin verdunstet das Kältemittel im Kreislauf und gleichzeitig kühlt es nochmals stark ab. Im **Verdampfer** nimmt das Kältemittel von der vorbeiströmende Luft Wärme auf. Dadurch wird die Luft abgekühlt. Diese kühlere Luft wird nun in den Innenraum des Fahrzeuges geleitet. Durch die aufgenommene Wärme im Verdampfer wird das Kältemittel gasförmig und wird mit niedrigem Druck zum Kompressor geleitet. Dort beginnt der Kreislauf von vorn. Der **Auffangbehälter** dient als Expansionsgefäß und Vorratsbehälter für das Kältemittel.

Achtung: Reparaturen an der **Klimaanlage** werden nicht beschrieben. Bis auf die Wartung (Keilriemen für Kältekompressor spannen) sollten alle Arbeiten an der Klimaanlage von einer Fachwerkstatt durchgeführt werden. Insbesondere darf der Kältemittelkreislauf nicht geöffnet werden, da das Kältemittel bei Hautberührung Erfrierungen hervorrufen kann. Außerdem besteht das Kältemittel aus FCKW (Fluor-Kohlenwasserstoff), der die Ozon-Schicht schädigt, wenn er in die Atmosphäre entweicht.

Störungsdiagnose Heizung

Störung	Ursache	Abhilfe
Heizgebläse läuft nicht	Sicherung für Gebläsemotor defekt	■ Sicherung im Sicherungskasten prüfen, gegebenenfalls ersetzen
	Gebläseschalter defekt, Kontakte korrodiert	■ Prüfen, ob am Gebläsemotor Spannung anliegt. Wenn nicht, Gebläseschalter ausbauen und prüfen. Anschlüsse reinigen
	Schleifkohlen für Gebläsemotor abgenützt	■ Prüfen, ob bei eingeschalteter Zündung und betätigtem Gebläseschalter am Kontakt des Gebläsemotors Spannung anliegt. Wenn ja, Motor ausbauen und Schleifkohlen prüfen, gegebenenfalls erneuern
Heizgebläse läuft nur in einer Geschwindigkeitsstellung nicht	Vorwiderstand defekt	■ Vorwiderstand ersetzen
Heizleistung zu gering	Kühlmittelstand zu niedrig	■ Kühlmittelstand prüfen, gegebenenfalls Kühlmittel auffüllen
	Kühlmittelregler defekt	■ Kühlmittelregler prüfen, gegebenenfalls ersetzen
	Heizklappe öffnet nicht oder nicht ganz	■ Heizklappe gangbar machen, Heizungszug einstellen
	Heizschläuche am Wärmetauscher oder an der Kühlmittelpumpe falsch angeschlossen	■ Schläuche umstecken
Geräusche im Bereich des Heizgebläses	Eingedrungener Schmutz, Laub	■ Lüfterrad ausbauen, reinigen, Luftkanal säubern
	Lüfterrad hat Unwucht, Lager defekt	■ Gebläsemotor ausbauen und auf leichten Lauf prüfen
Heizluft riecht süßlich, Scheiben beschlagen wenn Heizung eingeschaltet wird	Wärmetauscher undicht	■ Kühlsystem auf Dichtheit prüfen (Werkstattarbeit), Heizungskühler erneuern

Die elektrische Anlage

Bei der Überprüfung der elektrischen Anlage stößt der Heimwerker in den technischen Unterlagen immer wieder auf die Begriffe Spannung, Stromstärke und Widerstand.

Die Spannung wird in Volt (V) gemessen, die Stromstärke in Ampère (A) und der Widerstand in Ohm (Ω). Mit dem Begriff Spannung ist beim Auto in der Regel die Batteriespannung gemeint. Es handelt sich dabei um eine Gleichspannung von ca. 12 Volt. Die Höhe der Batteriespannung hängt vom Ladezustand der Batterie und von der Außentemperatur ab. Sie kann zwischen 10 bis 13 Volt betragen. Demgegenüber wird die Bordspannung vom Generator (Lichtmaschine) erzeugt, die bei mittleren Drehzahlen ca. 14 Volt beträgt.

Der Begriff Stromstärke taucht im Bereich der Automobil-Elektrik relativ selten auf. Die Stromstärke ist beispielsweise auf der Rückseite von Sicherungen angegeben und weist auf den maximalen Strom hin, der fließen kann, ohne daß die Sicherung durchbrennt und damit den Stromkreis unterbricht.

Überall wo ein Strom fließt, muß er einen Widerstand überbrücken. Der Widerstand ist unter anderem von folgenden Faktoren abhängig: Leitungsquerschnitt, Leitungsmaterial, Stromaufnahme usw. Ist der Widerstand zu groß, treten Funktionsstörungen auf. Beispielsweise darf der Widerstand in den Zündleitungen nicht zu hoch sein, sonst fehlt ein ausreichend starker Zündfunke an den Zündkerzen, der das Kraftstoff-Luftgemisch entzündet und damit den Motor zum Laufen bringt.

Meßgeräte

Zum Messen der Bord-Elektrik gibt es im Handel sogenannte Mehrfach-Meßgeräte. Sie vereinen in einem Gerät das Voltmeter, um Spannungen zu messen, das Ampèremeter, um die Stromstärke zu messen und das Ohmmeter, um den Widerstand zu messen. Die im Handel befindlichen Meßgeräte unterscheiden sich hauptsächlich im Meßbereich und in der Meßgenauigkeit. Durch den Meßbereich wird festgelegt, in welchem Bereich Spannungen oder Widerstände liegen müssen, damit sie überhaupt vom Gerät erfaßt werden können.

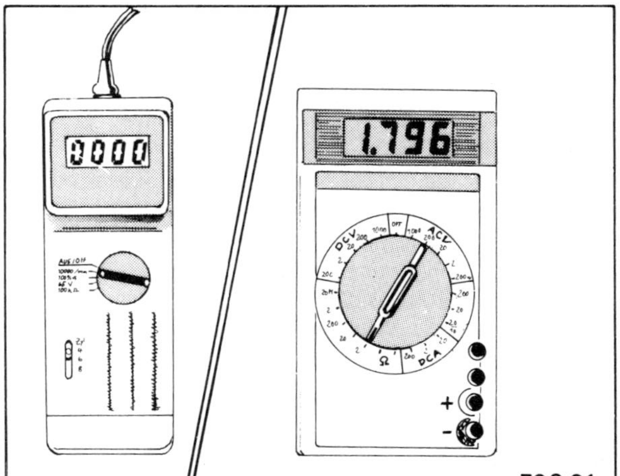

700.01

Für den Heimwerker gibt es Vielfach-Meßgeräte, die speziell für Prüfarbeiten am Auto abgestimmt sind. Mit solch einem Gerät können die Motordrehzahl, Zünd-Schließwinkel und außerdem Spannungen bis zu 20 Volt gemessen werden. Bei Widerstandsmessungen beschränkt sich das Gerät in der Regel auf den Kilo-Ohm-Bereich, also etwa 1 – 1000 kΩ.

Darüber hinaus werden Meßgeräte zur Überprüfung von elektrischen und elektronischen Bauteilen angeboten. Sie erlauben eine umfassende Messung von kleinen Widerständen in Ohm (Ω) bis zu großen Widerständen im Mega-Ohm-Bereich (MΩ). Spannungen (in Volt) können sehr exakt gemessen werden, was vor allem bei elektronischen Bauteilen erforderlich ist.

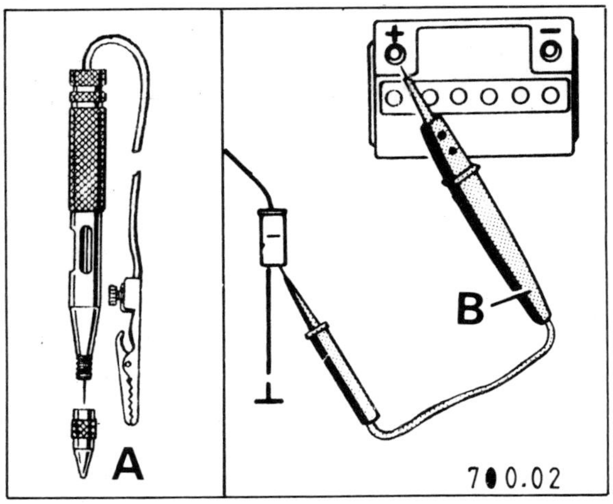

Wenn nur geprüft werden soll, ob überhaupt Spannung (V) anliegt, eignet sich hierzu eine einfache Prüflampe –A–. Dies gilt allerdings nur für Stromkreise, in denen sich keine elektronischen Bauteile befinden. Denn Elektronikteile reagieren äußerst empfindlich auf zu hohe Ströme. Unter Umständen können sie bereits durch das Anschließen einer Prüflampe zerstört werden. **Achtung:** Bei elektronischen Bauteilen (Transistoren, Dioden, Kondensatoren und vor allem bei ganzen Steuergeräten) ist ein hochohmiger Spannungsprüfer –B– erforderlich. Er arbeitet wie eine Prüflampe, jedoch ohne daß elektronische Bauteile geschädigt werden, und eignet sich für sämtliche Prüfarbeiten.

Meßtechnik

Spannung messen

Spannung kann schon mit einer einfachen Prüflampe oder einem Spannungsprüfer nachgewiesen werden. Allerdings erkennt man dann nur, ob überhaupt Spannung anliegt. Um die Höhe der anliegenden Spannung zu prüfen, muß ein Voltmeter (Spannungs-Meßgerät) angeschlossen werden.

Zunächst ist beim Voltmeter der Meßbereich einzustellen, in dem sich die zu messende Spannung voraussichtlich befindet. Spannungen am Fahrzeug sind in der Regel nicht höher als ca. 14 Volt. Eine Ausnahme bildet die Zündanlage; hier kann die Zündspannung bis zu 30 000 Volt betragen. Diese hohe Spannung ist nur mit einem speziellen Meßgerät oder einem Oszilloskop meßbar.

Während man bei Meßgeräten, die speziell auf das Auto abgestimmt sind, am Wählschalter nur das Voltmeter einschalten muß, sind bei einem allgemeinen Vielfachmeßgerät erst eine Reihe von Entscheidungen zu fällen. Zunächst wird mit dem Wählschalter der Bereich Gleichspannung (DCV im Gegensatz zu ACV=Wechselspannung) eingestellt. Dann wird der Meßbereich gewählt. Da beim Auto außer an der Zündanlage keine höheren Spannungen als ca. 14 Volt auftreten, sollte die Obergrenze des einzustellenden Meßbereiches etwas höher liegen (ca. 15 bis 20 Volt). Falls sicher ist, daß die gemessene Spannung wesentlich niedriger ist, zum Beispiel im Bereich von 2 Volt, kann der Meßbereich heruntergeschaltet werden, um eine größere Anzeigegenauigkeit zu erreichen. Liegen höhere Spannungen an, als sie vom Meßbereich des Gerätes erfaßt werden, kann das Meßgerät zerstört werden.

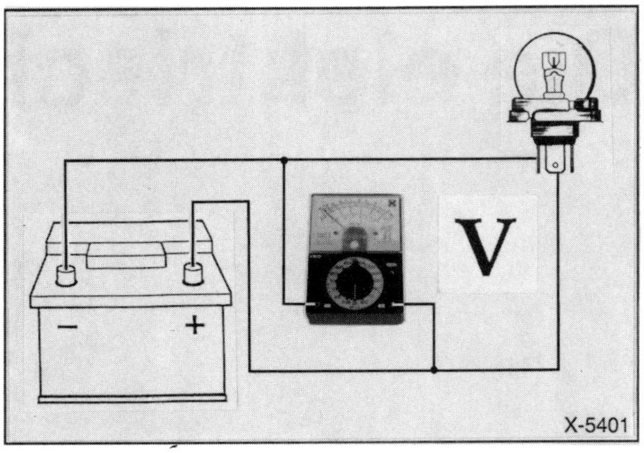

Die Kabel des Meßgerätes entsprechend der Zeichnung parallel zum Verbraucher anschließen. Dabei wird das rote Meßkabel an die vom Batterie-Pluspol (+) kommende Leitung angelegt, das schwarze Meßkabel an die Masse-Leitung oder an Fahrzeugmasse, wie zum Beispiel den Motorblock.

Prüfbeispiel: Wenn der Motor nicht richtig anspringt, weil der Anlasser zu langsam dreht, ist es zweckmäßig, die Batteriespannung zu prüfen, während der Anlasser betätigt wird. Dazu das Voltmeter mit dem roten Kabel (+) an den Batterie-Pluspol und mit dem schwarzen Kabel an Fahrzeugmasse (–) anklemmen. Anschließend durch einen Helfer den Anlasser betätigen lassen und den Spannungswert ablesen. Liegt die Spannung unter ca. 10 Volt (bei einer Batterie-Temperatur von +20°C), muß die Batterie überprüft und eventuell vor den nächsten Startversuchen geladen werden.

Stromstärke messen

Am Auto ist es relativ selten erforderlich, die Stromstärke zu messen. Beispiel, siehe Kapitel »Batterie entlädt sich selbständig«. Benötigt wird hierzu ein Ampèremeter, welches ebenfalls in einem Vielfachmeßgerät integriert ist.

Vor der Strommessung wird das Meßgerät auf den Meßbereich eingestellt, in dem sich die zu messende Stromstärke voraussichtlich befindet. Falls das nicht bekannt ist, höchsten Meßbereich einstellen und, falls keine Anzeige erfolgt, nacheinander in die nächstniedrigeren Meßbereiche schalten.

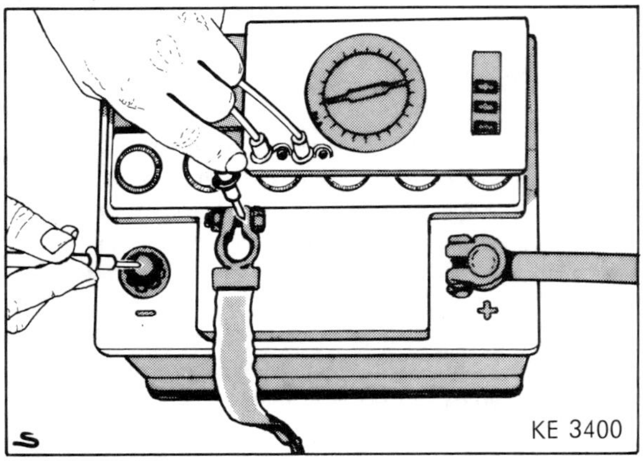

Für die Messung der Stromstärke muß der Stromkreis aufgetrennt werden, das Meßgerät (Ampèremeter) wird dazwischengeschaltet. Dazu wird beispielsweise der Stecker abgezogen und das rote Kabel (+) des Ampèremeters an die stromführende Leitung angeschlossen. Das schwarze Kabel (–) wird an den Kontakt angelegt, an dem normalerweise die unterbrochene Leitung angeschlossen ist. Die Massekontakte zwischen Verbraucher und Stecker müssen dann mit einem Hilfskabel verbunden werden.

Achtung: Keinesfalls sollte mit einem normalen Ampèremeter die Stromstärke in der Leitung zum Anlasser (ca. 150 A) oder zu den Glühkerzen beim Dieselmotor (bis 60 A) gemessen werden. Durch die hierbei auftretenden hohen Ströme kann das Meßgerät zerstört werden. Die Werkstatt benutzt für diese Messungen ein Ampèremeter mit Gleichstromzange. Dabei wird eine Stromzange über das isolierte Stromkabel geklemmt und der Stromwert durch Induktion gemessen.

Widerstand messen

Vor der Prüfung des Widerstandes ist grundsätzlich sicherzustellen, daß am Bauteil, an welches das Ohmmeter angeschlossen wird, keine Spannung anliegt. Also immer vorher Stecker abziehen, Zündung ausschalten, Leitung beziehungsweise Aggregat ausbauen oder Batterie abklemmen. Andernfalls kann das Meßgerät beschädigt werden.

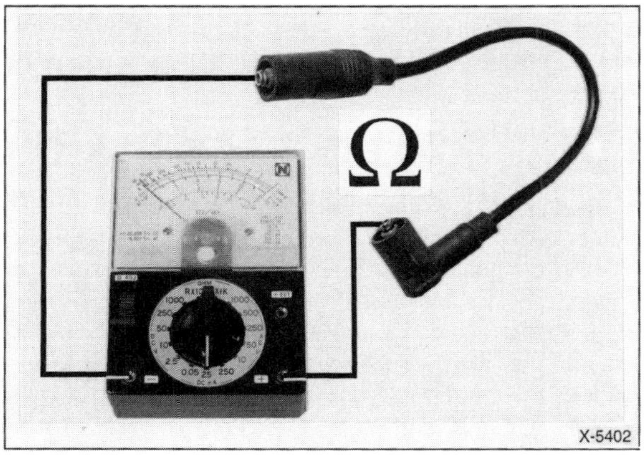

X-5402

Das Ohmmeter wird an die 2 Anschlüsse eines Verbrauchers oder an die 2 Enden einer elektrischen Leitung angeschlossen. Dabei spielt es keine Rolle, welches Kabel (+/–) des Meßgerätes an welchen Kontakt angeklemmt wird.

Die Widerstandsmessung am Auto erstreckt sich weitgehend auf 2 Bereiche:

1. Kontrolle eines in den Stromkreis integrierten Widerstandes oder Bauteils.

2. »Durchgangsprüfung« einer elektrischen Leitung, eines Schalters oder einer Heizwendel. Dabei wird geprüft, ob eine elektrische Leitung im Fahrzeug unterbrochen ist und deshalb das angeschlossene elektrische Gerät nicht funktionieren kann. Zur Messung wird das Ohmmeter an die beiden Enden der betreffenden elektrischen Leitung angeschlossen. Beträgt der Widerstand 0 Ω, dann ist „Durchgang" vorhanden. Das heißt, die elektrische Leitung ist in Ordnung. Bei unterbrochener Leitung zeigt das Meßgerät ∞ (unendlich) Ω an.

Elektrisches Zubehör nachträglich einbauen

Beim Bohren von Karosserie-Löchern müssen die Lochränder anschließend entgratet, grundiert und lackiert werden. Die beim Bohren zwangsläufig anfallenden Späne sind restlos aus der Karosserie zu entfernen.

Bei allen Einbauarbeiten, die das elektrische Leitungssystem berühren, ist, um der Gefahr von Kurzschlüssen im elektrischen Leitungssystem vorzubeugen, grundsätzlich das Massekabel (–) von der Fahrzeugbatterie abzuklemmen und zur Seite zu hängen.

Achtung: Wird die Batterie abgeklemmt, werden unter Umständen der Fehlerspeicher für Motor- und Getriebesteuerung, Antiblockiersystem sowie andere elektrische Geräte wie zum Beispiel das Radio und die Zeituhr stillgelegt beziehungsweise Speicherwerte gelöscht. Spezielle Hinweise zu diesem Thema stehen im Kapitel »Batterie-Ausbau«.

Kabel, die beim Einbau von Zubehör zusätzlich zu dem serienmäßig eingebauten Kabelsatz im Fahrzeug verlegt werden müssen, sind nach Möglichkeit immer entlang der einzelnen Kabelstränge unter Verwendung der vorhandenen Kabelschellen und Gummitüllen zu verlegen.

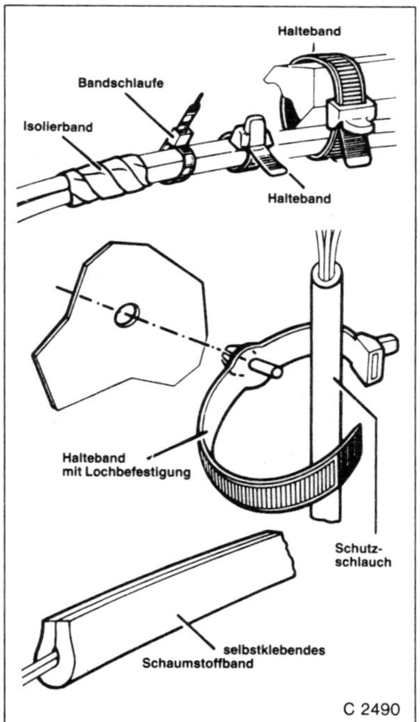

C 2490

Falls erforderlich, sind die neu verlegten Kabel, um Geräuschen während der Fahrt vorzubeugen und das Scheuern von Kabeln zu vermeiden, mit Isolierband, plastischer Masse, Kabelbändern und dergleichen zusätzlich festzulegen. Hierbei ist besonders darauf zu achten, daß zwischen den Bremsleitungen und den festverlegten Kabeln ein Mindestabstand von 10 mm sowie zwischen den Bremsleitungen und den Kabeln, die mit dem Motor oder anderen Teilen des Fahrzeuges schwingen, ein Mindestabstand von 25 mm vorliegt.

Sofern zusätzliche elektrische Verbraucher (Wohnwagen, Nebelscheinwerfer, Telefon) eingebaut werden, ist in jedem Fall zu überprüfen, ob die erhöhte Belastung noch von dem vorhandenen Drehstromgenerator mit übernommen werden kann. Falls erforderlich, sollte ein Generator mit größerer Leistung vorgesehen werden.

Fehlersuche in der elektrischen Anlage

Beim Aufspüren eines Defekts in der elektrischen Anlage ist es wichtig, systematisch vorzugehen. Dies gilt sowohl beim Überprüfen von ausgefallenen Glühlampen wie auch bei nicht laufenden Elektromotoren.

Der **erste Schritt** ist immer die Überprüfung der Sicherung, sofern das elektrische Bauteil abgesichert ist. Die aktuelle Sicherungsbelegung ergibt sich aus dem Aufdruck auf dem Sicherungskastendeckel.
Defekte Sicherung gegebenenfalls auswechseln und nach Einschalten des elektrischen Verbrauchers kontrollieren, ob diese nicht unmittelbar wieder durchbrennt. In diesem Fall muß zuerst der Fehler aufgespürt und behoben werden, in der Regel handelt es sich um einen Kurzschluß. Das bedeutet, an irgend einer Stelle, mitunter auch intern im elektrischen Gerät, sind Masse- und Plusanschluß miteinander verbunden.
Zweiter Prüfschritt: Wenn bei intakter Sicherung die Glühlampe nicht leuchtet beziehungsweise der Elektromotor nicht anläuft, ist die Stromversorgung zu überprüfen.

Glühlampe prüfen

- Lampe ausbauen und sichtprüfen. Ist der Glühfaden durchgebrannt oder sitzt der Glaskolben locker im Sockel, Lampe erneuern.
- Um einwandfrei festzustellen, ob die Glühlampe intakt ist, geht man folgendermaßen vor: Eine Plusleitung (+) und eine Masseleitung (–) direkt an die Pole der Batterie anschließen und mit der Lampe verbinden. Dabei ist es unwichtig, wie die Kabel an die Lampe angeschlossen werden. Ein Kabel an den Stromanschluß, das andere an das Glühlampengehäuse. Wenn jetzt die Lampe nicht leuchtet, Lampe erneuern. **Hinweis:** Es muß sichergestellt sein, daß die Kontakte an der Lampe und in der Lampenfassung nicht korrodiert sind. Gegebenenfalls korrodierte oder verbogene Anschlüsse abschmirgeln und einwandfreien Kontakt herstellen.
- Ist die Lampe intakt, Lampe einsetzen und einschalten. Leuchtet die Lampe nicht, mit Prüflampe Stromzuführung überprüfen. Dazu Prüflampe an Masse anlegen. Das bedeutet: Das eine Kabel der Prüflampe muß an eine gute Massestelle am Motor (blankes Metall) oder direkt am Batterie-Minuspol angeschlossen werden. Die andere Prüflampen-Prüfspitze (+) entweder an den stromführenden Stecker halten oder mit der Prüfspitze in das stromführende Kabel einstechen. Wenn die Prüflampe jetzt aufleuchtet und die Lampe dennoch nicht brennt, ist die Massezuführung zur Lampe unterbrochen. Um dies zu überprüfen, Massehilfsleitung an die Lampenfassung anlegen. Die Lampe muß jetzt leuchten.
  Hinweis: Es gibt Lampen, die nur eine spannungsführende Zuleitung haben, zum Beispiel Standlicht, Fahrzeuginnenbeleuchtung. Diese Lampen sind über ihr Gehäuse direkt mit der Fahrzeugmasse verbunden.
- Wenn das stromführende Kabel zur Lampe keine Spannung aufweist, die Prüflampe also nicht aufleuchtet, ist sehr wahrscheinlich der Schalter defekt. Schalter auf Durchgang prüfen.

Elektromotoren prüfen

Im Auto werden immer mehr Komfortfunktionen von kleinen Elektromotoren übernommen. Dazu gehören bespielsweise der Fensterheber, das Schiebedach, die elektrische Zentralverriegelung oder die elektrische Antenne.

Jeder Motor wird bei Bedarf über einen Schalter zugeschaltet, meist von Hand. Bei der elektrischen Antenne wird der Schalter automatisch vom Radio angesteuert.

- Sicherung des betreffenden Elektromotors prüfen, gegebenenfalls ersetzen.

Hinweis: Elektromotoren vom elektrischen Fensterheber und dem Schiebedach besitzen in der Regel Sicherungsautomaten, die sich bei einer Überlastung ausschalten und nach einiger Zeit wieder zuschalten. Vor einer erneuten Betätigung sollte die Überlastungsursache beseitigt werden. Das können vereiste Scheiben oder verschmutzte Fenster-Führungsschienen sein.

- Brennt die Sicherung gleich wieder durch, liegt ein Kurzschluß vor.
- Um eindeutig zu klären, ob der Defekt im Motor liegt, 2 Hilfskabel (∅ ca. 2 mm) direkt von der Fahrzeugbatterie an den Motor anlegen. Pluskabel an den Pluspol, Massekabel an Massepol des Motors. Die Pol-Belegung ergibt sich im Zweifelsfall aus dem Stromlaufplan. Dazu muß der Motor gegebenenfalls ausgebaut werden. Alle elektrischen Motoren im Fahrzeug werden mit Bordspannung (12 bis 14 Volt) versorgt. Funktioniert der Motor jetzt ordnungsgemäß, war die Stromversorgung defekt. Hinweis: Ein zu langsam laufender oder aussetzender Elektromotor kann auf abgenützte Schleifkohlen hinweisen. In diesem Fall Schleifkohlen (Bürsten) ersetzen.
- Funktioniert der Motor, anhand des Stromlaufplans feststellen, welche Zuleitung am Elektromotor Spannung führt, wenn der Schalter betätigt wird und zuvor die Zündung eingeschaltet wurde.
- Spannungsführendes Kabel am Elektromotor mit Prüflampe prüfen. Da bei Elektromotoren ein großer Strom fließt, kann eine herkömmliche Prüflampe mit Glühlampe genommen werden. Diese haben spitze Prüfnadeln, mit denen das Anschlußkabel durchstochen werden kann. So läßt sich auf einfache Weise die Spannnung prüfen.
- Liegt keine Spannung am Elektromotor an, ist die Stromversorgung defekt. Fehler in der Zuleitung nach Stromlaufplan suchen und beheben. Elektromotoren haben in der Regel aufgrund des hohen Strombedarfs zusätzliche Schaltrelais. Prüfung, siehe entsprechendes Kapitel.
- Wurde kein Fehler gefunden, Schalter prüfen.
- Ist ein Kabel defekt, ist es oft sinnvoller, man legt ein neues Kabel, da es schwierig ist, einen Defekt im Kabel zu lokalisieren.

Schalter auf Durchgang prüfen

Die meisten elektrischen Verbraucher werden über einen von Hand betätigten Schalter ein- und ausgeschaltet. Darüber hinaus gibt es auch Schalter, die automatisch betätigt werden. Zu diesen Schaltern zählen zum Beispiel der Öldruckschalter und die Geber für Kühlmittelstand oder Bremsflüssigkeitsstand.

Grundsätzlich hat ein Schalter die Aufgabe, den Stromkreis zu schließen und zu unterbrechen. Es gibt Schalter, die die Masseleitung unterbrechen, und Schalter, die den Plusstrom unterbrechen.

Schalter für Lampen und Elektromotoren prüfen

- Betreffenden Schalter ausbauen.
- Einfache Schalter haben nur 2 Kabelanschlüsse. In diesem Fall muß an einem Anschluß immer Spannung (+) anliegen und nach dem Einschalten an der anderen Klemme auch. Es gibt auch Schalter mit mehreren Klemmen. Bei diesen Schaltern anhand des Stromlaufplans klären, an welcher Klemme Spannung anliegen muß, gegebenenfalls vorher Zündung einschalten.
- Mit Prüflampe prüfen, ob an Schalterklemme Spannung anliegt. Leuchtet die Prüflampe auf, Schalter betätigen und an der Ausgangsklemme prüfen, ob dort auch Spannung anliegt. Ist das der Fall, ist sichergestellt, daß der Schalter funktioniert.
- Wenn an der Eingangsklemme keine Spannung anliegt, liegt eine Unterbrechung in der Leitungs-Zuführung vor. Anhand des Stromlaufplans muß die Spannungszuführung kontrolliert und gegebenenfalls eine neue Leitung gelegt werden.

Geberschalter prüfen

Geberschalter sind beispielsweise: Öldruckschalter, Geber für Bremsflüssigkeits- und Kühlmittelstand.

- Durchgangsprüfer (Prüflampe oder Ohmmeter) an der Zu- und Ableitung des Schalters anschließen, dazu Kabel am Schalter abziehen. **Achtung:** Schalter, die im Motorblock eingeschraubt sind, haben in der Regel kein Massekabel, da das Schaltergehäuse über den Motorblock als Massepol dient.
- Bei geschlossenem Schalter muß der Durchgangsprüfer Durchgang anzeigen. Am besten ist ein Ohmmeter als Durchgangsprüfer: Bei geschlossenem Schalter muß es 0 Ω, bei geöffnetem Schalter ∞ Ω (unendlich) anzeigen.
- Die Funktionsfähigkeit etwa der Kühlmittel- oder Bremsflüssigkeitsstand-Warnschalter läßt sich am schnellsten prüfen, indem bei eingeschalteter Zündung die Zuleitung am Schalter abgezogen wird und an eine gute Massestelle, zum Beispiel gegen den Motorblock, gehalten wird. Spricht die Warnlampe im Schalttafeleinsatz jetzt an, liegt der Fehler am Schalter.
- Ein Sonderfall ist der Öldruckschalter: Bei stehendem Motor ist der Kontakt geschlossen (Warnlampe brennt), erst bei einem gewissen Öldruck öffnet der Schalter.

Relais prüfen

In vielen Stromkreisen ist ein Relais integriert. Ein Schaltrelais arbeitet wie ein Schalter. **Beispiel:** Wenn das Fernlicht über den Handschalter eingeschaltet wird, bekommt das Relais den Befehl, den Strom zum Fernlicht durchzuschalten. Man könnte natürlich den Strom auch direkt über den Lichtschalter von der Batterie zum Fernlicht legen. Bei allen Verbrauchern mit hoher Stromaufnahme (Fernscheinwerfer, Scheibenwischer, Nebelscheinwerfer) schaltet man jedoch ein Relais dazwischen, um den Schalter nicht zu überlasten beziehungsweise um kurze Stromwege sicherzustellen. Neben diesen Schaltrelais gibt es auch Funktionsrelais, zum Beispiel für die Wisch-Wasch-Anlage oder das Zeitrelais für die Innenbeleuchtung.

Schaltrelais prüfen

Beim Einschalten des betreffenden Verbrauchers wird das Relais angesteuert, das heißt durch den an Klemme 2 ankommenden Schaltstrom wird der Schaltstromkreis zu Klemme 1 geschlossen. Eine Magnetspule im Relaisinnern zieht einen Kontakt an und schließt so den Stromkreis für den »Arbeitsstrom«. Der Arbeitsstrom läuft über das Relais zum Stromverbraucher weiter.

Am einfachsten läßt sich die Funktionsfähigkeit eines Relais prüfen, wenn man es gegen ein intaktes auswechselt. So macht man es auch in der Werkstatt. Da dem Heimwerker jedoch in den seltensten Fällen ein neues Relais sofort zur Verfügung steht, empfiehlt sich folgender Arbeitsschritt bei den sogenannten Schaltrelais, wie sie unter anderem zum Schalten von Nebel- und Hauptscheinwerfern verwendet werden. Die hier angegebenen Klemmenbezeichnungen können vor allem bei den serienmäßig eingebauten Relais auch anders lauten.

- Relais aus der Halterung herausziehen.
- Zündung und entsprechenden Schalter einschalten.
- Zuerst mit Spannungsprüfer feststellen, ob an der Plus-Klemme (von der Batterie) im Relaishalter Spannung anliegt. Dazu Spannungsprüfer an Masse (–) anschließen und die andere Kontaktspitze vorsichtig in die Plus-Klemme einführen. Wenn die Leuchtdiode des Spannungsprüfers aufleuchtet, ist Spannung vorhanden. Zeigt der Spannungsprüfer keine Spannung an, Unterbrechung vom Batterie-Pluspol (+) zur Plus-Klemme anhand des Schaltplanes aufspüren.
- Leitungsbrücke aus einem Stück isoliertem Draht herstellen, die Enden müssen blank sein.
- Mit dieser Brücke im Relaishalter die Plus-Klemme (vom Batterie-Pluspol, führt immer Spannung) mit dem Ausgang des Relais-Schließers (führt zum Verbraucher) verbinden. Mit diesem Arbeitsschritt wird praktisch genau das getan, was ein intaktes Relais auch vornimmt. Wo sich die Klemmen im Relaishalter befinden, ist auf dem Relais beziehungsweise am Steckkontakt aufgeführt.
- Wenn bei eingesetzter Brücke zum Beispiel das Fernlicht aufleuchtet, kann man davon ausgehen, daß das Relais defekt ist.

- Wenn das Fernlicht nicht aufleuchtet, klären, ob die Masseverbindung zum Scheinwerfer intakt ist. Dann Unterbrechung in der Leitungsführung von der Ausgangs-Klemme des Relais zum Hauptscheinwerfer anhand des Schaltplanes aufspüren und beheben.
- Falls erforderlich, neues Relais einsetzen.

Achtung: Die Steckverbindungen für die Relais, die sich im Motorraum befinden, neigen ebenso zur Korrosion wie die übrigen Steckverbindungen im Motorraum. Daher ein defektes Relais immer daraufhin überprüfen, ob die Beschädigung durch Wassereintritt entstanden ist. In diesem Fall folgendermaßen vorgehen:

- Steckanschlüsse am Relais mit Spezialfett, zum Beispiel Molykote 33 Medium, bestreichen.
- Steckverbindung aus der Schutzkappe herausnehmen, Kontakte mit Drahtbürste reinigen und mit Spezialfett versehen.
- Relais einsetzen, Schutzkappe aufsetzen und Schutzkappe zum Kabelstrang und zum Relais mit geeignetem, wasserfesten Klebeband abdichten.
- Sitz von Relais und Kabelstrang überprüfen. Der Kabelstrang muß immer senkrecht nach unten führen.
- Ein- und Mehrfachsteckverbindungen auf dieselbe Weise gegen Korrosion schützen.

Achtung: Es empfiehlt sich, diese Arbeiten schon vorbeugend durchzuführen, um Funktionsstörungen zu vermeiden.

Scheibenwischermotor prüfen

Der Scheibenwischermotor sitzt im Wasserkasten unterhalb der Windschutzscheibe. Zum Prüfen muß die jeweilige Abdekkung demontiert werden.

Klemmenbezeichnungen

Die Klemmen am Motor sind genormt:

⊙ Klemme **C2** ist der Masseanschluß (allgemein in der Fahrzeugelektrik).

⊙ Klemme **A1** erhält Spannung für die erste Wischergeschwindigkeit.

⊙ Klemme **C1** liefert Plusstrom (+) für die Wischer-Endabstellung: Der Motor erhält über einen Schleifkontakt so lange Spannung, bis die Wischer in Ruhestellung gelaufen sind, wenn der Fahrer den Scheibenwischer ausschaltet.

⊙ Klemme **B1** führt die Spannung für die zweite Wischergeschwindigkeit (Nebenschlußwicklung).

⊙ Über Klemme **A2** wird der Wischermotor beim Zurücklaufen nach dem Abschalten abgebremst, damit die Wischer nicht über ihre Parkstellung hinauslaufen.

Wischermotor prüfen

Zunächst klären, ob der Wischermotor oder die Stromversorgung defekt ist. Dazu folgendermaßen vorgehen:

- Mehrfachstecker am Wischermotor abziehen.
- Mit 2 Hilfskabeln Spannung (+) und Masse (–) von der Fahrzeugbatterie an den Wischermotor anlegen:
  - Ein Kabel vom Batterie-Pluspol zu Klemme **A1** oder **B1** verlegen.
  - Das zweite vom Batterie-Minuspol zu Motor-Klemme **C2** führen.
- Der Scheibenwischermotor muß jetzt je nach benutzer Klemme auf Stufe I oder II laufen. Wenn nicht, ist der Motor oder die entsprechende Stufe defekt. Wischermotor ausbauen, siehe Seite 249.

Blinkanlage prüfen

Die Takte für die Blink- und Warnblinkanlage werden von einem Relais erzeugt, dem sogenannten Blinkgeber. Die Warnblinkanlage ist ohne Sicherung an das Relais angeschlossen. Die Richtungs-Blinkanlage wird über eine Sicherung im Sicherungskasten abgesichert.

- Ist der Blinker-Rhythmus auf einer Seite schneller als auf der anderen Seite, ist auf der »schnellen« Seite eine Glühlampe defekt oder eine Leitungsunterbrechung vorhanden.
- Bei allen anderen Störungen ist meist das Blinkrelais die Ursache. Klemmenbelegung am Blinkgeber, die Anschlußfahnen sind markiert:
  ⊙ Klemme **Minus (–)** ist Masse
  ⊙ Klemme **Plus (+)** ist Relaiseingang (plus liegt ständig an)
  ⊙ Klemme **C(OM)** ist Relaisausgang
  ⊙ Klemme **R(EP)** geht zur Kontrollampe im Schalttafeleinsatz
- Steht kein neues Relais zur Verfügung, dünnen Draht vorsichtig zwischen Klemme + und **COM** im Relaisstecker einstecken. **Achtung:** Dabei dürfen die empfindlichen Relaiskontakte nicht beschädigt werden. Drahtenden vor dem Einstecken umbiegen, damit keine scharfen Kanten vorhanden sind. Defektes Blinkrelais wieder aufsetzen. Die Anschlußfahnen sind so lang, daß das Relais trotz Überbrückung wieder aufgesteckt werden kann.
- Zündung einschalten. Wird der Blinkhebel jetzt betätigt, leuchtet die betreffende Blinkerseite dauernd auf. Durch Ein- und Ausschalten mit dem Blinkerhebel kann ein Blinkrhythmus erzeugt werden. Dennoch: Umgehend neues Blinkrelais einbauen.
- Leuchtet das Blinklicht trotz Überbrückung der Relaiskontakte nicht, liegt ein Defekt im Blinkerschalter oder in der elektrischen Zuleitung vor.

Bremslicht prüfen

- Wenn das Bremslicht nicht aufleuchtet, zuerst Sicherung im Sicherungkasten überprüfen.
- War die Sicherung in Ordnung, anschließend Brems-Glühlampen überprüfen, gegebenenfalls erneuern.

Sind die Brems-Glühlampen in Ordnung, anschließend Bremslichtschalter prüfen. Oberhalb des Bremspedals sitzt am Pedalbock der Bremslichtschalter. Beim Niedertreten des Bremspedals wandert ein Druckstift aus dem Schalter heraus. Der Schalterkontakt schließt, und die Bremslichter leuchten auf.

- Bremslichtschalter überprüfen. Dazu Abdeckung oberhalb der Pedale ausbauen. Kabelstecker vom Bremslichtschalter abziehen.
- Zündung einschalten.
- Beide Kontakte im Kabelstecker des Bremslichtschalters mit einer kurzen Hilfsleitung überbrücken. Wenn die Bremslichter jetzt aufleuchten, ist der Bremslichtschalter defekt.
- Bremslichtschalter ersetzen.

Heizbare Heckscheibe prüfen

Bei eingeschalteter Heckscheibenheizung muß das Feld mit den sichtbaren Leiterbahnen nach einiger Zeit frei von Beschlag oder Eis sein.

- Bei Störungen zuerst Sicherung im Sicherungkasten überprüfen.
- Ist die Sicherung in Ordnung, anschließend festen Sitz des Kabelsteckers an der Heckscheibe überprüfen, gegebenenfalls von Korrosion reinigen.
- Falls die Heckscheibe in einer Heckklappe sitzt, Stromzufuhr zur Heckklappe prüfen. Dazu Heckklappe öffnen. Die Stromzufuhr erfolgt durch den Kabelstrang im oberen Teil der Heckklappe.
- Mit Voltmeter Spannung prüfen, gegebenenfalls Stecker abziehen und verschmutzte Kontakte mit Spiritus oder Benzin abwischen.
- Funktioniert die Heckscheibenheizung immer noch nicht, Schalter prüfen, siehe Seite 210.
- Funktion des Schaltrelais prüfen, siehe Seite 210.
- Sind Heizfäden unterbrochen, hilft handelsüblicher Leitsilberlack zur Wiederherstellung der Verbindung.

Sicherungen auswechseln

Um Kurzschluß- und Überlastungsschäden an den Leitungen und Verbrauchern der elektrischen Anlage zu verhindern, sind die einzelnen Stromkreise durch Schmelzsicherungen geschützt. Es werden Sicherungen verwendet, die neuesten technischen Erkenntnissen entsprechen. Sie sind mit Messerkontakten ausgestattet, so daß herkömmliche Sicherungen nicht mehr verwendet werden können.

Die Sicherungen befinden sich im Sicherungskasten, der sich je nach Modell im Motorraum und/oder unter dem Handschuhkasten befindet. Zum Öffnen Sicherungskasten an den beiden Laschen aushaken und nach unten klappen.

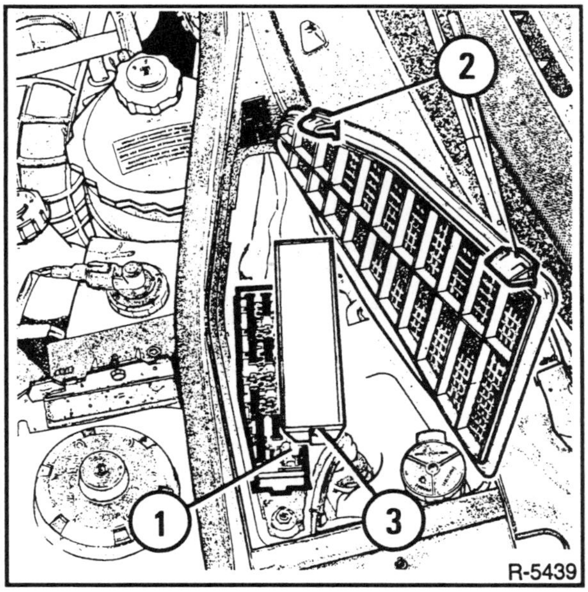

- Um an den Sicherungskasten im Motorraum zu gelangen, die beiden Kunststofflaschen –2– ausrasten und das Belüftungsgitter hochklappen.
- Die Laschen –3– eindrücken und den Deckel –1– des Sicherungskastens öffnen.
- Vor dem Auswechseln einer Sicherung immer zuerst den betroffenen Verbraucher ausschalten beziehungsweise das Batterie-Massekabel (–) abklemmen.

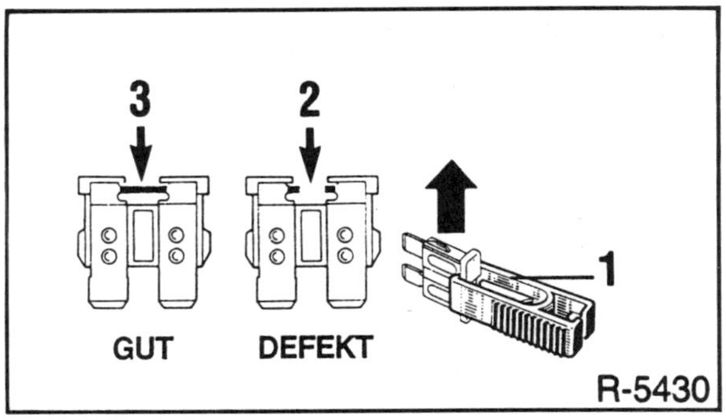

- Eine durchgebrannte Sicherung erkennt man am durchgeschmolzenen Metallstreifen –2–. Bei der Sicherung –3– ist der Metallstreifen intakt.

- Defekte Sicherung mit der Kunststoffzange –1– herausziehen und anschließend seitlich –Pfeilrichtung– aus der Zange herausziehen. Die Kunststoffzange ist seitlich im Sicherungskasten eingeclipst.
- Neue Sicherung **gleicher Sicherungsstärke** einsetzen.
- Brennt eine neu eingesetzte Sicherung nach kurzer Zeit wieder durch, muß der entsprechende Stromkreis überprüft werden.
- Auf keinen Fall Sicherung durch Draht oder ähnliche Hilfsmittel ersetzen, weil dadurch ernste Schäden an der elektrischen Anlage auftreten können.
- Es ist empfehlenswert, stets einige Ersatz-Sicherungen im Wagen mitzuführen.

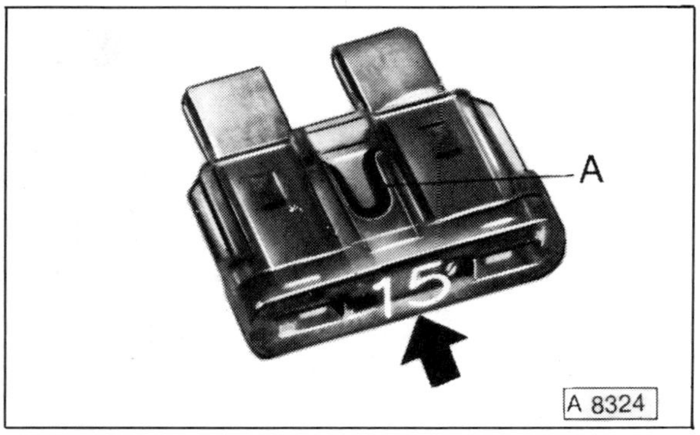

- Die Nennstromstärke der Sicherung ist auf der Rückseite des Griffes aufgedruckt. Außerdem hat der Griff eine Kennfarbe, an der ebenfalls die Nennstromstärke zu erkennen ist. A = Schmelzfaden.

Nennstromstärke Ampère	Kennfarbe
5	beige
10	rot
15	blau
20	gelb
30	grün

- Sicherungskasten zurückklappen und einrasten. Im Motorraum Sicherungskasten schließen, Belüftungsgitter herunterklappen und einrasten.
- Falls erforderlich, Batterie-Massekabel (–) anklemmen. **Achtung:** Batterie-Massekabel nur bei ausgeschalteter Zündung anklemmen. Zeituhr einstellen.

Sicherungsbelegung

Die Sicherungsbelegung ist abhängig von der Ausstattung des Fahrzeuges. Die aktuelle Belegung der Sicherungen befindet sich in der Betriebsanleitung und, durch Symbole dargestellt, auf der Innenseite des Verschlußdeckels für den Sicherungskasten.

Sicherungskasten im Motorraum

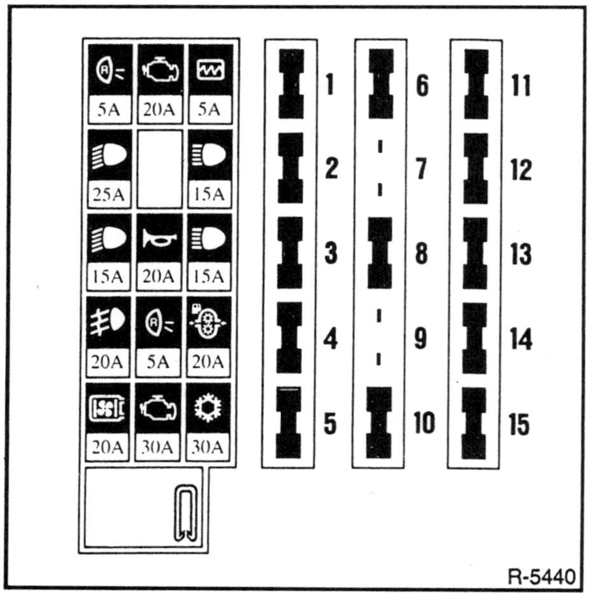

Nr.	Amp.	Verbraucher
1	5	Rückfahrscheinw./Diebstahl-Warnanlage
2	25	Abblendlicht rechts/ Scheinwerfer-Wisch-Waschanlage
3	15	Abblendlicht links
4	20	Nebelscheinwerfer
5	20	Kühlerventilator
6	20	Motorfunktionen
7	–	Frei
8	20	Signalhorn
9	–	Frei
10	30	Motorfunktionen
11	5	Automatikgetriebe
12	15	Fernlicht rechts
13	15	Fernlicht links
14	20	Kraftstoffpumpe
15	30	Klimaanlage

Sicherungskasten im Motorraum

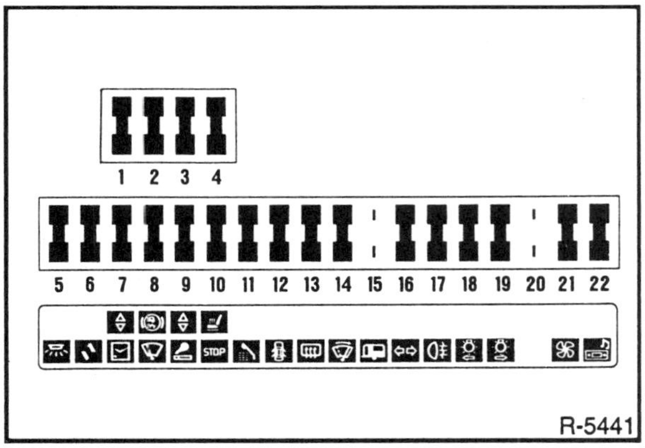

Nr.	Amp.	Verbraucher
1	30	Fensterheber rechts
2	15	ABS
3	30	Fensterheber links
4	20	Sitzbeheizung
5	15	Innenbeleuchtung/Radio/ Diebstahl-Warnanlage
6	30	Batterie-Stromunterbrecher
7	10	Zeituhr
8	15	Fronscheibenwischer
9	15	Heckscheibenwischer
10	10	Bremsleuchten
11	–	Frei
12	20	Zentralverriegelung/Elektrische Außenspiegel
13	20	Heckscheibenbeh./Außenspiegelbeheizung
14	10	Intervallschaltung für Frontscheibenwischer
15	–	Plus-Direktstromanschluß für Anhänger
16	10	Blinkleuchten
17	10	Nebelschlußleuchte
18	10	Standleuchte und Schlußleuchte links
19	10	Standleuchte und Schlußleuchte rechts
20	–	Frei
21	20	Heizungsgebläse
22	10	Radio/Diebstahl-Warnanlage

Relaiszuordnung

Die Relais sind im Bereich des Sicherungskastens unter dem Handschuhfach angeordnet. Zum Öffnen des Sicherungskastens die beiden Laschen –Pfeile– eindrücken.

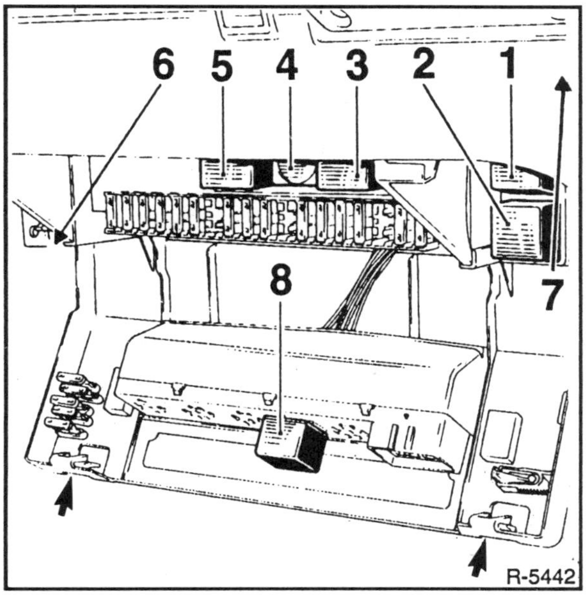

Relais	Funktionszuordnung
1	Nebelschlußleuchte oder Überbrückung
2	Heckscheibenheizung
3	Warnton für Beleuchtung
4	Blinkrelais
5	Verzögerung der Zentralverriegelung
6	Gehäuse Intervallschaltung Frontscheibenwischer
7	Gehäuse Intervallschaltung Heckscheibenwischer
8	Nebelscheinwerfer

Achtung: Der 16V-Motor besitzt links neben Relais 8 ein Relais für Beleuchtung Außentemperaturanzeige. Rechts neben Relais 8 befindet sich der Diagnosestecker.

Relais im Motorraum

Beim Benzinmotor (außer 16V) befinden sich das Relais der Einspritzanlage sowie das Schutzrelais rechts hinten im Motorraum im Kunststoffgehäuse des elektronischen Steuergerätes.

Beim 16V-Motor befinden sich die Relais für Einspritzanlage und Kraftstoffpumpe sowie das Schutzrelais in einem Relaiskasten am linken vorderen Radlauf.

Intervallschalter für Scheibenwischer

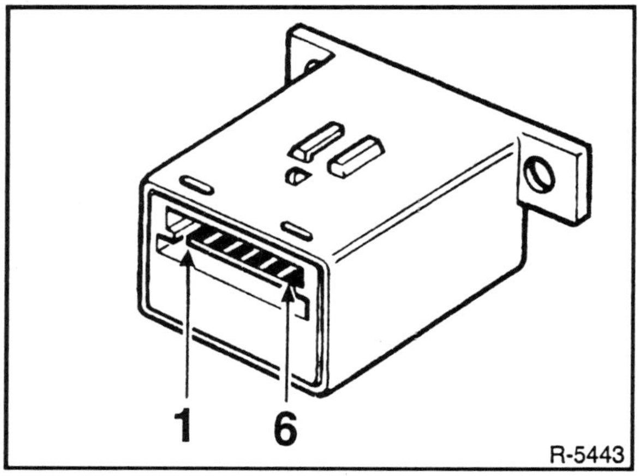

Anschl.	Belegung
1	Masse/Heckscheibenwischer bzw. Frei
2	Plus (+) Scheibenwascherpumpe
3	Steuerung Intervallschaltung
4	Wischerendstellung
5	Geschaltetes Plus (+)
6	Ausgang Intervallschaltung zum Motor

Verzögerungsschalter Zentralverriegelung

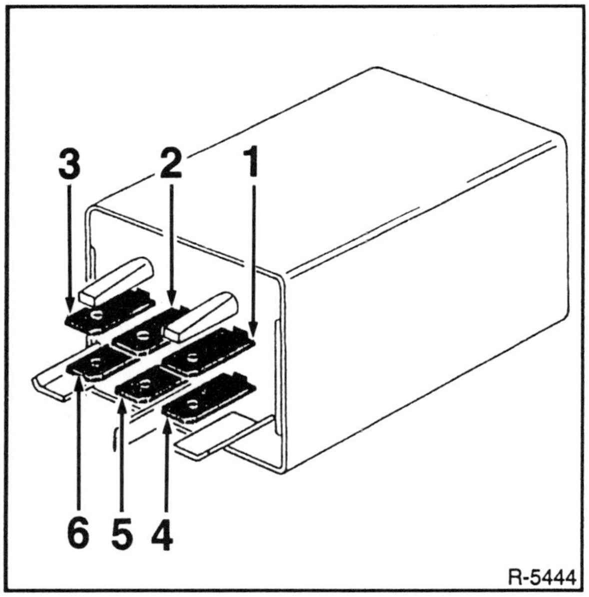

Anschl.	Belegung
1	Steuerung verriegeln
2	Masse Verzögerungsrelais
3	Steuerung entriegeln
4	Stromversorgung für Elektromotoren verriegeln
5	Dauerstrom
6	Steuerung für Elektromotoren entriegeln

Verzögerungsdauer: **3** ± **1** Sekunden.

Batterie aus- und einbauen

Die Batterie befindet sich auf der linken Seite vorn im Motorraum.

Hinweis: Wird die Autobatterie ersetzt, unbedingt die Altbatterie zum Händler mitnehmen und zurückgeben. Sonst muß Pfand für die neue Batterie bezahlt werden.

Ausbau

- Motorhaube öffnen.
- Prüfen, ob sämtliche Stromverbraucher ausgeschaltet sind, gegebenenfalls ausschalten.

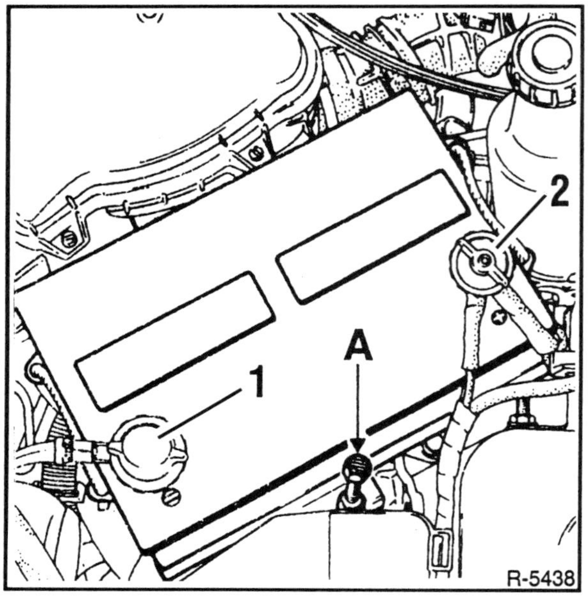

- Batteriekabel abklemmen, dazu die Haltemuttern abschrauben. Zuerst Massekabel (–) –1– (grüne Mutter), dann Pluskabel (+) –2– (rote Mutter).
- Halteplatte am Batteriefuß abschrauben –A– und herausnehmen.
- Batterie herausheben.

Einbau

- Batterie einsetzen.
- Halteplatte ansetzen und mit 10 Nm festschrauben.
- Pluskabel am Pluspol (+), dann Massekabel (–) am Minuspol (–) anklemmen. **Achtung:** Durch eine falsch angeschlossene Batterie können erhebliche Schäden am Generator und an der elektrischen Anlage entstehen.
- Zeituhr neu einstellen.
- Radiocode eingeben.

Hinweise zur wartungsarmen Batterie

Der RENAULT CLIO kann mit einer wartungsarmen Batterie ausgestattet werden. Bei dieser Batterie muß nicht mehr wie bisher destilliertes Wasser nachgefüllt werden, dennoch sind einige Wartungspunkte zu beachten.

- Der Deckel hat eine Entlüftungsöffnung. Damit keine Batteriesäure austreten kann, darf die Batterie nicht mehr als 45° geneigt werden.
- Zum Laden können die normalen Ladegeräte verwendet werden. Die Batterie darf auch mit einem Schnelladegerät geladen werden. Der Ladestrom soll zwischen 3 und 30 Ampère liegen; die Ladespannung zwischen 14 und 14,5 Volt.

Achtung: Ladegeräte mit konstanter Stromstärke und Impulsgebung dürfen **nicht** verwendet werden. Das gilt auch, wenn die Stromstärke begrenzt ist.

- Vor dem Laden Batterie kurz schütteln. Während dem Laden Batterie in stündlichem Abstand schütteln, damit die Batteriesäure gut durchmischt wird.
- Die günstigste Lagertemperatur liegt zwischen 0° C und +27° C. Bei diesen Temperaturen hat die Batterie die günstigste Selbstentladungsrate.
- Batteriepole reinigen und mit Bosch-Polfett einreiben.
- Starthilfegeräte dürfen nur ausnahmsweise verwendet werden, da die Batterie hierdurch kurzfristig einer sehr hohen Stromstärke ausgesetzt wird.

Achtung: Starthilfegerät nicht einschalten, ohne gleichzeitig den Anlasser zu betätigen.

Batterie laden

Die mit ■ gekennzeichneten Positionen entfallen bei der wartungsarmen Batterie. Hinweise zur wartungsarmen Batterie beachten.

■ Vor dem Laden Säurestand prüfen, gegebenenfalls destilliertes Wasser nachfüllen. Richtiger Säurestand: 1,5 cm über den Platten. Zum Nachfüllen nur destilliertes Wasser verwenden. Auf keinen Fall Batteriesäure oder Leitungswasser einfüllen.

● Batterie niemals kurzschließen. Bei Kurzschluß erhitzt sich die Batterie und kann platzen. Nicht mit offener Flamme in Batterie leuchten. Batteriesäure ist ätzend und darf nicht in die Augen, auf die Haut oder die Kleidung gelangen, gegebenenfalls mit viel Wasser abspülen.

● Plus- und Massekabel (−) von Batterie abklemmen, Massekabel zuerst.

● Gefrorene Batterie vor dem Laden auftauen. Eine geladene Batterie friert bei ca. −65° C, eine halbentladene bei ca. −30° C und eine entladene bei ca. −12° C.

■ Verschlußleiste von Hand abheben bzw. Stopfen aus der Batterie herausschrauben und leicht auf die Öffnungen legen. Dadurch werden Säurespritzer auf dem Lack vermieden, während die beim Laden entstehenden Gase entweichen können.

● Batterie nur in gut belüftetem Raum laden. Beim Laden der eingebauten Batterie Motorhaube geöffnet lassen.

● Bei der Normalladung beträgt der Ladestrom ca. 10 % der Kapazität. (Bei einer 45-Ah-Batterie also etwa 4,5 A.)

● Pluspol der Batterie mit Pluspol, Minuspol der Batterie mit Minuspol des Ladegerätes verbinden. Dabei muß das Ladegerät ausgeschaltet sein.

● Die Säuretemperatur darf während des Ladens +55° C nicht überschreiten, gegebenenfalls Ladung unterbrechen oder Ladestrom herabsetzen.

■ So lange laden, bis alle Zellen lebhaft gasen und bei drei im Abstand von je einer Stunde aufeinanderfolgenden Messungen das spezifische Gewicht der Säure und die Spannung nicht mehr angestiegen sind.

● Die Batterie darf auch mit einem Schnell-Ladegerät geladen werden.

Achtung: Das Schnelladen einer Batterie sollte nicht zur Gewohnheit werden! Batterien, die lange unbenutzt gestanden haben oder neu sind, dürfen nicht schnellgeladen werden.

■ Nach der Ladung Säurestand prüfen, gegebenenfalls destilliertes Wasser nachfüllen.

■ Säuredichte prüfen. Liegt der Wert in einer Zelle deutlich unterhalb der anderen Werte (z. B. 5 Zellen zeigen 1,26 g/ml und 1 Zelle 1,18 g/ml), so ist die Batterie defekt und sollte erneuert werden.

■ Batterie ca. 20 Minuten ausgasen lassen, dann Verschlußstopfen aufschrauben oder Verschlußleiste aufdrücken.

Achtung: Der Motor (mit Drehstromgenerator) darf nicht bei abgeklemmter Batterie laufen, da sonst die elektrische Anlage beschädigt wird.

Batterie prüfen

Der Batterie-Zustand wird durch Messen der Spannung mit einem Voltmeter zwischen den Batteriepolen überprüft.

- Batterie äußerlich säubern.

Prüfvoraussetzung: Zündung ausgeschaltet.

- Scheinwerfer ca. 4 Minuten einschalten.
- Nach dem Ausschalten der Scheinwerfer ca. 10 Minuten warten.
- Plus- und Minuskabel von den Batteriepolen abklemmen.

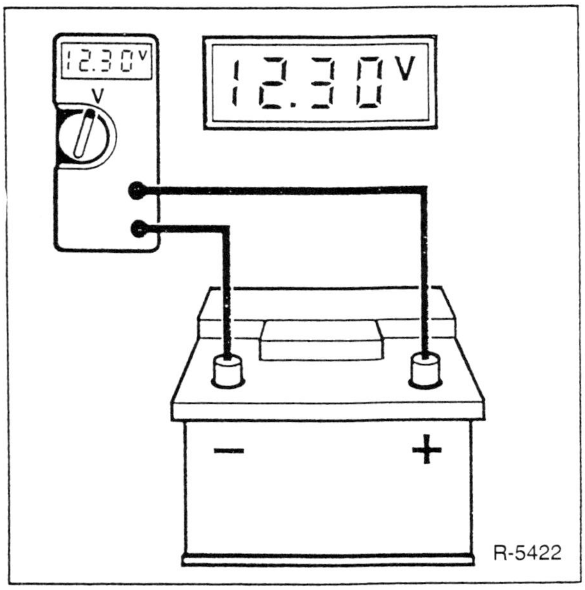

R-5422

- Voltmeter zwischen die Batteriepole anschließen und Batteriespannung prüfen. Zeigt das Meßgerät mehr als 12,30 Volt an, ist die Batterie in Ordnung. Liegt die Spannung unter 12,30 Volt, Batterie laden.
- Falls die Batterie geladen werden muß, anschließend Prüfung wiederholen. Das Voltmeter muß jetzt mehr als 12,50 Volt anzeigen, andernfalls ist die Batterie defekt.
- Batteriekabel anklemmen.

Batterie unter Belastung prüfen

- Voltmeter an den Polen der Batterie anschließen.
- Motor starten und Spannung ablesen.
- Während des Startvorganges darf bei einer vollen Batterie die Spannung nicht unter 10 Volt (bei einer Säuretemperatur von ca. +20° C) abfallen.
- Bricht die Spannung sofort zusammen und wurde in den Zellen eine unterschiedliche Säuredichte festgestellt, so ist auf eine defekte Batterie zu schließen.

Säuredichte prüfen

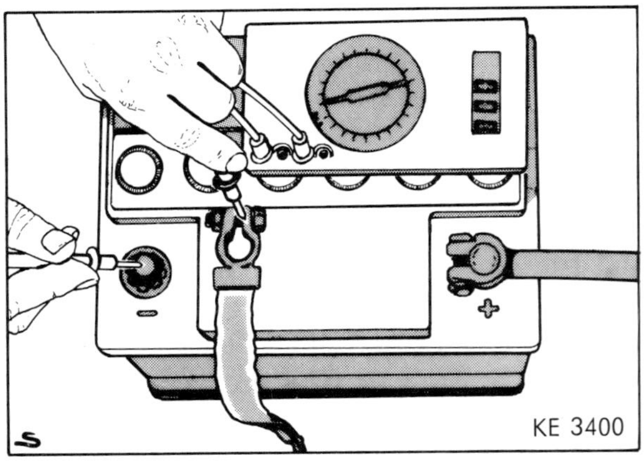

KE 3400

- Die Säuredichte ergibt in Verbindung mit der Spannungsmessung genauen Aufschluß über den Ladezustand der Batterie. Zur Prüfung dient ein Säureheber, der recht preiswert in Fachgeschäften angeboten wird. Je größer das spezifische Gewicht (Säuredichte) der angesaugten Batteriesäure ist, desto mehr taucht der Schwimmer auf. An der Skala kann man die Säuredichte in spezifischem Gewicht (g/ml) oder Baumégrad (+°Bé) ablesen. Folgende Werte müssen erreicht werden:

Ladezustand	norm. Klimazonen		Tropen	
	+°Bé	g/ml	+ °Bé	g/ml
entladen	16	1,12	11	1,08
halb entladen	24	1,20	18	1,16
gut geladen	32	1,28	27	1,23

Batterie entlädt sich selbständig

Je nach Fahrzeugausstattung addiert sich zur natürlichen Selbstentladung der Batterie auch die Stromaufnahme der verschiedenen Steuergeräte im Ruhezustand. Daher sollte ein stehendes Fahrzeug spätestens alle 6 Wochen nachgeladen werden. Wenn der Verdacht auf Kriechströme besteht, Bordnetz nach folgender Anleitung prüfen:

- Zur Prüfung geladene Batterie verwenden.

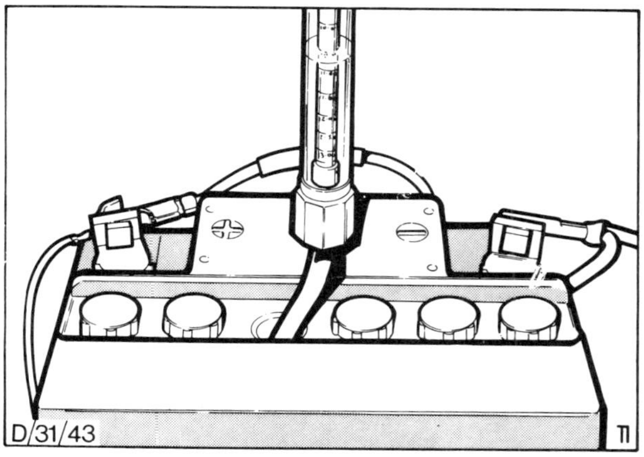

- Am Ampèremeter (Meßbereich von 0–5 mA und 0–5 A) den höchsten Meßbereich einstellen. Massekabel (–) von der Batterie abklemmen. Ampèremeter zwischen Batterie-Minuspol und Massekabel (–) schalten. Ampèremeter-Plus-Anschluß an Massekabel (–) und Ampèremeter-Minus-Anschluß an Batterie-Minuspol.

Achtung: Die Prüfung kann auch mit einer Prüflampe durchgeführt werden. Leuchtet die Lampe zwischen Masseband und Minuspol der Batterie jedoch nicht auf, ist auf jeden Fall ein Ampèremeter zu verwenden.

- Alle Verbraucher ausschalten, vorhandene Zeituhr (und andere Dauerverbraucher) abklemmen, Türen schließen.
- Vom Ampèrebereich solange auf den Milliampèrebereich zurückschalten, bis eine ablesbare Anzeige erfolgt (1–3 mA sind zulässig).
- Durch Herausnehmen der Sicherungen nacheinander die verschiedenen Stromkreise unterbrechen. Wenn bei einem der unterbrochenen Stromkreise die Anzeige auf Null zurückgeht, ist hier die Fehlerquelle zu suchen. Fehler können sein: korrodierte und verschmutzte Kontakte, durchgescheuerte Leitungen, interner Schluß in Aggregaten.
- Wird in den abgesicherten Stromkreisen kein Fehler gefunden, so sind die Leitungen an den nicht abgesicherten Aggregaten abzuziehen. Dieses sind: Generator, Anlasser, Zündanlage.
- Geht beim Abklemmen von einem der ungesicherten Aggregate die Anzeige auf Null zurück, betreffendes Bauteil überholen oder austauschen. Bei Stromverlust in Anlasser- oder Zündanlage immer auch den Zünd-Anlaßschalter nach Stromlaufplan prüfen.
- Masseband an Batterie anklemmen.

Störungsdiagnose Batterie

Störung	Ursache	Abhilfe
1) Säurestand zu niedrig	Überladung, Verdunstung (besonders im Sommer)	■ Destilliertes Wasser bis zur vorgeschriebenen Höhe nachfüllen (bei geladener Batterie)
2) Säure tritt aus den Verschlußstopfen aus	Ladespannung zu hoch	■ Spannungsregler prüfen, ggf. austauschen
	Säurestand zu hoch	■ Überschüssige Säure mit Säureheber absaugen
3) Säuredichte zu niedrig	Säuredichte in einer Zelle deutlich niedriger als in den übrigen Zellen	■ Kurzschluß in einer Zelle. Batterie erneuern
	Säuredichte in zwei benachbarten Zellen deutlich niedriger als in den übrigen Zellen	■ Trennwand undicht, dadurch enteht eine leitende Verbindung zwischen den Zellen, wodurch die Zellen entladen werden. Batterie erneuern
	Batterie entladen	■ Batterie laden
	Generator nicht in Ordnung	■ Generator prüfen, ggf. reparieren oder austauschen
	Kurzschluß im Leitungsnetz	■ Elektrische Anlage überprüfen
	Säure infolge Wartungsfehler verwässert	■ Säureausgleich durchführen
4) Säuredichte zu hoch	Säure wurde nachgefüllt	■ Säureausgleich durchführen
5) Abgebende Leistung ist zu gering, Spannung fällt stark ab	Batterie entladen	■ Batterie nachladen
	Ladespannung zu niedrig	■ Spannungsregler prüfen, ggf. austauschen
	Anschlußklemmen lose oder oxydiert	■ Anschlußklemmen reinigen und besonders Unterseite mit Säureschutzfett leicht einfetten, Befestigungsschrauben anziehen
	Masseverbindung Batterie-Motor-Karosserie ist schlecht	■ Masseverbindung überprüfen, ggf. metallische Verbindungen herstellen oder Schraubverbindungen festziehen
	Zu große Selbstentladung der Batterie durch Verunreinigung der Batteriesäure	■ Batterie austauschen
	Evtl. Batterie sulfatiert (grauweißer Belag auf den Plus- und Minusplatten)	■ Batterie mit kleinem Strom laden, damit sich der Belag langsam zurückbildet. Falls nach wiederholter Ladung und Entladung die abgegebene Leistung immer noch zu gering ist, Batterie austauschen
	Batterie verbraucht, aktive Masse der Platten ausgefallen	■ Batterie austauschen
6) Nicht ausreichende Ladung der Batterie	Fehler an Generator, Spannungsregler oder Leitungsanschlüssen	■ Generator und Spannungsregler überprüfen, instand setzen bzw. austauschen; Leitungen einwandfrei befestigen
	Keilriemen locker	■ Keilriemen spannen oder austauschen
	Zu viele Verbraucher angeschlossen	■ Größere Batterie einbauen; evtl. auch größeren Generator verwenden
7) Dauernde Überladung	Fehler am Spannungsregler, evtl. auch am Generator	■ Spannungsregler austauschen bzw. Generator überprüfen
8) Vollgeladene Batterie verliert Spannung bei Startversuch	Defekt in der Batterie	■ Batterie austauschen

Hinweis: Die ersten vier Hinweise gelten nicht für die wartungsfreie Batterie.

Der Generator

Der RENAULT CLIO ist mit einem Drehstromgenerator ausgerüstet. Je nach Modell und Ausstattung kann ein Generator mit einer Leistung von 60 A bis 110 A eingebaut sein. Zum Einsatz kommen die Fabrikate Ducellier, Paris-Rhône und Valéo.

Der Generator wird von der Kurbelwelle über den Keilriemen angetrieben. Dabei dreht sich der Läufer mit der Erregerwicklung innerhalb der feststehenden Ständerwicklung mit ca. doppelter Motordrehzahl.

Über Kohlebürsten und Schleifringe fließt der Erregerstrom durch die Erregerwicklung. Dabei bildet sich ein Magnetfeld. Die Lage des magnetischen Feldes zur Ständerwicklung ändert sich ständig, entsprechend der Umdrehung des Läufers. Dadurch wird in der Ständerwicklung ein Drehstrom erzeugt.

Da die Batterie aber nur mit Gleichstrom geladen werden kann, wird der Drehstrom durch Gleichrichter in der Diodenplatte in Gleichstrom umgewandelt. Der Spannungsregler verändert den Ladestrom durch Ein- und Ausschalten des Erregerstromes, entsprechend dem Ladezustand der Batterie. Gleichzeitig hält der Regler die Betriebsspannung konstant bei ca. 14 Volt, unabhängig von der Drehzahl.

Achtung: Im Gegensatz zum Gleichstromgenerator darf der Drehstromgenerator niemals ohne Batterie betrieben werden. Motor also nicht ohne Batterie laufen lassen.

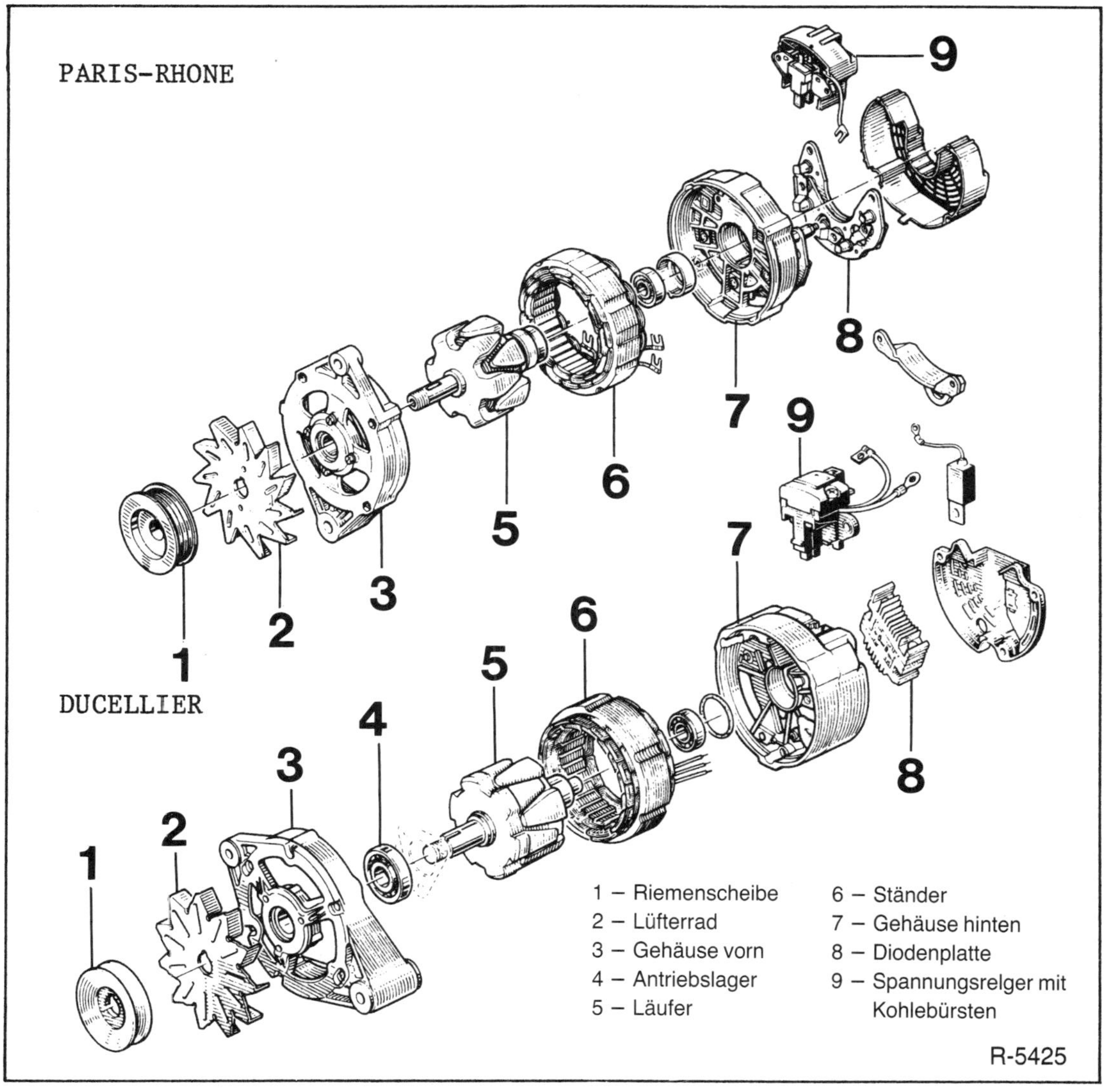

1 – Riemenscheibe
2 – Lüfterrad
3 – Gehäuse vorn
4 – Antriebslager
5 – Läufer
6 – Ständer
7 – Gehäuse hinten
8 – Diodenplatte
9 – Spannungsrelger mit Kohlebürsten

R-5425

Sicherheitshinweise für den Drehstromgenerator

- Bei Arbeiten an der elektrischen Anlage im Motorraum grundsätzlich das Batterie-Massekabel (–) abklemmen.
- Kabel an Spannungsregler und Generator **nicht** vertauschen. Kabel vor dem Abklemmen mit Tesaband kennzeichnen.
- Batterie oder Spannungsregler **nicht** bei laufendem Motor abklemmen.
- Generator **nicht** bei angeschlossener Batterie ausbauen.
- Beim Schnelladen Batterie grundsätzlich vom Bordnetz trennen.
- Beim Elektroschweißen grundsätzlich Batterie und Generator abklemmen.

Generator prüfen

Prüfen

- Voltmeter an die Klemmen der Batterie anschließen.
- Sämtliche Stromverbraucher ausschalten.
- Motor starten. Drehzahl erhöhen, bis sich die Spannungsanzeige stabilisiert. Sollwert: 13,5 bis 14,8 Volt.
- Zusätzliche Stromverbraucher wie Scheinwerfer, Heizgebläse, heizbare Heckscheibe und Scheibenwischer einschalten. Das Voltmeter muß weiterhin 13,5 bis 14,8 Volt anzeigen.
- Werden die Sollwerte erreicht, obwohl die Batterie nicht ausreichend geladen wird, ist in der Regel die Batterie defekt.
- Falls die Spannung bei Erhöhung der Drehzahl nicht ansteigt oder unter 13,5 V bleibt, liegt ein Fehler im Ladestromkreis vor.
- Voltmeter zwischen Masse- und Plusanschluß des Drehstromgenerators anschließen und Prüfung nochmals durchführen. Werden die Sollwerte jetzt erreicht, Kabel und Anschlüsse auf ausreichenden Durchgang prüfen, gegebenenfalls ersetzen.
- Außerdem kann der Fehler durch eine beschädigte Diode, unterbrochene Phase oder verschmierte Kontaktringe im Generator verursacht sein.

Generator aus- und einbauen

1,2-/1,4-l-Benzinmotor

Ausbau

- Batterie-Massekabel (–) abklemmen. **Achtung:** Dadurch wird aus dem Speicher des Radios der Code für die Diebstahlsicherung gelöscht. Die Batterie darf nur bei ausgeschalteter Zündung abgeklemmt werden.
- Fahrzeug aufbocken.
- Elektrische Leitungen an der Rückseite des Generators abziehen beziehungsweise abschrauben.

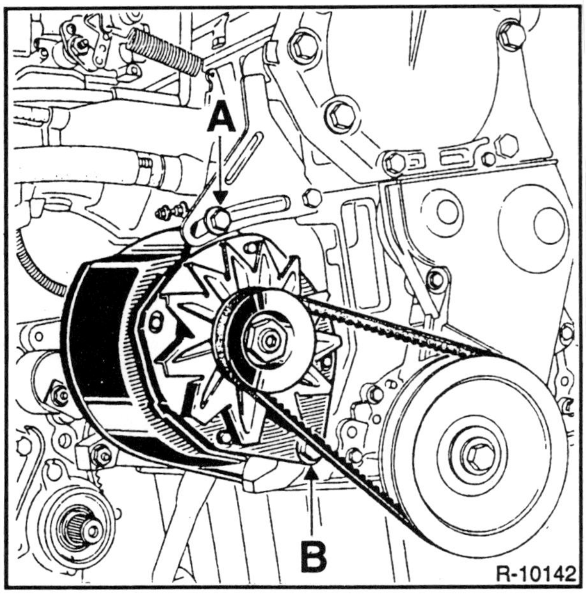

- Klemmschraube –A– lösen, Lagerschraube –B– herausdrehen und Generator zum Motor schwenken.
- Keilriemen abnehmen.
- Lagerschraube herausdrehen, Kunststoff-Verkleidung abnehmen und Generator herausheben.

Einbau

- Generator einsetzen, Schraube –B– durchstecken, Verkleidung ansetzen und anschrauben.
- Keilriemen auflegen und spannen.
- Schrauben festziehen.
- Elektrische Leitungen hinten am Generator anschließen.
- Fahrzeug ablassen.
- Massekabel (–) an Batterie anschließen.

1,8-l/88 PS-Benzinmotor

Ausbau

- Batterie-Massekabel (–) abklemmen. **Achtung:** Dadurch wird aus dem Speicher des Radios der Code für die Diebstahlsicherung gelöscht. Die Batterie darf nur bei ausgeschalteter Zündung abgeklemmt werden.
- Elektrische Leitungen an der Rückseite des Generators abziehen beziehungsweise abschrauben.
- Keilriemen ausbauen, siehe Seite 40.
- Generator oben und unten abschrauben und herausnehmen.

Einbau

- Generator einsetzen und anschrauben.
- Keilriemen einbauen und spannen, siehe Seite 40.
- Elektrische Leitungen hinten am Generator anschließen.
- Massekabel (–) an Batterie anschließen.

Ausbau 1,8-l-16V-Motor

- Batterie-Massekabel (–) abklemmen. **Achtung:** Dadurch wird aus dem Speicher des Radios der Code für die Diebstahlsicherung gelöscht. Die Batterie darf nur bei ausgeschalteter Zündung abgeklemmt werden.
- Motorhaube ausbauen, siehe Seite 184.
- Frontgrill ausbauen, siehe Seite 184.
- Rechten Scheinwerfer sowie Blinker ausbauen, siehe Seite 235.
- Metallschutz für Verbindungskabel zwischen Kraftstofftank und Aktivkohlefilter ausbauen. Dazu 2 Schrauben herausdrehen.
- Schlauch für Aktivkohlefilter abziehen.
- Keilriemen ausbauen, siehe Seite 40.
- Elektrische Leitungen an der Rückseite des Generators abziehen beziehungsweise abschrauben.
- Schlauch für Saugrohrdruckfühler am Ansaugkrümmer abziehen.
- Untere Befestigungsmutter des Generators herausdrehen.

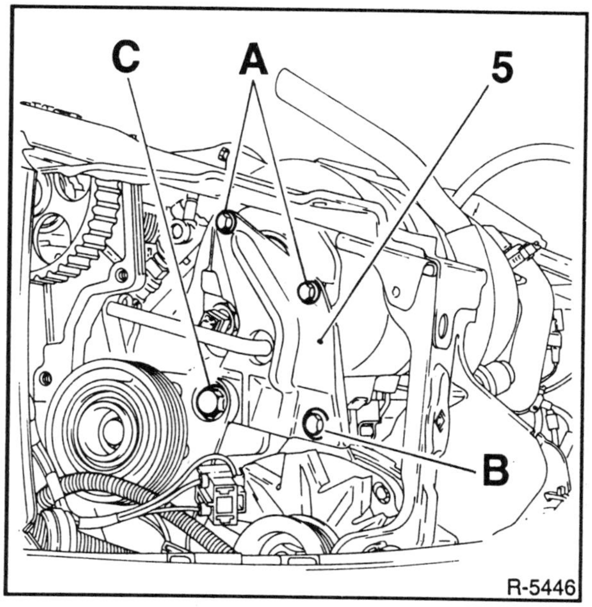

- Halterung des Drehstromgenerators –5– lösen, dazu die Schrauben –A–, –B– und –C– herausdrehen.

- Hintere Strebe –6– ausbauen, dazu Schraube –D– herausdrehen.
- Untere Achse für Generator herausziehen, dabei den unteren Kühlerschlauch zur Seite drücken.
- Elektrische Leitungen an der Rückseite des Generators abziehen beziehungsweise abschrauben.
- Generator durch die Scheinwerferöffnung herausheben.

Einbau

- Generator einsetzen und und mit folgenden Anzugsmomenten anschrauben:

Obere Befestigungsschraube des Generators	25 Nm
Untere Befestigungsmutter des Generators	65 Nm
Schraube für Generator-Halterung ∅ 6 mm	15 Nm
Schraube für Generator-Halterung ∅ 10 mm	65 Nm
Schraube für hintere Generator-Strebe	25 Nm
Blockierschraube für Spannrolle	60 Nm

- Schlauch für Saugrohrdruckfühler am Ansaugkrümmer aufschieben.

- Elektrische Leitungen hinten am Generator anschließen.
- Keilriemen einbauen, siehe Seite 40.
- Schlauch für Aktivkohlefilter aufschieben.
- Metallschutz für Verbindungskabel zwischen Kraftstofftank und Aktivkohlefilter mit 2 Schrauben anschrauben.
- Rechten Scheinwerfer sowie Blinker einbauen, siehe Seite 235.
- Frontgrill einbauen, siehe Seite 184.
- Motorhaube einbauen, siehe Seite 184.
- Massekabel (–) an Batterie anschließen.

1,9-l-Dieselmotor

- Batterie-Massekabel (–) abklemmen. **Achtung:** Dadurch wird aus dem Speicher des Radios der Code für die Diebstahlsicherung gelöscht. Die Batterie darf nur bei ausgeschalteter Zündung abgeklemmt werden.
- Motorhaube ausbauen, siehe Seite 184.
- Frontgrill ausbauen, siehe Seite 184.
- Rechten Scheinwerfer sowie Blinker ausbauen, siehe Seite 235.

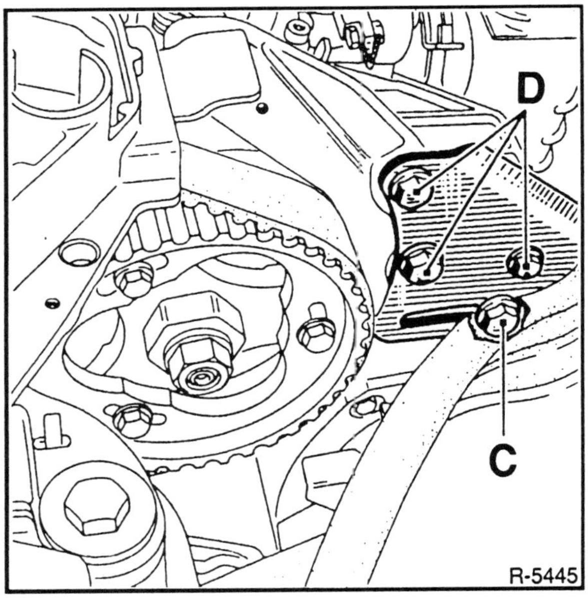

- Spannschraube –C– herausdrehen, Keilrippenriemen entspannen und abnehmen.
- Haltelasche mit 3 Schrauben –D– abschrauben.
- Untere Schraube für Generator herausdrehen, dabei den unteren Kühlerschlauch zur Seite drücken.
- Elektrische Leitungen an der Rückseite des Generators abbauen. Dazu 2-fach-Stecker L+ abziehen, Stecker von Klemme W abziehen und dickes, schwarzes Kabel von Klemme B+ abschrauben. Vorher Plastikabdeckung von Klemme B+ abziehen.
- Generator durch die Scheinwerferöffnung herausheben.

Einbau

- Generator einsetzen und anschrauben.
- Keilriemen auflegen und spannen, siehe Seite 40.
- Schrauben festziehen.
- Elektrische Leitungen am Generator anschließen, siehe unter »Ausbau«.
- Rechten Scheinwerfer sowie Blinker einbauen, siehe Seite 235.
- Frontgrill einbauen, siehe Seite 184.
- Motorhaube einbauen, siehe Seite 184.
- Massekabel (–) an Batterie-Minuspol anschließen.

Spannungsregler/Kohlebürsten aus- und einbauen

Ausbau

- Generator ausbauen.
- 2 Befestigungsschrauben herausdrehen und Spannungsregler –9– (Abbildung R-5425) abnehmen.

Einbau

- Spannungsregler mit neuen Kohlebürsten einsetzen und festschrauben.
- Generator einbauen.

Störungsdiagnose Generator

Störung	Ursache	Abhilfe
Ladekontrollampe brennt nicht bei eingeschalteter Zündung	Lampe durchgebrannt	■ Lampe prüfen, dazu 6,3 mm Flachstecker an Masse legen, Lampe muß aufleuchten. Andernfalls Leitungen überprüfen bzw. Lampe ersetzen
	Steckverbindung am Spannungsregler unterbrochen	■ Stecker auf festen Sitz und guten Kontakt sowie Kabel auf einwandreien Zustand prüfen
	Massekabel (–) an Generator locker oder korrodiert	■ Massekabel (–) auf einwandfreien Kontakt prüfen, Schraube festziehen
	Batterie leer	■ Laden
	Unterbrechung in der Leitungsführung zwischen Generator, Zündschloß und Kontrollampe	■ Mit Voltmeter nach Schaltplan untersuchen
	Schleifkohlen liegen nicht auf dem Schleifring auf	■ Freigängigkeit der Schleifkohlen und Mindestlänge (5 mm) prüfen
	Erregerwicklung im Generator durchgebrannt	■ Läufer austauschen
Ladekontrollampe verlöscht nicht bei Drehzahlsteigerung	Keilriemen locker oder gerissen	■ Keilriemen spannen oder ersetzen
	Regler defekt	■ Regler prüfen, gegebenenfalls austauschen
	Ladestromkabel locker oder unterbrochen	■ Kabel befestigen, Kontakte reinigen ggf. Kabel ersetzen
	Generator defekt	■ Generator ersetzen
Ladekontrollampe brennt bei ausgeschalteter Zündung	Plusdiode hat Kurzschluß	■ Dioden prüfen, gegebenenfalls Diodenplatte austauschen
	Spannungsregler defekt	■ Regler prüfen, ggf. ersetzen

Der Anlasser

Im RENAULT CLIO können Anlasser der Firmen Bosch oder Paris-Rhône eingebaut sein.

Zum Starten des Verbrennungsmotors ist ein kleiner elektrischer Motor, der Anlasser, erforderlich. Damit der Motor überhaupt anspringen kann, muß der Anlasser den Verbrennungsmotor auf eine Drehzahl von mindestens 300 Umdrehungen in der Minute beschleunigen. Das funktioniert aber nur, wenn der Anlasser einwandfrei arbeitet und die Batterie hinreichend geladen ist.

Der Anlasser besteht aus einem Antriebs-, Pol- und Kollektorgehäuse. In dem Pol- und Kollektorgehäuse sind der Anker und der Kollektor gelagert sowie der Bürstenhalter. Im Bürstenhalter befinden sich Kohlebürsten, die ein Verschleißteil darstellen und sich zwar langsam, aber stetig abnutzen. Bei starker Abnutzung der Kohlebürsten kann der Anlasser nicht mehr einwandfrei arbeiten.

In dem vorderen Antriebsgehäuse ist der Ritzelantrieb untergebracht. Wenn über den Zündanlaßschalter der Anlasser Spannung erhält, wird über den Magnetschalter, der auf dem Anlassergehäuse sitzt, das Ritzel auf einem Steilgewinde gegen den Zahnkranz des Schwungrades geschoben. Sobald das Ritzel bis zum Anschlag auf der Spindel vorgelaufen ist, ist es formschlüssig mit dem Schwungrad verbunden. Nun kann der Anlasser den Motor auf die erforderliche Anlaßdrehzahl bringen. Wenn der Verbrennungsmotor angelaufen ist, wird das Ritzel vom Motor her beschleunigt, es läuft also kurzzeitig schneller als der Motor und spurt aus, wodurch die Verbindung zum Verbrennungsmotor aufgehoben ist.

Da zum Starten des Verbrennungsmotors eine hohe Stromaufnahme erforderlich ist, ist im Rahmen der Wartung auf eine einwandfreie Kabelverbindung zu achten. Korrodierte Anschlüsse säubern und mit Polschutzfett einstreichen.

Bosch-Anlasser

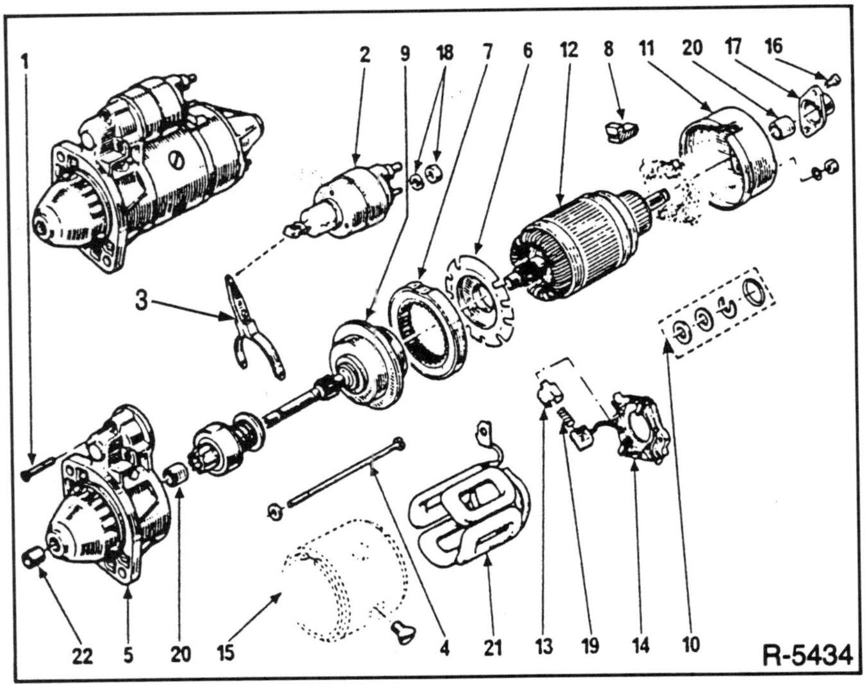

1 – Befestigungsschrauben
2 – Magnetschalter
3 – Gabelhebel
4 – Verbindungsschrauben
5 – Flanschgehäuse
6 – Abdeckblech
7 – Innenverzahnung
8 – Gummidichtung
9 – Freilauf
10 – Ausgleichscheiben Ankerwelle
11 – Kollektorgehäuse
12 – Anker
13 – Kohlebürsten
14 – Halter
15 – Polgehäuse
16 – Schraube
17 – Verschlußkappe
18 – Befestigung Elektroanschluß
19 – Druckfeder
20 – Sinterbuchse
21 – Erregerwicklung
22 – Nadellager

Anlasser aus- und einbauen

Ausbau Benzinmotor außer 16V

- Zuerst das Batterie-Massekabel (–), dann das Batterie-Pluskabel (+) von der Batterie abklemmen.

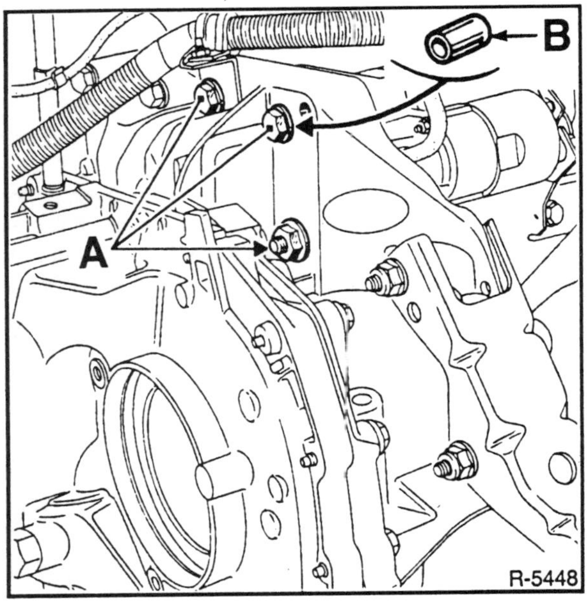

- 2 Schrauben und 1 Mutter –A– herausdrehen. **Achtung:** Sitz der Zentrierhülse –B– des Anlassers gut markieren.
- Fahrzeug aufbocken.

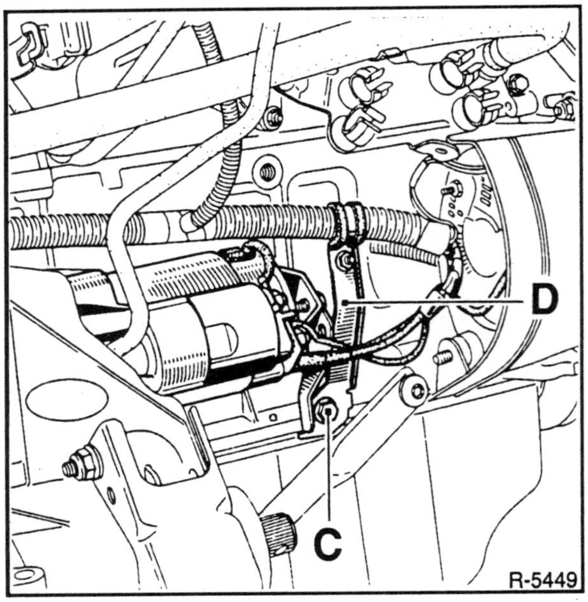

- Anlasserkabel mit Tesaband markieren und abklemmen.
- Kabelhalter –D– abschrauben –C–. Anlasserkabelbaum zur Seite legen.

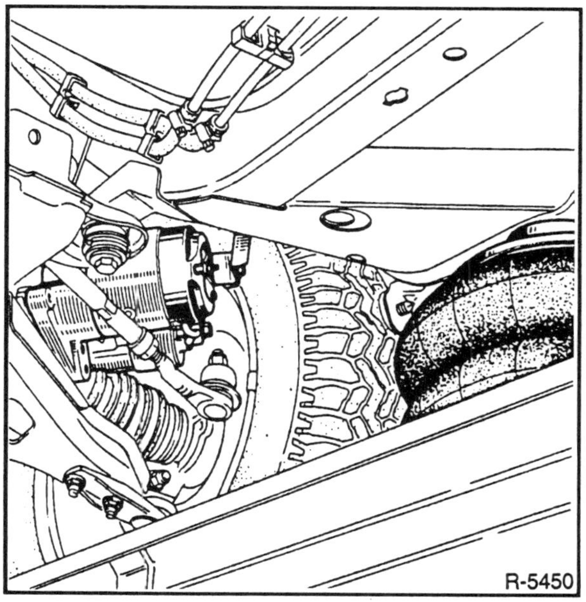

- Anlasser nach rechts freilegen.
- Anlasser durch den Freiraum am hinteren Teil des rechten Vorderrades herausziehen. Dazu Fahrzeug vorn rechts mit Werkstattwagenheber etwas anheben.

Einbau

- Prüfen, ob die Zentrierhülse –B– in der Bohrung für die Schraube –A– vorhanden ist, siehe Abbildung R-5448.
- Anlasser einsetzen und mit 2 Schrauben und 1 Mutter anschrauben.
- Anlasser-Kabelbaum mit Halter anschrauben.
- Elektrische Leitungen am Anlasser entsprechend den beim Ausbau angebrachten Markierungen anklemmen.
- Fahrzeug ablassen.
- Batterie-Pluskabel (+), dann Massekabel (–) anklemmen.

Ausbau 16V-Motor

- Zuerst das Batterie-Massekabel (–), dann das Batterie-Pluskabel (+) von der Batterie abklemmen.

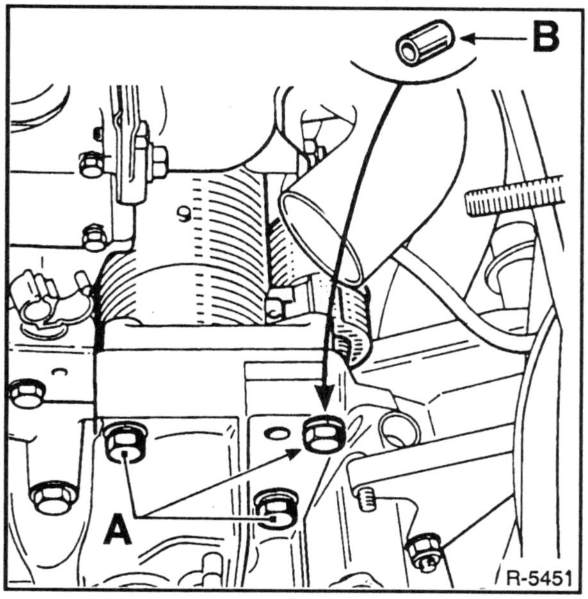

- 3 Schrauben –A– herausdrehen. Vorher Stecker vor einer der oberen Schrauben abklemmen. **Achtung:** Sitz der Zentrierhülse –B– des Anlassers gut markieren.

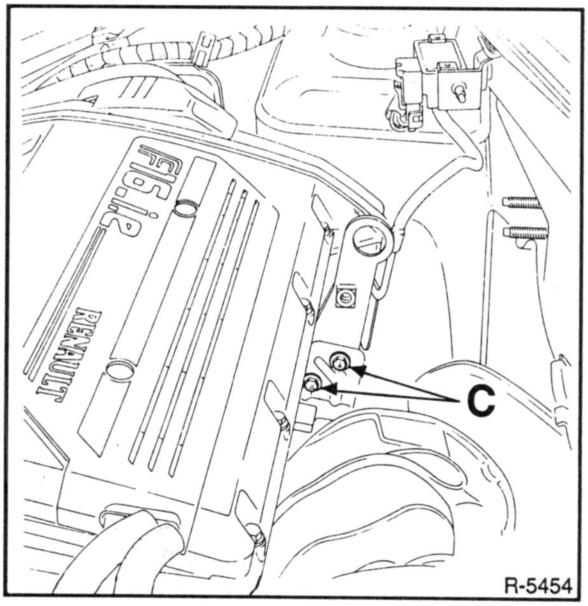

- 2 Schrauben –C– am Schutzblech für Kraftstoffschläuche abschrauben.
- Fahrzeug aufbocken.
- Vorderes Abgasrohr ausbauen, siehe Seite 104.

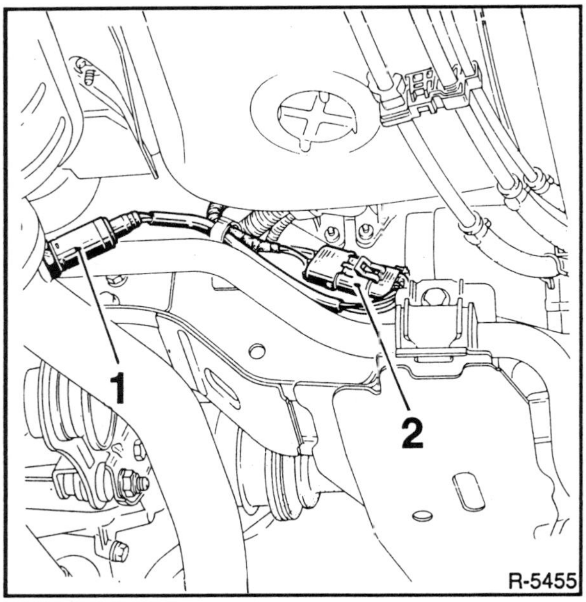

- Stecker –2– für Lambdasonde –1– abziehen.

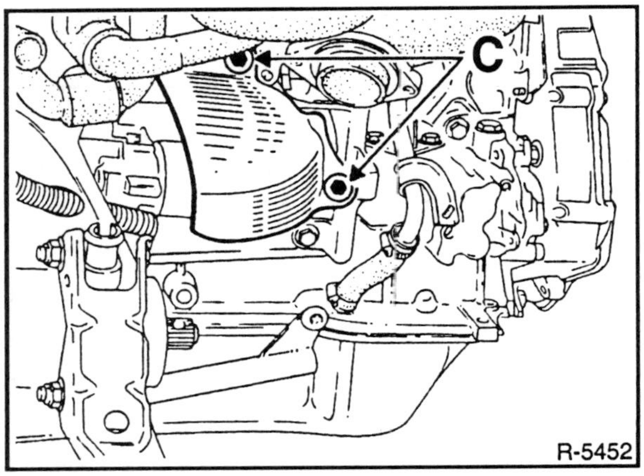

- Abdeckblech für Anlasser abschrauben –C–.
- Senkrechte Verstärkerlasche zwischen Krümmer und Motorblock mit 2 Schrauben abschrauben.
- Hintere Haltelasche mit 3 Schrauben abschrauben. Anschließend ebenfalls Schutzblech für Kraftstoffschläuche herausnehmen.
- Anlasserkabel mit Tesaband markieren und abklemmen.
- Anlasser herausnehmen.

Einbau

- Prüfen, ob die Zentrierhülse –B– in der Bohrung für die Schraube –A– vorhanden ist, siehe Abbildung R-5451.
- Anlasser einsetzen und mit 3 Schrauben anschrauben.
- Elektrische Leitungen am Anlasser entsprechend den beim Ausbau angebrachten Markierungen anklemmen.
- Hintere Haltelasche anschrauben, dabei auch Schutzblech für Kraftstoffschläuche einsetzen.
- Verstärkerblech zwischen Krümmer und Motorblock anschrauben.
- Abdeckblech für Anlasser anschrauben.
- Stecker für Lambdasonde aufstecken.
- Vorderes Abgasrohr einbauen, siehe Seite 104.
- Fahrzeug ablassen.
- Schutzblech für Kraftstoffschläuche von oben anschrauben.
- Batterie-Pluskabel (+), dann Massekabel (–) anklemmen.

Ausbau Dieselmotor

- Zuerst das Batterie-Massekabel (–), dann das Batterie-Pluskabel (+) von der Batterie abklemmen.
- Stutzen für Luftfilter abziehen, vorher 2 Schraubschellen lösen.
- Luftfiltergehäuse mit 2 Schrauben abschrauben.

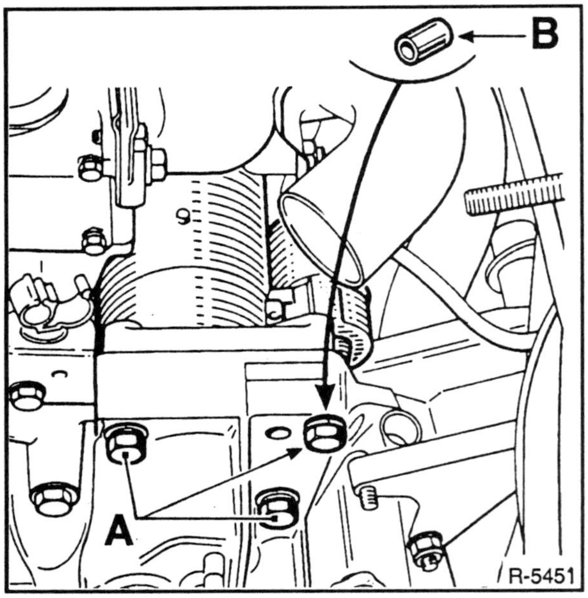

- 3 Schrauben –A– herausdrehen. **Achtung:** Sitz der Zentrierhülse –B– des Anlassers gut markieren.
- Fahrzeug aufbocken.

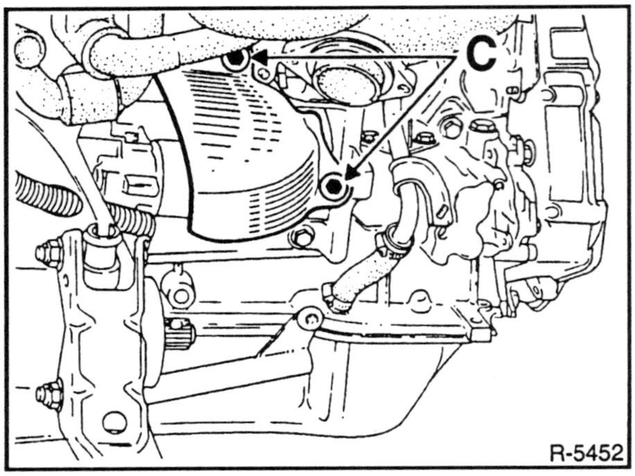

- Abdeckblech für Anlasser abschrauben –C–.

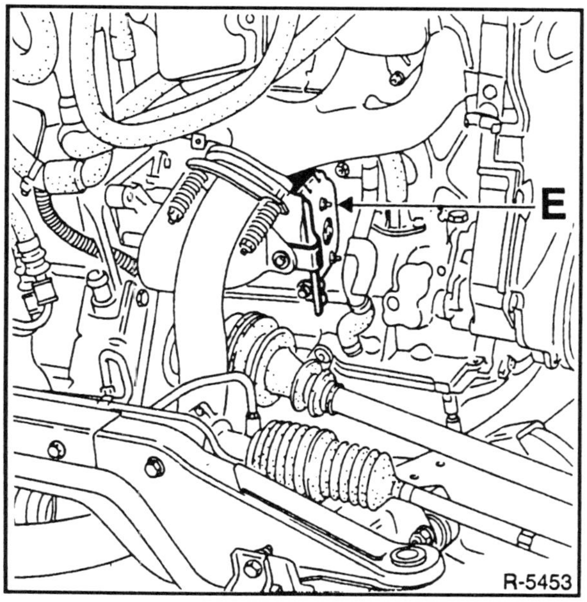

- Hintere Haltelasche –E– abschrauben, und zwar mit 2 Schrauben und 1 Mutter am Motorblock sowie 2 Muttern hinten am Anlasser.
- Anlasserkabel mit Tesaband markieren und abklemmen.
- Anlasser herausnehmen.

Einbau

- Prüfen, ob die Zentrierhülse –B– in der Bohrung für die Schraube –A– vorhanden ist, siehe Abbildung R-5451.
- Anlasser einsetzen und mit 3 Schrauben anschrauben.
- Elektrische Leitungen am Anlasser entsprechend den beim Ausbau angebrachten Markierungen anklemmen.
- Hintere Haltelasche –E– an Motorblock und Anlasser anschrauben.
- Abdeckblech für Anlasser anschrauben.
- Fahrzeug ablassen.
- Luftfiltergehäuse mit 2 Schrauben anschrauben.
- Stutzen für Luftfilter aufschieben und mit 2 Schraubschellen sichern.
- Batterie-Pluskabel (+), dann Massekabel (–) anklemmen.

- Batterie-Pluskabel (+), dann Massekabel (–) anklemmen.

Magnetschalter prüfen/ aus- und einbauen

Bei einem Defekt des Magnetschalters wird das Ritzel im Anlasser nicht gegen den Zahnkranz des Schwungrades gezogen. Dadurch kann der Anlasser den Motor nicht durchdrehen. Dieser Defekt tritt häufiger auf als daß der Anlassermotor selbst schadhaft ist.

Prüfen in eingebautem Zustand

- Schalthebel in Leerlaufstellung, Handbremse anziehen.
- Mit Hilfskabel Klemme 30 (=dickes Pluskabel) und 50 (dünnes Kabel, zum Zündschloß) am Anlasser kurz überbrücken, das Anlasserritzel muß nach vorne schnellen (klicken) und der Anlasser anlaufen. Wenn nicht, Anlasser abschrauben und Prüfung wiederholen.

Ausbau

- Zuerst das Batterie-Massekabel (–), dann das Batterie-Pluskabel (+) von der Batterie abklemmen.
- Stromanschluß am Magnetschalter abklemmen –18– (Abbildung R-5434).
- 3 Befestigungsschrauben –1– herausdrehen.
- Magnetschalter –2– mit Magnetkern uznd Rückholfeder herausnehmen.

Prüfen in ausgebautem Zustand

- Prüfung bei ausgebautem Anlasser mit einer Autobatterie wiederholen. Als Zuleitung zu Klemme 50 des Anlassers eignet sich ein Starthilfekabel. Schnellt das Ritzel nach vorne, ohne daß der Anlasser anläuft, Anlassermotor von einer Werkstatt überholen lassen.
- Schnellt das Ritzel nicht nach vorn, Magnetschalter abschrauben und ersetzen.

Einbau

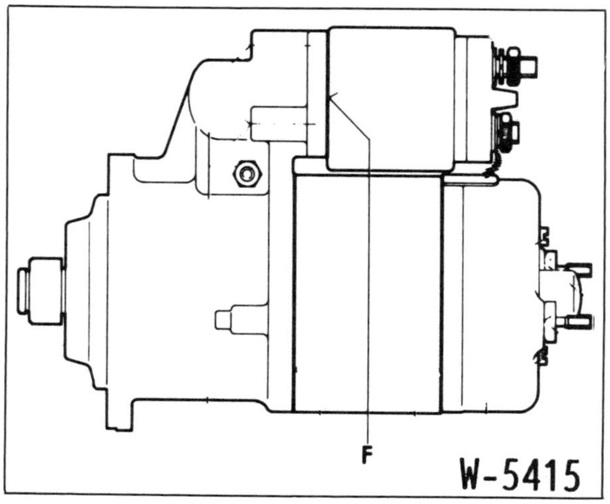

- Trennfuge –F– zum Anlasser mit geeignetem Dichtmittel abdichten.
- Magnetschalter an Gabelhebel im Anlasser einhängen, dann anschrauben.
- Anlasser erneut prüfen, wie oben beschrieben.

Kohlebürsten aus- und einbauen

Achtung: Die Bezeichnungen im Text beziehen sich auf Abbildung R-5434.

Ausbau

- Kollektorgehäuse –11– ausbauen.
- Kohlebürsten –13– vom Halter –14– lösen und zusammen mit den Druckfedern –19– herausnehmen.

Achtung: Erregerwicklung –21– **nicht** vom Kohlebürstenhalter –14– abklemmen.

- Länge der Kohlebürsten prüfen, gegebenenfalls ersetzen. Mindestlänge: 7 mm.
- Litze der verschlissenen Kohlebürsten durchkneifen, anschließend Litzereste mit einer Feile abschleifen.

Einbau

- Sinterbuchse –20– grundsätzlich ersetzen.
- Nadellager –22– auf leichten Lauf prüfen.
- Anlasser mit Druckluft < 4 bar ausblasen. **Achtung:** Keine flüssigen Reinigungsmittel benutzen.
- Kollektor prüfen, gegebenenfalls reinigen beziehungsweise abdrehen lassen. Durchmesser des Kollektors prüfen: Neu = 30 mm; Verschleißgrenze = 28,9 mm.
- Lager und Lagerböcke mit Silikonöl schmieren.
- Montagerichtung der Kohlebürsten markieren.
- Neue Kohlebürsten am Halter ansetzen, die Halteklammern mit einer Zange umbiegen und die Litzen anlöten.

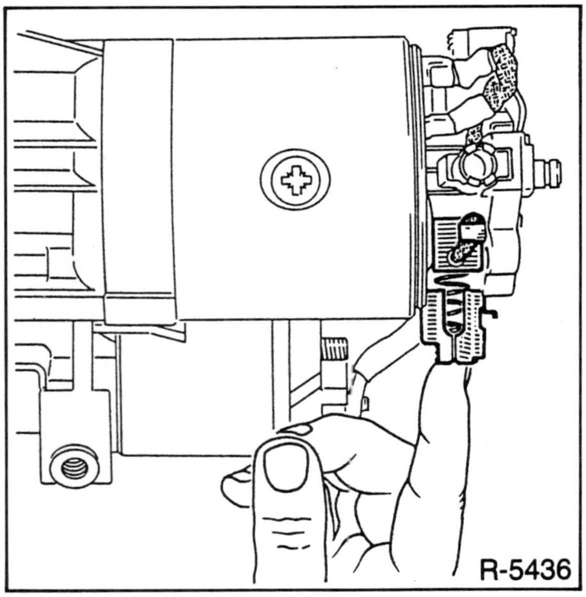

R-5436

- Kohlebürsten mit Druckfedern in den Halter einsetzen.
- Kollektorgehäuse einbauen.

Störungsdiagnose Anlasser

Wenn ein Anlasser nicht durchdreht, ist zunächst zu prüfen, ob an der Klemme 50 des Magnetschalters die zum Einziehen benötigte Spannung von mindestens 8 Volt vorhanden ist. Liegt die Spannung unter dem genannten Wert, dann müssen die Leitungen, die zum Anlasserstromkreis gehören, nach dem Stromlaufplan überprüft werden. Ob der Anlasser bei voller Batteriespannung einzieht, kann folgendermaßen geprüft werden.

- Keinen Gang einlegen, Zündung eingeschaltet.
- Mit einer Leitung (Querschnitt mindestens 4 mm²) die Klemmen 30 und 50 am Anlasser überbrücken, siehe auch Stromlaufplan.

Spurt der Anlasser dabei einwandfrei ein, so liegt der Fehler in der Leitungsführung zum Anlasser. Wenn der Anlasser nicht einspurt, muß er im ausgebauten Zustand überprüft werden.

Prüfvoraussetzung: Leitungsanschlüsse müssen festsitzen und dürfen nicht oxydiert sein.

Störung	Ursache	Abhilfe
Anlasser dreht sich nicht beim Betätigen des Zündanlaßschalters	Batterie entladen	■ Batterie laden
	Klemmen 30 und 50 am Anlasser überbrücken: Anlasser läuft an. Leitung 50 zum Zündanlaßschalter unterbrochen, Anlaßschalter defekt	■ Unterbrechung beseitigen, defekte Teile ersetzen
	Kabel oder Masseanschluß ist unterbrochen.	■ Batteriekabel und Anschlüsse prüfen.
	Ungenügender Stromdurchgang infolge lockerer oder oxydierter Anschlüsse	■ Batteriepole und -klemmen reinigen. Stromsichere Verbindungen zwischen Batterie, Anlasser und Masse herstellen
	Keine Spannung an Klemme 50 (Magnetschalter)	■ Leitung unterbrochen Zündanlaßschalter defekt
Anlasser dreht sich zu langsam und zieht den Motor nicht durch	Batterie entladen	■ Batterie laden
	Kein Winteröl bzw. Mehrbereichsöl im Motor	■ Mehrbereichsöl einfüllen
	Ungenügender Stromdurchgang infolge lockerer oder oxydierter Anschlüsse	■ Batteriepole und -klemmen und Anschlüsse am Anlasser reinigen, Anschlüsse festziehen
	Kohlebürsten liegen nicht auf dem Kollektor auf, klemmen in ihren Führungen, sind abgenutzt, gebrochen, verölt oder verschmutzt	■ Kohlebürsten überprüfen, reinigen bzw. auswechseln. Führungen prüfen
	Ungenügender Abstand zwischen Kohlebürsten und Kollektor	■ Kohlebürsten ersetzen und Führungen für Kohlebürsten reinigen
	Kollektor riefig oder verbrannt und verschmutzt	■ Kollektor abdrehen oder Anker ersetzen
	Spannung an Klemme 50 fehlt (mind. 8 Volt)	■ Zündanlaßschalter oder Magnetschalter überprüfen
	Lager ausgeschlagen	■ Lager prüfen, ggf. auswechseln
	Magnetschalter defekt	■ Schalter auswechseln
Anlasser spurt ein und zieht an, Motor dreht nicht oder nur ruckweise	Ritzelgetriebe defekt	■ Ritzelgetriebe ersetzen
	Ritzel verschmutzt	■ Ritzel reinigen
	Zahnkranz am Schwungrad defekt	■ Zahnkranz nacharbeiten, falls erforderlich, Schwungrad erneuern
Ritzelgetriebe spurt nicht aus	Ritzelgetriebe oder Steilgewinde verschmutzt bzw. beschädigt	■ Ritzelgetriebe reinigen, ggf. ersetzen
	Magnetschalter defekt	■ Magnetschalter ersetzen
	Rückzugfeder schwach oder gebrochen	■ Rückzugfeder erneuern
Anlasser läuft weiter, nachdem der Zündschlüssel losgelassen wurde	Magnetschalter hängt, schaltet nicht ab	■ Zündung sofort ausschalten, Magnetschalter ersetzen
	Zündschloß schaltet nicht ab	■ Sofort Batterie abklemmen, Zündschloß ersetzen

Die Beleuchtungsanlage

Zur Beleuchtungsanlage zählen: Hauptscheinwerfer, Heckleuchten, Bremsleuchten, Rückfahrscheinwerfer, Blinkleuchten, Nebelscheinwerfer und Nebelschlußleuchten, Kennzeichenleuchten und Innenleuchten. Die Instrumentenbeleuchtung wird im Kapitel »Armaturen« abgehandelt.

Vor dem Auswechseln einer Glühlampe Schalter des betreffenden Verbrauchers ausschalten. **Achtung: Glaskolben nicht mit bloßen Fingern anfassen.** Der Fingerabdruck würde verdunsten und sich – aufgrund der Wärme – auf dem Reflektor niederschlagen und diesen erblinden lassen. Grundsätzlich Glühlampe nur durch eine gleiche Ausführung ersetzen. Versehentlich entstandene Berührungsflecken mit sauberem, nicht faserndem Tuch und Alkohol oder Spiritus entfernen.

Lampentabelle

Um jederzeit eine Lampe auswechseln zu können, sollte stets ein Kasten mit Ersatzlampen im Fahrzeug mitgeführt werden.

12-V-Glühlampe für:	Typ	Leistung
Abblend-/Fernlicht	H4 - P 43 t	55/60 W
Standlicht	W 2,1 x 9,5 d	5 W
Blinkleuchte vorn	BAU 15 s gelb	21 W
Blinkleuchte seitlich	W 2,1 x 9,5 d	5 W
Brems-/Schlußleuchte	BAY 15 d	21/5 W
3. Bremsleuchte	W 2,1 x 9,5 d	5 W
Blinkleuchte hinten	BAU 15 s klar	21 W
Rückfahrscheinwerfer	BA 15 s	21 W
Nebelschlußleuchte	BA 15 s	21 W
Kennzeichenleuchte	SV 8,5 - 8	5 W
Kofferraumleuchte	SV 8,5 - 8	7 W
Innenraumleuchte	SV 8,5 - 8	7 W

Glühlampen auswechseln

- Schalter der betreffenden Lampe ausschalten, beziehungsweise Massekabel (–) von Batterie abklemmen.

Abblend-/Fernlicht

- Motorhaube öffnen.

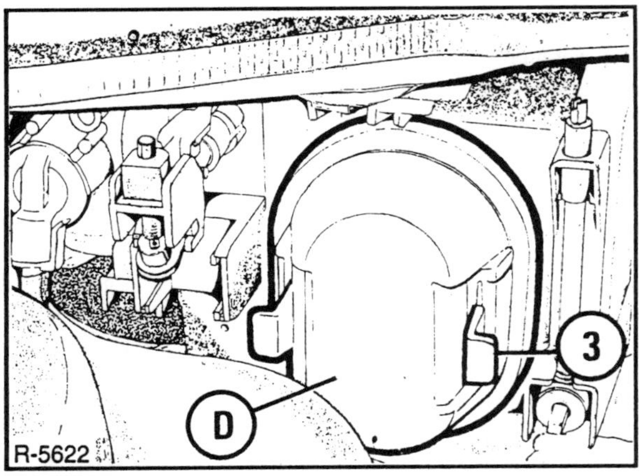

- Kunststoffabdeckung –D– abnehmen, dazu die beiden Laschen –3– zusammendrücken.
- Mehrfachstecker abziehen.

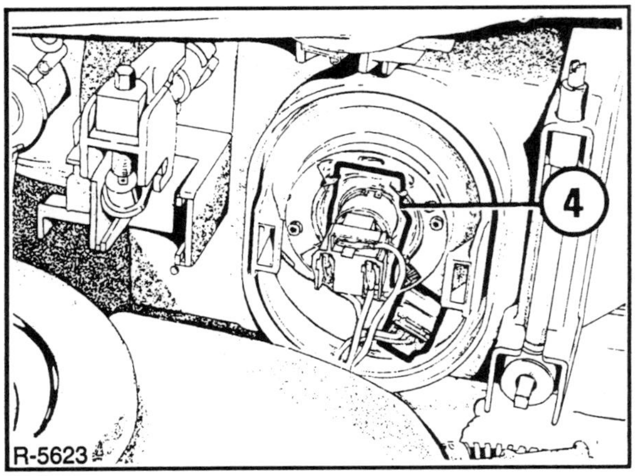

- Klemmbügel –4– oben nach vorn drücken, dann nach rechts schieben und anschließend nach unten klappen.

- Defekte Glühlampe herausnehmen.
- Glühlampe so einsetzen, daß die Nasen in die entsprechenden Aussparungen am Gehäuse passen.
- Klemmbügel hochklappen und einhängen.
- Mehrfachstecker aufstecken.
- Kunststoffverkleidung an der Scheinwerferrückseite aufdrücken und einrasten.

Standlicht

- Kunststoffverkleidung an der Scheinwerferrückseite abziehen.
- Stecker für Standlichtlampe abziehen.

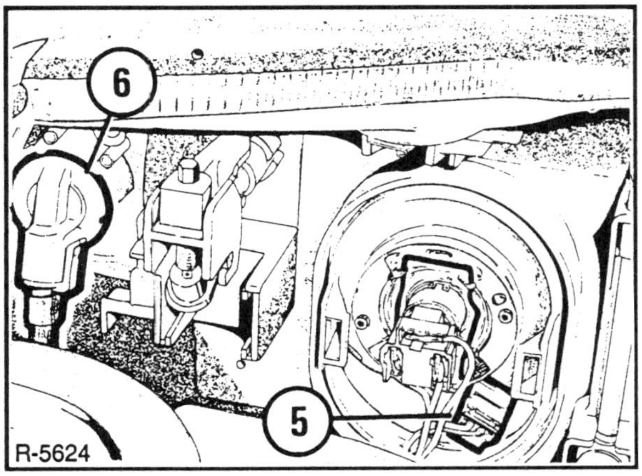

- Halterung –5– um 45° nach links drehen (in Fahrtrichtung gesehen) und herausnehmen.

Achtung: Wenn sich die Fassung schwer drehen läßt, Scheinwerfer-Glühlampe ausbauen und Standlichtfassung mit Gabelschlüssel SW-15 verdrehen.

- Glühlampe aus der Fassung herausziehen.
- Neue 5-Watt-Lampe in die Fassung hineinstecken.
- Standlicht-Glühlampe mit Halter in den Reflektor stecken und durch Rechtsdrehen arretieren.
- Stecker für Standlichtlampe aufschieben.
- Kunststoffverkleidung an der Scheinwerferrückseite aufdrücken und einrasten.

Blinkleuchte

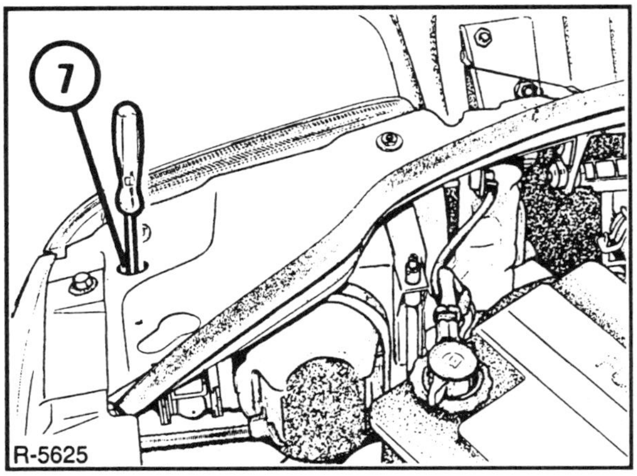

- Obere Kunststoff-Federlasche am Lampenträger mit einem Schraubendreher –7– ausrasten.
- Blinkleuchte nach vorn herausziehen.

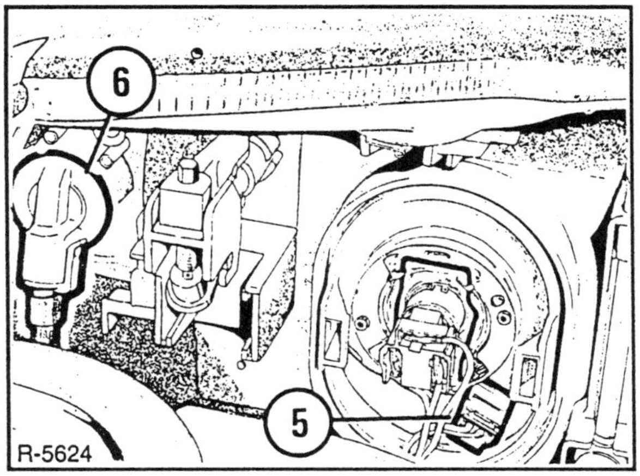

- Stecker abziehen.
- Lampenträger –6– um 45° nach links drehen und abnehmen.
- Lampe um 45° nach links drehen und aus der Fassung herausnehmen.
- Neue Lampe einsetzen und durch Rechtsdrehen arretieren.
- Lampenträger einsetzen, um 45° nach rechts drehen und einrasten.
- Stecker aufschieben.
- Blinkleuchte in die Führung einschieben und einrasten.

Nebelscheinwerfer

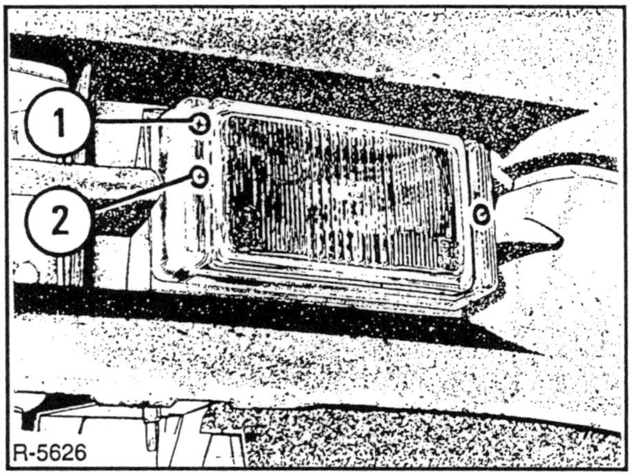

- 2 Schrauben –2– links und rechts herausdrehen. 1– Einstellschraube.
- Scheinwerfereinsatz nach vorn herausnehmen.
- Stecker abziehen.

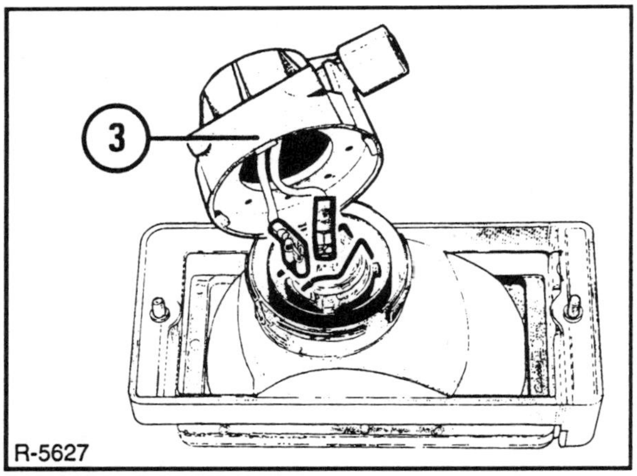

- Schutzkappe –3– um ¼ Umdrehung drehen und herausnehmen.
- Defekte Lampe herausnehmen.
- Neue Lampe **mit einem sauberen Lappen** am Glaskolben fassen und in den Träger einsetzen.
- Schutzkappe durch ¼ Umdrehung einrasten.
- Stecker aufschieben.
- Scheinwerfer einsetzen und mit 2 Schrauben befestigen.

Heckleuchten

- Heckleuchte ausbauen.

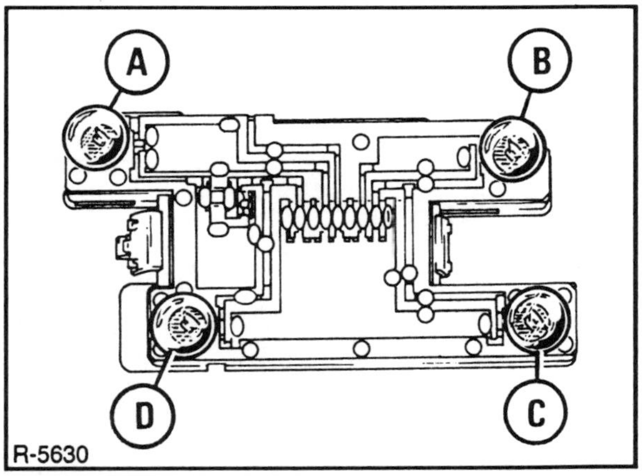

- Defekte Lampe eindrücken, um 45° nach links drehen und herausnehmen.
- Neue Glühlampe in Fassung eindrücken, nach rechts drehen und einrasten.
- Lampenbelegung:
  A – Schluß- und Bremsleuchte 5/21 Watt
  B – Nebelschlußleuchte 21 Watt
  C – Rückfahrscheinwerfer 21 Watt
  D – Blinkleuchte 21 Watt
- Heckleuchte einbauen.

Kennzeichenleuchte

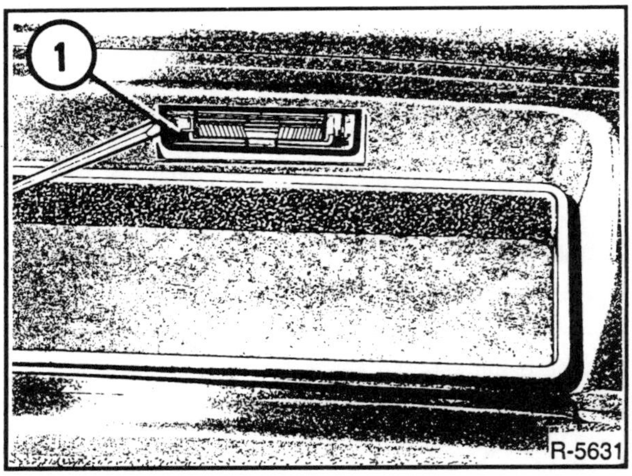

- Leuchtenglas –1– mit breitem Schraubendreher vorsichtig heraushebeln.

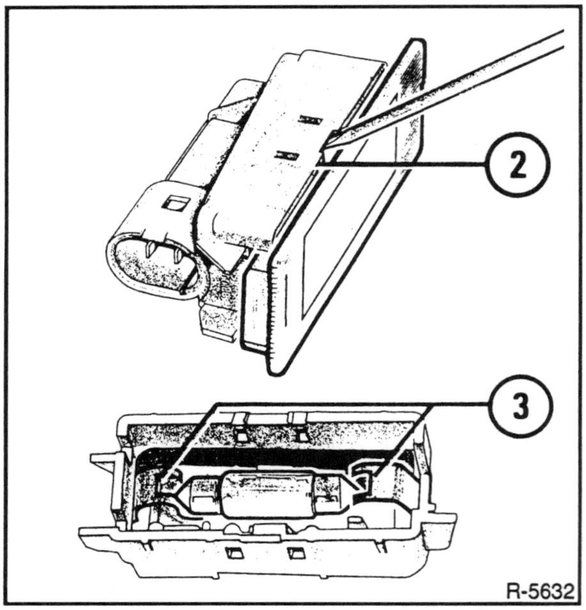

- Federklammern –2– mit schmalem Schraubendreher ausrasten und Lampenträger abziehen.
- Soffittenlampe herausnehmen, dazu Federlaschen –3– herunterdrücken.
- Neue Lampe ansetzen und einrasten.
- Lampenträger einrasten.
- Leuchtenglas einsetzen, zuerst auf der Seite des Anschlußsteckers, und einrasten.

- Falls abgenommen, Batterie-Massekabel (–) anschließen, Lampe einschalten und Funktion überprüfen. Radiocode eingeben.

Scheinwerfer aus- und einbauen

Ausbau

- Batterie-Massekabel (–) abklemmen. **Achtung:** Dadurch wird aus dem Speicher des Radios der Code für die Diebstahlsicherung gelöscht. Die Batterie darf nur bei ausgeschalteter Zündung abgeklemmt werden.
- Stecker von Scheinwerfer und Blinker abziehen.
- Frontgrill ausbauen, siehe Seite 184.
- Blinkleuchte ausrasten und nach vorn herausnehmen.

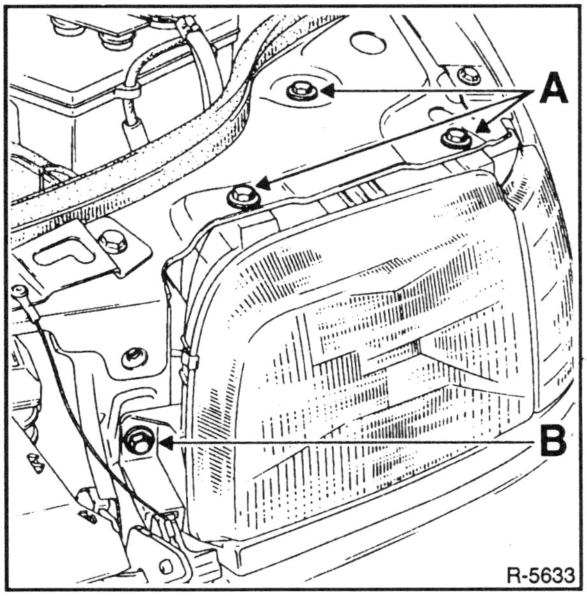

- Oben 3 Schrauben –A– und seitlich 1 Schraube –B– herausdrehen.
- Scheinwerfer nach vorn herausnehmen.

Einbau

- Scheinwerfer einsetzen und anschrauben.
- Blinkleuchte einbauen.
- Frontgrill einbauen.
- Stecker aufschieben und sichern.
- Batterie-Massekabel (–) anklemmen. Code für die Diebstahlsicherung eingeben und Zeituhr einstellen. **Achtung:** Die Batterie darf nur bei ausgeschalteter Zündung angeklemmt werden.
- Scheinwerfer einstellen lassen.

Blinkleuchte aus- und einbauen

Ausbau

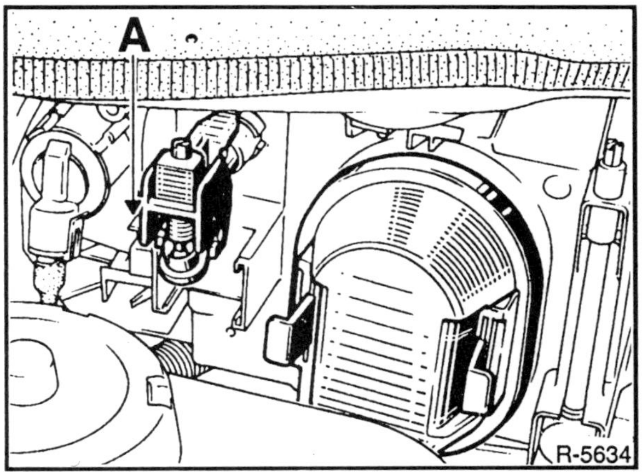

- Halterung –A– zusammendrücken und Blinkleuchte nach vorn herausziehen.
- Stecker abziehen.

Einbau

- Stecker aufschieben.
- Darauf achten, daß die Dichtkappe fest auf der Seite des Blinkers sitzt.
- Blinkleuchte in die seitliche Führung hineinschieben und einrasten.

Scheinwerfer einstellen

Für die Verkehrssicherheit ist die richtige Einstellung der Scheinwerfer von großer Bedeutung. Die exakte Einstellung der Scheinwerfer ist nur mit einem Spezialeinstellgerät möglich. Es wird deshalb nur gezeigt, wo die Scheinwerfer eingestellt werden können und welche Bedingungen zum richtigen Einstellen der Scheinwerfer erfüllt sein müssen.

- Reifen müssen den vorgeschriebenen Reifenfülldruck haben.
- Das unbeladene Fahrzeug muß mit 75 kg (eine Person) auf dem Fahrersitz belastet sein.
- Kraftstofftank füllen.
- Fahrzeug auf ebene Fläche stellen.
- Vorderwagen mehrmals kräftig nach unten drücken, damit die Federung der Vorderradaufhängung sich setzt.
- Die Scheinwerfer dürfen nur bei Abblendlicht eingestellt werden. Das Neigungsmaß beträgt für Normalscheinwerfer X = 10 cm auf 10 m Entfernung. Nebelscheinwerfer X = 20 cm auf 10 m Entfernung.

● Leuchtweitenregulierung in Normalposition –A– (unbelastet) stellen. B = mittlere Position, C = Fahrzeug belastet.

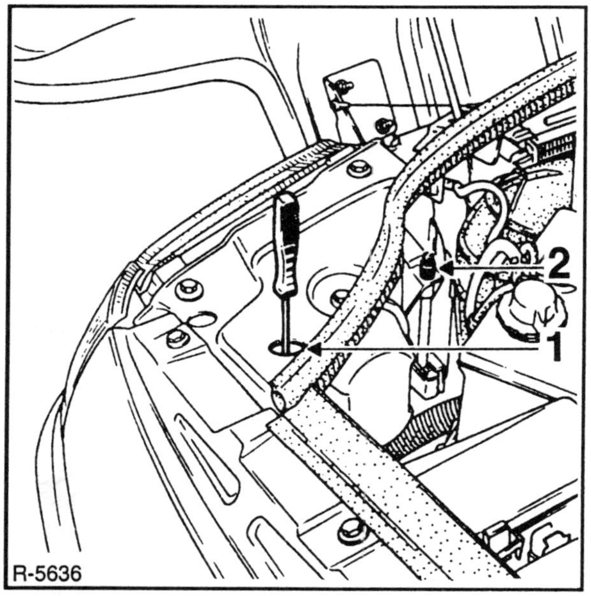

● Die Einstellschrauben sind: 1 – Höhenverstellung, 2 – Seitenverstellung.

Einstellung Nebelscheinwerfer

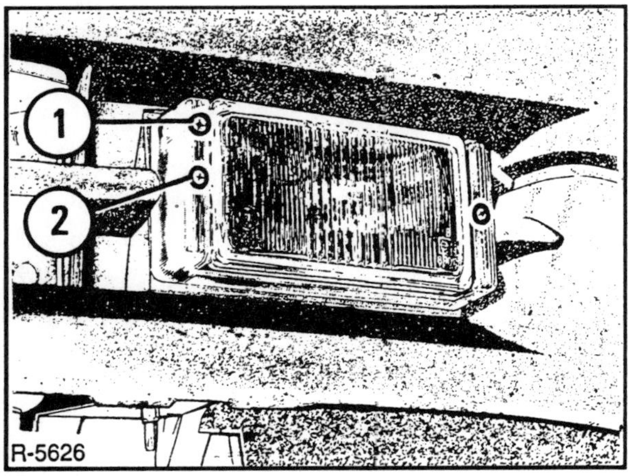

● An den Nebelscheinwerfern ist nur die Höheneinstellung möglich. Dazu Schraube –1– verdrehen.

Heckleuchte aus- und einbauen

Ausbau

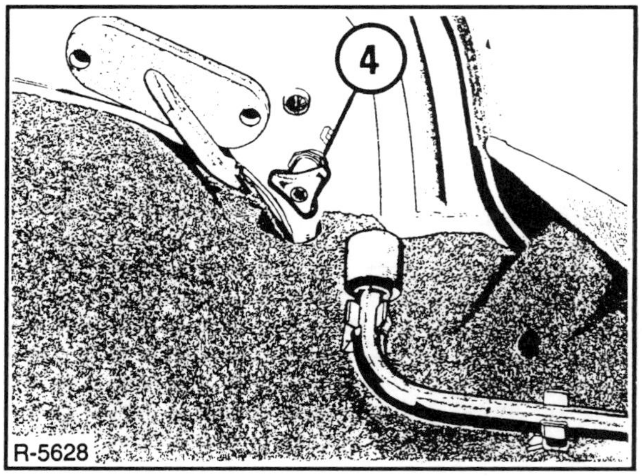

● Vom Kofferraum her die Kunststoffmutter –4– abschrauben.

● Leuchte oben nach hinten schwenken und aus den unteren Haltern herausnehmen.

● Stecker abziehen.

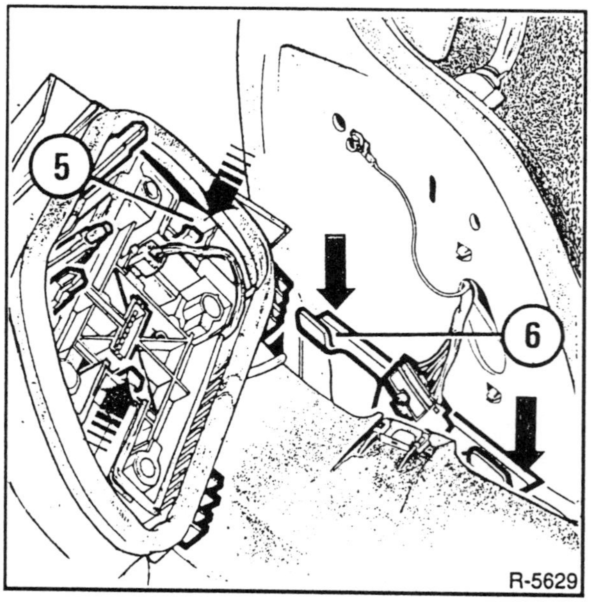

● Lampenträger an den Laschen –5– herausziehen, dazu die beiden Laschen etwas nach innen drücken.

Einbau

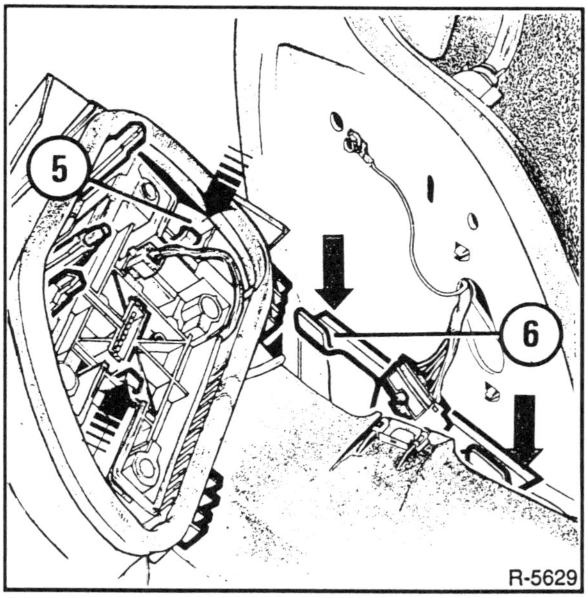

- Lampenträger in das Gehäuse einrasten. Dabei darauf achten, daß die Leuchtenunterkante richtig in die Schiene –6– eingreift.
- Heckleuchte unten einhängen, oben andrücken und mit Kunststoffmutter anschrauben.

Steckerbelegung

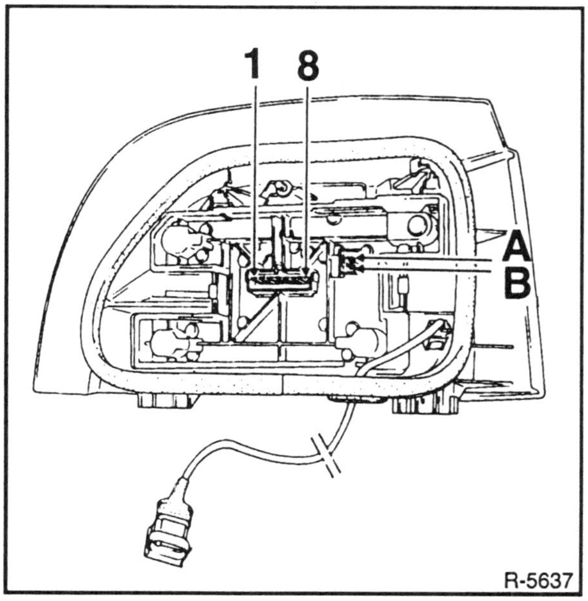

Die Abbildung zeigt die linke Rückleuchte. Die Steckerbelegung von 1 bis 8 wird für die linke Leuchte von außen nach innen und für die rechte Leuchte von innen nach außen gezählt.

Rückleuchte links

Anschl.	Belegung
1	Stromzufuhr Blinker
2	Plus (+) Nebelschlußleuchte
3	Masse Rückleuchte
5	Plus (+) Bremsleuchte
6	Plus (+) Begrenzungsleuchte hinten
8	Ausgang Intervallschaltung zum Motor
A	Kennzeichenleuchten
B	Masse

Rückleuchte rechts

Anschl.	Belegung
1	Stromzufuhr Blinker
2	Plus (+) Begrenzungsleuchte
3	Plus (+) Bremsleuchte
4	Masse Rückleuchte
5	Masse Schalter Kofferraum
6	Masse Kraftstoffvorratgeber
7	Plus (+) Nebelschlußleuchte
8	Stromzufuhr Rückfahrscheinwerfer

Die Armaturen

Die Instrumente sind in einem Schalttafeleinsatz zusammengefaßt. Nach Ausbau des Schalttafeleinsatzes können die Instrumente beziehungsweise Glühlampen für die Instrumentenbeleuchtung ausgebaut werden.

Schalttafeleinsatz aus- und einbauen

Ausbau

Alle außer 16V

- Batterie-Massekabel (−) abklemmen. **Achtung:** Dadurch wird aus dem Speicher des Radios der Code für die Diebstahlsicherung gelöscht. Die Batterie darf nur bei ausgeschalteter Zündung abgeklemmt werden.
- Lenkrad ausbauen, siehe Seite 145.
- Lenksäulenverkleidungen ausbauen. Dabei zuerst die untere Hälfte mit 3 Schrauben T20 abschrauben, vorsichtig lösen und nach unten abziehen.

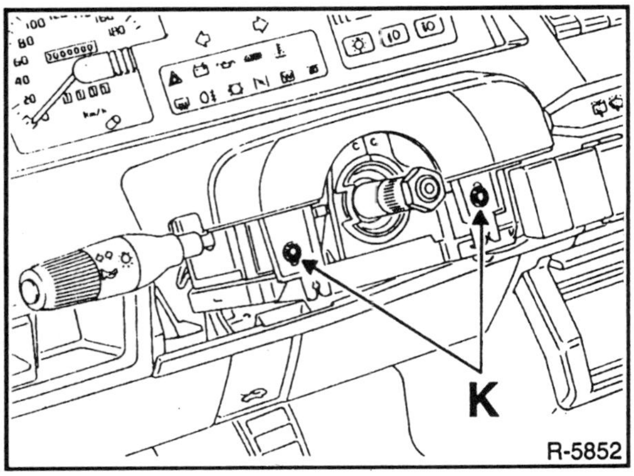

- Obere Verkleidung abschrauben −K− (T20) und abnehmen, vorher Scheibenwischerschalter nach unten stellen.

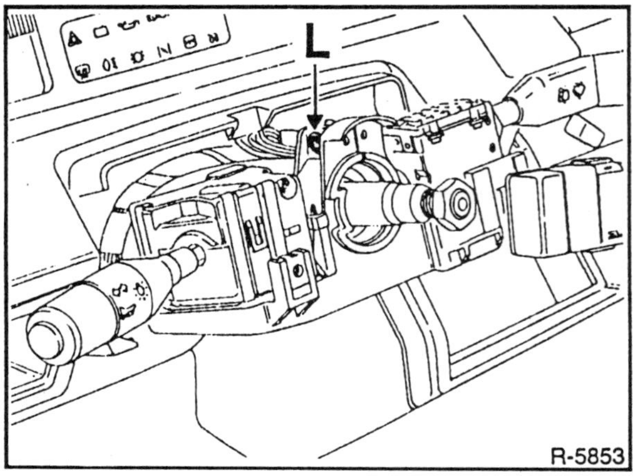

- Schraube −L− herausdrehen und dadurch Halterung lösen.
- Lenkstockhebel über die Lenksäule ziehen und nach unten hängen lassen. Stecker nicht abziehen.

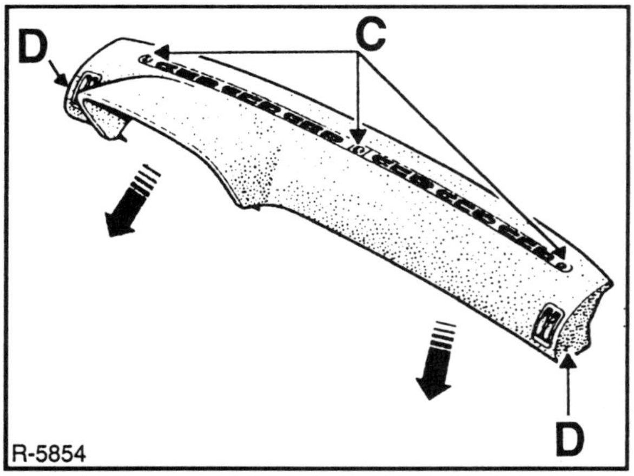

- Obere Abdeckung der Armaturentafel mit 5 Schrauben −C/D− abschrauben. Abdeckung in Pfeilrichtung ziehen und abnehmen.

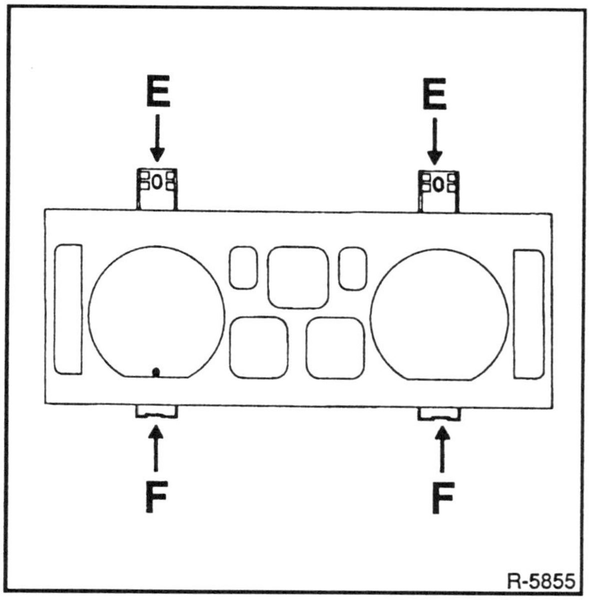

- Schalttafeltafeleinsatz abschrauben –E/F–.
- Verkleidung im Fußraum mit 3 Schrauben abschrauben und nach unten ziehen, um an die Tachowelle zu gelangen.
- Tachowelle abziehen.
- Schalttafeleinsatz herausheben und Stecker abziehen.

Einbau

- Alle Stecker auf Schalttafeleinsatz aufschieben.
- Schalttafeleinsatz einsetzen.
- Tachowelle anklemmen.
- Schalttafeleinsatz mit 4 Schrauben befestigen.
- Obere Abdeckung für Armaturentafel anschrauben.
- Lenkstockhebel einbauen.
- Untere Abdeckung einbauen.
- Lenksäulenabdeckungen einbauen.
- Lenkrad einbauen, siehe Seite 145.
- Batterie-Massekabel (–) anklemmen. Code für die Diebstahlsicherung eingeben und Zeituhr einstellen. **Achtung:** Die Batterie darf nur bei ausgeschalteter Zündung angeklemmt werden.
- Alle elektrische Funktionen für Schalttafeleinsatz überprüfen.

16V-Motor

- Batterie-Massekabel (–) abklemmen. **Achtung:** Dadurch wird aus dem Speicher des Radios der Code für die Diebstahlsicherung gelöscht. Die Batterie darf nur bei ausgeschalteter Zündung abgeklemmt werden.

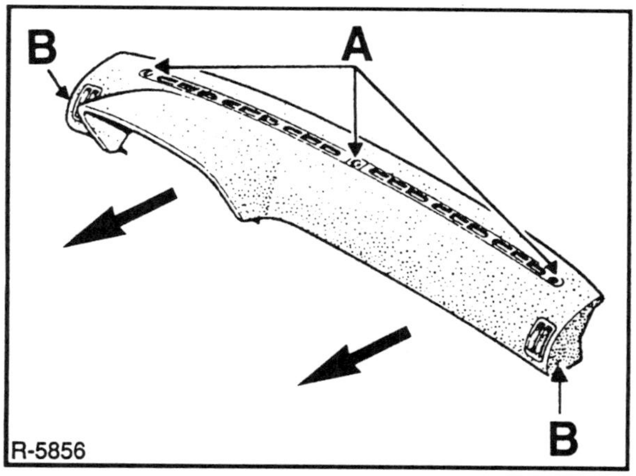

- Obere Abdeckung der Armaturentafel mit 5 Schrauben –A/B– abschrauben. Abdeckung in Pfeilrichtung ziehen und abnehmen.

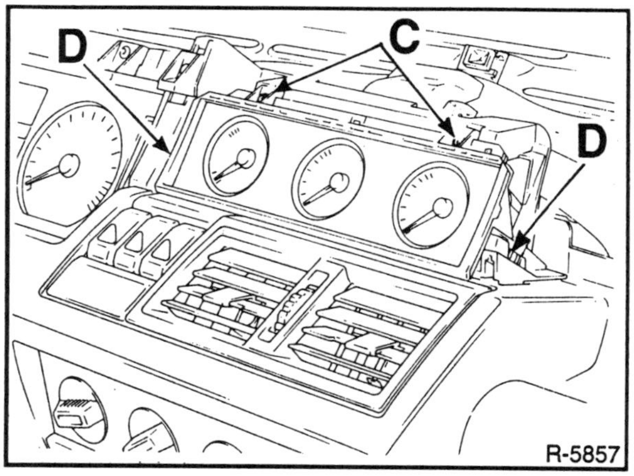

- Schalttafeltafeleinsatz abschrauben –C–, seitlich ausrasten –D– und herausheben.
- Stecker abziehen.

Einbau

- Stecker aufschieben.
- Schalttafeleinsatz einsetzen und anschrauben.
- Obere Abdeckung für Armaturentafel anschrauben.
- Batterie-Massekabel (–) anklemmen. Code für die Diebstahlsicherung eingeben und Zeituhr einstellen. **Achtung:** Die Batterie darf nur bei ausgeschalteter Zündung angeklemmt werden.
- Alle elektrische Funktionen für Schalttafeleinsatz überprüfen.

Instrumente aus- und einbauen

Ausbau

- Schalttafeleinsatz ausbauen.

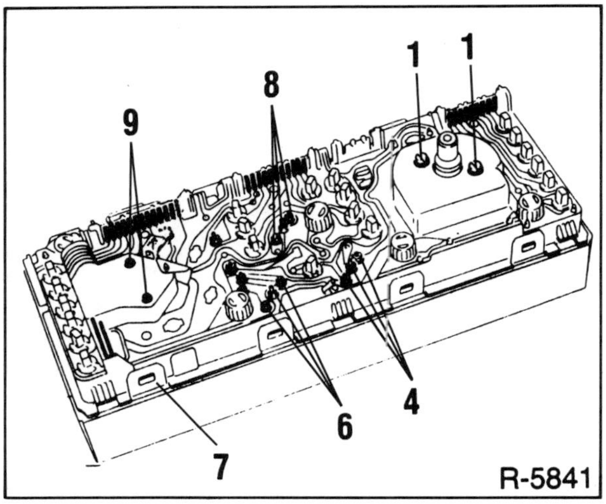

- 8 Haken –7– aushängen und Schalttafeleinsatz aus dem Gehäuse herausnehmen.
- Geschwindigkeitsmesser mit 2 Sechskantschrauben –1– abschrauben.
- Tankuhr mit 3 Muttern –9– abschrauben.
- Kontrollampen durch Linksdrehung ausrasten und herausnehmen.

Achtung: Je nach Modell können die Befestigungsschrauben etwas anders angeordnet sein. Teilweise sind die Instrumente vorn am Gehäuse leicht festgeklebt und mit Schrauben von der Gehäuse-Vorderseite her angeschraubt.

Einbau

- Instrument einsetzen und anschrauben.
- Gehäuse einclipsen.
- Schalttafeleinsatz einbauen.

Anschlußbelegungen für Schalttafeleinsatz

Basismodell

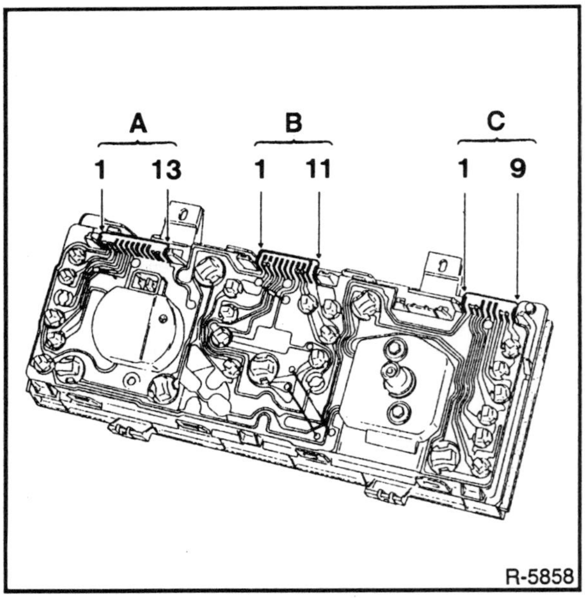

Mehrfachsteckverbindung A

1 – Kontrollampe Warnblinkanlage
2 – Kontrollampe für Bremsbackenverschleiß
5 – Kontrollampe Choke-Klappen
6 – Warnlampe Störung Einspritzanlage
8 – Information Drehzahlmesser
13 – Information Kraftstoffvorratsanzeige

Mehrfachsteckverbindung B

1 – Warnlampe Kraftstoffreserve
2 – Kontrollampe Öldruck
3 – Geschaltetes Plus
4 – Kontrollampe Vorglühanlage
5 – Stromzufuhr Blinker links
6 – Kontrollampe Blinker
7 – Stromzufuhr Blinker rechts
8 – Kontrollampe Kühlflüssigkeitstemperatur
9 – Warnlampe Bremsdruckabfall
11 – Kontrollampe Ladestrom

Mehrfachsteckverbindung C

1 – Information Kühlflüssigkeitstemperatur
2 – Beleuchtung
3 – Kontrollampe Fernlicht
4 – Kontrollampe Abblendlicht
5 – Begrenzungsleuchten links
6 – Kontrollampe Nebelscheinwerfer
7 – Kontrollampe Heckscheibenbeheizung
8 – Kontrollampe Nebelschlußleuchte
9 – Masse

Modelle mit zusätzlicher Ausstattung und Bordcomputer

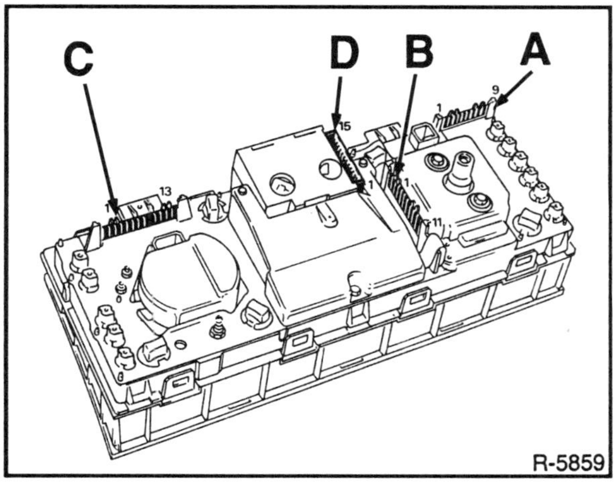

R-5859

Mehrfachsteckverbindung A

1 – Kühlflüssigkeits-Temperaturanzeiger
2 – Instrumentenbeleuchtung
3 – Kontrollampe für Fernlicht
4 – Kontrollampe für Abblendlicht
5 – Kontrollampe für Standlicht
6 – Kontrollampe für Nebelscheinwerfer
7 – Kontrollampe für heizbare Heckscheibe
8 – Kontrollampe für Nebelschlußleuchte
9 – Masse

Mehrfachsteckverbindung B

1 – Warnlampe Kraftstoff-Reserve
2 – Kontrollampe Öldruck
3 – Klemme 15, bei eingeschalteter Zündung liegt Plus an
4 – Kontrollampe für Störung Katalysator
5 – Kontrollampe für Blinker links
6 – frei
7 – Kontrollampe für Blinker rechts
8 – Warnlampe Kühlmitteltemperatur
9 – Warnlampe Bremsdruckabfall
10 – frei
11 – Ladestromkontrollampe

Mehrfachsteckverbindung C

1 – Kontrollampe für Warnblinkanlage
2 – Kontrollampe für Bremsbelagverschleiß
3 – frei
4 – Kontrollampe für ABS
5 – Kontrollampe für Störung Katalysator
6 – Störungslampe Einspritzanlage
7 – frei
8 – Drehzahlmesser
9 – frei
10 – frei
11 – frei
12 – frei
13 – Kraftstoffvorratsanzeige

Mehrfachsteckverbindung D

1 – Masse Außentemperaturanzeige
2 – frei
3 – Klemme 15, geschaltetes Plus
4 – frei
5 – frei
6 – frei
7 – Information Außentemperatur
9 – Plus (+) Beleuchtung über Relais
10 – Masse Elektronik Außentemperaturgeber
11 – frei
12 – frei
13 – frei
14 – frei
15 – frei

Achtung: Die Tachowelle ist mit einem Impulsgeber für Fahrgeschwindigkeit ausgerüstet. Diese Information ist für das Steuergerät der Einspritzanlage bestimmt.

Lenkstockschalter aus- und einbauen

Ausbau

- Batterie-Massekabel (–) abklemmen. **Achtung:** Dadurch wird aus dem Speicher des Radios der Code für die Diebstahlsicherung gelöscht. Die Batterie darf nur bei ausgeschalteter Zündung abgeklemmt werden.
- Lenkrad ausbauen, siehe Seite 145.
- Lenksäulenverkleidungen ausbauen. Dabei zuerst die untere Hälfte mit 3 Schrauben abschrauben, vorsichtig lösen und nach unten abziehen.

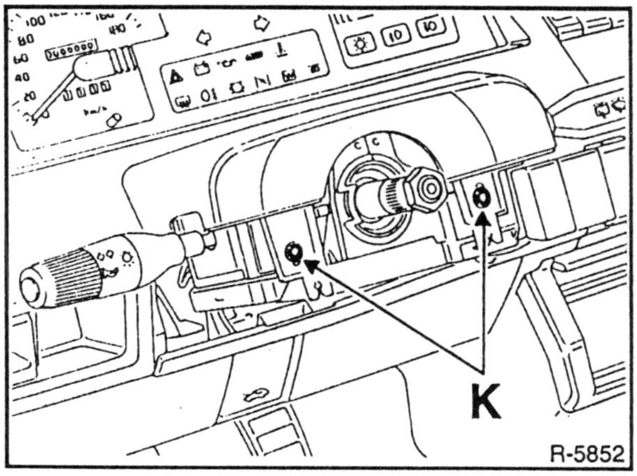

R-5852

- Obere Verkleidung abschrauben –K– und abnehmen.

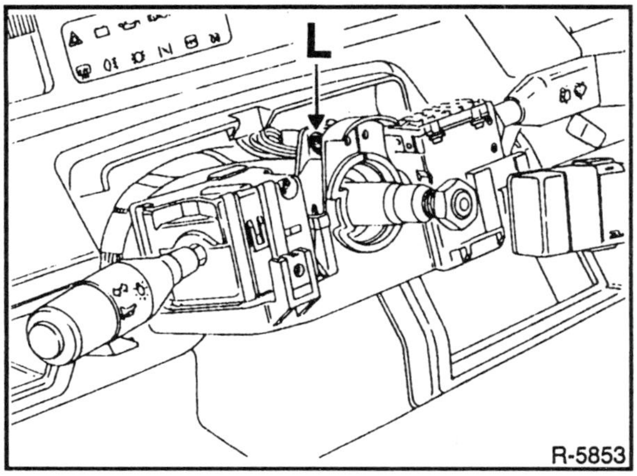

R-5853

- Schraube –L– herausdrehen und dadurch Halterung lösen.

- Lenkstockhebel über die Lenksäule ziehen.
- Stecker abziehen.
- Lenkstockschalter von der Halterung abschrauben.

Einbau

- Lenkstockschalter an der Halterung anschrauben.
- Mehrfachstecker aufschieben.
- Lenkstockhebel mit Halterung über die Lenksäule schieben und mit 1 Schraube befestigen.
- Lenkradabdeckungen einbauen.
- Lenkrad einbauen, siehe Seite 145.
- Batterie-Massekabel (–) anklemmen. Code für die Diebstahlsicherung eingeben und Zeituhr einstellen. **Achtung:** Die Batterie darf nur bei ausgeschalteter Zündung angeklemmt werden.
- Alle elektrische Funktionen für Lenkstockschalter überprüfen.

Steckerbelegung Lenkstockschalter

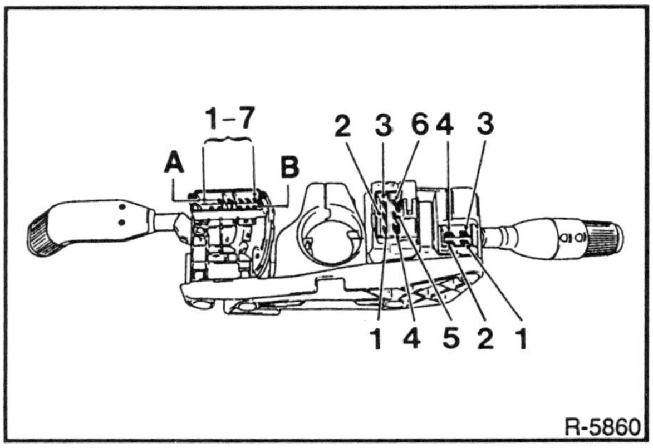

Schalter für Fahrzeugbeleuchtung
1 – Fernlicht
2 – Abblendlicht
3 – Dauerstrom
4 – Standlicht

Schalter für Blinker und Hupe
1 – Hupe (Plus bei eingeschalteter Zündung)
2 – Ausgang Nebelschlußleuchte
3 – Dauerstrom
4 – Blinker rechts
5 – Blinkrelais
6 – Blinker links

Schalter für Scheibenwischer
Steckerleiste **A**
A1 – Plus für Frontscheibenwischer
A2 – Schnelle Wischgeschwindigkeit
A3 – Langsame Wischgeschwindigkeit
A5 – Langsame Intervallschaltung
A6 – Intervallschalter vorn
A7 – Frontscheibenwischer-Endstellung

Steckerleiste **B**
B1 – Intervallschalter hinten
B2 – Frei
B3 – Heckscheibenwischer (Plus bei eingeschalteter Zündung)
B5 – Pumpe Heckscheibenwaschanlage
B6 – Frei
B7 – Frei

Radio aus- und einbauen

Die vom Werk eingebauten Radiogeräte sind mit einer Einschubhalterung ausgestattet, die den schnellen Ein- und Ausbau des Radios ermöglicht. Allerdings gelingt das nur mit einem Spezialwerkzeug, welches beim Kauf des Radios beigelegt oder im Fachhandel erhältlich ist. Ob ein Radio mit Einschubhalterung eingebaut ist, erkennt man in der Regel an den 4 Bohrungen in der Frontplatte.

Ausbau

- Batterie-Massekabel (–) abklemmen. **Achtung:** Dadurch wird aus dem Speicher des Radios der Code für die Diebstahlsicherung gelöscht. Die Batterie darf nur bei ausgeschalteter Zündung abgeklemmt werden.

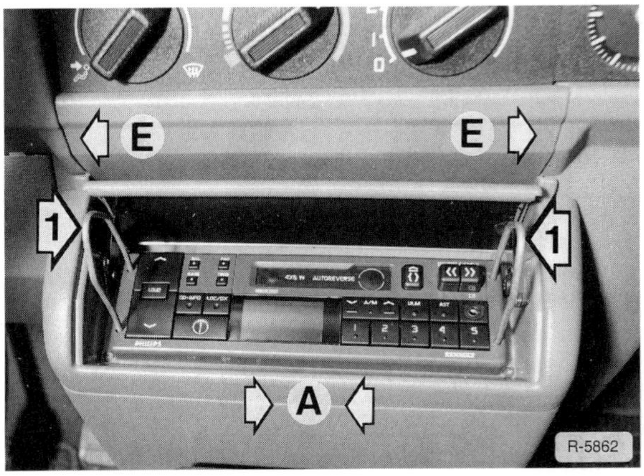

- Beide Auszieher –1– links und rechts in die Öffnungen der Frontplatte einführen, dabei Auszieher leicht zur Radiomitte drücken –A–.

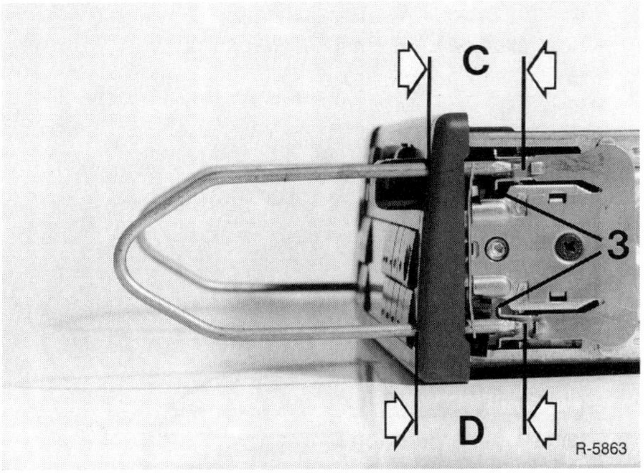

- Die Einschiebtiefe der Bügel beträgt ca. C = 21 – 23 mm, D = 24 – 27 mm.

- Radio mit den Ausziehern gleichmäßig herausziehen. Gleichzeitig Auszieher –1– leicht nach außen drücken –E– (Abbildung R-5862) wodurch die Haltefedern –3– (Abbildung R-5863) nach innen gedrückt werden und aus dem Kunststoffrahmen ausrasten.

Achtung: Radio beim Herausziehen nicht verkanten.

- Steckverbindungen für Lautsprecher, Stromversorgung und Antenne abziehen.
- Auszieher abnehmen. Dazu Haltefedern mit kleinem Schraubendreher eindrücken.

Einbau

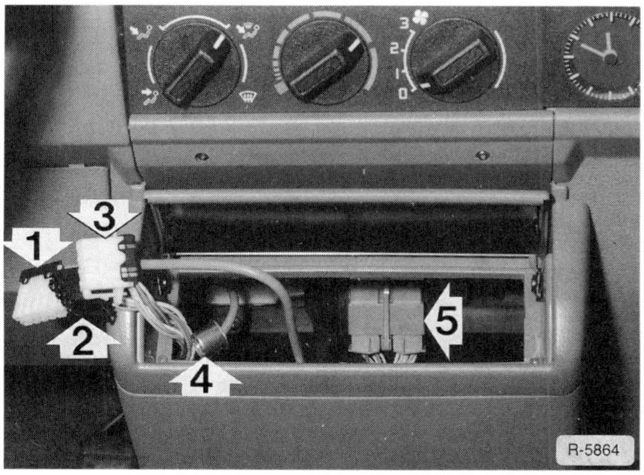

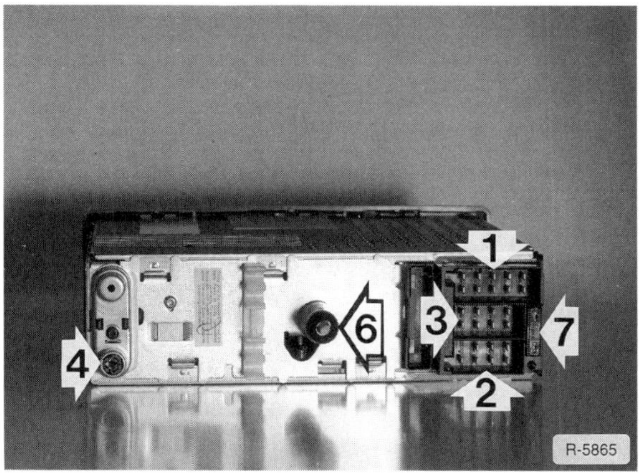

- Anschlüsse –1– für Stromversorgung, –2– und –3– für Lautsprecher, sowie –4– für Antenne an der Rückseite des Radiogerätes aufstecken. 7 – Sicherung.
- Radio in die Konsole einschieben, daß der Stift –6– in die Bohrung am Halteträger eingreift. Radio eindrücken, bis die Haltefedern einrasten.
- Batterie-Massekabel (–) anklemmen. Zeituhr einstellen. **Achtung:** Die Batterie darf nur bei ausgeschalteter Zündung angeklemmt werden.
- Radio einschalten, Radiocode neu eingeben und Funktion überprüfen.

Radio-Codierung eingeben

Gilt nur für ab Werk eingebautes Radio mit Codierung

Die Anti-Diebstahl-Codierung verhindert die unbefugte Inbetriebnahme des Gerätes, wenn die Stromversorgung unterbrochen wurde. Die Stromversorgung ist beispielsweise unterbrochen beim Abklemmen der Batterie, beim Ausbau des Radios oder wenn die Radiosicherung durchgebrannt ist.

Falls das Radio codiert ist, Radiocode vor Abklemmen der Batterie oder Ausbau des Radios feststellen. Ist der Code nicht bekannt, kann nur die RENAULT-Werkstatt das Autoradio wieder in Betrieb nehmen.

Die individuelle Code-Nummer ist auf dem mitgelieferten Autoradio-Paß angegeben. Sie sollte nicht im Fahrzeug aufbewahrt werden.

Elektronische Sperre aufheben

- Stromversorgung herstellen, Radio einschalten. Es erscheint am Radio die Anzeige »CODE«.
- Eine der Stationstasten P1 bis P4 drücken, woraufhin die Anzeige »0000« erscheint.
- Mit Hilfe der Stationstasten P1 bis P4 die geheime Code-Nummer eingeben. Die eingegebene Nummer wird dabei im Display angezeigt.
- Für die Eingabe der ersten Code-Ziffer die Stationstaste P1 so oft drücken bis in der Anzeige die erste Ziffer der Code-Nummer erscheint.
- Durch Drücken der P2-Taste die zweite Ziffer der Code-Nummer eingeben usw.
- Wenn die richtige vierstellige Code-Nummer im Anzeigefeld angezeigt wird, Eingabe durch Drücken der Taste P5 abschließen.
- Bei richtiger Code-Nr.-Eingabe ist das Gerät jetzt funktionsfähig und schaltet automatisch in den normalen Betriebszustand. Und zwar auf den unter P1 gespeicherten Sender.

Achtung: Wird die falsche Code-Nummer eingegeben, ertönt ein Signalton und die nächste Eingabe kann nach einer Wartezeit von einer Minute erfolgen. Bei weiteren Falscheingaben verlängert sich die Wartezeit auf 2, 4, 8, 16, 32 Minuten, vorausgesetzt die Zündung bleibt eingeschaltet.

Wird die Stromversorgung während einer Wartezeit unterbrochen, beginnt die Wartezeit ab Wiederherstellung der Stromversorgung erneut.

Radio nachträglich einbauen

Einbau

- Batterie-Massekabel (–) abklemmen. **Achtung:** Die Batterie darf nur bei ausgeschalteter Zündung abgeklemmt werden.
- Abdeckung für Radiofach abziehen.

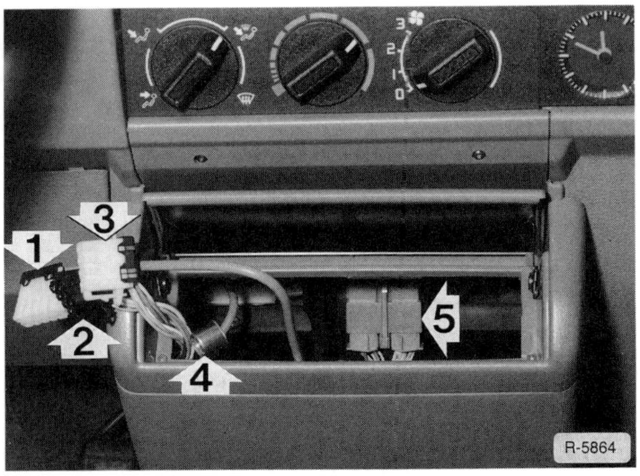

- Das Fahrzeug ist bereits mit einer Stromversorgung für den nachträglichen Einbau eines Radios ausgerüstet. Dazu befindet sich in der Öffnung ein roter Mehrfachstecker –5–. An diesem Stecker befinden sich Plus-, Masse- und Lautsprecheranschlüsse. Hier wird der Kabelstrang »Autoradio« –1–, –2–, –3– so angeschlossen, daß die Kabelfarben übereinstimmen.
- Je nach Fahrzeugausstattung kann die Antenne mit Antennenkabel bereits eingebaut sein. In diesem Fall befindet sich das Antennenkabel –4– ebenfalls hinter der Konsole.
- Halter für Radio in die Konsole einsetzen.

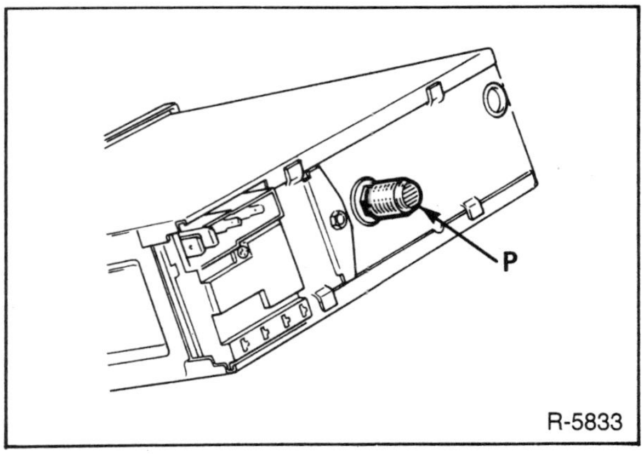

- Distanzstück –P– hinten am Radio aufsetzen. Das Distanzstück hat einen Durchmesser von 12,3 mm.

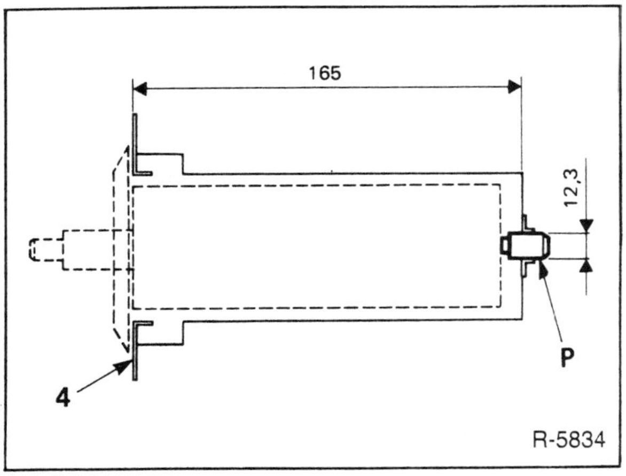

- Der Abstand zwischen Distanzstück –P– und Auflagefläche –4– muß 165 mm betragen. Gegebenenfalls Unterlegscheibe einsetzen oder abnehmen.
- Kabelstrang »Autoradio« so anschließen, daß die Kabelfarben übereinstimmen. Falls der Kabelschuh, 3 mm, für Dauerstrom nicht benötigt wird (keine Senderspeicherung), sollte er isoliert abgelegt werden.
- Sämtliche Stecker anschließen, siehe auch Einbauanleitung Radiogerät.
- Radio einschieben und einrasten.
- Batterie-Massekabel (–) anklemmen. Gegebenenfalls Code für die Diebstahlsicherung eingeben. Zeituhr einstellen. **Achtung:** Die Batterie darf nur bei ausgeschalteter Zündung angeklemmt werden.
- Radio einschalten und auf Funktion prüfen.

Lautsprecher aus- und einbauen

Lautsprecher vorn in der Türverkleidung

Ausbau

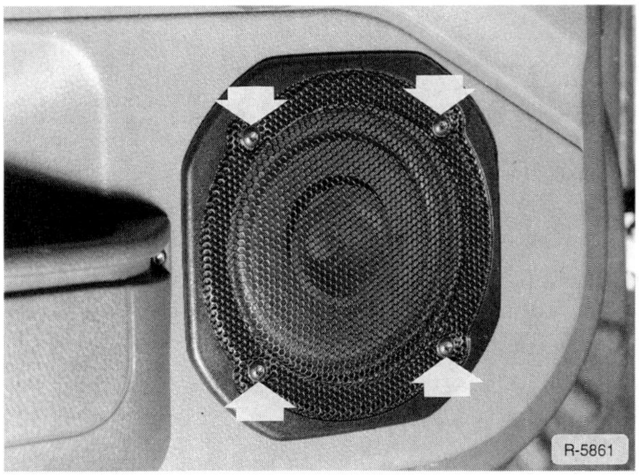

- Lautsprecher mit 4 Schrauben T20 abschrauben.
- Lautsprecherkabel abziehen.

Einbau

- Zweckmäßigerweise zunächst Lautsprechergitter, Lautsprecher und hintere Lautsprecherabdeckung durch leichtes Einschrauben der 4 Befestigungsschrauben in Einbauposition zueinander fixieren.
- Kabelstecker auf die Lautsprecheranschlüsse stecken. Die Stecker passen nur auf die richtigen Kontakte.
- Lautsprecher komplett an der Türverkleidung ansetzen und am Türrahmen festschrauben.

Lautsprecher hinten in die Ablage

Ausbau

- Heckklappe öffnen.
- Von unten 4 Befestigungsschrauben für Lautsprecher herausdrehen und Lautsprecher abnehmen.
- Lautsprecherkabel abziehen.

Einbau

- Kabelstecker auf die Lautsprecheranschlüsse stecken. Die Stecker passen nur auf die richtigen Kontakte.
- Lautsprecher mit 4 Schrauben anschrauben.
- Heckklappe schließen.

Antenne aus- und einbauen

Verlegung Antennenkabel

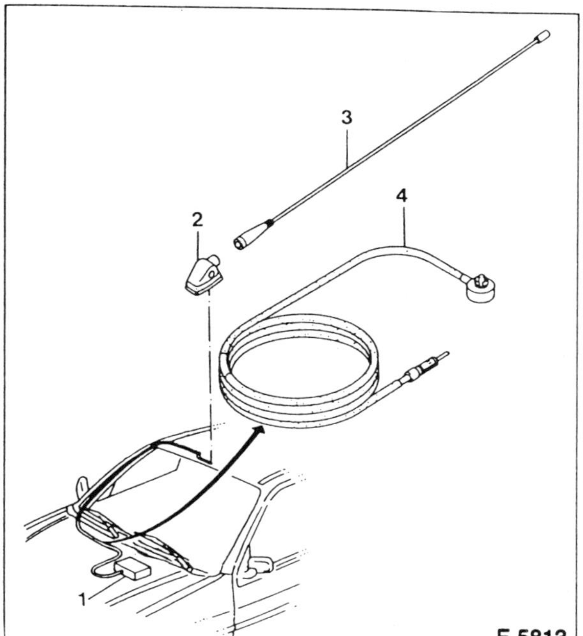

F-5813

1 – Radio
2 – Antennenfuß
3 – Antennenteleskop
4 – Antennenkabel

Ausbau

- Innenraumleuchte am vorderen Teil mit den Fingern herunterziehen und ausclipsen. **Achtung:** Die Kunststoff-Befestigungshaken können leicht abbrechen.
- Durch die Öffnung für die Innenraumleuchte Antennenfuß abschrauben.
- Antenne mit Antennenfuß abnehmen.

Einbau

- Antenne auf dem Dach ansetzen und Antennenfuß von unten festschrauben.
- Antenne auf Funktion prüfen.
- Innenraumleuchte einclipsen.

Die Scheibenwischanlage

Scheibenwischergummi ersetzen

Austausch des Heckwischerblattes steht am Ende des Kapitels.

Ausbau

- Wischerarm hochklappen und einrasten.

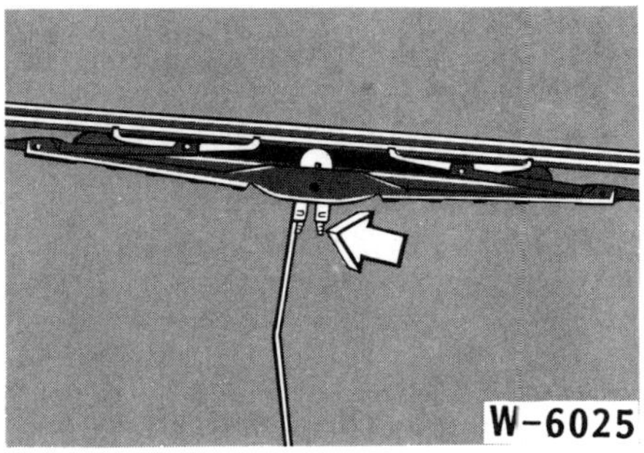

- Wischerblatt im rechten Winkel zum Wischerarm stellen.
- Federklammer in Richtung Wischerarm (Pfeilrichtung) drücken und Wischerblatt nach unten aus dem Haken am Wischerarm schieben.
- Wischerblatt nach oben schieben und vom Haken des Wischerarmes abnehmen.

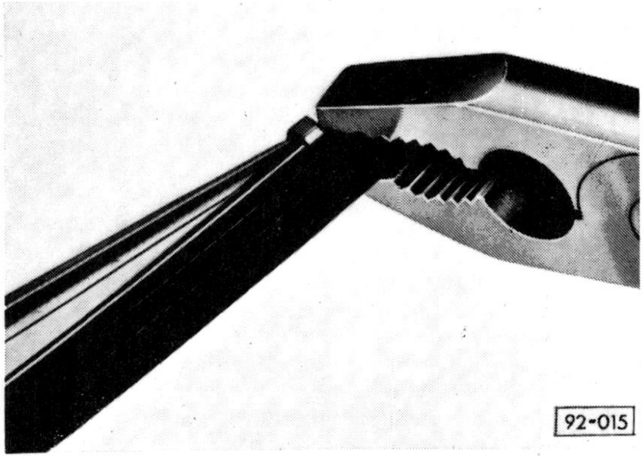

- An der geschlossenen Seite des Wischgummis beide Stahlschienen mit Kombizange zusammendrücken, seitlich aus der oberen Klammer herausnehmen und Gummi komplett mit Schienen aus den restlichen Klammern des Wischerblattes herausziehen.

Einbau

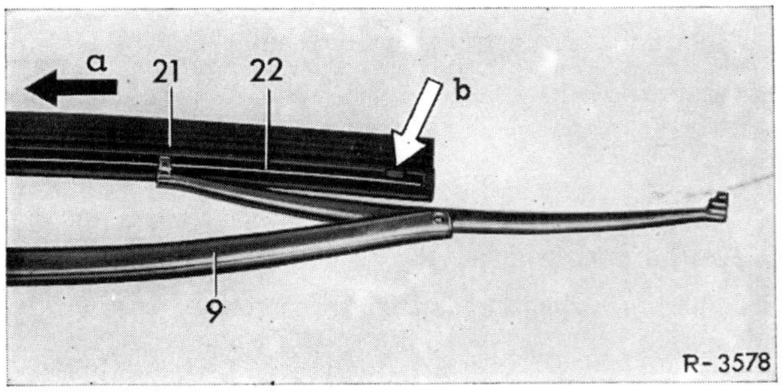

- Neues Wischgummi –21– ohne Halteschienen in die eine Klammer des Wischerblattes –9– lose einlegen.
- Beide Schienen –22– so in den Wischgummi einführen –Pfeil A–, daß die Aussparungen der Schienen zum Gummi zeigen und in die Gumminasen der Rille einrasten.
- Beide Stahlschienen und Gummi mit Kombizange zusammendrücken und so in die andere Klammer einsetzen, daß die Klammernasen beidseitig in die Haltenuten des Wischgummis einrasten –Pfeil b–.
- Wischerblatt über den Wischerarm schieben und Federklammer in den Haken des Wischerarms einclipsen.
- Wischerblatt parallel zum Wischerarm stellen, Wischerarm zurückklappen. Darauf achten, daß das Wischgummi überall an der Scheibe anliegt.

Heckwischerblatt ersetzen

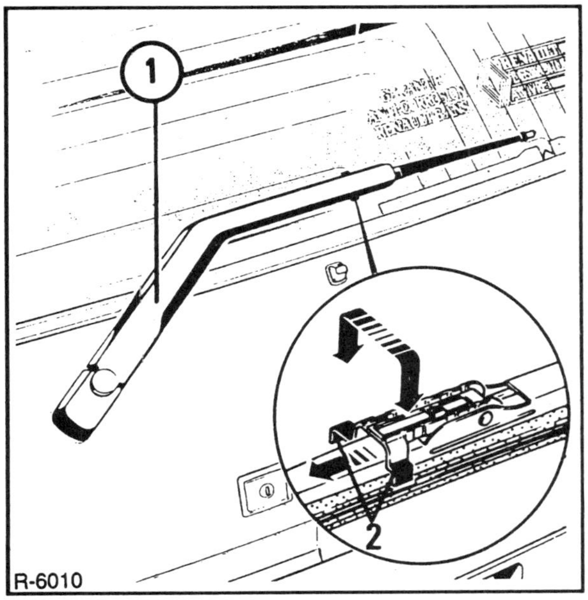

- Wischerarm –1– leicht anheben.
- Federklammern –2– zusammendrücken und den Wischerarm zur Wischerachse hin abdrücken.
- Wischerblatt mit neuem Gummi versehen, am Wischerarm entlang einsetzen und einrasten.

Scheibenwaschdüse einstellen

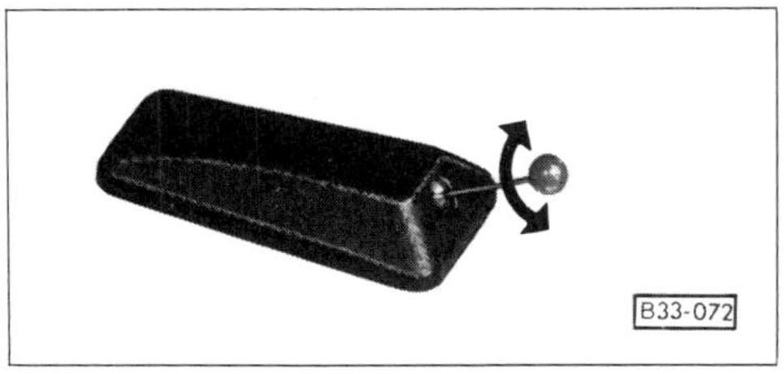

- Die Düse kann mit Preßluft gereinigt und mit einer Nadel eingestellt werden.

Pumpe für Scheibenwaschanlage prüfen/ersetzen

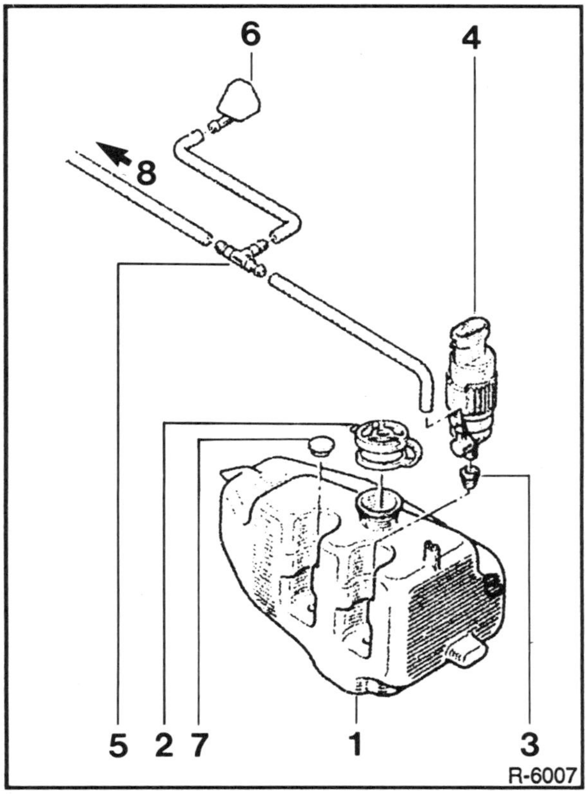

1 – Waschwasserbehälter
2 – Verschlußdeckel
3 – Dichtung
4 – Waschpumpe
5 – T-Stück
6 – Waschdüse links
7 – Verschlußstopfen*
8 – Zur Waschdüse rechts

*) Bei eingebauter Heckscheibenwaschanlage ist hier die Waschpumpe für die Heckscheibe eingebaut.

Prüfen

- Mehrfachstecker von der Pumpe abziehen.
- Spannungsprüfer an die Kontakte des Steckers anschließen. Zündung einschalten und Schalter für Scheibenwaschanlage betätigen. Wenn Spannung anliegt, Pumpe ersetzen. Für diese Prüfung kann auch eine Prüflampe verwendet werden.

Ersetzen

- Belüftungsgitter ausbauen, siehe Seite 187.
- Mehrfachstecker von der Pumpe abziehen.
- Scheibenwaschbehälter abschrauben und herausnehmen.
- Neue Pumpe bereitlegen.
- Bisherige Pumpe herausziehen. Öffnung des Behälters mit dem Finger zuhalten. Gegebenenfalls Gummimuffe für Pumpe abnehmen. Anschließend neue Pumpe mit neuer Gummimuffe einstecken.
- Wasserschlauch umstecken.
- Scheibenwaschbehälter einsetzen und anschrauben.
- Belüftungsgitter einbauen.

- Mehrfachstecker aufschieben und einrasten.
- Falls erforderlich, Scheibenwaschbehälter auffüllen.
- Scheibenwaschpumpe auf Funktion prüfen.

Der Scheibenwischerantrieb

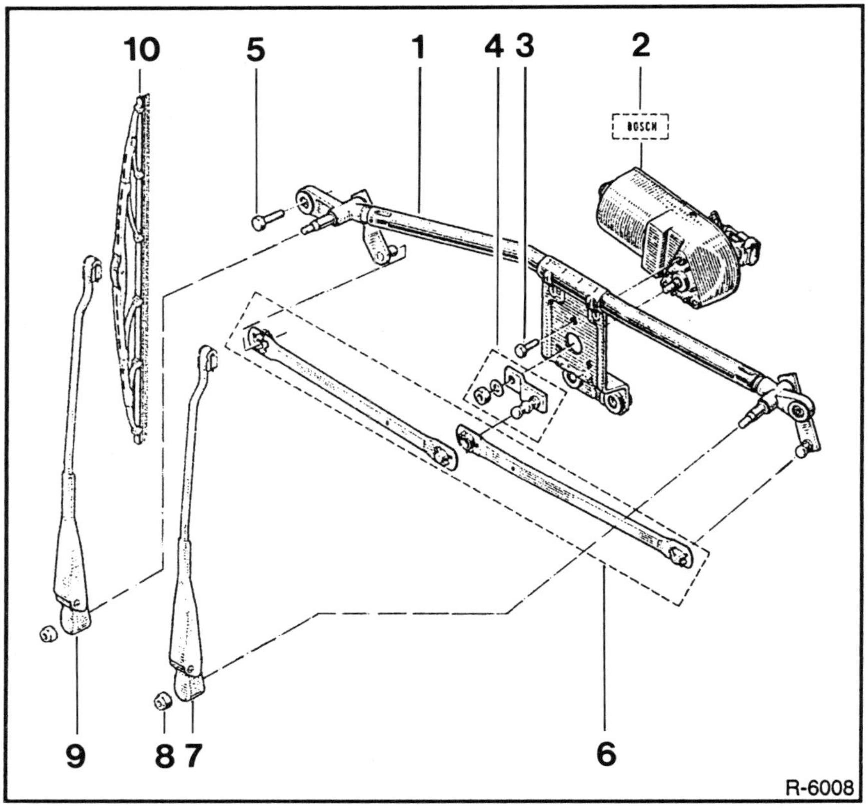

Frontscheibenwischer

1 – Scheibenwischergestänge
2 – Wischermotor
3 – Schraube
4 – Motorkurbel
5 – Schraube
6 – Antriebsstangen
7 – Wischerarm links
8 – Sechskantmutter
9 – Wischerarm rechts
10 – Wischerblatt

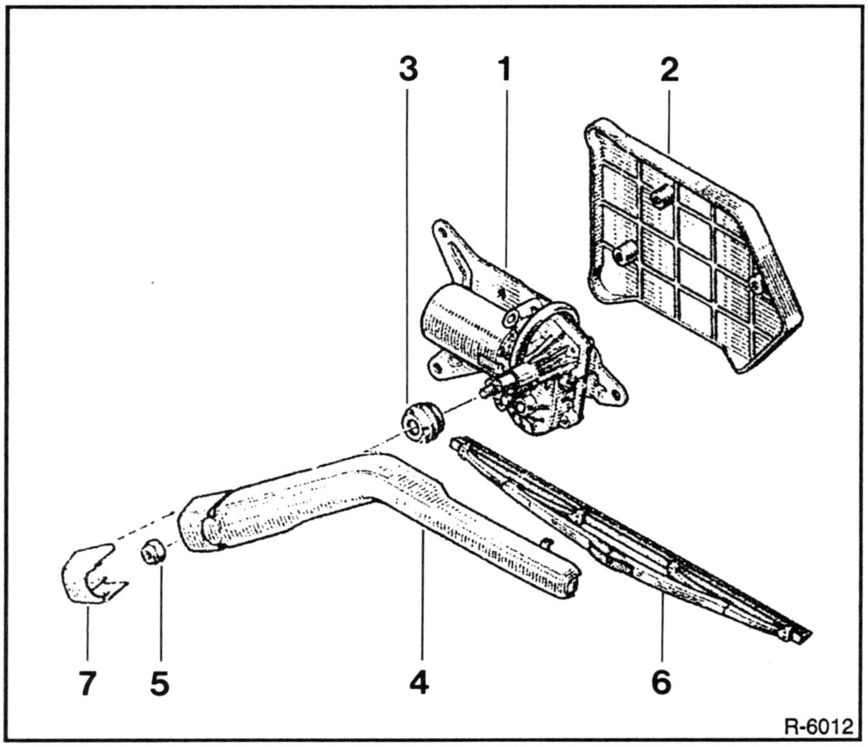

Heckscheibenwischer

1 – Wischermotor
2 – Abdeckung
3 – Wischerlager
4 – Wischerarm
5 – Sechskantmutter
6 – Wischerblatt
7 – Abdeckkappe

Scheibenwischermotor/-gestänge aus- und einbauen

Der Wischermotor wird komplett mit dem Gestänge ausgebaut. **Achtung:** Die Benennung der Teile mit Ziffern bezieht sich auf Abbildung R-6008.

Ausbau

- Windschutzscheibe mit Wasser benetzen.
- Scheibenwischeranlage ca. 2 Minuten laufen lassen und mit dem Scheibenwischerschalter abschalten. Dadurch läuft der Wischer in die Endstellung.
- Ruhestellung der Wischerblätter auf der Windschutzscheibe mit Abdeck-Klebeband markieren. Dazu einen Streifen Klebeband direkt neben das Wischerblatt auf die Windschutzscheibe kleben. Beim Einbau wird der Wischerarm wieder so auf die Verzahnung des Tandemlagers gesetzt, daß sich das Wischerblatt direkt neben dem Klebestreifen befindet.
- Zündung ausschalten, Batterie-Massekabel (–) abklemmen. **Achtung:** Dadurch wird der Radiocode gelöscht.
- Abdeckungen für Wischerarmbefestigung mit Schraubendreher abhebeln und hochklappen.

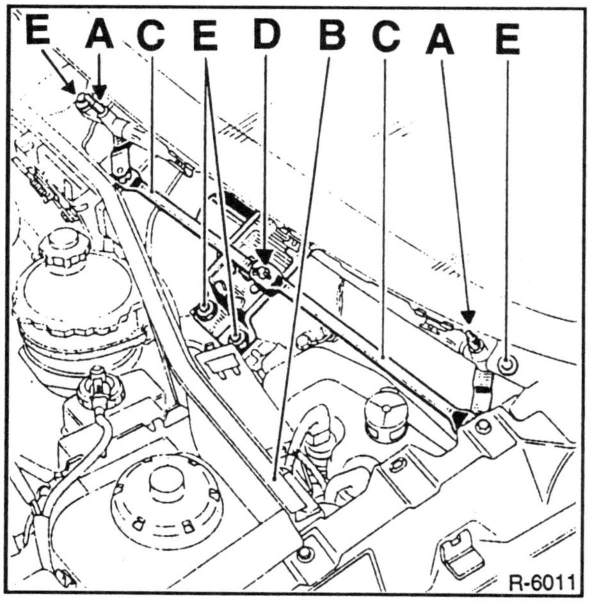

- Darunterliegende Befestigungsmuttern –A– ca. 2 Umdrehungen lösen.
- Wischerarme von der Scheibe in die 90°-Position hochklappen.
- Wischerarme durch seitliche Bewegungen vom Konus des Tandemlagers lösen. Festsitzenden Wischerarm mit Schlagauszieher 1966-5 von HAZET lösen.
- Wischerarme wieder zurückklappen.
- Sechskantmuttern –A– von den Wischerlagern abschrauben und Wischerarme abziehen.
- Windlaufblech mit 5 Schrauben abschrauben.
- Windlaufblech lösen, ohne die Dichtung –B– abzuziehen.
- Mehrfachstecker für Wischermotor abziehen. Elektrische Leitung ausclipsen, falls erforderlich.
- Beide Antriebsstangen –C– lösen, dazu Clips um ¼ Umdrehung drehen. D– Antriebsteil.
- 4 Befestigungsschrauben –E– herausdrehen.
- Wischermotor mit Gestänge herausnehmen.
- Stellung der Motorkurbel –4– zur Motorachse mit Reißnadel markieren und Mutter der Motorkurbel abschrauben. **Achtung:** Darauf achten, daß das Gestänge in der Lage bleibt wie beim Ausbau. Falls es zerlegt wird, Lage der einzelnen Teile zueinander markieren.
- Motor vom Gestänge abschrauben –3–.

Einbau

Achtung: Vor dem Einbau prüfen, ob sich der Wischermotor in Endstellung befindet. Dazu kurzzeitig Mehrfachstecker aufschieben und Batterie anschließen. Motor kurz laufen lassen und anschließend mit Wischerschalter ausschalten, damit der Motor in Endstellung stehenbleibt.

- Batterie-Massekabel (–) abklemmen.
- Mehrfachstecker trennen.
- Wischermotor mit 3 Schrauben und an der Konsole anschrauben.
- Kurbel so auf Motorachse aufschieben, daß die angebrachten Markierungen übereinstimmen. Befestigungsmutter festziehen.
- Wischermotor mit Gestänge am Fahrzeug ansetzen und festschrauben –E–.
- Die beiden Antriebsstangen einclipsen.
- Mehrfachstecker aufschieben, gegebenenfalls Kabel mit Clipsen fixieren.
- Windlaufblech einsetzen und anschrauben.
- Wischerarme entsprechend den vor dem Ausbau angebrachten Markierungen auf die Wischerlager schieben und festschrauben.
- Batterie-Massekabel (–) anklemmen. Code für die Diebstahlsicherung eingeben und Zeituhr einstellen. **Achtung:** Die Batterie darf nur bei ausgeschalteter Zündung angeklemmt werden.
- Windschutzscheibe mit Wasser benetzen. Funktion der Scheibenwischeranlage prüfen, gegebenenfalls Wischerblätter umsetzen.

Achtung: Nach Probelauf der Scheibenwischer in der 1. und 2. Stufe auf nasser Scheibe, Muttern für Wischerblätter nachziehen.

- Abdeckung für Wischerarmbefestigung herunterklappen.

Heckscheibenwischermotor aus- und einbauen

Achtung: Die Benennung der Teile bezieht sich auf Abbildung R-6012.

Ausbau

- Heckscheibe mit Wasser benetzen.
- Heckwischeranlage laufen lassen und mit dem Wischerschalter abschalten. Dadurch läuft der Wischer in die Endstellung.
- Ruhestellung des Wischerblattes auf der Heckscheibe mit Abdeck-Klebeband markieren. Dazu einen Streifen Klebeband direkt neben das Wischerblatt auf die Heckscheibe kleben. Beim Einbau wird der Wischerarm wieder so auf die Verzahnung der Motorachse gesetzt, daß sich das Wischerblatt direkt neben dem Klebestreifen befindet.
- Zündung ausschalten, Batterie-Massekabel (–) abklemmen. **Achtung:** Dadurch wird der Radiocode gelöscht.
- Abdeckung –7– für Wischerarmbefestigung mit Schraubendreher abhebeln beziehungsweise hochklappen.
- Darunterliegende Befestigungsmutter –5– abschrauben.
- Wischerarm durch seitliche Bewegungen vom Konus des Motorlagers lösen. Festsitzenden Wischerarm mit Schlagauszieher 1966-5 von HAZET lösen.
- Wischerarm abnehmen.
- Abdeckung des Wischermotors mit 3 Schrauben abschrauben und abziehen. **Achtung:** Die Halteklammern der Abdeckung erneuern.
- Mehrfachstecker für Wischermotor abziehen. Elektrische Leitung ausclipsen, falls erforderlich.
- Motor –1– mit 3 Schrauben abschrauben.

Einbau

Achtung: Vor dem Einbau prüfen, ob sich der Wischermotor in Endstellung befindet. Dazu kurzzeitig Mehrfachstecker aufschieben und Batterie anschließen. Motor kurz laufen lassen und anschließend mit Wischerschalter ausschalten, damit der Motor in Endstellung stehenbleibt.

- Batterie-Massekabel (–) abklemmen.
- Mehrfachstecker trennen.
- Wischermotor mit 3 Schrauben anschrauben.
- Mehrfachstecker aufschieben, gegebenenfalls Kabel mit Clipsen fixieren.
- Wischerarm entsprechend den Markierungen auf der Scheibe aufschieben.
- Batterie-Massekabel (–) anklemmen. Code für die Diebstahlsicherung eingeben und Zeituhr einstellen. **Achtung:** Die Batterie darf nur bei ausgeschalteter Zündung angeklemmt werden.
- Heckscheibe mit Wasser benetzen. Funktion der Heckscheiben-Wischeranlage prüfen, gegebenenfalls Wischerblatt umsetzen.
- Abdeckung –7– für Wischerarmbefestigung herunterklappen.
- Abdeckung –2– mit neuen Halteklammern aufdrücken und festschrauben.

Störungsdiagnose Scheibenwischergummi

Wischbild	Ursache	Abhilfe
Schlieren	Wischgummi verschmutzt	■ Wischgummi mit harter Nylonbürste und einer Waschmittellösung oder Spiritus reinigen
	Ausgefranste Wischlippe, Gummi ausgerissen oder abgenutzt	■ Wischgummi erneuern
	Wischgummi gealtert, rissige Oberfläche	■ Wischgummi erneuern
Im Wischfeld verbleibende Wasserreste ziehen sich sofort zu Perlen zusammen	Windschutzscheibe durch Lackpolitur oder Öl verschmutzt	■ Windschutzscheibe mit sauberem Putzlappen und einem Fett-Öl-Silikonentferner reinigen
Wischerblatt wischt einseitig gut - einseitig schlecht, rattert	Wischgummi einseitig verformt, „kippt nicht mehr"	■ Neues Wischgummi einbauen
	Wischerarm verdreht, Blatt steht schief auf der Scheibe	■ Wischerarm vorsichtig verdrehen, bis richtige, senkrechte Stellung erreicht ist
Nicht gewischte Flächen	Wischgummi aus der Fassung herausgerissen	■ Wischgummi vorsichtig in die Fassung einsetzen
	Wischerblatt liegt nicht mehr gleichmäßig an der Scheibe an, da Federschienen oder Bleche verbogen	■ Wischerblatt ersetzen. Dieser Fehler tritt vor allem bei unsachgemäßem Montieren eines Ersatzblattes auf
	Anpreßdruck durch Wischerarm zu gering	■ Wischerarmgelenke und Feder leicht einölen oder neuen Arm einbauen

Die Wagenpflege

Fahrzeug waschen

Aus Umweltschutzgründen ist es in den meisten Gemeinden verboten, Fahrzeuge auf öffentlichen Plätzen zu waschen. Wird das Auto sehr oft in einer automatischen Waschanlage gewaschen, hinterlassen die rotierenden Waschbürsten Schleifspuren auf dem Lack. Diese lassen sich verhindern, wenn man den Wagen von Hand in einer entsprechenden Waschanlage wäscht.

- Vogelkot, tote Insekten, Baumharze, Teerflecken, Streusalze und andere aggressive Ablagerungen sofort abwaschen, da sie ätzende Bestandteile enthalten, die Lackschäden verursachen.
- Beim Waschen reichlich Wasser verwenden. Lackierung nicht scharf abspritzen. Mit einem weichen Schwamm oder Waschhandschuh beziehungsweise einer weichen Bürste auf dem Dach beginnend von oben nach unten mit geringem Druck reinigen; Schwamm oft ausspülen.
- Waschmittel nur bei hartnäckiger Verschmutzung verwenden. Mit klarem Wasser gründlich nachspülen, um die Reste des Waschmittels zu entfernen. Bei regelmäßiger Benutzung von Waschmitteln muß öfter konserviert werden. Dem Waschwasser kann ein Konservierungsmittel beigegeben werden.
- In die Eintrittsöffnungen der Belüftungsanlage nur mit einem schwachen Strahl sprühen.
- Zum Abtrocknen sauberes Leder verwenden. Verschiedene Leder für Lack- und Fensterflächen verwenden, da Konservierungsmittelrückstände auf den Scheiben zu Sichtbehinderungen führen.
- Durch Streusalze besonders gefährdet sind alle innenliegenden Falze, Flansche und Fugen an Türen und Hauben. Diese Stellen müssen deshalb bei jedem Wagenwaschen – auch nach der Wäsche in automatischen Waschstraßen – mit einem Schwamm gründlich gereinigt und anschließend abgespült und abgeledert werden.
- Wagen niemals in der Sonne waschen oder trocknen. Wasserflecken sind sonst unvermeidlich.

Achtung: Nach der Wagenwäsche Bremsscheiben kurz trockenbremsen, da sich durch Nässe eine verringerte Bremswirkung ergibt.

Lackierung pflegen

Konservieren: So oft wie nötig soll die sauber gewaschene und getrocknete Lackierung mit einem Konservierungsmittel behandelt werden, um die Oberfläche durch eine porenschließende und wasserabweisende Wachsschicht gegen Witterungseinflüsse zu schützen. Auch wenn regelmäßig Waschkonservierer verwendet wird, empfiehlt es sich, den Lack mindestens zweimal im Jahr mit Hartwachs zu schützen.

Übergelaufenen Kraftstoff, übergelaufenes Öl oder Fett, beziehungsweise übergelaufene Bremsflüssigkeit **sofort entfernen,** sonst kommt es zu Lackverfärbungen.

Spätestens, wenn Wasser nicht mehr deutlich vom Lack abperlt, muß konserviert werden. Der Lack trocknet sonst aus.

Eine weitere Möglichkeit, den Lack zu konservieren, bieten Waschkonservierer. Waschkonservierer schützen die Lackierung jedoch nur ausreichend, wenn sie bei **jeder** Wagenwäsche verwendet werden und der zeitliche Abstand zwischen 2 Wäschen nicht mehr als 2 bis 3 Wochen beträgt. Nur Lackkonservierer verwenden, die Carnauba- oder synthetische Wachse enthalten.

Polieren: Polieren ist nur dann erforderlich, wenn der Lack infolge mangelhafter Pflege beziehungsweise unter der Einwirkung von Umwelteinflüssen unansehnlich geworden ist und sich durch eine Behandlung mit Konservierungsmitteln kein Glanz mehr erzielen läßt. Zu warnen ist vor stark schleifenden oder chemisch stark angreifenden Poliermitteln, auch wenn der erste Versuch damit noch so sehr zu überzeugen scheint.

Vor jedem Polieren muß der Wagen sauber gewaschen und sorgfältig abgetrocknet werden. Im übrigen ist nach der Gebrauchsanweisung für das Poliermittel zu verfahren.

Die Bearbeitung soll in nicht zu großen Flächen erfolgen, um ein vorzeitiges Eintrocknen der Politur zu vermeiden. Bei manchen Poliermitteln muß anschließend noch konserviert werden. Nicht in der prallen Sonne polieren!

Kunststoffteile und matt lackierte Teile dürfen nicht mit Konservierungs- oder Poliermitteln behandelt werden, da sich sonst Flecken bilden.

Teerflecke entfernen: Frische Teerflecke können mit einem in Waschbenzin getränkten weichen Lappen entfernt werden. Notfalls kann auch Tankstellenbenzin, Petroleum oder Terpentinöl verwendet werden. Sehr gut gegen Teerflecke eignet sich auch ein Lackkonservierer. Bei Verwendung dieses Mittels kann auf ein Nachwaschen verzichtet werden.

Insekten entfernen: Insekten enthalten aggressive Stoffe, die den Lackfilm beschädigen können. Deshalb sofort mit lauwarmer Seifen- oder Waschmittellösung abwaschen. Es gibt auch spezielle Insekten-Entferner.

Baumaterial-Spritzer entfernen: Spritzer jeglichen Baumaterials mit lauwarmem, neutralem Waschmittel abwaschen. Nur leicht reiben, da sonst die Lackierung zerkratzt werden kann. Nach dem Waschen mit klarem Wasser nachspülen.

Kunststoffteile pflegen: Kunststoffteile, Kunstledersitze, Himmel, Leuchtengläser sowie mattschwarz gespritzte Teile mit Wasser und eventuell einem Shampoo-Zusatz säubern, Himmel nicht durchfeuchten. Kunststoffteile gegebenenfalls mit Kunststoffreiniger behandeln.

Scheiben reinigen: Schnee und Eis von Scheiben und Spiegeln nur mit einem Kunststoffschaber entfernen. Um Kratzer durch Schmutz zu vermeiden, sollte der Schaber nicht vor- und zurückbewegt, sondern nur geschoben werden. Fensterscheiben innen und außen mit sauberem, weichem Lappen abreiben. Bei starker Verschmutzung helfen Spiritus oder Salmiakgeist und lauwarmes Wasser oder auch ein spezieller Scheibenreiniger. Beim Reinigen der Windschutzscheibe Scheibenwischerarm nach vorn klappen.

Bei der Reinigung der Windschutzscheibe sind auch die Wischerblätter zu säubern.

Achtung: Bei Verwendung silikonhaltiger Mittel dürfen die zur Reinigung der Lackierung verwendeten Waschbürsten, Schwämme, Lederlappen und Tücher nicht für die Scheiben verwendet werden. Beim Einsprühen der Lackierung mit silikonhaltigen Pflegemitteln sollten die Scheiben mit Pappe oder anderem Material abgedeckt werden.

Gummidichtungen pflegen: Gummidichtungen durch Einpudern der Dicht- und Gleitflächen mit Talkum oder Besprühen mit Silikonspray geschmeidig halten. So werden auch quietschende oder knarrende Geräusche beim Türenschließen vermieden. Auch das Einreiben der betreffenden Flächen mit Schmierseife beseitigt die Geräusche.

Reifen reinigen: Reifen nicht mit einem Dampfstrahlgerät reinigen. Wird die Düse des Dampfstrahlers zu nahe an den Reifen gehalten, wird dessen Gummischicht innerhalb weniger Sekunden irreparabel zerstört, selbst bei Verwendung von kaltem Wasser. Ein auf diese Weise gereinigter Reifen sollte sicherheitshalber ersetzt werden.

Leichtmetall-Scheibenräder mit Felgenreiniger besonders während der kalten Jahreszeit pflegen, jedoch keine aggressiven, säurehaltigen, stark alkalischen und rauhen Reinigungsmittel oder Dampfstrahler über +60° C verwenden.

Sicherheitsgurte nur mit milder Seifenlauge in eingebautem Zustand säubern, nicht chemisch reinigen, da dadurch das Gewebe zerstört werden kann. Automatikgurte nur in trockenem Zustand aufrollen.

Unterbodenschutz/ Hohlraumkonservierung

Die Fahrzeugunterseite einschließlich der Radkästen ist mit Unterbodenschutz beschichtet. Die besonders stark gefährdeten Bereiche in den Radläufen sind mit Kunststoffschalen gegen Steinschlag geschützt. Darüber hinaus wurden korrosionsgefährdete Karosserieteile aus verzinktem Blech hergestellt. Vor der kalten Jahreszeit und nach einer Unterbodenwäsche sollte der Unterbodenschutz kontrolliert und gegebenenfalls ausgebessert werden.

Im Schleuderbereich des Unterbaues können sich Staub, Lehm und Sand ablagern. Den angesammelten Schmutz entfernen, zumal er während der Winterzeit auch noch mit Streusalz angereichert sein kann.

Motorwäsche/Motorraum konservieren: Vor und nach der Streusalzperiode sollte der Motorraum gereinigt und anschließend konserviert werden. Motorwäsche nur bei ausgeschalteter Zündung durchführen. Vor der Motorwäsche, die zum Beispiel mit Kaltreiniger und einem Dampfstrahlgerät durchgeführt werden kann, Generator, Sicherungskasten und Bremsflüssigkeitsbehälter mit Plastikhüllen abdecken.

Zur Verhinderung von Korrosion am Vorderwagen (zum Beispiel Seitenteile, Längsträger oder Abschlußblech) und des Antriebaggregates muß der Motorraum einschließlich der im Motorraum befindlichen Teile der Bremsanlage, Achselemente mit Lenkung sowie Karosserieteile und Hohlräume mit einem hochwertigen Konservierungswachs eingesprüht werden. Dabei den Keil- und Zahnriementrieb vor Wachs schützen.

Polsterbezüge pflegen/reinigen

Textilbezüge: Polsterbezüge mit Staubsauger und Bürste reinigen. Bei starker Verschmutzung Textilbezüge mit Trockenschaum reinigen.

Fett- und Ölflecke mit Reinigungsbenzin oder Fleckenwasser behandeln. Das Reinigungsmittel darf aber nicht unmittelbar auf den Stoff gegossen werden, da sich sonst unweigerlich Ränder bilden. Fleck durch kreisförmiges Reiben von außen nach innen bearbeiten. Andere Verschmutzungen lassen sich meistens mit lauwarmem Seifenwasser entfernen.

Lederbezüge: Bei starker Sonneneinstrahlung und längerer Standzeit Sitze abdecken, damit sie nicht ausbleichen.

Trikot- oder Wollappen mit Wasser leicht anfeuchten und Lederflächen säubern, ohne das Leder oder die Nahtstellen zu durchfeuchten. Anschließend das getrocknete Leder mit einem sauberen und weichen Tuch nachreiben.

Stärker verschmutzte Lederflächen mit einem milden Feinwaschmittel ohne Aufheller (2 Eßlöffel auf 1 Liter Wasser) reinigen. Fett- und Ölflecke vorsichtig ohne Reiben mit Reinigungsbenzin abtupfen.

Lackierte Lederpolster sollten nach dem Reinigen mit einem handelsüblichen Pflegemittel für Lederflächen behandelt werden. Solche Mittel sind im Autofachhandel erhältlich. Das Mittel vor Gebrauch gut schütteln und mit einem weichen Lappen dünn auftragen. Nach dem Eintrocknen mit einem sauberen und weichen Tuch nachreiben. Diese Behandlung empfiehlt sich bei normaler Beanspruchung alle 6 Monate.

Steinschlagschäden ausbessern

Ausbeul- und Lackierarbeiten an der Autokarosserie setzen Erfahrung über den Werkstoff und dessen Bearbeitung voraus. Derartige Fertigkeiten werden in der Regel erst durch eine langjährige Praxis erreicht. Aus diesem Grund wird hier nur das Ausbessern von kleineren Lackschäden erläutert.

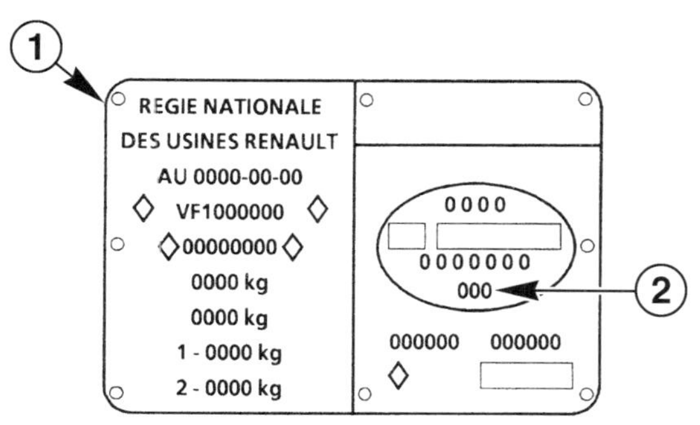

R-6818

Zum Nachlackieren wird unbedingt dieselbe Lackfarbe benötigt, denn selbst kleinste Farbunterschiede fallen nach Abschluss der Arbeiten sofort ins Auge. Der jeweilige Fahrzeug-Farbton wird vom Hersteller durch die Lacknummer gekennzeichnet. Die Lacknummer –2– steht auf dem Fahrzeugtypschild –1–. Das Typschild befindet sich im Motorraum vorn links oder im Kofferraum.

Treten dennoch Differenzen zwischen dem Originallack und dem Reparaturlack auf, dann liegt das daran, dass sich Fahrzeug-Lackierungen durch Alterung, ultraviolette Sonnenbestrahlung, extreme Temperaturdifferenzen, Witterungsbedingungen und chemische Einflüsse wie beispielsweise Industrieabgase mit der Zeit verändern. Außerdem können Oberflächenschäden, Farbveränderungen und Ausbleichen des Lackes eintreten, wenn Reinigung und Lackpflege mit ungeeigneten Mitteln durchgeführt wurden.

Die Metallic-Lackierung besteht aus 2 Schichten, dem Metallic-Grundlack und der farblosen Decklackierung. Beim Lackieren wird der Klarlack über den feuchten Grundlack gespritzt. Die Gefahr von Farbdifferenzen bei der nachträglichen Metallic-Lackierung ist besonders groß, da hier schon die unterschiedliche Viskosität des Reparaturlackes gegenüber dem Originallack zu Farbverschiebungen führt.

Es lohnt sich, auch kleinste Lackschäden regelmäßig zu beseitigen, da auf diese Weise Rostschäden und größere Reparaturen vermieden werden.

Für kleine Kratzer und Steinschläge, die lediglich den Decklack abgesplittert haben, also nicht bis aufs blanke Blech vorgedrungen sind, genügt im allgemeinen der Lackstift oder Tupflack. Dabei handelt es sich um eine kleine Lackdose, in deren Deckel ein Pinsel integriert ist. Der Lackstift wird im Auto-Zubehörhandel angeboten.

- Tiefere Steinschlagschäden, die schon kleine Rostnarben gebildet haben, mit einem »Rostradierer« beziehungsweise einem Messer oder einem kleinen Schraubendreher auskratzen, bis das blanke Blech erscheint. Wichtig ist, dass keine auch noch so kleine Roststelle mehr sichtbar ist. Bei »Rostradierern« handelt es sich um kleine Kunststoffhülsen, die zum Auskratzen des Rostes kurze Drahtborsten besitzen.
- Die blanken Stellen müssen einwandfrei trocken und fettfrei sein. Dazu Reparaturstelle sowie den umgebenden Lack mit Silikonentferner reinigen.
- Auf die blanke Metallfläche mit einem dünnen Pinsel etwas Lackgrundierung (»Primer«) auftragen. Da das Grundiermittel meist in Sprühdosen erhältlich ist, etwas Grundiermittel in den Deckel der Dose sprühen.
- Nachdem die Grundierung trocken ist, Stelle mit Tupflack ausbessern. Bei den Tupflackdosen ist ein Pinsel bereits im Deckel integriert. Falls nur eine Spraydose mit der entsprechenden Farbe zur Verfügung steht, etwas Farbe in den Deckel der Dose sprühen und Lack mit einem dünnen Wasserfarbenpinsel auftragen. Dabei in einem Arbeitsgang immer nur eine dünne Lackschicht anbringen, damit der Lack nicht herunterlaufen kann. Anschließend Farbe gut trocknen lassen. Vorgang so oft wiederholen, bis der Krater ausgefüllt ist und die ausgebesserte Stelle gegenüber der umgebenden Lackfläche keine Vertiefung mehr bildet.

Motorstarthilfe

Sicherheitshinweis:
Werden die vorgeschriebenen Anschlußhinweise nicht genau eingehalten, besteht die Gefahr der Verätzung durch austretende Batteriesäure. Außerdem können Verletzungen oder Schäden durch eine Batterieexplosion entstehen oder Defekte an der Fahrzeugelektrik auftreten.

- Batterieflüssigkeit von Augen, Haut, Gewebe und lackierten Flächen fernhalten. Die Flüssigkeit ist ätzend. Säurespritzer sofort mit klarem Wasser gründlich abspülen. Gegebenenfalls einen Arzt aufsuchen.
- Keine Funken oder offenen Flammen in Batterienähe, da aus der Batterie brennbare Gase austreten können.
- Augenschutz tragen.
- Darauf achten, daß die Starthilfekabel nicht durch drehende Teile wie z. B. Kühlerventilator beschädigt werden.

- Der Leitungsquerschnitt der Starthilfekabel soll bei Ottomotoren bis ca. 2,5 l Hubraum mindestens 16 mm² (Durchmesser ca. 5 mm) betragen. Bei Dieselmotoren oder Ottomotoren über ca. 2,5 l Hubraum soll der Leitungsquerschnitt mindestens 25 mm² betragen. Maßgebend ist dabei jeweils das Fahrzeug mit der entladenen Batterie. Der Leitungsquerschnitt ist in der Regel auf der Packung der Starthilfekabel angegeben. Beim Neukauf ist ein Starthilfekabel mit isolierten Kabelzangen und 25 mm² Querschnitt empfehlenswert, da es sich auch für Motoren mit geringerem Hubraum eignet.
- Bei beiden Batterien muß die Spannung 12 Volt betragen.
- Eine entladene Batterie kann bereits bei –10° C gefrieren. Vor Anschluß der Starthilfekabel muß eine gefrorene Batterie unbedingt aufgetaut werden.
- Die entladene Batterie muß ordnungsgemäß am Bordnetz angeklemmt sein.
- Flüssigkeitsstand der entladenen Batterie prüfen, gegebenenfalls mit destilliertem Wasser auffüllen.
- Fahrzeuge so weit auseinanderstellen, daß kein metallischer Kontakt besteht. Andernfalls könnte bereits beim Verbinden der Pluspole ein Strom fließen.
- Bei beiden Fahrzeugen Handbremse anziehen. Schaltgetriebe in Leerlaufstellung, automatisches Getriebe zusätzlich in Parkstellung »P« schalten.
- Alle Stromverbraucher ausschalten.
- Grundsätzlich Motor des Spenderfahrzeuges während des Startvorganges mit Leerlaufdrehzahl drehen lassen. Dadurch wird eine Beschädigung des Generators durch Spannungsspitzen beim Startvorgang vermieden
- Starthilfekabel in folgender Reihenfolge anschließen:
  1. Rotes Kabel –1– an den Pluspol (+) der entladenen Batterie –A– anklemmen.
  2. Das andere Ende des roten Kabels an den Pluspol (+) der stromgebenden Batterie –B– anklemmen.
  3. Schwarzes Kabel –2– an den Minuspol (-) der stromgebenden Batterie anklemmen.

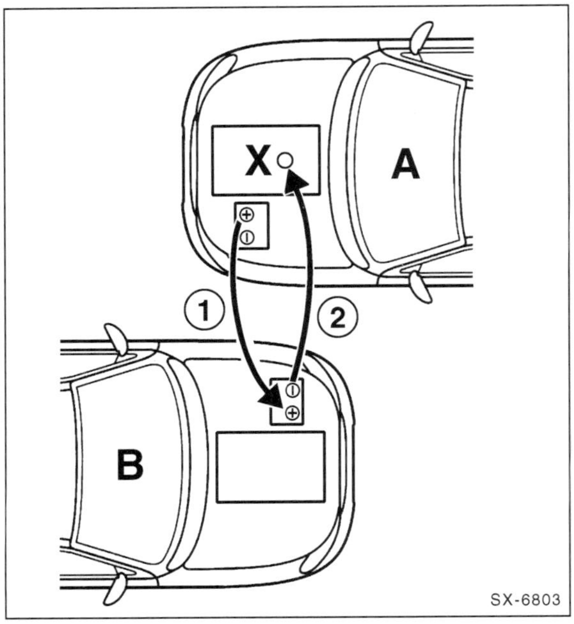

4. Das andere Ende des schwarzen Kabels an eine gute Massestelle –X– des Empfängerfahrzeuges anschließen. **Achtung: Nicht an den Minuspol (-) der leeren Batterie.** Am besten eignet sich ein mit dem Motorblock verschraubtes Metallteil. Unter ungünstigen Umständen könnte beim Anschließen des Kabels an den Minuspol der leeren Batterie, durch Funkenbildung und Knallgasentwicklung, die Batterie explodieren.

Achtung: Die Klemmen der Starthilfekabel dürfen bei angeschlossenen Kabeln nicht in Kontakt miteinander kommen, beziehungsweise die Plusklemmen dürfen keine Massestellen (Karosserie oder Rahmen) berühren – Kurzschlußgefahr!

- Motor des Empfängerfahrzeuges (leere Batterie) starten und laufen lassen. Beim Starten Anlasser nicht länger als 10 Sekunden ununterbrochen betätigen, da sich durch die hohe Stromaufnahme Polzangen und Kabel erwärmen. Deshalb zwischendurch eine »Abkühlpause« von mindestens ½ Minute einlegen.
- Bei Startschwierigkeiten nicht unnötig lange den Anlasser betätigen. Während des Anlassens wird permanent Kraftstoff eingespritzt. Fehlerursache ermitteln und beseitigen.
- Nach erfolgreichem Start beide Fahrzeuge mit der „Strombrücke„ noch 3 Minuten laufen lassen.
- Um Spannungsspitzen beim Trennen abzubauen, im Fahrzeug mit der leeren Batterie Gebläse und Heckscheibenheizung einschalten. Nicht das Fahrlicht einschalten. Glühlampen brennen bei Überspannung durch.
- **Nach der Starthilfe** Kabel in **umgekehrter** Reihenfolge abklemmen: Zuerst schwarzes Kabel -2- (–) am Empfängerfahrzeug, dann am stromgebenden Fahrzeug abklemmen. Rotes Kabel -1- zuerst am stromgebenden und dann am Empfängerfahrzeug abklemmen.

Fahrzeug abschleppen

Das Fahrzeug darf nur an den dafür vorgesehenen Abschleppösen abgeschleppt werden.

Abschleppseil/ Abschleppstange anbringen

Vordere Abschleppöse

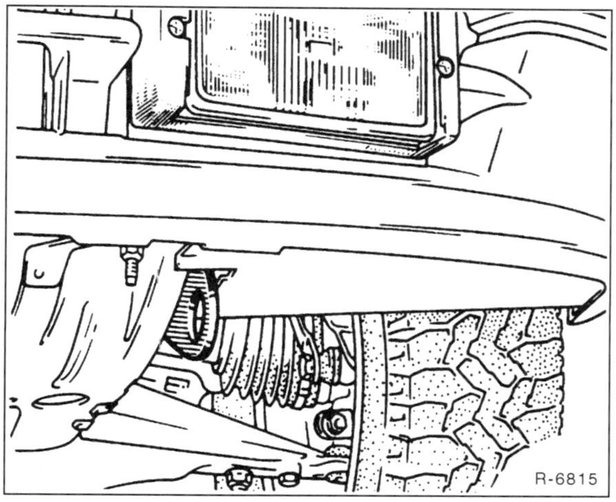

Hinweis: Bei manchen CLIO-Modellen ist die vordere Abschleppöse im unteren Stoßfänger integriert.

Hintere Abschleppöse

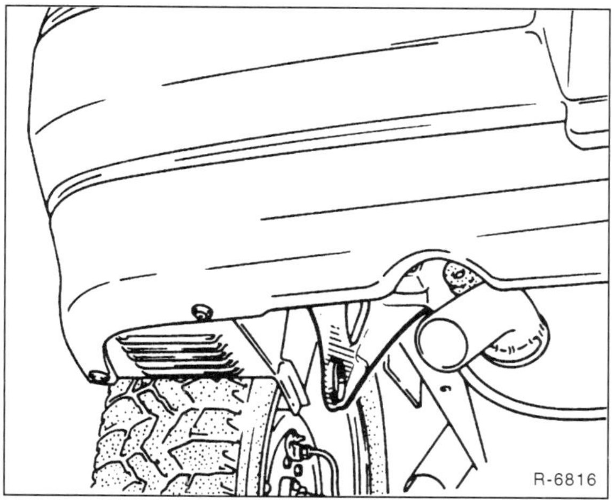

- An der Abschleppöse Abschleppseil oder Abschleppstange anbringen.

Regeln beim Abschleppen

- Zündung einschalten damit das Lenkrad nicht blockiert ist und die Blinkleuchten, das Signalhorn, die Scheibenwischer und die Scheibenwischanlage betätigt werden können.
- Getriebe in Leerlaufstellung bringen.
- Warnblinkanlage bei ziehendem und gezogenem Fahrzeug einschalten.
- Da der Bremskraftverstärker und die Servolenkung nur bei laufendem Motor arbeiten, müssen bei nicht laufendem Motor das Bremspedal und das Lenkrad entsprechend kräftiger betätigt werden!
- Bei der Verwendung eines Abschleppseils muß der Fahrer des ziehenden Wagens beim Schalten weich einkuppeln. Der Fahrer des gezogenen Wagens hat darauf zu achten, daß das Seil stets straff ist.
- Ohne Öl im Schaltgetriebe beziehungsweise Automatikgetriebe darf der Wagen nur mit angehobenen Antriebsrädern abgeschleppt werden.
- **Empfehlenswert ist die Verwendung einer Abschleppstange.** Die Gefahr des Auffahrens ist bei Verwendung eines Abschleppseils groß. Ein Abschleppseil soll elastisch sein, damit das schleppende und das gezogene Fahrzeug geschont werden. Nur Kunstfaserseile oder Seile mit elastischen Zwischengliedern verwenden.

Fahrzeuge mit Automatikgetriebe

Wählhebelstellung: **»N«**

3-Stufen-Automatik:

Maximale Schleppgeschwindigkeit: 30 km/h!
Maximale Schleppentfernung: 50 Kilometer!

4-Stufen-Automatik:

Maximale Schleppgeschwindigkeit: 40 km/h!
Maximale Schleppentfernung: 25 Kilometer!

- Über große Entfernungen das Fahrzeug mit einem Abschleppwagen vorn anheben oder aufladen.

Achtung: Zur Vermeidung von Getriebeschäden Fahrzeug niemals rückwärts mit drehenden Antriebsrädern abschleppen.

Fahrzeug anschleppen (Notstart)

Das Anschleppen (Starten des Motors durch das rollende Fahrzeug) ist bei Fahrzeugen mit Getriebeautomatik nicht möglich.

Achtung: Bei betriebswarmem Benzinmotor mit Schaltgetriebe darf nur über eine Strecke von maximal 50 Metern angeschleppt werden, da sonst die Gefahr von Katalysatorschäden besteht.

- Vor dem Anschleppen den 2. oder 3. Gang einlegen, Kupplungspedal treten und halten.
- Zündung einschalten.
- Langsam einkuppeln, wenn beide Fahrzeuge in Bewegung sind.
- Sobald der Motor angesprungen ist, Kupplung treten und Gang herausnehmen, um nicht auf das ziehende Fahrzeug aufzufahren.

Fahrzeug aufbocken

Für viele Wartungs- und Reparaturarbeiten muß das Fahrzeug aufgebockt beziehungsweise hochgehoben werden. In der Werkstatt wird der Wagen in der Regel mit der Hebebühne angehoben, man kann ihn jedoch auch mit dem Fahrzeug- oder Werkstatt-Wagenheber anheben. Grundsätzlich darf das Fahrzeug nur an bestimmten Aufnahmepunkten angehoben werden.

Bei Arbeiten unter dem Fahrzeug muß dieses, falls es nicht auf einer Hebebühne steht, auf vier stabilen Unterstellböcken stehen. **Auf keinen Fall dürfen Arbeiten unter dem Fahrzeug ausgeführt werden, wenn dieses nur mit dem Bordwagenheber oder Werkstattwagenheber abgestützt ist. Lebensgefahr!**

- Hebewerkzeuge zum Anheben des Fahrzeuges dürfen nur an den nachstehend gezeigten Stellen angesetzt werden, da sonst bleibende Verformungen am Fahrzeug nicht auszuschließen sind.
- Die Räder, die beim Anheben auf dem Boden stehen bleiben, mit Keilen gegen Vor- oder Zurückrollen sichern. Nicht auf die Feststellbremse verlassen, diese muß bei einigen Reparaturarbeiten gelöst werden.
- Fahrzeug nur auf ebener, fester Fläche aufbocken. Bei weichem Untergrund breite Bretter unter den Wagenheber und die Unterstellböcke legen, damit sich das Gewicht auf eine größere Fläche verteilt.
- Durch eine geeignete Gummi- oder Holzzwischenlage werden beim Anheben Beschädigungen an der Karosserie vermieden.
- Fahrzeug mit Unterstellböcken so abstützen, daß jeweils ein Bein seitlich nach außen zeigt.
- Das Fahrzeug darf nur in unbeladenem Zustand angehoben werden.

Achtung: Keinesfalls darf der Wagen an Motor- oder Getriebeteilen angehoben oder abgestützt werden.

Anheb- und Aufbockpunkte

Hebebühne, Werkstattwagenheber und Bordwagenheber

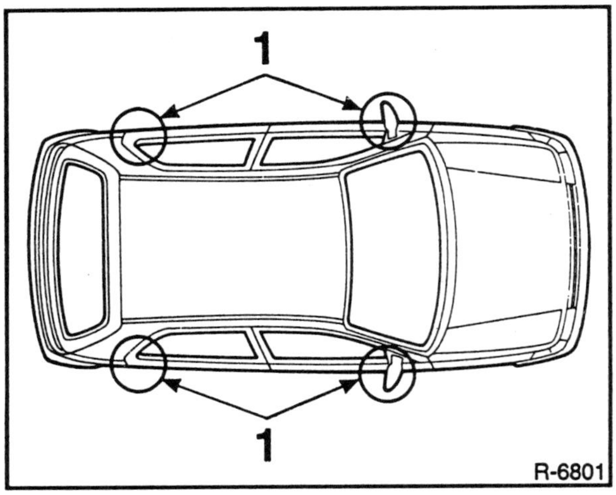

- Hebebühne links oder rechts nur im Bereich der Verstärkung vorn und hinten am Längsträger ansetzen –1–. Hier wird auch der Bordwagenheber angesetzt. Dabei muß der Längsträger in die Aufnahme des Wagenhebers eingreifen.
- Wagenheber hochkurbeln und Fahrzeug an den abgebildeten Stellen mit Unterstellböcken abstützen.
- Bei Verwendung einer Hebebühne darauf achten, daß die gesamte Fläche der Böcke anliegt.

Werkstattwagenheber

- Das Fahrzeug kann vorn mit einem hydraulischen Werkstattwagenheber auch an den vorderen Längsträgern des Fahrschemels angehoben werden. Dazu wird aber der RENAULT-Auflagebalken Cha.280-02 benötigt. Am Fahrzeugheck muß der Werkstattwagenheber wie der Bordwagenheber angesetzt werden. **Keinesfalls** Wagenheber unter der Hinterachse ansetzen.

Werkzeugausrüstung

Langfristig zahlt es sich immer aus, wenn man qualitativ hochwertiges Werkzeug kauft. Neben einer Grundausstattung mit Maul- und Ringschlüsseln in den gängigen Größen und verschiedenen Torxschraubendrehern sowie einem Satz Steckschlüssel empfiehlt sich auch der Kauf eines Drehmomentschlüssels. Darüber hinaus ist bei manchen Arbeitsgängen der Einsatz von Spezialwerkzeug zwingend erforderlich.

Gutes und stabiles Werkzeug wird von der Firma HAZET (42804 Remscheid, Postfach 100461) angeboten. In den Tabellen sind die Werkzeuge mit der HAZET-Bestellnummer aufgeführt. Vertrieben wird das Werkzeug über den Fachhandel.

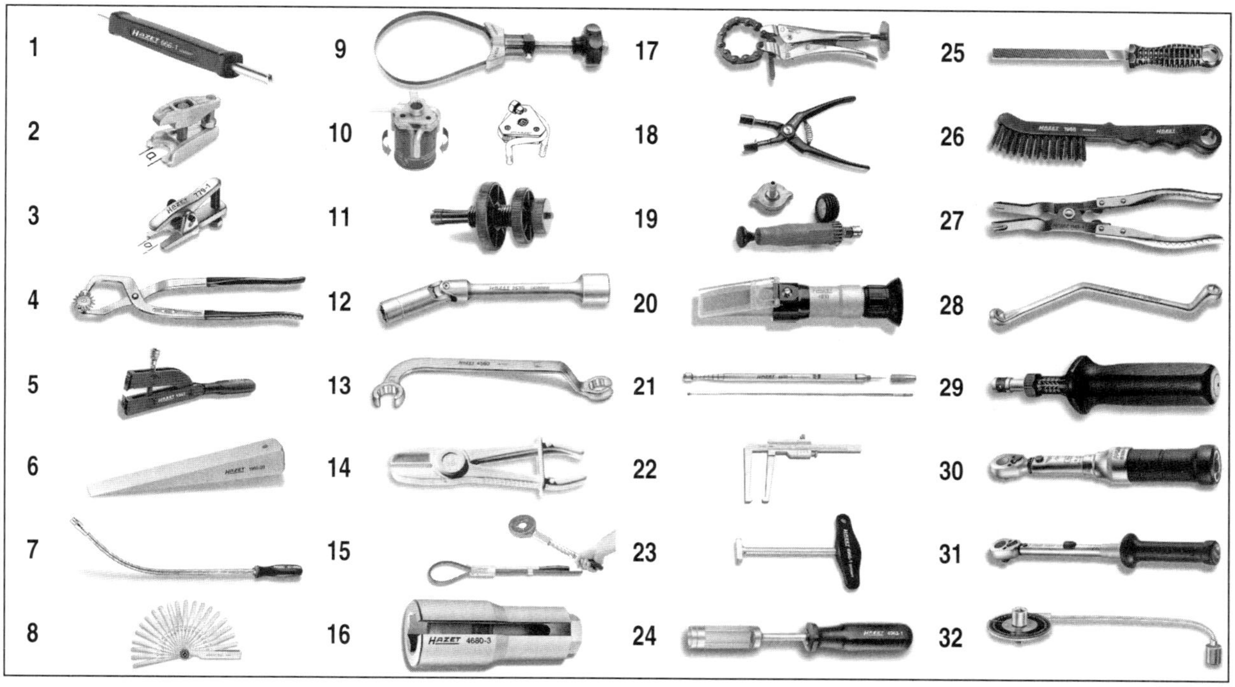

Abb.	Werkzeug	Hazet-Nr.
1	Ventildreher für Reifenventile	666-1
2	Ausdrücker für Spurstangenköpfe	1779
3	Ausdrücker für Spurstangenköpfe	1779-1
4	Bremsfedernzange	797
5	Klemmzange für Edelstahl-Haltebänder der Gelenkwellenmanschetten	1847
6	Montagekeil	1965-20
7	Magnet-Sucher	1976
8	Fühlerblattlehre 0,05 - 1,0 mm	2147
9	Ölfilterschlüssel	2171-5
10	Ölfilterschlüssel	2172
11	Kupplungs-Zentrierwerkzeug	2174
12	Gelenkschlüssel für Glühkerzen (Diesel)	2530
13	Offener Ringschlüssel für Einspritzleitungen (Diesel)	4560
14	Abklemmzangen-Satz	4590/2
15	Riemenscheiben-Gegenhalter	4640
16	Steckschlüssel für Lambdasonde	4680-3
17	Ketten-Abgasrohrschneider	4682
18	Relais-Zange	4770-1

Abb.	Werkzeug	Hazet-Nr.
19	Kühlsystem prüfen	4800-1/-2/-10
20	Messgerät für Säuredichte und Frostschutzanteil	4810 B
21	Spritzdüseneinsteller für Scheibenwaschanlage	4850-1
22	Bremsscheiben-Messschieber	4956-1
23	Bremskolbendrehwerkzeug für hintere Scheibenbremse	4960-1
24	Spezialwerkzeug für Haltefedern der Trommelbremse	4963-1
25	Bremssattelfeile	4968-1
26	Bremssatteldrahtbürste	4968-3
27	Spezialzange zum Ausbau von Handbremsseilen an der Trommelbremse	4968-4
28	Ringschlüssel für Bremsenentlüftung	4968-7-11
29	Drehmomentschlüssel 1 – 6 Nm	6003 CT
30	Drehmomentschlüssel 4– 40 Nm	6109-2 CT
31	Drehmomentschlüssel 40 – 200 Nm	6122-1CT
32	Winkelscheibe für drehwinkelgesteuerten Schraubenanzug	6690

W Wartungsplan RENAULT CLIO

Die Wartung ist beim **Dieselmotor alle 7500 km** und beim **Benzinmotor alle 10000 km,** beziehungsweise mindestens **einmal jährlich** durchzuführen. Bei erschwerten Betriebsbedingungen, wie überwiegend Stadt- und Kurzstreckenverkehr, häufigen Gebirgsfahrten, Anhängerbetrieb und staubigen Straßenverhältnissen, Wartung entsprechend öfter durchführen.

Motor

- Motoröl: Wechseln, Hauptstromölfilter ersetzen; beim Benzinmotor (außer 16V-Motor) braucht der Ölfilter nur alle 20000 km ersetzt zu werden.
- Motor: Sichtprüfung auf Ölundichtigkeiten.
- Kühl- und Heizsystem: Flüssigkeitsstand prüfen, Konzentration des Frostschutzmittels prüfen. Sichtprüfung auf Undichtigkeiten und äußere Verschmutzung des Kühlers.
- Klimaanlage: Kältemittelstand prüfen.
- Keilriemen: Spannung und Zustand von allen Riemen prüfen.
- Abgasanlage: Auf Beschädigungen prüfen.
- Benzinmotor: Leerlauf- und CO-Gehalt bei betriebswarmem Motor prüfen
- Benzinmotor: Zündkerzen prüfen, ggf. ersetzen.
- Dieselmotor: Kraftstoffilter entwässern.

Vorderachse und Lenkung

- Servolenkung: Flüssigkeitsstand prüfen, gegebenenfalls Hydrauliköl auffüllen.

Aufbau

- Unterbodenschutz und Hohlraumkonservierung: Prüfen und gegebenenfalls ausbessern.

Bremsen, Reifen, Räder

- Bremsanlage: Leitungen, Schläuche, Bremszylinder und Anschlüsse auf Undichtigkeiten und Beschädigungen prüfen. Bremsflüssigkeitsstand prüfen, gegebenenfalls auffüllen.
- Scheibenbremse: Belagstärke der Bremsbeläge prüfen.
- Bereifung: Profiltiefe und Reifenfülldruck prüfen; Reifen auf Verschleiß und Beschädigungen (einschließlich Reserverad) prüfen.

Elektrische Anlage

- Alle Stromverbraucher: Funktion prüfen.
- Beleuchtungsanlage: Prüfen, gegebenenfalls Scheinwerfer einstellen.
- Signalhorn: Prüfen.
- Scheibenwischer: Wischergummis auf Verschleiß prüfen.
- Scheibenwaschanlage: Funktion prüfen, Düsenstellung kontrollieren, Flüssigkeit nachfüllen.
- Batterie: Spannung und Säurestand prüfen.

Folgende Arbeiten zusätzlich durchführen:

Dieselmotor alle 15000 km

- Kraftstoffilter: Erneuern.
- Schalt-/Automatik-Getriebe/Achsantrieb: Ölstand prüfen, gegebenenfalls auffüllen.

Benzinmotor alle 20 000 km

- Trockenluftfilter: Filtereinsatz erneuern.
- Hauptstromölfilter: Erneuern (außer 16 V-Motor).
- Schalt-/Automatik-Getriebe/Achsantrieb: Ölstand prüfen, gegebenenfalls auffüllen.

Dieselmotor alle 22500 km

- Trockenluftfilter: Filtereinsatz erneuern.

Alle 3 Jahre oder alle 50000 km (Benzinmotor) beziehungsweise **alle 60000 km** (Dieselmotor)

- Benzinmotor: Kraftstoffilter ersetzen.
- Kühlflüssigkeit: Erneuern.
- Bremsflüssigkeit: Wechseln.
- Trommelbremsen: Bremstrommel abnehmen, Belagstärke prüfen.
- Feststellbremse: Prüfen.
- Gelenkschutzhüllen: Auf Undichtigkeiten und Beschädigungen prüfen.
- Vorderachse: Sämtliche Befestigungsschrauben sowie Radschrauben auf festen Sitz prüfen.
- Spurstangenköpfe: Spiel und Befestigung prüfen, Staubkappen prüfen.
- Lenkung: Faltenbälge auf Undichtigkeiten und Beschädigungen prüfen.
- Vorderachse: Vorderradspur überprüfen.
- Automatik-Getriebe: Ölwechsel, Ölsieb im Getriebe erneuern.

Alle 120000 km

- Zahnriemen erneuern.

W Die Wartungsarbeiten

Hier werden nach den verschiedenen Baugruppen des Fahrzeugs aufgeteilt alle Wartungsarbeiten beschrieben, die gemäß dem Wartungsplan durchgeführt werden müssen. Auf die erforderlichen Verschleißteile sowie das möglicherweise notwendige Sonderwerkzeug wird jeweils hingewiesen.

Es empfiehlt sich, Reifendruck, Motorölstand und Flüssigkeitsstände für Kühlung, Wisch-/Wasch-Anlage etc. alle 4 bis 6 Wochen zu prüfen und zu ergänzen.

Achtung: Beim **Einkauf von Ersatzteilen** ist immer der **KFZ-Schein** mitzunehmen, da zur einwandfreien Fahrzeugidentifizierung oftmals die genaue Angabe der Fahrgestellnummer oder des Baujahres erforderlich ist.

Motor und Abgasanlage

Folgende Wartungspunkte müssen nach dem Wartungsplan durchgeführt werden:

- Motor: Ölwechsel, Sichtprüfung auf Ölundichtigkeiten.
- Motor: Hauptstrom-Ölfilterwechsel, Sichtprüfung auf Ölundichtigkeiten.
- Motor: Ölstand prüfen.
- Kühl- und Heizsystem: Flüssigkeitsstand prüfen. Konzentration des Frostschutzmittels prüfen. Sichtprüfung auf Undichtigkeiten und äußere Verschmutzung des Kühlers.
- Kühlsystem: Kühlmittel wechseln.
- Klimaanlage: Kältemittelstand prüfen.
- Benzinmotor: Zündkerzen prüfen, gegebenenfalls erneuern.
- Trockenluftfilter: Filtereinsatz erneuern.
- Dieselmotor: Kraftstoffilter entwässern beziehungsweise Einsatz erneuern.
- Benzinmotor: Kraftstoffilter ersetzen.
- Keilriemen: Spannung und Zustand prüfen.
- Abgasanlage: Auf Beschädigungen prüfen. Lambdasonde auf festen Sitz und einwandfreie Kabelverbindung prüfen.
- Benzinmotor: Leerlauf und CO-Gehalt prüfen.
- Zahnriemen ersetzen.

Motorölwechsel

Zum Motorölwechsel ist folgendes Werkzeug erforderlich:

- Eine Grube oder ein hydraulischer Wagenheber mit Unterstellböcken.
- Ein Spezialwerkzeug zum Lösen des Ölfilters (Ölfilterzange, Spannbandschlüssel oder HAZET-Werkzeug 2172 bzw. beim Dieselmotor Stecknuß SW 27).
- Stecknuß-Satz zum Lösen der Ölablaßschraube sowie eine Ölauffangschale (wenn Öl nicht abgesaugt wird), die mindestens 6 Liter Öl faßt.

Folgende Verschleißteile werden benötigt:

- Nur wenn Öl nicht abgesaugt wird: Aluminium- oder Kupfer-Dichtring für die Ölablaßschraube (wird manchmal mit dem Ölfilter mitgeliefert).
- Öl-Filterpatrone.
- Je nach Motor 3,7 bis 5,5 Liter Motoröl. Nur von RENAULT freigegebenes Motoröl verwenden, siehe Seite 52.

Ölwechselmenge:

Motor	mit Filterw.	o. Filterw.
1,2-/1,4-l	4,0 l	3,5 l
65 kW/88 PS	5,2 l	4,7 l
16 V	3,7 l	3,5 l
Diesel	5,5 l	5,0 l

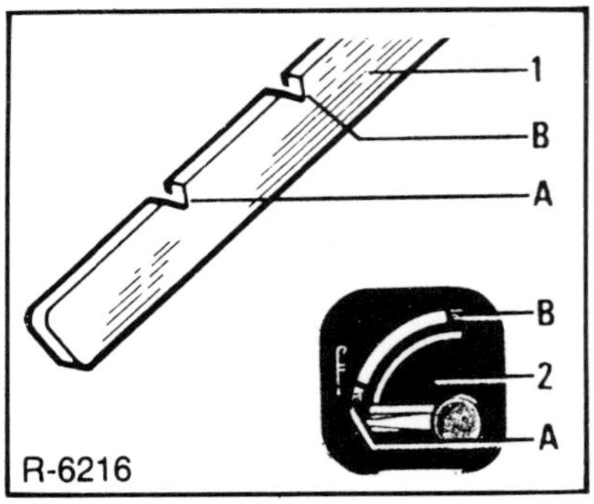

R-6216

- Die Mengendifferenz zwischen der »Mini«- und »Maxi«-Markierung –A/B– am Ölpeilstab –1– ist unterschiedlich:
  1,2-l-Motor (ab 4/96): **2 l.**
  1,2-l- (bis 3/96) und 1,4-l-Motoren: **1,5 l.**
  1,8-/1,9-l-Motoren (außer 16V): **2 l.**
  16V-Motor: **0,6 l.**
  Der Ölstand sollte zwischen diesen Markierungen sein. Bei Fahrzeugen mit Ölstandanzeige –2– wird der Ölstand durch ein Meßinstrument angezeigt.

Der Ölwechsel ist alle 10000 km, beim Dieselmotor alle 7500 km durchzuführen. Falls sehr wenig gefahren wird, Ölwechsel einmal im Jahr vornehmen. Dabei wird gleichzeitig die Filterpatrone gewechselt.

Bei erschwerten Einsatzbedingungen wie Kurzstreckenverkehr, häufiger Kaltstart und sehr staubigen Straßenverhältnissen, sollten Motoröl und Ölfilter in kürzeren Abständen gewechselt werden.

Das Motoröl darf auch mittels einer Sonde (an der Tankstelle) über das Ölmeßrohr abgesaugt werden. Allerdings muß das neue Öl dann meistens bei der betreffenden Tankstelle gekauft werden.

Achtung: Die Öl-Verkaufsstellen nehmen die entprechende Menge Altöl kostenlos entgegen, daher beim Ölkauf Quittung und Ölkanister für spätere Altölrückgabe aufbewahren! Altöl kann unter Umständen auch bei den Altöl-Sammelstellen abgegeben werden. Gemeinde- und Stadtverwaltungen informieren darüber, wo sich die nächste Altöl-Sammelstelle befindet. **Keinesfalls darf Altöl einfach weggeschüttet oder dem Hausmüll mitgegeben werden.** Größere Umweltschäden wie beispielsweise Grundwasserverseuchung wären sonst unvermeidbar.

Motoröl ablassen

- Motor auf Betriebstemperatur bringen (+60° C Öltemperatur).
- Batterie-Massekabel (–) abklemmen. **Achtung:** Dadurch wird aus dem Speicher des Radios der Code für die Diebstahlsicherung gelöscht. Die Batterie darf nur bei ausgeschalteter Zündung abgeklemmt werden.

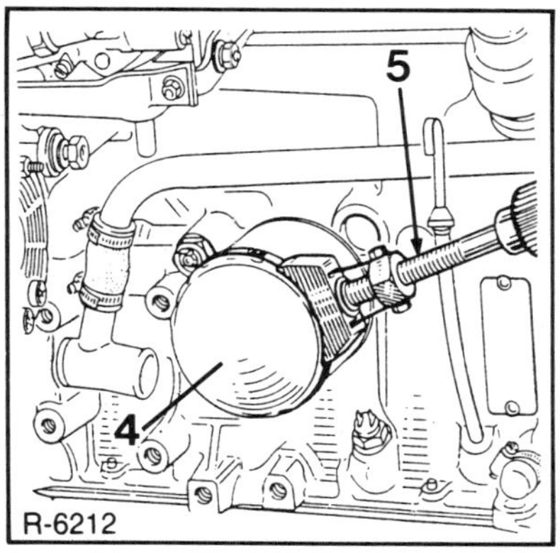

R-6212

- Ölfilter –4– abschrauben. Der Ölfilter sitzt, in Fahrtrichtung gesehen, vorn am Motorblock (Beim 1,2-l-Motor ab 4/96 hinten rechts). Zum Abschrauben des Ölfilters gibt es spezielle Werkzeuge –5–, zum Beispiel HAZET 2169. Man kann auch einen spitzen Schraubendreher seitlich in den Ölfilter eintreiben. Es läuft dann allerdings etwas Öl aus – Gefäß unterstellen. Beim Dieselmotor Filter mit Stecknuß SW 27 am Sechskant des Filtergehäuses abschrauben.

Achtung: Das Motoröl darf beim Benzinmotor auch mittels einer Sonde abgesaugt werden.

- Fahrzeug waagerecht aufbocken.
- Gefäß zum Auffangen des Altöls unter die Ölwanne stellen.

Benzinmotor (außer 16V)

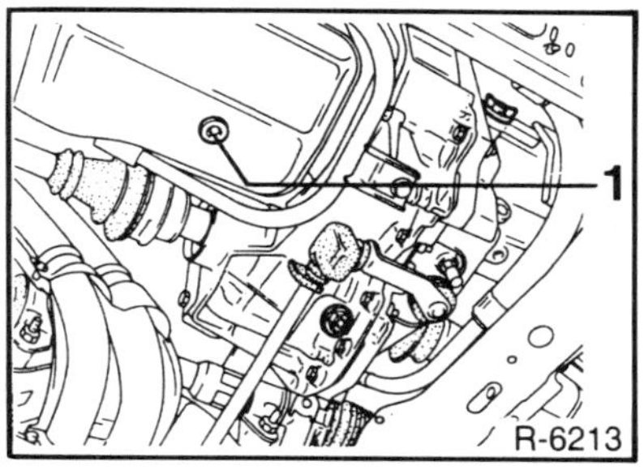

R-6213

16V-Motor

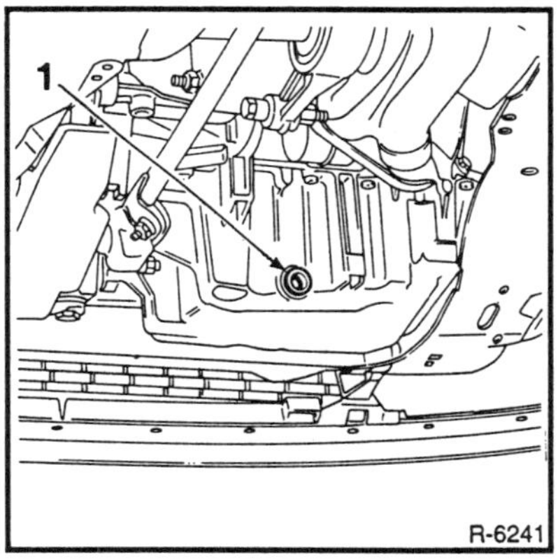

R-6241

Dieselmotor

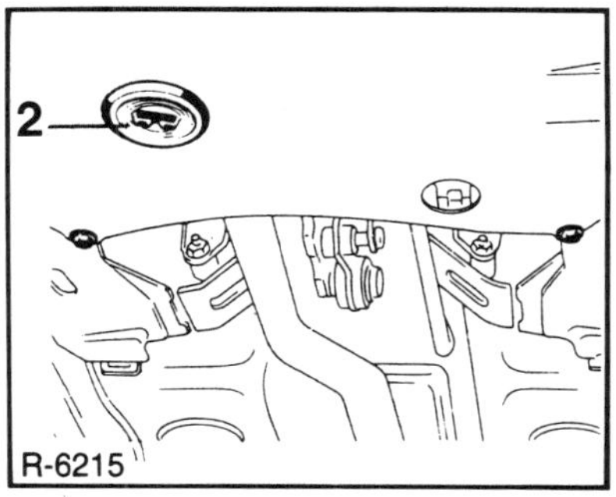

R-6215

- Ölablaßschraube –1– unten an der Ölwanne herausdrehen und Altöl ganz ablassen. Für die Ölablaßschraube ist ein Innenvierkantschlüssel, Schlüsselweite 8 mm, erforderlich. Beim Dieselmotor muß vorher die Abdeckung –2– aus dem Schutzblech herausgenommen werden.

Achtung: Werden im Motoröl Metallspäne und Abrieb in größeren Mengen festgestellt, deutet dies auf Freßschäden hin, zum Beispiel Kurbelwellen- oder Pleuellagerschäden. Um Folgeschäden zu vermeiden, müssen nach der Motorreparatur die Ölkanäle sorgfältig gereinigt werden.

Auffüllen

- Ölablaßschraube mit neuem Dichtring einschrauben. Anzugsdrehmoment 20 Nm.
- Fahrzeug ablassen.
- Ölfilterflansch am Motorblock mit Kraftstoff reinigen. Eventuell dort verbliebene Filterdichtung abnehmen.

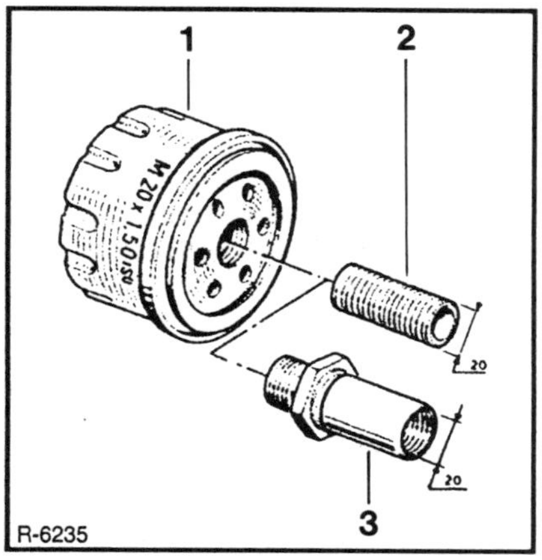

R-6235

- Prüfen, ob der Gewindestutzen –2– bzw. –3– bis zum Anschlag eingeschraubt ist. **Achtung:** Falls sich der Gewindestutzen gelöst hat, Gewinde reinigen und mit Loctite-Frenetanch-Sicherungsmittel einsetzen.
- Gummidichtring am Ölfilter leicht mit sauberem Motoröl bestreichen.
- Neuen Ölfilter nur mit der Hand festschrauben. Wenn die Filterdichtung am Motorblock anliegt, Filter noch um ½ Umdrehung weiterdrehen. Hinweise auf dem Ölfilter beachten.

R-6236

- Neues Öl am Einfüllstutzen –2– des Zylinderkopfdeckels einfüllen. Anschließend Ölstand mit Meßstab –3– kontrollieren.

Achtung: Grundsätzlich empfiehlt es sich zunächst ½ Liter Motoröl weniger einzufüllen, den Motor warmlaufen zu lassen und nach einigen Minuten den Ölstand mit dem Meßstab zu kontrollieren und gegebenenfalls zu ergänzen. Zuviel eingefülltes Motoröl muß wieder abgesaugt werden, da sonst die Motordichtungen beschädigt werden können.

- Nach Probefahrt Dichtigkeit der Ablaßschraube und des Ölfilters überprüfen, gegebenenfalls vorsichtig nachziehen.
- Betriebswarmen Motor abstellen und Ölstand nach ca. 2 Minuten nochmals prüfen, gegebenenfalls korrigieren.
- Um die Betriebsverhältnisse des Motors besser überwachen zu können, soll beim Ölwechsel immer ein Öl gleichen Typs und möglichst auch gleicher Marke verwendet werden. Daher ist es zweckmäßig, bei jedem Ölwechsel ein Hinweisschild am Motor zu befestigen, auf dem Marke und Viskosität des Öles vermerkt sind.
- Wahllos abwechselnder Gebrauch verschiedener Öltypen ist ungünstig. Motorenöle gleichen Typs, aber verschiedener Marken sollen möglichst nicht gemischt werden. Motorenöle gleichen Typs und gleicher Marke, aber verschiedener Viskosität können im Bedarfsfall während jahreszeitlicher Überschneidung ohne weiteres nachgefüllt werden.

Sichtprüfung auf Ölverlust

Bei ölverschmiertem Motor und hohem Ölverbrauch überprüfen, wo das Öl austritt. Dazu folgende Stellen überprüfen:

- Öleinfülldeckel öffnen und Dichtung auf Porosität oder Beschädigung prüfen.
- Belüftungsschläuche vom Öleinfülldeckel zum Luftfilter auf festen Sitz prüfen.
- Zylinderkopfdeckel-Dichtung.
- Zylinderkopf-Dichtung.
- Trennstelle Zündverteilerflansch.
- Ölfilterdichtung: Ölfilter am Ölfilterflansch.
- Ölablaßschraube (Dichtring).
- Ölwannendichtung.
- Trennstelle zwischen Motor und Getriebe (Dichtung an Schwungrad oder Getriebewelle).

Da sich bei Undichtigkeiten das Öl meistens über eine größere Motorfläche verteilt, ist der Austritt des Öls nicht auf den ersten Blick zu erkennen. Bei der Suche geht man zweckmäßigerweise wie folgt vor:

- Motorwäsche durchführen. Motor mit handelsüblichem Kaltreiniger einsprühen und nach einer kurzen Einwirkungszeit mit Wasser abspritzen. Vorher Zündverteiler und Generator mit Plastiktüte abdecken.
- Trennstellen und Dichtungen am Motor von außen mit Kalk oder Talkumpuder bestäuben.
- Ölstand kontrollieren, gegebenenfalls auffüllen.
- Probefahrt durchführen. Da das Öl bei heißem Motor dünnflüssig wird und dadurch schneller an den Leckstellen austreten kann, sollte die Probefahrt über eine Strecke von ca. 30 km auf einer Schnellstraße durchgeführt werden.
- Anschließend Motor mit Lampe absuchen, undichte Stelle lokalisieren und Fehler beheben.

Motorölstand prüfen

Etwa alle 1000 km sollte der Ölstand des Motors überprüft, gegebenenfalls ergänzt werden. Auf 1000 Kilometer soll der Motor nicht mehr als 1,0 Liter Öl verbrauchen. Mehrverbrauch ist ein Anzeichen für verschlissene Ventilschaftabdichtungen und/ oder Kolbenringe beziehungsweise Öldichtungen.

- Das Fahrzeug muß beim Messen auf einer waagerechten Fläche stehen.
- Der Motor muß betriebswarm sein.
- Nach Abstellen des Motors mindestens 3 Minuten lang warten, damit sich das Öl in der Ölwanne sammelt.
- Ölpeilstab am Motor herausziehen und mit sauberem Lappen abwischen.

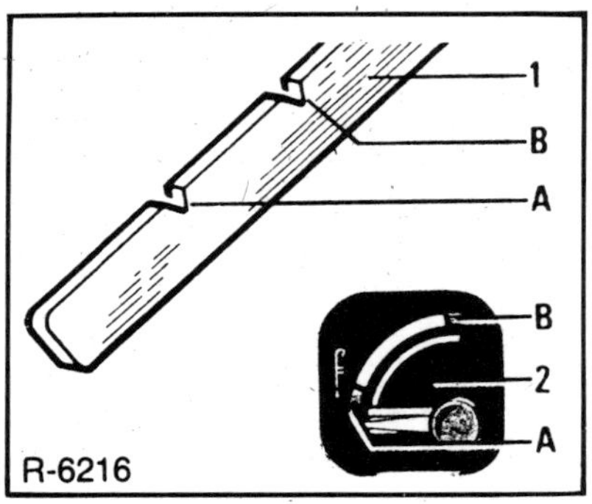

R-6216

- Anschließend Meßstab bis zum Anschlag einführen und wieder herausziehen. Der Ölstand muß zwischen den beiden Markierungen liegen.
- Neues Öl erst nachfüllen, wenn sich der Ölstand der unteren Marke nähert. Die Ölmenge von der MINI- –A– bis zur MAXI- –B– Markierung beträgt bei:
  1,2-l-Motor (ab 4/96): **2 l**.
  1,2-l- (bis 3/96) und 1,4-l-Motoren: **1,5 l**.
  1,8-/1,9-l-Motoren (außer 16V): **2 l**
  16V-Motor: **0,6 l**.
- Nachgefüllt wird am Verschluß des Zylinderkopfdeckels. Beim Nachfüllen richtige Ölsorte verwenden, keine Ölzusätze verwenden.

Kühlmittelstand prüfen

Der Kühlmittelstand sollte in regelmäßigen Abständen – etwa alle vier Wochen – geprüft werden, zumindest aber vor jeder größeren Fahrt.

Zum Nachfüllen – auch in der warmen Jahreszeit – nur eine Mischung aus Kühlerfrostschutzmittel und kalkarmem, sauberem Wasser verwenden.

Achtung: Um die Weiterfahrt zu ermöglichen, kann auch, insbesondere im Sommer, reines Wasser nachgefüllt werden. Der Kühlerfrostschutz muß dann jedoch baldmöglichst korrigiert werden.

R-6237

- Der Kühlmittelstand soll bei kaltem Motor (Kühlmitteltemperatur ca. +20° C) zwischen der MAXI- und der MINI-Markierung am Ausgleichbehälter –4– liegen.
- Bevor der Kühlmittelstand bei kaltem Motor die MINI-Markierung erreicht, Kühlmittel nachfüllen.
- **Kaltes** Kühlmittel nur bei **kaltem Motor** nachfüllen, um Motorschäden zu vermeiden.

Achtung: Verschlußdeckel –3– bei heißem Motor vorsichtig öffnen. Verbrühungsgefahr! Beim Öffnen Lappen über den Verschlußdeckel legen. Verschlußdeckel möglichst bei einer Kühlmittel-Temperatur unter +90° C öffnen.

- Verschlußdeckel beim Öffnen zuerst etwas aufdrehen und Überdruck entweichen lassen. Danach Deckel weiterdrehen und abnehmen.
- Sichtprüfung auf Dichtheit durchführen, wenn der Kühlmittelstand in kurzer Zeit absinkt.

Motor	Füllmenge
1,2 l/ 55 PS ab 4/96	5,0 l
1,2 l/ 55 PS bis 3/96	5,2 l
1,4 l/ 88 PS	5,2 l
1,8 l/ 135 PS	6,4 l
1,9 l/ 64 PS Diesel	6,6 l

Frostschutz prüfen

Folgendes Prüfwerkzeug wird benötigt:

- Eine Prüfspindel, die es preiswert im Zubehörhandel zu kaufen gibt und auch oft an Tankstellen zur Benutzung vorliegt.

Regelmäßig vor Winterbeginn sollte sicherheitshalber die Konzentration des Frostschutzmittels geprüft werden, insbesondere wenn zwischendurch reines Wasser nachgefüllt wurde.

- Motor warmfahren, bis der obere Kühlmittelschlauch zum Kühler ca. handwarm ist.
- Verschlußdeckel am Ausgleichbehälter vorsichtig öffnen. **Achtung:** Nicht bei heißem Motor öffnen, siehe unter »Kühlmittelstand prüfen«.

- Mit Meßspindel Kühlflüssigkeit ansaugen und am Schwimmer Kühlmitteldichte ablesen. Der Frostschutz soll in unseren Breiten bis –23° C reichen, bei extrem kalten Klima bis –40° C.

RENAULT-Kühlkonzentrat ergänzen

Beispiel: Die Frostschutz-Messung mit der Spindel ergibt beim 1,9-l-Motor einen Frostschutz bis – 10° C. In diesem Fall aus dem Kühlsystem 1,5 l Kühlflüssigkeit ablassen und dafür 1,5 l reines Frostschutzkonzentrat auffüllen. **Achtung:** Nur von RENAULT freigegebenes Frostschutzmittel nachfüllen, siehe Seite 61.

Gemess. Wert in °C	0	–5	–10	–15
Motor	Differenzmenge in l			
1,2-/1,4-l	2,0	1,5	1,0	0,6
1,8-/1,9-l	2,5	2,0	1,5	1,0

Achtung: Die in der Tabelle angegebenen Werte gelten bei einer Kühlflüssigkeitstemperatur von ca. +40° C.

- Verschlußdeckel am Kühler verschließen und nach Probefahrt Frostschutz erneut überprüfen.

Kühlsystem-Sichtprüfung auf Dichtheit

- Kühlmittelschläuche durch Zusammendrücken und Verbiegen auf poröse Stellen untersuchen, hartgewordene Schläuche ersetzen.
- Die Schläuche dürfen nicht zu kurz auf den Anschlußstutzen sitzen.
- Festen Sitz der Schlauchschellen kontrollieren. Gegebenenfalls neue Schraubschellen anstelle der bisherigen Klemmschellen einbauen.

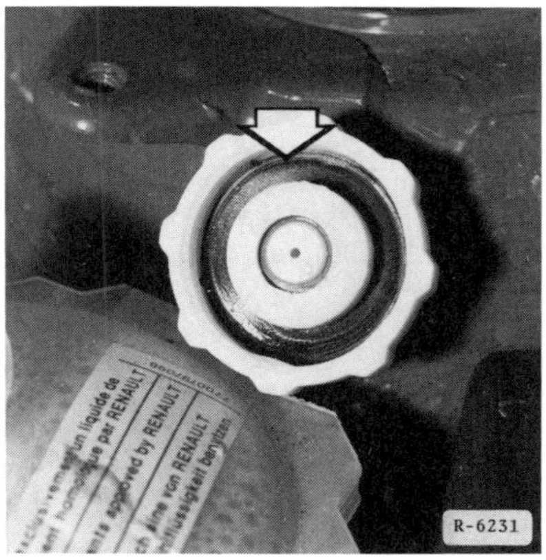

- Dichtung des Verschlußdeckels für den Ausgleichbehälter auf Beschädigungen überprüfen.

Achtung: Ein zu niedriger Kühlmittelstand kann auch von einem nicht richtig aufgeschraubten Verschlußdeckel herrühren.

- Wenn der Kühlmittelstand häufig absinkt, ohne daß eine undichte Stelle lokalisiert werden kann, Kühlsystem bei warmem Motor prüfen. Dazu Motor warmfahren und im Leerlauf so lange drehen lassen, bis der Lüfter einschaltet. Darauf achten, ob Kühlflüssigkeit im Bereich der Kühlmittelpumpe austritt.
- Deutlicher Kühlmittelverlust und/oder Öl in der Kühlflüssigkeit sowie weiße Abgaswolken bei warmem Motor deuten auf eine defekte Zylinderkopfdichtung hin.

Achtung: Mitunter ist es schwierig, die Leckstelle ausfindig zu machen. Dann empfiehlt sich eine Druckprüfung durch die Werkstatt (Spezialgerät erforderlich). Hierbei kann ebenfalls das Überdruckventil des Verschlußdeckels geprüft werden.

Kühlmittel wechseln

Das Kühlmittel sollte alle 3 Jahre beziehungsweise alle 50 000 km abgelassen werden und neues Kühlmittel eingefüllt werden.

Achtung: Wird die Kühlflüssigkeit im Rahmen einer Reparatur abgelassen, sollte sie zur Wiederverwendung aufgefangen werden, da die Kühlflüssigkeit ein Frost- und Korrosionsschutzmittel enthält. Wird allerdings die Kühlmittelpumpe, der Kühler oder der Zylinderkopf ersetzt, Kühlflüssigkeit grundsätzlich erneuern. Nur von RENAULT freigegebenen Kühlmittelzusatz verwenden, siehe Seite 61.

Ablassen

- Verschlußdeckel vom Ausgleichbehälter abschrauben.

Achtung: Bei heißem Motor vor dem Öffnen des Deckels einen dicken Lappen auflegen, um Verbrühungen durch heiße Kühlflüssigkeit oder Dampf zu vermeiden. Deckel nur bei Kühlmitteltemperaturen unter +90° C abnehmen.

- Sauberes Auffanggefäß unter Kühler und Motor stellen.
- Unteren Schlauch vom Kühler abziehen, vorher Klemmschelle lösen und ganz zurückschieben.
- Falls auch das Kühlmittel aus dem Motor abgelassen werden muß, beispielsweise bei Motorreparaturen, Ablaßschraube am Motorblock herausdrehen. Lage der Ablaßschrauben, siehe folgende Abbildungen.

1,2-l- (bis 3/96) und 1,4-l-Motor

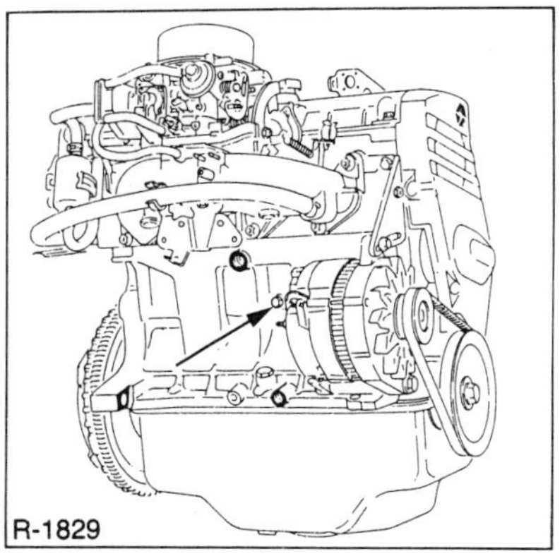

1,8-/1,9-l-Motor

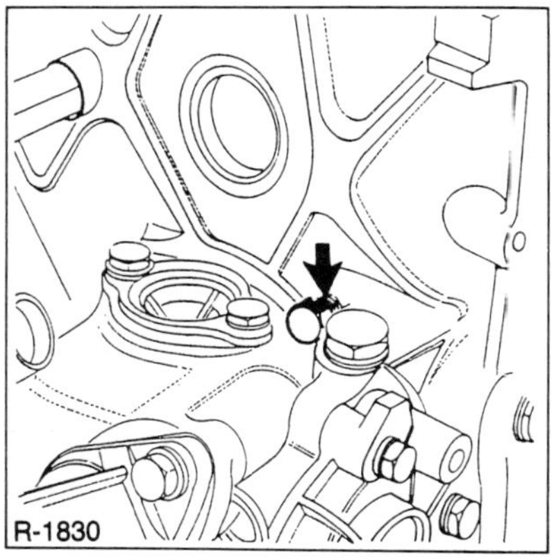

Beim 1,8-/1,9-l-Motor sitzt die Ablaßschraube an der Motorblockrückseite oberhalb der Zwischenwelle.

- Kühlmittel ganz ablaufen lassen.
- Ablaßschraube am Motorblock mit neuem Dichtring einschrauben.
- Unteren Kühlmittelschlauch am Kühler aufschieben und mit Schraubschelle sichern.

Auffüllen

- Entlüftungsschraube oben am Kühler öffnen. Je nach Version befindet sich die Entlüftungsschraube links oder rechts am Kühler. Der Dieselmotor besitzt eine zusätzliche Entlüftungsschraube im oberen Kühlerschlauch.
- Kühlmittel über den Ausgleichbehälter auffüllen bis es an den Entlüftungsöffnungen austritt. Sobald die Kühlflüssigkeit in einem gleichmäßigen Strahl austritt, Entlüfterschraube am Kühler schließen.
- Beim Dieselmotor Kühlmittel weiter auffüllen, bis es an der Entlüftungsschraube im Kühlerschlauch austritt. Entlüfterschraube schließen.
- Kühlmittel im Ausgleichbehälter bis zur Markierung »MAXI« auffüllen. Verschlußdeckel mit Ausgleichventil aufsetzen und festschrauben. Vorher kontrollieren, ob die Gummidichtung am Deckel intakt ist.
- Motor anlassen und ca. 10 Minuten mit 1500/min laufen lassen. Der Motor muß Betriebstemperatur erreichen, der Kühlventilator muß sich eingeschaltet haben. Während des Warmlaufens Kühlmittelstand beobachten, gegebenenfalls zwischendurch nachfüllen.
- Nach dem Abkühlen des Motors Flüssigkeitsstand im Ausgleichbehälter prüfen. Falls erforderlich, Kühlmittel bis zur Markierung »MAXI« auffüllen.

Achtung: Entlüftungsschraube niemals bei laufendem Motor öffnen. Bei unzureichend entlüftetem Kühlsystem kann es in einigen Bereichen zu Überhitzungen kommen.

- Kühlsystem, insbesondere Schlauchanschlüsse sowie Ablaßschraube und Kühlmittelpumpe, auf Dichtheit prüfen.

Kältemittelstand für Klimaanlage prüfen

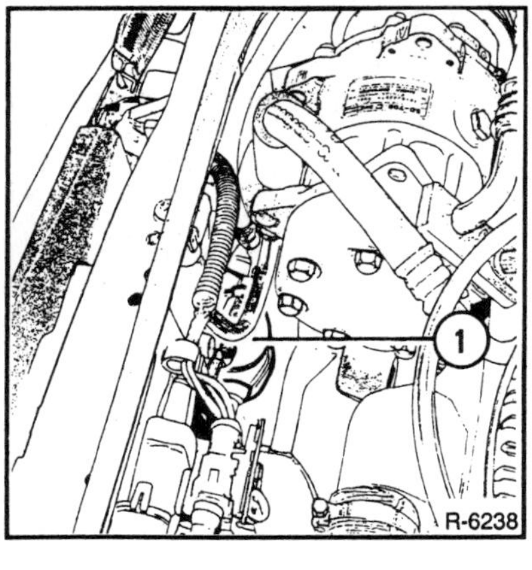

- Kältemittelstand der Klimaanlage durch das Sichtfenster –1– oben am Abscheider prüfen. Falls Luftblasen zu sehen sind, ist der Kältemittelspiegel abgesunken. Prüfung grundsätzlich dann vornehmen, wenn die Anlage vorher einige Zeit in Betrieb war.
- Prüfen, ob der vor dem Kühler angebrachte Kondensator sauber ist. Festgesetzte Insekten gegebenenfalls mit Wasserstrahl abspülen.

Achtung: System der Klimaanlage **nicht** öffnen. Das Kältemittel (Freon) kann bei Berührung mit der Haut Erfrierungen und durch die entstehenden Dämpfe Augenreizungen hervorrufen. Daher das Auffüllen des Kältemittelkreislaufes in der Werkstatt durchführen lassen.

Zündkerzen ersetzen / elektrische Anschlüsse prüfen

Als Spezialwerkzeug wird benötigt:

- Ein Zündkerzenschlüssel, der preiswert im Zubehörhandel zu kaufen ist.

Folgende Verschleißteile müssen gekauft werden:

- 4 Zündkerzen. Die richtige Zündkerze, siehe Seite 75.

Ausbau

- Sämtliche Kerzenstecker abziehen, dabei nur an den Steckern und nicht an den Kabeln ziehen.
- Zündkerzen-Nischen, wenn möglich, mit Preßluft ausblasen, damit bei ausgebauten Kerzen kein Schmutz in die Gewindebohrung fällt.
- Zündkerzen mit Zündkerzenschlüssel herausschrauben. **Achtung:** Der Motor muß dabei mindestens auf Handwärme abgekühlt sein. Bei zu warmem Motor kann beim Herausschrauben das Gewinde im Zylinderkopf beschädigt werden.
- Zustand der Kerze (sogenanntes »Kerzengesicht«) prüfen. Mit einiger Erfahrung lassen sich daraus Rückschlüsse auf den Betriebszustand des Motors ziehen. Es gelten folgende Regeln:

Elektroden und Isolierkörper

- Mittelgrau = Richtiges Arbeiten der Zündkerze und richtiges Gemisch
- Schwarz = Gemisch zu fett
- Hellgrau = Gemisch zu mager
- Verölt = Aussetzen der betreffenden Zündkerze oder schlecht abdichtende Kolbenringe (Kompression prüfen).

- Isolatoren der Zündkerzen auf Kriechströme untersuchen. Kriechströme zeigen sich als dünne, unregelmäßige Spuren auf der Oberfläche. Falls Kriechstromspuren vorhanden sind, prüfen ob der Zündkerzenstecker undicht ist, gegebenenfalls austauschen.

- Falls erforderlich, Zündkerzen mit einer Messingbürste oder einem Sandstahlgerät reinigen.

Einbau

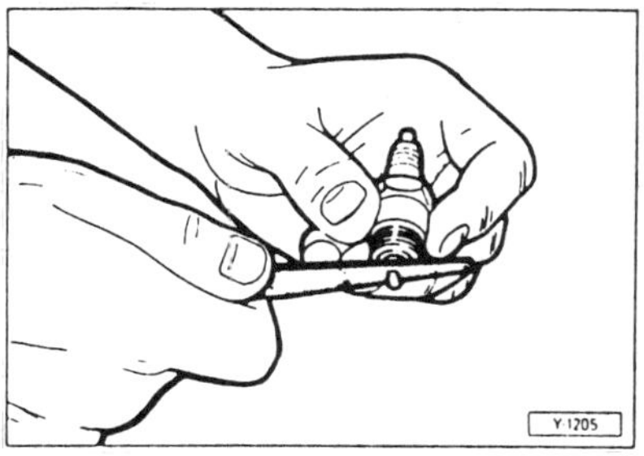

- Elektrodenabstand mit Fühlerblattlehre prüfen. Sollwert: **0,8 bzw. 0,9 mm.** Bei neuen Zündkerzen ist der Elektrodenabstand in der Regel richtig eingestellt, siehe Seite 75.
- Kerzen mit abgebrannten Elektroden erneuern.
- Zum Einstellen des Kontaktabstandes Masse-Elektrode nachbiegen. Dafür gibt es ein einfaches, praktisches Werkzeug, andernfalls seitlich gegen die Masse-Elektrode klopfen. Beim Aufbiegen kleinen Schraubendreher am Gewinderand der Kerze abstützen, keinesfalls jedoch an der Mittel-Elektrode, da diese sonst beschädigt wird.
- Gewinde an den Kerzen mit sauberem Lappen reinigen.
- Zündkerzen von Hand bis zur Anlage am Zylinderkopf einschrauben. **Achtung:** Dabei Kerzen nicht verkantet ansetzen.
- Zündkerzen mit **25 Nm** festziehen. **Achtung:** Steht kein Drehmomentschlüssel zur Verfügung, neue Zündkerzen mit Kerzenschlüssel um ca. 90° (¼ Umdrehung) anziehen. Gebrauchte Zündkerzen nur ca. 15° anziehen. Zu fest angezogene Zündkerzen können beim Herausschrauben abreißen oder das Gewinde im Zylinderkopf beschädigen. In diesem Fall Kerzengewinde mit UTC- oder Heli-Coil-Einsätzen reparieren.

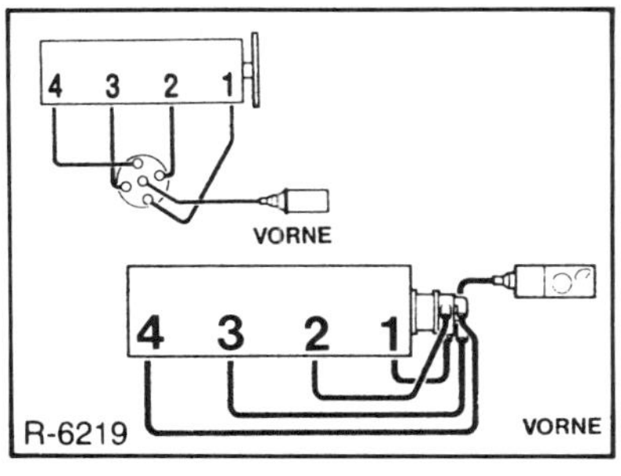

- Kerzenstecker entsprechend der Zündfolge 1–3–4–2 aufstecken. Dabei unbedingt das abgebildete Anschlußschema beachten.
- Durch Hin- und Herbewegen festen Sitz der Kerzenstecker und Zündkabel prüfen.

Elektrische Anschlüsse prüfen

- Sämtliche elektrischen Anschlüsse an der Zündspule sowie am Zündverteiler auf festen Sitz prüfen.
- Angerissene Klemmen ersetzen.
- Korrodierte Anschlüsse mit einer Drahtbürste oder Schmirgelleinen reinigen, gegebenenfalls mit Kontaktspray einsprühen.
- Die Kontakte dürfen nicht feucht sein, andernfalls Kontakte reinigen und mit Kontaktspray einsprühen.
- Zündkabel auf engen Radius biegen und auf Risse prüfen. Gegebenenfalls alle Zündkabel ersetzen.

Luftfiltereinsatz wechseln

Es wird kein Sonderwerkzeug benötigt.

Folgendes Verschleißteil muß gekauft werden:

- Luftfiltereinsatz. Beim Ersatzteilkauf beachten, daß ein Luftfiltereinsatz entsprechend der Motorleistung benötigt wird.

Ausbau

1,8-/1,9-l-Motor (außer 16V)

- 5 Schrauben herausdrehen und Filterdeckel abnehmen.

1,2-l- (bis 3/96) und 1,4-l-Motor

- 3 Sechskantschrauben –1–, 1 Kreuzschlitzschraube –2– herausdrehen.
- Schnellverschlüsse –3– öffnen und Filterdeckel abnehmen.

1,2-l-Motor (ab 4/96)

- Gummispannband am Griff aus dem Widerhaken lösen.
- Luftfilterdeckel herausziehen.

16V-Motor

- 7 Schnellverschlüsse –2– öffnen, 3 Kunststoffschrauben zwischen Filterdeckel und Batterie abschrauben.
- Luftfilterdeckel –1– abnehmen.
- Luftfiltereinsatz herausnehmen.
- Filtergehäuse mit einem Lappen auswischen.

Einbau

- Neuen Filtereinsatz in das Luftfiltergehäuse einlegen.
- Deckel ansetzen und anschrauben beziehungsweise Schnellverschlüsse zuschnappen lassen.

Kraftstoffilter entwässern / ersetzen

Es wird kein Sonderwerkzeug benötigt.

Folgendes Verschleißteil muß gekauft werden:

- Kraftstoffilter für den jeweiligen Motor.

Kraftstoffilter Dieselmotor entwässern/ersetzen

Zum Auffangen des Wassersatzes ist ein geeignetes Auffanggefäß erforderlich. **Achtung:** Auslaufender Dieselkraftstoff muß besonders von Gummiteilen (Kühlmittelschläuche) sofort abgewischt werden, sonst werden die Gummiteile im Lauf der Zeit zerstört.

Der Kraftstoffilter –1– befindet sich rechts hinten im Motorraum.

Entwässern

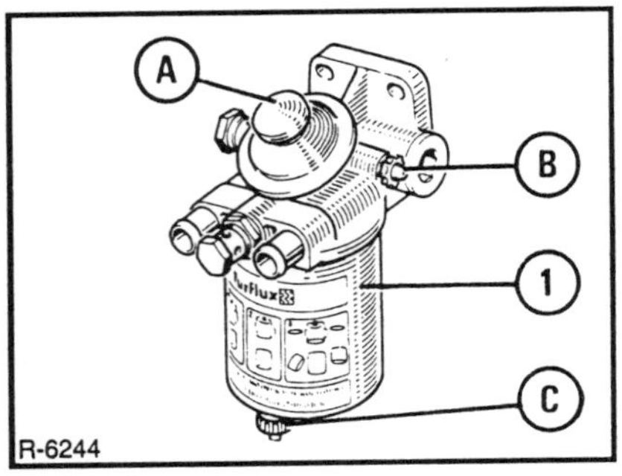

- Geeignete Auffangwanne unter den Ablaßstutzen –C– stellen.
- Entlüfterschraube –B– am Filtereingang lösen.
- Entwässerungsventil –C– unten am Filter öffnen und gesamte Flüssigkeit aus dem Filter in Auffanggefäß ablaufen lassen.
- Entwässerungsventil –C– und Entlüfterschraube –B– festziehen.
- Kraftstoffanlage entlüften.

Kraftstoffanlage entlüften

- Entlüfterschraube –B– oben am Filter lösen.
- Handpumpe –A– betätigen, bis der Kraftstoff blasenfrei austritt. Kraftstoff in Auffanggefäß auffangen.
- Entlüfterschraube –B– festziehen.
- Zündung einschalten.
- Handpumpe weiter betätigen, bis ein Widerstand deutlich spürbar wird. Anschließend noch einige Pumpbewegungen ausführen.
- Gaspedal vollständig niedertreten und Anlasser – ohne Vorzuglühen – ca. 15 Sekunden betätigen.
- Springt der Motor nicht an, einige Sekunden warten, dann Motor normal vorglühen und anschließend starten.
- Kraftstoffanlage auf Dichtheit sichtprüfen insbesondere an den Anschlüssen des Kraftstoffilters.

Filterwechsel

- Gesamte Flüssigkeit wie beim »Entwässern« aus dem Kraftstoffilter ablaufen lassen.
- Kraftstoffilter –1– vom Halter abschrauben und herausnehmen.
- Neuen Filter randvoll mit Diesel füllen und anschrauben, vorher Dichtung mit Dieselkraftstoff benetzen.
- Kraftstoffanlage entlüften.
- Nach Probefahrt Dichtigkeit der Kraftstoffanlage überprüfen.

Benzinmotoren

Der Kraftstoffilter sitzt am Fahrzeugunterboden vor dem Kraftstofftank. Er ist mit einer Klemmschelle am vorderen Teil des Tankes befestigt. Zum Wechsel sind ein Wagenheber sowie Unterstellböcke erforderlich. Außerdem sind 2 Schlauchklemmen zum Abklemmen der Zu- und Ablaufleitung nötig. Es können auch stattdessen Schraubzwingen verwendet werden.

Ausbau

Achtung: Kein offenes Feuer, Brandgefahr!

- Batterie-Massekabel (–) abklemmen. **Achtung:** Dadurch wird aus dem Speicher des Radios der Code für die Diebstahlsicherung gelöscht. Die Batterie darf nur bei ausgeschalteter Zündung abgeklemmt werden.
- Fahrzeug aufbocken.

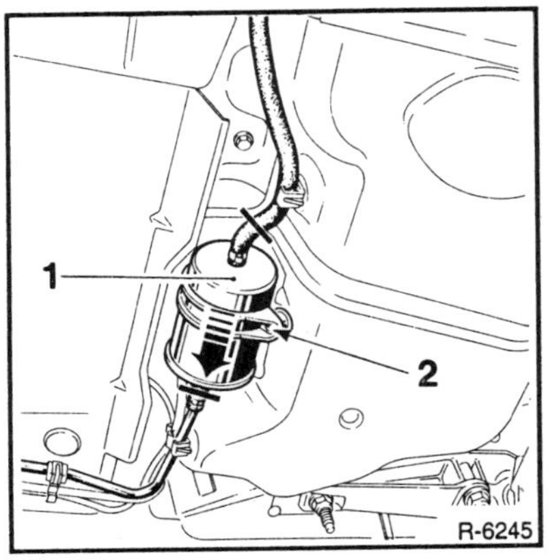

- Geeigneten Auffangbehälter unter den Kraftstoffilter halten.
- Zufluß- und Ablaufleitung mit Tesaband kennzeichnen. Die Zuordnung der Leitungen ist an der Pfeilrichtung auf dem Filter zu erkennen, die Pfeile zeigen in Durchflußrichtung.
- Schlauchklemmen ansetzen und Kraftstoffschläuche abklemmen.
- Anschluß der Zufluß- oder Ablaufleitung vorsichtig lösen, damit der Druck in der Leitung langsam abgebaut wird. Gegebenenfalls Lappen um die Anschlüsse legen.
- Anschließend beide Leitungen abziehen.
- Klemmschraube –2– lösen und Filter –1– aus der Halterung herausziehen.

Achtung: Der Kraftstoffilter ist auch nach dem Lösen der Leitungen mit Benzin gefüllt.

Einbau

Achtung: Kraftstoffilter so einbauen, daß die Pfeile auf dem Gehäuse in Durchflußrichtung zeigen, also vom Tank zu Einspritzpumpe.

- Kraftstoffilter in den Halter einsetzen und Klemmschraube festziehen.
- Kraftstoffleitungen am Filter aufschieben, Schraubschellen festziehen.
- Schlauchklemmen abnehmen.
- Fahrzeug ablassen.
- Batterie-Massekabel (–) anklemmen. Code für die Diebstahlsicherung eingeben und Zeituhr einstellen. **Achtung:** Die Batterie darf nur bei ausgeschalteter Zündung angeklemmt werden.
- Nach Probelauf des Motors Dichtheit der Kraftstoffanschlüsse kontrollieren.

Keilriemen prüfen/ Zahnriemen spannen/ersetzen

Keilriemen prüfen

Benötigte Sonderwerkzeuge:

- Die RENAULT-Werkstatt prüft die Keilriemenspannung mit einem Spezialgerät. Steht das Prüfgerät nicht zur Verfügung, »Daumenprobe« durchführen.

Benötigte Verschleißteile:

- 1 Keilriemen. Die Länge ist vom Motortyp abhängig. Beim Kauf beachten.

Zu niedrige Keilriemenspannung führt zum erhöhten Verschleiß oder Ausfall des Keilriemens. Bei zu hoher Spannung können Lagerschäden an den betreffenden Aggregaten auftreten.

- Ein Keilriemen muß ersetzt werden bei: Übermäßiger Abnutzung, Ausgefransten Flanken, Ölspuren, Porosität, Querschnittbrüchen.

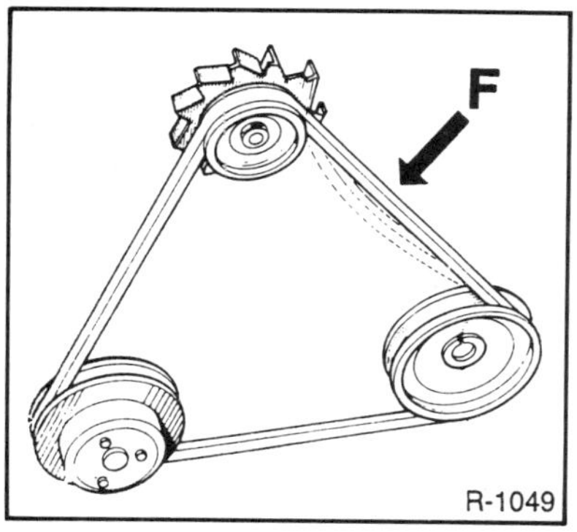

- Spannung des Keilriemens prüfen, und zwar durch kräftigen Daumendruck in der Mitte zwischen den beiden Riemenscheiben, die den größten Abstand voneinander haben. Der Keilriemen darf sich um ca. 4 mm durchdrücken lassen.
- **Keilriemen für Generator** ersetzen beziehungsweise spannen, siehe Seite 40/49.

Achtung: Bei einem neuen Keilriemen Spannung erst nach ca. 10 Minuten Laufzeit prüfen.

Spannung mit Spezialwerkzeug prüfen

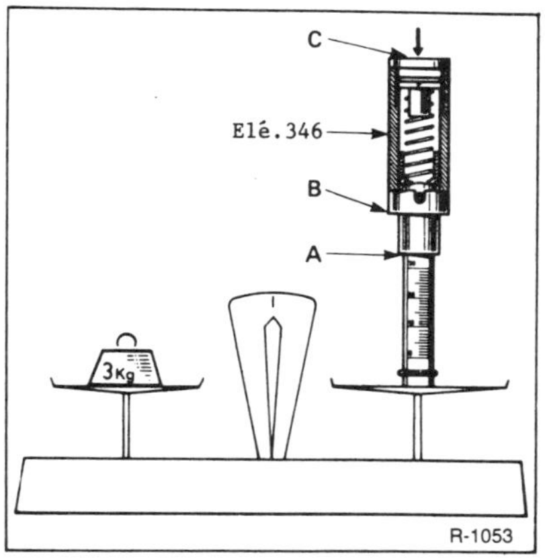

- Werkzeug Elé.346 folgendermaßen eichen: Auf den Druckstößel eine Kraft von 30 N (≙ 3 kg) ausüben. Daraufhin muß der Bund –A– des Stößels mit der Hülse –B– fluchten, andernfalls mit der Schraube –C– den Federdruck entsprechend erhöhen oder erniedrigen.

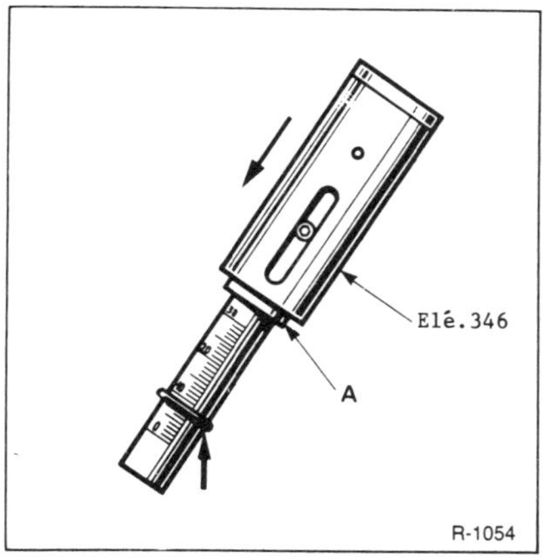

- Gummiring –unterer Pfeil– so verschieben, daß die untere Partie mit der Null der Stößelskala übereinstimmt.
- Meßschiene auf den Keilriemen auflegen, und zwar so, daß der Stößel von beiden Riemenscheiben gleich weit entfernt ist, –F– in Abbildung R-1049.
- Druckstößel so weit herunterdrücken, bis der Bund –A– mit dem Bund der Hülse übereinstimmt.
- Druckstößel abnehmen und am unteren Rand des Gummiringes ablesen, um welches Maß der Keilriemen nachgegeben hat.

Zahnriemen ersetzen

Da die Arbeit, falsch ausgeführt, zu erheblichen Motorschäden führen kann, ist auf eine exakte Arbeitsweise zu achten. Der Zahnriemenwechsel wird im Kapitel »Motor« beschrieben.

Sichtprüfung der Abgasanlage

- Fahrzeug aufbocken.
- Befestigungsschellen auf festen Sitz prüfen.
- Abgasanlage mit Lampe auf Löcher, durchgerostete Teile sowie Scheuerstellen absuchen.
- Stark gequetschte Abgasrohre ersetzen.
- Gummihalterungen durch Drehen und Dehnen auf Porosität überprüfen und gegebenenfalls austauschen.
- Fahrzeug ablassen.

Getriebe/ Achsantrieb

- Schaltgetriebe: Sichtprüfung auf Dichtheit.
- Schaltgetriebe: Ölstand prüfen, gegebenenfalls auffüllen.
- Achswellen: Gelenkschutzhüllen auf Undichtigkeiten und Beschädigungen prüfen.
- Automatik-Getriebe: Ölstand prüfen.
- Automatik-Getriebe: Öl wechseln.

Achtung: Die Öl-Verkaufsstellen nehmen die entsprechende Menge Altöl kostenlos entgegen, daher beim Ölkauf Quittung und Ölkanister für spätere Altölrückgabe aufbewahren!

Altöl kann auch unter Umständen bei den Altöl-Sammelstellen abgegeben werden. Gemeinde- und Stadtverwaltungen informieren darüber, wo sich die nächste Altöl-Sammelstelle befindet. **Keinesfalls darf Altöl einfach weggeschüttet oder dem Hausmüll mitgegeben werden.** Größere Umweltschäden wie beispielsweise Grundwasserverseuchung wären sonst unvermeidbar.

Sichtprüfung auf Dichtheit

Folgende Leckstellen sind möglich:

- Trennstelle zwischen Motorblock und Getriebe (Schwungraddichtung/Wellendichtung-Getriebe).
- Öleinfüllschraube/Ölablaßschraube.
- Gelenkwelle an Getriebe.

Bei der Suche nach der Leckstelle folgendermaßen vorgehen:

- Getriebegehäuse mit Kaltreiniger reinigen.
- Ölstand kontrollieren, ggf. auffüllen.
- Mögliche Leckstellen mit Kalk oder Talkumpuder bestäuben.
- Probefahrt durchführen. Damit das Öl besonders dünnflüssig wird, sollte die Probefahrt auf einer Schnellstraße über eine Entfernung von ca. 30 km durchgeführt werden.
- Anschließend Fahrzeug aufbocken und Getriebe mit einer Lampe nach der Leckstelle absuchen.
- Leckstellen umgehend beseitigen.

Schaltgetriebe: Ölstand prüfen

Verschleißteile:

- Getriebeöl **Tranself TRX 80 W.**

Prüfen

- Fahrzeug waagerecht aufbocken.
- Falls vorhanden, Motor- und Getriebeabdeckung abnehmen.
- Getriebe auf Undichtigkeiten sichtprüfen.

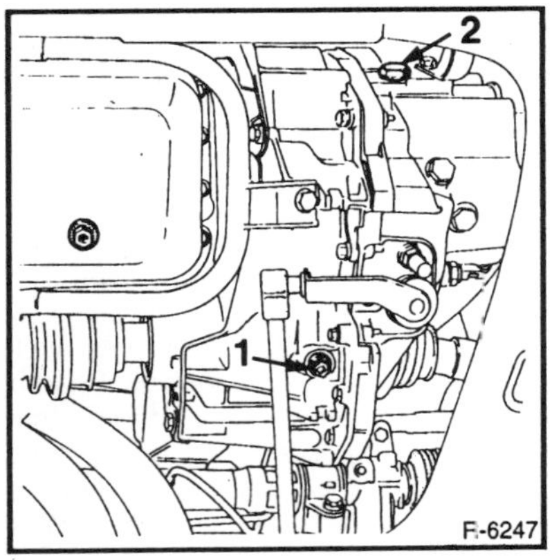

- Die Öleinfüll- und Ölstandkontrollschraube –2– befindet sich auf der linken Seite des Getriebegehäuses. 1 – Ölablaßschraube.

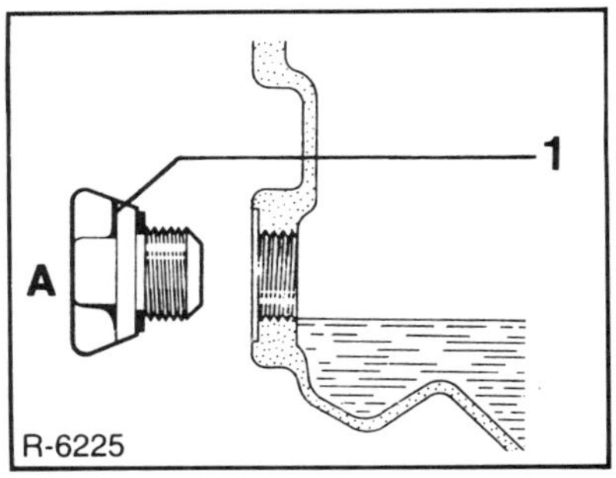

- Öleinfüll- und Ölstandkontrollschraube –1– herausdrehen und mit dem Finger Ölstand prüfen.
- Der Ölstand soll in Höhe der Einfüllbohrung liegen. Gegebenenfalls Getriebeöl nachfüllen.

Achtung: Zum Nachfüllen wird eine Ölspritzkanne benötigt. Beim Nachfüllen Gefäß unterstellen und überschüssiges Öl ablaufen lassen. Nicht zuviel Öl auf einmal nachfüllen. Getriebeöl ist ziemlich zähflüssig, daher dauert es einige Zeit, bis es nach unten fließt und sich sammelt.

Gesamtfüllmenge
Dieselmotor, 16V: **3,40 l**
Benziner (außer 16V): **2,75 – 3,40 l**

- Falls vorhanden, Motor- und Getriebeabdeckung einbauen.
- Fahrzeug ablassen.

Automatik-Getriebe: Ölstand prüfen.

Verschleißteile:

- Getriebeöl **Elf Renaultmatic D2** bzw. Mobil ATF 220.

Prüfen

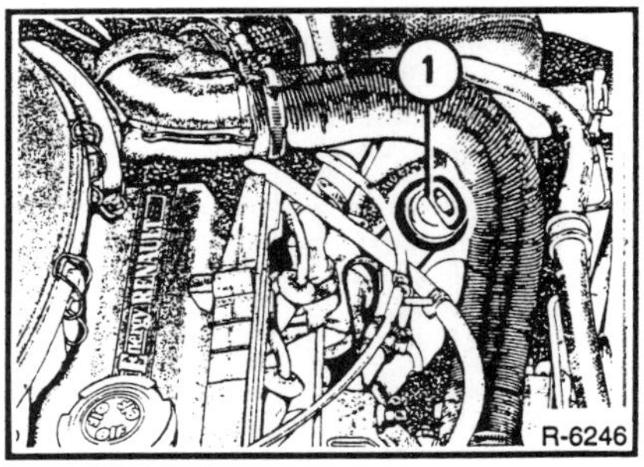

- Fahrzeug auf eine ebene Fläche stellen.
- Motor im Leerlauf drehen lassen.
- Wählhebel in Stellung P bringen. **Achtung:** War der Motor längere Zeit abgestellt, Motor vor der Kontrolle etwas laufen lassen.

- Ölmeßstab –1– herausziehen und mit fusselfreiem Lappen abwischen.

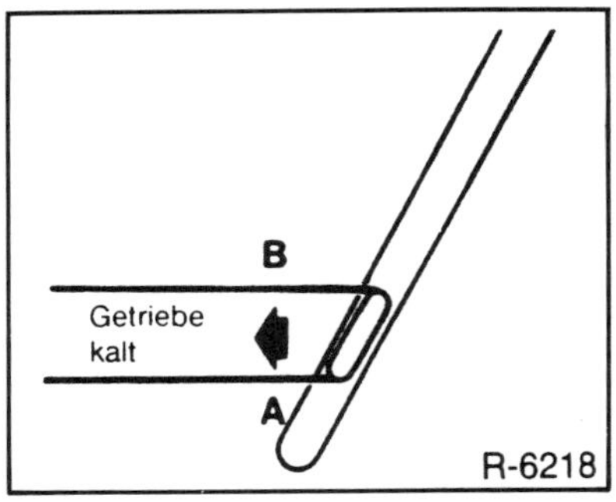

- Meßstab wieder ganz einschieben und herausziehen.
- Der Ölstand muß bei kaltem Getriebe zwischen den Markierungen –A– und –B– liegen. Gegebenenfalls Öl nachfüllen.

Automatik-Getriebe: Öl wechseln.

Verschleißteile:

- Getriebeöl **Elf Renaultmatic D2** bzw. Mobil ATF 220.

Prüfen

- Motor warmfahren. Der Ölwechsel muß bei warmem Getriebe vorgenommen werden.
- Fahrzeug waagerecht aufbocken.
- Falls vorhanden, Motor- und Getriebeabdeckung abnehmen.
- Getriebe auf Undichtigkeiten sichtprüfen.

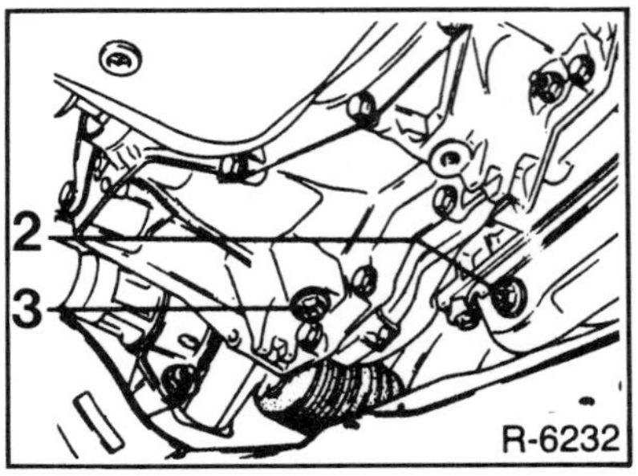

- Stopfen –2– und –3– herausdrehen und Öl ablaufen lassen. Dabei das Öl so lange wie möglich herauslaufen lassen, dann die Stopfen wieder einschrauben.
- Am Führungsrohr des Ölmeßstabes einen Trichter mit Sieb ansetzen. Das Sieb ist wichtig, damit keine Verunreinigungen ins Getriebe kommen.

- Ca. 2 l Automatik-Getriebeöl auffüllen und mit Ölmeßstab kontrollieren.

Achtung: Die Gesamtfüllmenge beträgt zwar ca. 4,5 l, beim Ölwechsel werden aber nur ca. 2 l benötigt, da die restliche Ölmenge im Drehmomentwandler verbleibt.

- Ölstand bei laufendem Motor kontrollieren und, falls erforderlich, korrigieren. **Achtung:** Der Ölstand darf nicht unterhalb der Markierung –A– liegen, sonst kann es zu Getriebeschäden kommen. Liegt der Ölstand über der Markierung –B– kann das Getriebe überhitzt werden und es kommt zu Undichtigkeiten. Falls der Ölstand zu hoch ist, Getriebeöl absaugen.

Gummimanschetten der Gelenkwellen prüfen

- Fahrzeug aufbocken.

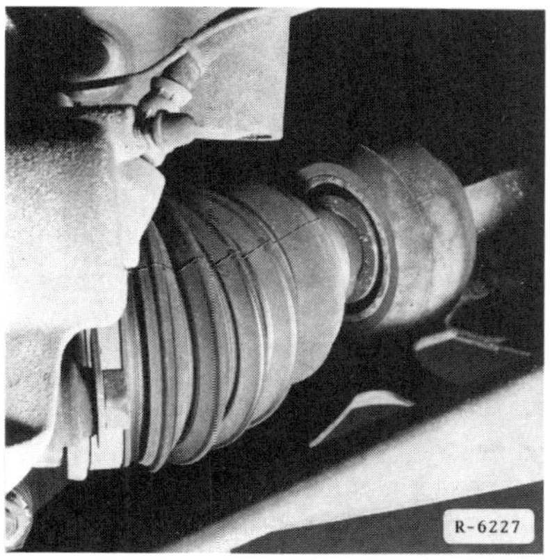

- Auf sichtbare Fettspuren an den Manschetten und in deren Umgebung achten.
- Festen Sitz der Klemmschellen prüfen.
- Gummi der Manschette mit Lampe auf Porosität und Risse untersuchen. Eingerissene Gelenkschutzhüllen umgehend erneuern.
- Sollte die Manschette durch Unterdruck im Gelenk nach innen gezogen oder defekt sein, so ist sie umgehend auszutauschen.

Bremsen/Reifen/Räder

- Bremsanlage: Leitungen, Schläuche, Bremszylinder und Anschlüsse auf Undichtigkeiten und Beschädigungen prüfen.
- Bremsanlage: Bremsflüssigkeitsstand und Dicke der Bremsbeläge prüfen.
- Bremstrommel ausbauen und sichtprüfen, riefige Bremstrommeln ausdrehen lassen oder erneuern. Dieser Wartungspunkt ist im Kapitel »Bremsanlage« beschrieben.
- Bremsflüssigkeit: Wechseln.
- Feststellbremse: Funktion prüfen.
- Bereifung: Profiltiefe und Reifenfülldruck prüfen; Reifen auf Verschleiß und Beschädigungen (einschließlich Reserverad) prüfen.
- Radschrauben: Festen Sitz prüfen, gegebenenfalls mit **90 Nm** über Kreuz nachziehen.

Bremsflüssigkeitsstand / Warnleuchte prüfen

Der Vorratsbehälter für die Bremsflüssigkeit befindet sich im Motorraum. Er hat zwei Kammern, je eine für jeden Bremskreis. Der Schraubverschluß hat eine Belüftungsbohrung, die nicht verstopft sein darf.

Der Vorratsbehälter ist durchscheinend, so daß der Bremsflüssigkeitsstand jederzeit von außen überwacht werden kann. Es ist ratsam, regelmäßig einen Blick auf den Vorratsbehälter zu werfen.

- Der Flüssigkeitsstand –3– soll, bei geschlossenem Deckel, nicht höher als die MAXI-Markierung –1–und nicht unterhalb der MINI-Marke –2– liegen.
- Nur Bremsflüssigkeit der Spezifikation SAE J 1703, DOT 3 oder DOT 4 einfüllen.
- Durch Abnutzung der Scheibenbremsen entsteht ein geringfügiges Absinken der Bremsflüssigkeit. Das ist normal.
- Sinkt die Bremsflüssigkeit jedoch innerhalb kurzer Zeit stark ab, ist das ein Zeichen für Bremsflüssigkeitsverlust.
- Die Leckstelle muß dann sofort ausfindig gemacht werden. In der Regel liegt es an verschlissenen Manschetten in den Radbremszylindern. Sicherheitshalber sollte die Überprüfung der Anlage von einer Fachwerkstatt durchgeführt werden.

Warnleuchte prüfen

- Zündung einschalten, Feststellbremse lösen.

- Kontakt im Verschlußdeckel –4– mit dem Finger nach unten drücken. **Achtung:** Die Feststellbremse darf **nicht** angezogen sein.
- Ein Helfer kontrolliert, ob die Warnleuchte jeweils aufleuchtet. Falls nicht, elektrische Zuleitung gemäß Schaltplan prüfen.

Fahrzeuge mit ABS:

Schalter im Bremsflüssigkeitsbehälter prüfen

Bei Fahrzeugen mit ABS befinden sich im Bremsflüssigkeitsbehälter 2 Schalter. Ist ein Schalter defekt, muß der komplette Behälter ausgetauscht werden.

- Handbremse lösen.
- Zündung einschalten.

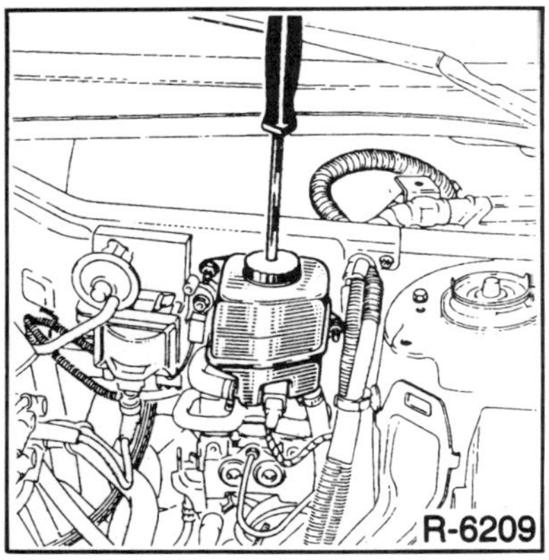
R-6209

- Stößel im Deckel des Ausgleichbehälters mit einem Schraubendreher nach unten drücken und prüfen, ob die Warnlampe im Schalttafeleinsatz aufleuchtet.
- Zündung ausschalten.
- Bremspedal ca. 20mal durchtreten, damit der Druck im Druckspeicher abfällt.
- Zündung einschalten; die Elektropumpe springt an und füllt den Druckspeicher.
- Stößel voll nach unten drücken; die Elektropumpe muß sich abschalten und beim Loslassen des Stößels wieder anspringen.
- Falls die Warnlampe nicht aufleuchtet oder die Pumpe sich nicht ausschaltet, Kabelstrang überprüfen. Wird kein Fehler gefunden Vorratsbehälter ersetzen.

Bremsbelagdicke prüfen

- Scheibenrad zur Radfelge mit Farbe kennzeichnen, damit das ausgewuchtete Rad wieder an gleicher Stelle montiert werden kann. Radschrauben lösen.
- Fahrzeug aufbocken, Räder abnehmen.

R-6253

- Belagdicke – mit metallner Rückenplatte – von vorn durch den Bremsträger sichtprüfen. Im Zweifelsfall Bremsbeläge ausbauen und Belagdicke mit Schieblehre messen.
- Die Verschleißgrenze der **Scheibenbremsbeläge** ist erreicht, wenn der Belag nur noch eine Dicke von **6 mm** (mit Trägerplatte) aufweist.
- An den hinteren Bremsträgern Gummikappe vom Schauloch abnehmen und mit Taschenlampe durch die Öffnung leuchten. Die Verschleißgrenze ist erreicht, wenn der Belag eine Stärke von **2,5 mm** (mit Trägerbacke) hat. Im Zweifelsfall Bremstrommel ausbauen und Belagstärke messen.
- Ist die Verschleißgrenze erreicht, Bremsbeläge auswechseln. Grundsätzlich alle Beläge einer Achse erneuern.

Hinweis: Nach einer Faustregel entspricht 1 mm Bremsbelag einer Fahrleistung von mindestens 1000 km. Diese Faustregel gilt unter ungünstigen Bedingungen. Im Normalfall halten die Beläge viel länger. Bei einer Belagdicke der Scheibenbremsbeläge von 9,0 mm (mit Rückenplatte) beträgt die Restnutzbarkeit der Bremsbeläge also noch mindestens 3000 km.

Sichtprüfung der Bremsleitungen

- Fahrzeug aufbocken.
- Bremsleitungen mit Kaltreiniger reinigen.

Achtung: Die Bremsleitungen sind zum Schutz gegen Korrosion mit einer Kunststoffschicht überzogen. Wird diese Schutzschicht beschädigt, kann es zur Korrosion der Leitungen kommen. Aus diesem Grund dürfen Bremsleitungen nicht mit Drahtbürste, Schmirgelleinen oder Schraubendreher gereinigt werden.

- Bremsleitungen vom Hauptbremszylinder zu den einzelnen Radbremszylindern mit Lampe überprüfen. Der Hauptbremszylinder sitzt im Motorraum unter dem Vorratsbehälter für Bremsflüssigkeit.
- Bremsleitungen dürfen weder geknickt noch gequetscht sein. Auch dürfen sie keine Rostnarben oder Scheuerstellen aufweisen. Andernfalls Leitung bis zur nächsten Trennstelle ersetzen.
- Bremsschläuche verbinden die Bremsleitungen mit den Radbremszylindern an den beweglichen Teilen des Fahrzeugs. Sie bestehen aus hochdruckfestem Material, können aber mit der Zeit porös werden, aufquellen oder durch scharfe Gegenstände angeschnitten werden. In einem solchen Fall sind sie sofort zu ersetzen.

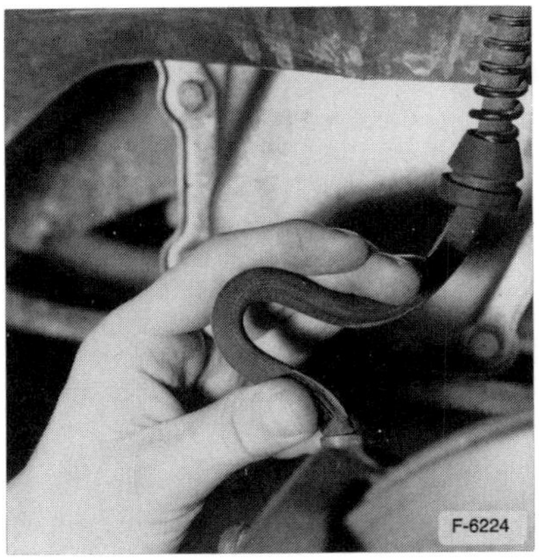
F-6224

- Bremsschläuche mit der Hand hin- und herbiegen, um Beschädigungen festzustellen. Schläuche dürfen nicht verdreht sein, farbige Kennlinie beachten, falls vorhanden!
- Lenkrad nach links und rechts bis zum Anschlag drehen. Die Bremsschläuche dürfen dabei in keiner Stellung Fahrzeugteile berühren.
- Anschlußstellen von Bremsleitungen und -schläuchen dürfen nicht durch ausgetretene Flüssigkeit feucht sein.

Achtung: Wenn der Vorratsbehälter und die Dichtungen durch ausgetretene Bremsflüssigkeit feucht sind, so ist das nicht unbedingt ein Hinweis auf einen defekten Hauptbremszylinder. Vielmehr dürfte die Bremsflüssigkeit durch die Belüftungsbohrung im Deckel oder durch die Deckeldichtung ausgetreten sein.

- Fahrzeug ablassen.

Feststellbremse prüfen

Die Feststellbremse wirkt auf die Hinterradbremsen.

- Handbremse 8 Rasten anziehen, die Räder müssen jetzt blockieren, der Hebel darf sich nur noch schwer weiter anziehen lassen.
- Andernfalls Feststellbremse einstellen.

Bremsflüssigkeit wechseln

Benötigtes Sonderwerkzeug:

- Ringschlüssel für Entlüfterschrauben.

Benötigte Verschleißteile:

- Bremsflüssigkeit der Spezifikation **SAE J 1703** oder **DOT 4**.

Die Bremsflüssigkeit nimmt durch die Poren der Bremsschläuche sowie durch die Entlüftungsöffnung des Vorratsbehälters Luftfeuchtigkeit auf. Dadurch sinkt im Laufe der Betriebszeit der Siedepunkt der Bremsflüssigkeit. Bei starker Beanspruchung der Bremse kann es deshalb zu Dampfblasenbildung in den Bremsleitungen kommen, wodurch die Funktion der Bremsanlage stark beeinträchtigt wird.

Die Bremsflüssigkeit soll alle 50 000/60 000 km, möglichst im Frühjahr, erneuert werden. Bei vielen Gebirgsfahrten, Bremsflüssigkeit in kürzeren Abständen wechseln.

- Vorsichtsmaßregeln beim Umgang mit Bremsflüssigkeit beachten, siehe Seite 160.
- Mit einer Absaugflasche aus dem Bremsflüssigkeitsbehälter Bremsflüssigkeit bis zu einem Stand von ca. 10 mm absaugen.

Achtung: Vorratsbehälter nicht ganz entleeren, damit keine Luft in das Bremssystem gelangt.

- Vorratsbehälter bis zur „Maximum"-Marke mit **neuer** Bremsflüssigkeit füllen.
- Am rechten hinteren Bremssattel sauberen Schlauch auf Entlüfterventil aufschieben, geeignetes Gefäß unterstellen.
- Mit dem Bremspedal mehrmals »pumpen«, Bremspedal runtertreten, Entlüfterventil öffnen. Fuß auf dem Bremspedal halten, Entlüfterschraube schließen. Fuß vom Bremspedal nehmen. Diesen Vorgang circa 10mal wiederholen und alte Bremsflüssigkeit so herauspumpen.
- Entlüfterventil schließen, Vorratsbehälter mit **neuer** Bremsflüssigkeit auffüllen.
- Auf die gleiche Weise alte Bremsflüssigkeit aus den anderen Bremssätteln herauspumpen.

Achtung: Die abfließende Bremsflüssigkeit muß in jedem Fall klar und blasenfrei sein.

- Alte Bremsflüssigkeit bei der örtlichen Deponie für Sondermüll abgeben.

Reifenfülldruck prüfen

- Reifenfülldruck nur am kalten Reifen prüfen.
- Reifenfülldruck einmal im Monat sowie im Rahmen der Wartung prüfen. Fülldrucktabelle, siehe Seite 175.
- Zusätzlich sollte der Fülldruck vor längeren Autobahnfahrten kontrolliert werden, da hierbei die Temperaturbelastung für den Reifen am größten ist.

Reifenprofil prüfen

Die Reifen ausgewuchteter Räder nutzen sich bei gewissenhaftem Einhalten des vorgeschriebenen Fülldrucks und bei fehlerfreier Radeinstellung und Stoßdämpferfunktion auf der gesamten Lauffläche annähernd gleichmäßig ab. Bei ungleichmäßiger Abnutzung, siehe Störungsdiagnose im Kapitel »Reifen«. Im übrigen läßt sich keine generelle Aussage über die Lebensdauer bestimmter Reifenfabrikate machen, denn die Lebensdauer hängt von unterschiedlichen Faktoren ab:

- Fahrbahnoberfläche
- Reifenfülldruck
- Fahrweise
- Witterung

Vor allem sportliche Fahrweise, scharfes Anfahren und starkes Bremsen fördern den schnellen Reifenverschleiß.

Achtung: Die Rechtsprechung verlangt, daß Reifen lediglich bis zu einer Profiltiefe von 1,6 mm abgefahren werden dürfen, und zwar müssen die Profilrillen auf der gesamten Lauffläche noch mindestens 1,6 mm Tiefe aufweisen. Es empfiehlt sich jedoch, sicherheitshalber die Reifen bereits bei einer Mindestprofiltiefe von 2 mm auszutauschen.

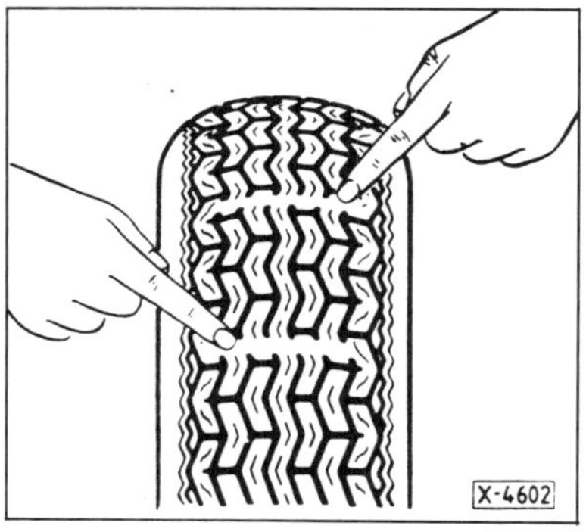

Nähert sich die Profiltiefe der gesetzlich zulässigen Mindestprofiltiefe, das heißt, weist der mehrmals am Reifenumfang angeordnete 1,6 mm hohe Verschleißanzeiger an diesen Stellen kein Profil mehr auf, müssen die Reifen bald gewechselt werden.

Achtung: M + S-Reifen haben auf Matsch und Schnee nur ausreichende Wirkung, wenn ihr Profil noch mindestens 4 mm tief ist.

Achtung: Reifen auf Schnittstellen untersuchen und mit kleinem Schraubendreher Tiefe der Schnitte feststellen. Wenn die Schnitte bis zur Karkasse reichen, korrodiert durch eindringendes Wasser der Stahlgürtel. Dadurch löst sich unter Umständen die Lauffläche von der Karkasse, der Reifen platzt. Deshalb: Bei tiefen Einschnitten im Profil aus Sicherheitsgründen Reifen austauschen.

Reifenventil prüfen

- Staubschutzkappe vom Ventil abschrauben.
- Etwas Seifenwasser auf das Ventil geben. Wenn sich eine Blase bildet, Ventil mit umgedrehter Schutzkappe festdrehen.

Achtung: Zum Anziehen des Ventils kann nur eine Metallschutzkappe verwendet werden. Metallschutzkappen sind an der Tankstelle erhältlich.

- Ventil erneut prüfen. Falls sich wieder Blasen bilden oder sich das Ventil nicht weiter anziehen läßt, Ventil erneuern.
- Grundsätzlich Schutzkappe wieder befestigen.

Lenkung/Vorderachse

- Spurstangenköpfe: Spiel und Befestigung prüfen, Staubkappen prüfen.
- Achsgelenke: Staubkappen prüfen.
- Lenkung: Faltenbälge auf Undichtigkeiten und Beschädigungen prüfen.
- Servolenkung: Flüssigkeitsstand prüfen, gegebenenfalls Hydrauliköl auffüllen.
- Befestigungsschrauben: Festen Sitz prüfen, gegebenenfalls nachziehen.
- Vorderradspur überprüfen lassen.

Staubkappen für Spurstangen-/Achsgelenke prüfen

- Fahrzeug vorn aufbocken.

- Staubkappen links und rechts mit Lampe anstrahlen und auf Beschädigungen überprüfen, dabei auf Fettspuren an den Manschetten und in deren Umgebung achten.
- Bei beschädigter Staubkappe, sicherheitshalber entsprechendes Gelenk mit Schutzkappe auswechseln. Eingedrungener Schmutz zerstört mit Sicherheit das Gelenk.
- Befestigungsmutter für die Gelenke sowie Sicherungssplint auf festen Sitz prüfen, dabei Mutter jedoch nicht verdrehen.

Ölstand für Servolenkung prüfen

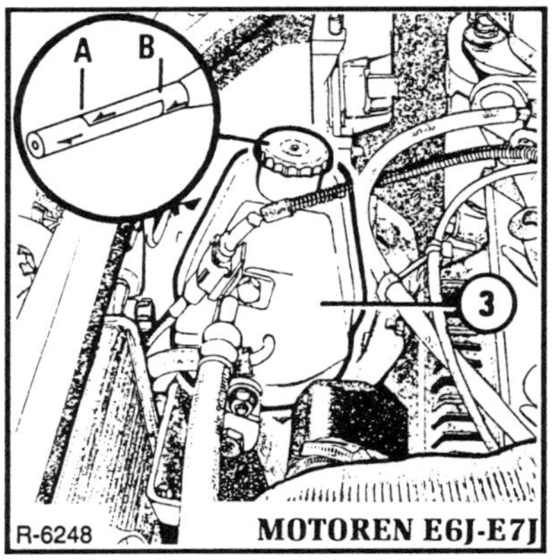

- Der Ölstand für die Lenkhilfe im Vorratsbehälter –3– bei abgestelltem und kaltem Motor (Umgebungstemperatur) prüfen.
- Der Ölstand muß zwischen den Marken »MINI« und »MAXI« stehen. Die »MINI/MAXI«-Markierungen sind außen am Vorratsbehälter angebracht. Falls nicht, befindet sich ein Ölmeßstab am Verschlußdeckel (Abbildung). Der Ölstand muß dann zwischen den Marken –A– und –B– stehen.
- Andernfalls Hydrauliköl nachfüllen. Dabei nur ein von RENAULT freigegebenes Öl verwenden, zum Beispiel: ELF Renaultmatic D2, Mobil ATF 220.
- Grundsätzlich nur **neues Öl** nachfüllen, da selbst kleinste Verunreinigungen zu Störungen an der hydraulischen Anlage führen können.
- Falls Hydrauliköl nachgefüllt wurde, Motor starten und bei laufendem Motor das Lenkrad mehrmals von Anschlag zu Anschlag bewegen, dadurch entlüftet sich die Anlage.
- Falls Öl nachgefüllt wurde, Lenksystem auf Dichtheit prüfen.

Elektrische Anlage

Verschleißteil: Wischergummi

- Beleuchtungsanlage: Sämtliche Scheinwerfer, Schlußleuchten und Blinklampen prüfen, gegebenenfalls Scheinwerfer einstellen.
- Alle Stromverbraucher auf Funktion prüfen.
- Signalhorn: Prüfen.
- Scheibenwischer: Wischergummis auf Verschleiß prüfen.
- Scheiben- und Scheinwerferwaschanlage: Funktion prüfen, Düsenstellung kontrollieren, Flüssigkeit nachfüllen, Scheinwerfer-Waschanlage prüfen.
- Batterie: Spannung und Säurestand prüfen.

Batterie prüfen

Benötigtes Sonderwerkzeug:

- Säureschutzfett, zum Beispiel BOSCH-Polfett.
- Stahldrahtbürste (Pol- und Klemmenreinigungsbürste).
- Säureprüfer.

Benötigte Verschleißteile:

- Destilliertes Wasser.

Batterie-Pole reinigen

Batterie-Pole und Anschlußklemmen reinigen und mit Säureschutzfett einzureiben.

Säurestand prüfen

Bei der wartungsarmen Batterie reicht die einmal eingefüllte Säuremenge normalerweise für die gesamte Lebensdauer der Batterie. Dennoch sollte der Säurestand regelmäßig kontrolliert werden.

Achtung: Nicht mit offener Flamme in die Batterie leuchten. Explosionsgefahr!

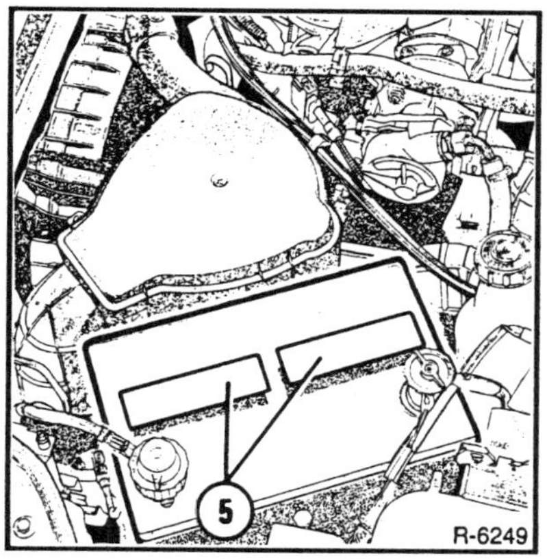

- Abdeckungen –5– abnehmen.
- Der Flüssigkeitsspiegel soll ca. 15 mm über den Bleiplatten stehen. Bei niedrigerem Stand bis zur Sollhöhe auffüllen. **Achtung:** Zum Nachfüllen nur destilliertes Wasser verwenden.

Karosserie/Innenausstattung

- Deckelschloßober- und -unterteil: Mit Mehrzweckfett fetten.
- Unterbodenschutz und Hohlraumkonservierung: Prüfen.
- Sicherheitsgurte: Auf Beschädigungen prüfen.

Sichtkontrolle Unterboden/Karosserie

Bei der regelmäßigen Pflege Augenmerk auf Lackbeschädigungen legen und auch Unterboden öfters reinigen, siehe Seite 251.

Schlösser schmieren

- Schließeinrichtungen für Türen, Front- und Gepäckraumklappe ölen beziehungsweise fetten.
- Türschlösser an den Schließzapfen, Schließösen und Anlageflächen der Drehfallen fetten.

Sichtprüfung aller Sicherheitsgurte

Achtung: Geräusche, die beim Aufrollen des Gurtbandes entstehen, sind funktionsbedingt. Bei störenden Geräuschen kann nur der Sicherheitsgurt ausgetauscht werden. Auf keinen Fall darf zur Behebung von Geräuschen Öl oder Fett verwendet werden. Der Aufrollautomat darf nicht zerlegt werden, da hierbei die vorgespannte Feder herausspringen kann. Unfallgefahr!

- Sicherheitsgurt ganz herausziehen und Gurtband auf durchtrennte Fasern prüfen. Beschädigungen können zum Beispiel durch Einklemmen des Gurtes oder durch brennende Zigaretten entstehen. In diesem Fall Gurt austauschen.
- Sind Scheuerstellen vorhanden, ohne daß Fasern durchtrennt sind, braucht der Gurt nicht ausgewechselt zu werden.
- Schwergängigen Gurt auf Verdrehungen prüfen, gegebenenfalls Verkleidung an der Mittelsäule ausbauen.
- Wenn die Aufrollautomatik nicht mehr funktioniert, Gurt auswechseln.
- Gurtbänder nur mit Seife und Wasser reinigen, keinesfalls Lösungsmittel oder chemische Reinigungsmittel verwenden.

Schaltpläne

Der Umgang mit dem Schaltplan

In einem Personenwagen werden je nach Ausstattung bis zu 1000 Meter Leitungen verlegt, um alle elektrischen Verbraucher (Scheinwerfer, Radio usw.) mit Strom zu versorgen.

Will man einen Fehler in der elektrischen Anlage aufspüren oder nachträglich ein elektrisches Zubehör montieren, kommt man nicht ohne Schaltplan aus; anhand dessen der Stromverlauf und damit die Kabelverbindungen aufgezeigt werden. Grundsätzlich muß der betreffende Stromkreis geschlossen sein, sonst kann der elektrische Strom nicht fließen. Es reicht beispielsweise nicht aus, wenn an der Plusklemme eines Scheinwerfers Spannung anliegt, wenn nicht gleichzeitig über den Masseanschluß der Stromkreis geschlossen ist.

Deshalb ist auch das Massekabel (–) von der Batterie mit der Karosserie verbunden. Mitunter reicht diese Masseverbindung jedoch nicht aus, und der betreffende Verbraucher bekommt eine direkte Masseleitung, deren Isolierung in der Regel schwarz eingefärbt ist. In den einzelnen Stromkreisen können Schalter, Relais, Sicherungen, Meßgeräte, elektrische Motoren oder andere elektrische Bauteile integriert sein. Damit diese Bauteile richtig angeschlossen werden können, haben die einzelnen Kabel entsprechende Nummern. Elektrische Bauteile werden in den Schaltplänen als **Organe** bezeichnet.

Die wichtigsten Kabelfarben sind:

Rote Leitungen führen immer Strom, sobald die Batterie ordnungsgemäß angeschlossen ist. Anschlüsse dieser Leitungen werden auch mit »Dauerstrom (+)« oder »Klemme 30« bezeichnet.

Gelbe Leitungen führen nur bei eingeschalteter Zündung Strom. Anschlüsse dieser Leitungen werden auch mit »Geschaltetes Plus (+)« oder »Klemme 15« bezeichnet.

Blaue Leitungen dienen zum Anschluß von Standlicht und Schlußleuchten.

Schwarze Leitungen sind mit Karosserie-Masse verbunden. Anschlüsse dieser Leitungen werden auch mit »Minus (–)« oder »Klemme 31« bezeichnet.

Im Schaltplan sind die einzelnen Leitungen mit Zahlen-Buchstabenkombinationen versehen.

Beispiel: 133 OR/NO

133 = Kabelnummer (intern)
OR = Kabel-Grundfarbe (hier: orange)
NO = Kabel-Zusatzfarbe (hier: schwarz)

Schlüssel für Leitungsfarben

BA = weiß	JA = gelb	RG = rot
BE = blau	MA = braun	SA = rosa
BJ = beige	NO = schwarz	VE = grün
CY = farblos	OR = orange	VI = violett
GR = grau		

Hinweis: Die Kennbuchstaben für die Kabelfarben beziehen sich auf die französischen Farbbezeichnungen.

Aufbau der Schaltpläne
Heizbare Heckscheibe

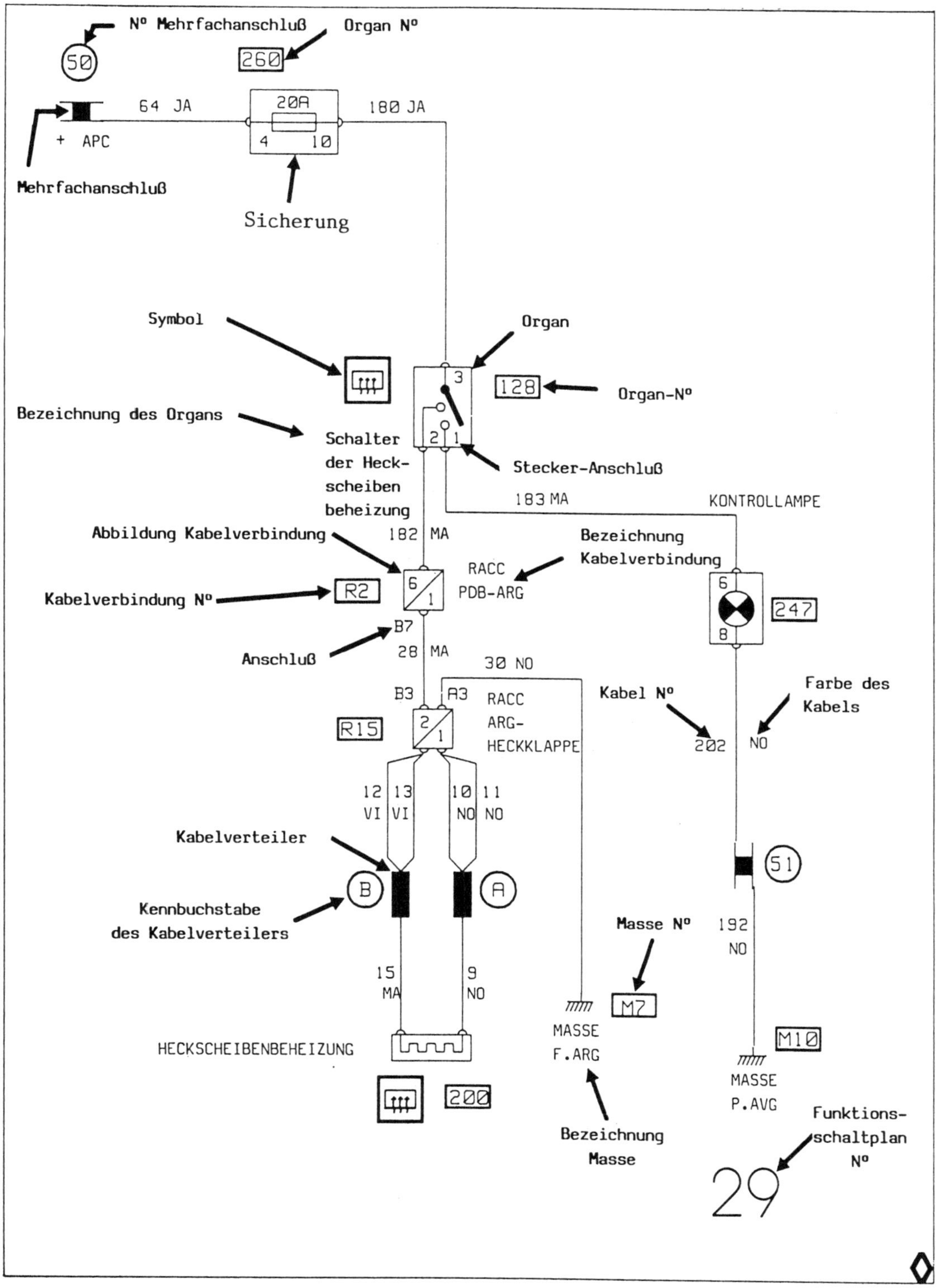

Abkürzungen der Bauteile

+APC = Plus bei eingeschalteter Zündung
RACC = Kabelverbindung
PDB = Armaturenbrett
ARG = hinten links
F.ARG = Schlußleuchte links
P.AVG = Tür/Türsäule vorn links

Verzeichnis der Abkürzungen

ABS	Antiblockier-Bremsen-System
AKF	Aktivkohlefilter
APC	Geschaltetes Plus (Klemme 15)
ARF	Abgasrückführung
AS	Anordnungsschema
AVC	Direktstrom
BVA	Automatikgetriebe
BVM	Schaltgetriebe
CTN	Negativer Temperatur-Koeffizient
CTP	Positiver Temperatur-Koeffizient
DREHGENERAT.	Drehstromgenerator
DWA	Diebstahlwarnanlage
EV	Elektroventil
E-Ventil	Elektroventil
EXC	Erregung
FSP	Funktionsschaltplan
GFR	Ausrüstung »Große Kälte«
GK	Ausrüstung »Große Kälte«
HI	Hinten
KA	Klimaanlage
KLP	Kabellageplan
LDA	Ladedruckabhängiger Vollastanschlag
LH	Lenkhilfe
LI	Links
LL	Linkslenkung
NTC	Negativer Temperatur-Koeffizient
PLIP	Fernbedienung Zentralverriegelung
PTC	Positiver Temperatur-Koeffizient
RE	Rechts
RL	Rechtslenkung
+S	Plus auf der Stromverteilerplatte
SBP	Steckerbelegungsplan
T°	Temperatur
TIR	Fernbedienung Zentralverriegelung
TLA	Temperaturabhängige Leerlaufanhebung
VEZ	Vollelektronische Zündanlage (AEI)
VO	Vorn
ZV	Zentralverriegelung

Schaltplan-Übersicht

Modelljahr 1994

Aus Platzgründen kann nicht jeder Schaltplan für die einzelnen Motor- und Modellvarianten sowie aus jedem Modelljahr berücksichtigt werden. Bei einer Neuauflage wird jeweils der aktuelle Schaltplan veröffentlicht, an dem sich auch Fahrzeugbesitzer älterer Modelle orientieren können.

■ Sicherungen/Relaisbelegung, siehe Seite 214/215.

Kabellagepläne

Dieselmotorraum

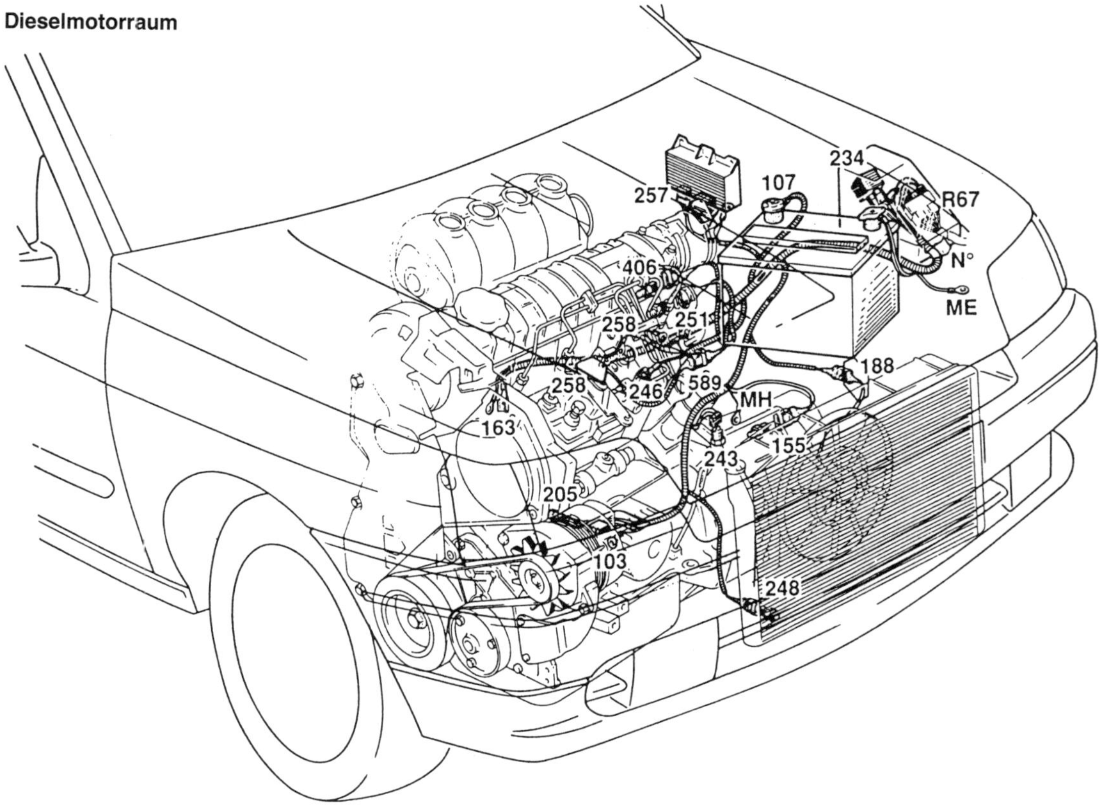

R-7065

Instrumententafel

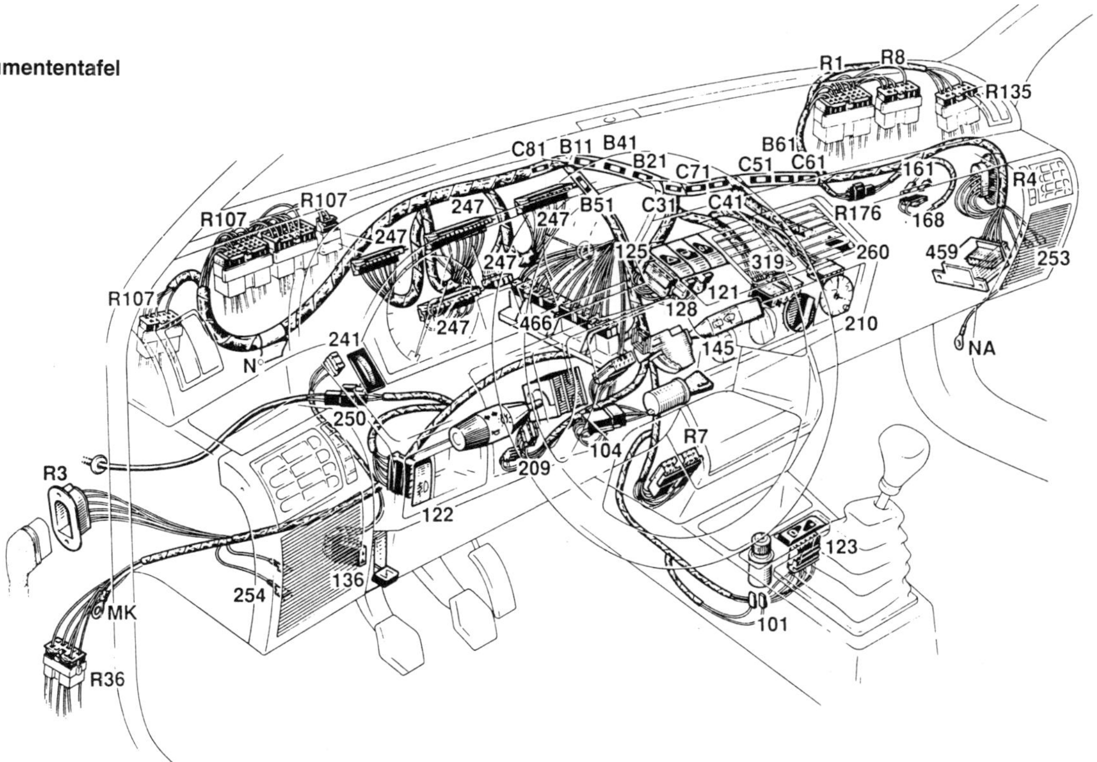

R-7066

Beleuchtung hinten

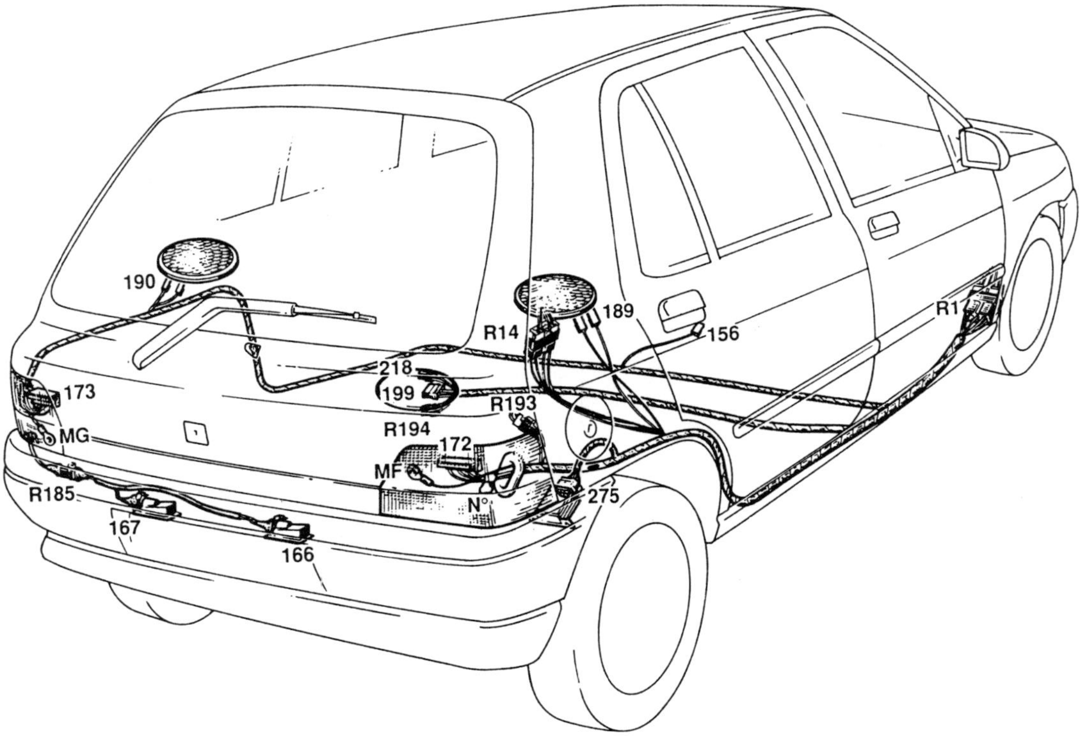

R-7067

Fahrertür

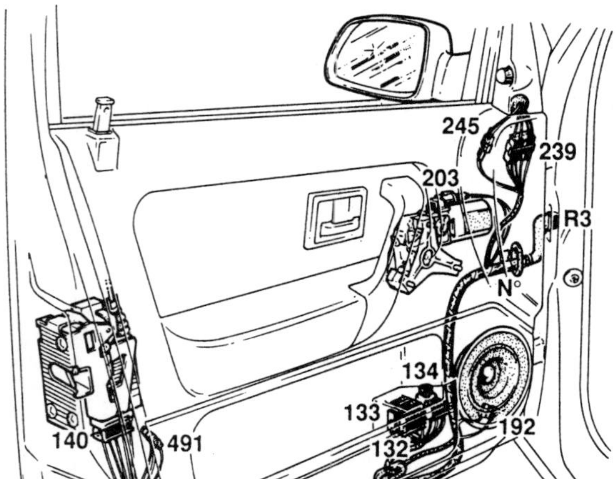

R-7068

Allgemeine Stromversorgung

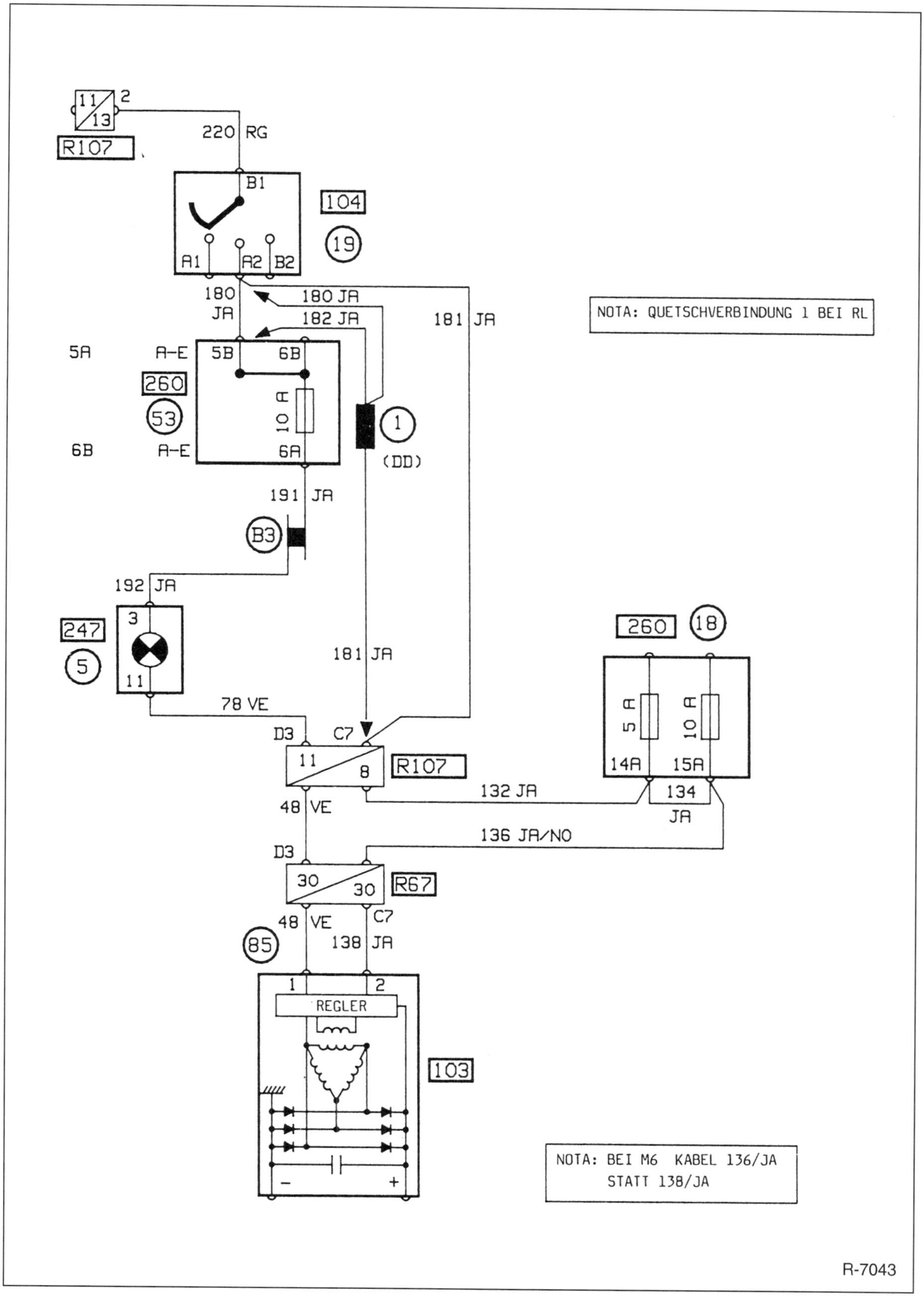

Anlasser

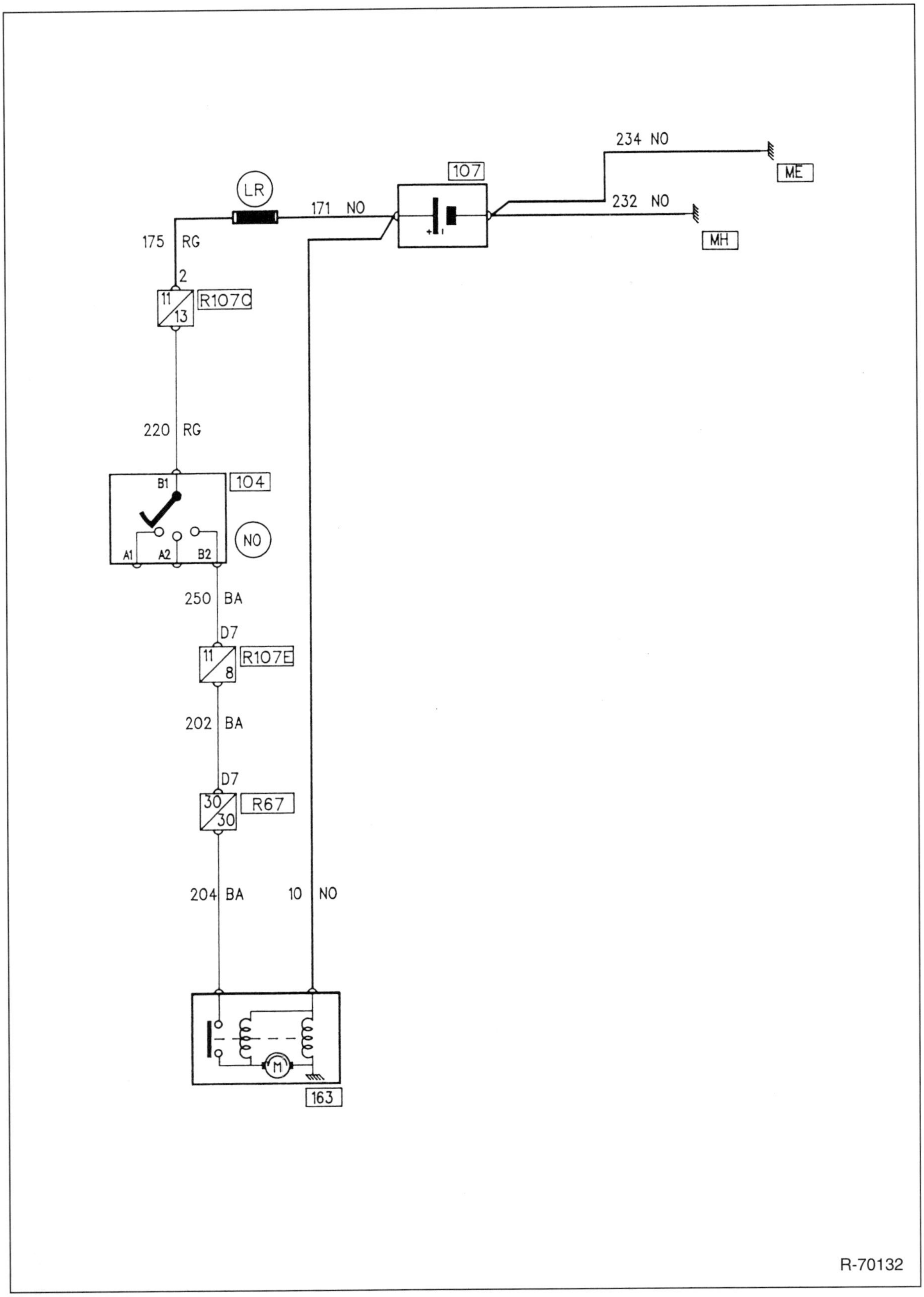

234 NO
107
ME
LR
171 NO
232 NO
MH
175 RG
2
11
13
R107C
220 RG
B1
104
NO
A1
A2
B2
250 BA
D7
11
8
R107E
202 BA
D7
30
30
R67
204 BA
10 NO
M
163
R-70132

Abblendlicht

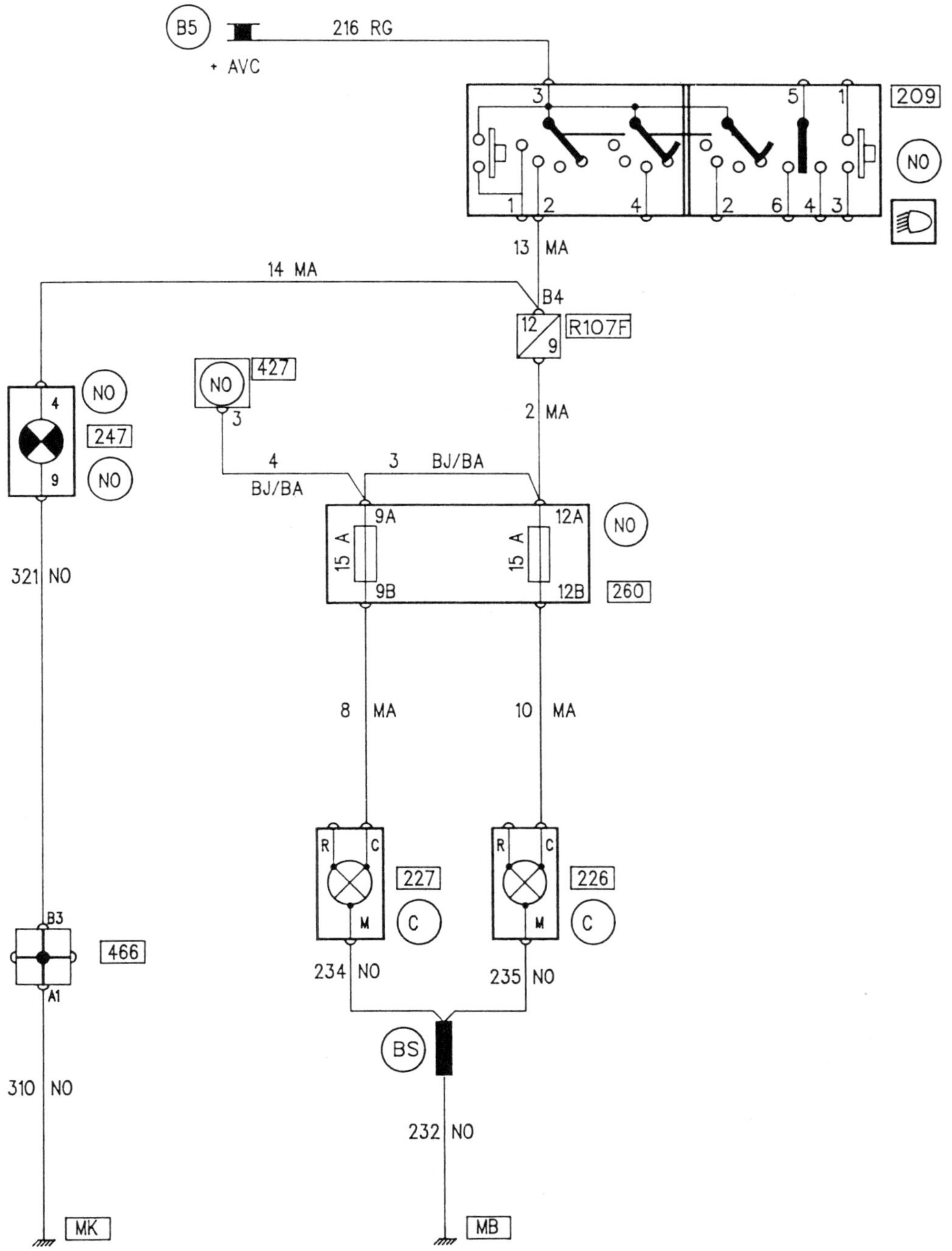

R-70133

Fernlicht

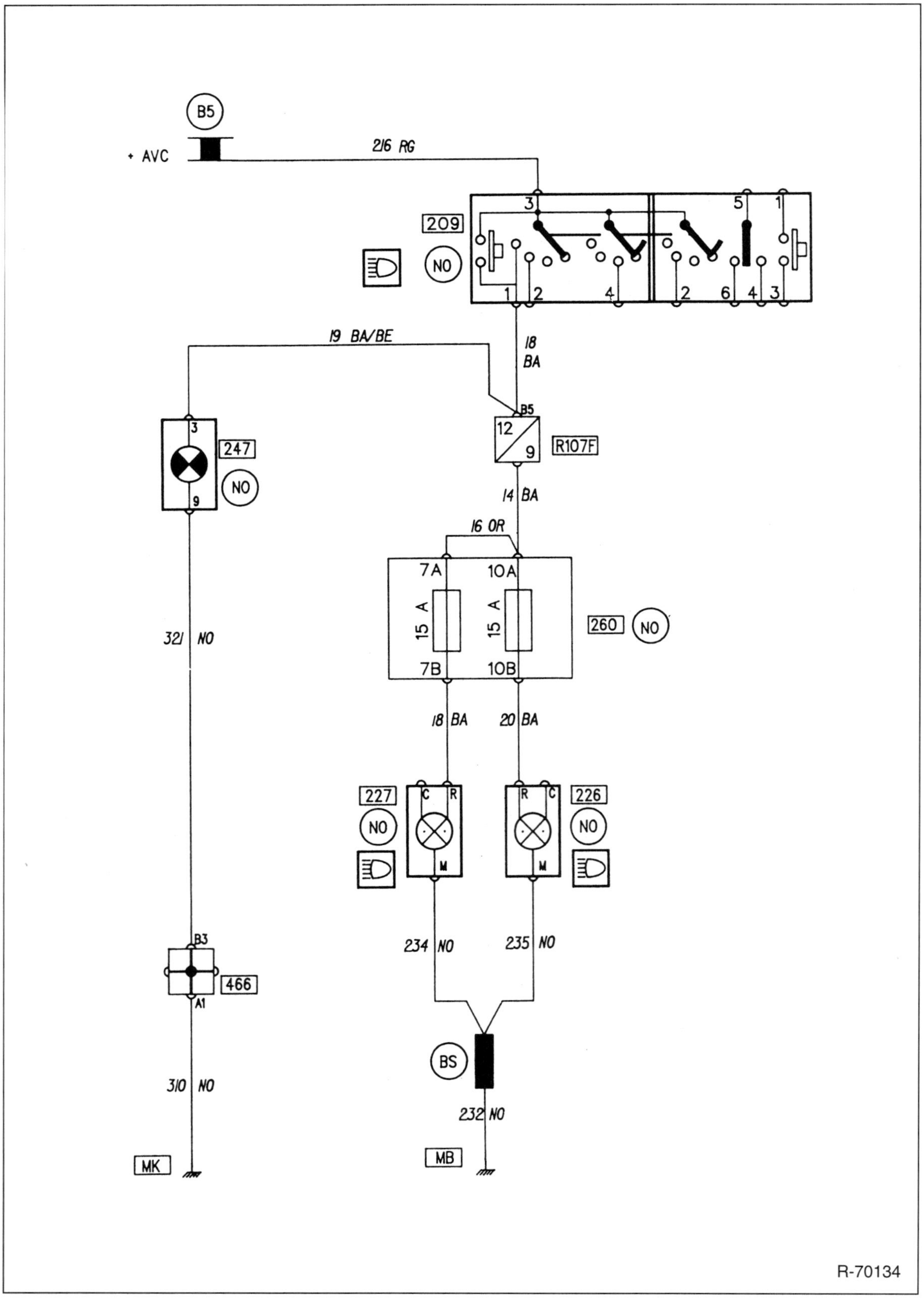

B5
+ AVC
216 RG
209
NO
3
5
1
1
2
4
2
6
4
3
19 BA/BE
18
BA
B5
12
9
R107F
3
247
NO
9
14 BA
16 OR
7A
10A
15 A
15 A
7B
10B
260
NO
321 NO
18 BA
20 BA
227
NO
C
R
M
R
C
M
226
NO
234 NO
235 NO
B3
466
A1
BS
310 NO
232 NO
MK
MB
R-70134

Blinkleuchten und Warnblinkanlage

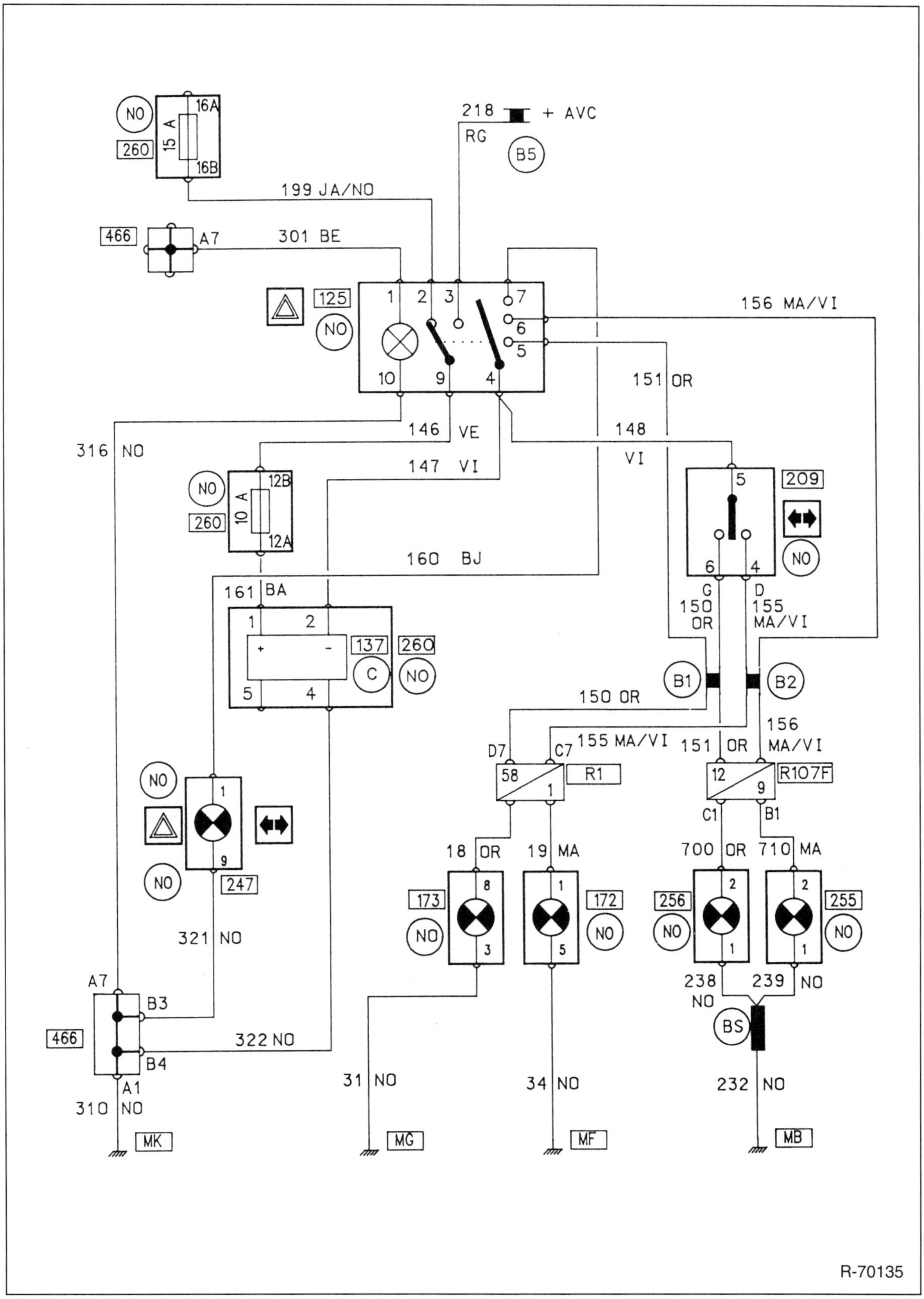

Bremslicht

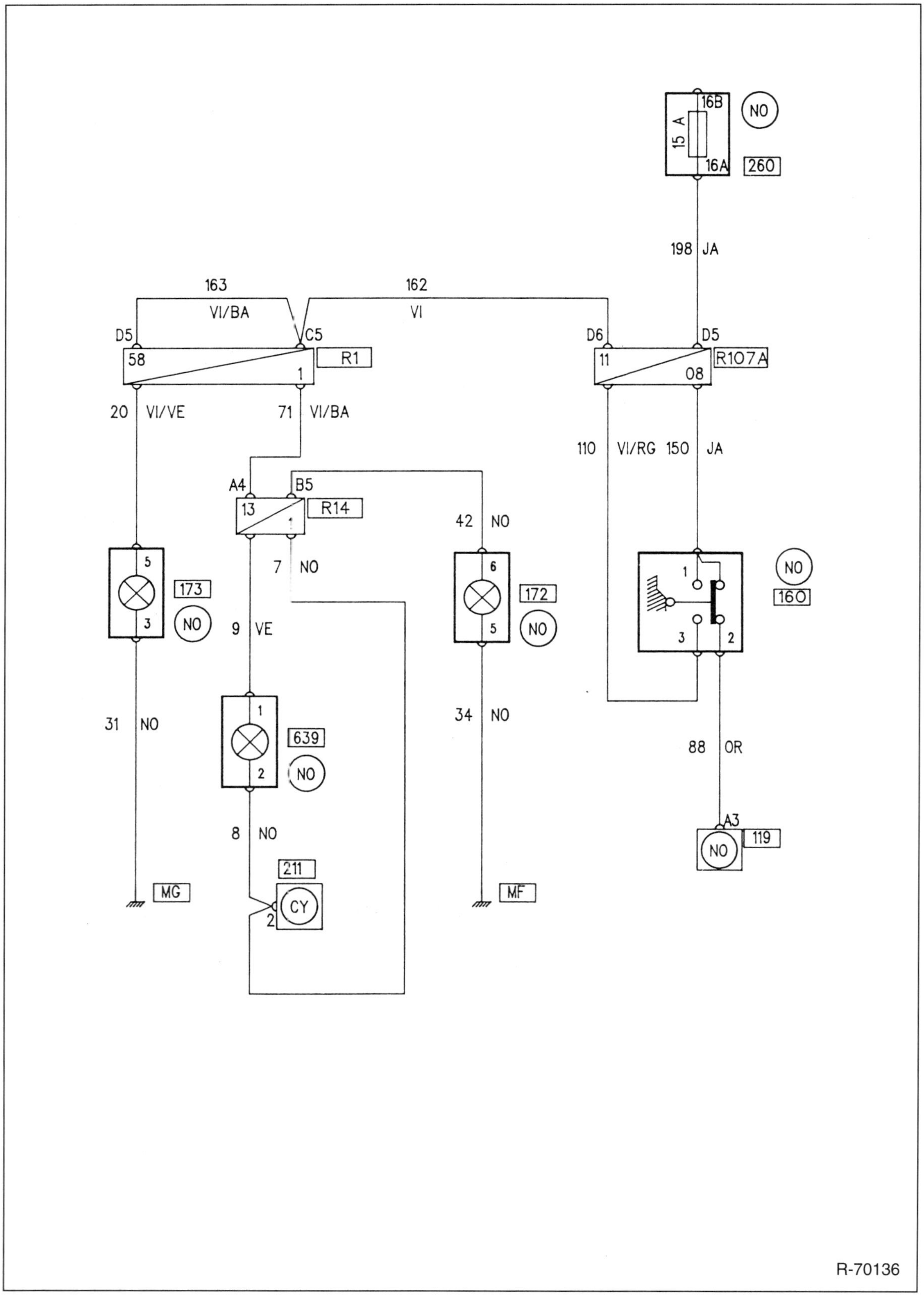

16B
15 A
16A
NO
260
198 JA
163
VI/BA
162
VI
D5
C5
58
1
R1
D6
D5
11
08
R107A
20 VI/VE
71 VI/BA
110 VI/RG
150 JA
A4
B5
13
1
R14
42 NO
7 NO
5
3
173
NO
9 VE
6
5
172
NO
1
3
2
NO
160
31 NO
1
2
639
NO
34 NO
88 OR
8 NO
211
CY
2
MG
MF
A3
NO
119
R-70136

Innenleuchte

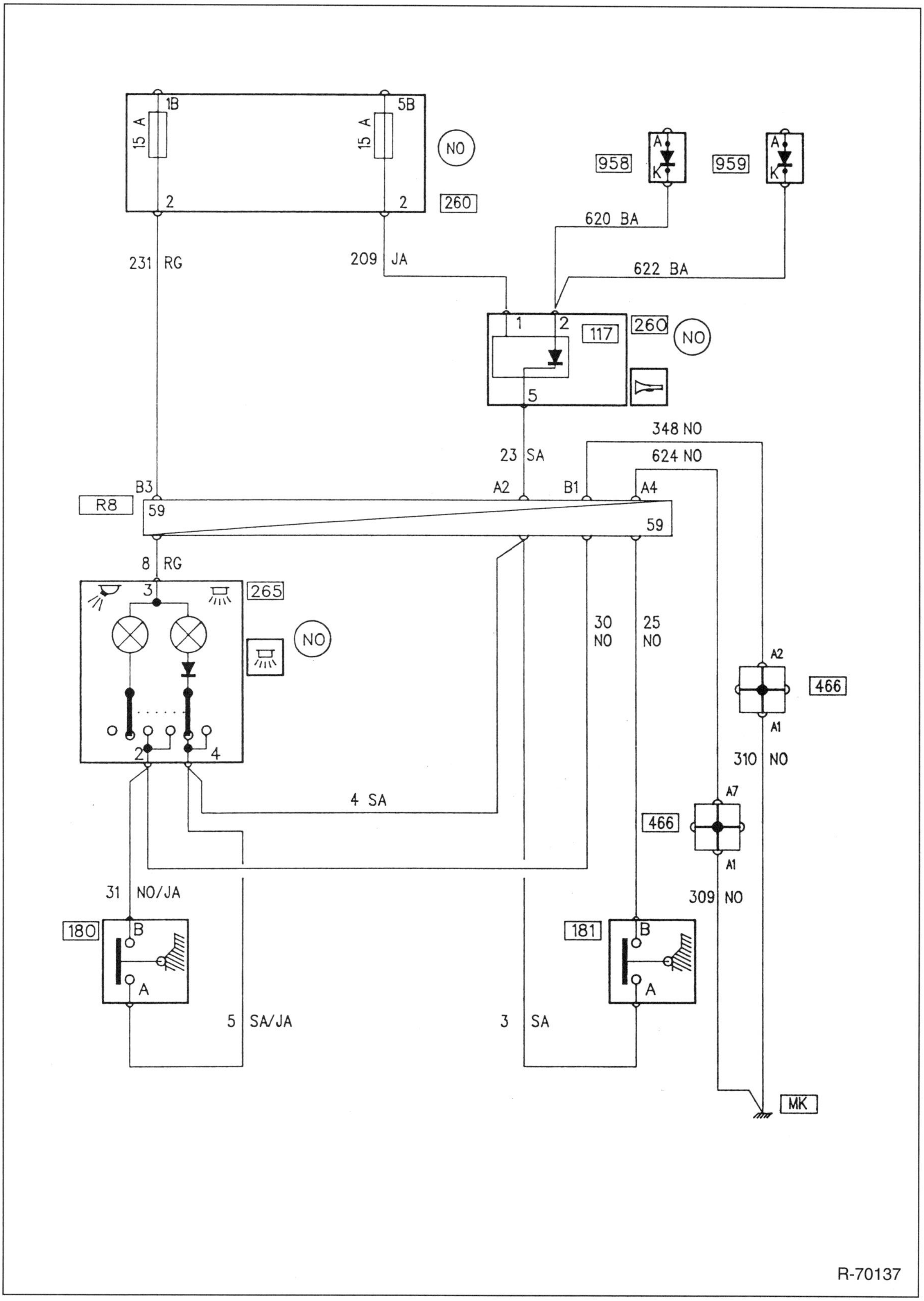

Instrumentenbeleuchtung

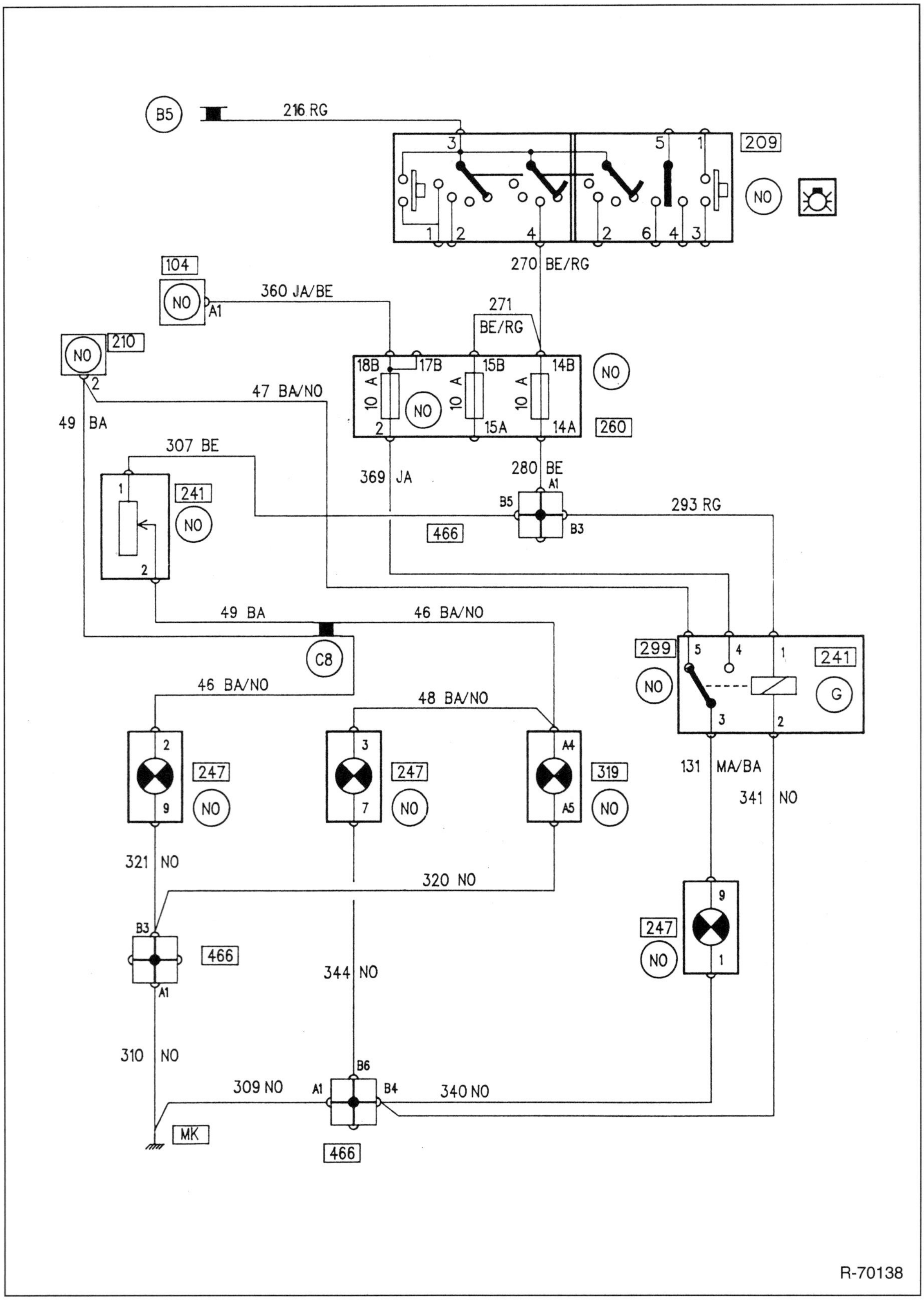

Zigarrenanzünder

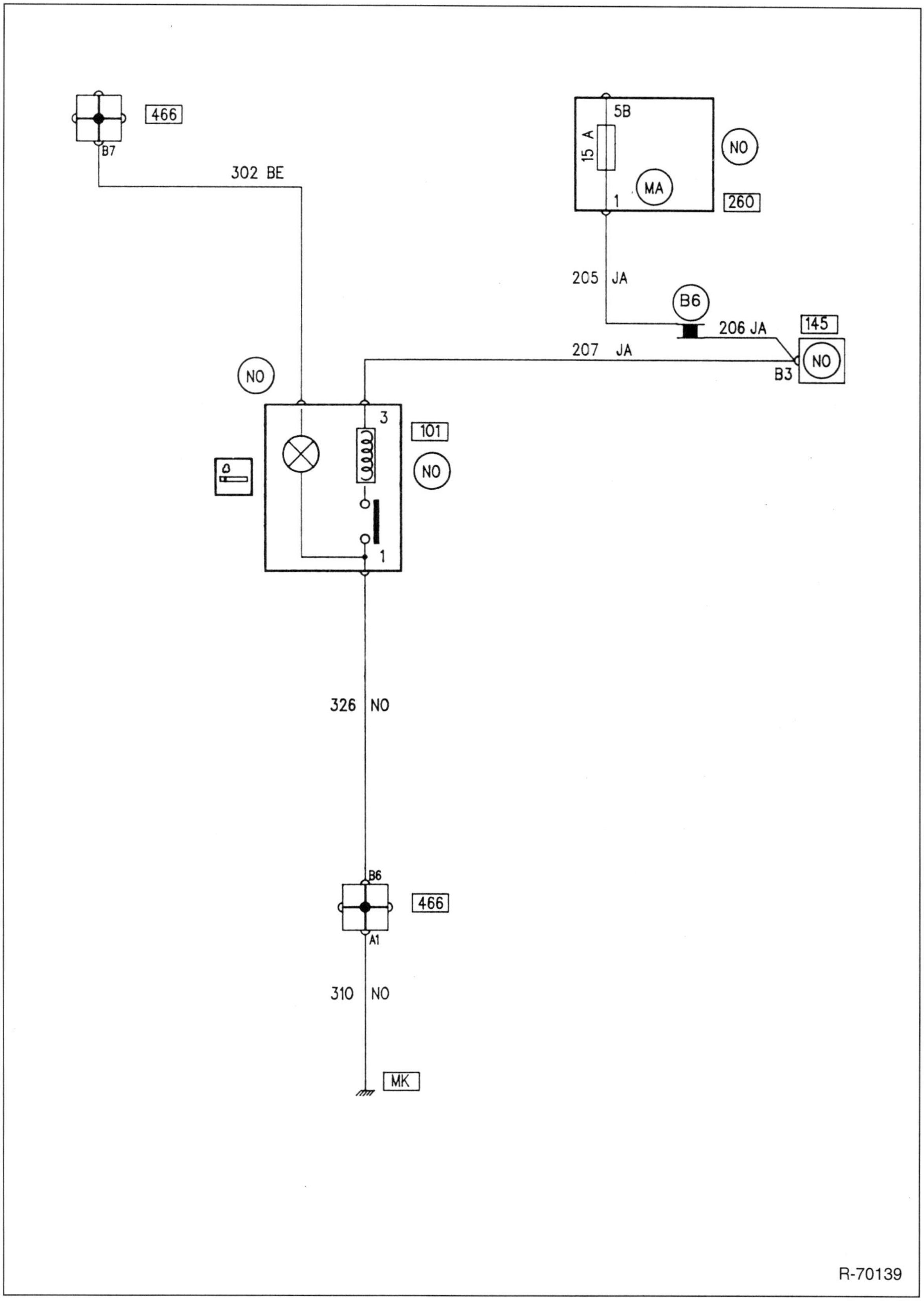

Radio (4x6 Watt)

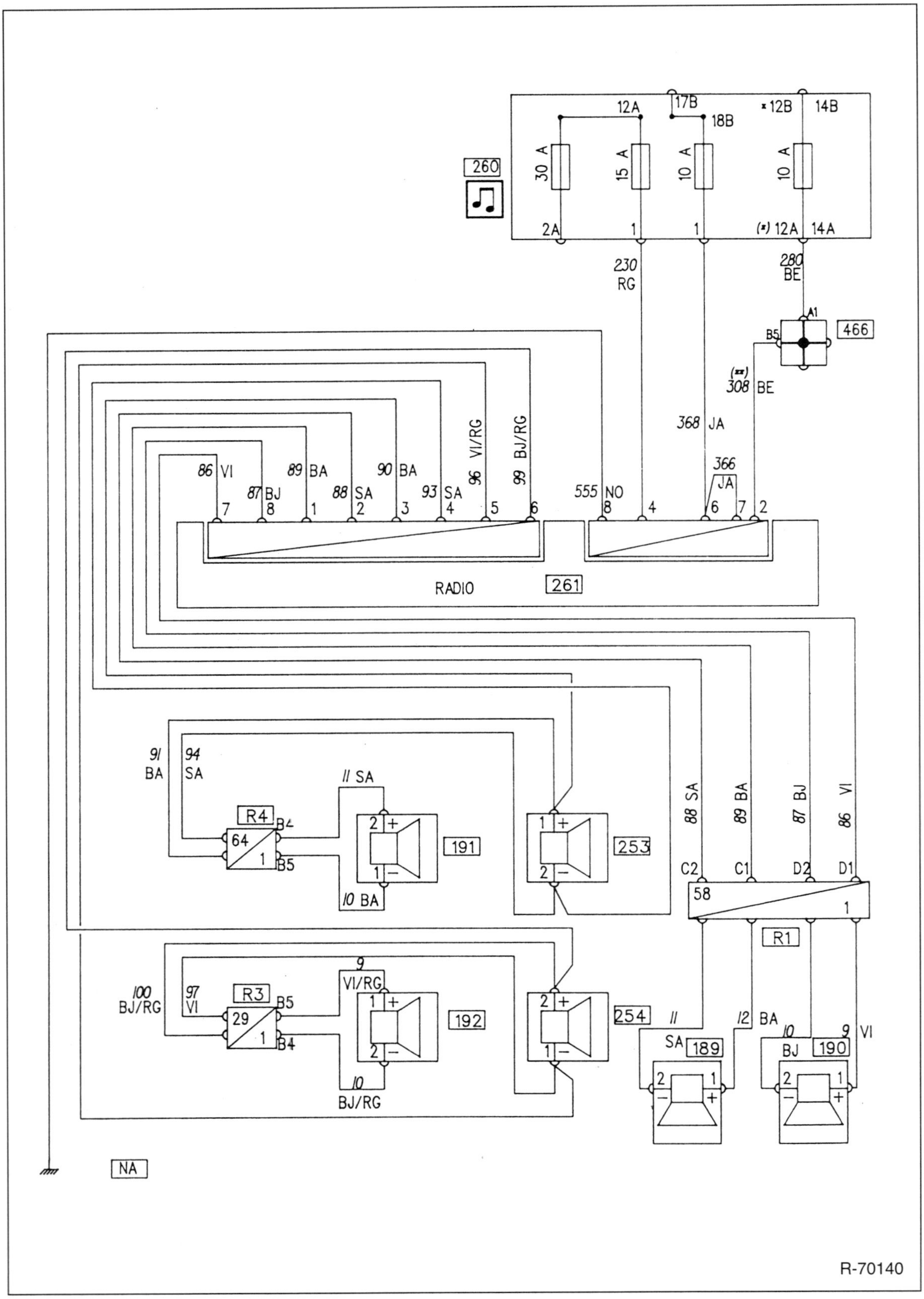

Signalhorn

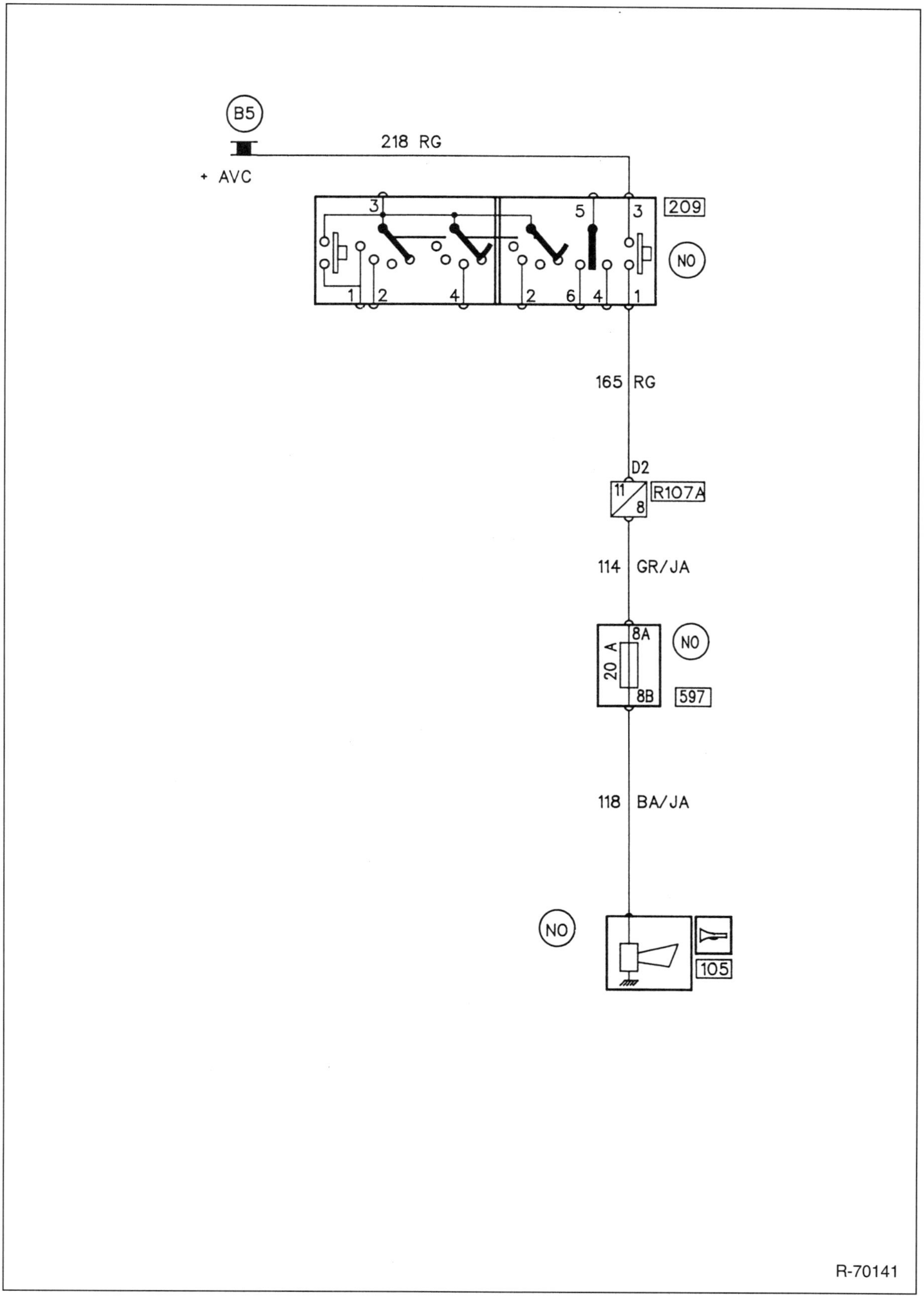

B5
218 RG
+ AVC
3
5
3
209
NO
1
2
4
2
6
4
1
165 RG
D2
11
8
R107A
114 GR/JA
8A
NO
20 A
8B
597
118 BA/JA
NO
105
R-70141

Scheibenwischer

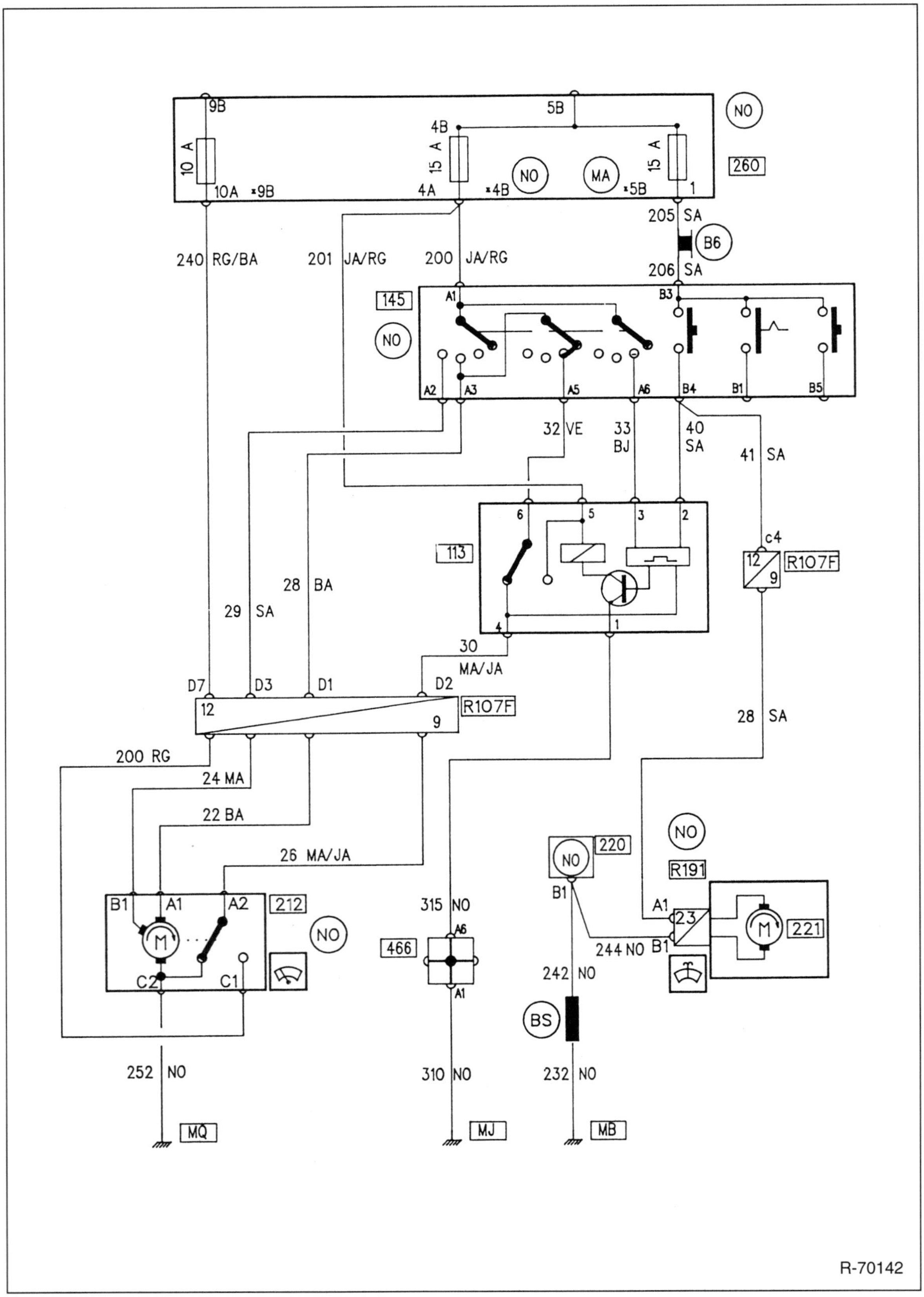

Heckscheibenwischer

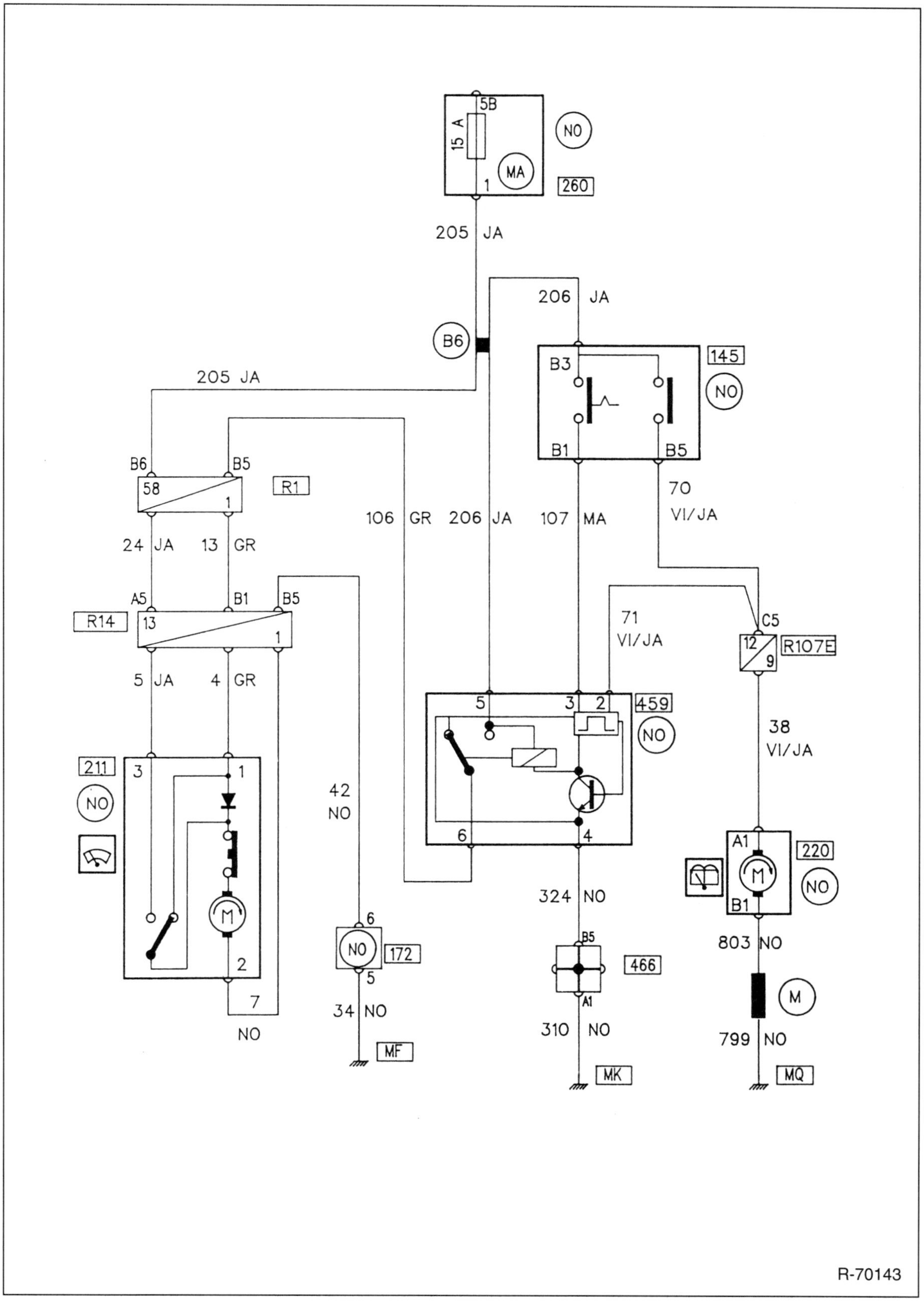

Heckscheibenbeheizung

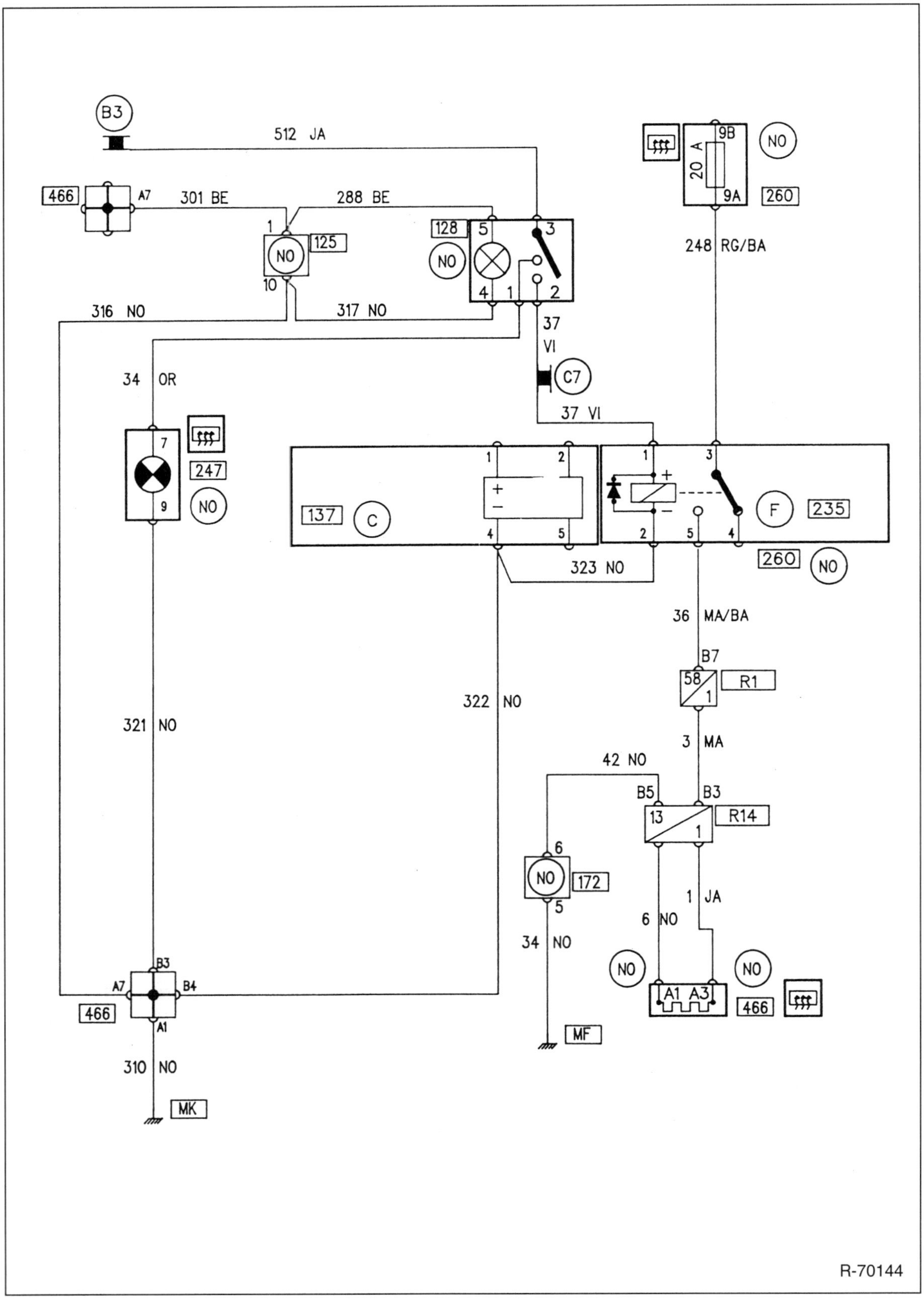

Zentralverriegelung

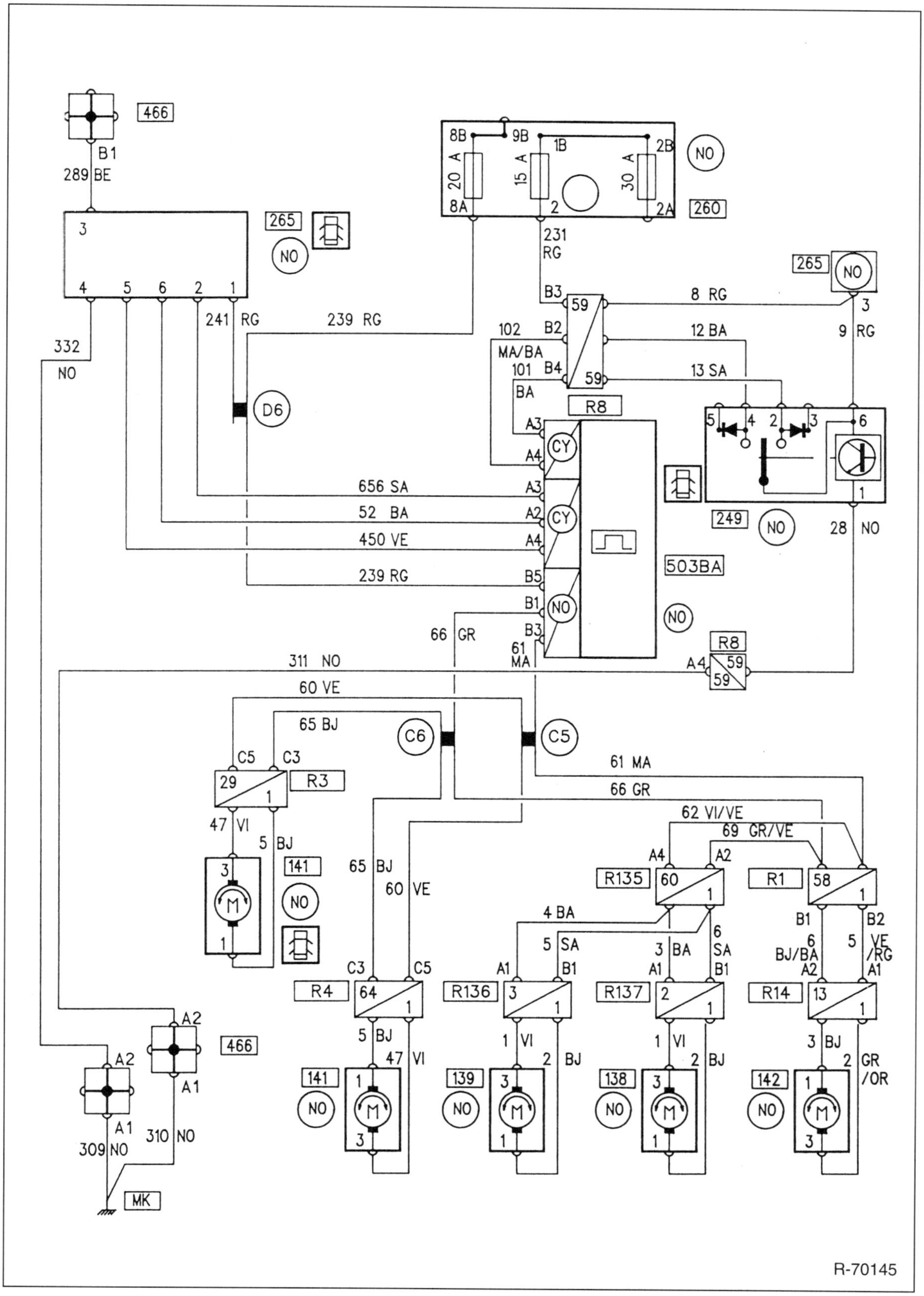

Kühlerventilator

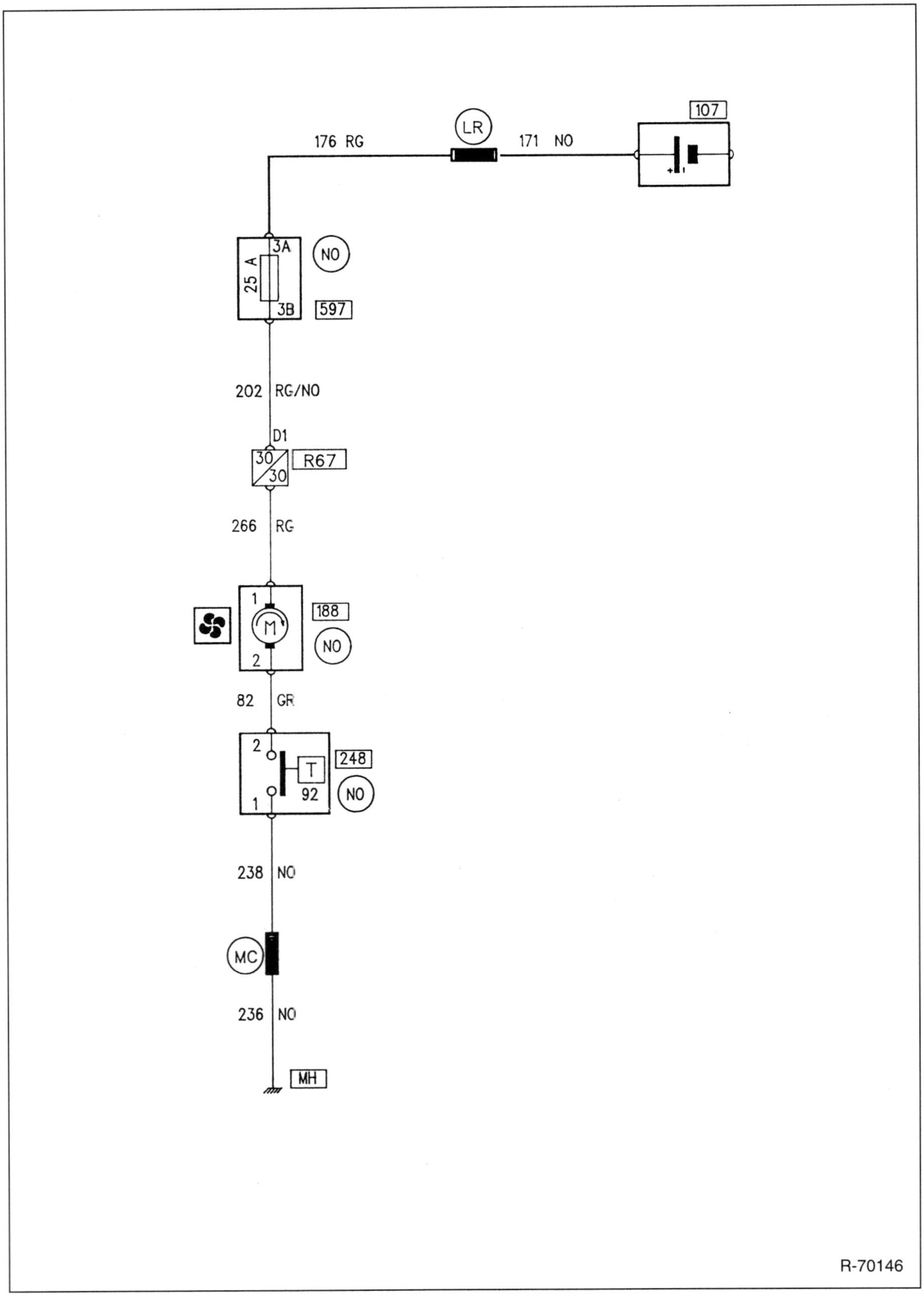

Kontrolleuchte Bremse

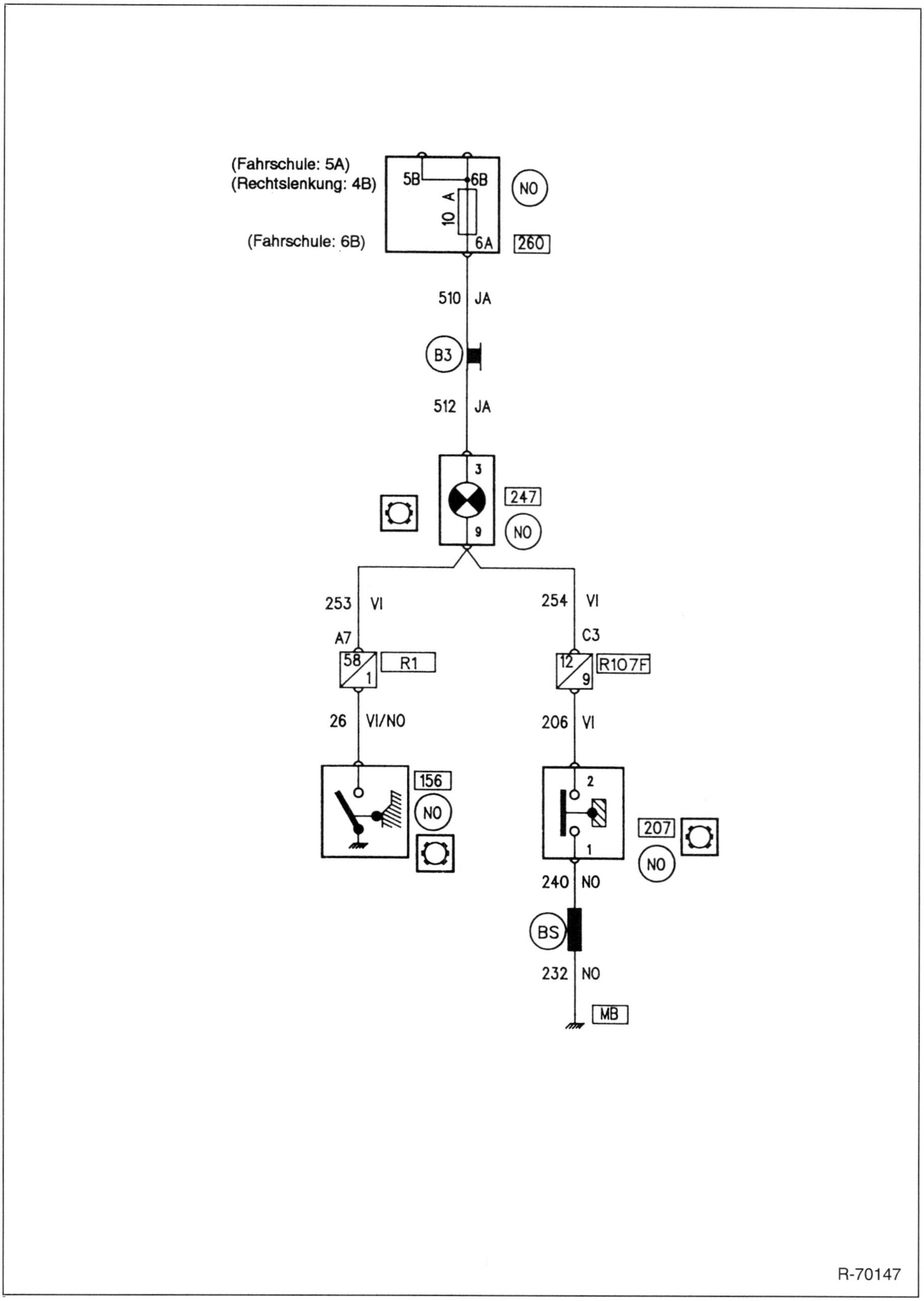

Drehzahlmesser

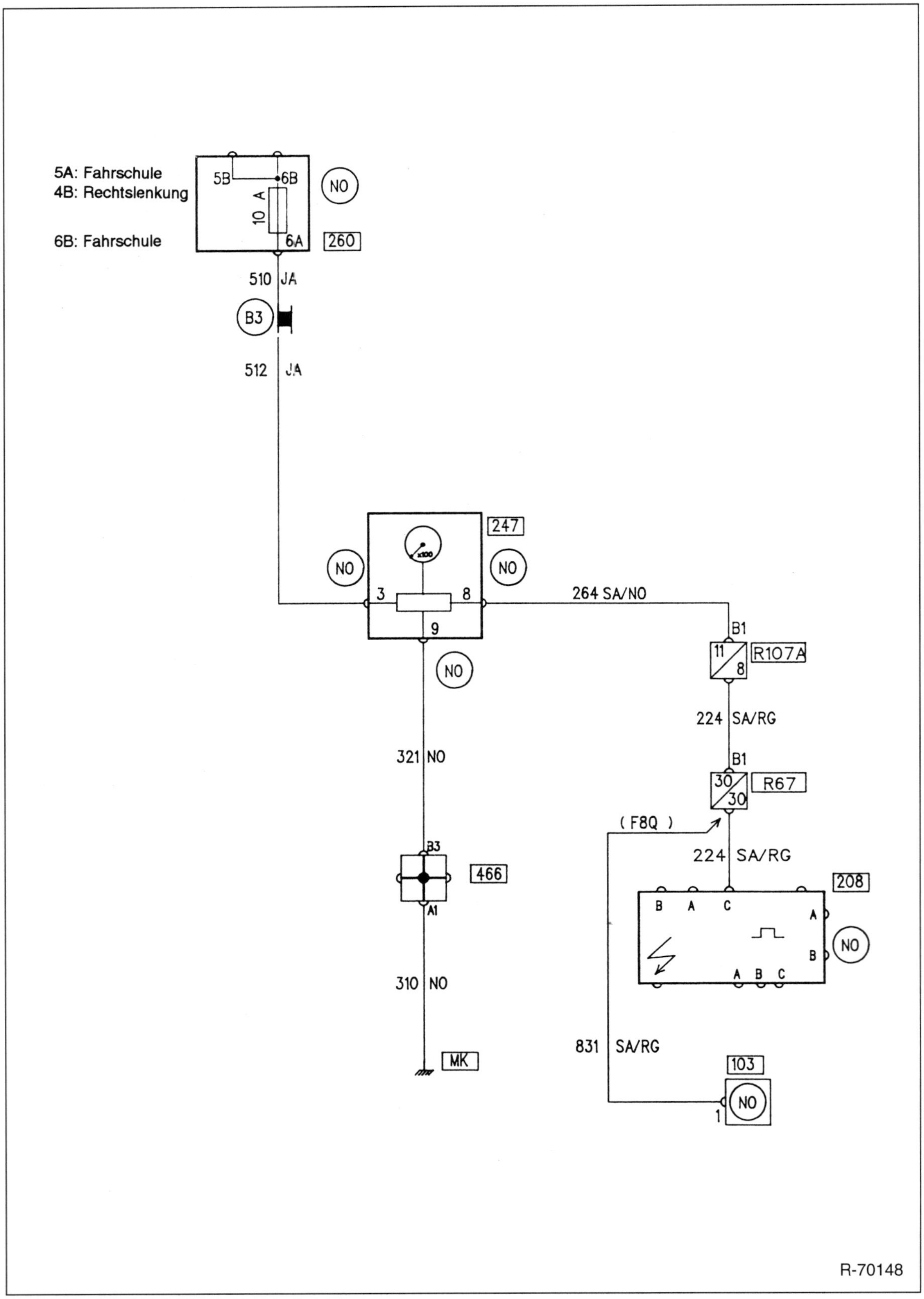

Elektrischer Außenspiegel

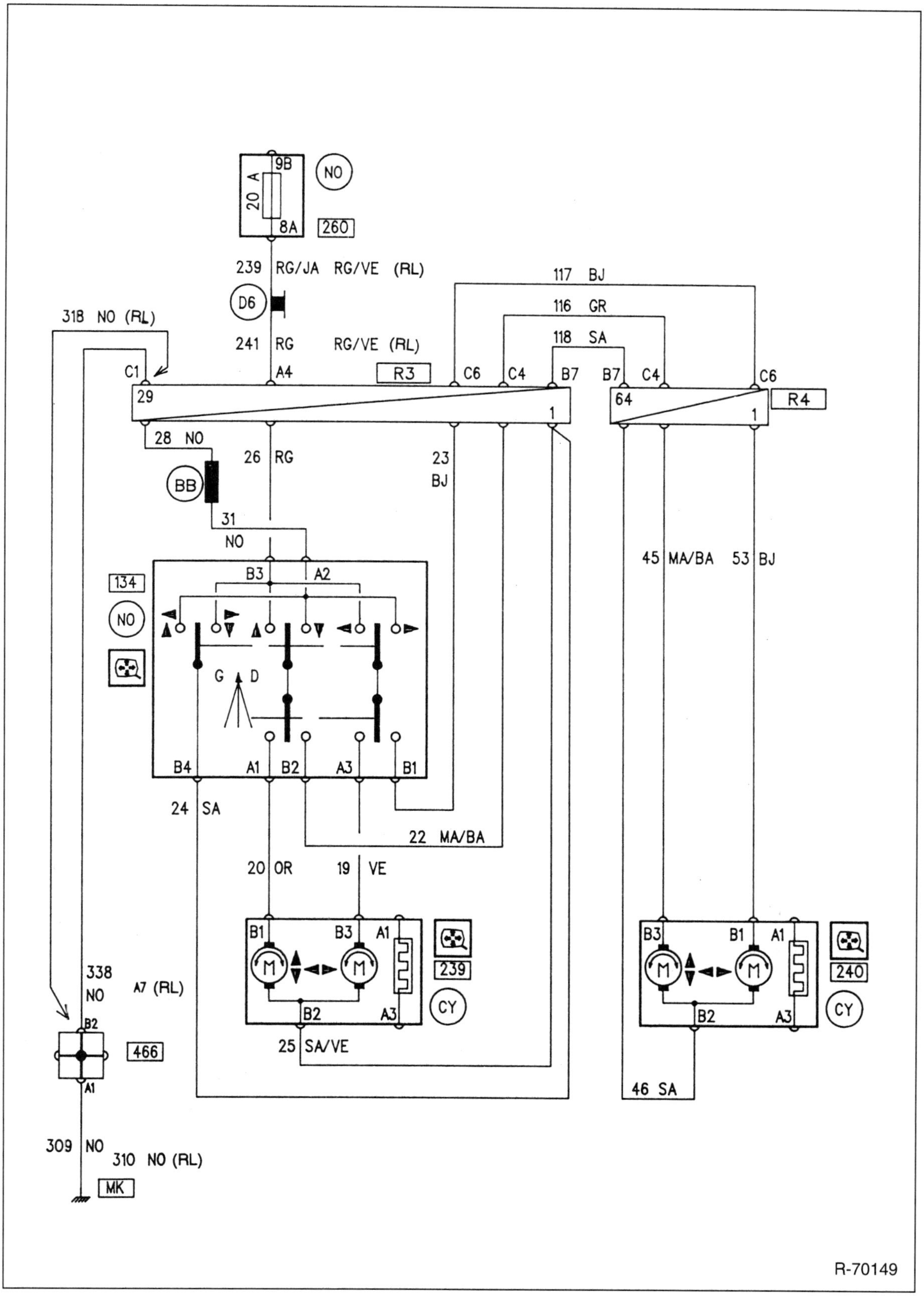

Nebelscheinwerfer und -schlußlicht

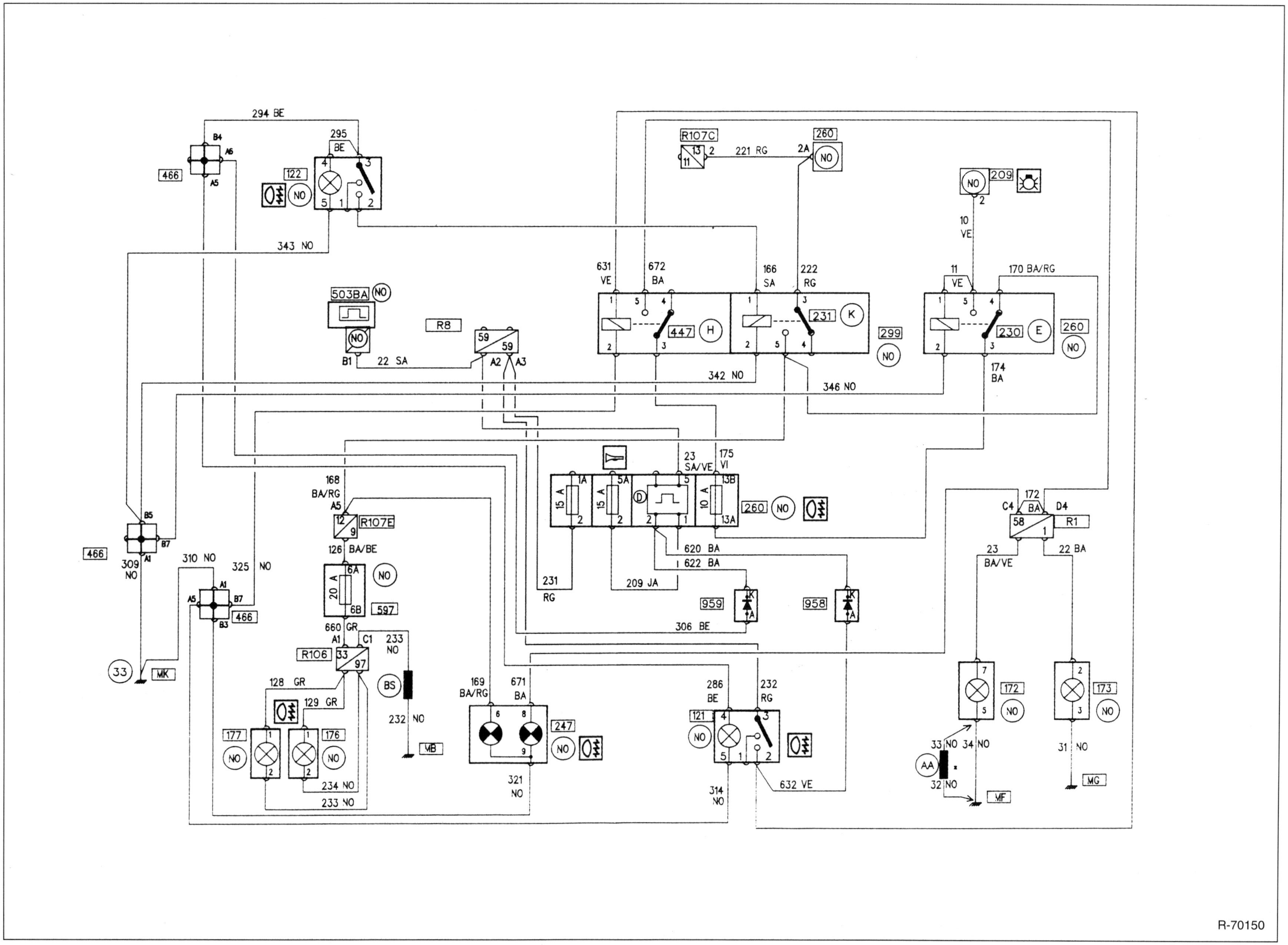

Benzineinspritzanlage 1,2-l- (bis 3/96) und 1,4-l-Motor

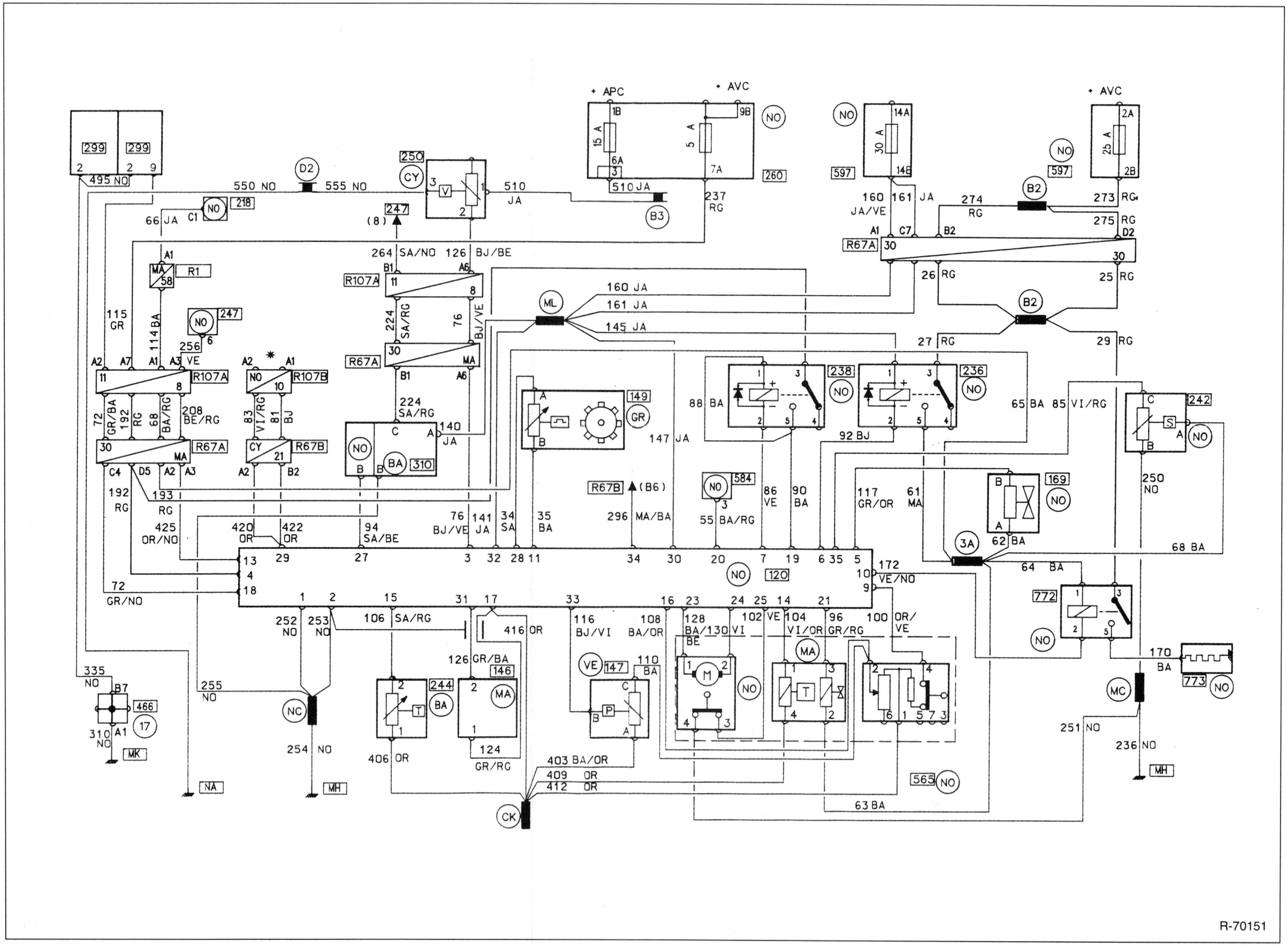

R-70151

Benzineinspritzanlage 1,2-l-Motor (ab 4/96)

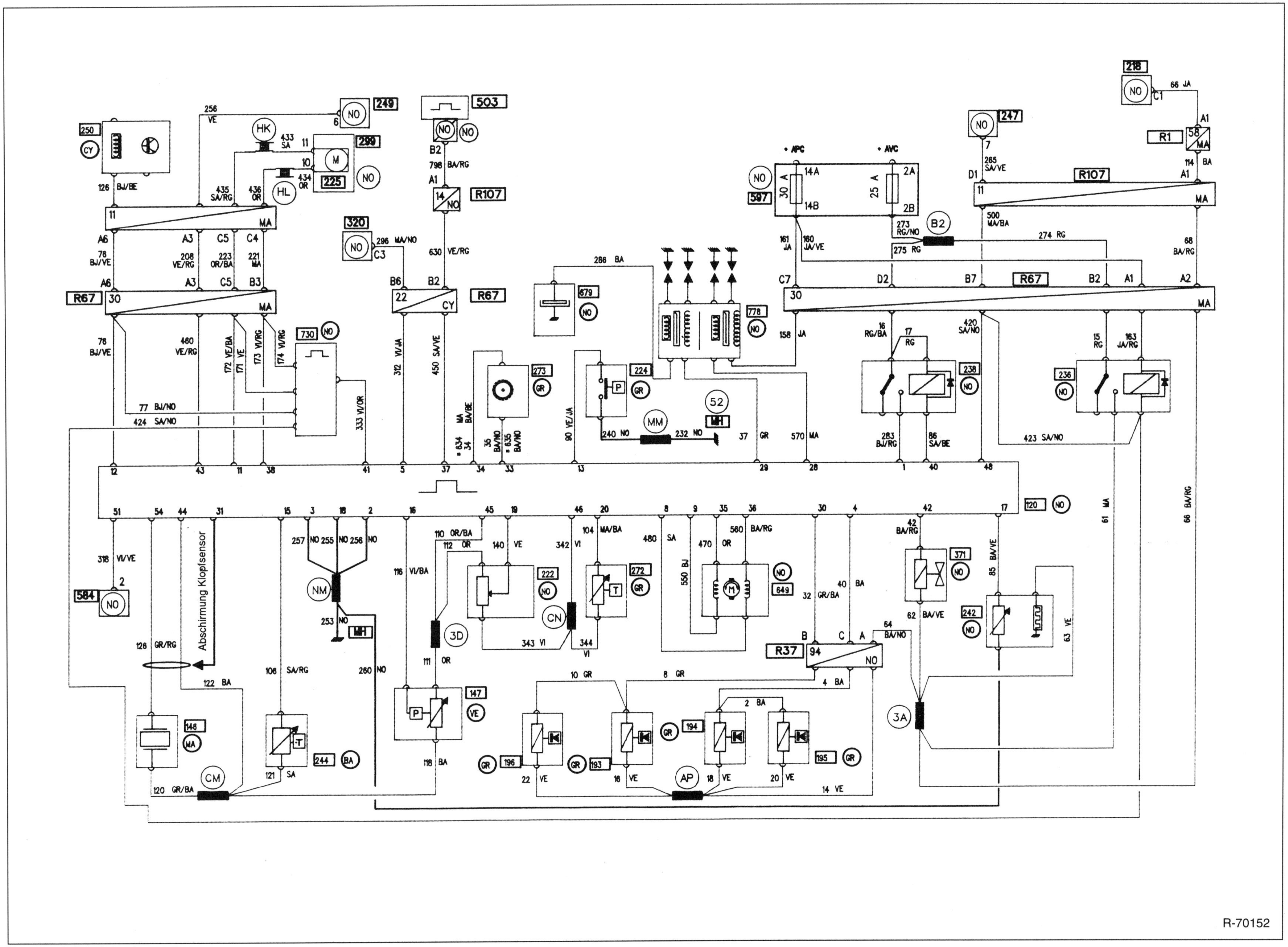

Vorglühanlage

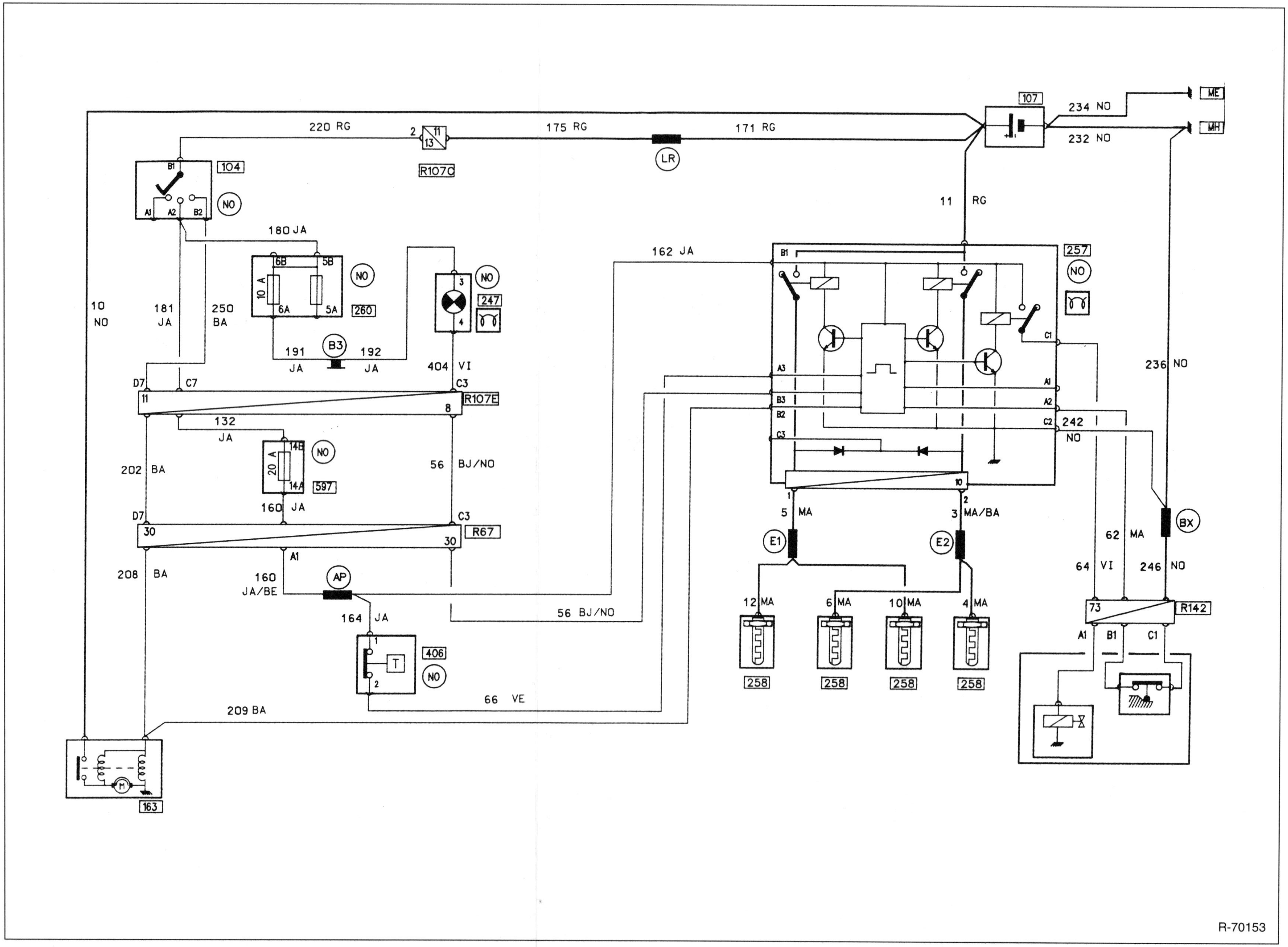

R-70153

Legende für alle Schaltpläne: Verzeichnis der Bauteil-Nummern

In den Schaltplänen steht bei jedem Bauteil ein mer. Mit ihrer Hilfe ist es möglich, das Bauteil zu id ren, selbst wenn keine (oder die französische Bezeich danebensteht.

1 Fahrlehrer-Steuerpult (nur Frankreich)
2 Batterie-Hauptschalter
3 Fahrtenschreiber
4 Türschalter ZV rechts
5 Türschalter ZV links
6 Steuergerät Klimaanlage bzw. Temperaturregelautomatik
7 Steuerwiderstand Zündmodul
8 Systemdruckgeber Automatikgetriebe
9 Abschaltventil LDA
10 1.Gang-Schalter
11 Schalter Hinterachsantrieb
12 Entlastungrelais Fahrlicht (N+S)
13 Schalter der Diebstahlwarnanlage
14 Schalter Verriegelung Hintertüren
15 Kontrollstift Verriegelung Hintertüren
16 Relais Magnetventil Spritzverstellung
17 Thermokontakt Magnetventil Spritzverstellung
18 Fühler für Gebläseluftemperatur
19 Elektronischer Thermostat
20 Beleuchtung Ascher vorne
21 Kontrolldiode Diebstahlwarnanlage
22 Aufstellbügel der Heckklappe
23 Relais Dekodierung Türen und Hauben
24 Geber für Querbeschleunigung (ABS)
25 Motor Entriegelung Tür rechts
26 Motor Entriegelung Tür links
27 Relais Funktionsausfall Kühlerventilatoren
28 Relais Schloß rechts
29 Relais Schloß links
30 Kontrolldiode Türen und Hauben
31 Diode Nebelschlußleuchte
32 Diode Aktivkohlefilter
33 Zeitrelais Steuergerät Kraftstoffvorratgeber
34 Dachleuchte
35 Niveaugeber
36 Kompressoreinheit Niveauregulierung
37 Zentralelektronik
38 Steuergerät versenkbare Scheinwerfer
39 Stellmotor versenkbare Scheinwerfer rechts
40 Stellmotor versenkbare Scheinwerfer links
41 Steuergerät Niveauregulierung
42 Steuergerät Magnetventil ARF
43 Kontrollampe Kaltstartautomatik
44 Kontrollampe Sitzbeheizung
45 Steuergerät Kaltstartautomatik
46 Magnetventil Kaltstartautomatik (Dieseleinspritzung)
47 Steuergerät Ölstandanzeige
48 Scheinwerfer Fernlicht rechts
49 Scheinwerfer Fernlicht links
50 Scheinwerfer Abblendlicht rechts
51 Scheinwerfer Abblendlicht links
52 Klinkenstecker Diebstahlwarnanlage
53 Diode Kühlerventilator
54 Entstörfilter Scheibenwischermotor (Radio)
55 Relais der versenkbaren Scheinwerfer
56 Schalter für Beleuchtungs-Rheostat
57 Relais Kühlerventilator über Bauteil 37
58 Endkontaktschalter
59 Stellmotor Luftverteilerklappe
60 Stellmotor Luftklappe Scheibenentfrostung
61 Anschluß Steuergerät Einspritzanlage
62 Mikroschalter Abgasrückführung 1 (bei Vorglüh-Abschaltverzögerung)
63 Mikroschalter Abgasrückführung 2 (bei Vorglüh-Abschaltverzögerung)
64 Thermoschalter Einspritzunterbrechung 110/115°
65 Magnetventil Luftumwälzung
66 Relais Schiebedach
67 Relais Steuerung Belüftung
68 Relais 4. Stufe Belüftung
69 Temperaturfühler
70 Steuergerät Fühler "Wasser im Dieselkraftstoff"
71 Stellmotor ZV Flügeltür
72 Stellmotor ZV Schiebetür
73 Leuchtdiode Wegfahrsperre
74 Relais Innenbeleuchtung
75 CD-Wechsler
76 Kontrollstecker
77 Hauptrelais Dieseleinspritzanlage
78 Thermoelement Abschaltung Kaltstartbeschleuniger
79 Umschaltrelais Lambda-Sonde
80 Kaltstartrelais
81 Kaltstartschalter
82 Umschalter Benzin/Gas
101 Zigarrenanzünder
102 Zündverteiler (kontaktgesteuert)
103 Drehstromgenerator
104 Zündschloß
105 Signalhorn
106 Signalhorn (Fanfare)
107 Batterie
108 Zündspule
109 Bordcomputer
110 Rückförderpumpe (ABS)
111 Zündmodul
112 Intervallrelais Heckscheibenwischer
113 Intervallrelais Frontscheibenwischer
114 Abblendlichtregler (nur Rechtslenker)
115 Steuergerät für Elektropumpe
116 Zeitschalter Scheinwerfer-Waschanlage
117 Warnsummer "Licht an"
118 Steuergerät ABS
119 Steuergerät Automatikgetriebe
120 Steuergerät Benzineinspritzanlage
121 Schalter Nebelschlußleuchte
122 Schalter Nebelscheinwerfer
123 Innenschalter ZV
124 Betätigungseinheit Heizung/Belüftung
125 Schalter Warnblinkanlage
126 Stufenschalter Heizungsgebläse
127 Schalter Heckscheibenwischer
128 Schalter Heckscheibenbeheizung
129 Programmschalter Automatikgetriebe
130 Schalter Fensterheber hinten rechts
131 Schalter Fensterheber hinten links
132 Schalter Fensterheber Fahrerseite
133 Schalter Fensterheber Beifahrerseite
134 Schaltereinheit Außenspiegel
135 Sperrschalter für Fensterheber hinten
136 Schalter Choke-Betätigung
137 Blinkrelais
138 Stellmotor ZV hinten rechts
139 Stellmotor ZV hinten links

R233 Verbindungsstecker für Anhängerbetrieb

R234 Armaturenbrett/Beschleunigungsgeber

R237 ABS Motorraumseite/ABS Radkastenseite

R240 Windschutzscheibenbeheizung/Armaturenbrett

R243 Tür hinten rechts/Kabelstrang hinten links

R244 Hinten links/Heckklappe

R245 Heckklappe/Heckscheibenbeheizung

R249 Automatikgetriebe A4/Systemdruckgeber

R250 Heckklappe/Kennzeichenbeleuchtung

R254 Armaturenbrett/Motorraum batterieseitig

R255 ABS/Motorraum batterieseitig

R256 Windschuztscheibenbeheizung/Motorraum batterieseitig

R277 Gurtstraffer Euro-Airbag

R282 Motor/Zusatzheizung

R283 Motor/Batteriekoffer

R284 Motor/Ladestecker

R285 Armaturenbrett/Umschalter Antriebsrichtung

R288 Hochspannungsverteilung/Elektrische Kontrolleinheit

R289 Hochspannungsverteilung/Wandler

R442 Sirene/Kotflügel vorne rechts

R495 Fahrgastraum/Gurtstraffer Beifahrerseite

R496 Fahrgastraum/Gurtstraffer Fahrerseite

R123 Mitteltunnel/Radio

R124 Armaturenbrett/Brücke Radio

R125 Radio/Brücke Radio

R126 Kühlerventilator/Unterbrecherrelais Klimaanlage

R127 Einspritzanlage/Unterbrecherrelais Klimaanlage

R128 Karosserie/Masse Kühlerventilator

R129 Karosserie/Signalhorn-Kompressor

R130 Längstrager links/Signalhorn-Kompressor

R131 Kabelstrang Motor/Signalhorn-Kompressor

R132 Armaturenbrett/Fahrlicht

R133 Vorne links/Magnetventil Aktivkohlefilter

R134 Armaturenbrett/Zusatzkabelstrang Anhängerbetrieb

R135 Zusatzkabelstrang hinten rechts/Armaturenbrett

R136 Seitentür hinten links/Zusatzkabelstrang hinten rechts

R137 Seitentür hinten rechts/Zusatzkabelstrang hinten rechts

R138 Vor Motor/ABS

R139 Motor/ABS

R140 Platine Automatikgetriebe/Automatikgetriebe

R141 Innenleuchte/Vor Motor

R142 Motor/Einspritzpumpe Diesel

R143 Seitliche Blinkleuchte/Längsträger rechts

R144 Seitliche Blinkleuchte/Langsträger links

R145 Platine Automatikgetriebe/Kraftstoffpumpenwiderstand

R146 Armaturenbrett/Sitze vorne

R147 Stoßfänger/Kofflügel vorne links

R148 Kühlerventilator/Kofflugel vorne links

R149 Motor/Kotflügel vorne links

R150 Fahrgastraum/Kofflügel vorne links

R151 Motor/Kotflügel vorne rechts

R152 Fahrgastraum/Kotflügel vorne rechts

R153 Fahrgastraum/Fahrertür

R154 Fahrgastraum/Beifahrertür

R155 Fahrgastraum/Seitentür hinten links

R156 Fahrgastraum/Seitentür hinten rechts

R157 Fahrgastraum/Heckklappe

R158 Fahrgastraum/Dach rechts

R159 Fahrgastraum/Gestängetunnel

R160 Zwischenkabelstrang Automatikgetriebe/Einspritzanlage

R161 Einspritzanlage/Ölkühler

R162 Sitze mit Memory-Einrichtung/Geber

R163 Einspritzanlage/Zwischenkabelstrang Schalter Dach

R164 Kühlerventilator/Armaturenbrett

R165 Kühlerventilator/Kraftstoffpumpe

R166 Motor/Bremsbelagverschleiß

R167 Vor Motor/Zündanlage

R168 Motor/Schlußleuchten

R169 Schlußleuchten/Bremskraftbegrenzer

R170 Schlußleuchten/Kennzeichenleuchten

R171 Feststellbremse vor Motor

R172 Scheibenwaschanlage/Armaturenbrett

R173 Armaturenbrett/Bedienungspult

R174 Vor Motor/Radio

R175 Vor Motor/Zwischenkabelstrang Automatikgetriebe

R176 Armaturenbrett/Handschuhfach

R177 Hinten links/Zwischenkabelstrang vor Motor

R178 Zwischenkabelstrang vor Motor/Heckklappe

R179 ABS/Kotflügel vorne links

R180 Fahrgastraum/Betätigung Servolenkung+ elektronisch gesteuerte Fahrwerkabstimmung

R181 Fahrgastraum/Pedalwerk

R182 Fahrgastraum/Radio

R183 Fahrgastraum/ABS

R184 Leerlaufanhebung/Motor

R185 Kennzeichenleuchten/Zwischenkabelstrang Kennzeichenleuchten

R186 Armaturenbrett/Zwischenkabelstrang Nebelscheinwerfer

R187 Fahrgastraum/Mittlere Innenleuchte

R188 Vergaser/Motor

R189 Stoßfänger/Kotflügel vorne links

R190 Kotflügel vorne rechts/Fahrgeschwindigkeitsregler

R191 Vorne/Scheinwerfer-Waschanlage

R192 Zwischenkabelstrang Gebläse System gegen Dampfblasenbildung/Motor

R193 Zwischenkabelstrang Hecktür/Hinten rechts

R194 Kraftstoffpumpe/Hinten rechts

R195 Heckscheibenwischer (L)

R196 Bremsflüssigkeits-Mindeststand

R197 Schalter Sitzbeheizung/Armaturenbrett

R198 Dachkonsole

R199 Vorderer Querträger/Kotflügel rechts

R200 Heckklappe/halbautomatische Verriegelung

R201 Fahrgastraum/Handschuhfachleuchte

R202 Hinten rechts/Zwischenkabelstrang 3. Bremsleuchte

R203 Fahrgastraum/Zigarrenanzünder

R204 Motor/Brücke Lambda-Sonde

R205 Brücke Pumpe Scheinwerferwascher/Vorderer Querträger

R206 Fahrgastraum/Leuchte Motorhaube

R207 Scheinwerfer links/Zusatzscheinwerfer

R208 Kotflügel vorne links/Frontscheibenbeheizung

R209 Magnetventil elektronische Fahrwerkabstimmung

R210 Armaturenbrett/Stoßfänger

R211 Pedalwerk vor Motor

R212 Motor/Fahrgastraum

R213 Geber Fahrgeschwindigkeit Servolenkung/Fahrgastraum

R214 Gestängetunnel/Zwischenkabelstrang Gestängetunnel

R215 Zwischenkabelstrang Gestängetunnel/Gestängetunnel

R217 Zwischenkabelstrang Kraftstoffvorratgeber/Fahrgastraum

R218 Kraftstoffpumpe

R219 Armaturenbrett/Tür hinten links

R220 Armaturenbrett/Tür hinten rechts

R221 Armaturenbrett/Hauptkabelstrang

R222 Kabelstrang hinten rechts/Stoßdämpferregulierung

R223 Drosselklappenpotentiometer

R224 Masse Klopfkorrektur

R225 Armaturenbrett/Pedalwerk Fahrlehrer

R226 Magnetventil Abgasrückführung Kaltstartbeschleuniger (Diesel)

R227 Fronteinheit/Zwischenkabelstrang Scheinwerfer-Waschanlage

R228 Fahrgastraum/Rückschaltkontakt

R229 Armaturenbrett/Zwischenkabelstrang beheizbare Scheibenwascherdüse

R230 Kommunikationseinheit (Radio/Telefon)

R231 Innenleuchte/Make-up-Spiegel

R232 Kabelstrang hinten links/hinten rechts

140 Stellmotor ZV Fahrerseite

141 Stellmotor ZV Beifahrerseite

142 Stellmotor ZV Heckklappe

143 Schalter Waschwasser-Mindeststand

144 Schalter Kühlflüssigkeits-Mindeststand

145 Schaltereinheit Frontscheiben-Wisch-Wascher

146 Klopfsensor

147 Saugrohrdruckfühler

148 Öldruckgeber (Motoröl)

149 Impulsgeber Motordrehzahl OT-Geber

150 Raddrehzahlgeber hinten rechts

151 Raddrehzahlgeber hinten links

152 Raddrehzahlgeber vorne rechts

153 Raddrehzahlgeber vorne links

154 Schalter Gepäckraumleuchte

155 Schalter Rückfahrscheinwerfer

156 Schalter Feststellbremse

157 Schalter Bremspedal

158 Vollastschalter

159 Leerlaufschalter

160 Bremslichtschalter

161 Schalter Handschuhfach-beleuchtung

162 Kraftstoffmengenmesser (Bordcomputer)

163 Anlasser

164 Heizungsgebläse

165 Gepäckraumleuchte

166 Kennzeichenleuchte rechts

167 Kennzeichenleuchte links

168 Handschuhfachleuchte

169 Unterdruck-Steuerventil (ARF+AKF)

170 Steuerventil Servolenkung

171 Magnetkupplung Kompressor (KA)

172 Schlußleuchte rechts

173 Schlußleuchte links

174 Nebelschlußleuchte rechts

175 Nebelschlußleuchte links

176 Zusatzscheinwerfer rechts

177 Zusatzscheinwerfer links

178 Türkontaktschalter hinten rechts

179 Türkontaktschalter hinten links

180 Kontaktschalter Fahrertür

181 Kontaktschalter Beifahrertür

182 Rückfahrscheinwerfer rechts

183 Rückfahrscheinwerfer links

184 Standlichtleuchte rechts

185 Standlichtleuchte links

186 Elektropumpe Servolenkung

187 Heizungsgebläse

188 Kühlerventilator

189 Lautsprecher hinten rechts

190 Lautsprecher hinten links

191 Türlautsprechervorne rechts

192 Türlautsprechervorne links

193 Einspritzventil 1

194 Einspritzventil 2

195 Einspritzventil 3

196 Einspritzventil 4

197 Einspritzventil 5

198 Einspritzventil 6

199 Kraftstoffvorratgeber

200 Heckscheibenbeheizung

201 Fensterhebermotor hinten rechts

202 Fensterhebermotor hinten links

203 Fensterhebermotor Fahrertür

204 Fensterhebermotor Beifahrertür

205 Öldruckschalter (Motoröl)

206 Druckschaltereinheit KA

207 Geber Bremsflüssigkeits-Mindeststand

208 Zündmodul

209 Kombischalter

210 Uhr

211 Heckscheibenwischermotor

212 Frontscheibenwischermotor

213 Innenleuchte vorne

214 Innenleuchte hinten rechts

215 Innenleuchte hinten links

216 Verschleißkontakt Bremsbelag vorne rechts

217 Verschleißkontakt Bremsbelag vorne links

218 Kraftstoffpumpe

219 Wascherpumpe Scheinwerfer

220 Wascherpumpe Heckscheibe

221 Wascherpumpe Frontscheibe

222 Drosselklappen-Potentiometer

223 Leerlaufgemisch-Potentiometer

224 Druckschalter Servolenkung

226 Diagnosestecker

226 Scheinwerfer rechts

227 Scheinwerfer links

228 Leerlaufregulierventil

229 Relais Signalhorn (Fanfare)

230 Relais Nebelschlußleuchte

231 Relais Nebelscheinwerfer

232 Relais Anlaßsperre

233 Relais Heizungsgebläse

234 Relais Kühlerventilator

235 Relais Heckscheibenbeheizung

236 Relais Kraftstoffpumpe/Einspritzventile

237 Relais Doppelscheinwerfer

238 Schutzrelais Einspritzanlage

239 Elektrisch verstellbarer Außenspiegel (Fahrerseite)

240 Elektrisch verstellbarer Außenspiegel (Beifahrerseite)

241 Regelwiderstand Instrumentenbeleuchtung bzw. Brücke

242 Lambda-Sonde

243 Geber Motorölstand

244 Fühler Kühlflüssigkeitstemperatur Einspritzanlage)

245 Fühler Außentemperatur

246 Elektromagnet. Abschaltventil (Diesel)

247 Instrumententafel

248 Stufen-Thermoschalter Kühlerventilatoren

249 Infrarotmodul

250 Impulsgeber Motordrehzahl/Fahrgeschwindigkeit

251 Stufen-Thermoschalter Kühlerventilatoren

252 Entstörfilter Funktelefon

253 Lautsprecher vorne rechts

254 Lautsprecher vorne links

255 Blinkleuchte rechts

256 Blinkleuchte links

257 Glühsteuergerät

258 Glühkerzen

259 Thermoschalter

260 Sicherungskasten/Stromverteilerplatte

261 Radio

262 Kühlerventilator (Klimaanlage)

263 Doppelschalter für Heckscheibenwischer/Heckscheibenbeheizung

264 Zeitschaltung Zentralverriegelung

265 Umschalter Innenleuchte/Spot

266 Drosselklappenschalter

267 Seitliche Blinkleuchte rechts

268 Seitliche Blinkleuchte links

269 Leerlaufabschaltventil (Vergaser)

270 Thermoschalter 8°

271 Temperaturfühler

272 Fühler Ansauglufttemperatur

273 Geber Drehzahl Getriebeausgangswelle (Automatik)

274 Magnetventil Leerlaufanhebung (KA)

275 Zeitrelais Zusatz-Kraftstoffpumpe

276 Impuls-Steuergerät Fensterheber

Verzeichnis der Kabelstecker

R1 Armaturenbrett/Hinten rechts
R2 Armaturenbrett/Hinten links
R3 Armaturenbrett/Fahrertür
R4 Armaturenbrett/Beifahrertür
R4 Armaturenbrett/Beifahrertür
R5 Armaturenbrett/Vor Motor rechts
R6 Armaturenbrett/Mitteltunnel
R7 Armaturenbrett/Radio
R8 Armaturenbrett/Dach rechts
R9 Armaturenbrett/Frontteil
R10 Armaturenbrett/Längsträger rechts
R11 Armaturenbrett/Längsträger links
R12 Hinten rechts/Seitentür hinten rechts
R13 Hinten links/Seitentür hinten links
R14 Hinten rechts/Heckklappe rechts
R15 Hinten links/Heckklappe links
R16 Hinten links/Hinterer Querträger
R17 Vor Motor/Motor
R18 Vor Motor/Anlasserkabel+
R19 Vor Motor/Masse Motor
R20 Motor/Zündanlage
R21 Motor/Kühlerventilator
R22 Motor/Automatikgetriebe
R23 Motor/Abgasentgiftungssystem
R24 Motor/Einspritzanlage
R25 Motor/Anlasserkabel+
R26 Motor/Masse Motor
R27 Motor/Längsträger rechts
R28 Motor/Längstrager links
R29 Motor/System gegen Dampfblasenbildung
R30 Mitteltunnel/Sitz vorne rechts
R31 Mitteltunnel/Sitz vorne links
R32 Frontteil/Scheinwerfer-Wisch
R33 Frontteil/Stoßfänger
R34 Motor/Armaturenbrett
R35 Pedalwerk/Armaturenbrett
R36 ABS/Armaturenbrett
R37 Motor/Einspritzanlage
R38 Armaturenbrett/Dach links
R39 Hinten links/HintererQuerträger
R40 Hinten rechts/HintererQuerträger
R41 Hinterer Querträger/Heckklappe
R42 Frontteil/Seitliche Blinkleuchte rechts
R43 Frontteil/Seitliche Blinkleuchte links Relais Reinitialisierung Nebelschlußlicht
R44 Armaturenbrett/Masse rechts
R45 Armaturenbrett/Masse links
R46 Motor/Masse Karosserie
R47 Frontteil/Masse rechts
R48 Frontteil/Masse links
R49 Hinten rechts/Masse hinten rechts
R50 Hinten rechts/Masse hinten links
R51 Motor/Masse Motor
R52 Karosserie/Masse Motor
R53 Karosserie/Masse Karosserie
R54 Vor Motor/Schaltgetriebe
R55 Schalter Motorhaubenschließvorrichtung/vor Motor
R56 Motorhaube/Motor
R57 Bodengruppe/Armaturenbrett
R58 Kühlerventilator/Längsträger rechts
R59 Kühlerventilator/Einspritzanlage
R60 ABS/Längsträger rechts
R61 Fahrgeschwindigkeitsregler/Längsträger
R62 Einspritzanlage/Drehzahlreguliervorrichtung
R63 Längsträgerlinks/Einspritzanlage
R64 Einspritzanlage/Platine Automatic
R65 Einspritzanlage/Vor Motor
R66 Einspritzanlage/Längsträger rechts
R67 Vor Motor/Motor
R68 Einspritzanlage/Temperaturfühler
R69 Karosserie/ABS
R70 Einspritzanlage/Wasserpumpe Turbolagerkühlung
R71 Fahrgeschwindigkeitsregler/Vor Motor
R72 Armaturenbrett/Elektrische Antenne
R73 Kühlerventilator/Zusatzkabel Zündanlage (VEZ)
R74 Motor/Ölstand-Öldruckanzeige
R75 Masse Kühlerventilator/Kühlerventilator
R76 Seitliche Blinkleuchte/Scheinwerfer links
R77 Seitliche Blinkleuchte/Scheinwerfer rechts
R78 Zusatzscheinwerfer/Längstrager links
R79 Einspritzventile/Einspritzanlage
R80 Vor Motor/ABS
R81 Vor Motor/Längsträger links
R82 Motor/Klimaanlage
R83 Zusatzscheinwerfer/Längsträger rechts
R84 Einspritzanlage Fahrgastraumseite/Einspritzanlage Motorraumseite
R85 Motor/Rückfahrscheinwerfer
R86 Vor Motor/Kraftstoffpumpenwiderstand
R87 Vor Motor/Scheinwerferwischer
R88 Längstrager links/Diode Kaltstartvorrichtung
R89 Armaturenbrett/Bremsbelagverschleiß
R90 Vor Motor/Einspritzanlage Fahrgastraumseite
R91 Vor Motor/Bedienungseinheit
R92 Vor Motor/Gebläse
R93 Vor Motor/Klimaanlage
R94 Vor Motor/Relais Kraftstoffpumpenwiderstand
R96 Vor Motor/Automatikgetriebe
R96 Hinten rechts/Kraftstoffzusatzpumpe
R97 Heizung-Belüftung/Fensterheber vorne
R98 Längsträger rechts/Scheinwerfer-Wisch-Waschanlage
R99 Armaturenbrett/Heizung-Belüftung
R100 ABS/Längsträger links
R101 Längsträger rechts/Scheinwerfer rechts
R102 Längsträger links/Scheinwerfer links
R103 Heckklappe/Betätigung Heckklappe
R104 Vor Motor/Zündspule
R105 Brücke Heckscheibenbeheizung/Karosserie
R106 Vor Motor/Stoßfänger
R107 Armaturenbrett/Motor
R108 Armaturenbrettkonsole
R109 Hinten rechts/Kennzeichenleuchte
R110 Motor/Zusatzkabelstrang vor Motor
R111 Armaturenbrett/Zusatzkabelstrang vor Motor
R112 Vor Motor/Karosserie
R113 Kabelstrang Masse Motor Batterie Karosserie/Karosserie
R114 Kabelstrang Masse Motor Batterie Karosserie/Motor
R115 Motor/Kabelstrang Motor
R116 Motor/Kraftstoffpumpe
R117 Hinten rechts/Seitentür hinten links
R118 Hinten rechts/Karosserie
R119 Vorne links/DWA Schiebedach
R120 Heizungstrennwand/DWA Taxi
R121 Vorne rechts/Schiebedach
R122 Armaturenbrett/Nebellampe

277 Glühlampen-Kontrollgerät (DEFIL)
278 Klopfsensor Nr. 2
279 Relais System gegen Dampfblasenbildung
280 Relais Zündunterbrechung (Turbo)
281 Relais Abblendlicht
282 Elektromotor Tankklappenverriegelung
283 Zusatz-Kraftstoffpumpe
284 Motor Scheinwerferwischer rechts
285 Motor Scheinwerferwischer links
286 Schalter Heckscheibenwascher
287 Relais Kraftstoffpumpenwiderstand
288 Relais Fahrlicht-Dauerschaltung (N+S)
289 Relais Standlicht-Dauerschaltung (N+S)
290 Relais Abblendlicht-Dauerschaltung (N+S)
291 Magnetventil Leerlaufanhebung Vergaser
292 Relais Regelwiderstand Beleuchtung
293 Dauerstromanschluß
294 Zeitrelais Heckscheibenbeheizung
295 Instrumenteneinheit rechts bzw. Bedienungseinheit Differentialsperre
296 Relais Nebelscheinwerfer
297 Brücke (anstelle Nebelscheinwerfer)
298 Heizungsgebläseeinheit
299 Stromverteilerplatte
300 Innenleuchte hinten
301 Relais Elektropumpe ABS
302 Relais geschwindigkeitsabhängige Servolenkung
303 Beleuchtung Fahrstufenanzeige
304 Schiebedach
305 Magnetventil Zündverstellung
306 Thermoschalter Zündverstellung
307 Masse Anschlußverteiler
308 Zeitschaltung Entlüftung Aktivkohlefilter
309 Warnsummer(Multifunktion)
310 Zündmodul
311 Zeitschaltung Innenleuchte
312 Unterbrecherrelais für Stromverbraucher
313 Drehzahlabhängiges Impulsrelais
314 Relais Scheinwerferwischer
315 Relais 2. Scheibenwischerstufe
316 Relais Zündkorrektur 40
317 Schalter Schiebedach
318 Widerstand am Vergasersockel
319 Bedienungseinheit Heizung/Klimaanlage
320 Haupt-Kühlerventilator(bei Klimaanlage)
321 Widerstand des Kühlerventilators (bei Klimaanlage)
322 Diode Klimaanlage/Servolenkung
323 Diode Magnetventil Klimaanlage/Servolenkung
324 Relais für überhöhte Fahrgeschwindigkeit (nur Arabien)
325 Fernbedienung Radio
326 Warnsignal für überhöhte Fahrgeschwindigkeit
327 Elektronisches Steuergerät Kraftstoffvorratgeber
328 Innenleuchte vorne links
329 Innenleuchte vorne rechts
330 Zigarrenanzünder
331 Schalter Fahrgeschwindigkeitsregler
332 Impulsschalter Fensterheber
333 Kontaktschalter Sicherheitsgurt
334 Thermoschutzschalter
335 Relais 1. Stufe Kühlerventilator
336 Relais 2. Stufe Kühlerventilator
337 Relais 3. Stufe Kühlerventilator
338 Ladedruckregler
339 Kaltstartventil
340 Thermozeitschalter
341 Leerlaufregulierventil
342 Ladedruckschalter zur Unterbrechung der Einspritzung
343 Öltemperaturfühler
344 Pneumatische Pumpe Fahrgeschwindigkeitsregler
345 Sicherheitsventil Fahrgeschwindigkeitsregler
346 Magnetventil Pumpe Fahrgeschwindigkeitsregler
347 Stromzufuhr Radio
348 Schalter Fensterheber mit Impulsschalter
349 Zündverteiler
350 Bremsbelag hinten links
351 Bremsbelag hinten rechts
352 Stellmotor 1 Sitzrückenlehne vorne links
353 Stellmotor 2 Sitzrückenlehne vorne links
354 Stellmotor Sitzhöhe vorne links
355 Stellmotor vor/zurück Sitz vorne links
356 Stellmotor 1 Sitzrückenlehne vorne rechts
357 Stellmotor 2 Sitzrückenlehne vorne rechts
358 Stellmotor Sitzhöhe vorne rechts
359 Stellmotor vor/zurück Sitz vorne rechts
360 Schalter Sprachsynthesizer
361 Elektropumpe ABS
362 Hauptschmelzsicherung
363 Sprachsynthesizer
364 Lautsprecher Sprachsynthesizer
365 Hochtonlautsprecher(Tweeter) rechts
366 Hochtonlautsprecher (Tweeter) links
367 Motorhaubenkontaktschalter rechts
368 Motorhaubenkontaktschalter links
369 Elektrische Wasserpumpe
370 Widerstand Abblendlichtregler (N+S)
371 Aktivkohlefilter
372 Steuergerät Heckklappenver-/entriegelung
373 Steuergerät Fahrgeschwindigkeitsregler
374 Schalter Rückenlehnenverstellung vorne links
375 Schalter Rückenlehnenverstellung vorne rechts
376 Schalter Sitzlängsverstellung vorne links
377 Schalter Sitzlängsverstellung vorne rechts
378 Schalter Sitzhöhenverstellung vorne links
379 Relais Leerlaufanhebung
380 Impulsformer für Bordcomputer
381 Vergaser
382 Relais Ansaugkrümmer
383 Thermoschalter am Ansaugkrümmer
384 Krümmervorwärmung
385 Beheizbarer Fahrersitz
386 Beheizbarer Beifahrersitz
387 Geber für Öldruck 2 bar
388 Umschalter/Kontrollampe 4x4
389 Lautsprecher (Mitte)
390 Brücke Nebelschlußleuchte (Diebstahlwarnanlage)
391 Intervallschaltung Heckscheibenwischer
392 Wählschalter des Bordcomputers
393 Magnetventil Klimaanlage/Servolenkung
394 Elektrische Antenne
395 Bremslichtschalter(bei Automatikgetriebe)

749 Schalter Kopfstütze vorne links
750 Kinder-Sicherheitsrelais
751 Relais geschaltetes Plus Nr. 1
752 Relais geschaltetes Plus Nr. 2
753 Relais Pumpe Scheinwerferwaschanlage
754 Schnittstelle Elektrik/Hydraulik
755 Steuerung Bodenhaftung
756 Steuergerät Airbageinheit
757 Gurtstraffer Fahrerseite
758 Gurtstraffer Beifahrerseite
759 Kontakt Raste 1 Heckklappe/Gepäckraumhaube
760 Schalter Heck- und Frontscheibenbeheizung
761 Relais Generatorentlastung
762 Relais Elektropumpe
763 Warnsummer Kupplungssteuerung
764 Relais Stromversorgung Luftpumpe und Magnetventil Luftpumpe
765 Motor Luftpumpe
766 Magnetventil Luftpumpe
768 Magnetventil Saugrohrumschaltung
771 Warnmodul Öffnungen/Sicherheitsgurt
772 Relais Vorwärmvorrichtung
773 Vorwärmvorrichtung
774 Steuergerät Gurtstraffer
775 Automatikgetriebe (Volvo)
776 Anlaßhilfsrelais für 238
777 Sicherungsplatine Hauptstromversorgung
778 Vierfach-Zündmodul
779 Mehrzweckschalter Automatikgetriebe
780 Geber Fahrgeschwindigkeit bzw. Drehzahl Antriebseinheit Automatikgetriebe
781 Systemdruckgeber
800 Steuerrelais Gebläse
804 Schutzrelais
805 Relais Frontscheibenbeheizung
807 Zeitschaltung Abgasrückfuhrung
809 Beifahrer-Airbag
810 Beheizbare Seitenscheibe hinten rechts
811 Beheizbare Seitenscheibe hinten links
813 Leistungsstufe Doppelzündspule Nr. 1
814 Leistungsstufe Doppelzündspule Nr. 2
817 Platine mit 2 Relais der Windschutzscheibenbeheizung
818 Öffnungsrelais Wasserpumpe
819 Magnetventil Luftklappe
835 Druckschalter Servokupplung
837 Abschaltrelais
838 Abschaltrelais Reglererregung
839 Sperrdiode Steuergerät Einspritzanlage
840 Zeitschaltung Abschaltrelais
841 Ausstellmotor Seitenfenster links
842 Ausstellmotor Seitenfenster rechts
843 Schalter Ausstellung Seitenfenster
850 Drehmomentgeber elektrische Servolenkung
852 Zeitschalter Fensterheber
853 Relais Geschaltetes Plus/Dauerstrom
854 Simultanschalter Fensterheber
855 Codiertes Abschaltventil (Wegfahrsperre)
860 Drehspirale unter Lenkrad
861 Beifahrer-Airbag
886 Antennenverstärker
890 Relais Magnetventil Vorglühwiderstand
891 Vorglührelais
892 Magnetventil Vorglühwiderstand
893 Vorglühwiderstand
897 Widerstand Nebelscheinwerfer
899 Fahrerairbag
900 Ventilator Batteriekoffer
901 Steuergerät Isolationskontrolle
902 Schaltkontakt Batteriekofferabdeckung
903 Elektromagnetischer Unterbrecher
904 Antriebs-Elektromotor
905 Kühlerventilator Antriebs-Elektromotor
906 Schaltkontakt Mindeststand Heizungs-Kraftstoff
907 Vakuumpumpe
908 Schalter "Störung Bremskraftunterstützung (0,5 bar)"
909 Heizungs-Dosierungspumpe
910 Relais Ventilator Batteriekoffer
911 Relais Ladungsunterbrechung
912 Lade-Thermoschalter
913 Temperaturfühler Batteriekoffer
914 Steuerrelais Magnetventilschalter
915 Relais "Funktionsausfall Batteriekoffer"
916 Ladestecker
917 Kontrollstecker
918 Not-Aus-Schalter
919 Wählschalter Vorwärts-/Rückwärtsgang
920 Bremspedalpotentiometer
921 Gaspedalpotentiometer
922 Relais Kühlerventilator Antriebs-Elektromotor
923 Heizungsschalter
924 Heizungs-Kontrollampe
925 Heizungs-Einheit
926 Anzeige Elektrik-Kontrolleinheit
927 Aufprallsensor
928 Batteriestromsensor
929 Ladegerät mit Belüftung
930 Statischer Wandler
931 Alarm-Lautsprecher Elektrik- Kontrolleinheit
932 Potentiometer Fahrtrichtungssteuerung
933 Druckschalter Vakuumpumpensteuerung
934 Steuerrelais Kleine Stufe Innenraumgebläse
935 Heizungs-Programmierrelais
936 Ladesteckerhalterung
937 Wandler-Gebläse
938 Antriebsbatterie Waschanlage
939 Steuergerät Heizung
940 Schnittstelle Kraftstoffvorratgeber
941 Hochspannungssicherung
942 Mikroschalter Hochspannungssicherung
943 Relais Kontrollampentest
944 Thermoschalter Antriebsmotor-Temperatur
945 Temperaturfühler Heizung
946 Elektrik-Kontrolleinheit
947 Ladeablauf-Kontrollampe
958 Sperrdiode Warnsummer "Licht an" über Relais Reinitialisierung Nebelschlußlicht
959 Sperrdiode Warnsummer "Licht an" über Instrumententafel
960 Relais Reinitialisierung Nebelschlußlicht
972 Tastatur CARMINAT
973 GPS-Steuergerät
974 GPS-Antenne
975 CD-ROM-Laufwerk
976 Zentraleinheit Navigationshilfe/Fahrerleitsystem
977 Batterie-Wasserpumpe
978 Stellmotor Verriegelung Ladestecker-Abdeckung
984 Steuergerät Ladezustand Verbindungsstecker

396 Vollastschalter
397 Geblase System gegen Dampfblasenbildung
398 Magnetventil Abgasrückführung
399 Relais Abgasentgiftungssystem
400 Diode Abgasentgiftungssystem
401 Magnetventil Abgasentgiftungssystem
402 Thermoschalter Öltemperatur
403 Elektromagnetisches Signalhorn
404 Magnetventil Verstellung Einspritzpumpe
405 Lastschalter
406 Thermoschalter Glühverstellung
407 Schalter Luftumwälzung
408 Fühler Verdampfer
409 Relais Elektropumpe Servolenkung
410 Leerlaufabschaltventil
411 Druckschalter Klimaanlage
412 Magnetventil Leerlaufanhebung
413 Schalter Sitzbeheizung mit Kontrollampe
414 Fühler „Wasser im Dieselkraftstoff"
415 Magnetventil Scheinwerferwaschanlage
416 Kondensator Leerlaufabschaltventil
417 Relais Luftumwälzung (Klimaanlage)
418 Gebläse des Fühlers für Fahrgastraumtemperatur
419 Überwachungsgerät Klimaanlage
420 Luft-Mischklappe
421 Schalter Kupplungspedal
422 Schalter 1 des Fahrgeschwindigkeitsreglers am Lenkrad
423 Schalter 2 des Fahrgeschwindigkeitsreglers am Lenkrad
424 Drehzahlbegrenzer Fahrgeschwindigkeitsregler
425 Platine ABS
426 Magnetventil Ladedruck (wastegate)
427 Steuergerät Diebstahlwarnanlage
428 Hauptrelais ABS
429 Zusatzrelais ABS
430 Diodeneinheit ABS
431 Rückstellung Bordcomputer auf Null
432 Haupt-Magnetventil ABS
433 Ultraschallmodul
434 Sicherheitsdruckschalter ABS
435 Magnetventileinheit ABS
436 Betätigung wastegate (Turbo)
437 Vorwarmvorrichtung für Drosselklappengehäuse
438 Kontaktschalter/Motorhaube
439 Relais Steuergerät ABS
440 Schalter Sitzbeheizung
441 Automatikgetriebe
442 Sirene mit eigener Energiequelle
443 Elektro-Steuerventil (Automatikgetriebe)
444 Spot
445 Vorwiderstand Kraftstoffpumpe
446 Beleuchtung Scheinwerfer-Einstellknopf
447 Relais Schalter Nebelschlußleuchte
448 Klemmleiste (geschaltetes Plus)
449 Widerstand Diesel-Vorwärmvorrichtung
450 Relais Diesel-Vorwärmvorrichtung Servolenkung
451 Thermoschalter Diesel-Vorwärmung
452 Öffnungsmelder (Diebstahlwarnanlage)
453 Bewegungsmelder (Diebstahlwarnanlage)
454 Ultraschall-Sender/Empfänger (Diebstahlwarnanlage)
455 Diode Magnetventil Abgasentgiftungssystem
456 Relais Kraftstoffpumpenwiderstand
457 Kontakt Türraste 1
458 Nebelschlußleuchte/Rückfahrscheinwerfer
459 Zeitschaltung Heckscheibenwischer
460 Schalter Hinterachsantrieb
461 Sicherheitsrelais ABS
462 Kennzeichenleuchte an Heckklappe
463 Leuchte an hinterer Seitenwand
464 Schalter Innenleuchte
465 Zeitrelais für elektrische Wasserpumpe
466 Anschlußverteiler
467 Relais Abblendlicht/Standlicht
468 Diode Abblendlicht (Fahrschulausrüstung)
469 Schalter für Fahrlehrer
470 Relais schnelle Scheibenwischerstufe (Fahrschulausrüstung)
471 Relais Schalter Fensterheber
472 Relais Stummschaltung Stereogerät
473 Test-Schalter Sprachsynthesizer
474 Steuerrelais Kompressor Klimaanlage
475 Motor Luftumwälzung
476 Getriebe permanenter Allradantrieb
477 Schalter 1. Gang
478 Heizungspumpe
479 Thermoschalter Heizungspumpe
480 Thermoschalter Motorraumtemperatur
481 Warmluft-Absauggebläse
482 Magnetventil für Zuschaltung des Hinterachsantriebs
483 Beschleunigungsgeber
484 Magnetventil Kraftübertragung 4x4
485 Mehrzweckschalter
486 Kontaktschalter Beifahrer-Sicherheitsgurt
487 Elektro-Anreicherungsventil
488 Thermoschalter Anreicherung
489 Kontakt Türraste 1 hinten links
490 Kontakt Türraste 1 vorne rechts
491 KontaktTürraste 1 vorne links
492 Funktelefon
493 Sitz hinten links
494 Sitz hinten rechts
495 Sitz vorne rechts
496 Sitz vorne links
497 Beschleunigungsmesser ABS 4x4
498 Geber für Vertikalbeschleunigung
499 Geber für Längsbeschleunigung
500 Geber für Querbeschleunigung
501 Positionsspeicher (Sitze/Außenspiegel)
502 Steuergerät geschwindigkeitsabhängige Servolenkung
503 Steuergerät Wegfahrsperre
504 Lesespot hinten rechts
505 Lesespot hinten links
506 Steckdose für Zubehöranschluß
507 Schalter Nebelscheinwerfer/Nebelschlußleuchte/Warnblinkanlage
509 Gepäckraumleuchte links
510 Geber Sitz mit Memory-Einrichtung
511 Zentralschalter Innenleuchten
512 Schalter Lesespot
513 Schalter „Aufpumpen Sitz-Luftkissen"
514 Luftpumpe für Sitze
515 Steuergerät Memory-Sitze
516 Speichertastatur Memory-Sitze
517 Funktionstasteneinheit Memory-Sitze
518 Impulsgeber
519 Leuchte Türrahmen vorne links
520 Leuchte Türrahmen vorne rechts
521 Leuchte Türrahmen hinten rechts
522 Leuchte Türrahmen hinten links
523 Leuchte Fahrertür

632 Glühkerzen 1+3
633 Glühkerzen 2+4
634 Geber Kupplung
635 Zeitschalter Sperre Kompressor (Klimaanlage)
636 Sperrdiode Bremsleuchten
637 Sperrdiode Bremsleuchten/-Kupplung
638 Relais Summer/Kontrollampe Fahrschulausrüstung
639 3. Bremsleuchte
640 Anlaßhilfsrelais für 232
641 Sperrdiode Kühlsystem/Zeitschalter
642 Sperrdiode Klimaanlage/Vorglühanlage (Diesel)
643 Widerstand System gegen Dampfblasenbildung
644 Steuergerät elektronische Fahrwerkabstimmung
645 Kabelverteiler im Fahrgastraum
646 Relais Windschutzscheibenbeheizung
647 Windschutzscheibenbeheizung
648 Diode Einspritzanlage
649 Schritt-Motor
650 Relais Kontrolleuchte Sitzbeheizung
651 Instrumententafel (elektronisch)
652 Relais Steuerung Klimatisierung über Automatikgetriebe
653 Kombi-Instrument (Uhr/Außentemperatur/Anzeige Funktelefon)
654 Schlüssel Wegfahrsperre
655 Impulsgeber Motordrehzahl
656 —
657 —
658 Kombischalter pneumatischer Steuerung + Magnetventil Fahrgeschwindigkeitsregler
659 Trenndiode Klimaanlage/Kühlsystem
660 Thermoschutzschalter Klimaanlage
661 Steuerrelais Unterbrechung Klimaanlage
662 Elektronisches Steuergerät Fahrerleitsystem
663 Doppelzündspule Nr. 1
664 Doppelzündspule Nr. 2
665 Doppelzündspule Nr. 3
666 Zündmodul Nr. 2
667 Geber Pedalweg
668 Geber Vertikalbeschleunigung vorne links
669 Geber Vertikalbeschleunigung vorne rechts
670 Geber Vertikalbeschleunigung hinten links
671 Geber Vertikalbeschleunigung hinten rechts
672 Widerstandseinheit
673 Sicherheitsschalter elektrische Fensterheber
674 Doppelschalter Nebelschlußleuchte/Heckscheibenbeheizung
675 Schalter Kupplungspedal
676 Schalter Gaspedal
677 Scheibenwascherpumpe vorne/hinten
678 Thermoschalter Abgasrückführung
679 Radio-Entstörkondensator
680 Glühkerze Nr. 1
681 Glühkerze Nr. 2
682 Glühkerze Nr. 3
683 Glühkerze Nr. 4
684 CD-Spieler
685 Magnetventile Fahrgeschwindigkeitsregler
686 Relais Magnetventil Servolenkung
687 Dioden-Einheit
688 Gebereinheit Ölstand/Öltemperatur
689 Schleifkontakte Fahrgeschwindigkeitsregler und Airbag
690 Relais Klimaanlagen-Thermostat
691 Bildschirm Fahrerleitsystem
692 Kommunikationseinheit (Radio/Telefon)
693 Lautsprecher Kommunikationseinheit
694 Beheizbare Scheibenwascherdüse links
695 Beheizbare Scheibenwascherdüse rechts
696 Brücke
697 Isolierdiode geschaltetes Plus/Stromverteilerplatte
698 Isolierdiode Stromverteilerplatte/Geschaltetes Plus
699 Brücke Fahrgeschwindigkeitsregler/Automatikgetriebe
700 Relais für Gebläsestufe 1 des Systems gegen Dampfblasenbildung
701 Pumpenrelais des Systems gegen Dampfblasenbildung
702 Wasserpumpe Zeitrelais (18 min) des Systems gegen Dampfblasenbildung
703 Relais Fensterheber
704 Warnsummer Faltverdeck
705 Relais Heckscheibengebläse (Faltverdeck)
706 Kontaktschalter Faltverdeck
707 Kontaktschalter Faltverdeck-Abdeckung
708 Heckscheibengebläse (Faltverdeck)
709 Schutzdiode Servolenkung
710 Sicherung Einspritzanlage
711 Kraftstoffpumpe (Diesel)
712 Kühlbox
713 Anhänger-Steckverbindung
714 Trenndiode Abgasentgiftungssystem/Klimaanlage F8Q
715 Schnittstelle Kommunikationseinheit (Radio/Telefon)
716 Stoßdämpfer vorne rechts
717 Stoßdämpfer vorne links
718 Stoßdämpfer hinten rechts
719 Stoßdämpfer hinten links
720 Sicherheitsrelais Klimaanlage
721 Steuergerät/Hydraulikaggregat ABS
722 Doppelschalter Front-/Heckscheibenbeheizung
723 Schutzdiode Servokupplung
724 Elektropumpe Servokupplung
725 Magnetventilschalter elektrohydraulische Kupplung
726 Geber "Gang eingelegt"
727 Geber Kupplungsposition
728 Geber Schalthebelposition
729 Geber Gaspedalstellung
730 Steuergerät Servokupplung
731 Zeitrelais Frontscheibenbeheizung
732 Schalter überhöhte Fahrgeschwindigkeit "Licht an"
733 Elektronisches Steuergerät
734 Fensterheber mit Impulsschaltung Fahrerseite
735 Warnsummer „Sicherheitsgurt anlegen"
736 Magnetometer
737 Geber Fahrgeschwindigkeit (Volvo)
738 Nadelbewegungsfühler (Dieseleinspritzung)
739 Geber Waschwasser-Mindeststand
740 Trenndiode Direktstrom/+Stromverteilerplatte
741 Atmosphärendruckkapsel
742 Magnetventil Frühzündungsrücknahme
743 Relais Atmosphärendruck (Diesel)
744 Relais Stromversorgung Glühsteuergerät Magnetventil Abgasrückführung
745 Steuerrelais Dieselvorwärmung
746 O.T.-Geber 1. Zylinder
747 Schalter Hintersitz links
748 Schalter Hintersitz rechts

524 Leuchte Beifahrertür
525 Leuchte Tür hinten rechts
526 Leuchte Tür hinten links
527 Schalter Fensterheber hinten links (Fahrerplatz)
528 Schalter Fensterheber hinten rechts (Fahrerplatz)
529 Innenleuchte Fahrzeugmitte
530 Bremspedalschalter (Fahrgeschwindigkeitsregler)
531 Schalter Kupplung (Fahrgeschwindigkeitsregler)
532 Schalter Fensterheber Beifahrerseite (Fahrerplatz)
533 Schalter Niveauregulierung
534 Schalter-/Kontrolleuchteneinheit elektronische Fahrwerkabstimmung
535 Kontrollampe Programm Automatikgetriebe
536 Steckdose für Kopfhörer
537 Motor Leuchtweitenregulierung links
538 Motor Leuchtweitenregulierung rechts
539 Schalter Motorraumbeleuchtung
540 Motorgeschwindigkeitsabhängige Servolenkung
541 Make-up-Spiegel mit Beleuchtung
542 Steuergerät Niveauregulierung
543 Steuergerät elektronische Fahrwerkabstimmung
544 Relais Niveauregulierung
545 Sicherheitsrelais Niveauregulierung
546 Kompressoreinheit Niveauregulierung
547 Magnetventil Stoßdämpfer hinten links
548 Magnetventil Stoßdämpfer hinten rechts
549 Magnetventil Stoßdämpfer vorne links
550 Magnetventil Stoßdämpfer vorne rechts
551 Niveaugeber vorne links
552 Niveaugeber vorne rechts
553 Niveaugeber hinten rechts
554 Niveaugeber hinten links
555 Magnetventile Niveauregulierung
555 Öffnungsschalter halbautomatische Heckklappenverriegelung
557 Motor halbautomatische Heckklappenverriegelung
558 Schalter Aus/Ein Heckklappenverriegelung
559 Steuergerät halbautomatische Heckklappenverriegelung
560 Verriegelungsschalter halbautomatische Heckklappenverriegelung
561 Signalhorn-Kompressor
562 Schalter Leuchtweitenregulierung
563 Ölkühlerventilator
564 Relais Ölkühlerventilator
565 Drosselklappeneinheit
566 Thermoschalter Zeitschaltung des Systems gegen Dampfblasenbildung
567 Elektrische Wasserpumpe
568 Zeitrelais für elektrische Wasserpumpe
569 Rückschaltkontakt Automatikgetriebe A4
570 Relais Magnetventil 1. Stufe
571 Relais Magnetventil 2. Stufe
572 Diode Servolenkung
573 Ansteuerungsrelais Zeitschaltung
574 Diode elektrische Wasserpumpe
575 Anschlußstecker für Motoreinstellung
576 Öffnungsrelais System gegen Dampfblasenbildung
577 Steuergerät Funktelefon
578 Magnetventil Abgasrückführung Diesel
579 Schalter Magnetventil Abgasrückführung
580 Öffnungsrelais Wasserpumpe Turbo-Lagerkühlung
581 Sperrdiode Klimaanlage/Wasserpumpe
582 Thermoschalter Wasserpumpe
583 Geber für Lenkradwinkelstellung
584 Relais Magnetkupplung Klimaan lage
585 Druckschalter für Info Fahrzeugbeladung
586 Schalter Warnblinkanlage
587 Längsbeschleuniger ABS
588 Leuchte Make-up-Spiegel Fahrerseite
589 Einspritzpumpe Diesel
590 Schalter Diebstahlwarnanlage
591 Temperaturfühler Katalysator
592 Steuergerät Katalysator-Temperatur
593 Sicherheitsrelais geschwindigkeitsabhängige Servolenkung
594 Diode Leuchte Katalysator-Temperatur
595 Öffnungsrelais Elektropumpen gruppe
596 Sperrdiode ABS
597 Sicherungskasten Motor
598 Magnetventil Drehmomentreduzierung
599 Verzögerungsrelais Wasserpumpe
600 Motor Umwälzpumpe Wärmetauscher
601 Thermoschalter Umwälzpumpe Wärmetauscher
602 Relais Rückfahrscheinwerfer
603 Regulierschalter Lenksäulenposition (Fahrerpositionsspeicher)
604 Motor Lenksäulenverstellung (Fahrerpositionsspeicher)
605 Öffnungsrelais Vergasersockelvorwärmung
606 Relais Vergasersockelvorwärmung
607 Thermoschalter Vergasersockelvorwärmung
608 Fühler Gebläse System gegen Dampfblasenbildung
609 Steuergerät Kühlflüssigkeitstemperatur
610 Diagnose-Stecker ABS
611 Windschutzscheibenbeheizung links
612 Relais Windschutzscheibenbeheizung links
613 Schaltereinheit Windschutzscheibenbeheizung
614 Schaltereinheit Fensterheber/Impulsschalter
615 Schalter Fahrersitzbeheizung
616 Schalter Beifahrersitzbeheizung
617 Dimmerwiderstand
618 Dachkonsole
619 Infrarot-Ultraschallmodul
620 Potentiometer Drosselklappe (Doppelfunktion)
621 Relais Shunt Thermoschalter Kühlflüssigkeitstemperatur
622 Zeitschalter System gegen Dampfblasenbildung
623 Magnetventil Entlüftung Aktivkohlefilter
624 Sitzrückenlehne hinten rechts
625 Sitzrückenlehne hinten links
626 Beleuchtung Fahrstufenanzeige (Automatic)
627 Hauptschalter Aus/Ein Fahrgeschwindigkeitsregler
628 Fahrgeschwindigkeitsgeber für geschwindigkeitsabhängige Servolenkung
629 Relais Windschutzscheibenbeheizung rechts
630 Windschutzscheibenbeheizung rechts
631 Fühler Außentemperatur